MANUEL
DU CONDUCTEUR

DES PONTS ET CHAUSSÉES,

D'APRÈS LE DERNIER PROGRAMME OFFICIEL DES EXAMENS D'ADMISSION,

Par E. ENDRÈS,

INSPECTEUR GÉNÉRAL HONORAIRE DES PONTS ET CHAUSSÉES,
Officier de la Légion d'honneur
Membre de plusieurs Académies et Sociétés savantes.

OUVRAGE INDISPENSABLE

Aux Conducteurs et Employés secondaires des Ponts et Chaussées
et des Compagnies de Chemins de fer,
aux Gardes-Mines, aux Gardes et Sous-Officiers de l'Artillerie et du Génie,
aux Agents voyers et à tous les Candidats à ces emplois.

SIXIÈME ÉDITION.

TOME TROISIÈME.

APPLICATIONS.

AVEC NOMBREUSES FIGURES INTERCALÉES DANS LE TEXTE.

PARIS,

GAUTHIER-VILLARS, IMPRIMEUR-LIBRAIRE
DU BUREAU DES LONGITUDES, DE L'ÉCOLE POLYTECHNIQUE,
SUCCESSEUR DE MALLET-BACHELIER,
Quai des Augustins, 55.

1881

MANUEL

DU CONDUCTEUR

DES PONTS ET CHAUSSÉES.

PARIS — IMPRIMERIE DE GAUTHIER-VILLARS

6105   Quai des Augustins, 55.

MANUEL
DU CONDUCTEUR
DES PONTS ET CHAUSSÉES,

D'APRÈS LE DERNIER PROGRAMME OFFICIEL DES EXAMENS D'ADMISSION,

Par E. ENDRÈS,

INSPECTEUR GÉNÉRAL HONORAIRE DES PONTS ET CHAUSSÉES,
Officier de la Légion d'honneur,
Membre de plusieurs Académies et Sociétés savantes.

OUVRAGE INDISPENSABLE

Aux Conducteurs et Employés secondaires des Ponts et Chaussées
et des Compagnies de Chemins de fer,
aux Gardes-Mines, aux Gardes et Sous-Officiers de l'Artillerie et du Génie,
aux Agents voyers et à tous les Candidats à ces emplois.

SIXIÈME ÉDITION.

TOME TROISIÈME.

APPLICATIONS.

AVEC NOMBREUSES FIGURES INTERCALÉES DANS LE TEXTE.

PARIS,

GAUTHIER-VILLARS, IMPRIMEUR-LIBRAIRE
DU BUREAU DES LONGITUDES, DE L'ÉCOLE POLYTECHNIQUE,
SUCCESSEUR DE MALLET-BACHELIER,
Quai des Augustins, 55.

1881

(Tous droits réservés.)

AVERTISSEMENT.

Ainsi que nous le faisions pressentir dans l'Avertissement placé en tête du premier Volume de cette sixième édition, il vient d'être apporté quelques modifications et additions au programme des examens pour l'emploi de conducteur des Ponts et Chaussées. A la date du 7 septembre 1880, M. le Ministre des Travaux publics a pris un arrêté destiné à remplacer celui du 9 mars 1874.

Nous donnons, dans un Appendice qui termine le présent Volume, le développement des questions nouvelles ou modifiées, et chacune d'elles reprendra naturellement sa place normale dans une subséquente édition. En voici, abstraction nécessairement faite des parties déjà traitées ailleurs, l'énonciation sommaire :

Arithmétique. — Règle d'alliage.

Géométrie. — Représentation graphique des faits météorologiques, des données de la Statistique et autres.

Mécanique. — Mouvement uniforme. — Mouvement accéléré. — Vitesse. — Forces. — Inertie. — Masse. — Frottement.

Géométrie descriptive. — Mode de représentation des cylindres, cônes et sphères sur les plans de projection.

Pratique du service. — Instruction sur la tenue des bureaux des ingénieurs.

Sous le titre *Documents relatifs à l'entrée dans le corps des conducteurs*, nous reproduisons le texte de l'arrêté du 7 septembre sus-énoncé, et nous le faisons suivre de quelques courtes observations sur la circulaire ministérielle du 5 août 1879, laquelle a ordonné d'ouvrir, dans les centres où cette institution paraîtrait suffisamment justifiée, des Cours préparatoires pour les candidats tant étrangers qu'appartenant déjà à l'Administration.

Enfin, l'Ouvrage se termine par le texte de l'article 6 du décret du 17 août 1853, qui a réglé les conditions d'admission dans le cadre des employés secondaires.

MANUEL
DU CONDUCTEUR
DES PONTS ET CHAUSSÉES.

ROUTES.

PRÉLIMINAIRES.

1. Notre but ne saurait être d'entrer ici dans les considérations politiques ou commerciales qui portent le Gouvernement ou l'Administration à décider l'étude et la création de telle ou telle route, et qui influent sur la fixation des points principaux de son parcours. Nous supposerons simplement que, deux de ces points obligés étant donnés, il s'agisse de les relier entre eux par une route, et de trouver dans ces limites le tracé le meilleur sous le triple rapport de l'économie dans les dépenses d'établissement ou d'entretien, de la commodité et de la sécurité des voyageurs, et de la moindre somme des frais de transport qu'y nécessitera la circulation des personnes et des choses.

TRACÉ DES ROUTES.

2. On commencera par reconnaître, sur une carte topographique aussi exacte que possible, les deux points extrêmes et leur relation de position avec les points intermédiaires ou voisins ; on explorera le terrain par un temps clair, pour y rechercher et compléter les indications fournies par la carte, et l'on découvrira le plus souvent de nouveaux points de sujétion secondaires par rapport aux premiers, soit au point de vue technique, soit même au point de vue commercial. Ce seront

ou des ponts existants et sur lesquels l'économie locale commande de se diriger, ou des passages de rivière où la construction des ponts présenterait de notables facilités, ou des dépressions qui permettent de franchir un col à une moindre hauteur, ou enfin des centres de population qu'il serait facile et avantageux de desservir et qui, vu leur importance relativement moindre, n'avaient pu trouver place dans la première nomenclature.

Un examen attentif et raisonné conduira donc ordinairement à multiplier les premières divisions du parcours, et à n'avoir plus à considérer qu'un certain nombre de tronçons partiels, compris entre deux points de sujétion assez peu distants pour que l'étude du meilleur tracé propre à les relier l'un avec l'autre soit devenue facile.

3. Il est impossible de donner une règle générale et absolue pour obtenir sûrement le meilleur tracé entre deux points. La disposition plus ou moins favorable du sol, le plus ou moins de sagacité et d'habitude de l'opérateur conduisent plus ou moins près du but. Toutefois, nous recommandons, comme un bon moyen d'éviter beaucoup de tâtonnements et toute erreur grossière, de tracer d'abord, sur un plan exact des lieux comprenant deux points obligés consécutifs, une ligne droite joignant ces points. Cette ligne sera la trace d'un plan vertical dans lequel on devrait placer l'axe de la route projetée : 1° s'il était possible de créer dans ce plan soit une pente uniforme, soit une succession de paliers horizontaux ou de pentes ne dépassant pas l'inclinaison limite préalablement posée, et réalisable sans travaux trop dispendieux ; 2° si ce plan ne rencontrait pas des obstacles matériels qui, comme des marécages, des fondrières, des montagnes, des propriétés bâties, ne pourraient être franchis sans des frais exceptionnellement considérables ; 3° si, par des déviations à droite ou à gauche du plan, il n'était pas possible d'obtenir soit un adoucissement des pentes ou un raccourcissement du parcours, soit une diminution dans la dépense de construction ou une exposition plus favorable à l'entretien ultérieur, soit même tous ces avantages réunis.

En effet, lorsqu'on se représente un instant la configuration générale de la surface terrestre, sa division en vallées de différents ordres séparées par des aspérités plus ou moins prononcées, on comprend que c'est seulement dans des cas rares, et tout à fait exceptionnellement, qu'une route peut être avantageusement tracée dans un plan unique, entre deux points de sujétion même assez rapprochés. Il faut presque toujours se résoudre à faire dévier plus ou moins la direction du tracé, afin de tourner les protubérances les plus saillantes, et ces déviations n'augmentent d'ailleurs pas sensiblement la longueur du parcours total, tant que les angles formés par les alignements successifs diffèrent peu de deux angles droits.

Cela fait, on tracera sur le terrain, d'après ces premières indications et au moyen de celles qu'aura fournies l'examen des lieux, des lignes magistrales droites (t. II, *Lever des Plans*, 84, 85 et 86) dans les directions que semble devoir affecter la route, et ces lignes serviront de bases pour les opérations ultérieures. Il ne restera plus qu'à effectuer un nivellement en long et en travers (t. II, *Nivellement*, 52 et 53) sur ces directions, en ayant soin d'étendre suffisamment les profils transversaux à droite et à gauche, pour qu'il soit toujours facile de déplacer sur le papier l'axe définitif, tant en vue du tracé des courbes de raccordement que d'après les exigences du règlement des pentes et rampes, travail qui se fait ensuite dans le cabinet.

4. Nous avons indiqué (t. II, *Lever des Plans*, 87 et suivants) les diverses méthodes employées pour la description des *courbes* qui servent à raccorder géométriquement entre eux les *alignements* d'un projet de route ; il nous reste à dire maintenant que ces raccordements sont d'autant plus favorables à la circulation qu'ils ont une courbure moins prononcée, c'est-à-dire, s'ils sont circulaires, qu'ils ont un rayon plus grand. C'est à ce point de vue surtout que, dans cette opération, il faut se placer lorsque, toutes choses égales d'ailleurs, on a à se fixer sur le choix des éléments de ces portions curvilignes du tracé.

5. Quant au règlement des *pentes* et *rampes*, nous avons dit (t. II, *Cubature des terrasses*, 2) que l'axe du tracé projeté se dessinait en rouge sur les profils en long et sur les profils en travers. Il faut, dans la détermination de ces inclinaisons, avoir sans cesse devant les yeux, et se proposer comme but à

atteindre, la plus grande facilité du roulage unie à la moindre dépense de construction.

On comprend, dès lors, que la solution de cette question est nécessairement complexe. En effet, s'il importe d'obtenir des inclinaisons aussi faibles que possible, il n'est pas moins intéressant, au point de vue du roulage et de l'économie des frais d'exécution, de ne pas allonger outre mesure le parcours, ou de ne pas réaliser des déclivités très-adoucies au prix de mouvements de terres ou d'ouvrages d'art trop considérables.

6. En plaine, le tracé d'une route ne présente aucune difficulté. Quand il s'écarte de la ligne droite, les motifs de cette déviation sont généralement puisés dans des considérations étrangères à l'art de l'ingénieur, et qui sont plus particulièrement du domaine de l'administration proprement dite.

Mais il n'en est pas ainsi lorsqu'il s'agit de tracer une route en pays de montagnes. Là, si d'une part, et comme il arrive presque toujours, la direction en ligne droite semble devoir réduire autant que possible le développement de la route, elle donnerait lieu d'un autre côté à des pentes le plus souvent inadmissibles. Dans tous les cas ces pentes, outre la difficulté de leur maintien en bon état par suite des dégradations auxquelles elles sont plus exposées de la part des eaux, auraient le grave inconvénient de faire exercer aux chevaux un fort tirage dans les montées, une grande résistance dans les descentes, et de diminuer ainsi considérablement la quantité d'action utile que ces animaux peuvent fournir.

On est donc généralement conduit, dans les pays très-accidentés, à s'éloigner beaucoup et très fréquemment de la ligne droite, augmentant ainsi le développement de la route pour diminuer la roideur des pentes. Toutefois, comme nous venons de le dire, il est un terme, dans chaque cas particulier, à cet allongement du parcours, et la recherche de cette limite dépend de données nombreuses dont l'exposition complète ne saurait trouver place ici.

Les lois du mouvement de traction sont, en effet, encore loin d'être bien connues dans leurs minutieux détails. Feu M. l'inspecteur général Favier, qui paraît avoir écrit avec le plus d'autorité sur cette matière délicate, a établi des formules et des Tables qui fournissent jusqu'à présent le seul moyen propre à mettre en parallèle, avec quelque sécurité, plusieurs tracés reconnus admissibles entre deux points donnés. Nous allons résumer aussi succinctement que possible la mise en œuvre de ce précieux instrument de comparaison.

7. D'un point de départ déterminé à un point d'arrivée aussi donné, nous supposons deux ou plusieurs tracés qui se recommandent, à des points de vue divers, par des avantages plus ou moins considérables. Le meilleur assurément est celui qui, toutes choses égales d'ailleurs, et eu égard à l'intérêt du capital de construction, à la dépense de l'entretien normal et à celle des frais de transport des voyageurs et des marchandises, conduirait à la moindre somme de dépenses annuelles.

Les deux premiers éléments sont fournis respectivement par la rédaction de chaque projet, et par des documents statistiques relatifs tant à la circulation qu'à la somme affectée par année à l'entretien de l'unité de longueur de route. C'est pour l'évaluation des frais de transport sur un tracé déterminé en plan et en nivellement que les déductions et les Tables de M. Favier sont particulièrement utiles et trouvent, comme nous allons le voir, leur application.

Et d'abord, remarquons que les moteurs exercent, soit en montant, soit en descendant, des efforts de traction qui diffèrent de ceux qu'ils exerceraient, pour la même chaussée, sur une route horizontale, et qui diffèrent également entre eux suivant le taux de la déclivité parcourue. On comprend donc que les frais de traction doivent différer d'une pente à une autre ; mais on voit aussi que, à chaque inclinaison particulière franchie sur une distance donnée, correspond toujours et nécessairement une longueur horizontale qui serait parcourue avec la même somme d'efforts, c'est-à-dire avec la même dépense. Il existe en un mot, sous ce rapport, une *longueur horizontale équivalente* à toute longueur inclinée, quel que soit le taux de sa déclivité.

Cela posé, rien ne serait plus facile que d'établir la comparaison des tracés proposés, si l'on connaissait la série des coefficients par lesquels on doit multiplier une longueur inclinée suivant un taux donné, pour la convertir en longueur horizontale équivalente ; ou, ce qui revient au même, la série des nombres par lesquels il faudrait multiplier le développement réel correspondant à 1 mètre de hauteur franchie suivant une inclinaison donnée, pour avoir la longueur horizontale qui équivaudrait à ce développement. Ce dernier mode est, en effet, plus commode que le premier, par la raison que les hauteurs à franchir, tant en montant qu'en descendant, sont directement fournies par les cotes du profil longitudinal.

C'est précisément à cet usage que sont spécialement appliquées les Tables de M. Favier. Il faut bien, toutefois, avouer qu'elles sont tirées de formules qui ne reposent ni sur des déductions mathématiques embrassant complétement les circonstances si diverses du mouvement de traction, ni sur un nombre suffisant de faits expérimentaux bien constatés. Mais, quand on veut se borner à la comparaison des tracés entre eux, il est impossible de ne pas admettre que les indications fournies par les calculs précédents soient propres à conduire plus ou moins près de la vérité relative que l'on cherche, et les ingénieurs font bien de soumettre à cette épreuve les diverses directions qui s'offrent à eux, quand ils veulent soit modifier en tout ou en partie une route existante, soit mettre en présence plusieurs tracés pour une voie nouvelle à créer.

Ceci ne veut pas dire, assurément, que l'Administration supérieure regarde ses décisions comme dictées sans appel par les résultats que fournit l'application des Tables de M. Favier. On comprend en effet qu'il ne suffit pas, pour qu'un tracé mérite la préférence sur tous ceux qui sont en comparaison avec lui, que la somme des dépenses annuelles y soit moindre que sur tout autre : il faut encore que cette réduction de dépenses ne soit pas achetée par l'abandon immédiat d'un capital trop élevé, eu égard à l'état présent de la fortune publique. Des considérations économiques complétement étrangères à notre sujet viendront donc quelquefois, il faut s'y attendre, faire pencher la balance du côté où les déductions qui précèdent ne sembleraient pas l'appeler.

Pour rester dans le domaine purement technique et pour obtenir une confirmation autorisée des appréciations qu'on vient de lire, nous terminerons cet aperçu par quelques lignes textuellement extraites de l'Ouvrage de M. Favier lui-même ([1]), à la page 125 :

([1]) *Essai sur les lois du mouvement de traction et leur application au tracé des voies de communication*; 1841.

« Nous l'avons déjà dit, la question du choix entre deux tracés se réduit à la comparaison des dépenses annuelles du transport ; mais nous ajouterons ici que, pour rendre tout à fait concluant le résultat de cette comparaison, il faut que les projets comparés satisfassent à la fois aux conditions normales du tracé et aux lois d'une sage économie ; car il pourrait arriver que le projet dont les dispositions principales seraient les meilleures devînt le plus mauvais, par suite de quelques vices de tracé ou d'exagération de la dépense.

» S'il s'agissait, par exemple, d'ouvrir une communication entre deux points séparés par plusieurs vallées, et que l'une des directions proposées, remplissant les conditions normales du tracé pour le passage des faîtes et des thalwegs, s'en écartât pour les déclivités, ou bien ne remplît ces dernières conditions qu'en se jetant dans d'énormes dépenses de construction, on conçoit qu'un autre projet qui ne remplirait pas aussi avantageusement les premières conditions, et qui présenterait même des contre-pentes inutiles, mais avec des déclivités normales, ou des constructions moins dispendieuses, pourrait cependant obtenir la préférence par la comparaison des dépenses annuelles.

» Ainsi, pour éviter toute fausse conclusion, il est nécessaire de soumettre à un examen préalable chacun des projets entre lesquels il s'agit de faire un choix, et de ne faire entrer en comparaison que ceux qui remplissent les conditions principales de tracé et d'économie. »

8. Nous avons donné (t. II, *Nivellement*, 93) le moyen de faire servir le niveau de pente à la détermination sur le terrain d'une ligne se développant suivant une inclinaison déterminée. Ce problème trouve son application immédiate dans le tracé des routes en pays de montagnes.

On a besoin à chaque instant de franchir un faîte élevé ou de descendre sur le versant d'une vallée. Il faut alors, par des tâtonnements que l'habitude des opérations abrége bientôt, essayer d'appliquer sur le terrain des tracés présentant une déclivité qui ne dépasse pas la limite assignée, et l'emploi du niveau de pente permet seul d'arriver rapidement à un résultat satisfaisant sous ce rapport.

9. Il existe peu de règles spéciales pour le tracé des routes

dans les contrées accidentées; partout il faut étudier son terrain préalablement à toute fixation de tracé, et y chercher avec soin la meilleure direction à adopter. On doit toujours s'attacher à poursuivre la découverte de celle qui présente la moindre hauteur ou la moindre somme de hauteurs à franchir; car, si l'on faisait monter les chargements sans nécessité pour les faire redescendre ensuite, on perdrait évidemment (t. **1**, *Statique*, 81) une quantité d'action représentée par le produit du poids transporté et de la hauteur à laquelle ce poids a été inutilement élevé. Pour obtenir cette somme minimum des hauteurs, on cherche les points les plus bas des faîtes que doit franchir la route, et l'on s'attache à suivre autant que possible les lignes de sommet ou les vallées, en évitant de traverser les affluents ou les ravins qui pénètrent dans les coteaux.

Cependant les affluents qui coupent une colline, et que l'on évite avec soin tant que l'on doit suivre le faîte principal, deviennent souvent fort précieux, lorsqu'il s'agit de descendre dans une vallée ou d'en sortir. Ils donnent le moyen d'arriver au fond ou au sommet opposé, sans que l'on soit obligé de développer une ligne à pente douce sur le flanc du coteau principal; mais il faut se garder de s'engager sans précaution dans l'un quelconque de ces vallons secondaires, dont la pente est souvent, surtout dans la partie supérieure, plus forte que la déclivité limite. On doit donc étudier *a priori* ces affluents et faire entrer, comme élément du choix à faire, la nécessité de descendre, dans des conditions analogues, de l'autre côté du faîte.

A cette occasion, nous ne saurions trop recommander d'étudier sur le terrain le tracé de la route dans ses deux sens; car il arrive fréquemment, en pays montagneux, que le relief du sol se présente d'une tout autre façon, selon le sens suivant lequel on l'examine, et que la seconde étude fait apercevoir des fautes et des obstacles qui avaient d'abord échappé à la première.

10. Enfin, quand on est le maître de choisir à volonté l'un des deux versants d'une vallée pour établir une route, il n'est jamais indifférent, au point de vue de l'*orientation*, de prendre l'une ou l'autre de ces deux positions.

Dans les parties septentrionales de la France, il convient

généralement de préférer l'exposition du sud ou de l'est, parce que les chaussées au nord sont plus impressionnées par les gelées, et celles à l'ouest par les vents humides de l'Océan. Dans le midi, où l'on redoute au contraire l'extrême sécheresse, il y a souvent lieu d'éviter l'exposition du sud.

Il faut, d'ailleurs, avoir aussi égard à la nature des déblais et des remblais; ainsi les routes ouvertes à flanc de coteau, dans des terrains schisteux, devront être autant que possible tournées au nord, les schistes se décomposant rapidement sous l'influence combinée de l'humidité atmosphérique et de l'action du soleil.

CONSTRUCTION DES ROUTES

11. La construction d'une route comprend deux opérations principales bien distinctes : 1° l'exécution des *terrassements* et des *ouvrages d'art* qui, soit en déblai, soit en remblai, composent la plate-forme, l'assiette de la voie; 2° la confection de la *chaussée* empierrée ou pavée qui en occupe le milieu, et qui doit servir à la circulation ordinaire des voitures.

Examinons séparément chacune de ces parties, pour lui donner les développements convenables qui n'ont pu être décrits dans ce qui précède. Nous y joindrons quelques mots sur la main-d'œuvre des *plantations*, question qui prend de jour en jour plus d'importance dans le service des routes.

TERRASSEMENTS ET OUVRAGES D'ART.

12. Nous avons fourni, dans le volume précédent, les indications générales et les règles nécessaires à l'exécution des ouvrages de maçonnerie; nous donnerons plus tard les principes spéciaux à mettre en pratique pour la construction des ponts, au moyen desquels les routes doivent franchir des cours d'eau ou d'autres voies de communication.

On a vu également ce qui est relatif au mouvement des terres, et nous n'avons pas à y revenir en ce moment. Il a été dit que cette opération devait être précédée d'un piquetage destiné à marquer sur le terrain les points principaux du relief projeté; enfin, il est recommandé de faire un nouveau nivellement, après que les terrassements sont réglés et tassés, pour s'assurer que leur hauteur est bien, en chaque point, conforme aux prescriptions du projet.

Cette hauteur, ainsi que cela a été déjà dit (t. II, *Cubature des terrasses*, 29), est le plus souvent celle du bord extérieur des deux accotements; elle est calculée de telle sorte que, en creusant sur l'axe d'une profondeur convenable pour y établir la chaussée, on trouve des terres en quantité sensiblement égale à celle qui doit être rapportée sur les accotements pour

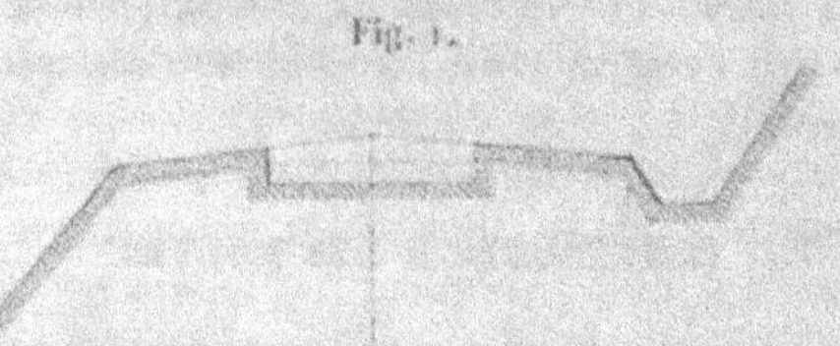

Fig. 1.

leur procurer la pente transversale voulue. On comprend, du reste, que cette profondeur est nécessairement variable avec la largeur et l'épaisseur que l'on veut donner à la chaussée, avec la largeur et la pente que doivent avoir les accotements, et ces éléments dépendent principalement eux-mêmes de la nature et de l'importance de la voie de communication qu'il s'agit de créer.

13. Il a été précédemment parlé des fossés et des talus des routes, ainsi que des inclinaisons qui leur conviennent. Dans

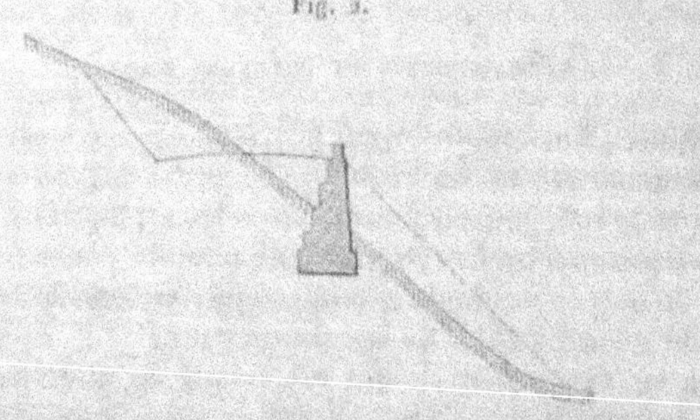

Fig. 2.

les pays de montagnes, où l'économie commande d'établir autant que possible les routes à mi-côte, c'est-à-dire de façon que, l'axe étant situé à fleur de sol, le remblai soit à peu près partout exactement fait avec le déblai correspondant, il arriverait souvent que le talus de remblai s'étendrait fort loin, quelquefois même jusqu'au fond de la vallée.

On remplace, lorsque cette circonstance se présente, le talus par un mur qui soutient les terres, et qui s'appelle pour ce motif un *mur de soutènement*. Son épaisseur doit être suffisante pour résister à la *poussée* de ces dernières, qui tendent à le faire glisser sur sa base, ou à le renverser autour de l'arête extérieure de cette base.

14. La détermination de l'épaisseur à donner aux murs de soutènement est assez importante pour que nous nous y arrêtions un instant. L'usage, basé sur une longue expérience, a fait à peu près passer en règle d'*assigner aux murs de soutènement une épaisseur sensiblement égale au tiers de la hauteur des terres qu'ils auront à supporter.*

Pour donner une idée suffisamment claire des principaux éléments de cette question, nous citerons la formule établie par le savant ingénieur Navier, pour le cas où le mur doit s'élever jusqu'au niveau des terres à soutenir, et où ses parements extérieur et intérieur doivent monter verticalement.

Soient à cet effet

e l'épaisseur cherchée du mur, dans l'hypothèse où cette épaisseur est constante sur toute la hauteur;

h cette hauteur, supposée égale à celle des terres;

P_m le poids du mètre cube de la maçonnerie;

P_t le poids du mètre cube des terres à soutenir,

et θ l'angle que forme avec la verticale le talus affecté naturellement par ces terres, quand elles sont abandonnées à elles-mêmes. Ce talus n'est autre que le plan sur lequel les terres se tiendraient en équilibre par l'effet seul du frottement.

Voici la formule que Navier a déduite de l'analyse, dans l'hypothèse du renversement, en égalant les moments du mur et du prisme triangulaire des terres comprises entre ledit mur et le talus naturel de ces dernières, ces moments étant pris tous deux par rapport à l'arête extérieure de la base, et abstraction faite de la cohésion des maçonneries, de celle des terres et du frottement réciproque de ces matières :

$$e = 0,59\, h \tang \frac{\theta}{2} \sqrt{\frac{P_t}{P_m}}.$$

15. Pour faciliter l'application de cette formule, nous allons présenter ci-après les valeurs moyennes des quantités P_t et P_m pour les matériaux qui se rencontrent le plus fréquemment dans la pratique :

Terre végétale	1400^{kg}	Maçonnerie de moellons ordi-		
— franche	1500	naires, calcaires		
— argileuse	1600	ou silieux, de.	1700^{kg} à 2500^{kg}
— glaise	1900	— de moellons de gra-		
— grasse, mêlée de		nite.	2500
cailloux	2290	— de moellons de ba-		
Marne	1680	salte.	2800
Vase	1650	— de pierres de taille,	2700
Sable fin et sec	1400	— de briques.	1800
— fin et humide	1900			
— argileux	1750			
— de rivière, humide,	1800			

Quant au talus naturel des terres employées en remblai, il forme avec la verticale des angles qui varient de 35 à 40 degrés, le premier convenant à une terre compacte, le second au sable fin et sec.

Si l'on s'adresse à des vases liquides ou à des glaises délayées par les eaux, l'angle θ diffère peu de 90 degrés, et la valeur de $\tan \frac{\theta}{2}$ ne s'écarte pas alors sensiblement de l'unité.

16. Appliquée, pour exemples, aux systèmes de valeurs

$$P_t = 1600^{kg}, \qquad\qquad P_t = 1400^{kg},$$
$$P_m = 2000^{kg}, \qquad\qquad P_M = 2000^{kg},$$
$$\theta = 35°, \qquad\qquad\quad \theta = 60°,$$

qui correspondent respectivement à la maçonnerie ordinaire soutenant de l'argile compacte et du sable fin et sec, la relation citée donne les épaisseurs

$$e = 0,264\,h, \quad e = 0,285\,h.$$

Ces deux expressions diffèrent sans doute assez notablement de la valeur $0,33\,h$, que nous avons dit être généralement adoptée. On doit toutefois considérer que si, d'une part, la formule de Navier ne tient compte ni de la cohésion des terres ni de celle des maçonneries, d'autre part elle n'a été établie que d'après les conditions du strict équilibre des matériaux, sans égard pour aucune des éventualités contraires, telles que l'affaissement du sol qui porte les fondations, le tassement inopiné des terres par suite de pluies, de surcharges accidentelles ou de toute autre cause. Il est donc nécessaire de se tenir en garde, dans chaque cas particulier, contre la plus ou moins grande possibilité d'événements pareils, et c'est en vue d'une garantie moyennement suffisante que l'usage a consacré, pour l'épaisseur à donner au mur, l'adoption du tiers de la hauteur de charge.

17. Comme surcroît de précaution et pour augmenter encore les chances de stabilité, on ajoute ordinairement à l'épaisseur moyenne adoptée un fruit extérieur d'un dixième environ, et l'on dispose le parement intérieur par gradins successifs dont la saillie dépend de l'épaisseur que l'on veut conserver au sommet. Dans certains cas, on ajoute même des *contre-forts*, soit extérieurs, soit intérieurs, qui permettent à la rigueur de réduire dans une certaine mesure l'épaisseur normale du mur.

Quand on a quelque raison de craindre que les eaux viennent à pénétrer derrière le mur, on pratique de distance en distance des ouvertures verticales, ou *barbacanes*, que l'on dispose de manière à procurer une issue facile aux infiltrations.

18. Si l'on prenait le parti de construire un mur de soutènement *en pierres sèches*, il serait prudent de porter le fruit extérieur à un cinquième, et de donner à l'épaisseur moyenne un quart en sus de celle qui conviendrait, dans les mêmes circonstances, à un mur en maçonnerie.

Enfin, si le mur de soutènement ne devait pas s'élever jusqu'au niveau des terrassements qu'il a à soutenir, ce serait la hauteur réelle de ceux-ci, à partir de la base du mur jusqu'au niveau supérieur des remblais, qu'il faudrait introduire à la place de h dans la formule ci-dessus rapportée.

CHAUSSÉES EN EMPIERREMENT.

19. Les chaussées de la majeure partie des routes de France sont construites en *empierrement*, c'est-à-dire avec des pierres que l'on réduit par le cassage à la grosseur maximum de

6 centimètres en tous sens. Ce n'est guère que dans les *traverses* des villes que l'on fait encore des chaussées pavées, lesquelles tendent même à disparaître devant les perfectionnements apportés à l'entretien des empierrements dans les principales voies de Paris et de nos grandes cités.

La *largeur* des chaussées dépend naturellement de celle de la route; elle ne doit cependant guère descendre au-dessous de 5 mètres, cette dimension étant obligatoire pour que deux voitures puissent facilement s'y croiser sans mettre une roue sur l'accotement.

Le *bombement* des chaussées est indispensable à l'écoulement transversal des eaux; mais il ne doit jamais être assez considérable pour que les voitures ne puissent facilement marcher que sur le milieu, circonstance qui, surtout dans les temps de verglas, rendrait la circulation incommode et dangereuse pour le roulage, provoquerait la création des ornières et nécessiterait un entretien beaucoup plus difficile et plus dispendieux.

La pente des accotements est, en général, réglée à $0^m,04$ par mètre. Quant à la chaussée, on la profile suivant un arc de cercle auquel on donne habituellement une flèche égale au cinquantième de sa corde.

C'est aussi suivant la même figure que l'on règle d'ordinaire le fond de l'encaissement, pour faciliter l'écoulement des eaux qui s'infiltrent à travers la chaussée. Beaucoup d'ingénieurs trouvent toutefois cette précaution inutile et, dans un but d'économie, ils adoptent un fond plat qui réduit le cube des matériaux sur les bords, où la fatigue de la route est, en effet, moins forte qu'aux environs de l'axe.

20. La couche de menues pierres qui compose la chaussée a le plus souvent de $0^m,20$ à $0^m,25$ d'*épaisseur* sur l'axe. Cette dimension, quand la voie est arrivée à l'état de prise normale et qu'elle est soumise à un régime d'entretien en rapport avec ses besoins, est suffisante pour les routes même les plus fréquentées.

L'empierrement s'établit directement sur les terrassements, quand ceux-ci sont suffisamment tassés et de nature à ne pas se délayer par les eaux. Dans des cas exceptionnels seulement, on protége le fond de la forme par une certaine épaisseur de sable, ou bien on l'affermit par une couche de pierrailles un peu plus grosses; quelquefois même on a eu recours avec succès à des fascines disposées transversalement par rapport à l'axe. Ce lit, sur lequel on jette l'empierrement et qui empêche les matériaux de s'enfouir avant d'avoir fait corps entre eux, assainit en même temps la route en procurant un écoulement plus facile aux eaux d'infiltration.

Il est aisé d'ailleurs de comprendre que, lorsqu'une chaussée a nécessité ces soins préliminaires et exceptionnels pour sa construction, son entretien ultérieur doit aussi être dirigé avec plus d'attention et de sollicitude, principalement pendant les premières années.

21. Quand on livre au roulage une chaussée nouvellement construite, la mobilité des matériaux est un grand obstacle à la circulation, et l'on s'est fortement préoccupé, depuis quelques années, des moyens d'arriver à un état d'agrégation qui permit immédiatement aux voitures pesamment chargées de rouler sans difficulté.

La compression au moyen de pilons plus ou moins pesants a d'abord paru le seul moyen propre à atteindre aussi vite que possible le résultat cherché; on a, d'ailleurs, hâté la prise par l'adjonction de matières terreuses convenablement choisies par rapport à la nature des matériaux constitutifs de la chaussée. Plus tard, on a employé d'énormes machines, composées suivant divers modèles, traînées par dix, douze et quatorze chevaux, et dont l'élément essentiel était toujours un rouleau en fonte ou en fer.

Il résulte de la simple réflexion, comme de l'expérience, que ces systèmes, dont le poids allait jusqu'à dépasser 10000 kilogrammes, ne pouvaient se manier que dans des conditions locales tout à fait particulières; aussi l'emploi du *rouleau compresseur* était-il uniquement praticable et pratiqué dans les parties à peu près de niveau, sur un fond et avec des matériaux suffisamment résistants. Dans la plupart des cas, le passage de cette masse si pesante affaissait le sol et entraînait devant elle les pierres en un bourrelet qui entravait bientôt la marche; de plus, les pieds des chevaux s'enfonçaient profondément et avec effort dans la chaussée encore mobile, et détruisaient le bon effet qui avait pu être produit par le passage antérieur; enfin cette main-d'œuvre, essentiellement restreinte aux pentes nulles ou faibles, était toujours dangereuse pour les hommes et pour les chevaux, et d'un prix de revient considérable.

On a senti bientôt la nécessité de diminuer beaucoup les dimensions et le poids du rouleau compresseur. Ceux qui sont maintenant le plus répandus pèsent, vides, 4000 kilogrammes environ, et leur poids peut être porté à 6000 ou 7000 kilogrammes par le chargement des caisses.

C'est encore là, selon nous, une machine beaucoup trop lourde. Tout en reconnaissant l'incontestable avantage de comprimer les chaussées neuves avant de les livrer au roulage, nous pensons que des rouleaux dont le poids à pleine charge ne dépasserait pas 5000 kilogrammes seraient d'un emploi bien plus satisfaisant. Il nous semble évident que, dans de telles conditions, la machine serait infiniment plus maniable, et qu'elle circulerait facilement et sans danger sur toutes les déclivités ascendantes ou descendantes. Nous pensons, en outre, que la prise des matériaux d'empierrement serait tout aussi bien et plus promptement assurée par des passages réitérés de cette machine beaucoup moins dispendieuse, que par la manœuvre laborieuse de l'ancien rouleau, et même de celui qu'on emploie communément aujourd'hui.

22. La construction des rouleaux compresseurs comporte essentiellement, ainsi que nous l'avons dit, un cylindre en fonte ou en fer pesant de 2500 à 3000 kilogrammes, et des caisses en bois qu'on remplit de matériaux pesants destinés à augmenter progressivement la charge. Ce cylindre roule autour d'un essieu fixé à un bâti horizontal en charpente et en fer, dont les dispositions ont passablement varié depuis quelques années, à cause de la condition, difficile à remplir avantageusement, de ne jamais faire pivoter le cylindre sur lui-même pour le faire avancer et reculer.

À cet effet, d'anciens rouleaux n'avaient qu'un double brancard appliqué directement sur les deux extrémités de l'essieu, et que des contre-poids permettaient de renverser par-dessus le cylindre pour le faire passer de l'arrière à l'avant.

Vinrent ensuite les rouleaux du système Houyau, dont le bâti se compose de deux parties superposées, fixées l'une au brancard et l'autre au cylindre, la première pouvant tourner en glissant sur la seconde par le moyen de deux grands anneaux en fer horizontaux. Cette disposition, analogue à ce que l'on remarque à l'avant-train des voitures à quatre roues, permet ainsi à l'attelage de changer de front sans mouvoir le cylindre et pourvu que l'emplacement le permette, ce qui n'arrive pas toujours sur des voies de communication quelquefois assez étroites.

D'autres ont éludé cette difficulté en ne faisant rien tourner du tout, et plaçant un système d'attelage en avant et un autre en arrière, combinaison vicieuse qui, outre l'embarras de cet allongement de l'ensemble de la machine, oblige à dételer les chevaux à chaque changement du sens de la marche.

Frappé de ces divers inconvénients, M. Bouilliant, constructeur distingué, a pensé qu'il fallait les éviter complétement et revenir aux brancards tournant de l'avant à l'arrière, sauf à réduire autant que possible le développement de ce mouvement. Dans ce but, il a arrondi les quatre angles du bâti, et il en a garni le pourtour d'un rail à double T aux saillies duquel s'accroche l'attache des brancards. Ces derniers sont seuls entraînés par les chevaux autour de la machine, qui demeure complétement immobile pendant ce mouvement partiel.

C'est ce système qui, sauf d'assez nombreuses variations dans la disposition des caisses de surcharge, paraît aujour-

Fig. 3.

d'hui préféré, et que nous représentons dans notre figure ci-dessus. On a notamment eu l'idée de placer devant et derrière le cylindre compresseur deux caisses destinées à recevoir les matériaux formant le poids supplémentaire, et d'installer à la partie supérieure un bassin à réservoir d'eau qui coule lentement, de manière à humecter la surface de roulement et à empêcher l'adhérence si préjudiciable des pierres formant la couche supérieure de la chaussée.

Les deux petites roues qui accompagnent le cylindre sont suspendues en avant et en arrière à une certaine hauteur au-dessus du sol. Elles ne portent qu'accidentellement à terre et lorsque, par une circonstance quelconque, le bâti quitte la position horizontale, soit pendant le mouvement, soit quand la machine est au repos.

23. Enfin la substitution des chaussées empierrées aux pavages, dans les principales voies de communication de nos grandes villes, de Paris en particulier, a amené une réaction en faveur des rouleaux pesants, qui trouvent, dans cette application, l'avantage réel de faire la besogne plus rapidement, tout en évitant le grand inconvénient des attelages nombreux, par l'emploi de la vapeur comme moteur.

Ainsi qu'on peut le voir par la figure ci-après, cette machine a la plus grande analogie avec les locomotives dont l'essai a été tenté à plusieurs reprises pour la traction sur les routes. En élargissant notablement la jante des trois roues, pour les rendre propres à leur nouvelle destination, on a créé le *rouleau à vapeur* actuel qui, s'il ne peut servir aux transports, est au moins devenu un puissant instrument de compression pour les chaussées, puisque son poids atteint 15, 20 et même 25 tonnes de 1000 kilogrammes. Ne perdons pas de vue, toutefois, que cet appareil gigantesque et fort coûteux ne peut avoir sa place que dans les grands centres, et qu'il est tout à fait impropre aux cylindrages sur les routes étroites et sinueuses, dont le nombre et le développement sont encore si grands.

24. Quoi qu'il en soit d'ailleurs de l'adoption de tel ou tel système de rouleau compresseur, la mise en œuvre de cet instrument consiste toujours à le faire circuler sur toutes les parties de la chaussée nouvelle, d'abord à vide pour enchevêtrer les pierres et les serrer les unes contre les autres, puis avec des charges progressivement plus fortes jusqu'au maximum, de manière à remplir les vides entre les pierres par le détritus que produit nécessairement l'écrasement de leurs arêtes.

Il faut du reste, et surtout lorsqu'il s'agit de chaussées composées de matériaux siliceux dont la liaison serait difficile,

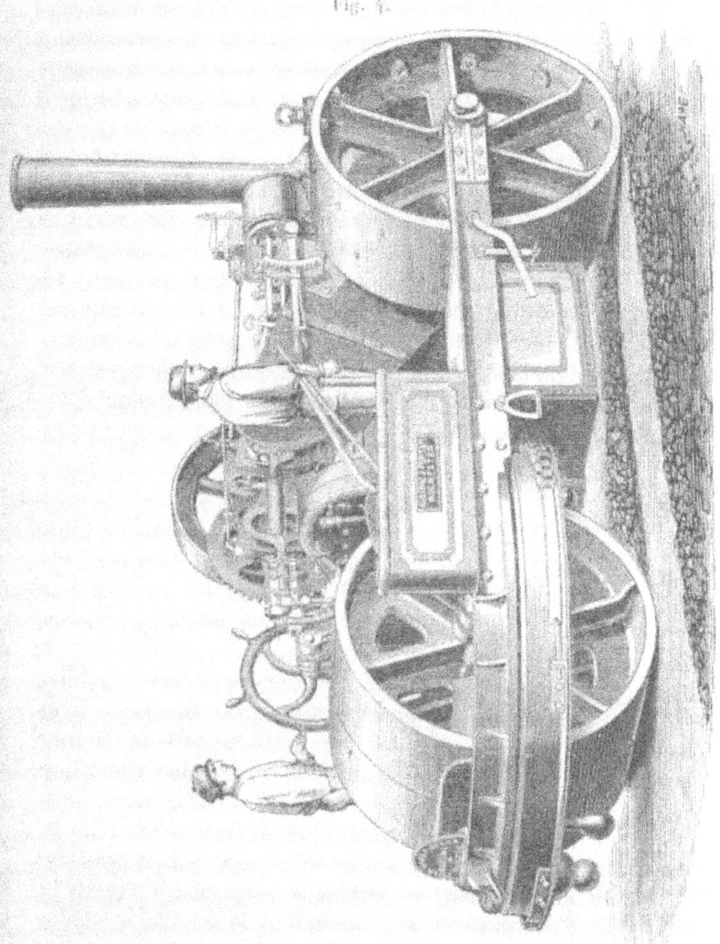

Fig. 4.

faire précéder les derniers passages du rouleau compresseur d'un arrosage suffisant, si l'on opère par un temps de sécheresse, et du répandage d'une certaine quantité de matière liante convenablement choisie, pour faciliter la prise de la couche supérieure et assurer le succès de l'opération. Cette matière d'agrégation doit être légèrement grasse lorsque la pierre est siliceuse, et au contraire très-maigre pour la pierre de nature calcaire.

Pour qu'un cylindrage de chaussée produise les bons résultats qu'on en attend, il ne doit s'opérer que sur une couche de 8 à 12 centimètres. Au delà de cette dernière épaisseur il faut cylindrer en deux couches.

L'époque de l'année où il est le plus avantageux de cylindrer les chaussées est, sans contredit, la belle saison par un temps humide. La forme de l'encaissement est alors sèche et résistante, tandis que l'humidité momentanée de l'atmosphère favorise la liaison des matériaux, et accélère le moment où la chaussée peut être sans inconvénient livrée à la circulation.

Il est, d'ailleurs, prudent de ne pas s'exposer à commencer un cylindrage de chaussée à une époque où la sécheresse soit à craindre, à moins qu'on n'ait de l'eau à proximité pour arroser au besoin l'empierrement.

CHAUSSÉES PAVÉES.

25. On donne le nom de *chaussée pavée* ou de *pavage* à toute chaussée construite en pierres dures de forme à peu près cubique et posées, les unes à côté des autres, sur une épaisse couche de sable qu'on appelle la *forme*, suivant certaines règles que nous allons indiquer :

Si les pierres employées sont irrégulières et brutes, telles que les cailloux roulés par nos fleuves ou les moellons tirés des carrières, on a le simple *blocage*, qui tend tous les jours à disparaître des routes, et que l'on ne trouve plus guère que dans quelques villes du midi de la France. Si les blocs sont, au contraire, équarris et échantillonnés avec soin, c'est le pavage proprement dit, pour lequel on se sert à peu près exclusivement de grès dur, sans exclure cependant le granit, le porphyre ou d'autres pierres qui abondent dans certaines localités.

26. Les pavages effectués en pavés d'échantillon, les seuls dont il puisse être ici question, étant toujours composés de blocs dont les dimensions, sur deux sens au moins, sont à très-peu près uniformes et rectangulaires, on conçoit que les pavés doivent être rangés en lignes continues, exactement comprises entre des plans parallèles. Chacune de ces lignes continues de pavés, formant une zone de largeur régulière, porte le nom de *range*.

En général, un bon pavage doit satisfaire à plusieurs conditions essentielles. Il faut :

1° *Que les chevaux, en exerçant un effort de tirage plus ou moins considérable, y puissent facilement tenir pied.*

Pour obtenir ce résultat, on dispose habituellement le pavage par ranges perpendiculaires au sens du mouvement ; de sorte que, si le pied du cheval vient à glisser sur un pavé, il rencontre presque immédiatement le joint de la range suivante et y trouve un point d'arrêt.

2° *Que les roues ne puissent jamais rencontrer une suite de joints continus en ligne droite.*

Il suffit, pour cela, de faire croiser les joints des ranges successives, de manière que le milieu de chaque pavé corresponde à peu de chose près à un joint de la range qui le précède et de celle qui le suit. L'accomplissement de cette condition ne présente aucune difficulté dans les parties courantes du pavage, et ne nécessite quelque soin que sur la lisière des chaussées ou sur le fil de ruisseaux.

3° *Qu'il n'existe pas, dans un même pavage, des parties plus résistantes les unes que les autres.*

On doit apporter, à cet effet, le plus grand soin à n'employer ensemble que des matériaux satisfaisant aux mêmes conditions de résistance par leurs dimensions et leur dureté. En conséquence, dans les travaux de réparation, il ne faut jamais employer simultanément des pavés neufs et des pavés en partie usés, quoique jugés susceptibles de réemploi.

27. Il est aisé de remarquer que, pour satisfaire à la seconde des trois conditions qui précèdent, il faut absolument avoir soin que la lisière des chaussées soit bordée, de deux en deux ranges, par des pavés ayant environ une fois et demie la longueur normale. De cette façon, en effet, la chaussée pourra se terminer par une ligne droite parallèle à l'axe de la route ; sans quoi les roues, rencontrant successivement les amorces des ranges, disloqueraient bientôt le pavage et y causeraient de profondes dégradations.

Ces pavés, plus longs que les autres, et qui sont destinés à être employés sur le bord des chaussées, se désignent sous le nom de *bordures*. Quand, par usure ou par accident, ces blocs cessent de pouvoir être utilement employés comme bordures, rien n'est plus facile que de les recouper de manière à en tirer parti comme simples pavés.

On conçoit, du reste, que l'emploi des bordures est encore une nécessité, quand il s'agit d'appuyer le pavage contre une autre surface pareille ou contre un trottoir, pour former un caniveau destiné à assurer l'écoulement des eaux pluviales.

28. Un atelier de paveurs, organisé pour faire une chaussée neuve, se compose normalement de *poseurs*, de *servants* et de *dresseurs*.

Les *poseurs* mettent en place les matériaux qui leur sont apportés par les *servants*; ils emploient pour cela un lourd *marteau* de forme particulière (*fig*. 5), dont un des bouts, évasé

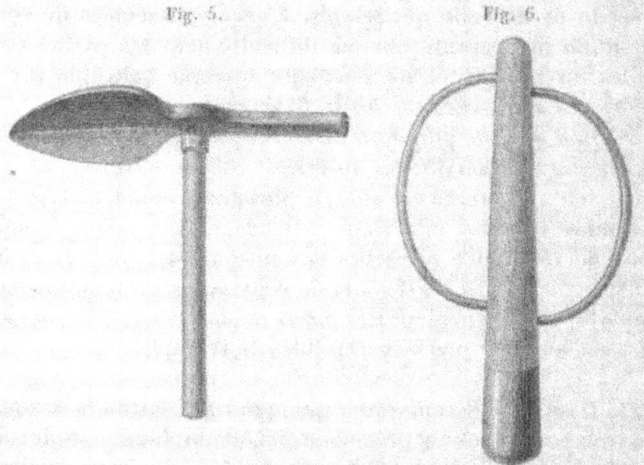

en spatule, sert à fouiller le sable, et l'autre à enfoncer les pavés et à les serrer les uns contre les autres. Ces ouvriers sont en outre munis d'un marteau à deux tranchants, qui leur est indispensable pour corriger les petits défauts que présentent parfois les faces des pavés, ou pour les couper de manière à les adapter à un emplacement déterminé.

Une fois mis en place et fortement assujettis l'un contre l'autre, dans une forme de sable qui en garnit régulièrement tous les joints sur une épaisseur moyenne de 6 à 7 millimètres, et suivant un bombement généralement réglé au cinquantième de la largeur de la chaussée, les pavés sont fortement battus au moyen d'une *hie* ou *demoiselle*, du poids de 25 à 30 kilogrammes. Cette opération a pour double objet la consolidation du pavage et le *dressage* de la surface.

La hie n'est autre chose (*fig.* 6) qu'un pieu garni d'un lourd sabot métallique à sa partie inférieure, et dont le haut est armé de deux bras, au moyen desquels l'ouvrier soulève et laisse tomber l'instrument sur la tête de chaque pavé, jusqu'à ce qu'il l'ait enfoncé au point réclamé par le profil assigné.

29. Quand le battage est terminé, vérifié et provisoirement reconnu bien exécuté, quand on a opéré le remplacement de ceux des pavés qui se sont brisés sous les chocs de la hie, on répand sur la chaussée nouvelle une légère couche de sable, destinée principalement à remplir les vides qui pourraient encore exister entre les pavés. Cette couche de sable ne doit pas être assez abondante pour couvrir extérieurement les pavés et dissimuler les malfaçons ; on l'enfonce dans les joints avec un *bourroir* composé d'une lame de fer dentelée latéralement et fixée au bout d'un long manche. La circulation peut ensuite s'établir sans inconvénient sur le pavage ainsi constitué.

PLANTATIONS.

30. Outre la construction des terrassements et des ouvrages d'art qui forment l'assiette d'une route nouvelle, outre la chaussée qui en est la partie fondamentale et plus directement utile, l'Administration, dans le triple but de contribuer à la sûreté et à l'agrément du voyageur, de maintenir une certaine humidité sur les parties des chaussées qu'une trop grande sécheresse tendrait à désagréger et de créer un produit pour le Trésor, a prescrit de border de plantations, autant du moins que les ressources dont elle peut disposer le permettraient, celles de ses routes qui ont 10 mètres et plus de largeur.

Cette partie, d'abord accessoire, a pris, depuis quelques années, une importance qui donne une grande utilité aux renseignements pratiques qui vont suivre, et qui ont respectivement pour objet le *choix des essences* et la *main-d'œuvre de la plantation*. Nous dirons plus loin de quels soins les plantations doivent être l'objet, pour croître et se développer de manière à remplir leur destination.

31. Le *choix des essences* est le premier soin à prendre pour créer une belle et bonne plantation. On recommande, parmi les essences dures et à croissance lente, l'orme, le frêne, le hêtre, le chêne et le châtaignier; pour les essences tendres et hâtives, les diverses espèces de peupliers, le platane, l'érable et l'acacia sont habituellement préférés. Il est, au contraire, généralement prescrit d'exclure des routes les arbres à fruits, tels que les noyers, les merisiers et les pommiers, qui sont exposés à être mutilés par les passants; les arbres résineux, qui sont arrêtés tout court dans leur développement vertical dès qu'ils viennent à perdre leur flèche; enfin, certains arbres de pur agrément et d'un mauvais produit, tels que le tilleul et le marronnier d'Inde.

En général, la *circonférence* d'un sujet à planter, mesurée à 1 mètre au-dessus du collet de la racine, doit être de 12 à 16 centimètres; la hauteur du fût, depuis le collet jusqu'à la couronne, peut varier de 1^m,80 à 2^m,40, et la hauteur totale de 2^m,30 à 3^m,50, suivant l'espèce des arbres et la disposition de leurs branches. Ces conditions doivent, d'ailleurs, concorder avec l'âge des plants, qui varie de trois à cinq ans pour les peupliers et les acacias, de quatre à six pour les frênes, les hêtres, les platanes et les sycomores, et de cinq à sept pour les ormes et les chênes.

32. Les prescriptions de détail relatives à la *main-d'œuvre de la plantation* sont principalement les suivantes :

1° Raccourcir franchement et en biseau les racines trop longues, ou qui auront été écorchées ou meurtries au moment de l'extraction;

2° Retrancher les branches inférieures et raccourcir les branches latérales, sans trop dégarnir la cime du plant, et surtout sans l'étêter;

3° Préparer, un mois ou quinze jours au moins à l'avance,

des trous carrés présentant moyennement 1ᵐ,20 de côté et 0ᵐ,70 de profondeur, en faisant varier ces dimensions suivant la nature des arbres et des terrains, de manière à conserver un vide d'un mètre cube environ pour la plantation;

4° Rafraîchir les racines en recépant leurs extrémités, et en enlevant toutes les parties meurtries ou desséchées; rafraîchir également le chevelu, ou le couper entièrement s'il est trop sec;

5° Faire couler, avec la pelle et les mains, la terre réduite en poudre fine entre les racines, de manière que le jeune plant soit, après le tassement de la terre, à peu près à la même profondeur que dans la pépinière;

6° Arroser, si faire se peut et si besoin est; dans les terrains argileux, ménager autant que possible aux eaux surabondantes, soit par un tuyau, soit par un petit empierrement, une issue vers les talus ou les fossés de la route;

7° Munir enfin les sujets d'un tuteur et d'une garniture d'épines, pour les défendre contre l'action des vents et contre les atteintes de l'homme et des animaux.

ENTRETIEN DES ROUTES.

33. Les parties constitutives d'une route, quand elle est solidement assise sur ses terrassements et munie de ses ouvrages d'art, sont :

1° La *chaussée*, qui en occupe le milieu et qui est destinée à la circulation ordinaire des voitures;

2° Les deux *accotements*, qui sont réservés pour les piétons, et qui servent aussi pour le passage accidentel des véhicules, chevaux, bestiaux, etc., à moins que des bordures gazonnées ou perreyées ne s'y opposent;

3° Enfin, dans les portions en déblai ou à fleur de sol, les *fossés*, dans lesquels sont reçues les eaux pluviales amenées par la pente transversale de la chaussée et de l'accotement correspondant, ou par l'inclinaison naturelle des terrains environnants.

34. La nature des matériaux qui entrent dans la composition de la chaussée influe naturellement sur le mode d'entretien applicable à chaque route. Sous ce point de vue, nous

avons à introduire ici la distinction capitale des *routes à chaussée d'empierrement* et des *routes à chaussée pavée*, que nous allons successivement examiner, en nous étendant nécessairement davantage sur ce qui concerne les voies empierrées, qui composent aujourd'hui la presque totalité des routes de notre pays.

Nous commencerons toutefois par exposer l'organisation générale du service de l'entretien, organisation qui, par le même motif, a pris ses bases principales dans les nécessités spéciales aux chaussées d'empierrement.

ORGANISATION DU SERVICE. — CANTONNIERS.

35. Il est maintenant hors de doute et de toute contestation que c'est par des soins continus et de tous les instants que l'on donne aux routes empierrées une viabilité constante, et qu'on satisfait aux exigences les plus impérieuses de la circulation. Pour obtenir ce résultat d'une manière certaine, on établit sur les routes des ouvriers qui travaillent isolément sur une portion déterminée du parcours; cette portion, assignée une fois pour toutes à chacun, s'appelle *station* ou *canton*, et l'ouvrier lui-même prend le nom de *cantonnier*.

Ordinairement la longueur de route confiée à un cantonnier varie entre 2000 et 4000 mètres, suivant les allocations de crédits, l'importance de la fréquentation, la plus ou moins bonne qualité des matériaux, et d'après les autres circonstances particulières qui peuvent rendre l'entretien plus ou moins difficile.

Les cantonniers reçoivent un salaire mensuel fixe, dont le taux varie en raison de l'élévation du prix de la main-d'œuvre dans la localité, et en raison de la capacité et du zèle de chaque individu. Pour les stimuler, on leur assure la récompense de leurs efforts et de leurs succès, en les divisant en plusieurs classes progressivement plus rétribuées; des gratifications et des amendes sagement proportionnées viennent rémunérer les efforts momentanés ou punir les fautes passagères; enfin, l'Administration opère mensuellement une retenue sur le salaire des cantonniers, retenue qu'elle verse en leur nom à la Caisse des retraites pour la vieillesse, et qui assure à ces ouvriers et à leurs veuves une modeste pension, pour le temps où la défaillance des forces du chef de famille ou son décès viennent tarir la source du travail rétribué.

36. Pour que les cantonniers ne soient à aucun moment sans direction et sans surveillance, on les groupe par brigades de cinq ou six hommes, en donnant au plus actif, au plus intelligent, au plus consciencieux d'entre eux la haute main sur le travail des autres. Celui-ci, qui prend le titre de *chef-*

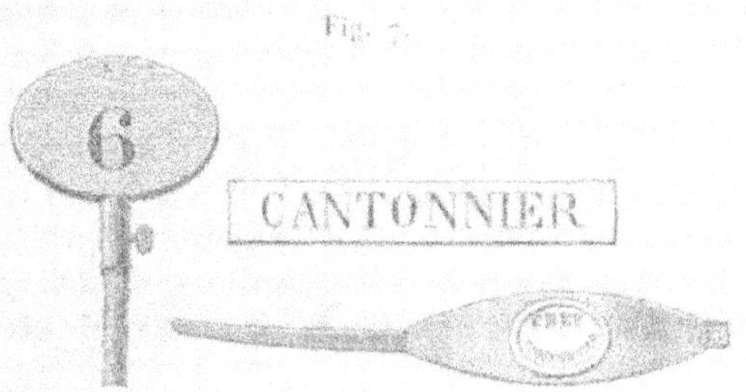

Fig. 7.

cantonnier, et qui porte pour insigne spécial, outre la *plaque* commune au chapeau et le *guidon* réglementaire montrant le numéro de la station, comme on le verra plus loin, un *brassart* indiquant son grade, a naturellement un canton beaucoup plus court que ceux des simples cantonniers, afin qu'il puisse l'entretenir exemplairement, tout en faisant de fréquentes tournées sur les stations de ses subordonnés.

Ces tournées, qui ont pour objet principal de vérifier l'exactitude et l'assiduité de chacun à son travail, et de donner les ordres pour l'emploi ultérieur du temps, doivent se faire à des heures et à des intervalles irréguliers et imprévus. Le chef-cantonnier porte ses investigations sur tous les détails de l'entretien pratique; c'est lui qui prescrit au cantonnier telle et telle nature d'ouvrage à exécuter sur tel ou tel point, et c'est de la ponctualité dans l'obéissance continuelle à ces ordres que résulte en première ligne pour celui-ci l'appréciation de ses titres à une récompense, de même que l'inobservation des prescriptions de son chef l'expose à une punition certaine, quelquefois même au renvoi définitif, selon la gravité ou la fréquence des fautes commises.

Au reste, pour mettre à couvert la responsabilité de tous, chaque cantonnier est porteur d'un *livret*, en tête duquel est imprimé en caractères très-lisibles le règlement qui fixe ses obligations, et sur lequel le chef-cantonnier inscrit succincte-ment, à chacun de ses passages, la date et l'heure de sa visite, le résultat de son examen sur la tenue et le travail du canton-nier, la vérification et la mesure de l'ouvrage exécuté depuis la dernière tournée, enfin les ordres clairs et précis qu'il donne, eu égard à l'état de la route et à celui de l'atmosphère, pour les jours suivants.

De même qu'il est à désirer que chaque cantonnier ait sa demeure à peu près au milieu de la longueur de sa station et non loin de la route, de même le chef-cantonnier doit généra-lement résider et avoir son canton au milieu de la section dont la surveillance lui est confiée. La longueur de cette section varie d'ordinaire entre 10 et 15 kilomètres, selon que le nombre des cantonniers est plus ou moins grand ou, ce qui revient au même, selon que l'entretien de la route réclame des soins plus ou moins assidus.

D'après cet exposé, il est facile de comprendre que l'in-fluence des chefs-cantonniers sur l'état des routes est considé-rable, et qu'on ne saurait apporter trop de soin dans le choix des hommes auxquels sont confiées ces humbles, mais impor-tantes fonctions. Il est inutile de dire que ces ouvriers sont naturellement choisis parmi ceux des cantonniers les plus méritants qui savent lire, écrire et compter ; de là la conve-nance de n'admettre autant que possible, parmi ceux-ci, que des candidats suffisamment lettrés pour pouvoir prétendre à un avancement que le zèle et la bonne conduite seuls ne sau-raient leur faire obtenir.

37. Les obligations des cantonniers des routes sont résu-mées dans un *règlement général* dont nous avons parlé plus haut, et qui a été élaboré par l'Administration supérieure pour ce service important. Nous en donnons ci-après le texte, que chaque conducteur doit avoir constamment présent à la mémoire, pour en exiger l'observation par les ouvriers qu'il em-ploie et pour s'y conformer lui-même en ce qui le concerne :

Règlement pour le service des cantonniers.

Art. 1er. *Définition du service des cantonniers.* — Les cantonniers sont chargés des travaux de main-d'œuvre relatifs à l'entretien journalier des routes, sur une certaine étendue de route qui prend le nom de *canton*.

Ils doivent obéissance, pour tout ce qui a rapport à leur service, aux ingénieurs, conducteurs et autres agents de l'Administration des Ponts et Chaussées.

ART. 2. *Nomination des cantonniers.* — Les cantonniers sont nommés par le préfet, sur une liste de proposition présentée par l'ingénieur en chef, et contenant un nombre de candidats triple ou au moins double du nombre d'emplois à remplir.

Ils sont congédiés par le préfet, sur la proposition ou sur l'avis de l'ingénieur en chef.

ART. 3. *Conditions d'admission.* — Pour être nommé cantonnier, il faut :

1° Avoir satisfait aux lois sur la conscription, et ne pas être âgé de plus de quarante-cinq ans ;

2° N'être atteint d'aucune infirmité qui puisse s'opposer à un travail journalier et assidu ;

3° Avoir travaillé dans des ateliers de construction ou de réparation de routes ;

4° Être porteur d'un certificat de moralité délivré par le maire de la commune ou le sous-préfet de l'arrondissement.

Les postulants qui sauront lire et écrire seront préférés.

ART. 4. *Cantonniers-chefs.* — Tous les cantons de route d'un département seront répartis en circonscriptions, contenant chacune au moins six cantons ; les six cantonniers formeront entre eux une brigade ; l'un d'eux sera *cantonnier-chef* ; il devra savoir lire et écrire ; il sera choisi parmi les cantonniers qui se seront distingués par leur zèle, leur bonne conduite et leur intelligence.

Les cantonniers-chefs auront une station plus courte que celle des autres cantonniers, pour qu'il leur soit possible de vaquer aux devoirs spéciaux qui leur sont imposés.

Ils accompagneront les conducteurs et piqueurs dans leurs tournées.

Ils prendront connaissance des ordres qui seront donnés par ces agents aux cantonniers de leur brigade, et ils veilleront à ce que ces ordres reçoivent leur exécution.

Ils parcourront en conséquence toute l'étendue de leur circonscription au moins une fois par semaine, en faisant varier les jours et les heures de leurs visites, pour s'assurer de la présence des cantonniers ; ils les guideront dans leur travail ; ils rendront compte aux employés de l'Administration sous les ordres desquels ils seront plus spécialement placés, et ils fourniront aux ingénieurs tous les renseignements qui leur seront demandés.

Ils pourront être momentanément employés à surveiller l'exécution et à tenir les attachements des travaux de repiquage des chaussées pavées, et à diriger des ateliers ambulants.

Art. 5. *Signes distinctifs des cantonniers.* — Les cantonniers porteront une veste de drap bleu et un chapeau de cuir, autour de la forme duquel sera écrit en découpure, sur une bande de cuivre de $0^m,28$ de longueur et de $0^m,055$ de largeur, le mot *cantonnier.*

Les cantonniers-chefs porteront en outre, au bras gauche, un *brassart* conforme au modèle arrêté par l'Administration.

Il sera remis, en outre, à chacun des ouvriers un signal ou *guidon* formé d'un jalon de 2 mètres de longueur, divisé en centimètres, ferré par le bas et garni par le haut d'une plaque en forte tôle, de $0^m,24$ de largeur et de $0^m,16$ de hauteur, sur chacune des faces de laquelle sera indiqué, en chiffres de $0^m,08$ de hauteur, le numéro du canton.

Ce guidon sera toujours planté sur la route, à moins de 100 mètres de distance de l'endroit où travaillera le cantonnier.

Art. 6. *Du travail des cantonniers.* — Le travail des cantonniers consiste à maintenir ou à rétablir la route chaque jour et autant que possible à chaque instant, de manière qu'elle soit sèche, nette, unie, sans danger en temps de glace, ferme et d'un aspect satisfaisant en toute saison.

A cet effet, ils devront, suivant les ordres et les instructions qui leur sont donnés au besoin :

1° Assurer l'écoulement des eaux au moyen du curage des cassis, gargouilles, arceaux, et de petites saignées faites à propos partout où elles seront nécessaires, en observant que ces saignées ne devront jamais être faites dans le corps de la chaussée.

2° Faire en saison convenable les terrasses pour ouvrir ou entretenir les fossés, régler les accotements et talus, jeter les terres excédantes sur les terrains voisins, s'il n'y a pas d'opposition (¹), ou les emmétrer pour faciliter leur mesurage ou leur enlèvement.

3° Enlever, dans le plus court délai possible, au rabot ou à la pelle, les boues liquides ou molles sur toute la largeur de la chaussée, quand même il n'y aurait ni flaches ni ornières, et accumuler jusqu'à nouvel ordre, sur l'accotement, ces boues en tas réguliers pour être mesurés s'il y a lieu.

4° Régaler ces boues, lorsqu'elles seront sèches, sur les accotements qui auront perdu leur forme ou qui auront plus de 4 centimètres de pente en travers, et jeter le surplus sur les champs voisins, s'il n'y a pas d'opposition.

(¹) L'Administration a le droit de rejeter les terres provenant du curage des fossés sur les propriétés riveraines; mais, s'il y a opposition, le cantonnier doit s'abstenir jusqu'à nouvel ordre de l'ingénieur (Circulaire du 30 juillet 1835).

5° Redoubler de soin aux approches de l'hiver pour l'exécution de ce qui est prescrit aux deux paragraphes précédents, afin d'éviter les bourrelets de terres gelées.

6° Dans les temps secs, enlever la poussière et la déposer sur les accotements.

7° Déblayer les neiges sur toute la largeur de la route ou au moins de la chaussée, notamment aux endroits où elles s'accumulent et gênent la circulation; les jeter immédiatement sur les champs voisins, s'il est possible, ou les mettre en tas sur les accotements, de manière à indiquer aux conducteurs de voitures l'emplacement de la voie.

8° Casser les glaces de la chaussée et les enlever, et répandre du sable et des gravats, notamment dans les côtes et les tournants trop brusques.

9° Casser aussi les glaces des fossés, et les enlever dans les endroits où elles s'accumulent de manière à faire craindre une inondation de la route lors du dégel.

10° Au moment du dégel, favoriser l'écoulement des eaux et enlever les fragments de glace, les boues et les immondices, afin que les effets de ce dégel nuisent le moins possible au roulage et à la route.

11° Rassembler, casser et emmétrer, en tas distincts et d'une forme particulière, toutes les pierres errantes, mobiles, saillantes ou seulement apparentes, lorsqu'elles auront trop de volume, et celles qui seraient à proximité dans les champs voisins et dont on pourrait disposer pour les approvisionnements de la route.

Casser les matériaux destinés à l'entretien, quand ce cassage ne devra pas être fait par l'entrepreneur de la fourniture.

12° Couper ou arracher les chardons ou autres mauvaises herbes, notamment avant leur floraison.

13° Débarrasser la chaussée des pierres errantes et de tout ce qui peut porter obstacle à la circulation.

14° Nettoyer et débarrasser des terres, plantes et corps étrangers, les plinthes, cordons et parapets des ponts, ponceaux et autres ouvrages d'art.

15° Veiller à la conservation des bornes kilométriques, des poteaux indicateurs et des repères de nivellement établis sur la route.

16° Cultiver et soigner les plantations qui appartiennent à l'État, veiller à leur conservation et à celle des plantations des particuliers; redresser provisoirement tous les jeunes arbres penchés par le vent, et faire généralement partout ce que le bien de la route exige, conformément aux instructions plus particulières qui seront données par les ingénieurs des localités pour l'exécution des dispositions générales ci-dessus.

ART. 7. *Emploi des matériaux.* — Sur les routes à l'état d'entretien, les cantonniers se conformeront, pour l'emploi des matériaux, aux dispositions suivantes :

Ces matériaux seront mis en œuvre au fur et à mesure du besoin, en choisissant toujours pour leur emploi les temps humides, et en évitant surtout les rechargements généraux et les jets de pierres à la volée.

Pour procéder régulièrement, on aura soin de marquer en temps de pluie les flaches et les traces de voitures qui altéreraient sensiblement la forme de la chaussée.

Ces parties dégradées seront nettoyées et piquées particulièrement sur les bords, mais seulement jusqu'à la profondeur nécessaire pour assurer la liaison des matériaux.

Les matériaux provenant du piquage seront purgés de terre et cassés, s'il est nécessaire, avant d'être employés.

On opérera le remplissage des flaches ou traces de voitures, tant avec ces débris qu'avec la quantité nécessaire des matériaux neufs reçus par l'ingénieur. Ils seront battus avec soin, de manière qu'ils fassent corps avec les couches inférieures, et ils seront ensuite arasés suivant la forme de la chaussée.

Les parties ainsi restaurées devront être entretenues avec un soin particulier, jusqu'à ce qu'elles soient complétement affermies.

Quant aux routes qui ne sont pas à l'état d'entretien, et sur lesquelles néanmoins le roulage est établi, on s'attachera à les maintenir en aussi bon état que possible, en employant, avec les soins qui viennent d'être indiqués, les matériaux dont on pourra disposer.

On observera, d'ailleurs, d'arracher les pierres trop grosses et les bordures saillantes qui deviendraient une cause de dégradation, et on ne les remettra en œuvre qu'après les avoir réduites en fragments de grosseur convenable.

Les rechargements plus ou moins étendus à faire sur les routes dégradées seront ordonnés par l'ingénieur, qui désignera également les matériaux à y employer. Les flaches et ornières à recharger devront être préalablement purgées de boue et de terre, et leur surface sera ensuite piquée sur 4 à 5 centimètres de profondeur. On observera, d'ailleurs, de ne répandre les matériaux que par couches de 5 à 6 centimètres, qui seront battues et affermies avec soin.

ART. 8. *Tâches à remplir.* — Pour exciter et soutenir l'activité des cantonniers, les ingénieurs, les conducteurs ou les piqueurs leur assigneront des tâches à remplir dans un temps donné, toutes les fois que les circonstances locales le permettront.

L'indication sommaire de ces tâches sera inscrite sur la partie du livret réservée aux ordres de service.

Les travaux ainsi prescrits seront un des principaux objets de la surveillance, tant des chefs immédiats des cantonniers que de MM. les maires et commissaires-voyers (¹).

(¹) Il n'existe plus de commissaires-voyers. C'étaient des propriétaires que

Art. 9. *Fixation des heures de travail.* — Du 1ᵉʳ avril au 1ᵉʳ septembre les cantonniers seront sur les routes, sans désemparer, depuis 5 heures du matin jusqu'à 7 heures du soir. Le reste de l'année, ils y seront depuis le lever jusqu'au coucher du Soleil. Ils prendront leurs repas sur la route aux heures qui seront fixées par l'ingénieur en chef. La durée totale des repas n'excédera pas deux heures; mais durant les grandes chaleurs elle pourra être portée à trois heures.

Art. 10. *Déplacement des cantonniers.* — Les cantonniers pourront être déplacés, soit isolément, soit en brigades, lorsque les besoins du service l'exigeront impérieusement, pour être dirigés sur les points qui leur seront indiqués.

Ces déplacements ne devront jamais avoir lieu que sur un ordre exprès de l'ingénieur.

Art. 11. *Présence obligée des cantonniers en temps de pluie, de neige, etc.* — Les pluies, les neiges ou autres intempéries ne pourront être un prétexte d'absence pour les cantonniers; ils devront même, dans ces cas, redoubler de zèle et d'activité pour prévenir les dégradations et assurer une viabilité constante dans toute l'étendue de leurs cantons; ils seront autorisés néanmoins à se faire des abris fixes ou portatifs qui n'embarrassent ni la voie publique ni les propriétés riveraines, et qui soient à la vue de la route, à moins de 10 mètres de distance, pour qu'on puisse toujours constater la présence de ces ouvriers.

Art. 12. *Assistance gratuite aux voyageurs.* — Les cantonniers doivent porter gratuitement aide et assistance aux voituriers et voyageurs, mais seulement dans les cas d'accidents.

Art. 13. *Surveillance sur les contraventions en matière de grande voirie.* — Pour prévenir autant que possible les délits de voirie, les cantonniers devront avertir les riverains des routes qui, par des dispositions quelconques, feraient présumer qu'ils pourraient se mettre en contravention. Ils auront l'œil, en conséquence, sur les réparations, constructions, dépôts, anticipations et plantations qui auraient lieu sans autorisation sur la voie publique, dans l'étendue de leurs cantons. Ils devront signaler ces contraventions aux agents de l'Administration, lors des tournées de ces agents, ou même les leur faire connaître immédiatement, soit par correspondance, soit par l'intermédiaire des cantonniers-chefs.

---

la nomination préfectorale investissait d'une certaine charge de surveillance et d'intervention dans le service des routes; mais les inconvénients de cette institution ont bientôt dépassé la somme des avantages qu'on s'en promettait, et elle est peu à peu tombée en désuétude.

Art. 14. *Outils dont doivent être pourvus les cantonniers.* — Chaque cantonnier sera pourvu à ses frais :

1° D'une brouette.

2° D'une pelle en fer.

3° D'une pelle en bois.

4° D'un outil dit *tournée*, formant pioche d'un côté et pic de l'autre.

5° D'un rabot en fer.

6° D'un rabot de bois.

7° D'un râteau de fer.

8° D'une pince en fer.

9° D'une masse en fer.

10° Enfin, d'un cordeau de 20 mètres.

Les cantonniers-chefs devront être pourvus, en outre, de trois nivelettes ou voyants, d'un niveau à perpendicule gradué pour indiquer les pentes et d'un double mètre.

Art. 15. *Outils d'espèce particulière à fournir par l'Administration.* — Il sera remis à chaque cantonnier un anneau en fer de 6 centimètres de diamètre, pour qu'il puisse reconnaître si le cassage de la pierre qu'il aura à répandre sur la route est fait conformément aux prescriptions du devis.

Art. 16. *Fourniture d'outils aux cantonniers à titre d'avance.* — Il pourra être fourni, *à titre d'avance*, aux cantonniers qui n'auraient pas le moyen de se les procurer, les outils qui leur manqueraient. Le remboursement de la valeur de ces outils sera assuré à l'Administration par des retenues successives qui, sauf le cas de renvoi d'un cantonnier, ne pourront excéder le sixième du salaire mensuel.

Art. 17. *Entretien des outils.* — Les cantonniers maintiendront constamment leurs outils dans un bon état d'entretien. S'ils se rendaient coupables de négligence à cet égard, il y serait pourvu d'office par l'Administration, qui se rembourserait de ses frais comme il est dit à l'article 16.

Les outils ne devront être portés à la réparation que dans les intervalles des heures de travail. Les excuses d'absence motivées sur la nécessité de remettre les outils en état ne seront point admises.

Art. 18. *Livret des cantonniers.* — Chaque cantonnier sera porteur d'un livret conforme au modèle joint au présent règlement. Ce livret sera destiné à recevoir les notes sur le travail et la conduite de ces ouvriers, les ordres et instructions qui leur seront donnés et l'indication des tâches qui pourront leur être assignées. Il devra être représenté par eux aux agents chargés de la surveillance des routes, toutes les fois qu'ils en seront requis, sous peine d'une retenue d'une journée de salaire pour chaque fois qu'ils auront négligé de se munir de cette pièce, et d'une retenue triple dans le cas où ils l'auraient perdue.

Art. 19. *Moyen de constater les absences des cantonniers.* — Les absences et les négligences des cantonniers seront constatées par les ingénieurs et les agents de l'Administration employés sous leurs ordres ; il en sera fait note par ces agents dans les livrets dont il vient d'être parlé.

Elles pourront aussi être constatées par les gendarmes en tournée, et par les maires des communes sur le territoire desquelles les cantons seront situés.

Art. 20. *Congés lors des moissons.* — Dans les temps de moissons, et lorsque la route sera en bon état, les cantonniers pourront obtenir des congés de l'ingénieur ordinaire, sous l'autorisation de l'ingénieur en chef. Ils ne recevront aucun traitement pendant la durée de ces congés, à l'expiration desquels ils devront être exactement rendus à leur poste ; sinon ils seront immédiatement remplacés.

Art. 21. *Remise du livret et des signes distinctifs lors du renvoi d'un cantonnier.* — Lorsqu'un cantonnier sera renvoyé, il fera à l'ingénieur la remise de son livret, de son guidon, de son anneau et des signes distinctifs qu'il aura portés à son bras et à son chapeau. Faute par lui de faire cette remise, il sera opéré une retenue du double de la valeur de ces objets sur ce qui lui sera dû pour salaire au moment de son renvoi.

Art. 22. *Classement et salaires des cantonniers.* — Les cantonniers de chaque département seront divisés en trois classes égales en nombre, dont le salaire, pour chacune des classes, sera fixé par le préfet, sur la proposition de l'ingénieur en chef.

Le classement se fera chaque année par l'ingénieur en chef, sur le rapport de l'ingénieur ordinaire, et d'après les services des cantonniers dans le courant de l'année précédente.

Les cantonniers-chefs seront divisés en deux classes pareillement égales en nombre. Leurs salaires seront fixés, comme ceux des cantonniers ordinaires, par le préfet, sur la proposition de l'ingénieur en chef.

Art. 23. *Indemnités de déplacement.* — Les cantonniers qui sortiront de leurs cantons par ordre de l'ingénieur recevront en indemnité un cinquième en sus de leur salaire, et trois cinquièmes chaque jour qu'ils auront découché.

Il ne sera point alloué d'indemnité de déplacement aux cantonniers-chefs, si ce n'est dans le cas où ils sortiraient de la circonscription de leurs brigades. Dans ce cas, les indemnités auxquelles ils auront droit seront réglées comme il vient d'être dit pour celles qui seront payées aux simples cantonniers.

Art. 24. *Encouragements annuels.* — Chaque année, sur le rapport de l'ingénieur en chef, il pourra être accordé, par le préfet, au cantonnier le plus méritant de chaque arrondissement d'ingénieur ordinaire, une gratification qui n'excédera pas un mois de salaire.

Une semblable gratification pourra être également accordée à celui des cantonniers-chefs du département qui, pendant l'année, aura rendu les meilleurs services.

ART. 25. *Retenues pour cause d'absence.* — Tout cantonnier qui ne sera pas trouvé à son poste par l'un des agents ayant droit de surveillance sur la route pourra subir une retenue de trois jours de solde la première fois, de six jours en cas de récidive, et être congédié la troisième fois.

Ceux qui, sans s'être absentés, n'auront pas assez travaillé pendant le mois, ou qui auront négligé le service dont ils étaient chargés, éprouveront une retenue suffisante pour payer la réparation des dégradations qui seraient résultées de leur négligence.

Une partie de ces retenues pourra être allouée par l'ingénieur en chef, sur le rapport de l'ingénieur ordinaire, au profit de ceux des cantonniers qui, par leur zèle et leur travail, auront mérité des encouragements.

38. Tel est, sous la direction immédiate des conducteurs et sous le contrôle hiérarchique des ingénieurs, le mécanisme complet de l'entretien des routes empierrées, en ce qui concerne le personnel des ouvriers et des agents chargés de les diriger.

Rien n'est à changer à ce que nous avons dit, quand il s'agit de routes pavées; seulement, le système d'entretien continu étant surtout spécial aux chaussées en empierrement, les cantonniers stationnaires n'ont à s'occuper pendant une grande partie de l'année, sur les voies à chaussée pavée, que des soins à apporter aux accotements, aux fossés, aux talus et autres dépendances de la route. On conçoit que, dans ce cas, les cantons ont nécessairement des longueurs beaucoup plus considérables que dans l'autre.

Nous verrons plus tard suivant quel mode s'exécutent les réparations temporaires et périodiques qui constituent l'entretien des chaussées pavées, soit que ce travail se fasse par les mains des cantonniers eux-mêmes, soit qu'un entrepreneur en soit chargé.

APPROVISIONNEMENT ET CONSERVATION DES FOURNITURES.

39. La fourniture des matériaux nécessaires à l'entretien des routes se fait par des entrepreneurs devenus concession-

naires de ce travail pour un bail de plusieurs années, à la suite d'une adjudication publique.

Dès le commencement de chaque année, et sans attendre la notification officielle des crédits affectés à l'entretien de telle et telle partie de route, l'ingénieur ordinaire délivre à l'entrepreneur de chaque lot un *état d'indication provisoire* de la quantité approximative et de la distribution des matériaux à fournir dans l'étendue de ce lot.

Cet état provisoire est un peu plus tard remplacé par un *état d'indication définitive*, dressé par l'ingénieur ordinaire d'après le chiffre du crédit de l'année et approuvé par l'ingénieur en chef. Ce second document arrête définitivement, comme l'indique son nom, les obligations de l'entrepreneur pour l'exercice courant.

40. D'après les prescriptions des devis d'entretien, il est ordinairement enjoint aux entrepreneurs d'avoir approvisionné, soit les trois quarts des matériaux demandés au 1er août et la totalité au 1er octobre, soit la totalité au 1er septembre de chaque année.

On ne peut se dissimuler que l'accomplissement de cette clause peut présenter parfois d'assez grandes difficultés, à cause de la coïncidence de ces échéances avec celles des travaux des champs qui occupent le plus grand nombre des bras, mais surtout par suite du temps précieux perdu par les entrepreneurs pendant les premiers mois de la campagne. Ce n'est, en général, qu'après la moisson que ces derniers s'occupent avec quelque vigueur de l'approvisionnement des routes, et il est alors presque toujours trop tard pour qu'ils puissent satisfaire aux obligations qui leur sont imposées. Aussi ne peuvent-ils s'étonner, moins encore se plaindre, des mesures prises, s'il y a lieu, pour obtenir le strict accomplissement de leurs obligations, et pour assurer l'application de la sanction pénale stipulée par les conditions de leur marché. Nous voulons parler de la retenue du dixième de la valeur des matériaux manquants ou ne remplissant pas toutes les conditions prescrites à l'époque fixée pour la mise en état de réception.

41. Voici, d'ailleurs, la série des mesures que tout conducteur, s'il veut mettre à couvert sa propre responsabilité, ne

doit pas hésiter à provoquer contre les retardataires, en tenant scrupuleusement ses chefs au courant de l'avancement graduel et de l'état des fournitures :

Lorsque, à l'une des époques fixées, la quotité prescrite de l'approvisionnement n'a pas été fournie, et que l'on prévoit d'ailleurs, d'après les ressources dont dispose l'entrepreneur ou d'après sa manière de faire habituelle, qu'il lui sera impossible de terminer ses fournitures pour l'époque qui lui a été assignée, on le fait *mettre en demeure*, par arrêté du préfet, de fournir une quantité convenablement déterminée de matériaux dans un temps donné, ou d'employer à ses travaux tant de voitures et d'ouvriers par jour, sous peine de voir ces nouvelles prescriptions exécutées à ses frais et à la diligence de l'Administration des Ponts et Chaussées.

Si cette menace ne produit pas son effet dans le délai fixé par l'arrêté lui-même, l'ingénieur dresse un procès-verbal constatant l'inexécution des conditions imposées par la mise en demeure, et un second arrêté préfectoral déclare que l'entreprise est *mise en régie* à partir de la notification qui en sera faite à l'entrepreneur ; ce qui veut dire que l'État opérera par ses propres agents, au lieu et place, mais aux frais et pour le compte dudit entrepreneur, jusqu'à l'entier achèvement des fournitures demandées par l'état d'indication.

Nous ne nous étendrons pas davantage, en ce moment, sur les détails de l'exécution des travaux en régie au compte de l'entrepreneur ; nous nous contenterons de dire que l'application de cette mesure est presque toujours et presque nécessairement onéreuse pour ses intérêts, à raison des circonstances mêmes dans lesquelles elle a été prononcée, et de la rapidité exceptionnelle qu'elle oblige à donner aux travaux, les excédants de prix et de dépenses étant prélevés sur les sommes qui peuvent être dues à l'entrepreneur, sans préjudice des droits à exercer contre lui en cas d'insuffisance. Il est, du reste, entendu que si la régie, ou l'adjudication sur folle enchère qui peut en être la conséquence, amenait au contraire une diminution dans les prix de revient des ouvrages, l'entrepreneur ne pourrait réclamer aucune part de ce bénéfice, qui resterait acquis à l'Administration. Cette matière sera, dans une autre partie de ce Volume, l'objet d'un examen plus approfondi et d'explications plus détaillées, lorsque nous parlerons du mécanisme général de l'exécution des travaux publics, et notamment des rapports du service des Ponts et Chaussées avec les entrepreneurs.

42. Les matériaux fournis pour l'entretien des chaussées sont ramassés dans les champs ou extraits des carrières sous des grosseurs très-variables, et les entrepreneurs les font réduire à des dimensions telles, que chaque pierre puisse passer dans tous les sens à travers un anneau de $0^m,06$ de diamètre. Ces pierres, soigneusement purgées de terre, d'argile, de toutes autres matières étrangères et des détritus qui n'auraient pas la grosseur minimum fixée par le devis, sont déposées, par tas de 1 mètre et en des points désignés par les agents de l'Administration, sur les accotements de la route, dont l'un est affecté à la fourniture de l'année courante, et dont l'autre, généralement encore garni des restes des approvisionnements antérieurs, recevra la fourniture de l'année suivante.

43. Quelquefois, l'état d'indication oblige l'entrepreneur à fournir une certaine quantité de pierres brutes, destinées à être cassées par les cantonniers dans les moments où l'état de la route ou de l'atmosphère ne leur permet pas de trouver un emploi plus utile de leur temps. Cette disposition est justifiée en principe et figure, d'ailleurs, à l'article 6 du règlement : elle a cependant en pratique l'inconvénient de placer les matériaux fournis par l'entrepreneur en parallèle avec ceux qu'ont cassés les cantonniers, lesquels font généralement plus chèrement ce qu'ils ne font pas habituellement. Sans proscrire donc d'une manière absolue le cassage par les cantonniers, nous estimons qu'il convient d'en user avec une grande réserve, et seulement pour occuper ces ouvriers quand ils ne peuvent faire autre chose, ou pour se procurer des spécimens de cassage perfectionné à offrir en exemple à l'entrepreneur.

44. Pour éviter l'encombrement et le désordre sur la route, pour apporter un obstacle à toute fraude et pour rendre le contrôle et les vérifications plus faciles, les tas sont *emmétrés*, sur l'accotement ou dans des gares spéciales dont quelques routes sont pourvues, sous la forme d'un prisme quadrangulaire dont les extrémités sont coupées suivant des inclinaisons pareilles à celles des deux faces latérales. Les dimensions

réglementaires de ces tas, dont chacun est compté pour 1 mètre cube, ressortent d'ailleurs de la figure ci-contre.

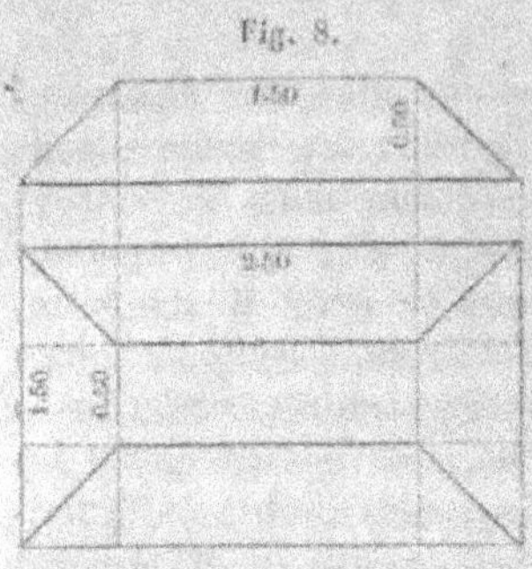

On peut facilement voir que ce solide ne diffère d'un mètre cube que d'une quantité insignifiante. Il suffit, pour cela, d'imaginer quatre plans verticaux passant par les quatre arêtes de la base supérieure; on décompose ainsi le tas :

1° En quatre pyramides quadrangulaires égales placées aux angles;

2° En quatre prismes triangulaires respectivement placés au milieu de chaque côté;

3° En un parallélépipède rectangle, au centre.

Or, les quatre petites pyramides ont chacune pour base un carré de $0^m,50$ de côté; ces quatre solides partiels, réunis ensemble suivant leur arête verticale, formeraient une autre pyramide quadrangulaire dont la base serait encore un carré de 1 mètre de côté; la hauteur étant $0^m,50$, le cube correspondant est $1 \times \dfrac{0,50}{3}$ ou 0,167

Les prismes ont pour section verticale commune un triangle de $0^m,50$ de base et $0^m,50$ de hauteur; leur longueur ensemble est de 4 mètres, et leur cube total est $0^m,50 \times \dfrac{0,50}{2} \times 4$ ou 0,50

Enfin, le parallélépipède central a pour dimensions $0^m,50$ en hauteur et en largeur, et $1^m,50$ de longueur; il a donc pour expression de son volume le produit de ces trois quantités, ou 0,375

Cube total du tas en mètre 1,042

Nous devons, toutefois, faire remarquer que la forme assignée aux tas de pierres cassées qui viennent d'être décrits ne s'applique que très-difficilement aux cailloux roulés et aux graviers, qui, dans certaines contrées, sont à peu près exclusivement employés pour la construction et l'entretien des chaus-

sées. Il est donc alors nécessaire d'adopter des talus plus
doux, et l'on remplace généralement dans ce but la plate-
forme supérieure par une arête unique de $1^m,50$ de longueur,
égale à la moitié de la longueur totale du tas. On conserve
la largeur de $1^m,50$, et la hauteur est portée à $0^m,54$, de telle
sorte que le solide total représente encore sensiblement un
mètre cube, comme il est facile de s'en assurer par un calcul
analogue au précédent.

45. Nous insistons à dessein sur les détails de l'emmétrage
des matériaux d'entretien des routes, parce que cette main-
d'œuvre a une importance spéciale dont on ne saurait trop se
pénétrer. C'est elle qui permet à l'ingénieur, personnellement chargé de faire la réception des
fournitures, de mesurer rapidement un
grand nombre de tas sans traîner après
lui une boîte métrique. Quelques-uns
emploient même à cet effet un instrument fort simple, vulgairement appelé
sauterelle, qui est construit suivant la
disposition du croquis ci-contre, en

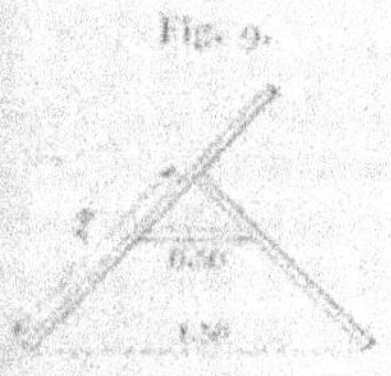

bois léger et autant que possible inflexible, et qui, au moyen
d'articulations ménagées à la jonction de ses différentes parties, peut se transformer en une canne ordinaire facile à porter avec soi dans les tournées.

En plaçant la sauterelle en travers d'un tas régulièrement emmétré, elle en embrasse exactement la surface. La
distance des deux pointes donne la longueur de la base supérieure; quand à celle de la base inférieure, il faut appliquer
d'abord la précédente, puis renverser l'instrument autour de
la pointe de la longue branche sur laquelle est ostensiblement
marquée une longueur de 1 mètre.

Avec un peu d'habitude, on se sert de la sauterelle avec une
grande rapidité, et elle est d'un usage très-commode dans les
mains du conducteur chargé, sous sa responsabilité, de contrôler la fourniture à toutes les époques de l'approvisionnement, et de faciliter ainsi la tâche de l'ingénieur, en lui expo-
sant avant la réception son impression personnelle sur les
qualités ou les défauts des matériaux. Celui-ci, muni de ces
renseignements, arrive alors et fait immédiatement remanier

sous ses yeux, par les soins de l'entrepreneur toujours présent ou du moins toujours convoqué, les tas que la vérification à la sauterelle lui a signalés comme trop faibles, en prescrivant de régulariser devant lui la section transversale et l'inclinaison des deux pans extrêmes. La longueur est alors la seule dimension défectueuse, et le tas soumis à l'examen ne diffère plus du tas normal que par un prisme intermédiaire droit, ayant pour base la section transversale normale, et pour hauteur la différence entre la longueur prescrite et celle qui résulte de la nouvelle main-d'œuvre.

Or la section transversale a pour mesure

$$0,50 \times \frac{1,50 \times 0,50}{2}, \text{ ou } 0,50 \times \frac{3}{2}, \text{ ou } 0,50,$$

et le volume du prisme manquant qui, comme on le sait, a pour expression le produit de la base par la hauteur, n'est alors numériquement autre chose que la moitié de la longueur qui fait défaut au tas remanié. Si par exemple un tas, soumis à l'épreuve expéditive de la sauterelle et soupçonné d'avoir un cube insuffisant, n'avait, après le réenmétrage indiqué ci-dessus, que 2,20 de longueur au lieu de 2,50, le déficit réel serait égal à $\frac{0,30}{2}$ ou à 0,15 de mètre cube.

Une telle opération se ferait également, sauf quelques différences dans les chiffres, avec la sauterelle appropriée au gabarit modifié pour les cailloux roulés; mais on ne doit pas oublier que la vérification la plus plausible, en cas de contestation, consiste à jeter les matériaux litigieux dans une boîte métrique, que le fournisseur peut toujours être astreint à tenir dans ce but à la disposition des agents de l'Administration pendant tout le cours des tournées de réception.

Cette facile appréciation une fois faite sur les tas qui lui paraissent le plus défectueux sous le rapport de la quantité des matériaux, l'ingénieur peut appliquer, aux termes du devis, le déficit le plus considérable à tous les tas présentés à sa réception. C'est à sa conscience et à son esprit d'équité de décider si l'entrepreneur a, par sa mauvaise foi ou par sa négligence, mérité cette mesure sévère, et si l'état général de la fourniture justifie son application. Dans ce cas, et quelque rigoureuse que cette peine puisse paraître, il n'est pas moins nécessaire de la prononcer sans hésitation, d'une part pour obliger les entrepreneurs à donner à tous les tas un cube uniforme, d'autre part pour que ce cube ne soit jamais au-dessous de celui qu'ils doivent fournir.

Quant aux prix des mains-d'œuvre qui, à la suite d'un examen attentif, auraient été reconnues mal faites, telles que cassage, nettoyage ou emmétrage, on les retranche de la valeur de la pierre, en se conformant aux indications données par le sous-détail des prix.

46. Une autre considération de la plus grande gravité vient encore se joindre aux précédentes pour rendre indispensable l'emmétrage soigné de tous les tas de matériaux destinés à entretenir les routes. Le devis a bien laissé à la charge de l'entrepreneur le soin de veiller sur les fournitures qu'il a faites, et l'a naturellement rendu responsable de leur conservation jusqu'à leur réception; mais, à partir de ce moment, les agents de l'Administration doivent exercer sur les approvisionnements une surveillance active, et ce contrôle serait à peu près impossible et illusoire si les matériaux n'étaient pas disposés sous une forme unique, bien caractérisée, qui rendît le détournement de tout ou partie d'un tas difficile à dissimuler.

En un mot, l'emmétrage est une mesure d'ordre et de conservation, et l'on ferait une fort mauvaise économie en cherchant à diminuer le prix de revient des fournitures par la suppression de cette main-d'œuvre, que l'Administration supérieure a d'ailleurs prescrite formellement dans les modèles de ses devis, et qui contribue puissamment à donner aux routes et à leurs dépendances un aspect satisfaisant.

PRINCIPES SPÉCIAUX D'ENTRETIEN ET DE RÉPARATION DES CHAUSSÉES EN EMPIERREMENT.

47. Nous ne saurions mieux faire, pour exposer les principes de cette matière si importante, que de reproduire à peu près dans son entier la circulaire adressée, le 25 avril 1839, aux préfets et aux ingénieurs, par feu M. Legrand, alors Directeur général des Ponts et Chaussées et des Mines. Sans doute il est, dans les procédés de l'entretien des routes empierrées, des différences qu'il faut admettre et qui tiennent aux divers

climats, à l'espèce des matériaux et à la nature du sol; mais cependant il est constant qu'il y a aussi quelques règles générales, et ces principes ne sauraient être établis plus clairement et avec plus d'autorité qu'ils ne le sont dans la circulaire précitée, d'où les pages qui suivent sont textuellement tirées :

Je supposerai d'abord les routes arrivées à l'état normal d'entretien ; je les considérerai ensuite dans l'état de dégradation où elles se trouvent encore malheureusement sur une assez grande partie de leur longueur, et j'indiquerai, pour chacun de ces deux cas, les procédés généraux qu'il me paraît utile d'employer, et qui n'excluent d'ailleurs ni les procédés particuliers, ni cette foule de soins et de précautions de tout genre que MM. les ingénieurs doivent mettre partout en usage pour assurer la viabilité des communications confiées à leur surveillance.

1° *Entretien des routes.*

Lorsqu'une route est en bon état, que la chaussée est saine et unie, par conséquent sans ornières, sans flaches, sans boue et sans poussière, que les accotements et les fossés ont le profil convenable, on peut toujours maintenir cet état de choses pendant toutes les saisons, quelle que soit la fréquentation, par de bonnes méthodes d'entretien.

Dans une bonne méthode d'entretien, il n'y a jamais que deux opérations à faire :

1° L'enlèvement continu de l'usure journalière de la route, soit en boue, soit en poussière.

2° L'emploi des matériaux qui doivent remplacer cette usure.

Ces deux opérations bien faites, et faites à propos, préviennent les dégradations; la route frayée dans tous les sens ne fait plus que s'user parallèlement à sa surface.

Enlèvement de l'usure. Poussière. — Lorsque les voitures ont circulé pendant plusieurs jours sur une route telle que nous venons de la définir, si le temps est sec, la route se couvre bientôt d'une petite couche de poussière. Cette poussière gêne les voyageurs et les chevaux, nuit aux propriétés riveraines, rend la route plus tirante, et, si une pluie continue survient, elle se change en boue, et la boue amène des ornières et des dégradations de toute espèce. Dans l'intérêt de la viabilité comme dans celui de l'entretien de la chaussée, il faut donc enlever la poussière. Cet enlèvement peut se faire comme celui de la boue, au racloir ; mais, à cause des petites inégalités du sol, cet outil ne peut être utilement employé que lorsque la poussière a une certaine épaisseur, c'est-à-dire lorsque depuis longtemps elle est déjà nuisible ; enfin il en laisse une quantité encore sensible. Le balai de bouleau convient beaucoup mieux pour cette opération ; pénétrant dans toutes les inégalités et concavités de la surface, il en enlève tout ce qui est mobile, et par conséquent inutile et nuisible. L'opération du balayage est trop simple pour avoir besoin d'être expliquée. Cependant il ne sera peut-être pas inutile de dire que, par un temps très sec et sur les chaussées en gravier, on ne doit pas balayer aussi serré que sur des chaussées en calcaire ; on désagrégerait ainsi beaucoup de petits matériaux de la surface. Sur ces chaussées, c'est après une petite pluie que le balayage fait le meilleur effet.

Une route bien balayée, si la pluie survient, ne présente pendant plusieurs jours aucune trace de boue. La surface de la chaussée est parfaitement unie et comme glacée ; quelques heures de temps sec suffisent pour la sécher complétement. La poussière, en effet, absorbe et retient l'humidité ; en parcourant une route dans cette circonstance, on peut, par le degré de siccité des diverses parties, retrouver l'ordre dans lequel elles avaient été balayées avant la pluie.

2° Boue. — Mais si l'humidité continue, la chaussée devient d'abord grasse, puis se recouvre de boue dont la couche va s'épaississant ; il faut alors l'enlever promptement, parce que la boue rend le frayé des voitures très apparent, et, comme ce frayé est plus roulant que le reste de la chaussée, les voitures cherchent et parviennent à le suivre, maintenues qu'elles sont par les deux bourrelets latéraux ; on aurait donc bientôt des ornières. Mais si l'on a le soin d'enlever la boue au racloir au fur et à mesure qu'elle se forme, les voitures continuent à marcher dans tous les sens. La chaussée, quoique plus tendre, quoique plus facile à entamer, reste cependant unie. Chaque voiture laisse bien une impression visible, mais il serait impossible à la voiture suivante de s'y placer exactement : ainsi le milieu de la bande va passer là où était tout à l'heure le bord de la précédente, et remettre à leur place les molécules qui tendaient à se soulever. Il n'y a point de dégradation ou de déformation par la pluie comme par la sécheresse ; il n'y a que de l'usure.

Je viens de dire que la boue devait être enlevée au racloir ; c'est l'outil le plus avantageux lorsqu'elle est grasse ; mais, lorsqu'elle est liquide, le balai réussit parfaitement. Quoi qu'il en soit, jamais la boue ne peut s'enlever aussi exactement que la poussière. Ainsi, lorsque le temps sec succède à la pluie, on a quelquefois un peu de poussière là où l'on n'avait pas de boue, tandis qu'on n'a jamais de boue là où l'on n'avait pas de poussière.

Avec l'enlèvement continuel de la poussière et de la boue, la chaussée peut être maintenue toujours unie, toujours roulante ; mais elle s'aplatit, se creuse, et l'on atteindrait le fond de l'encaissement, si l'on ne remplaçait pas le détritus enlevé ; c'est le but de la seconde opération de l'entretien, l'emploi des matériaux.

Emploi des matériaux. — L'emploi des matériaux est une opération nécessaire, essentielle même ; mais elle n'a pas le même caractère d'urgence que l'opération du balayage ; la chaussée s'use en effet fort lentement, et il est indifférent que, si 25 centimètres sont son épaisseur normale, elle n'ait, à un moment donné, que 24, 23, 22 centimètres ; c'est un inconvénient dont le public ne s'aperçoit pas. On peut donc choisir, pour l'emploi des matériaux, le moment le plus convenable. Sous ce rapport, les temps pluvieux ont sur les temps secs un avantage immense. Des matériaux placés dans un moment où la chaussée est dure et où le temps est sec ne se lient point, et s'écrasent sans pénétrer dans la masse de l'empierrement ; employés, au contraire, par les temps humides, avec le soin convenable, ils pénètrent dans la chaussée sans s'écraser et ne gênent que peu le roulage.

Lors donc que les circonstances atmosphériques sont convenables, que des pluies fréquentes ont amolli la surface et qu'on ne craint pas de gelée, on doit commencer l'emploi des matériaux. Le principe qui doit guider le cantonnier dans cette opération, qui rend le tirage un peu plus pénible sur certains points, c'est de ne pas créer de motif déterminant pour les voitures de suivre une direction plutôt qu'une autre, et cela est facile là où le curage et le balayage ont été faits avec soin. On ne voit point alors de ces longues dépressions, soit au milieu, soit sur les côtés de la chaussée, qui semblent demander un emploi étendu des matériaux. Une chaussée qui a subi l'enlèvement continu des détritus ne présente sur sa surface que de légères flaches (¹) que la pluie rend apparentes. Ces flaches sont réparties d'une manière irrégulière à droite, à gauche et au milieu ; elles indiquent l'emplacement des matériaux à employer. Ces flaches, d'une profondeur de 2 à 3 centimètres environ au milieu et qui se réduit à rien sur les bords, doivent être piquées dans leur contour de manière à donner un point d'arrêt ; on y place ensuite les matériaux en les arrangeant avec soin, les plus gros au milieu, les plus fins sur les bords. Cet emploi ne doit avoir que 2 ou 3 mètres de longueur, 1 à 2 mètres de largeur au plus. La même opération se répète sur toutes les parties déprimées. Cependant, si elles étaient en grand nombre, il ne faudrait pas les recharger toutes ainsi ; il faudrait choisir les flaches les plus profondes et attendre la prise de celles-ci pour remplir les suivantes ; sans cela, la gêne imposée au roulage sur cette partie de la route serait trop considérable ; il vaut beaucoup mieux, dans son intérêt, la répartir sur un temps plus long. Il ne faut pas non plus l'accumuler sur un même point ; ainsi le cantonnier ne doit pas commencer l'emploi par le commencement de son can-

---

(¹) Lorsque je dis que dans une bonne méthode d'entretien on n'a ni boue, ni poussière, ni ornière, ni frayé, ni *flache*, il ne faut pas attribuer à ces mots, excepté aux ornières et frayés, un sens rigoureux et absolu. Il y a évidemment un peu de poussière et de boue là où on les enlève ; mais il n'y en a que quelques millimètres ; il y a aussi des flaches, mais les plus profondes ne doivent pas avoir plus de 3 centimètres.

ton, pour le finir à l'extrémité; il doit le commencer là où les flaches lui paraissent le plus profondes et le plus nombreuses, toujours ainsi pour terminer par les parties les moins usées.

Lorsque, sur une longueur de 40 ou 50 mètres, on a ainsi rempli les flaches avec les soins qui viennent d'être prescrits, ce serait une erreur de croire que cette partie de route est restaurée, et qu'on peut passer à une autre en l'abandonnant quelque temps. C'est la faute la plus grave, et malheureusement la plus fréquente que commettent les cantonniers. En effet, quoique les flaches soient remplies, les matériaux y sont mobiles; ils sont aussi dérangés par les roues, par les pieds des chevaux; il faut, avec le râteau, les ramener à leur place, pour qu'ils ne soient pas rencontrés isolément par les roues et écrasés inutilement. Malgré le soin mis dans la répartition des emplois pour dérouter les voitures, elles finissent quelquefois par préférer une direction dans laquelle le frayé se prononce; il faut promptement l'effacer, faire quelquefois de nouveaux emplois, enlever ou diminuer ceux qu'on reconnaîtrait mal placés, sauf à y revenir plus tard; il faut curer la bone que les matériaux font sortir de la chaussée en y pénétrant; en un mot, il faut que le cantonnier soit bien convaincu qu'il n'y a pas de partie de route qui réclame plus de soin, de vigilance et d'attention que celle où il a fait récemment un emploi de matériaux. Il doit donc y revenir sans cesse, jusqu'à ce que la prise soit faite; ce n'est qu'alors que son opération est terminée. On est d'ailleurs largement indemnisé de tous ces soins par l'économie des matériaux, qui s'incorporent dans la chaussée presque sans perte, et par les dégradations qu'on évite, dégradations dont la réparation serait bien autrement dispendieuse.

De la quantité des matériaux à employer. — On pourrait objecter à la méthode d'emploi qu'on vient d'exposer d'être insuffisante, en ce que le remplissage exact des flaches ne sera pas l'équivalent du détritus enlevé, et que, par conséquent, l'épaisseur de la chaussée ira toujours en diminuant. Il pourra en être ainsi, en effet, lorsque le profil demandera à être baissé; on pourra même diriger le curage de manière que les flaches s'effacent sans emploi de matériaux; mais, lorsqu'on voudra relever le niveau de la route sur certains points, rien ne sera si facile. L'expérience, en effet, apprend que, quelque temps après qu'on a fait un premier emploi de matériaux, il se représente de nouvelles flaches qui disparaissent peu à peu par l'effet du passage des voitures et du curage, mais dont on peut profiter pour augmenter l'épaisseur de la chaussée en y faisant de nouveaux emplois qu'on peut renouveler ainsi cinq ou six fois dans un hiver. On est donc libre de mettre sur une partie de chaussée à peu près ce qu'on veut de matériaux. Or, lorsque l'entretien est dans son état normal, il faut qu'il y ait compensation exacte entre le poids de ce qu'on fait entrer dans la chaussée et le poids qu'on en retire; mais il n'est pas nécessaire que ce poids soit tout entier en matériaux, car une chaussée,

même parfaite, contient encore beaucoup de détritus qui sont essentiels
pour en remplir tous les vides. Si pendant l'année on a ôté 100 mètres de
détritus, soit en boue, soit en poussière, la chaussée n'a perdu peut-être
que 60 mètres en matériaux. On peut donc ajouter aux matériaux qu'on
emploie une certaine quantité de détritus qui, mélangés avec eux ou les
recouvrant, en facilitera la prise, évitera des cahots aux voitures et des
chocs aux matériaux. L'emploi judicieux du détritus peut donc apporter
une assez grande économie dans la dépense des matériaux.

D'après les détails que nous venons de donner sur les deux opérations
de l'entretien, on voit que le curage n'exige que de l'assiduité et du travail, mais que l'emploi des matériaux demande de l'intelligence et de l'expérience. Les fautes y ont toujours des conséquences graves et pour l'état
de la route et pour la dépense.

La méthode demande et facilite l'emploi de beaucoup de main-d'œuvre.
— Une des conditions essentielles du succès de la méthode, c'est d'avoir
toujours sur la route une grande quantité de main-d'œuvre à sa disposition. Une des difficultés qui s'opposaient à ce qu'il en fût toujours ainsi,
c'est qu'on pensait qu'il y avait une différence très grande entre l'hiver
et l'été pour l'usure des routes. C'est une erreur que démontre l'enlèvement continu du détritus. Le poids qui s'enlève en poussière n'est pas
moindre que celui qui s'enlève en boue. On attribuait à l'hiver toute la
boue qu'on voyait sur la route, et ce n'était souvent que la poussière qu'on
avait négligé d'enlever pendant l'été. Le balayage fait donc disparaître une
des graves objections qu'on faisait à l'emploi permanent d'un grand
nombre de cantonniers, car non-seulement il fournit un travail pour
l'été, mais il diminue celui d'hiver. Il ne faut pas cependant proscrire
l'emploi des aides, car, en admettant (et cela n'est pas) que l'hiver
n'exige pas plus de travail que l'été, il faut encore compenser la brièveté
des jours par un plus grand nombre d'ouvriers. Il y a, d'ailleurs, des circonstances extraordinaires où la route a besoin de plus de main-d'œuvre ;
de longues pluies qui ont retardé le travail, des gelées et des dégels
consécutifs mettent en retard l'opération du curage ; il ne faut pas hésiter
à fournir au cantonnier les moyens de se mettre au courant ; tout retard,
loin d'être une économie, serait une dépense.

Telles sont les prescriptions générales à l'aide desquelles les routes
peuvent être toujours maintenues en bon état, sans boue, sans poussière,
sans ornières, ni frayés. Il ne faudrait pas en conclure cependant que l'ingénieur qui s'applique à les suivre n'aura jamais de dégradations à réparer. Quelque active que soit la surveillance du personnel chargé de la
main-d'œuvre, comme il est fort nombreux, sujet à des mutations fréquentes, il est impossible qu'il ne commette pas de fautes provenant soit
de négligence, soit d'inexpérience. Ces fautes amènent alors des dégradations. Quelque rares qu'elles soient, encore faut-il savoir les réparer.

Réparation des dégradations accidentelles. — Les routes ne se dégradent que parce qu'on ne cure pas assez la boue, qu'on emploie mal les matériaux ou qu'on néglige ceux qui sont mal employés. Le défaut de curage amène des ornières, comme nous l'avons expliqué plus haut. Pour les faire disparaître, le premier soin à prendre, c'est de curer la route à vif. Dans une chaussée boueuse, l'ornière n'est souvent qu'apparente ; les bourrelets latéraux qui la dessinent ne sont que la boue chassée par les roues. Cette boue enlevée, on ne trouve souvent qu'un frayé insignifiant, que les voitures effacent d'elles-mêmes. Un emploi de matériaux fait entre ces deux bourrelets, comme seraient disposés à le faire des cantonniers sans expérience, serait une main-d'œuvre inutile, et qui même aggraverait le mal. Il n'y aurait d'autre moyen de réparation, si elle avait été entreprise, que d'ordonner l'enlèvement des matériaux avec la boue, sauf à les séparer plus tard, si cette opération présentait quelque avantage.

Si, après le curage de la boue, il reste encore une ornière assez creuse pour que les voitures n'en sortent pas facilement, il faut y mettre des matériaux, mais seulement à fleur de la route, plutôt plus bas que plus haut, pour que rien ne guide les voitures et que les roues qui voudraient la suivre parallèlement y retombent de temps en temps. Il faut faire aussi des emplois sur les flaches de la chaussée, d'après la direction que cherchent à prendre les voitures, et au bout de quelque temps la route sera frayée en tous les sens ; mais, il ne faut pas se le dissimuler, cette opération demande quelque intelligence et quelque habitude. Le chef-cantonnier, le piqueur et souvent le conducteur doivent la diriger ; car, si la faute a été commise par inexpérience, celui qui l'a faite ne saura pas la réparer.

La cause la plus fréquente des dégradations est le mauvais emploi des matériaux ; je viens d'en citer un exemple ; mais un cantonnier inexpérimenté en fait beaucoup d'autres. Ainsi un côté de la route lui paraît plus déprimé sur 50 ou 60 mètres de longueur ; il s'empresse de le recouvrir d'une couche de matériaux ; toutes les voitures viennent alors passer sur l'autre côté sans changer de frayé ; de là des ornières, non-seulement vis-à-vis de l'emploi, mais avant et après, dans la même direction. Il n'y a pas d'autre moyen de réparation que de relever la pierre mal employée, de combler les ornières comme il vient d'être dit ; quant au côté plus bas, c'est par le remplissage successif des flaches, en commençant par les plus profondes, qu'il doit être relevé. Le rechargement général sur toute la largeur de la chaussée a le même inconvénient ; car, s'il n'existe pas d'abord de motif de préférence pour la direction des premières voitures, elles en créent bientôt un très-déterminant, en ouvrant une ornière moins tirante dans laquelle toutes les voitures cherchent à se placer.

Ce n'est pas éviter cet inconvénient que de diviser le rechargement général en bandes de 7 à 8 mètres, interrompues par des parties non rechargées. L'ornière des parties rechargées se prolonge bien vite sur celles qui ne le sont pas ; les voitures, dirigées par l'ornière dont elles sortent et par celle dans laquelle elles vont entrer, se maintiennent dans le même frayé. Pour faire disparaître le mal, il n'y a pas d'autre moyen que d'en faire disparaître la cause; il faut donc enlever au racloir tous ces rechargements, au moins tout ce qui serait encore mobile.

Des emplois bien faits donnent souvent lieu à des ornières, s'ils sont abandonnés, parce que quelques-uns d'entre eux, se liant plus facilement, disparaissent complétement, et ceux qui restent encore apparents indiquent aux voitures une voie préférable. Réparer l'ornière comme nous l'avons dit, retrancher ou diminuer quelques emplois, rétablir l'uniformité de tirage dans toute la largeur de la chaussée, c'est le seul moyen de ramener la route à son état normal.

2° Réparation des routes.

Dans tout ce qui vient d'être dit, on a supposé la route bonne; mais malheureusement il en existe beaucoup de mauvaises, et les ingénieurs ont souvent plus à réparer qu'à entretenir. Le mal est quelquefois si grave, qu'on prend souvent le parti de refaire à neuf. C'est toujours une opération très gênante pour le public et très dispendieuse pour le Trésor. Voici, en effet, comment on procède ordinairement :

Inconvénients du démontage des chaussées. — On démonte l'ancienne chaussée, on la passe à la claie, si elle se compose de quelques matériaux mélangés avec beaucoup de terre; on la casse, si elle ne se compose plus que des grosses pierres du fond de l'encaissement; on ajoute à ces anciens matériaux une certaine quantité de neufs pour compléter l'épaisseur qu'on veut donner à la chaussée, et l'on replace ensuite le tout sur une forme bien dressée. Le moindre inconvénient de ce travail est d'être fort dispendieux; il ne coûte jamais moins de 3 ou 4 francs par mètre courant; mais le plus grave, c'est d'entraver la circulation d'une manière très gênante pour le public. On est obligé, en effet, de s'emparer d'abord de la chaussée pour la démonter et y faire une forme régulière, puis d'un accotement pour passer à la claie ou casser les anciens matériaux et recevoir les nouveaux; quelquefois même ces travaux empiètent sur le second accotement, et l'on ne laisse aux voitures que le passage d'une voie; ce passage y amène à la moindre pluie de profondes ornières dans lesquelles on engloutit en vain beaucoup de pierres; les voitures ne vont plus qu'au pas; elles sont obligées de s'attendre pour se croiser, et quelquefois des accidents graves arrivent; enfin, si l'on est surpris par la mauvaise saison avant d'avoir achevé, la circulation est complétement interrompue pendant plusieurs mois. Et cela se passe ordinairement sur d'anciennes routes où il existe depuis longtemps des relations nombreuses et régulières. Que de dommages pour le public, qui regrette avec raison sa mauvaise chaussée, et qui la regrette encore lorsqu'on lui livre ce massif de $0^m,25$ à $0^m,30$ de pierres cassées que le roulage doit écraser et broyer longtemps encore, avant d'avoir une surface aussi roulante que celle qui existait! Si la route qu'on veut réparer par cette méthode est un peu longue, et que les allocations annuelles ne permettent d'achever le travail que dans quatre ou cinq ans, il en résulte que, pendant cet espace de temps, la circulation, pénible sur les parties récemment faites, difficile et quelquefois dangereuse sur celles en construction, est soumise d'ailleurs à des interruptions continuelles. Il n'y a de viables que les parties auxquelles on n'a pas touché. Ainsi, dans ce système, l'amélioration ne commence réellement que lorsque le travail est complétement terminé. Ce sont ces inconvénients qui ont déterminé à employer d'autres méthodes dont le succès est aujourd'hui sanctionné par l'expérience.

Réparation des chaussées en mauvais état. — Lorsqu'on veut restaurer une chaussée, il faut d'abord y faire quelques coupures qui apprennent de quelles couches elle se compose; il n'est pas rare en effet de trouver des épaisseurs considérables là où on ne les soupçonnait pas. Cela arrive ordinairement dans les parties de niveau, dans les bas-fonds; la chaussée s'y est successivement épaissie sous l'influence d'un système d'entretien dans lequel l'emploi des matériaux était considéré plutôt comme une réparation que comme une restitution d'épaisseur. Plus la chaussée était mauvaise, plus on y mettait de matériaux. Il en est résulté des épaisseurs considérables de pierres et de terre qui se laissent facilement couper à la moindre pluie.

Dans ce cas, il faut multiplier immédiatement la main-d'œuvre, faire enlever tout ce qui est mobile sur la chaussée, y eût-il même beaucoup de pierres mêlées à ce détritus. On arrive ainsi à une couche un peu plus fixe; la pression des voitures en fait continuellement sortir soit de la poussière, soit de la boue en grande quantité; on les enlève au fur et à mesure qu'elles paraissent; on pique les parties saillantes, et la chaussée descend ainsi parallèlement à elle-même en s'assainissant. Mais si le profil est trop plat, s'il n'a même que le bombement convenable, on remplit avec des matériaux les flaches nombreuses qui se forment; ces emplois contribuent puissamment à l'amélioration de la surface; ils sont même plus faciles et gênent moins le roulage que sur une bonne chaussée, parce qu'ils y pénètrent plus facilement. Au bout de quelque temps de ces soins continus, la surface de la chaussée devient dure, unie et roulante. Si l'on veut se rendre compte alors de ce qui s'est passé, qu'on fasse de nouvelles coupures, et l'on reconnaîtra qu'on a obtenu seulement une couche de 5 à 6 centimètres, parfaitement saine, reposant sur l'ancien massif de chaussée. Or cette couche peut suffire, car c'est d'elle seule que les voitures se servent; avec un bon système d'entretien, les dégradations ne descendent jamais plus bas. On est libre d'ailleurs d'augmenter peu à peu cette épaisseur par les emplois d'hiver.

La même méthode de réparation convient également aux chaussées usées. Par le remplissage des trous et des flaches, on arrive bien vite à leur donner l'épaisseur suffisante ; on y arriverait sur le terrain naturel, à plus forte raison sur une chaussée. Cette méthode a l'avantage de proportionner l'épaisseur à la qualité du terrain ; ainsi là où les trous sont plus fréquents, où la chaussée s'enfonce, il se fait naturellement un plus grand emploi de matériaux et la chaussée prend plus d'épaisseur.

C'est lorsqu'il ne reste plus des anciennes chaussées que la fondation de grosses pierres qu'on est le plus disposé à proposer une reconstruction. On est convaincu que tout emploi de petits matériaux est complétement inutile ; on croit que la pierre va se trouver entre l'enclume et le marteau : cela est vrai pour une pierre isolée ; mais cela cesse de l'être pour un grand nombre encastré dans les irrégularités de la chaussée. Il n'y a rien, en effet, de si inégal, de si raboteux que ces chaussées, lorsqu'elles ont servi quelque temps à la circulation ; or ces inégalités sont très favorables à la liaison des menus matériaux. Au lieu donc d'arracher l'ancienne chaussée, il faut se borner à casser sur place les pierres les plus saillantes qui dépasseraient l'épaisseur de la couche qu'on veut obtenir ; on fait ensuite par un temps humide des emplois de matériaux dans les flaches nombreuses de la chaussée, avec les soins prescrits plus haut ; ces matériaux se lient parfaitement, et la chaussée s'unit graduellement sans causer la moindre gêne au roulage.

L'avantage de ces méthodes, c'est que l'amélioration est générale, immédiate et progressive, c'est-à-dire que, dès que le travail est commencé, la chaussée va en s'améliorant dans toute sa longueur, sans jamais passer à un état pire pour devenir meilleure : c'est que la réparation n'impose aucune gêne au public ; c'est que le travail se fait de la manière la plus économique, puisque non-seulement on n'a pas à détruire ce qui est fait, mais qu'on en profite. Il ne faut donc avoir recours à la reconstruction des chaussées que dans le cas où l'on veut modifier le profil en long par des déblais et des remblais.

Du bombement et de la largeur des chaussées. — Je n'entrerai pas ici dans les détails de la construction des chaussées ; cependant je dirai un mot des conditions qui sont les plus favorables à l'entretien. Puisque, avec des soins continus, on est maître d'empêcher que les dégradations ne descendent jamais au delà de quelques centimètres, il s'ensuit que ces grandes épaisseurs de chaussée que l'on construisait autrefois sont complétement inutiles ; il est bien préférable de mettre la même quantité de pierres en largeur qu'en épaisseur. On donne une voie plus large à la circulation ; on favorise le changement de frayé, et l'on diminue ces accotements boueux dont l'entretien est presque impossible. Il faut renoncer aussi à ces bombements exagérés destinés à faire écouler les eaux ; elles ne restent jamais sur une surface unie. Moins la chaussée est bombée, plus les voitures la parcourent dans tous les sens, et plus on évite ainsi la formation des ornières.

Résumé. — La méthode d'entretien et de réparation des chaussées d'empierrement que je viens d'exposer peut se résumer par les prescriptions suivantes :

Pour n'avoir point de boue, pour n'avoir point de poussière sur les routes, il faut enlever la boue ou la poussière à mesure qu'elle se forme.

Pour n'avoir point d'ornière, c'est-à-dire pour que les voitures ne passent pas toujours dans la même direction, il faut qu'elles puissent passer sur toutes les parties de la chaussée.

Pour que les chaussées ne s'abaissent ni ne s'élèvent, il faut leur rendre, par les emplois de matériaux, l'équivalent, ni plus ni moins, de ce qu'on leur a enlevé par le curage.

Ces principes sont si simples, si évidents par eux-mêmes, que dans toute autre question il suffirait de les énoncer. Les explications que j'ai données, les détails minutieux dans lesquels je suis entré, ne se justifient que par l'importance de la question de l'amélioration des routes et des résultats que cette amélioration doit procurer au public.

48. Le nettoyage de la boue et de la poussière s'est fait longtemps et se fait encore, selon le degré de fluidité, soit avec le rabot en bois ou en fer, soit avec le balai de bouleau à long manche et à long fouet. Toutefois, depuis quelques années, on emploie avec avantage, à Paris et dans un grand nombre de départements, une brosse longuement et obliquement

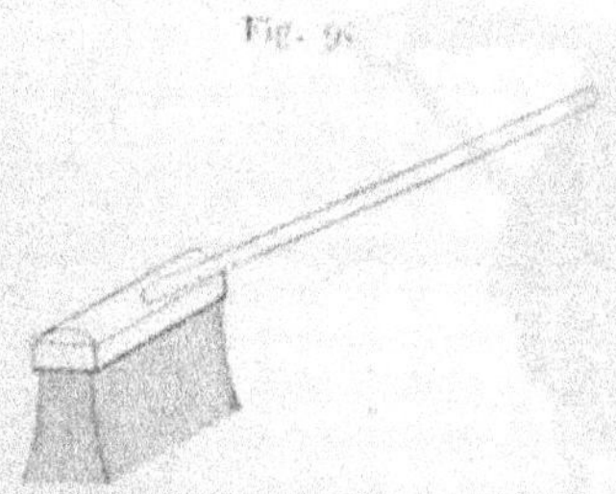

Fig. 98.

emmanchée, dont les mèches sont faites avec des brins d'un jonc abondant en Amérique et appelé *piassava*.

Cet outil est d'un usage presque journalier sur les chaussées empierrées de la capitale, où l'abondance des eaux permet d'amener toujours la boue à un état suffisant de liquidité, et cette circonstance favorise en outre le lavage de cette boue, dont les parties terreuses sont emportées dans les égouts, tandis que les fragments pierreux sont précieusement réservés à l'état de sable pour les besoins ultérieurs.

49. Comme toute chose de ce monde, le balai de piassava a

Fig. 10.

Fig. 11.

été lui-même perfectionné : on a diminué de moitié le nombre des files de brins, et l'on a suppléé à ce défaut de résistance par une barre transversale qui, montant ou descendant suivant les besoins, s'accommode aux divers degrés de liquidité de la boue à enlever. Ce balai à résistance facultative est maintenant d'un usage très-répandu, et il rendra de très-grands services quand son prix sera assez abaissé pour que les budgets les moins largement dotés puissent ne pas reculer devant la dépense que nécessite son emploi. Les vignettes que représentent les *fig.* 10 et 11 montrent les deux faces du balai et la manière dont il est saisi par le cantonnier pour pousser ou ramener la poussière ou la boue devant lui.

50. Enfin, les exigences de la propreté, de la salubrité et de la conservation des voies publiques dans les grandes villes, et notamment à Paris, ont conduit à arroser les chaussées par le moyen de tonneaux traînés à bras d'homme ou par un cheval, et à balayer mécaniquement la boue liquide avec des voitures spéciales dont il va être parlé.

Et d'abord les *tonneaux d'arrosage*, primitivement construits exclusivement en bois, sont devenus de véritables coffres en

Fig. 12.

fer, soit cylindriques, soit affectant d'autres formes, et suspendus sur ressorts. Le système placé à l'arrière permet d'arroser par chaque passage une bande de 5 à 6 mètres de largeur. Assis sur son siége, le conducteur a sous la main un levier au moyen duquel il donne ou retire l'écoulement de l'eau de son réci-

pient, sans arrêter le cheval, qu'il mène au pas ou au trot, suivant l'abondance de l'arrosage qu'il s'agit de produire.

51. La *voiture balayeuse* a pour organe principal une brosse
cylindrique en piassava, oblique par rapport à la direction du
parcours ; cette brosse, en tournant sur elle-même, rejette la
boue sur un des côtés en un seul sillon. Elle opère également
bien sur la boue forte, mais liquide, et sur la poussière, qu'il
convient toutefois d'arroser préalablement, sinon de rendre
tout à fait liquide, pour la recueillir dans les égouts, s'ils sont
disposés pour la recevoir.

Fig. 13.

Pour peu que la voie à nettoyer soit large, il est avantageux
de réunir en brigade plusieurs balayeuses marchant à quelques mètres de distance, de manière que chacune rejette plus
loin le sillon laissé par la précédente. On obtient ainsi d'un
seul coup une bande balayée assez large pour y attirer les voitures et laisser libre le reste de la voie, que l'on nettoie au retour. Comme pour le tonneau d'arrosage, le conducteur agit
par un levier manuel pour arrêter la rotation de la brosse quand
le travail est terminé.

52. Quant au remplissage des flaches après leur nettoyage
et aux soins à donner aux emplois jusqu'à leur prise complète,
on ne peut nier que ce soit là la branche principale et la plus
importante de tout le système d'entretien des chaussées, et
nous ne saurions trop insister sur la nécessité d'y apporter
une sollicitude intelligente, tant pour la répartition des maté-

riaux que pour la manière de les mettre en œuvre. C'est à ce prix seulement que l'on obtiendra des routes présentant des conditions satisfaisantes de beauté et de viabilité. Voici à cet égard quelques principes généraux qui ont pour eux la sanction de l'expérience :

Les réparations des flaches, frayés et ornières, sur les chaussées d'empierrement, seront faites de manière à occasionner le moins de gêne au roulage. Pour cela, elles seront espacées en commençant par les dépressions les plus fortes, sauf à revenir ensuite sur les moins importantes. Elles seront alternées à droite et à gauche de l'axe de la chaussée.

Le périmètre de la partie à réparer sera toujours dessiné au pic, en ayant soin de ne tracer que des lignes droites, les unes parallèles, les autres perpendiculaires à l'axe de la chaussée.

On piquera les bords assez profondément pour y loger une pierre de 3 ou 4 centimètres de grosseur, et l'intérieur de la flache sera aussi piqué grossièrement, avec le soin de recueillir les matériaux qui proviendront de cette opération préparatoire.

On placera ensuite, en les passant à la vannette, les pierres à employer, de manière à mettre les plus grosses au milieu et les plus petites sur les bords avec les matériaux provenant du piquage, afin de relier plus facilement par le pilonnage la pierre neuve avec la partie conservée de la chaussée.

En cas de sécheresse, on facilitera autant que possible la prise en arrosant, si l'on a de l'eau à proximité, et l'on reviendra pendant plusieurs jours avec le pilon sur les emplois récents, jusqu'à la prise complète des nouveaux matériaux.

53. Le pilonnage des terres et des chaussées s'effectue au moyen d'un pilon circulaire en fonte (*fig.* 14), du poids de 12 kilogrammes environ, soulevé par son manche à $0^m,30$ de hauteur, et retombant de son propre poids sans être lancé. Le pilon doit être soulevé à deux bras bien verticalement, et doit retomber de même par le simple écartement des mains, de manière à ne pas attaquer le terrain ou la chaussée par l'arête tranchante de son disque.

On effectue le pilonnage en commençant par une extrémité de la surface, et en allant de gauche à droite jusqu'à la limite de la largeur, chaque coup de pilon recouvrant à moitié ou au tiers l'empreinte du coup précédent; puis, on revient de droite à gauche, en commençant une autre zone immédiatement voisine qui recouvre en partie la première, et ainsi de suite.

Fig. 14.

Quand toute la surface a été ainsi parcourue, on recommence l'opération si cela est nécessaire.

Il ne faut jamais, on en comprend le motif, pilonner des terres trop humides ou des chaussées boueuses.

54. Comme on le voit, la base du système préconisé par la circulaire administrative est l'enlèvement de la boue et de la poussière, et le remplissage des flaches par des *emplois de matériaux*.

On a cependant aussi obtenu de bons effets, en substituant le *rechargement* général de certaines parties de route plus usées que d'autres aux emplois disséminés çà et là sur la surface. Les avantages de ce mode, qui a pris naissance dans les nécessités des vastes empierrements inaugurés sur les voies principales et les plus fréquentées de Paris, sont de restituer aux parties rechargées leur épaisseur normale dans une étendue qui peut être déterminée par des aménagements étudiés à l'avance, et de permettre d'appliquer à l'entretien l'emploi du rouleau compresseur, qui rend de suite parfaitement viables, à l'égal des vieilles chaussées, les parties nouvellement restaurées.

C'est là un avantage bien sérieux, et nous pensons que, sans repousser le système de la *bonne ménagère* ou du *point à temps*, c'est-à-dire les emplois dans les parties qui ne peuvent pas être actuellement rechargées, il peut y avoir utilité de reconstituer à nouveau chaque année, à proportion des ressources disponibles, les tronçons les plus compromis. Mais, quelque système que l'on adopte, il est toujours essentiel de connaître exactement en chaque point l'épaisseur réelle des chaussées, afin de ne pas être surpris par une usure complète qui rendrait nécessaire une reconstitution coûteuse d'une plus ou moins grande longueur de l'empierrement.

55. Le moyen le plus direct et le plus naturel consiste à faire des *sondages* périodiques, que l'Administration prescrit

corrélativement avec les recensements de la circulation, pour
rechercher des bases à la répartition des crédits annuels d'entretien des routes nationales suivant leur état et leur fréquentation. Des instructions détaillées précisent la marche de ces
opérations de manière à en rendre les résultats comparables
sur toute l'étendue du réseau des routes.

56. Dans le même but, M. l'inspecteur général Mary a proposé l'emploi d'une *règle* maintenue horizontalement sur des
repères fixes en travers de la route, et le long de laquelle on
enfonce, en des points déterminés, soit une réglette divisée,
soit une série de fiches au moyen desquelles on relève un profil
exact de la surface. En comparant les profils ainsi relevés à différentes époques, on se rendrait facilement compte de l'épaisseur actuelle de la chaussée; mais cet instrument encombrant
et peu commode à manier ne paraît pas avoir été adopté avec
faveur par les ingénieurs, et son emploi est demeuré jusqu'à
présent fort restreint.

PRINCIPES SPÉCIAUX D'ENTRETIEN DES CHAUSSÉES PAVÉES.

57. L'entretien des chaussées pavées diffère essentiellement
de celui des chaussées empierrées, en ce que le plus souvent
les premières ne sont pas, comme les autres, l'objet de réparations journalières, continues, faites par des cantonniers.
Leur restauration est généralement confiée à des entrepreneurs qui l'exécutent avec des ouvriers spéciaux, sous la surveillance des agents de l'Administration.

Les travaux de réparation des chaussées pavées sont de deux
sortes, les *repiquages* et les *relevés à bout*.

On entend par repiquages des relèvements partiels, de peu
d'étendue, des remplacements de quelques pavés enfoncés;
ils ont pour objet d'effacer les trous, rouages ou flaches qui se
forment sur les chaussées. Un relevé à bout est la démolition
complète d'une chaussée ou partie de chaussée dégradée, et
sa reconstruction avec fourniture d'une quantité indiquée,
tant de pavés neufs pour remplacer le déchet du vieux pavé
que de sable pour rendre à la forme son épaisseur primitive.

Les règles à suivre pour l'exécution de ces deux natures
d'ouvrage sont exposées avec détails dans les devis d'entretien
arrêtés par l'Administration. Nous les en extrayons, non tou-

tefois sans attirer l'attention sur l'analogie que présentent, au point de vue général et comme système d'entretien, les emplois et les rechargements des chaussées empierrées avec les repiquages et les relevés à bout des chaussées pavées.

Repiquages.

58. Les repiquages sont opérés par des ateliers ambulants, travaillant à la journée au compte de l'entrepreneur, et toujours dirigés et surveillés par un agent de l'Administration. On conçoit dès lors qu'il est bon de former des ateliers un peu forts, quand l'importance des réparations à faire le permet, pour ne pas trop élever les frais de surveillance relativement aux dépenses du travail effectif.

La main-d'œuvre des repiquages et relevés de flaches, sur les chaussées construites en pavés d'échantillon, s'exécute avec les mêmes précautions et suivant les mêmes principes que celle des pavages neufs. Elle est toujours payée à l'entrepreneur au mètre superficiel des surfaces relevées; mais, attendu l'irrégularité de ces surfaces, dont le métrage exact présenterait des difficultés, il est suppléé à ce métrage en partant de cette base, qu'un certain nombre de pavés arrachés, nombre que détermine le devis dans chaque cas particulier, correspond à un mètre carré de surface relevée. En conséquence, le compte de ces pavés est fait contradictoirement avec l'entrepreneur, d'après le tracé des flaches préalablement délimitées, et la superficie du pavage relevé se déduit de ce compte, pour la main-d'œuvre en être payée aux prix fixés par le bordereau de l'entreprise.

Enfin, quand l'étendue superficielle d'une flache est supérieure à 2 mètres, sa réparation est regardée et payée comme un relevé à bout. Cette étendue ne doit d'ailleurs, et dans aucun cas, s'estimer que sur le nombre des pavés réellement *arrachés*, attendu que le prix fixé pour les repiquages comprend toutes les mains-d'œuvre qui sont à faire pour soutenir et regarnir de sable le dessous des pavés contournant la baie, de manière que ces pavés se raccordent bien exactement avec la surface relevée.

Relevés à bout.

59. Pour l'exécution des relevés à bout, l'entrepreneur commence par faire nettoyer et débarrasser la chaussée de

toutes les terres, boues et immondices, qui peuvent la recouvrir et qu'il fait transporter aux lieux qui lui sont indiqués. Il fait ensuite arracher les pavés et bordures, et piocher la forme à vif fond, afin de la purger de toutes les terres ou pierrailles et du mauvais sable qui empêcheraient de donner une assiette solide au pavage. Cette forme est ensuite rafraîchie en sable neuf, dont la quantité est fixée par l'état d'indication. On la pilonne fortement pour éviter tout tassement ultérieur et toute déformation de la surface par l'enfoncement d'un ou plusieurs pavés; enfin, on jette sur la forme ainsi pilonnée une nouvelle quantité de sable destinée à former la gangue qui doit envelopper les pavés sur leurs faces latérales. Cette gangue sert à unir intimement toutes les parties de la chaussée, et à répartir uniformément sur une plus ou moins grande étendue de la surface les pressions directes qu'elle reçoit en quelques-uns de ses points.

Les choses étant ainsi préparées, les pavés jugés susceptibles de réemploi ayant été retaillés avec soin, et les pavés neufs ayant subi préalablement la réception minutieuse de l'ingénieur avec les mêmes formalités que lorsqu'il s'agit de matériaux d'empierrement, le pavage proprement dit est établi, suivant les méthodes passées en règle pour les pavages neufs et que nous avons précédemment exposées (25 et suivants).

ENTRETIEN DES PARTIES ACCESSOIRES DES ROUTES.

60. La chaussée, quelle que soit la nature des matériaux employés à sa construction, étant à bon droit considérée comme la partie principale et fondamentale d'une route, nous devons comprendre dans la dénomination de parties accessoires, au moins en ce qui concerne l'entretien, les *accotements*, les *trottoirs*, les *fossés* dont la destination a déjà été indiquée (33), les *talus*, les *ouvrages d'art*, les *plantations*, les *bornes hectométriques* et *kilométriques*, enfin les *plaques* et les *poteaux* indiquant aux voyageurs les noms et les distances des localités qu'ils traversent.

Nous allons passer rapidement et successivement en revue ces diverses parties.

Accotements.

61. L'entretien des accotements des routes consiste simplement à leur conserver le profil transversal incliné qu'ils ont reçu lors de leur construction, de manière que les eaux pluviales rejetées par le bombement de la chaussée soient immédiatement reçues dans les fossés. Tout se borne donc, dans les circonstances ordinaires, à effacer les ornières longitudinales créées par le passage des voitures, et à enlever soigneusement toutes les aspérités que pourraient occasionner le dépôt des détritus tirés des chaussées, le cassage sur place des matériaux d'entretien et le développement parasite de la végétation.

62. Dans les parties de la route dont la pente longitudinale est très-prononcée, on a souvent à craindre que, eu égard à la consistance du sol et à la tendance qu'ont invinciblement les lourdes voitures à suivre l'accotement à la descente, les eaux pluviales ravinent profondément la route et y causent des dégradations contre lesquelles la chaussée elle-même, malgré sa résistance, ne serait pas toujours efficacement protégée.

Pour prévenir ces effets désastreux, on s'oppose à l'accélération progressive des eaux et à leur réunion en trop grandes masses, en construisant de distance en distance des ruisseaux inclinés transversalement à la route, et dont le bord inférieur forme bourrelet. On empêche ainsi les eaux de suivre trop longtemps les lignes frayées par les ornières, et on les oblige à se rendre de suite dans les fossés.

Ces ruisseaux ou *écharpes* ont été souvent et avec raison tracés suivant la ligne de plus grande pente du plan de l'accotement (t. II, *Nivellement*, 88); mais, quand l'inclinaison longitudinale de la route est très forte, l'écharpe serait très allongée et ne remplirait qu'incomplétement son objet, en même temps que son développement augmenterait les frais exceptionnels d'entretien que nécessite cette nature d'ouvrage. On fait alors la part de chacun des deux inconvénients à éviter, et l'on adopte une direction intermédiaire entre la ligne de plus grande pente et la perpendiculaire à l'axe.

Le plus ordinairement, les écharpes ne traversent pas la

route entière d'un fossé à l'autre, suivant la même ligne droite. Cette disposition ne serait motivée que là où la route elle-même serait exceptionnellement établie, de telle sorte que les eaux dussent s'écouler en entier sur un même côté; mais la forme le plus fréquemment usitée est celle d'un chevron brisé dont le sommet serait sur l'axe de la chaussée.

63. Quoi qu'il en soit, les écharpes sont quelquefois pavées, mais le plus souvent elles sont simplement empierrées. Quel que soit le système de leur construction, on comprend aisément que leur entretien doit demander un soin de tous les jours, tant à cause de l'usure qu'ont à subir les matériaux dont elles se composent qu'en considération des dangers que leur détérioration ferait courir à l'existence de la route. Par ces motifs, on n'a recours à ce mode de conservation que dans le cas d'absolue nécessité, et notamment sur les routes ouvertes en pays de montagnes, où l'on rencontre à chaque pas de très fortes déclivités.

Trottoirs.

64. On remarque, sur un grand nombre de routes et en rase campagne, des trottoirs ou *banquettes* en terre établis sur le bord extérieur de l'accotement, et sur lesquels on dépose les matériaux d'entretien. La figure ci-après reproduit deux dispositions différentes du profil transversal qu'affectent alors le plus ordinairement les routes, suivant leur largeur.

Fig. 15.

Les avantages de ce surexhaussement des accotements sont réels à certains égards :

1° Il favorise la sécurité des piétons, qui y échappent au danger provenant de la marche dans la zone charretière.

2° Il met à l'abri des dégradations accidentelles les planta-

tions et les matériaux approvisionnés pour les besoins de la
route. Une largeur de 2 mètres au moins est, d'ailleurs, nécessaire pour les pierres cassées, dont les tas emmétrés ont,
comme on sait, 1ᵐ,50 de largeur à la base.

3° Il réduit notablement la surface à entretenir, en restrei-
gnant la zone exposée à l'usure causée par le passage des voitures.

Toutefois il faut, dans ce système, pourvoir avec un soin
tout spécial à l'écoulement des eaux pluviales, que la surélé-
vation des banquettes retiendrait sur la route, si l'on n'y
ménageait de distance en distance des *saignées* dirigées suivant des lignes suffisamment inclinées vers les fossés.

Dans la campagne, ces saignées doivent être largement éva-
sées et à découvert; aux abords des centres habités, on les couvre
d'un dallage grossier, ou bien on les dissimule par le moyen
d'un tuyau de terre cuite, de manière à éviter les accidents.

Enfin, il importe de veiller à les tenir constamment dégagées
de terre, de feuilles mortes et de détritus de toute sorte, afin
d'assurer un rapide écoulement aux eaux qui, si elles res-
taient sur la chaussée, y maintiendraient une préjudiciable
humidité.

C'est précisément cette nécessité d'entretenir ces dépendances des routes avec le soin désirable qui rend à peu près
impossible en rase campagne l'abandon du profil normal, à
cause de la dépense considérable qu'y occasionnerait l'emploi
presque continuel d'un grand nombre d'ouvriers. Nous con-
seillons donc de ne surélever les accotements en banquettes
ou trottoirs qu'aux abords des villes, où les frais exceptionnels d'entretien sont largement compensés par l'agrément
qu'en retire le public.

Fossés.

63. Les fossés, dont les dimensions varient en raison de la
quantité d'eau qu'ils doivent recevoir et à laquelle ils doivent
procurer un rapide écoulement, ont leurs faces latérales généralement inclinées à 45 degrés, et leur fond dressé suivant
la pente longitudinale de l'axe de la route. Leur entretien se
borne, comme pour les accotements, à la conservation du
profil et à l'enlèvement de tous les obstacles qui pourraient y
gêner le libre cours des eaux. C'est là un travail important et

qui, sur les routes pavées où les stations des cantonniers sont naturellement beaucoup plus longues que sur les routes en empierrement, forme l'occupation fondamentale de ces ouvriers. Le séjour des eaux sur les routes est, en effet, une cause incessante de gêne pour le public et de destruction pour la voie; le dressement des accotements et le curage des fossés ne sauraient donc jamais être exécutés avec trop de sollicitude.

66. Avant la loi du 12 mai 1825, les propriétaires riverains des routes avaient la double obligation de curer les fossés et de recevoir sur leur propre fonds le produit de ce curage.

La loi qui vient d'être citée les a débarrassés de la première de ces deux obligations; mais elle se tait sur la seconde. Or, comme une servitude légalement établie ne peut être abrogée que par un texte précis de la loi, il est évident que la disposition des anciens arrêts relative au dépôt des terres provenant du curage des fossés subsiste encore aujourd'hui; les cantonniers ne sauraient donc jamais rencontrer d'opposition sérieuse à l'accomplissement de cette partie de leur tâche, surtout s'ils ont le soin de n'user de ce droit qu'avec toutes les précautions et les tempéraments propres à le rendre à peu près inoffensif pour les fonds riverains. Nous avons vu, d'ailleurs, dans le règlement pour le service des cantonniers (37), ce qui leur est prescrit à cet égard.

67. Dans les portions de route fortement inclinées, il est souvent à craindre que les eaux ravinent les fossés et attaquent la route elle-même. Pour les empêcher de prendre une vitesse capable de devenir nuisible, on règle le fond des fossés suivant une série de plans échelonnés en gradins, inclinés de 1 à 2 centimètres par mètre, et défendus à leurs extrémités, aux points où les eaux doivent former chute, par de petits murs ou déversoirs avec enrochement inférieur.

Quoique la construction de ces menus ouvrages puisse paraître étrangère à l'entretien proprement dit, nous croyons cependant qu'il n'était pas inutile d'en dire ici quelques mots, parce que c'est presque toujours longtemps après la construction de la route, et lorsque l'expérience vient en faire voir la nécessité, que l'on songe à les faire exécuter par les cantonniers.

III.

Talus.

68. Toutes les fois que le terrain naturel est sensiblement au-dessus ou au-dessous du bord de l'accotement, c'est-à-dire quand la route est en déblai ou en remblai, elle se raccorde avec les terres riveraines au moyen de talus plus ou moins escarpés. Il est bon de rappeler que, à moins de titres contraires, les talus des routes sont partout et toujours considérés comme une dépendance du domaine public et, comme tels, doivent être l'objet des mêmes soins, du même entretien, que les accotements et les fossés eux-mêmes.

Nous avons indiqué, dans les développements relatifs au nivellement (t. II), quelles sont les inclinaisons normales des talus des routes dans les cas de déblai et de remblai, et nous avons dit que, sauf les cas exceptionnels, les talus de déblai se réglaient d'ordinaire à 45 degrés, et ceux de remblai à 3 de base pour 2 de hauteur. On assure généralement la fixité des surfaces ainsi formées, soit en y faisant des semis de gazon ou d'autres végétaux à racines traînantes, soit par des plantations d'arbustes qui retiennent les terres et les protègent contre l'action des eaux ou du vent.

Si ces moyens sont reconnus insuffisants, on recouvre la partie dégradée d'un *perré;* c'est un revêtement en pierres sèches posées les unes sur les autres, de telle façon que leur queue ou plus grande longueur soit placée perpendiculairement à la face du talus, et de manière à conserver à ce dernier son profil normal. La première, et presque la seule précaution à prendre en pareille circonstance, consiste à s'assurer que le terrain sur lequel doit s'asseoir le perré présente assez de fermeté pour l'empêcher de s'affaisser sous son propre poids, et à établir sa base sur un massif de fondation suffisamment résistant.

69. Le genre de dégradation dont un perré est principalement susceptible consiste en ce que l'eau peut s'insinuer entre les moellons, entraîner la terre et produire des cavités dans lesquelles les pierres s'enfoncent. Pour empêcher cet effet, il faut, derrière les pierres les plus fortes placées en parement, en mettre d'autres qui soient de plus en plus petites à mesure que l'on s'approche du talus en terre, et même répandre sur celui-ci, quand on le peut, une couche de sable. Cette disposition a, entre autres avantages, celui de diviser les eaux à leur entrée comme à leur sortie et de prévenir les érosions; elle donne, d'ailleurs, une assiette plus solide au perré. Il est bon aussi, quand le talus borde un cours d'eau, de garnir le pied du revêtement d'un enrochement en blocs assez volumineux pour qu'aucun d'eux ne puisse être mis en mouvement ou emporté par la violence du courant.

70. L'entretien des talus n'a, enfin, d'autre objet que de réparer les dégradations constatées, de damer fortement les surfaces, d'y reconstituer au besoin les gazonnements et les plantations, et de renforcer le parement par des perrés toutes les fois qu'une partie faible vient à se manifester, notamment sur les points où l'on peut réunir les eaux pluviales, pour y diriger leur écoulement dans des rigoles pavées ou maçonnées.

Ouvrages d'art.

71. Les ouvrages d'art que l'on rencontre à peu près exclusivement sur les routes sont les *aqueducs, ponceaux, ponts en pierre, en bois ou en métal,* et *murs de soutènement* des terres.

Ces derniers sont surtout fréquemment employés dans les pays montagneux, à flanc de coteau, là où le talus s'étendrait à une distance considérable du côté de la vallée, si l'on voulait donner aux terres l'inclinaison qui convient naturellement au remblai. Nous avons exposé (14 et suiv.) quelques principes au moyen desquels on détermine, dans chaque cas, l'épaisseur qu'il convient d'assigner aux murs de soutènement pour qu'ils remplissent leur objet, et nous n'avons pas à y revenir.

L'entretien des aqueducs, ponceaux, ponts et parties de ponts, et généralement de tous les ouvrages en maçonnerie, n'a pour objet que de remplacer les pierres qu'un accident, la gelée ou toute autre cause aurait détériorées, d'enlever les herbes ou autres végétaux qui croissent partout où l'humidité favorise leur développement, de refaire le rejointoiement là où le besoin s'en manifeste, de visiter et renforcer les parties cachées sous l'eau et les enrochements, pour prévenir les affouillements.

Quant aux portions qui sont construites en bois ou en métal, outre le remplacement des éléments mis hors de service, l'entretien général consiste dans l'application d'une ou de plusieurs couches de peinture ou de goudron, pour empêcher les effets destructeurs de la pourriture ou de l'oxydation.

Plantations.

72. L'entretien des plantations des routes a deux objets distincts : les *soins à donner aux arbres*, et le *remplacement de ceux qui viennent à mourir*.

Les principaux *soins à donner aux arbres* sont :

1° Les *binages* ou labours annuels qui, pendant les premiers temps de la plantation, se font deux fois par an, en mars et novembre. Ces binages n'ont plus lieu qu'une seule fois, en mars, à partir de la troisième ou quatrième année, et ils se poursuivent plus ou moins longtemps, selon le degré d'humidité du terrain et la vigueur des sujets.

2° Les *arrosages*, qui seraient souvent fort dispendieux sur une grande étendue de routes, mais auxquels on supplée utilement par de petites rigoles aboutissant au pied de l'arbre et dirigées de manière à y conduire les eaux pluviales.

3° L'*échenillage*, qui est prescrit par la loi dans l'intérêt général, et dont l'Administration doit donner l'exemple.

4° L'*ébourgeonnement* et la *taille*. La taille, dans les premières années, a une très grande importance; il faut éviter avec soin les doubles cimes, retrancher les gourmands, enlever les branches qui prennent une mauvaise direction et celles qui, par leur force, tendent à empêcher la branche maîtresse de s'élever verticalement. Cette opération doit avoir lieu d'abord tous les ans; plus tard, elle peut se réduire à la surveillance de la cime, qu'il importe d'empêcher de se bifurquer.

L'ébourgeonnement complète les effets de la taille en supprimant, au moment où elles se forment, les pousses qui naissent sur le tronc et à ses dépens.

5° L'*élagage* ou enlèvement triennal des couronnes inférieures des arbres qui ont environ dix ans de plantation, enlèvement dirigé de manière à faire que la partie garnie de branches soit toujours du tiers à la moitié de la hauteur totale de l'arbre.

Il faut d'ailleurs aussi retrancher des branches dans les couronnes supérieures, lorsque ces branches sont trop serrées, trop nombreuses, ce que l'on reconnaît quand le tronc est beaucoup moins gros au-dessus qu'au-dessous d'une couronne.

Comme pour la taille, il ne faut pas, en élaguant, couper les branches trop près du corps de l'arbre; il résulte souvent de l'inobservation de cette prescription des pourritures qui, recouvertes par l'écorce, forment par la suite dans le bois des nœuds vicieux.

6° Le *pansement des écorchures.* L'écorce, lorsqu'elle a été meurtrie et qu'elle n'adhère plus au corps de l'arbre, doit être enlevée, avec la précaution d'aviver le rebord de la plaie, pour faciliter la formation des bourrelets qui doivent la fermer et venir se rattacher sur le bois sans recouvrir des parcelles pourries de la première écorce.

Il faut aussi avoir le soin de protéger le bois mis à l'air contre les alternatives de la sécheresse et de l'humidité. On peut le faire utilement en recouvrant la partie écorchée d'une couche de poix, de terre glaise ou de toute autre matière analogue, que l'on maintient, s'il est besoin, au moyen d'un morceau de toile grossière et d'une ligature.

73. Quant au *remplacement* des arbres qui viennent à mourir ou à être brisés, il doit se faire sans retard, autant du moins que le permet l'époque de l'année à laquelle la perte est constatée. On laisse ainsi le moins de différence d'âge possible entre les arbres, et l'on obtient, par suite, plus de régularité dans les plantations.

D'un autre côté, les jeunes sujets plantés au milieu d'arbres âgés sont souvent gênés par les branches de ces derniers, qui empêchent d'arriver en quantité suffisante l'air et la lumière. Sous ce rapport encore, il importe de ne laisser grossir que le moins possible les arbres entre lesquels on peut avoir à intercaler plus tard de nouveaux plants.

Toutes les prescriptions qui précèdent sont empruntées presque textuellement à la plus récente instruction administrative sur l'entretien des plantations; elles résument parfaitement l'ensemble des soins attentifs que réclame cette partie importante du service.

Bornes métriques.

74. Si tout le monde est d'accord pour reconnaître l'utilité du bornage des routes, il n'en est pas de même sur le choix du meilleur système de bornes à adopter, et nous n'en voulons pour témoin que la diversité des modes suivis, diversité que l'on constate avec étonnement à chaque fois que l'on passe d'un département dans un autre.

Nous n'avons pas la prétention de les décrire tous, encore moins de trancher la question de supériorité, qui est heureusement résolue par la circulaire ministérielle du 21 juin 1853. On lit, en effet, dans ce document :

« L'utilité du bornage kilométrique et hectométrique ne saurait être mise en doute. Ce bornage donne aux ingénieurs les moyens de préciser les détails du service, tels que les ordres aux conducteurs, piqueurs et cantonniers, les états d'indication pour la distribution des matériaux, les renseignements statistiques, etc.; en un mot, il permet d'obtenir une surveillance exacte de toutes les parties des chaussées et de leurs dépendances.

» Le bornage doit, en outre, donner aux voyageurs des renseignements sur leur marche et sur les distances qu'ils parcourent entre les villes traversées par les routes. C'est surtout pour parvenir à ce dernier résultat que le besoin d'uniformité se fait le plus vivement sentir. »

Voici maintenant les dispositions de détail adoptées et prescrites par la circulaire précitée pour toutes les routes nationales et départementales :

1° Les bornes kilométriques et hectométriques doivent être placées sur le côté gauche de chaque route, dont le sens est clairement spécifié par la dénomination officielle indiquant son point de départ et celui d'arrivée. Exemples :

> Route nationale n° 23, de Paris à Nantes;
> Route départementale n° ..., de ... à ....

2° Sur les routes d'une largeur de 10 mètres et au-dessus, chaque borne sera posée sur la crête extérieure de l'accotement ou du trottoir, ou enfin sur la banquette de sûreté des portions de route en fort remblai.

3° Sur les routes d'une largeur inférieure à 10 mètres, les bornes seront posées sur la crête extérieure du contre-fossé pour les parties de route en plaine, dans le talus de la tranchée pour les portions de route en déblai, enfin sur la banquette de sûreté pour les parties en fort remblai.

75. Quant à la forme et aux dimensions des bornes, elles sont fixées ainsi qu'il suit :

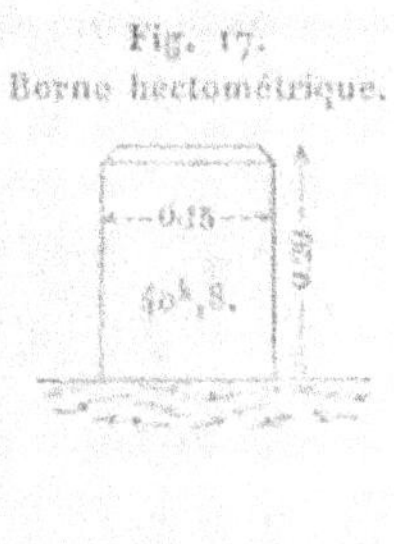

Fig. 16.
Borne kilométrique.

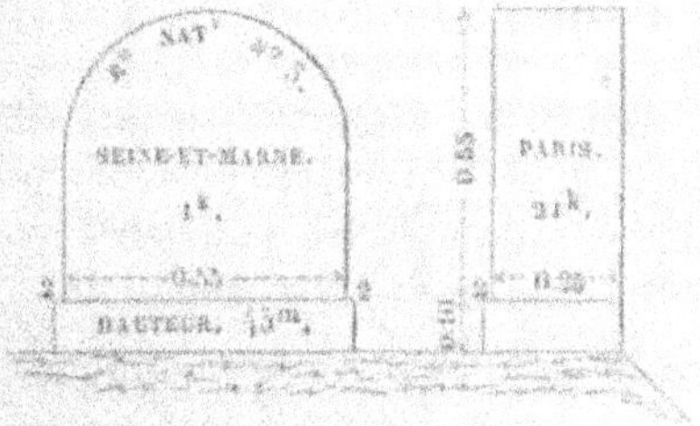

Fig. 17.
Borne hectométrique.

76. Le numérotage kilométrique d'une route est fait par département traversé, et à partir de la limite supérieure, sans ténir compte des emprunts qu'elle peut faire à d'autres routes ou parties de routes.

A cette occasion, il convient de rappeler que les emprunts se font toujours en subordonnant chaque route à celle qu'elle emprunte, si celle-ci est d'un ordre plus élevé ou d'un numéro moins fort dans la même catégorie. En d'autres termes, toute portion de route qui sert à deux voies différentes conserve la qualité et le numéro de celle qui, d'après ce qui vient d'être dit, doit avoir la prépondérance.

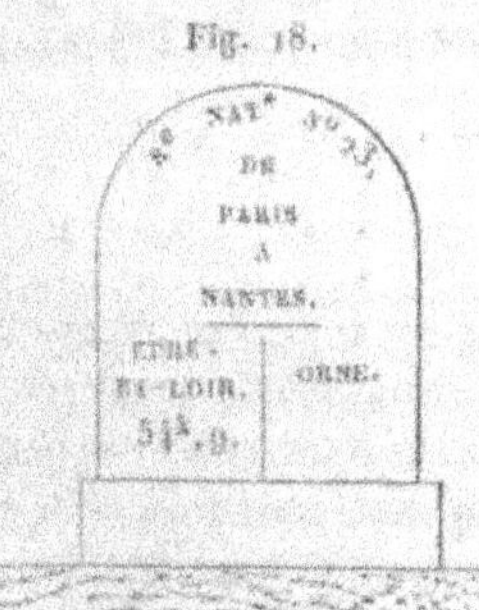

Fig. 18.

77. Il est, du reste, placé sur la limite séparative de deux départements une borne plus grande dont voici le modèle (*fig.* 18), et qui porte dans le compartiment du territoire que l'on quitte le numéro de la borne kilométrique précédente, suivi de la fraction métrique exprimant la distance entre ces deux bornes. Cette disposition

donne ainsi la longueur totale de la portion de la route comprise dans chaque département.

78. Ainsi qu'on l'a remarqué dans le spécimen ci-dessus, les bornes kilométriques portent sur la face principale le nom spécifique et le numéro de la route, le nom du département et le numéro du kilomètre. Toutefois, lorsqu'il s'agit d'une route ayant son origine à Paris (au parvis de Notre-Dame), on place au-dessus du nom du département l'indication :

$$\text{PARIS, } 301^{\text{kil}}$$

par exemple.

De même, quand la route a son origine dans une ville ou une commune importante, et ne traverse qu'un seul département, on inscrit au-dessous du nom de ce département le nom et la distance de cette ville ou de cette commune.

79. Enfin la circulaire de 1853 prescrit aussi d'indiquer sur le socle de chaque borne kilométrique, aussitôt que cette altitude a pu être déterminée, la hauteur de la saillie de ce socle au-dessus du niveau de la mer. On comprend de suite de quelle utilité serait ce précieux renseignement, s'il était partout donné avec une exactitude qui permit de le prendre pour base des nivellements partiels à faire sur les routes et dans leur voisinage.

Cette utile prescription n'a encore été mise à exécution que sur un petit nombre de points; mais il est à croire que la mesure sera étendue au moyen des opérations dont nous avons parlé (t. II, *Nivellement*, 44), et qui ont pour objet l'extension du nivellement général de la France.

Plaques et poteaux indicateurs.

80. Il ne serait que bien peu utile au voyageur de mettre sous ses yeux des bornes qui lui permissent de mesurer les distances parcourues et à parcourir, s'il ne trouvait aussi des indications qui, placées particulièrement aux points d'embranchement éloignés des habitations et lui signalant la direction des routes, lui enlevassent toute incertitude et toute chance d'erreur sur le chemin qu'il doit suivre. Aussi l'Administration s'est-elle depuis longtemps préoccu-

pée de cette question, qu'elle a résolue par sa circulaire du 15 avril 1835.

Il est en effet prescrit par cette instruction :

1° D'établir aux embranchements des routes entre elles des poteaux en fonte, en pierre ou en charpente, suivant les circonstances locales, et de manière à concilier l'économie avec les considérations relatives à la durée et aux frais ultérieurs de l'entretien.

2° De placer des tableaux indicateurs sur les murs des maisons, à l'entrée et à la sortie des villes, bourgs et villages. Ces tableaux devaient primitivement être peints sur le mur lui-même et sur un enduit de mortier fin entouré d'un cadre de la même matière, avec des lettres blanches sur un fond bleu de ciel foncé ; mais, depuis lors, on a presque partout donné la préférence à des plaques de fonte avec lettres en relief qui s'appliquent sur les murs ou au sommet des poteaux.

Nous n'avons pas besoin d'ajouter que ces plaques reproduisent les indications placées sur les bornes kilométriques, et que celles des lieux habités ou *traverses* comportent de plus, comme renseignement principal et plus apparent, le nom de la localité traversée.

Quoi qu'il en soit, l'entretien de tous ces objets accessoires, bornes, poteaux et plaques, consiste uniformément dans l'application des couches de peinture destinées à assurer la durée et la netteté des indications, résultat que rend surtout facile à obtenir l'adoption des lettres saillantes, que tout cantonnier chef peut aisément peindre aussi fréquemment que le besoin s'en fait sentir.

81. A l'occasion de la peinture des plaques et poteaux indicateurs à placer sur les routes, nous appellerons l'attention sur l'usage adopté dans certains départements de marquer aux yeux, par la différence des couleurs des objets accessoires, les diverses catégories de voies de communication.

Ces voies se divisent en trois ordres principaux :

1° Les *routes nationales*, construites et entretenues avec les fonds du Trésor.

2° Les *routes départementales*, qui sont, comme l'indique leur nom, à la charge des départements.

3° Les *chemins vicinaux*, au compte des communes intéressées.

Il a paru tout naturel de les désigner par les trois couleurs primitives, le rouge, le bleu et le jaune, en appliquant la première, qui est la plus brillante, aux routes nationales, et la moins apparente, ou le jaune, aux chemins.

Dans ce système, les chemins vicinaux de grande communication, qui s'alimentent avec les ressources du département et des communes, devaient être désignés par une teinte verte, intermédiaire entre le bleu et le jaune. De même, avant le décret du 10 juillet 1862, qui a déclassé les anciennes routes stratégiques, ces routes avaient été particularisées par une teinte violette, intermédiaire entre le rouge et le bleu, rappelant ainsi qu'elles étaient pour partie à la charge du Trésor et pour partie à celle des départements traversés.

82. On voit que ces teintes conservent une certaine analogie avec la nature des différentes lignes qu'elles ont pour objet d'indiquer. Elles nous semblent donc pouvoir être généralement adoptées pour distinguer sur les cartes les voies de communication des différents ordres, et nous voudrions les voir s'étendre, comme mesure d'ordre, à toutes les autres indications accessoires, telles que celles relatives aux tableaux et poteaux indicateurs, aux guidons et autres insignes des cantonniers.

Ainsi l'on donnerait aux cantonniers des routes nationales des guidons rouges, des brassarts rouges, des collets rouges, et les plaques indicatrices y seraient tracées en lettres blanches sur fond rouge. Les mêmes objets seraient bleus pour les routes départementales, verts pour les chemins de grande communication, jaunes pour les chemins vicinaux ordinaires.

Ces désignations, qui frappent tous les yeux, ne sont pas seulement avantageuses sous le rapport de l'ordre matériel; elles attachent les cantonniers à leurs lignes respectives et établissent, entre ceux des lignes des diverses catégories, une certaine émulation qui tourne toujours au profit du service.

Classification des routes et chemins.

83. Puisque nous venons, à propos d'un détail en apparence insignifiant, de subdiviser les voies de terre en trois groupes principaux, on trouvera naturel et utile que nous prenions à part chacune de ces catégories, et que nous exposions aussi succinctement que possible son organisation spéciale, et la place qu'elle occupe dans le système général.

Occupons-nous d'abord des *routes nationales*, qui établissent les communications les plus importantes entre les différents points du territoire, et dont les principales rayonnent de la capitale vers les frontières des pays limitrophes. Leur classement, leur construction et leur entretien s'exécutent par les soins et avec les fonds de l'État.

84. Viennent ensuite les *routes départementales*, qui, à un degré inférieur, sillonnent leur territoire respectif, de manière à satisfaire le mieux possible aux besoins commerciaux et autres des populations. Ces routes secondaires sont classées, comme les précédentes, par le pouvoir exécutif; mais c'est sur le budget départemental que sont prélevés les voies et moyens nécessaires à leur construction et à leur entretien.

85. Nous arrivons enfin aux *chemins vicinaux*, lignes beaucoup plus modestes assurément, mais en réalité non moins utiles, auxquelles la loi organique du 21 mai 1836 a redonné la vie, en assurant la création des ressources applicables à leur établissement et à leur conservation en bon état. En principe, c'est aux communes qu'incombe cette charge; mais, en édictant du même coup, sous le nom de *chemins de grande communication*, une classe supérieure et privilégiée de chemins vicinaux, le législateur a appelé à y contribuer la caisse départementale, en cas d'insuffisance, à titre de subvention.

De plus, une loi postérieure (11 juillet 1868) est venue donner une place notable à certains chemins intermédiaires que celle de 1836 n'avait que timidement indiqués; nous voulons parler des *chemins d'intérêt commun*, quelquefois aussi appelés *chemins de moyenne communication*. En même temps furent créées des ressources spéciales distribuées en annuités par l'État aux chemins d'intérêt commun et aux chemins vicinaux ordinaires, pour subvenir, concurremment avec les largesses départementales, aux besoins constatés, au défaut de ressources des communes, et dans la proportion des sacrifices qu'elles s'imposent pour l'achèvement de leur réseau.

86. Tel est, en peu de mots, et abstraction faite des chemins de fer, qui trouveront leur place ailleurs, le résumé du système des voies de communication par terre de notre pays. Il est aisé de voir, et c'est par là que nous finirons, que ce magnifique réseau serait encore plus rationnellement constitué si, laissant les routes nationales à l'État et les chemins vicinaux proprement dits aux communes, on attribuait aux départements, à la faveur d'une judicieuse révision de la loi de 1836, et avec le titre de *routes* ou de *chemins*, toutes les voies aujourd'hui désignées sous les noms de *routes départementales, chemins de grande communication* et *chemins d'intérêt commun.*

Il est clair, toutefois, que ce changement ne pourrait avoir lieu qu'après un remaniement général du réseau, remaniement exécuté conformément aux besoins des populations, et abstraction faite de toutes les vues d'intérêt particulier, qui, il faut bien le reconnaître, ont influé partout, dans une mesure plus ou moins large, sur leur création et sur leur classement primitif.

PONTS.

PRÉLIMINAIRES.

1. On désigne sous le nom de *ponts* des ouvrages en pierre, en bois ou en métal, au moyen desquels les voies de communication de toute nature traversent les rivières.

Ils prennent le nom de *viaducs*, quand ils servent à franchir des vallées plus ou moins larges ou plus ou moins profondes; on les nomme *ponts-aqueducs* ou *ponts-canaux*, s'ils font passer un aqueduc ou un canal au-dessus d'une vallée, d'une route ou d'un cours d'eau.

Nous nous occuperons particulièrement, dans ce qui va suivre, des ponts *fixes* en maçonnerie, en charpente ou en fer; parmi les ponts *mobiles*, nous examinerons exclusivement les ponts *suspendus*, laissant de côté les ponts-levis et les ponts tournants, qui ne trouvent qu'exceptionnellement leur application dans les travaux ordinairement confiés au service des Ponts et Chaussées.

2. Dans un pont quelconque, quels que soient sa destination et son mode de construction, les supports fixes des extrémités s'appellent les *culées*; les supports intermédiaires se nomment les *piles* s'ils sont en maçonnerie, les *palées* s'ils sont en charpente ou en fer.

Les intervalles compris entre les piles sont des *arches* lorsqu'il s'agit de voûtes en pierre ou en briques, ou de fermes cintrées en bois ou en métal; on les nomme *travées* dans les ponts à fermes rectilignes, quelle que soit la matière dont ces fermes soient composées.

3. Les questions qu'il y a tout d'abord l'eu d'étudier, quand on veut projeter un pont, sont les suivantes :

1° L'*emplacement* le plus convenable pour établir l'ouvrage.

2° Le *débouché* nécessaire pour assurer l'écoulement des crues les plus fortes.

3° La *hauteur libre* à ménager au-dessus du niveau des eaux dans tous les états de la rivière.

4° L'*ouverture* et, par suite, le nombre des arches ou travées.

5° La *largeur* qu'il convient de donner au pont, eu égard à sa destination et à la circulation qui devra s'y établir.

Nous allons successivement et brièvement examiner toutes ces questions, chacune d'elles ayant son importance spéciale.

EMPLACEMENT A CHOISIR POUR UN PONT.

4. Quand l'emplacement d'un pont n'est pas déterminé d'une manière absolue par la nature des lieux, comme cela se présente le plus fréquemment à l'intérieur des villes, il importe de rechercher avec un très-grand soin, dans chaque cas particulier, la meilleure solution de cette importante question.

Les principales conditions à remplir sont les suivantes :

1° Établir, autant que possible, l'axe du pont dans une direction perpendiculaire au cours de la rivière ou de la voie de communication inférieure, et éviter ainsi les arches biaises, qui sont d'une construction plus difficile et plus dispendieuse.

2° Apporter le moindre trouble au cours naturel des eaux, et éviter les situations dans lesquelles des courants pourraient frapper obliquement les piles et les culées, de manière à compromettre leur solidité.

3° Rechercher avec le plus grand soin les points où la nature du terrain permettra d'établir en toute sécurité et le plus économiquement possible les fondations des piles et des culées du pont.

4° Étudier dans ses détails le régime des eaux, afin de savoir d'une manière suffisamment exacte comment elles se comportent à l'*étiage*, c'est-à-dire au niveau le plus bas qu'elles atteignent pendant l'été, dans les crues moyennes et extrêmes, et, s'il y a lieu, à la limite des eaux navigables. Il importe, en effet, de choisir un point tel que, dans toutes les situations du niveau des eaux, le pont embrasse bien largement les courants principaux, et apporte la moindre entrave possible à leur développement.

5. Si l'on est conduit, par les conditions impérieuses de la question, à établir un pont dans une partie curviligne de la rivière, suivant AB par exemple, on doit remarquer que la force du courant est naturellement portée vers la rive concave B, et

Fig. 1.

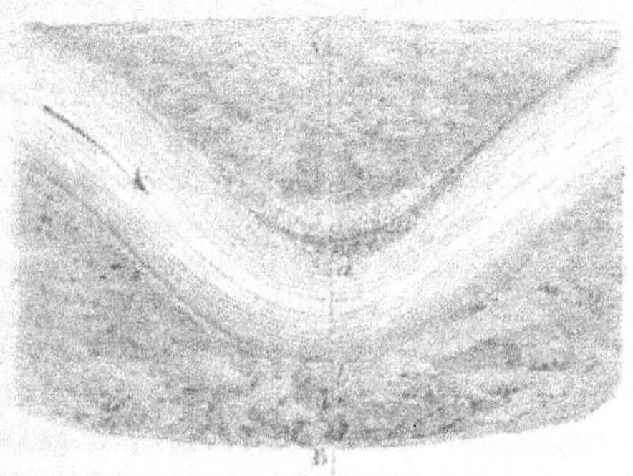

tend à s'éloigner de la rive convexe A, formant souvent là des affouillements considérables, tandis qu'ici la berge s'avance au contraire, au moyen des dépôts que favorise la tranquillité relative des eaux.

En pareil cas, il convient de placer la culée de rive droite sur le bord même du lit en *b*, et la culée de rive gauche pourrait, sans aucun inconvénient, s'avancer un peu en *a* dans la rivière. On comprend, d'ailleurs, que la culée *b* devra être fortement enracinée dans la berge, et qu'il faudra défendre celle-ci par des travaux susceptibles de résister à l'action érosive du courant. De l'autre côté, des digues insubmersibles seront souvent nécessaires pour diriger les eaux suivant l'axe des arches et éviter les courants obliques que nous avons déjà si gnalés plus haut comme menaçant toujours plus ou moins les fondations.

6. Ces considérations sont générales, et il faut en tenir grand compte toutes les fois qu'on a à rechercher le meilleur emplacement pour l'établissement d'un pont; mais il est presque toujours aussi d'autres circonstances tout à fait locales qu'il

ne faut pas négliger, et qui doivent souvent même influer d'une manière prépondérante sur la solution à adopter.

On ne saurait donc apporter trop de soin dans l'examen minutieux de l'état des lieux, pour se rendre un compte aussi exact que possible des effets probables que produira le pont à construire, et ce n'est qu'après cette étude approfondie de la question qu'on peut avec sécurité prendre un parti définitif et arrêter les bases de son projet.

7. Nous terminerons cet aperçu en disant que, pour les viaducs, qui servent en général au passage des chemins de fer sur des vallées profondes, la question des eaux devient tout à fait secondaire, et que l'emplacement le meilleur est à peu près exclusivement celui qui procure, avec la moindre longueur d'ouvrage à construire, le sol le plus résistant pour l'assiette des fondations.

Enfin, dans les contrées montagneuses, et autant que cela est possible, on franchit généralement les torrents au moyen d'une arche unique qui s'appuie directement sur les rochers au-dessus de l'atteinte des plus grandes crues. On évite ainsi la difficulté des fondations et le danger de voir l'ouvrage tout entier emporté par la violence des eaux qui, dans les crues, entraînent fréquemment des arbres et des fragments de roche d'un volume et d'un poids considérables.

DÉBOUCHÉ DES PONTS.

8. C'est surtout dans les plus grandes crues, alors que le volume des eaux est le plus considérable et que leur vitesse est la plus grande, qu'il importe de se rendre compte de la quantité de liquide qui doit trouver son passage sous le pont que l'on veut construire en un point déterminé, et le moyen qui se présente tout d'abord pour *jauger* la rivière consiste à *multiplier la section transversale* mouillée *par la vitesse moyenne* de l'eau dans cette section. Mais il est difficile de déterminer, soit par le calcul, soit par des expériences directes, cette vitesse moyenne, qui diffère sensiblement de celle que l'on observerait à la surface, tant à cause du frottement qu'exerce le lit sur les couches qui l'avoisinent que de la pression des couches supérieures sur celles qui sont au-dessous d'elles.

Nous verrons plus loin, à l'occasion du service hydraulique,

et lorsque nous étudierons avec plus de détails les divers procédés de jaugeage des cours d'eau, par quels moyens plus ou
moins rigoureux on déduit cette vitesse moyenne de la vitesse
à la surface mesurée directement, soit au moyen d'un flotteur,
soit avec tout autre instrument. Il nous suffit de savoir pour
le moment actuel que, dans la pratique, la première de ces
deux vitesses, la vitesse moyenne, est généralement admise
comme étant sensiblement égale aux quatre cinquièmes (o,80)
de la seconde, et qu'elle a lieu vers les trois cinquièmes de la
profondeur, la vitesse à la surface étant d'ailleurs prise au
point de la largeur où le courant est le plus rapide.

Quant à la section transversale mouillée, elle se mesure directement par des sondages faits en des points déterminés, au
moyen d'une corde à nœuds ou d'un fil de fer tendu en travers de la rivière ; mais il ne faut pas se dissimuler que cette
opération, encore facile avec des eaux moyennes, devient souvent à peu près impossible pendant les fortes crues qui, d'ailleurs, ne surviennent qu'à de longs intervalles, et l'on est alors
obligé de recourir, pour la détermination du débouché, à
d'autres moyens que nous allons indiquer.

9. Il faut d'abord rechercher quels sont les débouchés des
ponts qui existent déjà sur le même cours d'eau, tant en amont
qu'en aval du point où doit être établi le nouvel ouvrage, et
s'enquérir avec le plus grand soin de la hauteur qu'atteignent
les grandes crues aux abords de ces ponts, ainsi que des effets
qu'elles y produisent.

On s'assurera ensuite si quelque circonstance locale, plus
ou moins nettement accusée, ne serait pas de nature à amener
subitement au point considéré une masse d'eau qui nécessiterait un écoulement exceptionnel, comme pourrait le faire,
par exemple, une pente plus forte du lit ou le voisinage de
l'embouchure d'un notable affluent.

En dehors de ces cas les plus défavorables, on déterminera
le débouché du nouveau pont d'après celui des autres, en partant de ce principe, qui n'est pourtant pas sans exception, que
les débouchés des ponts d'un même cours d'eau doivent aller
en augmentant depuis la source jusqu'à l'embouchure, pour
offrir un facile et inoffensif écoulement aux affluents et aux
eaux pluviales des deux versants de la vallée.

III.   6

10. S'il arrivait que l'on ne pût se procurer des renseignements suffisamment précis sur les effets des crues aux divers ponts d'amont et d'aval, on s'efforcerait d'y suppléer en se rendant compte de la superficie des bassins qui amènent leurs eaux à chacun d'eux, et un calcul proportionnel donnerait avec une approximation suffisante le débouché nécessaire à l'ouvrage qu'il s'agit d'établir.

A défaut de cette donnée, l'observation a permis de conclure et d'admettre qu'un pont doit généralement avoir les débouchés superficiels ci-après :

Dans un pays de plaine............ 0,80 par lieue carrée (16^{km} carrés).
Lorsque les coteaux n'ont pas plus
  de 40 mètres de hauteur......... 1,50   »
Si les coteaux atteignent 50 mètres. 2,00   »

Ici encore il faut considérer que l'affluence des eaux d'un bassin est singulièrement impressionnée par la nature plus ou moins perméable du sol, par la diversité des *cultures* qui le couvrent, par l'inclinaison plus ou moins rapide des versants, et par la pente du cours d'eau lui-même.

Il importe donc de recueillir soigneusement ces divers éléments pour la fixation du débouché à adopter dans chaque cas particulier, et il est facile de voir que c'est là peut-être le côté le plus délicat et le plus épineux de la question.

11. Nous appellerons encore l'attention sur ce qu'on nomme le *remous*. C'est ce soulèvement des eaux qui se produit en amont de tous les ponts, par suite de la présence des culées et des piles, qui rétrécissent le débouché et ralentissent un peu la vitesse du courant. Les eaux tombent alors sous les arches, ainsi qu'il est facile de l'observer, surtout au moment des crues, y acquièrent une vitesse plus grande, pour la perdre un peu plus loin et reprendre leur cours naturel.

Sans doute, il serait d'une incontestable utilité que l'on pût calculer exactement par avance l'étendue du remous, et la hauteur à laquelle il soulèvera les eaux dans les grandes crues; mais ce phénomène se complique de causes multiples et variables, qui ne sauraient être soumises à une analyse rigoureuse, et c'est encore par comparaison avec ce qui se passe dans des circonstances analogues que l'on peut prévoir, avec quelque sûreté, les effets que produira la présence d'un pont dans un endroit déterminé.

En tout cas, il faut tenir le plus grand compte de la *contraction* qui se produit au passage de l'eau sous chacune des arches, et ne faire entrer dans les calculs du débouché que des quantités réduites au moyen de coefficients spéciaux que l'on a déduits de nombreuses expériences, et que nous allons indiquer.

Lorsque les piles sont terminées carrément, sans avant-becs, et en supposant que les arches sont assez grandes, on multiplie par 0,85 le volume de l'eau qui correspondrait géométriquement au débouché superficiel considéré.

Ce coefficient sera 0,90, si les piles sont terminées par des avant-becs demi-circulaires ou à base de triangle équilatéral.

Si les avant-becs présentent un angle saillant plus aigu que celui du triangle équilatéral, on multiplie par 0,95.

Il est entendu que la grandeur des ouvertures doit toujours être prise en sérieuse considération dans l'adoption de tel ou tel coefficient de contraction. On descend même jusqu'à $0^m,70$, quand il s'agit de petites arches dont les naissances plongent dans l'eau.

12. On vient de lire que les eaux prennent généralement sous les ponts une vitesse plus grande que celle qui conviendrait à leur cours normal, et il importe de se préoccuper, dans la détermination du débouché à adopter, de cette vitesse qui, si elle dépassait certaines limites, attaquerait le sol, déracinerait les fondations et pourrait amener la ruine de l'ouvrage. Cette considération se lie, comme on le voit, à celle du remous, dont la chute correspond à une augmentation de la vitesse dans les arches, et à celle du débouché, qui, s'il ne doit pas être assez exagéré pour augmenter démesurément la longueur du pont et causer, par le ralentissement des eaux, des dépôts qui finiraient par former obstacle à l'écoulement, doit moins encore descendre au-dessous de la limite qui exagérerait la vitesse au point d'attaquer le fond, au grand péril de la solidité de la construction.

Voici, du reste, un tableau des vitesses de courant qui ne peuvent être dépassées dans chaque espèce de terrain, sous peine de corroder le lit :

NATURE DU SOL.	VITESSE LIMITE.	OBSERVATIONS.
Terre détrempée, vase..	0,08 par 1^s	Cours lents.
Argile...	0,15 »	
Sable...	0,30 »	
Gravier...	0,61 »	Cours réguliers.
Cailloux...	0,91 »	Cours assez rapides.
Pierres cassées, silex anguleux...	1,22 »	Cours rapides.
Cailloux agglomérés...	1,52 »	
Roches schisteuses...	1,83 »	
Roches dures...	3,00 »	Vitesse torrentielle.

HAUTEUR LIBRE AU-DESSUS DES EAUX.

13. La hauteur qu'il faut laisser libre au-dessus des eaux, dans la fixation de la forme et des dimensions des arches des ponts, est très-souvent déterminée par les besoins de la navigation, qui commandent de ménager un passage facile aux bateaux jusqu'au niveau passé lequel leur circulation est réglementairement interdite.

En dehors de cette considération, notamment sur les cours d'eau qui ne sont pas navigables, il faut que les plus grandes crues trouvent sous les ponts une issue facile. De plus, il doit toujours y avoir un intervalle de 2 mètres au moins entre le dessous du pont et le niveau des plus hautes eaux, pour donner passage aux arbres et aux glaces que pourrait amener le courant.

Enfin, la disposition et la hauteur des abords détermineront aussi parfois, principalement dans l'intérieur des villes, le niveau qu'on doit prendre pour la partie supérieure du pont et, par suite, pour la hauteur qui restera libre au-dessus du niveau des crues.

C'est en cherchant à satisfaire le mieux possible à chacune de ces conditions qu'on parviendra à prendre un parti sur ce point essentiel, et le goût trouvera aussi à intervenir dans la solution, quand il s'agira de faire un choix entre plusieurs études comparatives, qu'il sera toujours prudent d'ébaucher par un ou plusieurs croquis avant d'arrêter définitivement les dispositions du projet.

Cette recommandation de faire un croquis préparatoire trouvera, comme on le verra bientôt, une nouvelle raison d'être dans la forme qui sera choisie pour les ouvertures. Il importe, en effet, d'éviter les mécomptes auxquels on serait inévitablement exposé, si l'on prenait toujours pour hauteur libre celle qui correspond au point le plus élevé, dans une arche dont la courbure s'abaisse plus ou moins rapidement de chaque côté.

NOMBRE ET OUVERTURE DES ARCHES OU TRAVÉES.

14. Quand, par les considérations précédemment déduites, on a déterminé le débouché total que devra recevoir le pont projeté, il reste à se fixer sur le nombre des supports intermédiaires qu'il convient de lui donner, c'est-à-dire sur le nombre des arches ou travées qu'il faut admettre suivant les circonstances particulières à chaque cas.

On comprend en effet que, si le terrain est tel que les fondations des piles doivent être difficiles et coûteuses, il faut autant que possible en diminuer le nombre, et adopter des arches à grande ouverture. Mais, d'un autre côté, les grandes ouvertures exigent pour la construction des voûtes des matériaux d'une plus grande résistance, des charpentes d'une construction plus compliquée et plus dispendieuse, des maçonneries plus soignées et, par conséquent, d'un prix plus élevé.

Les fondations étant, en outre, la partie la plus délicate et la plus essentielle de ces sortes d'ouvrages, on doit éviter de les multiplier dans les terrains peu résistants et dans les courants rapides qui pourraient les attaquer.

On est donc naturellement conduit, abstraction faite des besoins spéciaux des rivières navigables, à ne pas reculer devant des ouvertures nombreuses dans les eaux tranquilles, mais à faire au contraire de grandes arches dans les rivières rapides, et à franchir même au besoin par une seule portée les torrents, comme nous l'avons déjà indiqué (6).

15. Des raisons de goût, analogues à celles qui portent les architectes à ne pas mettre un trumeau plein dans l'axe d'une façade régulièrement ordonnancée, prescrivent ici de ne pas adopter, toutes les fois que cela se peut sans nuire à des con-

sidérations plus essentielles, un nombre pair d'ouvertures, disposition qui aurait pour conséquence la construction d'une pile au milieu de l'ouvrage.

On comprend d'ailleurs qu'il est convenable, en général, de ne pas placer un obstacle permanent au point où le cours des eaux a la plus grande rapidité. Toutefois, quand le nombre des arches est considérable, les deux motifs ci-dessus perdent simultanément beaucoup de leur importance, et le mauvais effet des arches en nombre pair disparaît à peu près complétement. Sous cette réserve, on doit néanmoins regarder comme impérieusement prescrit, dans les circonstances ordinaires et sauf des cas exceptionnels, d'adopter un nombre impair d'ouvertures dans la construction d'un pont.

LARGEUR D'UN PONT ENTRE LES PARAPETS.

16. La largeur qu'il convient de donner à un pont entre ses têtes, et par suite entre ses parapets, se détermine par des considérations tout à fait étrangères au régime de la rivière. C'est en examinant quelle est l'importance de la circulation des personnes, des animaux et des véhicules de toute sorte qui doivent passer simultanément sur le pont, qu'on arrive à établir avec toute connaissance de cause la largeur qu'il faut donner à la chaussée et à chacun des deux trottoirs.

En rase campagne, cette dimension totale est à peu près fixée par la nature et par la catégorie de la voie de communication qu'il s'agit de desservir. Nous trouvons, dans les cahiers des charges rédigés par l'Administration supérieure pour les concessions de chemins de fer, que, lorsque la voie ferrée devra passer au-dessous d'une route ou d'un chemin, la largeur entre les parapets du pont à établir doit être fixée en tenant compte des circonstances locales; mais que cette largeur ne peut, dans aucun cas, être inférieure :

A 8 mètres pour une route nationale.
A 7   »   pour une route départementale.
A 5   »   pour un chemin de grande communication.
A 4   »   pour un simple chemin vicinal.

Quant aux viaducs sur lesquels un chemin de fer doit franchir une vallée ou un cours d'eau quelconque, ils ne peuvent

avoir moins de 8 mètres de largeur entre les parapets sur les
chemins à deux voies, et moins de 4ᵐ,5o sur les chemins à
une seule voie.

On comprend que ces chiffres sont des minima applicables
aux parties de routes ou de chemins de fer situées, comme
nous l'avons dit, en rase campagne. En effet, les dimensions
des ponts varient entre des limites très étendues dans l'intérieur des villes, où nous voyons, par exemple, que le pont au
Change et le pont Saint-Michel, à Paris, ont chacun 3o mètres
de largeur entre leurs parapets, et aux abords des gares, dont
les voies multiples exigent fréquemment des largeurs encore
plus considérables.

17. Il est utile, d'ailleurs, de remarquer qu'il est bien préférable de donner à un pont une largeur quelque peu supérieure
aux besoins actuellement constatés, la dépense qui résulte de
cet excédant correspondant seulement au cube d'une tranche
intermédiaire de maçonnerie, puisque les deux têtes restent
les mêmes dans tous les cas.

On évitera ainsi, par une dépense relativement peu considérable, l'obligation où l'on se trouve souvent plus tard, quand la
circulation a pris un développement nouveau, d'élargir des
ouvrages qui, dans le principe, avaient été établis avec des dimensions trop strictement suffisantes pour les nécessités du
moment.

PONTS EN MAÇONNERIE.

18. Les ponts en maçonnerie sont ceux dans lesquels les
intervalles entre les piles et les culées sont franchis par des
voûtes.

Sous le rapport de leur mode de construction, les voûtes
dont nous nous occuperons avec le plus de détails sont déterminées par des portions de surfaces cylindriques, à génératrices horizontales, dont la courbe directrice, considérée dans
le plan des têtes et perpendiculairement à l'axe du cylindre,
est le plus souvent formée d'une ou de plusieurs portions d'arcs
circulaires.

En d'autres termes, nous examinerons d'abord exclusivement les voûtes cylindriques *droites*, par opposition avec les
voûtes *biaises*, dont les têtes sont situées dans des plans verti-

caux obliques par rapport à la direction des génératrices. Cette circonstance se présente toutes les fois, par exemple, qu'une voie de communication doit traverser une rivière sous un angle autre que 90 degrés, et que les piles et les culées doivent être néanmoins établies parallèlement à la direction du fil de l'eau. Nous avons dit (4) qu'il était sage d'éviter, autant que possible, cette complication; mais il est de nombreux cas où les lieux commandent de l'admettre, et nous donnerons aussi pour ce motif quelques indications relatives à la construction des voûtes biaises.

Dans tous les cas, les surfaces cylindriques des arches de pont prennent horizontalement leurs *naissances* sur les piles et culées, dont les parties comprises entre les naissances et les massifs de fondation sont appelées les *pieds-droits* des voûtes.

19. On distingue, d'ailleurs, trois espèces principales de voûtes parmi celles que nous avons à étudier. Ce sont les voûtes en *plein cintre*, les voûtes *surbaissées* et les voûtes *surhaussées*.

Une voûte est dite *en plein cintre* toutes les fois que la hauteur comprise entre le plan des naissances et le *sommet* est égale à la moitié de l'ouverture mesurée au niveau desdites naissances.

Elle est dite *surbaissée* ou *surhaussée* selon que cette hauteur est inférieure ou supérieure à la demi-ouverture.

20. La courbe directrice communément admise pour les voûtes en plein cintre est la demi-circonférence; c'est la plus naturelle et la plus agréable à l'œil, et les anciens l'ont exclusivement adoptée dans tous les ponts qu'ils nous ont légués.

Les voûtes surbaissées ont pour directrice, soit un arc de cercle unique coupant obliquement les verticales AZ et BY (*fig.* 2) menées par chacune de ses naissances et ayant son centre O au-dessous de ces dernières; soit une *demi-ellipse* s'appuyant sur son grand axe (*fig.* 3); soit enfin une *anse de panier*, dont la forme générale affecte plus ou moins celle de l'ellipse, mais qui résulte de la réunion de plusieurs arcs de cercle tangents entre eux.

Quant aux voûtes surhaussées, qui ne sont qu'exceptionnel-

lement employées dans les ponts, on les trace suivant une
demi-ellipse prise sur son petit axe; ou bien l'on adopte l'*ogive*

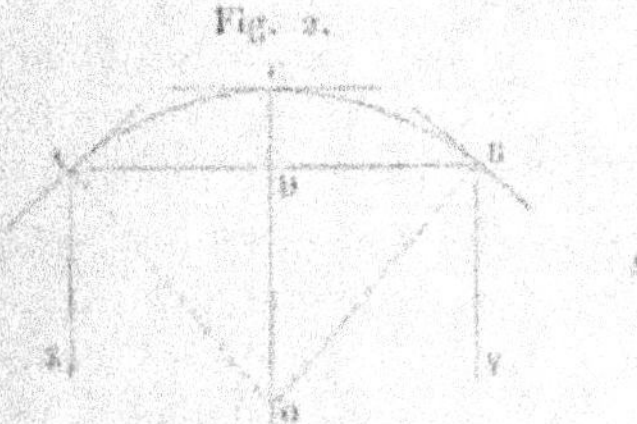
Fig. 2.

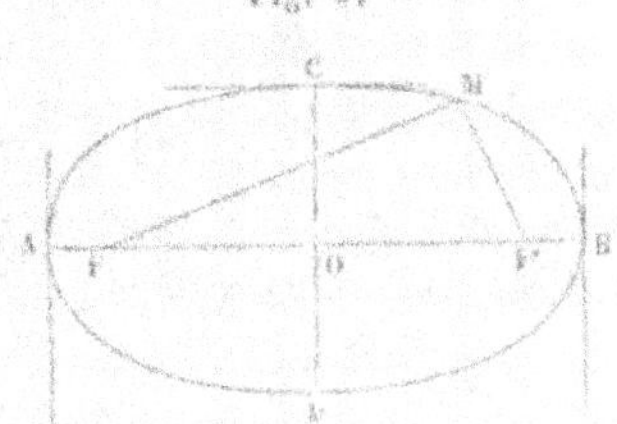
Fig. 3.

(*fig.* 4), courbe discontinue composée de deux arcs circulaires
se coupant au sommet C de la voûte, et dont les centres O et

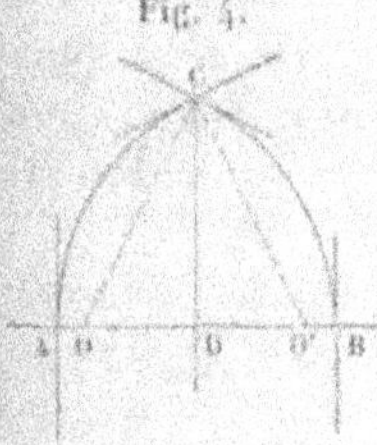
Fig. 4.

O' sont placés sur la ligne AB des naissances.

Nous reviendrons bientôt avec quelques détails sur le tracé de ces différentes courbes; mais nous dirons quant
à présent, pour en terminer avec l'*ogive*
que nous laisserons de côté à cause de
la rareté de ses applications aux voûtes
de ponts, qu'elle serait dite en *tiers-point*,
si le centre de chacun de ses deux arcs était pris à la naissance
de l'arc opposé.

21. Le plein cintre est, de toutes les courbes employées
dans la construction des voûtes, celle qui unit à la plus rassurante solidité la plus grande facilité d'exécution; aussi est-
elle préférée dans les ponts, toutes les fois que cela peut se
faire sans trop élever l'ouvrage et sans rendre ses abords difficiles. Cette courbe a cependant l'inconvénient de rétrécir
rapidement le débouché au-dessus des naissances, et de nuire
par suite à l'écoulement, quand on est obligé de placer ces
dernières notablement au-dessous du niveau des grandes
eaux.

Ce grave désagrément est complétement évité par l'emploi
d'un arc de cercle unique, dont on peut généralement mettre
les naissances au-dessus ou tout au moins au niveau des crues.
Ce système a généralement plus d'élégance et de hardiesse
que les autres; mais il comporte des poussées horizontales
considérables, qui tendent énergiquement à disjoindre les élé-

ments de la voûte et à renverser les supports. Par ce motif, il réclame l'emploi de matériaux plus volumineux, plus résistants et, par conséquent, plus coûteux.

Avec la demi-ellipse surbaissée ou avec l'anse de panier on a, pour la même hauteur, plus de débouché qu'avec le plein cintre, et l'on a surtout des poussées beaucoup moins fortes qu'avec l'arc de cercle unique ; aussi les arches en anse de panier sont-elles fréquemment adoptées, de préférence même à celles en ellipse, dont la courbure, variable d'un point à l'autre de son développement, exige un panneau spécial pour la taille de chacun des blocs ou *voussoirs* qui composent la voûte.

Il faut pourtant convenir aussi que l'ellipse donne généralement des voûtes plus régulières et plus agréables à l'œil que l'anse de panier, dont la courbure varie toujours plus ou moins brusquement au passage d'un arc à un autre. On s'est peut-être trop effrayé autrefois de la variation continue de la courbure de l'ellipse, et il est à remarquer que les constructeurs actuels tendent avec raison à y revenir.

Le tracé du plein cintre n'offre aucune espèce de difficulté, et nous ne nous y arrêterons pas.

TRACÉ D'UNE VOÛTE EN ARC DE CERCLE.

22. Les données fondamentales du tracé d'une voûte sont, quelle que soit la courbe adoptée pour directrice, la *corde* ou l'ouverture A, et la *flèche* ou la montée CD (*fig.* 5). Il suffit donc d'appliquer ici la construction élémentaire et connue qui sert à faire passer un cercle par trois points donnés A, B et C. On trouve ainsi le centre O de la courbe.

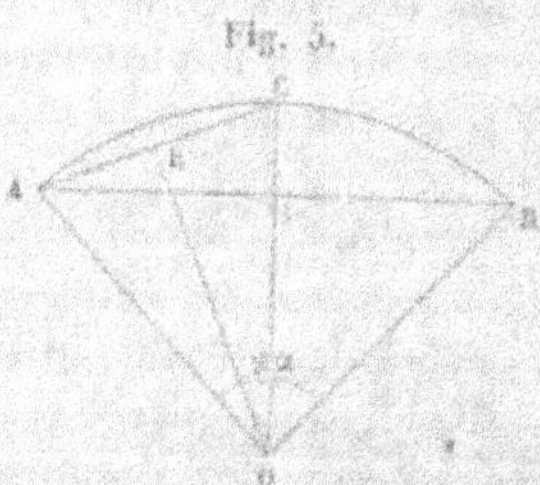

Pour en déterminer numériquement le rayon R, on remarquera que la ligne AC ou $\sqrt{\overline{AD}^2 + \overline{CD}^2}$ est une moyenne proportionnelle entre le diamètre 2R et la flèche CD. On a donc

$$2R \times CD = \overline{AD}^2 + \overline{CD}^2, \quad \text{ou} \quad R = \frac{\overline{AD}^2 + \overline{CD}^2}{2CD},$$

ou encore, si l'on désigne la flèche par f et la demi-ouverture par c,

$$R = \frac{c^2 + f^2}{2f}.$$

23. Le rapport $\frac{f}{2c}$ de la montée à l'ouverture est ce qu'on est convenu d'appeler le *surbaissement* de la voûte, qui est dite surbaissée au tiers, au quart, au dixième, …. selon que ce rapport a pour valeur l'une des fractions $\frac{1}{3}$, $\frac{1}{4}$, $\frac{1}{10}$, ….

La limite supérieure généralement admise pour le surbaissement est $\frac{1}{10}$ dans les voûtes en arc de cercle. Au-dessus de cette limite, les voûtes ne sauraient être construites, dans des conditions de stabilité rassurantes, qu'au prix de dépenses hors de proportion avec l'avantage illusoire qui pourrait résulter de l'adoption de ce système. En prenant $\frac{1}{5}$ ou $\frac{1}{6}$, on obtient une suffisante garantie de stabilité, sans perdre aucun des avantages inhérents aux voûtes en arc de cercle sous le rapport de l'élégance et pour le facile écoulement des eaux.

24. L'angle au centre $2z$ se calcule aisément au moyen de la relation

$$\tan \frac{z}{2} = \frac{f}{c},$$

qui se conclut sans difficulté de ce que, les deux triangles COE et CAD étant semblables, ce dernier donne immédiatement la relation

$$\frac{CD}{AD} = \tan CAD = \tan COE.$$

25. L'arc ACB, que l'on peut désigner par $2a$, a pour expression de son développement

$$2a = 2\pi R \times \frac{2z}{360°} = \pi R \times \frac{z}{90°}$$

et se calcule aisément au moyen de l'angle z donné par la formule précédente. Cet élément est utile à connaître pour évaluer l'importance du développement de l'intrados au point de vue de la taille et du ravalement des surfaces vues.

26. Enfin on a besoin, dans le métrage des maçonneries d'un pareil pont, de connaître aussi l'aire S du segment circulaire ABC, et la Géométrie (t. I, p. 286) nous enseigne que ce segment, différence entre le secteur AOBC et le triangle AOB, a pour expression

$$2a \times \frac{R}{2} - 2c \times \frac{OD}{2},$$

ou

$$a \times R - c(R - f);$$

d'où vient enfin

$$S = (a - c)R + cf.$$

27. Si, comme exemple, nous appliquons ce qui précède à une voûte dont la montée serait égale à 4 mètres pour une ouverture de 20 mètres, ce qui détermine un surbaissement de $\frac{4}{20}$ ou $\frac{1}{5}$, les relations ci-dessus posées nous donneront

$$R = 14^m,50, \quad 2\alpha = 87°19', \quad 2a = 22^m,05 \quad \text{et} \quad S = 54^{mq},935.$$

Dans le cas particulier où, l'angle au centre 2α étant égal à 60 degrés, le rayon R est précisément égal à la corde $2c$, l'application des formules fournit

$$2a = 2,0944 \times c \quad \text{et} \quad S = 0,3624 \times c^2.$$

On a construit des Tables qui donnent, tout calculés, les divers éléments géométriques des voûtes en arc de cercle, pour chaque système des valeurs de l'ouverture et du surbaissement.

TRACÉ D'UNE VOÛTE EN ELLIPSE.

28. L'ellipse est une courbe de forme ovale (*fig.* 3) dont tous les points sont à des distances complémentaires de deux points intérieurs F et F' appelés *foyers*.

Cette somme de distances, constante pour chacun des points de l'ellipse, est égale à la longueur du *grand axe* AB, sur lequel sont situés les deux foyers; le petit axe CD passe au milieu O du grand axe et lui est perpendiculaire. Ce point O est le *centre* de la courbe, et les droites FM et F'M, qui joignent aux deux foyers le point M, sont les *rayons vecteurs* de ce point.

29. Pour décrire une pareille courbe, le procédé le plus naturel est celui qui résulte de sa définition même, et qui donne un point quelconque de l'ellipse par l'intersection de deux arcs de circonférence décrits de chacun des foyers comme centre avec des rayons quelconques, pourvu que la somme de ces rayons soit égale à la longueur du grand axe.

On abrége notablement ce tracé en fixant aux deux foyers les extrémités d'un fil inextensible, de longueur égale à celle du grand axe, et en appliquant contre ce fil, en M, un style que l'on fait glisser de telle manière que les deux branches FM et F'M soient constamment tendues. Dans le mouvement, le point M décrit l'ellipse, et ce tracé, surtout applicable sur le terrain avec deux piquets et un cordeau, s'appelle le *tracé du jardinier*.

30. Une propriété très-importante de l'ellipse est celle en vertu de laquelle *la tangente et la normale* en un point quelconque de cette courbe *sont les bissectrices des angles formés par les rayons vecteurs* dudit point.

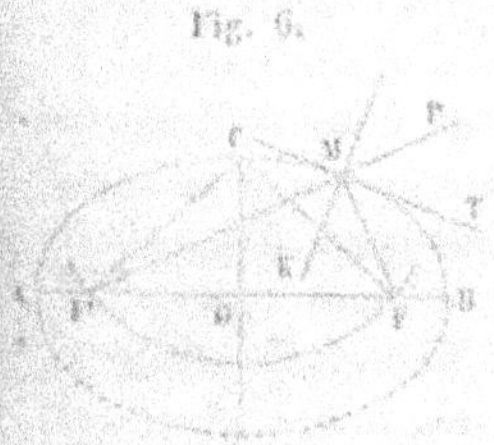

Fig. 6.

Ainsi quand, le grand axe AB et la moitié CO du petit étant donnés, on aura déterminé les deux foyers F et F' par un arc de cercle décrit du point C comme centre, avec un rayon égal à la moitié de AB; quand on aura, par le procédé indiqué, déterminé la figure de la courbe, on tracera la tangente au point M, par exemple, en partageant en deux parties égales l'angle FMF' des rayons vecteurs de ce point, et la tangente à l'ellipse sera nécessairement la droite MT ainsi obtenue.

La normale est, comme on le sait, la perpendiculaire MK à la tangente.

31. Il existe un autre moyen fort simple et plus facilement applicable sur le papier pour décrire, sans le secours des foyers, une ellipse dont on connait les axes.

Ce moyen consiste à tracer les deux cercles ayant pour rayons les deux demi-axes OA et OC, à mener un rayon quelconque ORN, et à abaisser l'ordonnée NP sur le grand axe. Si, par le point R, on mène une parallèle à AB, sa rencontre avec l'ordonnée NP détermine un point M de l'ellipse (*fig.* 7).

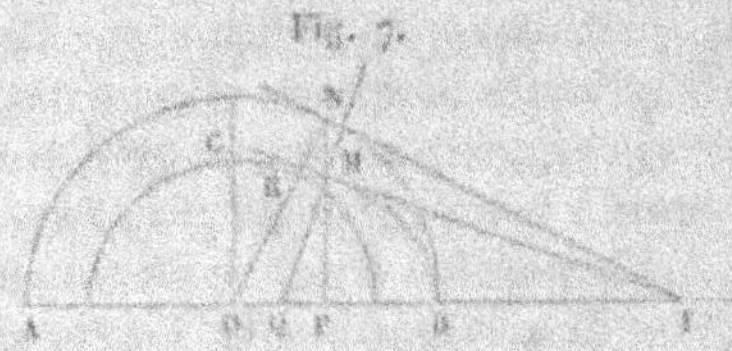

De plus, si l'on mène en N au cercle ON la tangente NT, il suffira de tirer la droite MT pour avoir la tangente à l'ellipse au point M. De là la normale MQ par une perpendiculaire à la tangente.

32. La longueur OP étant appelée *l'abscisse* du point M, et PQ la *sous-normale* dudit point, il est démontré que ces deux longueurs sont liées, pour un point quelconque de la courbe, par la relation

$$\frac{PQ}{OP} = \frac{\overline{OC}^2}{\overline{OA}^2}, \quad \text{d'où} \quad PQ = \frac{\overline{OC}^2}{\overline{OA}^2} \times OP.$$

Il suit de là que, si l'on calcule une fois pour toutes le rapport constant $\dfrac{\overline{OC}^2}{\overline{OA}^2}$, il suffira de le multiplier par l'abscisse d'un point quelconque de l'ellipse pour obtenir la longueur de la sous-normale en ce point.

La normale du point M, par exemple, se trouve donc encore très-simplement en portant, à partir du point P, la longueur calculée pour la sous-normale PQ, et tirant la droite MQ.

On peut voir, du reste, que le rapport $\dfrac{\overline{OC}^2}{\overline{OA}^2}$ est égal à $\dfrac{1}{4}$ quand $\dfrac{OC}{OA} = \dfrac{1}{2}$ ou quand $\dfrac{OC}{2 OA} = \dfrac{1}{4}$, c'est-à-dire quand l'ellipse est surbaissée au quart, auquel cas la sous-normale PQ est exactement le quart de l'abscisse en chaque point de la courbe.

33. L'ellipse jouit encore de cette autre propriété que les perpendiculaires abaissées de chacun de ses points sur le grand axe, autrement dit les *ordonnées* de chacun de ses points, sont, avec les ordonnées correspondantes du cercle décrit sur ce grand axe comme diamètre, dans un rapport constant et égal à celui du petit axe au grand axe.

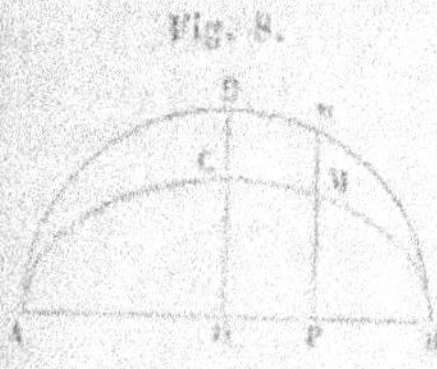
Fig. 8.

On trouve là un nouveau moyen de décrire l'ellipse par points, en déterminant, soit par le calcul, soit géométriquement, les ordonnées du cercle, et les partageant proportionnellement aux deux axes de l'ellipse.

Cette opération est des plus simples pour l'ellipse surbaissée au quart, puisque, si l'on a

$$\frac{OC}{OA} = \frac{OC}{OD} = \frac{1}{2},$$

il en résulte

$$\frac{MP}{NP} = \frac{1}{2},$$

et chaque ordonnée de l'ellipse est la moitié de celle qui lui correspond dans le cercle.

34. Enfin nous aurons donné tout ce qui, dans la théorie de l'ellipse, est nécessaire pour le problème spécial qui nous occupe, si nous disons :

1° Que la surface comprise entre le grand axe et la courbe, surface égale à la moitié de celle qui est circonscrite par l'ellipse entière, est par conséquent la moitié du produit

$$\pi \times OA \times OC \quad \text{ou} \quad \pi \times A \times B,$$

en désignant, suivant l'usage, le grand axe par $2A$ et le petit axe par $2B$;

2° Que le développement du périmètre de la demi-ellipse est sensiblement exprimé par la fraction

$$\pi \times \frac{3A^2 + B^2}{4A}.$$

Nous pouvons, comme exemple, reprendre les données du n° 27,

$$A = 10^m, \quad B = 4^m,$$

et nous trouvons, par l'application des deux relations qui viennent d'être indiquées, en appelant respectivement S et L la surface et la longueur ci-dessus définies,

$$S = 62^{mq},832,$$

et

$$L = 24^m,82.$$

TRACÉ D'UNE VOÛTE EN ANSE DE PANIER.

33. Le but qu'on se propose géométriquement, quand on veut dessiner une voûte en anse de panier, est d'avoir une courbe continue, sans jarrets et agréable à l'œil. On doit donc s'appliquer à éviter que les arcs de cercle employés présentent des changements trop brusques de courbure; il y a donc avantage sous ce rapport à multiplier autant que possible les arcs de rayons différents.

D'un autre côté, si l'on ne bornait le nombre des centres, on tomberait bientôt dans l'inconvénient signalé plus haut pour la voûte elliptique, l'appareil devenant d'autant plus difficile que la courbure varie plus souvent. Il faut donc, dans chaque cas, combiner ces deux exigences contraires, et faire son choix suivant les circonstances.

Quel que soit, d'ailleurs, le nombre d'arcs ou de centres que l'on ait adopté, il reste toujours, dans le problème de la description des cercles tangents entre eux et passant tangentiellement aux naissances et au point culminant, une grande indétermination sur les valeurs des rayons et sur la position géométrique des centres; on en profite pour introduire des conditions propres à rendre les courbes plus gracieuses. On peut s'imposer, par exemple, d'avoir des rayons qui croissent d'arc en arc suivant une progression par différence ou par quotient, ou d'avoir des arcs égaux en longueur, pour que l'œil ne se repose pas plus longtemps sur l'un que sur l'autre, ou encore d'avoir des arcs correspondant à des angles au centre égaux.

Il en résulte autant de constructions différentes, dont nous allons bientôt indiquer quelques-unes, nous bornant quant à présent à prévenir qu'il ne faut pas donner à l'arc du sommet un trop grand rayon et un aplatissement dangereux. En général, ce rayon supérieur ne doit guère dépasser une fois et demie l'ouverture entière de l'arche.

36. Quant au nombre des centres qu'il y a lieu d'adopter dans chaque cas, eu égard aux considérations qui précèdent et à la grandeur de l'ouverture, il paraît pouvoir être généralement fixé d'après le tableau suivant, sauf les circonstances particulières et exceptionnelles qui motiveraient suffisamment une dérogation à cette règle :

OUVERTURE.	NOMBRE DE CENTRES pour un surbaissement de		OBSERVATIONS.
	$\frac{1}{2}$ à $\frac{1}{3}$	$\frac{1}{3}$ à $\frac{1}{4}$	
De 1 à 10ᵐ...	3	5	Le surbaissement des arches en anse de panier est rarement supérieur au quart. Au delà de ce terme, on a recours à l'arc de cercle unique.
De 10 à 40ᵐ....	5	7	
De 40 à 50ᵐ. ...	7	9	

Nous allons maintenant donner quelques méthodes pour tracer des anses de panier, et nous nous bornerons aux courbes à trois et à cinq centres, qui suffisent pour les besoins ordinaires de la pratique.

Anse de panier à trois centres.

37. *Première méthode.* — Après avoir porté à partir des points A et B, sur AO et BO, les longueurs égales Aa et Bb (*fig.* 9), on tire ab sur le milieu K duquel on élève la perpendiculaire KC, et les points a et C sont deux des centres cherchés. Le troisième est nécessairement placé symétriquement avec a par rapport à l'axe BC.

On peut, par ce procédé, tracer une infinité de courbes passant en A et en B tangentiellement aux verticales des naissances, touchant en B l'horizontale du sommet, et se touchant en même temps entre elles, puisque les quantités égales Aa, Bb peuvent être quelconques, pourvu qu'elles n'atteignent pas la hauteur de la montée BO.

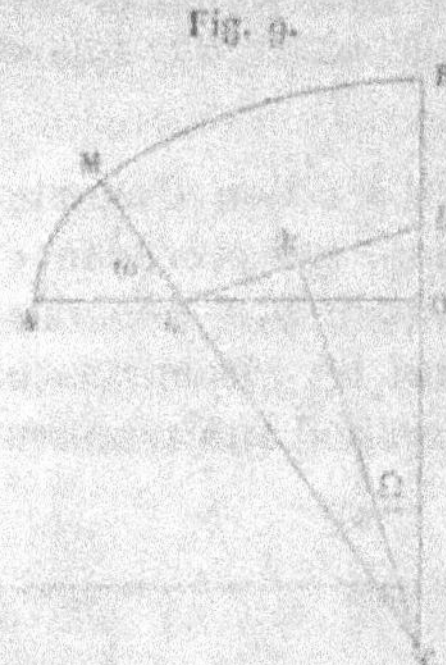

En désignant toujours AO par c, BO par f, et en appelant r et R les deux rayons Aa et MC, on trouve dans le triangle aOC,

$$\overline{a\mathrm{C}}^2 = \overline{a\mathrm{O}}^2 + \overline{\mathrm{CO}}^2$$

ou

$$\text{(A)} \quad (\mathrm{R} - r)^2 = (c - r)^2 + (\mathrm{R} - f)^2.$$

C'est là l'équation de condition qui lie mutuellement les données c et f avec les inconnues R et r du problème [1]. Il suffit donc de se donner la valeur de l'un des deux rayons, pour que cette relation fournisse immédiatement celle de l'autre. Le procédé serait d'ailleurs le même si, au lieu de la valeur de l'une de ces quantités, on avait entre elles une tout autre relation qui, jointe à (A), servirait à les déterminer toutes les deux.

38. Pour avoir les valeurs des deux angles au centre Ω et ω qui sont nécessaires au calcul du développement de chaque arc et de l'aire des secteurs, on remarquera que ces angles ne sont autres que ceux du triangle rectangle aOC, dans lequel on a

$$\sin \Omega = \frac{a\mathrm{O}}{a\mathrm{C}} = \frac{c - r}{\mathrm{R} - r}, \quad \sin \omega = \frac{\mathrm{R} - f}{\mathrm{R} - r}.$$

39. Supposons, pour donner des exemples, que l'on veuille avoir, de chaque côté de l'axe, des arcs faisant le même angle au centre de leurs circonférences respectives. Il faudra éga-

---

[1] Ainsi qu'on devait s'y attendre, cette relation n'est autre chose que celle qu'on obtiendrait en remplaçant r et f respectivement par c et f, après y avoir supposé α égal à 90 degrés, dans l'équation de condition du raccordement circulaire à tangentes inégales (t. II, *Lever des plans*, 102).

ler les valeurs de $\sin\Omega$ et de $\sin\omega$, et l'on aura la nouvelle relation

$$c - r = R - f$$

ou

$$R + r = c + f,$$

de laquelle on conclut déjà que, dans ce système particulier, la somme des rayons est constante et égale à celle des deux données c et f.

Rapprochée de l'équation de condition (A), celle-ci donne, par l'élimination successive de R et r,

$$R = c + \frac{(c - f)\sqrt{2}}{2}, \quad r = f - \frac{(c - f)\sqrt{2}}{2},$$

et les angles Ω et ω, qui sont toujours complémentaires l'un de l'autre, sont ici égaux tous deux à 45 degrés.

40. *Deuxième méthode.* — On pourrait encore désirer que les trois arcs de la directrice de la voûte correspondissent à des angles au centre égaux entre eux et à 60 degrés. Il faudrait alors écrire que $\omega = 60°$ et $\Omega = 30°$, ce qui conduirait aux deux équations

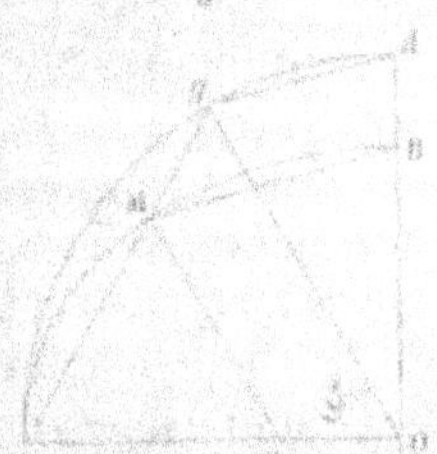

$$\frac{c - f}{R - r} = \sin 30° = \frac{1}{2},$$

$$\frac{R - f}{R - r} = \sin 60° = \frac{\sqrt{3}}{2},$$

et permettrait de calculer les valeurs de r et R. Mais on peut se dispenser de faire ce calcul, en employant la construction suivante :

Après avoir marqué sur le quadrant Ad un point g situé à 60 degrés du point A; après avoir tiré les droites Ag, Og et gd (*fig.* 10), on mène BM parallèlement à gd, et le point M est le point de raccordement des deux arcs à déterminer. Pour avoir leurs centres, on trace MC parallèle à Og, et ces centres sont les points a et C ainsi obtenus.

41. *Troisième méthode.* — Enfin, examinons encore le cas où l'on voudrait que les deux angles au centre Ω et ω fussent respectivement égaux à ceux du triangle rectangle AOB, dont les deux côtés de l'angle droit sont c et f, et l'hypoténuse $\sqrt{c^2 + f^2}$.

La solution analytique consiste à poser

$$\sin \Omega = \sin \text{BAO}, \quad \sin \omega = \sin \text{ABO},$$

ou

$$\frac{c - r}{\text{R} - f} = \frac{f}{\sqrt{c^2 + f^2}}, \quad \frac{\text{R} - f}{\text{R} - r} = \frac{c}{\sqrt{c^2 + f^2}},$$

et à résoudre ces deux équations qui donnent, tous calculs faits,

$$\text{R} = \frac{\sqrt{c^2 + f^2}}{f} \times \frac{\sqrt{c^2 + f^2} + (c - f)}{2},$$

$$r = \frac{\sqrt{c^2 + f^2}}{c} \times \frac{\sqrt{c^2 + f^2} - (c - f)}{2}.$$

La construction qui résulte de ces valeurs des rayons est extrêmement simple. Remarquons en effet que, si l'on retranche de AB (*fig.* 11) la longueur Bg égale à AO — OB ou à $c - f$, la droite Ag sera précisément égale à $\sqrt{c^2 + f^2} - (c - f)$. En élevant au milieu k de Ag la perpendiculaire kC, les points A et C qu'on détermine sur AO et OB sont les centres cherchés; car les triangles Aak et AOB sont semblables et donnent

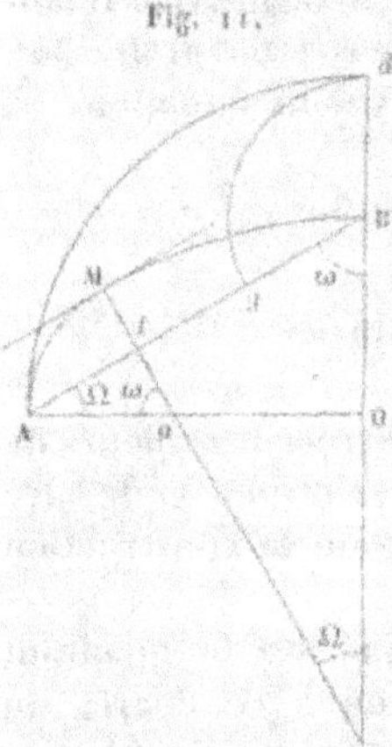

$$\text{A}a : \text{AB} :: \text{A}k : \text{AO},$$

ou

$$r : \sqrt{c^2 + f^2} :: \frac{\sqrt{c^2 + f^2} - (c - f)}{2} : c.$$

Il est également facile de constater que Bk est égal à la moitié de

$$\sqrt{c^2 + f^2} + (c - f),$$

et d'obtenir la valeur de BC par la comparaison des triangles semblables BCk et AOB. Cette valeur n'est autre que celle que nous avons établie plus haut pour R, de même que la proportion précédente nous a donné la valeur trouvée pour r.

42. Dans ce dernier cas particulier, la tangente commune au point de raccordement M était nécessairement perpendiculaire à la ligne des centres aC; elle est, par conséquent, parallèle à la corde AB.

Un autre caractère distingue aussi cette solution parmi toutes celles de l'anse de panier à trois centres; elle correspond au minimum du rapport $\dfrac{R}{r}$ des deux rayons, comme la première, celle qui conduit à des angles au centre égaux à 45 degrés, correspond au minimum de la différence R — r des mêmes quantités.

On mettrait en évidence cette double vérité par une analyse peu compliquée, qui nous entraînerait néanmoins hors des limites de notre programme.

43. Il existe encore d'autres méthodes pour décrire l'anse de panier à trois centres; mais celles que nous venons d'indiquer suffisent amplement aux besoins de la pratique, et nous ne nous y arrêterons plus, si ce n'est pour dire que le calcul de l'aire comprise entre la courbe et la corde des naissances se ferait sans aucune difficulté, ainsi que la détermination de la longueur de la courbe elle-même.

On aurait la moitié de l'aire cherchée en calculant, par les moyens géométriques connus (t. I, *Géométrie*, 132), chacun des deux secteurs AaM et MCB, et en retranchant de leur somme celle du triangle rectangle aCO.

Quant aux longueurs des arcs, elles résulteraient également de la connaissance des rayons et des angles au centre correspondants.

Anse de panier à cinq centres.

44. *Première méthode.* — Le problème de l'anse de panier à cinq centres offre encore une plus grande indétermination que le précédent. En effet, sur neuf conditions qui sont nécessaires pour déterminer complétement trois circonférences, il n'en présente que six, savoir : toucher deux droites données en deux points donnés (tangente horizontale au sommet et

verticale à la naissance) et se toucher entre elles en deux points indéterminés. On voit donc que l'on peut choisir pour les trois rayons inconnus R, ρ et r des valeurs complétement arbitraires, pourvu qu'elles satisfassent entre elles aux conditions inhérentes au contact intérieur des cercles, eu égard à l'application spéciale qu'on en veut faire.

Ainsi, les deux rayons r et R étant respectivement placés en A a et BC (*fig.* 12), du point a comme centre, avec un rayon égal à ρ — r, on décrit un arc de cercle ; du point C, avec le rayon R — ρ, on en trace un autre qui coupe le premier en I ; c'est le troisième centre cherché.

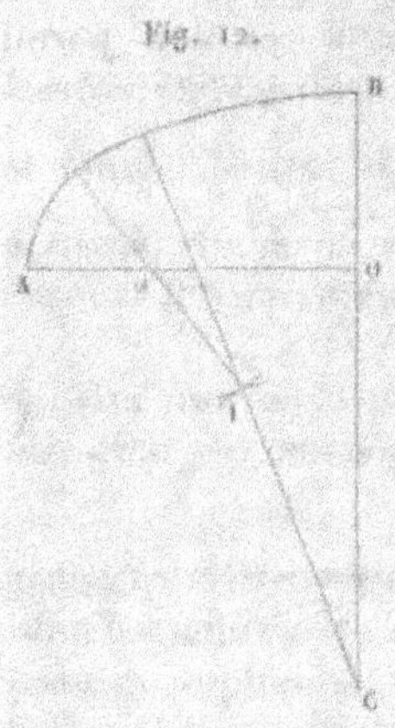
Fig. 12.

On serait averti de l'inadmissibilité du système des valeurs choisies arbitrairement pour les premiers rayons si les deux arcs de cercle, qui par leur intersection doivent déterminer le centre I, ne pouvaient se rencontrer. Il faudrait alors, par un tâtonnement plus ou moins long, modifier convenablement ces trois valeurs, ou seulement une ou deux d'entre elles, jusqu'à ce que la construction fût géométriquement praticable.

On est dans l'habitude de prendre, pour le rayon intermédiaire ρ, une moyenne proportionnelle entre les valeurs choisies pour R et r ; mais il n'y a aucune règle absolue à cet égard, et l'on doit s'attacher seulement à trouver le système de valeurs des trois rayons qui procure la courbe la plus gracieuse et la plus satisfaisante sous tous les rapports.

45. *Deuxième méthode.* — Ayant tracé un quart de cercle sur la demi-ouverture, on y peut marquer les points h et g limitant, à partir de A, des arcs A h, h g et g d respectivement égaux à $\frac{3}{5}$, $\frac{2}{5}$ et $\frac{1}{5}$ de 90 degrés, et tirer ensuite les cordes A h, h g et g d, ainsi que les rayons h O et g O.

On prend alors le premier rayon A a ou r arbitrairement ; par le point a on trace n a I parallèle à h O ; par le point n ainsi déterminé, on tire n m parallèle à h g ; par le point B, B m parallèle à *dg*; enfin par le point *m*, *m*I parallèle à *g*O. Les points *n* et *m* sont les points de raccordement des trois arcs, dont les centres sont respectivement placés en *a*, en I et en C.

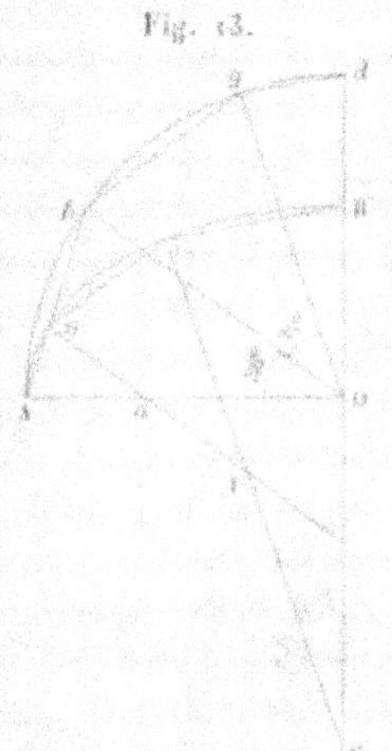

Fig. 13.

Par cette construction, qui est susceptible d'être généralisée et étendue à un nombre impair quelconque de centres, les rayons consécutifs font entre eux des angles égaux au quotient de 180 degrés par ce nombre, soit à

$$\frac{180°}{3} \text{ ou } 60° \text{ pour 3 centres.}$$

$$\frac{180°}{5} \text{ ou } 36° \text{ pour 5 centres.}$$

$$\frac{180°}{9} \text{ ou } 20° \text{ pour 9 centres.}$$

Le calcul des rayons et des autres éléments de la question ne présenterait d'ailleurs aucune difficulté, après les indications qui ont été précédemment données pour le cas de trois centres. Nous ne nous étendrons donc pas davantage sur ce sujet.

APPAREIL SPÉCIAL DES VOUTES.

46. Le corps d'une voûte, quelle que soit la nature de la courbe qu'elle affecte, est toujours composé de blocs distincts qui se soutiennent mutuellement et qui portent le nom de *voussoirs*.

Le dessous de la voûte, la surface vue de cette construction, s'appelle l'*intrados* ou la *douelle*; le dessus, au contraire, généralement recouvert d'un enduit ou *chape* en mortier, en béton ou en bitume, se désigne sous le nom d'*extrados*.

Ces dénominations, nous le répétons, sont générales et s'appliquent à toutes les voûtes, qu'elles soient en plein cintre, en arc de cercle, en ellipse, en anse de panier ou en ogive. Les trois figures ci-après montrent aux yeux, dans les trois systèmes les plus communément employés pour les voûtes des ponts, les diverses indications que nous venons d'énumérer.

Fig. 14.

Arche en plein cintre.

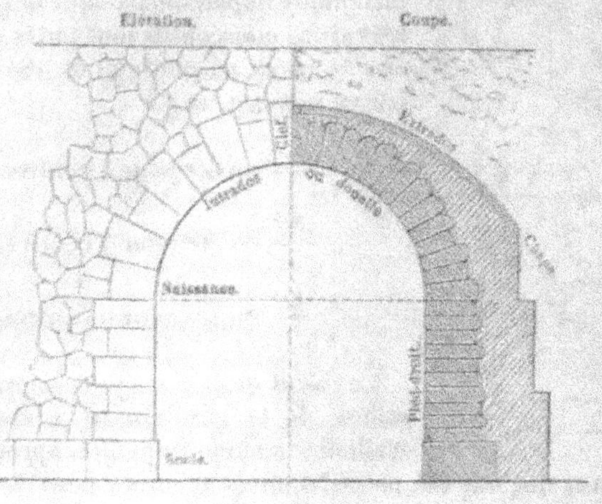

Fig. 15.

Arche surbaissée en arc de cercle.

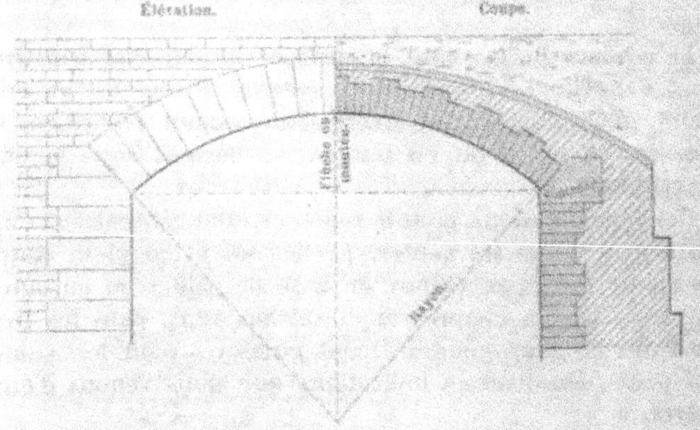

Fig. 16.

Arche surbaissée en anse de panier.

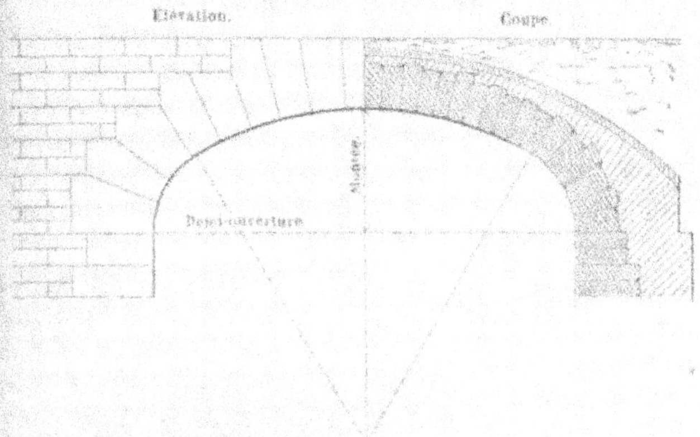

47. Dans chaque voussoir la face de douelle, qui doit être exposée aux regards, demande, comme tous les parements vus, à être taillée avec soin; mais les joints par lesquels les voussoirs s'appliquent les uns contre les autres exigent surtout la plus grande précision dans leur exécution. Il importe, en effet, que les faces mises en contact s'appliquent l'une sur l'autre par le plus grand nombre possible de leurs points, pour que la pression se transmette uniformément sur toute leur étendue. Pour arriver plus facilement et plus sûrement à ce résultat, on dresse tous les joints suivant des surfaces planes.

Cette règle ne souffre d'exception, dans les voûtes en berceau, que pour l'appareil des voûtes biaises, sur lesquelles nous reviendrons spécialement plus loin.

48. Une des principales conditions à remplir dans le tracé des voussoirs, c'est que les plans de joint soient partout normaux à la surface de la douelle. On évite ainsi de donner lieu, sans nécessité, à un angle aigu qui serait toujours plus ou moins exposé à se rompre sous la pression.

Tous les plans de joint passent donc par une génératrice du cylindre et par une droite normale, dans le plan des têtes, à la courbe elle-même. On comprend dès lors pourquoi nous avons insisté (**30** et suivants) sur le moyen de tracer une normale en un point quelconque d'une ellipse, et quel avantage on trouve à admettre le plus souvent, dans la construction des voûtes, des courbes d'intrados circulaires.

Par le même motif que pour les joints parallèles à l'axe de la voûte, c'est-à-dire pour éviter des pressions sur des angles aigus, on partage les cours longitudinaux de voussoirs par des plans parallèles aux têtes, en ayant soin d'alterner ces nouveaux joints de manière que chacun d'eux corresponde à peu près au milieu du voussoir qui le touche à droite et à gauche dans les cours voisins.

49. C'est encore en vue d'éviter l'angle aigu que, dans les voûtes en arc de cercle, on place le premier joint horizontal du pied-droit à 8 ou 10 centimètres au-dessous des naissances. On met le plus souvent en cet endroit un cours de fortes pierres de taille sur lesquelles s'appuie la voûte, et qui portent le nom de *sommiers*, ainsi que l'indique la *fig.* 15 ci-dessus.

50. La facilité de la construction d'une voûte exige que les voussoirs soient toujours en nombre impair, disposés symétriquement de chaque côté de celui qui, placé le dernier et au sommet de la voûte, vient la fermer, et auquel par ce motif on a donné le nom de *clef*.

Il résulte de cette indication que la construction d'une voûte doit nécessairement commencer de chaque côté par les voussoirs des naissances, puis se continuer de proche en proche, en passant par la partie moyenne qu'on appelle les *flancs* ou les *reins* de la voûte, jusqu'à la clef, à droite et à gauche de laquelle se trouvent les *contre-clefs*.

51. Les voûtes se construisent rarement tout entières en pierres de taille ; les têtes seules comportent le plus souvent cette espèce coûteuse de matériaux, et le corps de l'ouvrage s'exécute en briques ou en moellons de moindre dimension, qui s'établissent, d'ailleurs, suivant les règles que nous avons posées ci-dessus. Seulement, dans ce cas, à une même pierre des têtes doivent correspondre exactement deux ou plusieurs rangs de voussoirs en briques ou en moellons.

Enfin, quelques voûtes s'exécutent à joints irréguliers avec des moellons bruts placés dans leur plus grande longueur normalement à l'intrados. D'autres ont même été faites entièrement en béton, et ont bien résisté aux actions qu'elles devaient supporter; mais ce sont là des hardiesses que nous ne voudrions ni imiter, ni conseiller pour des voûtes de quelque importance.

52. Quoi qu'il en soit de la nature des matériaux employés, l'extrados des voûtes se dresse soigneusement suivant des plans inclinés ou suivant une portion de cylindre, et reçoit ensuite la chape, enduit de 3 ou 4 centimètres d'épaisseur destiné à empêcher l'infiltration des eaux pluviales, qui délayeraient le mortier et exposeraient l'ouvrage à une ruine plus ou moins prochaine.

Le point important est surtout de disposer les surfaces de manière à conserver à la voûte, en chacun de ses points, une épaisseur qui va généralement en croissant depuis la clef jusqu'aux naissances, tout en réduisant, autant que le permettent les conditions de stabilité, le poids des masses supérieures, pour ne pas imposer aux parties inférieures des pressions capables de les écraser, ou des poussées susceptibles de les renverser.

53. Le raccordement du parement des têtes d'une arche ou d'une voûte quelconque avec celui du mur de tête se fait de plusieurs manières, dont les trois principales sont reproduites dans nos *fig*. 14, 15 et 16.

Dans l'arche en plein cintre, nous avons supposé que le mur de tête était parementé en moellons bruts, et relié aux voussoirs par une disposition de redans analogues aux carreaux et boutisses des assises horizontales.

Les parements de la *fig*. 15 sont en briques ou en moellons à assises régulières qui viennent finir sur des voussoirs appareillés suivant une courbe unique, soit exactement parallèle à celle de l'intrados, soit s'en rapprochant plus à la clef qu'aux naissances.

Enfin, dans le troisième exemple, les voussoirs sont taillés en gradins, qui reçoivent directement les assises courantes des moellons smillés ou piqués du parement général.

Quelles que soient, d'ailleurs, la nature et la disposition des matériaux composant le parement des murs de tête, la partie de ces murs qui est située entre deux voûtes adjacentes, et qui surmonte la pile intermédiaire, prend le nom de *tympan*.

ÉPAISSEUR DES VOÛTES À LA CLEF.

54. Pour calculer l'épaisseur z qu'il convient de donner aux voûtes à leur partie supérieure, Perronet a posé une formule empirique dont la traduction en mesures métriques conduit à la relation

$$z = 0^m,325 + 0,07\,c,$$

et dans laquelle c exprime encore la moitié de la corde ou de l'ouverture de la voûte, c'est-à-dire le rayon du cercle d'intrados dans les voûtes en plein cintre.

Établie et préconisée par son auteur pour toutes les voûtes, et indépendamment de leur surbaissement, cette formule paraît, en effet, pouvoir être appliquée sans danger toutes les fois que l'on dispose de matériaux moyennement résistants. Cependant, il est prudent de se conformer à l'usage généralement admis, et de donner à c, pour les voûtes surbaissées, la valeur du rayon du cercle d'intrados passant par le sommet.

D'un autre côté, la même formule donne des épaisseurs sensiblement trop fortes, dès que le rayon atteint et dépasse 15 mètres. Ce qu'il y a de mieux à faire dans ces circonstances, c'est de comparer le résultat du calcul avec les épaisseurs des voûtes existantes et de se fixer par analogie. C'est ainsi que les belles voûtes en arc de cercle du pont d'Iéna, à Paris, lesquelles ont 28 mètres d'ouverture, $3^m,50$ de flèche, et par conséquent $31^m,35$ de rayon, ont $1^m,44$ d'épaisseur à la clef, tandis que la relation de Perronet conduirait à leur donner une épaisseur de $1^m,31$ seulement ou de $2^m,52$, selon que l'on prendrait pour c la demi-ouverture 14 mètres ou le rayon $31^m,35$ du cercle d'intrados.

55. Gauthey a proposé, dans son *Traité de la construction des ponts*, une autre méthode, qui paraît assez rationnelle, malgré sa forme peu régulière, et qu'il dit avoir déduite aussi d'une longue expérience :

Jusqu'à 2^m d'ouverture, il donne à la clef une épaisseur de... $0^m,33$;

De 2 à 16^m .... $0^m,33 + \dfrac{c}{24}$;

De 16 à 32^m .... $\dfrac{c}{12}$;

et au delà de 32^m, soit $(3x^m + 2)$ .... $1^m,33 + \dfrac{d}{18}$.

D'après cette règle, les voûtes du pont d'Iéna seraient encore trop fortes, puisqu'elles ne devraient avoir que $\frac{14}{12}$ ou $1^m,17$.

56. La règle de Gauthey a le tort, comme celle de Perronet, de ne pas tenir compte du surbaissement de la voûte, lequel doit nécessairement influer beaucoup sur l'épaisseur à donner à la clef, puisque cette épaisseur doit naturellement être beaucoup moindre pour une voûte en plein cintre que pour une voûte très-surbaissée. Il faut donc, comme nous l'avons indiqué pour la formule de Perronet, avoir égard non-seulement à l'ouverture, mais aussi à la grandeur du rayon de courbure au sommet.

57. Enfin, on trouvera ci-après (61) deux tableaux qui sont extraits du *Cours de construction* professé par M. Sganzin à l'École des Ponts et Chaussées, et qui donnent les épaisseurs à la clef pour plusieurs ouvertures de voûtes en plein cintre et en anse de panier. Cet ingénieur n'a pas indiqué sa formule, qui paraît, du reste, différer assez sensiblement de celles de Perronet et de Gauthey, si l'on en juge d'après les résultats déduits.

58. L'épaisseur à la clef doit, d'ailleurs, dépendre aussi du degré de résistance à l'écrasement que présentent les matériaux qui entrent dans la composition de la voûte, puisqu'il faudra évidemment une surface plus ou moins considérable pour supporter sans écrasement la même poussée, selon que l'on disposera de grès tendre, de pierre calcaire dure ou de granit.

Il est bien entendu que nous supposons, de plus, les voûtes construites avec tout le soin possible, de telle sorte que les voussoirs portent l'un sur l'autre dans la majeure partie de l'étendue de leurs joints. A cet égard, l'énergie des mortiers hydrauliques employés pour les nombreux ouvrages édifiés dans ces derniers temps a considérablement ajouté à la prise rapide et à la cohésion des maçonneries. C'est donc surtout dans les ponts et viaducs récemment établis qu'il faut chercher des indications propres à corriger, par analogie, ce que les règles ci-dessus posées peuvent laisser incertain dans la détermination de l'épaisseur à donner aux voûtes; on parviendra facilement ainsi à concilier une juste économie dans

la dépense avec la condition prépondérante de solidité et de
durée de la construction.

ÉPAISSEUR DES CULÉES ET DES PILES.

59. Les culées d'un pont sont destinées à supporter le poids
de la moitié de la voûte adjacente, avec les charges accidentelles qui peuvent venir passagèrement s'y ajouter, et à résister
en outre à la réaction horizontale que les voussoirs se trans-
mettent depuis la clef jusqu'aux naissances. C'est cette réaction qu'exercent l'une contre l'autre les deux moitiés de la
voûte : c'est la *poussée*.

Toutefois, l'épaisseur qui assure la résistance à l'écrasement étant de beaucoup inférieure à celle qui est nécessaire pour que la culée résiste à la poussée, c'est seulement
en vue de cette dernière action qu'il convient de déterminer
l'épaisseur.

60. Pour se rendre compte de la nature et de l'intensité de
la poussée d'une voûte, on a fait des expériences nombreuses
et méthodiques desquelles il est résulté qu'elle se brise le plus

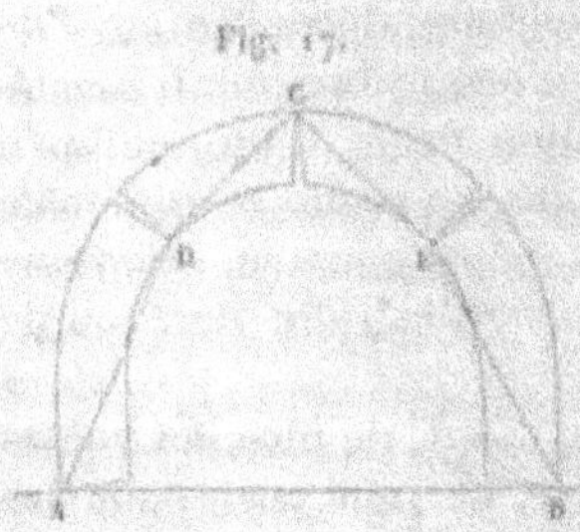

Fig. 17.

généralement en s'ouvrant intérieurement à la clef, et extérieurement vers le milieu des
reins. Le poids des deux fragments supérieurs agit alors sur
les arêtes D et E, qui correspondent aux *joints de rupture*,
pour renverser les pieds-droits
autour des arêtes extérieures A
et B. C'est cette action, aug-
mentée de celle qui provient des charges fixes ou mobiles imposées à la voûte, qui constitue la poussée, et à laquelle il
faut s'opposer en donnant aux pieds-droits une masse suffisante pour assurer la stabilité de l'équilibre des diverses parties.

La première chose à faire est donc de déterminer la position des joints de rupture D et E. A cet effet, on peut considérer l'équilibre d'une voûte comme assimilable à celui d'un
système de leviers articulés ADCEB, dans lequel on assurera

la stabilité en donnant au levier inférieur AD une force de résistance supérieure à la pression produite par le levier supérieur DC.

Ainsi posée, la question se réduit à analyser chacune des forces qui tendent à renverser les pieds-droits, ainsi que celles qui s'opposent à cette action, et à établir par le calcul la condition d'équilibre entre toutes ces forces, pour en déduire la position des joints pour lesquels la pression est un maximum. Mais cette recherche nous entraînerait hors de nos limites, et ses résultats s'écartent d'ailleurs notablement de ce que l'expérience directe a consacré, à cause de l'impossibilité d'introduire dans les formules tous les éléments de la question, tels que la résistance des matériaux qui entrent dans la construction de la voûte, l'adhérence plus ou moins énergique des mortiers, l'importance des charges accidentelles, etc. Il suffit ici de rappeler que les joints de rupture d'une arche de pont font sensiblement avec la ligne des naissances :

Dans le plein cintre, un angle de. . . . . 30 degrés.
Dans l'anse de panier surbaissée au tiers,
   un angle de. . . . . 35 —
Dans l'anse de panier surbaissée au quart,
   un angle de. . . . . 50 —

et que, dans l'arc de cercle surbaissé au cinquième et plus, c'est le joint des naissances lui-même qui correspond à la plus grande poussée.

61. On se dispense le plus souvent dans la pratique ordinaire, ainsi que nous venons de le dire, de ces recherches plus délicates que réellement utiles; nous nous bornerons, par ce motif, à présenter les deux tables de Sganzin qui donnent, pour des voûtes en plein cintre et des voûtes en anse de panier surbaissées au tiers, l'épaisseur à la clef et celle des culées, l'ouverture 2c de l'arche variant de 1 à 50 mètres, et la hauteur des pieds-droits de 0 à 8 mètres. Ces tables (¹) sup-

____

(¹) Nous n'avons pu reproduire les tables originales de Sganzin, qui ne sont pas exprimées en dimensions décimales. Forcé de choisir entre plusieurs réductions un peu différentes entre elles, nous avons pris celle que donne D'Aubuisson à la suite de ses petites *Tables de logarithmes*.

posent, en outre, que les reins des voûtes sont remplis jusqu'au niveau de l'extrados de la clef, et que le tout supporte
un pavage ou un empierrement de o^m,40 d'épaisseur; mais il
ne faut pas oublier que l'on n'y trouve que les dimensions d'é-
quilibre, et que les épaisseurs sont celles que la culée réclame
aux naissances. On ne doit donc pas craindre, pour assurer la
stabilité de cette dernière, d'admettre des surépaisseurs successives ajoutées de distance en distance aux dimensions
tabulaires depuis le haut jusqu'à la fondation, ainsi que le
montrent les *fig.* 14, 15 et 16 dans les pages qui précèdent.

1° Voûtes en plein cintre.

DIAMÈTRE de la voûte.	ÉPAISSEUR à la clef.	ÉPAISSEUR DES CULÉES, la hauteur des pieds-droits étant						
		0^m	1^m	2^m	3^m	4^m	6^m	8^m
m	m	m	m	m	m	m	m	m
1	0,36	0,40	0,50	0,60	0,65	0,70	0,75	0,80
2	0,40	0,45	0,70	0,80	0,85	0,95	1,00	1,10
3	0,43	0,50	0,80	0,95	1,05	1,15	1,25	1,35
4	0,46	0,60	0,90	1,10	1,20	1,30	1,40	1,50
5	0,50	0,65	1,00	1,20	1,30	1,45	1,55	1,70
6	0,53	0,75	1,10	1,30	1,45	1,60	1,75	1,90
7	0,56	0,85	1,20	1,40	1,60	1,75	1,90	2,10
8	0,60	0,95	1,30	1,50	1,70	1,85	2,10	2,25
9	0,63	1,05	1,40	1,60	1,85	2,00	2,25	2,40
10	0,67	1,20	1,50	1,75	2,00	2,15	2,40	2,60
12	0,74	1,40	1,75	2,00	2,20	2,40	2,65	2,90
15	0,84	1,75	2,10	2,30	2,60	2,80	3,15	3,40
20	1,04	2,30	2,65	2,80	3,10	3,35	3,65	4,00
30	1,35	3,15	3,35	3,80	4,10	4,40	4,80	5,20
40	1,69	4,20	4,50	4,80	5,10	5,40	5,80	6,20
50	2,06	5,15	5,40	5,80	6,10	6,40	6,80	7,20

2° Voûtes en anse de panier, surbaissées au tiers.

DIAMÈTRE de la voûte.	ÉPAISSEUR à la clef.	ÉPAISSEUR DES CULÉES, la hauteur des pieds droits étant						
		1ᵐ	2ᵐ	3ᵐ	4ᵐ	5ᵐ	6ᵐ	8ᵐ
m	m	m	m	m	m	m	m	m
1	0,38	0,65	0,75	0,80	0,85	0,90	0,95	1,00
2	0,43	0,90	1,05	1,10	1,15	1,20	1,25	1,35
3	0,50	1,10	1,35	1,45	1,50	1,60	1,65	1,70
4	0,56	1,35	1,65	1,80	1,90	1,95	2,00	2,10
5	0,61	1,55	1,85	2,00	2,10	2,20	2,30	2,40
6	0,66	1,65	1,95	2,15	2,30	2,45	2,55	2,70
7	0,70	1,75	2,05	2,35	2,50	2,65	2,75	3,00
8	0,74	1,85	2,25	2,50	2,70	2,85	3,00	3,30
9	0,79	1,95	2,40	2,70	2,90	3,13	3,25	3,50
10	0,84	2,10	2,50	2,80	3,05	3,20	3,40	3,70
12	0,95	2,30	2,80	3,15	3,40	3,65	3,80	4,00
15	1,10	2,60	3,15	3,50	3,90	4,10	4,30	4,60
20	1,35	3,20	3,80	4,20	4,50	4,80	5,00	5,30
30	1,85	4,40	5,00	5,40	5,70	6,10	6,40	6,70
40	2,31	5,50	6,30	6,60	6,90	7,50	7,80	8,10
50	2,85	6,70	7,40	7,80	8,20	8,80	9,30	9,60

62. Comme les culées, les piles ont à supporter la charge
résultant du poids fixe ou accidentel des arches; mais, à cause
de l'opposition des deux poussées des voûtes voisines, elles
n'ont à résister qu'à la différence de ces deux actions, si l'une
d'elles est normalement plus forte que l'autre, ou quand l'une
des arches porte momentanément seule une charge passa-
gère.

Cependant si, lors de l'exécution d'un pont composé d'un
plus ou moins grand nombre d'arches, on ne s'astreint pas à
élever toutes les voûtes de front, de manière à les livrer toutes
en même temps à leurs actions mutuelles, les piles devront
successivement faire pendant quelque temps l'office de culées,
et leur épaisseur devra être calculée d'après celle que fournissent les tables ci-dessus. Il en serait de même encore dans
le cas où, l'une des arches venant à se rompre, la ruine de
l'ouvrage serait inévitable, si l'on n'avait, au lieu de *piles-*

III.   8

culées, que des supports établis dans la prévision de la seule résistance à l'écrasement.

Toutefois, dans la pratique, l'économie et le besoin de ne pas trop réduire le débouché effectif des ponts portent le plus souvent à prendre ce dernier parti. On s'astreint alors à élever simultanément toutes les arches, ou tout au moins à ne livrer une arche à elle-même qu'autant que la suivante repose encore sur ses étais de construction et, par conséquent, n'est pas exposée à manquer, toutes les hypothèses de chute accidentelle étant d'ailleurs écartées.

63. Si l'on applique aux piles simples d'un pont les épaisseurs fournies par les tables pour les culées, on aura alors des limites supérieures au-dessous desquelles on pourra notablement descendre, en se guidant, d'une part, sur la comparaison avec les voûtes existantes, et en ayant égard, d'autre part, à la nature du terrain, dont la résistance doit influer sur le plus ou moins de probabilité d'un affouillement et de la chute d'une ou plusieurs arches. Mais il faut surtout, dans ce cas, calculer les épaisseurs en prévision du poids des maçonneries supérieures, et tenir grand compte de la résistance à l'écrasement des matériaux qui composent la pile.

On regarde comme prudent, en général, de ne pas imposer aux pierres et aux maçonneries, soit dans les voûtes, soit dans les parties chargées verticalement, plus du dixième de la pression qui pourrait les écraser, et il est admis qu'il ne faut guère dépasser 5 à 6 kilogrammes par centimètre carré, lorsqu'il s'agit de ponts ou de viaducs de dimension moyenne. Ce taux peut toutefois être un peu dépassé et atteindre 8 kilogrammes dans les grands ouvrages, où les pressions se répartissent plus uniformément sur de plus grandes surfaces, ou lorsque les piles sont peu élevées et construites en matériaux exceptionnellement résistants.

64. Enfin, il ne sera pas sans utilité d'apporter les plus grandes précautions à la construction des piles, dans le but d'obtenir le moins de différence possible entre les tassements inévitables des maçonneries intérieures, qui sont généralement en moellons bruts, et ceux des parements qui, d'ordinaire, sont en pierres de taille ou en pierres d'appareil.

On fera donc sagement de ménager toujours, dans les lits

des parements, des épaisseurs de joints de 12 à 15 millimètres, tandis qu'au contraire on aura soin de serrer fortement les moellons de remplissage de l'intérieur.

AVANT-BECS ET ARRIÈRE-BECS.

65. Les piles des ponts font à peu près toujours une saillie sur les deux têtes et se terminent, à l'amont comme à l'aval, par des prolongements qui portent respectivement les noms d'*avant-becs* et *arrière-becs*.

Les avant-becs, situés à l'amont, sont indispensables pour faciliter l'introduction des corps flottants sous les arches, pour briser les glaces dans les débâcles, et pour diminuer les effets de la contraction de l'eau à son passage dans ces orifices relativement étroits.

Quant aux arrière-becs, leur utilité est également incontestable pour éviter, autant que possible, les calmes et les tournoiements très-sensibles que l'élargissement subit de la section occasionne toujours, et qu'il est facile d'observer à la sortie des ponts en arrière de chaque pile.

66. Plusieurs formes différentes ont été adoptées, dans les ponts construits depuis l'antiquité jusqu'à nos jours, pour les avant-becs et les arrière-becs.

Les avant-becs triangulaires (*fig.* 18) remplissent très-bien

Fig. 18.   Fig. 19.   Fig. 20.

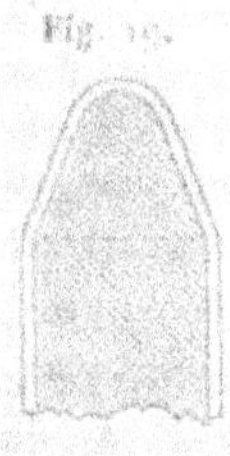

leur objet; mais ils ne doivent pas être trop aigus, sous peine de s'écorner facilement et de causer, en cas de choc, de graves avaries aux bateaux. L'angle de 60 degrés nous paraît le minimum qu'il ne faut pas dépasser dans cette circonstance, à moins que, comme l'indique la *fig.* 19, on n'arrondisse l'angle aigu.

Les avant-becs disposés suivant une courbe ogivale, avec des rayons égaux à l'épaisseur de la pile, satisfont très-bien

aux conditions qu'ils ont à remplir, et l'écoulement des eaux
s'en accommode parfaitement. On les a très-avantageusement
employés en les complétant par des arrière-becs circulaires,
comme le montre la *fig.* 20. C'est assurément là une excellente disposition; mais la forme circulaire présente des avantages sérieux sous tous les rapports, et c'est elle qui est aujourd'hui préférée par les constructeurs, aussi bien pour les
avant-becs que pour les arrière-becs.

67. Si l'on veut que les avant-becs produisent tout l'effet
qu'on en attend, il faut qu'ils s'élèvent au moins jusqu'à dépasser le niveau des plus hautes eaux. On les termine alors,
comme dans la *fig.* 21, par un chapeau présentant un bandeau

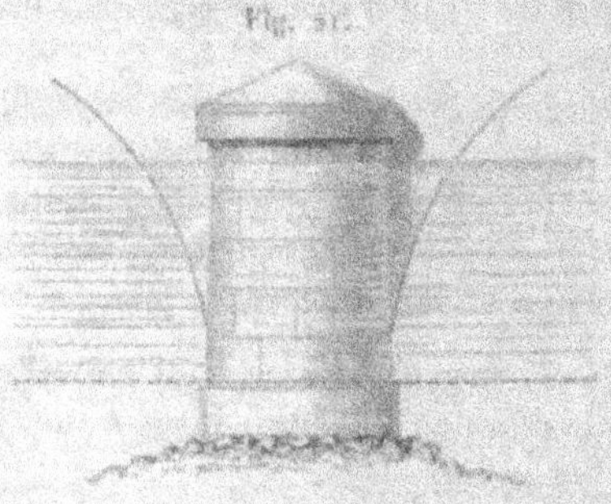
Fig. 21.

saillant, surmonté soit d'une pyramide triangulaire à pans
droits ou curvilignes, soit d'un demi-cône très-aplati, suivant
qu'il s'agit de recouvrir des avant-becs triangulaires, ogivaux
ou demi-circulaires.

Quelquefois aussi, comme au pont Neuf de Paris, les avant-
becs et les arrière-becs sont élevés jusqu'au sommet du pont,
et ils y forment, au niveau de la chaussée, des terre-pleins où
les promeneurs trouvent un lieu de refuge et de repos. C'est
surtout quand un long viaduc doit donner passage aux chemins de fer que cette disposition semble commandée par la
nécessité d'offrir aux personnes qui fréquentent la voie un
abri contre le choc des trains.

CHAPE.

68. Quand une voûte est construite, on en dresse les flancs
extérieurs suivant des épaisseurs qui s'écartent généralement

peu de celles qui figurent dans les arcs de tête, et l'on enduit
le tout d'une *chape*, en ayant soin de ménager des orifices
pour l'écoulement des eaux pluviales qui s'infiltrent à travers
les terres et les autres éléments de la voie supérieure.

Nous allons consacrer quelques lignes à ces détails qui ont,
comme on le verra, leur importance pour la bonne exécution
et pour la conservation de l'ouvrage.

69. Pour mettre les maçonneries d'une voûte de pont à
l'abri des eaux et des infiltrations qui pourraient la traverser
et la détruire, on les recouvre, avons-nous dit, d'une chape.
Cette chape est, le plus souvent, formée d'une couche de 5 à
6 centimètres d'épaisseur de béton contenant un petit excès
de mortier, et d'une couche supérieure en mortier pur que
l'on étend sur la première quand elle a déjà pris de la consistance, que l'on tasse avec soin en l'employant, et qu'on lisse
ensuite à la truelle jusqu'à sa complète dessiccation, pour éviter et faire disparaître, s'il s'en produit, les fendillements et
les fissures qui nuiraient à l'efficacité de l'opération.

Cette main-d'œuvre du lissage d'une chape est elle-même
très-délicate ; elle exige des précautions spéciales dont l'omis-
sion peut faire complétement manquer le but qu'on se propose. En premier lieu, il faut soigneusement abriter la chape
contre les délavages de la pluie et contre les ardeurs du soleil,
afin d'éviter d'une part l'enlèvement et la décomposition du
mortier, d'autre part la dessiccation trop rapide et les fissures
qui en seraient la conséquence. A mesure que se produisent
les légers fendillements causés par l'évaporation de l'eau, il
faut les faire aussitôt disparaître avec la truelle et, au besoin,
par quelques légers coups de battoir pour en rapprocher les
bords ; on ne doit pas même craindre d'y introduire, si cela
est nécessaire, un peu de mortier liquide pénétrant sur toute
l'épaisseur de la couche.

Enfin, on recouvre quelquefois la chape, faite en béton et
mortier, d'une troisième couche en asphalte de 12 à 15 millimètres d'épaisseur, que l'on applique sur les premières quand
elles sont complétement séches à l'intérieur comme à la surface.

70. Il ne suffit pas de faire en sorte que les eaux pluviales
ou autres ne puissent traverser la voûte d'un pont, il faut en-

core assurer à ces eaux un écoulement facile, en dressant
la chape suivant des surfaces qui les amènent le plus rapidement possible à des orifices que l'on aura ménagés à cet
effet.

Deux systèmes sont à peu près indifféremment adoptés
pour obtenir ce résultat : l'un consiste à diriger les eaux sur
le sommet de chaque voûte, et à y ménager à travers les clefs
un ou plusieurs orifices d'évacuation; l'autre conduit les

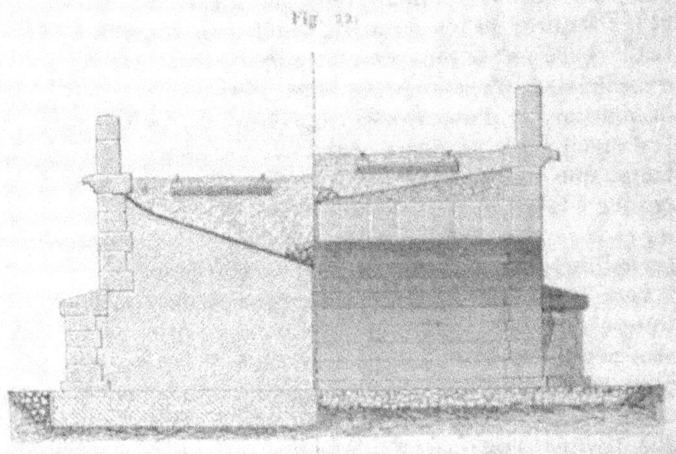

Fig. 22.

eaux vers le centre des piles, à travers lesquelles des tubes
verticaux les entraînent jusqu'au pied, soit dans la rivière,
soit dans des fossés convenablement disposés.

Le premier de ces systèmes est représenté dans la partie
droite de chacune des deux *fig.* 22 et 23; il a l'inconvénient
de surélever sans utilité la chaussée des routes et les voies
des chemins de fer, de nécessiter entre les reins des voûtes
un remplissage en maçonnerie ou en béton, et de ne procurer
à l'écoulement des eaux que des pentes peu considérables qui
ne répondent qu'imparfaitement au but qu'on se propose d'atteindre.

On voit à gauche des mêmes figures le système de l'écoulement vertical par l'axe des piles; nous n'y trouvons d'autre
inconvénient que le danger de voir l'évacuation suspendue par

un engorgement du tuyau ou par l'obstruction de son orifice inférieur. C'est pour éviter autant que possible ces causes d'avaries que l'on recouvre l'orifice supérieur de ces tuyaux par des calottes en tôle ou en fonte percées de nombreux trous, ou par des pierres sèches destinées à retenir les menus matériaux.

Enfin, il faut avoir grand soin de relever les chapes sur les bords contre les murs verticaux qui forment les têtes du pont, et de les engager même sous l'une des assises, afin

Fig. 23.

d'éviter toute infiltration préjudiciable à la conservation des maçonneries. La *fig.* 22 montre cette condition remplie dans les deux systèmes d'évacuation des eaux, soit à droite sur le sommet de la voûte, soit à gauche sur le centre de la pile.

CINTRES ET DÉCINTREMENT.

74. On appelle *cintre* d'une voûte le moule sur lequel on l'édifie, à partir du point où les voussoirs ne peuvent plus se soutenir par eux-mêmes, c'est-à-dire aussitôt que le lit de pose forme avec l'horizon un angle d'environ 40 degrés. C'est un système de charpente composé de panneaux placés de distance en distance, généralement à 1ᵐ,50 environ les uns des autres, parallèlement entre eux et aux têtes de la voûte. Chacun de ces panneaux s'appelle une *ferme*, nom qui se retrouve encore dans les parties analogues des charpentes qui couvrent les bâtiments de toute espèce, et ces fermes sont

contreventées, c'est-à-dire rendues solidaires par des pièces horizontales ou inclinées qui courent d'une tête à l'autre.

Les pièces extérieures des fermes sont cintrées d'après la forme adoptée pour la voûte, et portent le nom de *veaux*. Sur les veaux on cloue des madriers jointifs ou à peu près; ce sont les *couchis* que l'on dresse bien régulièrement suivant la courbure de la voûte à construire, et sur lesquels s'établissent les maçonneries, sans autre intermédiaire et symétriquement à partir de chacune des deux naissances.

72. Telle est la disposition générale du cintre d'une voûte.

Si les fermes sont combinées de manière à ne s'appuyer qu'en des points situés auprès des piles ou des culées, de manière à laisser libres la circulation des bateaux et le passage des grandes eaux pendant la construction, le cintre est dit *retroussé*; il est *fixe*, si les fermes ont un ou plusieurs points d'appui entre les deux supports de la voûte.

L'avantage des cintres retroussés est évident; ils ont néanmoins quelques inconvénients, dont le principal est de procurer moins sûrement et moins économiquement toute la solidité nécessaire pour résister complétement au poids de la voûte, jusqu'au moment où elle est fermée. Ces cintres se relèvent notamment au sommet quand les reins seuls sont chargés, si l'on n'a le soin de placer provisoirement à leur partie supérieure des matériaux dont le poids contre-balance la force qui tend à les déformer.

73. Aucune règle précise et absolue n'est et ne saurait être posée pour la composition d'un cintre correspondant à une ouverture donnée et à telle ou telle forme de voûte. Nous ne pouvons mieux faire, pour répondre au but de ce Livre, que de présenter ici quelques spécimens reproduisant de bonnes dispositions, que nos lecteurs puissent copier ou approprier aux divers cas qu'ils auront à résoudre dans la pratique journalière.

74. Pour les petits ponts de 0ᵐ,60 à 3 mètres d'ouverture, les fermes sont établies avec des bois très-légers, souvent même avec de simples planches que l'on cloue les unes contre les autres à joints entre-croisés, comme le représente la *fig.* 24.

Ce cintre est d'une construction très-facile et très-écono-
mique, et la résistance nécessaire s'obtient en espaçant plus ou

Fig. 24.

moins les fermes, mais surtout en les composant, suivant le
besoin, de deux, trois ou quatre planches accolées.

On peut même supprimer, moyennant certaines précautions, l'entrait horizontal, s'il forme obstacle à la circulation.

75. Depuis 3 jusqu'à 6 mètres, on peut employer un système analogue à celui de la *fig.* 25, qui se rapporte à un passage d'une voie ferrée ou autre sur un chemin de 4 mètres de
largeur.

La légende qui suit donne, avec les noms des principales
pièces, l'équarrissage qui peut leur être assigné, sauf de
légères variations, dans les limites posées pour l'emploi de ce
cintre.

Poteaux montants contre les culées........	20 sur	20 centimètres.
Entrait horizontal......................	16	14	»
Poinçon vertical au milieu de l'entrait....	30	14	»
Contre-fiches inclinées,.................	16	14	»
Potelets des reins......................	16	14	»
Veaux formant la partie courbe..........	17	14	»
Moise horizontale liant toutes les fermes..	16	12	»

La faible dimension de la voûte permet, d'ailleurs, de con-

treventer ce cintre par de simples moises horizontales qui
embrassent le pied du poinçon et reposent sur l'entrait.

Fig. 25.

76. Dès que les voûtes atteignent 6 mètres, on emploie
généralement une ferme du genre de celle qui suit (*fig.* 26).

Ce système a l'avantage de se modifier très-aisément, de
manière à s'appliquer également à une voûte surbaissée en
ellipse ou en anse de panier.

On y remarque, de chaque côté du poinçon, la projection
verticale de deux pièces latérales inclinées qui servent à relier
les fermes entre elles, et qui opèrent ainsi le contreventement.

De plus, l'entrait n'existe pas à proprement parler; il est
remplacé par une double moise horizontale qui relie les arbalétriers, et qui supporte directement en son milieu le
poinçon.

L'équarrissage des pièces principales, en supposant une
ouverture de 6 mètres à la voûte, peut se déterminer en se
rapprochant des dimensions suivantes :

Poinçon .... 7 sur 20 centimètres.
Arbalétriers principaux................... 20   15   »
Arbalétriers secondaires................. 20   15   »

Potelets. . . . .   20 sur 15 centimètres.
Moises.   20   10   8
Pièces de contreventement   20   10   8
Couchis.   16   16   8
Semelles longitudinales. . . . .   8 d'épaisseur.

Fig. 26.

77. Pour des voûtes en anse de panier de 6 à 10 mètres
d'ouverture, quand les pieds-droits étaient peu élevés au-dessus du terrain, on a employé souvent la disposition suivante.

Fig. 27.

Elle offre d'incontestables avantages de solidité et d'économie, surtout quand les lieux permettent d'asseoir complète-

ment le cintre sur des semelles trainantes établies à peu près
au niveau des naissances.

78. Voici une disposition de cintre retroussé très-convenable
aussi pour les ouvertures moyennes, depuis 6 jusqu'à 12 mètres :

Fig. 28.

Poteaux montants.	20 sur	20	centimètres.
Jambes de force.	22	18	»
Moises pendantes.	22	12	»
Veaux.	3a	12	»
Moise horizontale.	22	18	»

79. *Cintre retroussé pour voûtes en arc de cercle, sur pieds-
droits suffisamment élevés.*

Fig. 29.

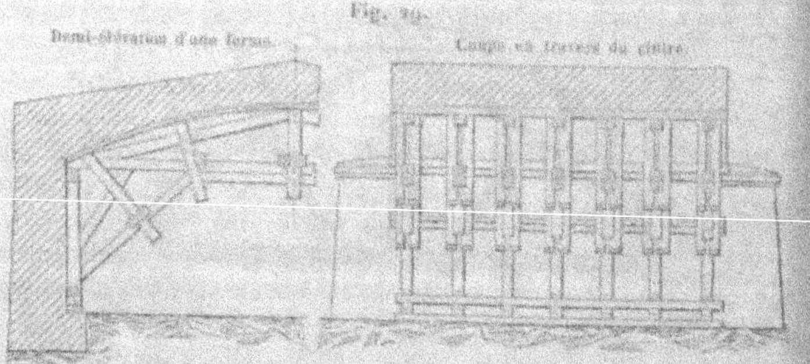

Ce modèle de cintre est essentiellement rationnel ; il foncdionne de la manière la plus satisfaisante pour des arches de 12 à 15 mètres, quand la hauteur des pieds-droits permet de donner aux contre-fiches inférieures une inclinaison appropriée à la portée de l'entrait horizontal qu'elles ont à soutenir.

La coupe en travers, qui fait partie de la *fig.* 29, montre le système des moises pendantes qui font partie intégrante de chaque ferme, ainsi que la double semelle inférieure qui sert au décintrement comme il sera bientôt expliqué.

80. *Autre cintre retroussé applicable aux mêmes circonstances que le précédent.*

Fig. 30.

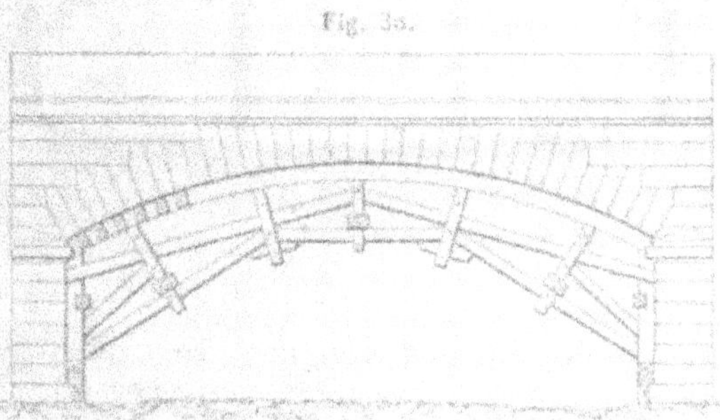

L'entrait horizontal du cintre de la *fig.* 29 est ici brisé en son milieu, et cette pièce se relève ainsi jusqu'à supporter directement les veaux.

81. *Cintre fixe à un seul appui intermédiaire.*

Fig. 31.

On y remarque une moise horizontale qui, comme dans le

cintre du n° 76, embrasse et consolide le système entier de la ferme.

82. Enfin nous terminerons cette série d'exemples en montrant un cintre fixe supporté par deux appuis intermédiaires.

Fig. 32.

L'esprit général de la composition de ce cintre consiste à diviser la portée totale en autant de parties égales, plus une, que l'on peut ou que l'on veut établir de supports entre les culées, soit d'après la nature du sol, soit en égard aux faibles longueurs des bois que l'on a à sa disposition, et à faire pour chacune de ces portées réduites un cintre retroussé de moindre dimension. On comprend que cette disposition puisse, dans certains cas, rendre de très-utiles services.

83. Sans multiplier davantage les modèles de cintres, nous ferons remarquer que tous les spécimens ci-dessus portent, à chacun de leurs points d'appui, un système de pièces dont la

Fig. 33.

destination est de faciliter le *décintrement* de la voûte, c'est-à-dire l'enlèvement du cintre après la pose de la clef.

En général, cet appareil consiste en deux coins de bois bien savonnés et superposés, en sens inverse l'un de l'autre, entre deux semelles horizontales courant parallèlement à l'axe de la voûte. Un couple de pareils coins est généralement placé sous chaque ferme, et des chocs opérés simultanément sur l'extrémité la plus étroite de chacun des coins les font glisser lentement l'un sur l'autre. On obtient ainsi la descente uniforme de toute la charpente, que l'on peut alors démonter et enlever pièce à pièce.

84. Le décintrement d'une arche de quelque importance est, toutefois, une opération délicate qui réclame les plus minutieuses précautions. Ce qu'il faut surtout éviter, c'est que la construction qui, par la compression des mortiers, se tasse toujours sur elle-même dans une certaine mesure quand elle est abandonnée, ne prenne cette assiette définitive avec une vitesse notable qui y occasionne des disjonctions et quelquefois même en amène la chute.

Aussi a-t-on cherché des procédés de décintrement meilleurs que l'emploi des coins, qui adhèrent parfois entre eux de telle façon qu'il faut des coups violents et que l'on doit même souvent avoir recours à la hache pour les enlever.

Fig. 34.

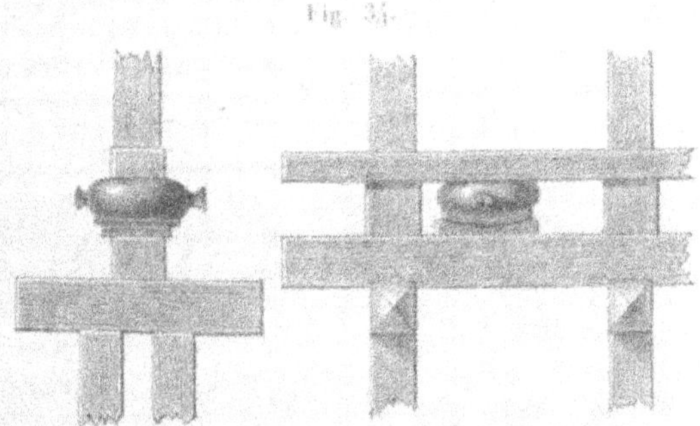

On a, dans ces dernières années, fait reposer les cintres sur des sacs en forte toile (*fig.* 34) remplis de sable bien sec, et l'on a pratiqué ensuite dans ces sacs de petites ouvertures par lesquelles le sable s'écoulait lentement et uniformément.

85. Depuis lors, on a remplacé les sacs de toile, qui présen-

taient quelques inconvénients, par des tubes en tôle (*fig.* 35), dans lesquels un potelet cylindrique en bois presse sur le sable

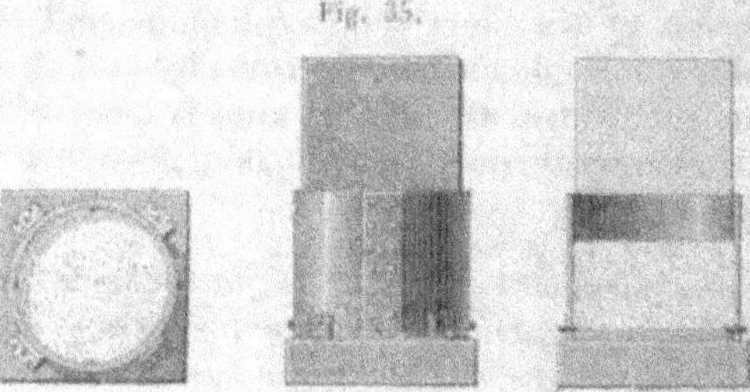

Fig. 35.

et le fait s'échapper par des ouvertures ménagées dans ce but à la partie inférieure.

86. Enfin une autre solution, très-satisfaisante aussi, consiste à employer des systèmes de verrins en fer séparés par deux plateaux en fonte, que l'on place entre les semelles du cintre avant de faire sauter avec la hache les potelets en bois qui supportent provisoirement toute la charge pendant la construction.

La manœuvre de ces verrins se fait, on le comprend, avec

Fig. 36.

une facilité et une régularité qui permettent d'obtenir les meilleurs résultats, et d'éminents constructeurs n'hésitent pas à leur donner la préférence, non-seulement sur les coins en bois, mais même sur l'emploi du sable dans des sacs de toile ou dans des boîtes en fer. Nous nous rangeons d'autant plus facilement à cette opinion que ce système est le seul qui se prête à une marche en sens inverse, et permette de relever les cintres, en cas de fissures constatées dans la voûte au cours de l'opération.

87. Nous terminerons ce qui a rapport aux cintres des voûtes de ponts par une remarque fort importante. Le décintrement d'une arche ne doit être opéré que quand, quelques jours après la fermeture de la voûte, les maçonneries ont subi un commencement de prise qui ne fasse cependant obstacle ni à la compression des mortiers, ni par suite au tassement définitif des voussoirs.

Il faut, en outre, se garder de mettre en mouvement le cintre d'une arche, avant d'être assuré que les arches voisines sont en état de résister à la poussée qui va naître et de s'opposer au renversement. Toute économie mal entendue ou toute imprudence à cet égard pourrait causer les désordres les plus regrettables, et amener quelquefois même la chute des ouvrages.

88. Les cintres ont souvent à supporter des charges considérables, et il est indispensable de prendre garde à ce que les pièces de bois ne puissent, en s'appuyant les unes contre les autres, se pénétrer ou s'écraser, et causer par là des déformations imprévues et nuisibles.

Les bois de sapin surtout, que l'on emploie volontiers dans les ouvrages provisoires, à cause de leur bon marché relatif, sont sujets à cet inconvénient. Il est donc sage de n'admettre que du bois de chêne pour les poinçons et les montants verticaux qui reçoivent les abouts des arbalétriers, et pour les semelles horizontales qui supportent directement le poids des fermes.

Quelquefois même on a cru devoir interposer une feuille de tôle mince entre les parties de sapin tendre qui sont en contact par des assemblages, pour éviter autant que possible la pénétration et l'écrasement.

PARTIES COMPLÉMENTAIRES ET ABORDS DES PONTS.

89. Quand, après le décintrement, on a confectionné les chapes et arasé les tympans au niveau prévu par le projet, il reste à poser la *plinthe*, qui règne dans toute la longueur de chaque tête, et qui supporte le *parapet* ou le *garde-corps*.

Nous ne donnerons pas ici la description des profils divers qui ont été et sont encore employés pour les plinthes des ponts. Ces profils varient beaucoup et doivent être mis en harmonie,

III.

sous le rapport de la forme et des dimensions, avec l'ensemble et le caractère général de l'ouvrage; c'est donc là une affaire de goût et d'architecture plutôt qu'une question soumise à des règles précises. Par ce motif, nous nous bornerons à indiquer deux ou trois profils choisis parmi les plus simples et les plus usités, renvoyant pour les autres à l'examen des innombrables monuments de cette nature, qui se multiplient chaque jour sur tous les points du globe à la faveur du développement de nos voies ferrées.

Pour un pont qui doit donner passage à un chemin de fer, le dessus de la plinthe correspond généralement au niveau des rails; ce serait la plate-forme du trottoir, s'il s'agissait d'une route ordinaire.

90. Dans les quatre spécimens qui suivent, on peut remarquer trois parapets en pierres de taille ou en maçonnerie de briques avec recouvrement par un *bahut* en pierre. La hauteur est en général de o^m,90, et l'épaisseur varie de o^m,35 à o^m,5.

Mais il arrive souvent, dans les centres d'habitation très populeux, et lorsqu'on a besoin de laisser libre le plus grand espace possible, que le parapet est remplacé par un garde-corps en fer ou en fonte plus ou moins ornementé. Le défaut

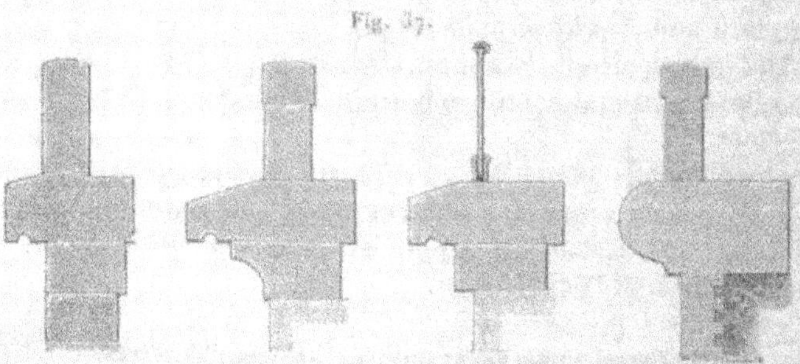

Fig. 37.

d'épaisseur exige alors un surcroît de hauteur pour la sécurité, et l'on adopte dans ce cas la dimension de 1 mètre à partir de la plinthe. L'un des exemples de la *fig*. 37 présente cette disposition, qui rend fréquemment de très-grands services, notamment quand on se propose de supprimer les parapets en pierre d'un ancien pont pour donner plus de largeur à la circulation.

91. La distribution des abords des ponts dépend nécessairement de l'état des lieux, et des diverses voies de communication qu'il s'agit de desservir. Si ce problème est généralement facile à résoudre en rase campagne, il n'en est pas toujours de même dans l'intérieur des villes, où la question se complique souvent du niveau des rues et quais avoisinants, et de l'obligation de ménager sous les arches une hauteur libre suffisante au-dessus des plus hautes eaux. De là la nécessité où l'on se trouve parfois de donner une inclinaison plus ou moins forte, tant à ces voies qu'au pont lui-même, pour opérer convenablement le raccordement.

Quoi qu'il en soit, il faut éviter que la pente sur le pont dépasse sensiblement $0^m,02$ par mètre, sous peine d'apporter une gêne et souvent même un danger à la circulation des voitures pesamment chargées.

92. Dans le cas d'un pont situé dans l'intérieur d'un centre habité, les culées se rattachent généralement à des quais entre lesquels la rivière est encaissée; mais, en rase campagne, le pont se trouve le plus souvent placé entre deux levées qui viennent aboutir à chacune de ses extrémités, et il existe deux modes principaux d'effectuer la liaison de l'ouvrage avec ces levées.

Par le premier, on prolonge les têtes du pont dans les terres, avec ou sans ressaut destiné à procurer un élargissement, et le raccordement s'opère alors par des quarts de cône gazonnés auxquels on donne l'inclinaison des talus des remblais, comme le montre la *fig.* 38 ci-après, dont la partie de gauche donne en outre un spécimen de cintre qui peut trouver de fréquentes et utiles applications.

On peut remarquer que l'arche ici représentée est destinée à franchir, non pas un cours d'eau qui réclame toute la largeur libre possible pour son débouché, mais un chemin quelconque dont le profil normal est indiqué par un pointillé. Ceci soit dit dans le but d'expliquer pour quel motif le quart de cône s'avance notablement sous la voûte, au lieu d'avoir son pied à l'a-plomb de la face intérieure de la culée, comme cela a lieu le plus ordinairement.

Quelquefois cependant, dans un but d'économie et pour ne pas trop prolonger les maçonneries, on donne aux quarts de cône une inclinaison qui décroît depuis celle des talus jusqu'à atteindre 45 degrés contre les murs de tête, et l'on supplée au défaut de stabilité des terres par un revêtement perreyé.

Dans le second système, on limite le pont par des *murs en aile* plus ou moins évasés qui se terminent suivant l'inclinaison des talus, et contre lesquels les terres viennent s'appliquer. Cette disposition est plus favorable à l'introduction des eaux sous la voûte; elle offre toutefois quelques difficultés

Fig. 38.

d'appareil, à cause de l'obliquité des murs, et du fruit qu'on leur donne pour pouvoir en diminuer l'épaisseur sans rien ôter à la solidité. On recouvre généralement les murs en aile par un *rampant* en pierre de taille, et ce rampant se termine lui-même à sa partie inférieure par un *dé* plus ou moins élevé au-dessus du terrain.

93. Il importe encore de songer à assurer l'écoulement des eaux pluviales sur les ponts, afin d'éviter qu'elles s'infiltrent à travers la chaussée et aillent, sans utilité, grossir celles qui doivent glisser sur la chape.

Cet écoulement a lieu tout naturellement par la pente des caniveaux longeant le trottoir, si le dessus du pont est incliné longitudinalement, comme cela a lieu dans la plupart des cas. Mais il arrive souvent aussi, notamment dans les villes, que la chaussée est dressée suivant un axe sensiblement horizontal; il faut alors ménager de distance en distance des

ouvertures sous les trottoirs ou à travers les voûtes, pour y
amener les eaux par des pentes partielles données aux caniveaux et pour les rejeter, par ce moyen, sous les arches ou
en dehors du pont.

L'unique inconvénient de ce système réside dans la nécessité d'un entretien de propreté continuel, ayant pour objet de
dégager les orifices qui ne fonctionneraient bientôt plus, si la
moindre négligence laissait s'y accumuler les détritus de toute
espèce qu'apportent les eaux et le vent.

VOUTES BIAISES.

94. Nous avons dit (18) que, la direction des culées et des
piles restant nécessairement parallèle au cours des eaux,
il arrive fréquemment, surtout dans la construction des chemins de fer, que l'axe d'un pont doit traverser obliquement
la rivière. Il faut alors se résigner à construire des *voûtes
biaises*, c'est-à-dire des voûtes dont l'axe est coupé par le
plan des têtes sous un angle qui diffère plus ou moins de
90 degrés.

Dans ce cas, la courbe d'intrados résulte de l'intersection
du cylindre de la voûte par un plan oblique sur son axe. Cette
courbe serait une demi-ellipse, si la section droite du cylindre
était une demi-circonférence; ce serait un arc d'ellipse ou
une succession d'arcs elliptiques tangents entre eux, si la
section droite était un arc circulaire ou une anse de panier.

Plus rarement, dans la pratique et par une disposition contraire, on adopte un arc de tête circulaire qui donnerait à la
section droite une courbure elliptique.

95. Dans toutes les voûtes, les pressions s'exercent naturellement dans le sens des lignes de plus petite courbure, et
c'est dans cette direction qu'il faut, en général, s'attacher à
tracer les joints longitudinaux des voussoirs. Il en résulte que,
pour éviter la fragilité des angles aigus, on fait suivre aux
joints transversaux les lignes de plus grande courbure, qui
sont toujours normales aux premières.

On se conforme rigoureusement à cette règle, dans la construction des ponts droits, en divisant les voussoirs suivant
les génératrices du cylindre de la voûte et suivant des plans
parallèles aux têtes; mais dans les voûtes biaises, où l'on doit

chercher également à se rapprocher le plus possible de cette condition, des considérations de stabilité ne permettent pas de s'y conformer complétement.

En effet, dans ces voûtes, une partie des pressions tombe dans le vide, et ne peut se retourner parallélement aux têtes que par l'effet d'une décomposition de forces, dont la résultante normale au plan des têtes forme ce qu'on appelle la *poussée au vide*.

Si donc de telles voûtes convenablement construites demeurent en équilibre, c'est que la force des pierres, les frottements mutuels et la cohésion des mortiers résistent aux diverses tractions qui se produisent dans les maçonneries.

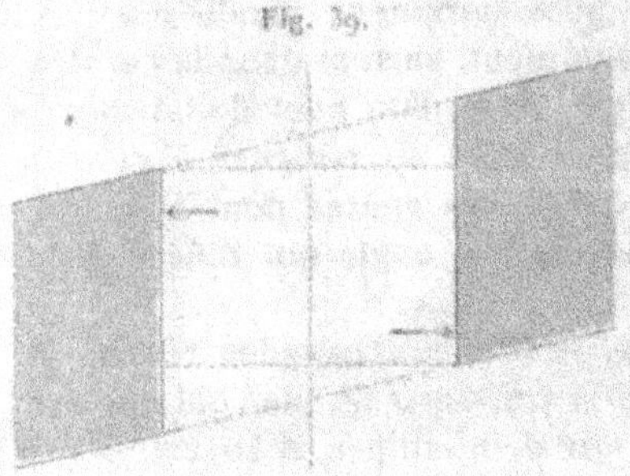

Fig. 39.

On voit déjà que la construction des voûtes biaises met en jeu des résistances qui s'annulent réciproquement dans les voûtes droites et que, par conséquent, nous n'avons pas eu à faire entrer en ligne de compte quand nous avons traité de ces dernières. C'est par ce motif qu'il importe surtout de chercher à appareiller les voûtes biaises de manière à disposer les surfaces des joints normalement aux pressions qui résultent de l'état d'équilibre.

96. Quelques développements plus précis ne seront pas inutiles pour bien établir ce principe, sur lequel repose, d'ailleurs, toute la théorie des voûtes biaises.

Supposons que, pour une voûte dont le biais est très-sensible, on persiste à vouloir diviser les voussoirs suivant les génératrices du cylindre et suivant les sections droites. Les tractions obliques qui prennent naissance dans une pareille voûte briseront d'abord les angles aigus des pierres de tête;

ne trouvant pas les voussoirs suffisamment enchevêtrés entre
eux, elles disloqueront bientôt toute la partie oblique de la
voûte.

Si, au contraire, on a eu le soin de disposer toutes les surfaces de joint à peu près normalement aux résultantes des
pressions, on aura évité les angles aigus, et la stabilité complète pourra résulter de la cohésion de bons mortiers et de la
liaison établie entre les voussoirs.

On ne devra néanmoins pas oublier que, pendant le décintrement et jusqu'à la prise complète des mortiers, il pourra
se produire et qu'il se produira presque toujours des pressions qui ne s'équilibrent pas d'une manière complète, et qui
pourront se manifester par des petits déplacements du dedans
au dehors, dans la région des têtes qui avoisine l'angle obtus
des culées. C'est là ce qui restera de la poussée au vide, et il
conviendra d'en détruire les effets par un système d'armatures
en fer, si le biais est assez prononcé pour motiver ce surcroît
de précaution.

97. Pour réaliser autant que possible les conditions qui
résultent des considérations précédentes, plusieurs appareils
ont été imaginés, parmi lesquels on distingue particulièrement l'appareil *orthogonal* et l'appareil *hélicoïdal*.

On comprend, d'après ce qui vient d'être dit, l'intérêt qu'il
y a à obtenir des lignes de joint normales aux pressions, et de
déterminer à cet effet lesdites lignes, de telle sorte qu'elles
coupent orthogonalement, c'est-à-dire à angle droit, une série
de sections parallèles aux têtes de la voûte. Cette disposition
présente, en outre, l'avantage important d'éviter les angles
aigus dans les voussoirs, et d'éloigner ainsi l'une des principales causes de rupture que nous avons signalées.

Tel est le principe de l'appareil orthogonal dont nous donnons ci-après (*fig.* 40) l'épure détaillée. On y voit que la surface cylindrique de la douelle, d'abord projetée à gauche et
rabattue au-dessus de cette projection, a été développée à
droite sur le plan du papier.

Rien n'est plus facile, d'ailleurs, que d'obtenir le développement de chacun des arcs de tête, et d'y reproduire les
divisions préalablement faites sur ces arcs pour marquer les
cours de voussoirs. Enfin on dessine, par une série de sections

parallèles aux têtes, toutes les trajectoires orthogonales, de manière à en obtenir un tracé suffisamment rigoureux, que

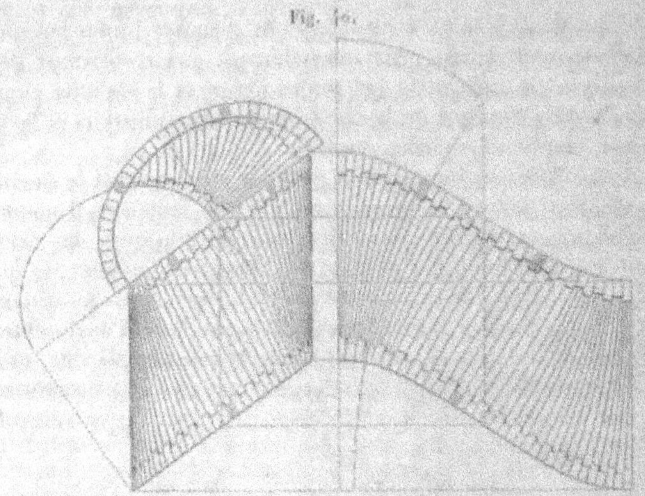

Fig. 40.

l'on ramène, par une construction inverse, sur la projection et sur l'élévation rabattue.

98. Toutefois, dans les voûtes qui ont une longueur relativement considérable entre les têtes, on arriverait bientôt à

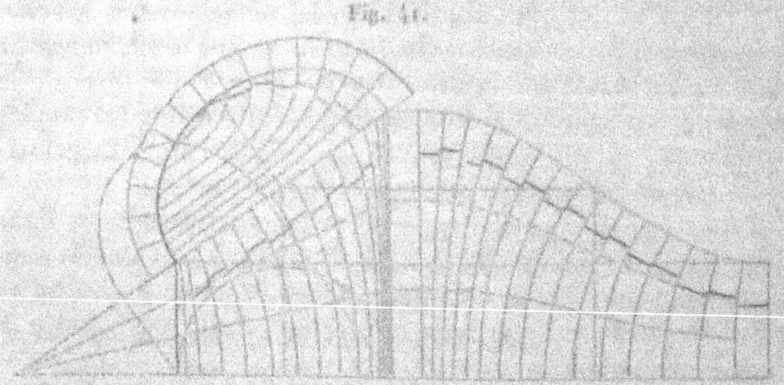

Fig. 41.

des lignes de joints trop rapprochées les unes des autres, et qui amèneraient, en se confondant, des embarras pratiques incompatibles avec une bonne exécution. On modifie alors légèrement la construction qui précède, en traçant (*fig.* 41) à une certaine distance de chaque tête un plan perpendiculaire à l'axe de la voûte, lequel plan converge alors nécessairement avec celui des têtes. On substitue ensuite, aux sections parallèles aux têtes, des sections faites suivant des plans passant par l'intersection des deux premiers, et c'est au moyen de ces sections convergentes que l'on trace les courbes orthogonales.

De là le nom d'appareil orthogonal *convergent* donné à ce système, par opposition à l'autre, qui s'appelle appareil orthogonal *parallèle*.

99. Mais le système hélicoïdal est bien souvent préféré, parce qu'il se prête à l'emploi des petits matériaux, et de la brique en particulier. En voici la description succincte :

Le cylindre de la voûte étant développé (*fig.* 42), on joint

Fig. 42.

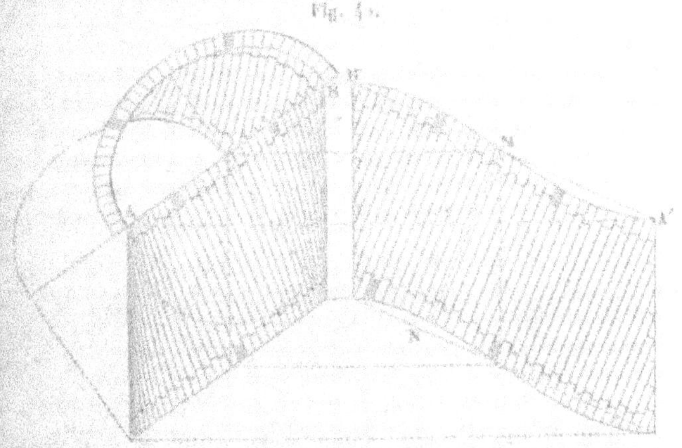

par une ligne droite B'A' les deux points qui répondent aux extrémités du diamètre de tête AB; on élève une perpendiculaire MN sur cette ligne, et sa direction indique celle des lignes d'assises, lesquelles deviennent, après l'enroulement sur le cylindre, des portions d'hélice.

Cependant, en exécution, on est conduit à altérer légèrement les conditions géométriques de ce tracé, afin que les lignes d'assises correspondent bien sur les deux têtes aux divisions des voussoirs en pierre de taille; ces lignes ne sont plus, dès lors, ni exactement perpendiculaires à la corde du cercle développé, ni rigoureusement parallèles entre elles. Mais ces faibles différences sont à peine sensibles pour l'œil le mieux exercé; elles n'influent en rien sur les mérites de l'appareil hélicoïdal, qui offre toujours de grandes facilités d'exécution et est, par ce motif, fort souvent préféré par les constructeurs.

Il est à remarquer du reste que, pour un arc de cercle assez surbaissé, l'appareil hélicoïdal se confondrait presque complétement avec l'appareil orthogonal.

100. Les lignes de joints étant tracées d'après l'un des trois systèmes qui viennent d'être exposés, on peut diriger les lits des voussoirs suivant des surfaces gauches normales à l'intrados, surfaces pareilles à celle que nous avons vue (*Statique*, 146) dans l'étude de la vis à filet carré. On peut aussi se servir d'une droite restant dans un plan parallèle aux têtes, et s'élevant normalement à la section de l'intrados par ce plan.

Mais, quoi que l'on fasse, il sera toujours plus simple et plus sûr, dans la pratique, de tailler les lits de joint de chaque voussoir suivant des surfaces planes, qui ont sur les précédentes cet avantage de donner, dans le plan des têtes, des joints rectilignes. La succession de ces petits plans, sensiblement normaux à l'intrados, fournit dans l'ensemble une surface fort régulière qui, pour les voûtes un peu grandes, se confond à peu près exactement avec celles que nous avons décrites plus haut.

Il est évident, d'ailleurs, que l'épaisseur du mortier des joints, qui doivent toujours avoir au moins 1 centimètre, sert à corriger les petites imperfections de la taille, et qu'il n'y a pas lieu de rechercher, dans la construction des voûtes biaises, une perfection qui n'est même pas réalisable dans les voûtes droites.

101. On voit, malgré cela, que la construction des voûtes biaises exige des soins attentifs et des précautions toutes particulières dans l'exécution. Si ces voûtes sont un peu grandes, il sera quelquefois difficile de tracer les épures en vraie grandeur, et les dessins réduits peuvent donner naissance, en augmentant proportionnellement les erreurs, à des diffé-

rences assez sensibles qu'il faut chercher à éviter par tous les moyens.

Nous croyons donc devoir conseiller de tracer en outre, sur le cintre même, toutes les lignes de construction. Si cet ouvrage provisoire est exécuté avec une suffisante correction, on peut également y relever les plans de joints normaux à la surface, et y mesurer les angles nécessaires pour la coupe de tous les éléments de la voûte.

102. Enfin, il sera toujours sage et excessivement commode de faire exécuter, pour chaque voûte biaise de quelque importance que l'on aura à construire, un petit modèle en plâtre à une échelle réduite, et sur lequel on tracera très-approximativement les panneaux de chaque morceau.

Au moyen de ces panneaux provisoires et seulement ébauchés, on pourra sans peine faire préparer en carrière les pierres suivant leur forme définitive, et l'on réalisera généralement ainsi une assez notable économie, tant sur le transport que sur le cube des matériaux.

103. Quant au choix à faire entre les divers appareils pour chaque cas particulier, voici ce qu'il convient le plus généralement de prendre pour règle :

L'appareil hélicoïdal convient surtout pour les voûtes en arc de cercle, quand la flèche ne dépasse pas le tiers de la corde.

Pour les voûtes en plein cintre ou très-peu surbaissées, c'est le système orthogonal parallèle qui doit être préféré; mais, si les voûtes ont une grande longueur, notamment pour les têtes de souterrains, c'est sur l'appareil orthogonal convergent qu'il faut fixer son choix.

Si le biais est faible et tel que les têtes fassent avec la direction des culées un angle qui ne descende pas au-dessous de 75 degrés, on peut généralement en faire abstraction et construire le pont comme une voûte droite ordinaire. Quelquefois aussi l'on se contente de retourner les voussoirs de tête perpendiculairement au plan de face du pont, ou bien encore on appareille la tête suivant l'un des systèmes biais qui ont été décrits, et l'on vient se raccorder à peu de distance avec la voûte droite.

Si, au contraire, le biais était assez fort, et si l'angle dévenait inférieur à 4o degrés, il serait prudent d'éviter complétement la difficulté. On construirait alors la voûte par arceaux droits isolés et parallèles aux têtes, et l'on ne remplirait, s'il y avait lieu, les intervalles compris entre deux arceaux adjacents qu'après le décintrement, et quand la compression des mortiers aurait fait prendre aux voûtes partielles leur assiette définitive.

Entre ces limites, et dès que l'angle du biais descend au-dessous de 6o degrés, il convient d'assurer la stabilité des voûtes par quelques armatures en fer qui, comme nous l'avons dit (96), sont utiles d'abord au moment du décintrement, et ensuite jusqu'à ce que le durcissement des mortiers soit complétement opéré.

On emploie habituellement à cet effet des tirants en fer plat, cramponnés dans le corps de la voûte par des ancres en fer rond, et ces précautions suffisent le plus souvent pour retenir les voussoirs et contre-balancer d'une manière efficace la poussée au vide.

104. Quant aux dimensions à donner aux diverses parties d'un pont biais, telles que l'épaisseur à la clef, celle des piles et culées, etc., c'est naturellement d'après la section droite qu'il faut toujours les déterminer, et ce rapprochement nous permet de conclure en terminant que, s'il ne faut pas rechercher l'occasion d'exécuter des voûtes biaises, qui sont toujours plus coûteuses que les voûtes droites, on ne doit pas non plus les redouter au point de les repousser systématiquement, dans les cas assez nombreux où cette solution s'impose d'elle-même au constructeur.

PONTS EN CHARPENTE.

105. Les ponts en charpente ne sont plus employés qu'exceptionnellement aujourd'hui, tant à cause de la rareté toujours croissante des bois de construction que par suite du bon marché relatif des fers et des fontes, que l'industrie moderne façonne et plie aux exigences les plus variées. La mise en œuvre perfectionnée des petits matériaux dans les maçonneries a, d'ailleurs, aussi diminué le prix de revient des ponts en pierre, de telle sorte que le bois, qui a aussi contre lui sa durée limitée et la nécessité d'un entretien continu, est pres-

que complètement abandonné maintenant pour cette sorte d'ouvrages.

Toutefois, dans les contrées où les forêts sont encore abondamment pourvues, il est souvent utile de recourir à ce mode de construction, qui trouve également son application journalière dans les ponts provisoires, et dans les travaux qu'un cas de force majeure ou des considérations d'économie peuvent parfois obliger à faire avec les matériaux qu'on a sous la main.

106. D'après ce que nous avons dit (2) sur les diverses natures de ponts, on a pu conclure que les ponts en charpente sont formés soit d'arches cintrées reposant sur des piles et culées en maçonnerie, soit de travées rectilignes supportées de la même manière ou établies sur des culées et palées en bois.

Quand on veut faire un pont s'appuyant sur une culée en charpente, le plus simple est de prolonger le tablier jusqu'au bord supérieur du talus des rives, comme on le voit dans la *fig.* 43. Il suffit alors de s'assurer que la résistance des terres

Fig. 43.

est capable de supporter le poids résultant du passage des plus lourds chargements; mais on doit toujours revêtir la berge d'un perré qui empêche les eaux de la corroder, et de compromettre ainsi la solidité de l'ouvrage.

107. Quand la berge doit être dressée suivant une inclinaison très-faible, il est bon que la culée forme un revêtement complet en charpente pour soutenir les terres. On remplace même, le plus souvent, derrière le revêtement en bois, les terres par des pierres, afin d'éviter les poussées con-

sidérables qu'exerceraient des remblais détrempés par les
crues, au moment de la retraite des eaux.

La *fig.* 44 montre, outre le blindage en madriers jointifs

Fig. 44.

placé derrière les fermes de la culée, deux pièces de bois
reliées à un pieu battu en arrière; cette disposition a pour
objet d'enraciner solidement le système dans le sol, et de
donner à l'ensemble toute la solidité qui lui est nécessaire.

108. Les palées peuvent se composer, si leur hauteur ne

Fig. 45.

doit pas être trop considérable, d'une seule file de pieux qui
descendent directement jusque dans le terrain formant le fond

de la rivière. On a le soin de moiser horizontalement ces
pieux au niveau de l'étiage, et obliquement au-dessus des eaux,
pour éviter toute déformation et le renversement du système.

Un chapeau horizontal recouvre le tout et reçoit la travée,
qui y est solidement fixée par des boulons.

Mais, si le tablier est trop élevé au-dessus des eaux et si,
par suite, les pieux deviennent d'une trop grande longueur,
on est obligé de former ce que l'on appelle une *palée inférieure* ou *basse palée*, que l'on compose, suivant les cas, d'une,
de deux ou même de trois files de pieux. La *fig.* 45 représente
une palée simple, une palée double et une palée triple, avec
les abouts des moises qui les consolident.

Il est recommandé, dans ce cas, de faire en sorte que la
palée inférieure soit dérasée un peu au-dessous de l'étiage,
afin qu'elle ne soit jamais découverte, condition nécessaire à
sa conservation.

109. On défend généralement chaque palée établie en rivière par un *brise-glaces*, système composé de pieux battus de
manière à présenter en plan la forme d'un fer de lance et for-

Fig. 46.

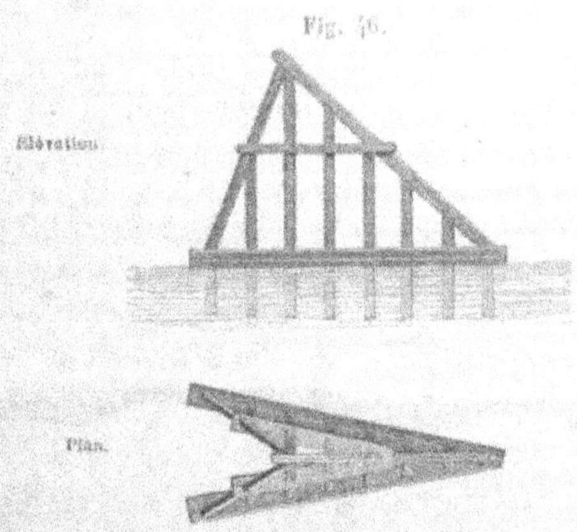

tement moisés au niveau de l'étiage. Sur cette base, on établit
ensuite une charpente opposant une arête solide à l'action des
glaces.

Souvent les brise-glaces, à l'imitation des avant-becs des
ponts en pierre, font corps avec la palée; mais, si l'on a à

craindre de fortes débâcles, il est bien préférable de construire des brise-glaces isolés en avant des palées. Cette disposition présente l'incontestable avantage de soustraire le pont lui-même aux chocs provenant des corps flottants.

COMPOSITION DES FERMES.

110. Jusqu'à 4 mètres d'ouverture, les travées en charpente peuvent être formées d'une simple poutre de 25 à 30 centimètres d'épaisseur, reposant directement sur les culées.

Pour les ponts de 5 à 7 mètres, on se contente de placer, à chaque point d'appui, une pièce auxiliaire nommée *corbeau* ou *sous-poutre*. Ces deux dispositions sont reproduites, l'une à gauche, l'autre à droite, dans la figure ci-après :

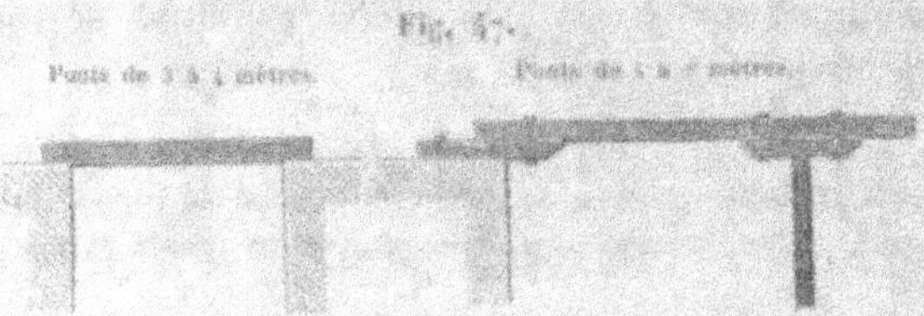

Fig. 47.

111. Quelquefois même, pour les ponts dont la portée atteint 7 et 8 mètres, on double les sous-poutres sur chaque point d'appui, en ayant surtout grand soin de boulonner fortement toutes les pièces ensemble. On comprend en effet que, sans cette solidarité complète, l'action des sous-poutres serait à peu près nulle.

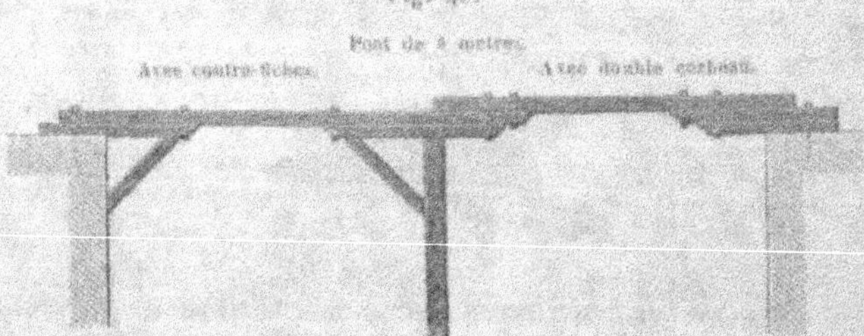

Fig. 48.

Ou bien encore, si cette disposition peut être admise sans inconvénient, on consolide les corbeaux par des jambes de force ou *contre-fiches* inclinées, comme le représente la partie gauche de la *fig.* 48, dont la partie droite se rapporte au cas précédent.

112. Si l'ouverture augmente encore, on double les contre-fiches, et l'on soutient la partie centrale au moyen d'une pièce secondaire contre laquelle viennent butter les premières. Des

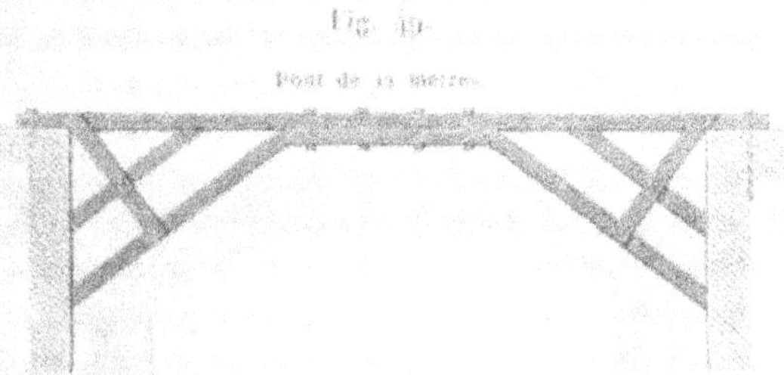

Fig. 49.

Pont de 13 mètres.

moises pendantes, établies dans une direction sensiblement perpendiculaire à celles-ci, assurent la solidarité du système et ajoutent beaucoup à sa résistance.

113. Tels sont les principes généraux de la composition des fermes des ponts en charpente, tant que ces ponts restent dans des conditions ordinaires quant à leur portée. Ces principes sont très-suffisants pour les besoins usuels de la pratique, parce qu'il est rare qu'on ne donne pas maintenant la préférence à des systèmes plus durables, quand il s'agit d'ouvrages dont la portée dépasse 12 à 15 mètres.

Toutefois, au delà de ces chiffres, on peut encore avoir recours à des systèmes qui empruntent aux précédents leurs dispositions essentielles en les modifiant ou les réunissant, de manière à les faire concourir au but qu'on se propose; ou bien enfin on adopte des fermes disposées en forme d'arcs, ainsi que l'a fait, avec un plein succès, l'éminent ingénieur (M. Emmery) qui a construit, en 1828, le beau pont d'Ivry sur la Seine, non loin du confluent de cette rivière avec la Marne.

Nous donnons, à titre de spécimen, une élévation d'une arche de cet ouvrage, et ce dessin suffira pour montrer que chaque arc est composé de trois cours de pièces dont les joints sont croisés avec soin, de manière à ne former finalement qu'un seul et même arc de $0^m,75$ d'épaisseur. Toutes ces

III.

pièces sont fortement reliées entre elles par des moises pendantes et par des étriers en fer.

Les moises pendantes sont, d'ailleurs, disposées de telle façon qu'elles puissent être resserrées au fur et à mesure de la dessiccation des bois.

On remarque, en outre, que les tympans renferment des corbeaux soutenus par de doubles contre-fiches, et que l'ensemble de ce système doit offrir une solidité tout à fait rassurante.

Nous devons dire encore que la partie de chaque arc qui s'appuie sur les piles, et qui butte contre la maçonnerie, est munie d'un coussinet en fonte disposé de manière à bien assurer le facile écoulement des eaux. Cette précaution est indispensable dans un ouvrage d'une pareille importance, à cause de la difficulté de remplacer les pièces principales, quand la pourriture les aura mises hors de service.

Enfin, nous terminerons ce court aperçu en déclarant que, par le soin tout particulier que l'ingénieur a apporté dans la conception de son œuvre et par la perfection des détails les plus minutieux de l'exécution, il nous a légué un excellent modèle pour les constructions de ce genre.

114. On vient de voir que, dans le pont d'Ivry, c'est par des moises pendantes que le poids du tablier se trouve reporté normalement sur les arcs constitutifs de chaque ferme, sauf l'aide des corbeaux et des contre-fiches qui en supportent une assez faible partie.

Une disposition qui nous paraît plus simple et peut-être

plus rationnelle est celle qui consiste à établir, vers le milieu de l'espace angulaire formé par le tablier et les arcs, une grande pièce de bois qui partage cet angle sensiblement en deux parties égales. Cette pièce, comme le montre la *fig.* 51, porte en dessus des potelets qui montent verticalement jusqu'au tablier, et au-dessous d'elle on voit des contre-fiches inclinées qui descendent normalement sur les arcs, pour y reporter directement la pression des parties supérieures.

Fig. 51.

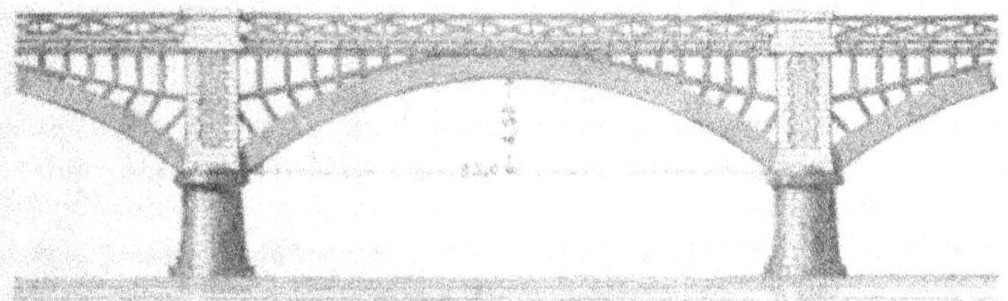

Nous ne pouvons entrer ici dans les détails de construction de semblables ouvrages ; mais nous dirons seulement et d'une manière générale que, dans ce pont comme dans tous ceux qui comportent des arcs formés de plusieurs madriers plats superposés, des étriers en fer, espacés d'environ 1ᵐ,50 les uns des autres, doivent relier ces pièces entre elles, de manière à les serrer fortement les unes contre les autres et à les rendre complétement solidaires.

Enfin, et ceci s'applique en principe à tous les ouvrages composés de fermes parallèles, ces dernières sont controventées par des écharpes en charpente et par des tirants en fer, disposés de telle sorte que la parfaite rigidité du système soit assurée. On évite ainsi les effets fâcheux que produiraient des dislocations amenées par l'indépendance des divers éléments entre eux.

115. Il convient encore de dire ici quelques mots sur des ponts en bois qui rendent parfois de précieux services, parce qu'ils permettent de franchir de grandes portées dans des conditions particulières d'économie et d'élévation au-dessus des eaux, et parce qu'ils ont servi de point de départ à des constructions en fer dont l'application est devenue journalière sur nos grandes lignes de chemins de fer. Ces ponts, dits *américains*, pour avoir été tout d'abord imaginés dans le nouveau monde, se composent essentiellement de panneaux verticaux dont les longrines supérieure et inférieure sont reliées entre elles par un treillis de madriers disposés en losanges. On obtient ainsi, en multipliant et renforçant convenablement les cours de pièces horizontales et les treillis, une seule poutre ayant la rigidité nécessaire au but qu'on a en vue d'atteindre.

Deux panneaux semblables sont placés parallèlement l'un à l'autre, séparés par la distance qui convient à la largeur que l'on veut obtenir pour la voie; ils sont reliés par des croisillons horizontaux et par le tablier, ce dernier étant supérieur ou inférieur, selon qu'il faut établir la circulation sur le système des deux poutres américaines ou dans l'intervalle qui les sépare.

Le pont de Richmond, construit en Amérique par l'architecte Town, qui a donné son nom à ce système, avait douze travées de 47 mètres de longueur chacune, soutenues par des piles en maçonnerie de 1^m,80 d'épaisseur. Il devait porter deux voies de chemin de fer à sa partie supérieure; mais, malgré les 3^m,12 de hauteur de ses deux poutres, il n'a pu remplir sa destination et a dû être démoli.

116. Toutefois, il a été construit avec succès plusieurs pas-

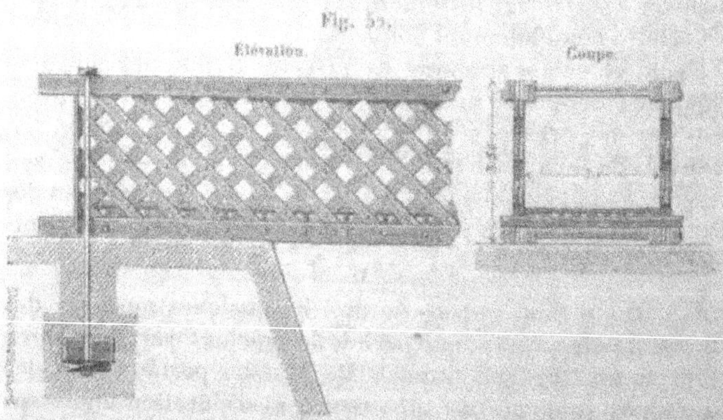

serelles américaines dans ce système, notamment celle qui a servi à Paris, pendant la reconstruction du pont Saint-Michel, pour assurer la circulation des piétons. Notre *fig.* 52 en donne les dispositions principales.

Elle avait 45^m,75 de portée, et a bien tenu pendant toute la durée des travaux. Une flexion de 0^m,25 s'est à la vérité produite au milieu, mais sans compromettre en rien la solidité, à laquelle contribuaient, d'ailleurs, des boulons reliant toutes les pièces.

On doit comprendre que c'est seulement pour les ouvrages provisoires qu'il y a sûreté à employer ce système et que, dans ce cas, il peut rendre de très-grands services sous le rapport de l'économie et de la rapidité de son exécution, qui ne demande, au moins pour le treillis, que l'emploi de bois de faible longueur.

117 Quand on veut déterminer par le calcul la force d'une poutre de cette espèce, on considère le treillis vertical comme servant uniquement à relier ensemble les longrines supérieure et inférieure, et on applique la formule de résistance indiquée (*Pratique des travaux*, 101) pour une pièce rectangulaire posée sur deux appuis, et uniformément chargée d'un poids p par unité de longueur.

Cette formule est la suivante,

$$pl = \frac{4}{3} \times \frac{Rab^2}{l},$$

dans laquelle a représente l'épaisseur transversale des pièces horizontales, et qui devient, par le changement de b^2 en $\frac{b^2 - b'^2}{b}$,

$$pl = \frac{4}{3} \times \frac{Ra(b^2 - b'^2)}{bl},$$

b' étant la hauteur intermédiaire occupée par le treillis.

118. On a modifié avantageusement le système Town en remplaçant le treillis pur et simple par des montants verticaux et des croix de Saint-André, et l'on a obtenu de fort bons résultats de cette innovation; mais, pour les grandes poutres en charpente, on préfère aujourd'hui le système de Howe, qui a substitué aux montants verticaux des boulons

régnant dans toute la hauteur de la poutre, et pouvant se serrer à volonté pour maintenir et augmenter la rigidité de l'ensemble.

Quoi qu'il en soit, comme nous venons de le dire, les ouvrages de longue durée s'accommodent mal de l'emploi de ces grandes poutres, qui s'altèrent rapidement par le jeu de leurs assemblages, et nous ne saurions trop répéter qu'il est sage de limiter leur adoption aux passerelles, dont l'existence a un terme assigné à l'avance et généralement assez rapproché.

PLANCHERS.

119. Dans les ponts en charpente les fermes sont toujours, comme on l'a vu, couronnées par une pièce longitudinale, appelée *longrine* ou *longeron*, qui repose sur les différents systèmes rectilignes ou curvilignes que nous avons décrits. C'est sur ces longrines que s'applique le *plancher* proprement dit.

Ce plancher se compose généralement :

1° Des *pièces de pont*, qui reposent transversalement sur les longrines, et qui sont espacées entre elles d'environ 0^m,50 ;

Fig. 53.

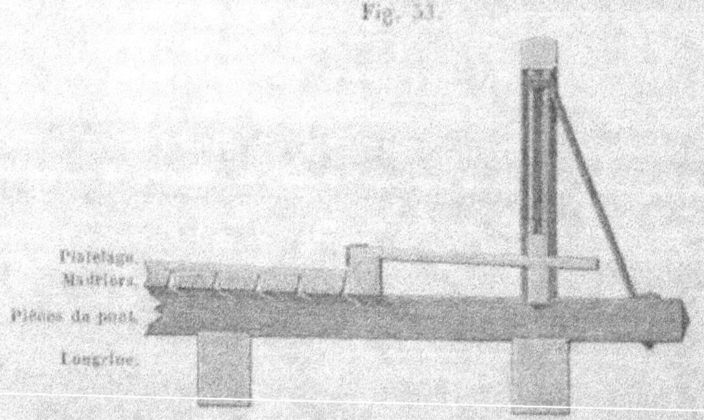

2° Des *madriers* appliqués longitudinalement sur les pièces de pont ;

3° Enfin d'un *platelage* sur lequel, abstraction faite des trottoirs réservés aux piétons, se fait directement la circulation des voitures et des chevaux.

Nous donnons ci-dessus (*fig.* 53) la coupe transversale d'un des ponts décrits dans ce qui précède ; les divers éléments du tablier y apparaissent clairement.

Dans les cas ordinaires, les longrines sont espacées de 1^m,40 à 1^m,50 d'axe en axe.

Les pièces de pont ont généralement 0^m,25 d'épaisseur au milieu et 0^m,20 aux extrémités, de manière à présenter un bombement transversal favorable à l'écoulement des eaux pluviales. Elles sont toutes entaillées de 0^m,03 au droit des longrines, de manière à les embrasser bien solidement.

Les madriers sont toujours en chêne, et ont de 0^m,07 à 0^m,10 d'épaisseur ; ils sont taillés en biseau de 0^m,01 sur chaque bord et posés à 0^m,01 les uns des autres, de manière à présenter en dessous un espace vide de 0^m,03, qui favorise l'écoulement de l'eau et la circulation de l'air, en même temps qu'il s'oppose à l'accumulation des poussières humides, si nuisibles à la conservation du bois.

Les planches de recouvrement peuvent être en sapin, en peuplier ou en aulne, que l'on remplace à mesure que les roues des voitures et les pieds des chevaux les détériorent ; mais les meilleures sont encore celles en chêne de 4 à 5 centimètres d'épaisseur.

120. La *fig.* 53 montre aussi un *trottoir* et un *garde-corps*, sur lesquels nous n'avons encore rien dit.

On peut remarquer d'abord que le trottoir est bordé par une bande de fer cornière qui se fixe très-solidement avec des vis à bois. Il est inutile d'insister sur la destination et l'utilité de ce recouvrement protecteur.

Le garde-corps se compose le plus généralement de petits poteaux verticaux et de croix de Saint-André, reliant une lisse supérieure et une lisse inférieure au moyen de boulons en fer alternant avec les poteaux.

Un lien en fer relie extérieurement le garde-corps aux abouts des pièces de pont ; c'est du fer rond de 0^m,025 de diamètre. Si l'on donnait la préférence à un lien pendant en bois, il faudrait absolument qu'il s'appliquât, en la dépassant, sur l'extrémité de la pièce de pont, pour que les eaux ne puissent s'introduire dans les mortaises de l'assemblage.

121. Les parties mises en élévation doivent être peintes, et il faut goudronner les parties non vues, principalement les

surfaces en contact les unes avec les autres, afin que l'eau ne puisse y pénétrer et y causer des ravages.

Entre les faces d'assemblage, il est également prudent de mettre des feuilles de papier fort, trempées dans du goudron bouillant, et de verser dans les trous des boulons un bain de ce liquide.

Enfin, outre la peinture et le goudronnage, les constructeurs conseillent d'employer, autant que possible, dans les ouvrages en charpente qui doivent avoir une grande durée, des bois préalablement préparés par les procédés d'injection aujourd'hui préconisés, ou de carboniser leurs surfaces, alors qu'ils sont taillés et prêts à être mis en œuvre. Toute dépense faite dans ce sens se traduit bientôt par les plus réelles économies.

PONTS EN FONTE.

122. Les ponts en fonte se divisent, comme ceux en charpente, en deux catégories bien tranchées que nous étudierons successivement, savoir : les ponts *à poutres droites* et les ponts *en arc*.

Les poutres droites ne peuvent s'appliquer qu'à des ouvertures assez restreintes, à cause des propriétés inhérentes à la fonte. On sait en effet que, tout en présentant une grande résistance à la compression lorsque la pièce ne peut fléchir, ce métal résiste au contraire mal à la traction, et éprouve souvent des ruptures brusques pour des chocs relativement peu considérables.

L'emploi de la fonte offre cependant de précieux avantages, et elle fut à peu près exclusivement adoptée en poutres droites lors de la construction des premiers chemins de fer, pour les passages sous la voie, quand la hauteur devait être soigneusement ménagée.

PONTS A POUTRES DROITES.

123. On fut naturellement conduit à donner la préférence aux poutres à section en double T, soit simples, soit formées de deux poutres accouplées, dans l'intervalle desquelles on plaçait, appuyée sur le rebord des semelles inférieures, une longrine en bois supportant le rail.

De plus, on avait soin de donner au métal une épaisseur

à peu près constante dans toutes les parties des diverses pièces, sauf toutefois en ce qui concerne les semelles inférieures des poutres simples à double T. Cette partie résistant à l'extension demandait, en effet, un peu plus de force $\left(\frac{1}{6}\text{ environ}\right)$ que la tablette supérieure, qui ne résiste qu'à la compression.

124. La force de ces poutres peut, d'ailleurs, être évaluée d'une manière très-simple au moyen des formules de résistance que nous avons établies dans le second volume de cet Ouvrage.

On y a vu (*Pratique des travaux*, 107) que les divers éléments de la question sont liés entre eux par la relation

$$P = \frac{2}{3} \times \frac{1}{l} \times \frac{ab^3 - a'b'^3}{b} \times R,$$

dans laquelle P représente l'effort total concentré au milieu de la pièce, et R le coefficient de la résistance pratique, c'est-à-dire l'effort permanent d'extension ou de compression que chaque unité de la section peut supporter avec sécurité.

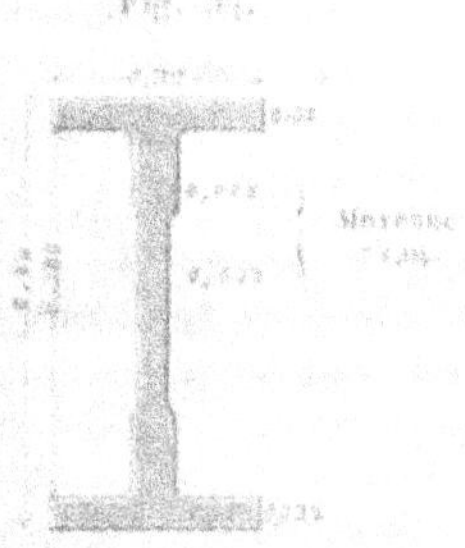

Appliquée, comme exemple, à une portée de 4 mètres et à la section représentée ci-dessus, dans laquelle

$$a = 0,22, \quad a' = 0,22 - 0,04 = 0,18,$$
$$b = 0,45, \quad b' = 0,385,$$

cette formule devient par une première substitution

$$P = 0,0036206\,R;$$

et si, comme cela peut se faire sans inconvénient pour un

pont de faible importance, nous prenons $R = 3000000$ (l'unité de surface étant le mètre carré), nous obtiendrons

$$P = 1080 x^{\frac{1}{4}}.$$

125. Les instructions administratives prescrivent de faire subir aux ponts métalliques des épreuves de deux sortes. Dans les unes, on charge les travées d'un *poids mort* de 400 kilogrammes par mètre carré de tablier, trottoirs compris, quand il s'agit d'une voie de terre, et de 5000 kilogrammes par mètre linéaire de simple voie de fer pour les travées d'une ouverture de 20 mètres et au-dessous, ce dernier poids étant réduit à 4000 kilogrammes pour celles d'une ouverture supérieure à 20 mètres, sans qu'il puisse jamais, dans ce dernier cas, être moindre que 100000 kilogrammes ou 100 tonnes.

Les autres épreuves ont lieu par *poids roulant*, dont la grandeur et le mode d'application sont réglés par les circulaires ministérielles des 26 février 1858 et 15 juin 1869.

D'après ces chiffres, on voit que le pont de 4 mètres calculé ci-dessus aurait à supporter au moment de l'épreuve, outre son propre poids, une charge morte de 20000 kilogrammes, si nous le supposons destiné à porter une voie de fer, soit 10000 kilogrammes sur chaque poutre, lesquels produisent le même effet que 5000 kilogrammes concentrés au milieu.

Mais ce poids est bien inférieur à la charge qui serait produite, sur une travée d'une aussi faible ouverture, par la présence d'une locomotive placée au milieu du pont. Le poids total d'une pareille machine peut effectivement être évalué à 34 tonnes, réparties comme il est indiqué ci-après entre les trois essieux, savoir :

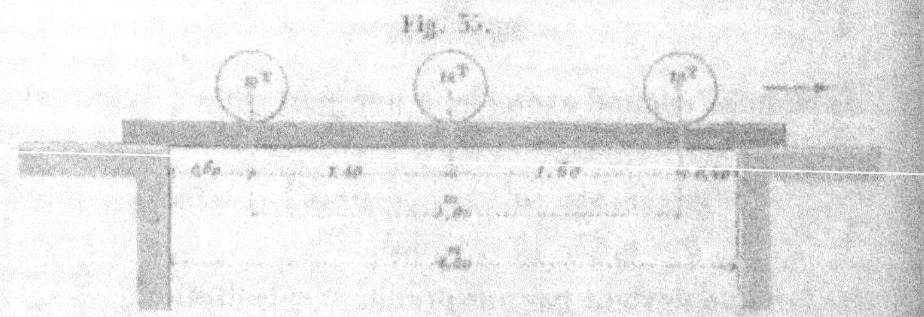

Fig. 35.

14 tonnes sur l'essieu du milieu et 10 tonnes sur chacun des deux autres.

Or, à raison de leurs distances respectives du milieu de la poutre, les deux charges extrêmes ne représentent que

$$\frac{0,40}{2,00} \times 10 \text{ tonnes} \quad \text{et} \quad \frac{0,60}{2,00} \times 10 \text{ tonnes}$$

placées au milieu, soit 2 et 3 tonnes qui, jointes aux 14, forment une charge totale de 19 tonnes au milieu de la travée, et sur chaque rail 9500 kilogrammes. Ajoutons la moitié du poids de la poutre, environ 600 kilogrammes, et la moitié du poids du plancher et de ses accessoires, et nous serons encore assez notablement au-dessous des 10862 kilogrammes trouvés plus haut pour le poids qui peut avec sécurité être imposé à la pièce considérée, laquelle ne travaillerait encore avec cette charge normale qu'à raison de 3 kilogrammes par millimètre carré, puisque telle est la valeur de R que nous avons admise dans nos calculs.

De plus on verrait facilement que, par suite de la différence d'épaisseur des deux tablettes inférieure et supérieure, la fonte travaillera à raison de $3^{ks},23$ *à la compression* dans la tablette supérieure, et à raison de $2^{ks},77$ *à l'extension* dans la semelle inférieure, différence tout à fait en harmonie avec les propriétés connues de ce métal.

126. Nous avons dit (**123**) que parfois il arrivait que le rail et sa longrine étaient posés dans l'intérieur de deux poutres jumelles, comme on le voit dans la figure ci-dessous qui donne la coupe transversale d'un pareil système.

Fig. 56.

Cette disposition est surtout précieuse, quand on a besoin de placer le rail le plus bas possible pour ménager la hauteur qui, comme on le voit, est réduite à 0^m,35 entre le dessous des poutres et le dessus du rail.

Le calcul de l'effort supporté par millimètre carré de la section de la poutre en son milieu se ferait de la même manière et par les mêmes moyens que pour la poutre simple; mais il faut ajouter ici cette condition que le rebord horizontal qui supporte intérieurement les longrines ne puisse se briser et se séparer du corps de la poutre. Cet objet est ici complétement rempli par les dimensions de ce rebord qui a 0^m,04 d'épaisseur pour 0^m,08 de saillie, et il est facile de se convaincre que, dans tous les sens, la section du métal est assez grande pour résister à toutes les charges et même à des chocs considérables.

127. Les poutres simples sont reliées entre elles par des tubes cylindriques en fonte que traversent des tirants en fer, et l'on obtient de cette manière un large châssis à intervalles rectangulaires, dont tous les éléments forment un système parfaitement solide et complétement contreventé.

Il n'en peut être ainsi pour les poutres jumelles, à l'intérieur desquelles se trouvent renfermés les rails. On les relie au moyen d'entretoises en fonte, dont les extrémités s'engagent librement dans des boîtes venues à la fonte avec les poutres.

Lorsque ces entretoises ont été mises en place et calées exactement, on remplit les vides de chaque boîte avec du mastic à la limaille de fonte. Cette matière soude fortement les pièces entre elles, et donne à l'ensemble une grande solidité.

Enfin, les poutres trouvent sur les culées une assise en pierre de taille, sur laquelle elles s'appuient au moyen de deux cales en cœur de chêne, et l'on remplit souvent même l'intervalle de ces cales par du plomb coulé sur place.

PONTS EN ARC.

128. Ainsi que nous l'avons déjà dit (122), la fonte convient très-bien pour la construction des arcs qui sont soumis à la compression dans toutes leurs parties, pourvu toutefois que celles-ci soient parfaitement reliées entre elles, et forment un système complétement rigide dans tous les sens.

Voici les formules qui servent à calculer les pressions que

supporent ces arcs, ainsi que celles qu'ils font subir aux maçonneries sur lesquelles ils reposent.

Soient $2l$ la corde AB et f la flèche CD de l'arc considéré.

Fig. 57.

La *fig.* 57 montre que le rayon R sera égal à $\dfrac{l^2 + f^2}{2f}$, et le demi-angle au centre α sera donné par l'une des relations

$$\sin\alpha = \frac{l}{R}, \text{ ou } \cos\alpha = \frac{R - f}{R}.$$

Si nous désignons en outre par

P le poids de la moitié de l'arc entier,

Q la poussée horizontale au sommet,

et T la poussée contre les culées dirigée suivant la tangente aux naissances,

ces diverses quantités seront liées, dans la position d'équilibre, par les relations

$$Q = \frac{l}{2f}P,$$

$$T = \sqrt{P^2 + Q^2} = \sqrt{1 + \left(\frac{l}{2f}\right)^2},$$

dont la seconde résulte immédiatement du parallélogramme construit en A *mnr* avec les trois forces considérées, tandis que la première repose sur cette considération, qu'un arc circulaire peu étendu se confond sensiblement avec un arc parabolique.

De là on conclut, en vertu d'une propriété de la parabole exposée dans le Tome II de cet Ouvrage (*Lever des plans*, 98),

que le sommet D est au milieu de FC, et l'on tire alors de la
similitude des deux triangles Anr et AFC la proportion

$$nr : Ar :: AC : FC,$$

ou

$$Q : P :: l : 2f.$$

129. On peut encore donner à la valeur de T une autre
forme en abaissant, dans le parallélogramme Amnr, la perpendiculaire mv qui partage la diagonale ou la tension T en
deux parties nv et Av.

Or, dans les deux triangles rectangles mnv et mAn, les deux
angles aigus nmv et mAv sont tous deux égaux au demi-angle
au centre α, et l'on peut écrire

$$nv = P \sin \alpha \quad \text{et} \quad Av = Q \cos \alpha,$$

d'où

$$T = P \sin \alpha + Q \cos \alpha,$$

ou, à cause de $Q = \dfrac{l}{2f} P$,

$$T = P \left(\sin \alpha + \frac{l}{2f} \cos \alpha \right).$$

130. Comme application de ces formules, nous allons donner quelques détails sur un pont de 16 mètres d'ouverture
dont la flèche est de 1^m,60. On en déduit

$$R = 20^m,80,$$

$$\frac{l}{2f} = \frac{5}{2} = 2,50,$$

$$\alpha = 22°37' \begin{cases} \sin \alpha = 0,384, \\ \cos \alpha = 0,923. \end{cases}$$

Remarquons en passant, dans la coupe longitudinale de la
fig. 58 qui représente ce pont, les petites voûtes en briques
de 0^m,11 d'épaisseur, qui reposent sur des entretoises en fonte
et supportent la chaussée.

Pour établir les calculs destinés à faire connaître le travail
de la fonte dans cet ouvrage, nous allons supposer que le pont
dont il s'agit doit donner passage à un chemin ordinaire, et que
son profil transversal présente une chaussée de 4^m,40 de lar-

geur entre deux trottoirs de 1 mètre. Deux arcs de tête, deux
autres à 0^m,25 du bord de chaque trottoir et un arc central,
cinq en tout, devront supporter le poids de la construction et
la charge d'épreuve de 400 kilogrammes par mètre carré. Les
intervalles entre les axes de ces arcs sont ainsi de 2^m,47 sous
la chaussée et de 0^m,73 sous les trottoirs.

Fig. 58.

Cela posé, l'arc central aura à soutenir, le poids des voûtes
et de la chaussée étant supposé de 1000 kilogrammes par mètre
superficiel :

1° Charge permanente 16^q × 2^m,47 × 1000^{kg} = 39520^{kg}, soit.   40000^{kg}
2° Charge d'épreuve 39^{mq},52 × 400^{kg} = 15808^{kg}, soit........   16000
3° Poids de l'arc évalué approximativement....................   4000

        D'où il résulte une charge totale 2P de............   60000^{kg},

et les formules établies ci-dessus donnent immédiatement

$$Q = \frac{l}{2f} P = 2,50 × 30000^{kg} = 75000^{kg},$$

$$T = P\left(\sin\alpha + \frac{l}{2f}\cos\alpha\right) = 30000^{kg}\left(0,384 + 2,50 × 0,923\right)$$

$$= 30000^{kg} × 2,69 = 80700 \text{ kilogrammes.}$$

Remarque. — Le facteur $\frac{l}{2f}$ et l'angle α étant constants
pour tous les arcs de même surbaissement, il en résulte que

l'on a, pour tous ceux qui sont surbaissés au dixième comme celui qui nous occupe,

$$R = 13f, \quad \frac{l}{2f} = 2,50 \quad \text{et} \quad \alpha = 12°37'.$$

Si donc P est le poids d'une demi-travée, on en pourra conclure de suite

$$Q = 2,50 \times P \quad \text{et} \quad T = 2,69 \times P.$$

Pour un surbaissement d'un douzième, on aurait de même

$$R = 18,5 \times f, \quad Q = 3P \quad \text{et} \quad T = 3,162 \times P.$$

131. Si maintenant nous voulons encore limiter à 3 kilogrammes par millimètre carré la pression à laquelle la fonte de l'arc central pourra être soumise, on devra donner à cet arc les sections suivantes :

Au sommet.... $\frac{1}{3} \times 75000$ ou 25000 millim. car.; soit 250 cent. car.

Aux naissances. $\frac{1}{3} \times 80700$ ou 26900   »   soit 269   »

et cette condition sera surabondamment remplie, si l'on compose l'arc dont il s'agit de deux tablettes de 0^m,20 de largeur unies par une âme de 0^m,54 (hauteur totale 0^m,60), les unes et les autres ayant 0^m,03 d'épaisseur. Ces dispositions donnent en effet une section de 282 centimètres carrés.

132. Nous ne nous arrêterons pas à répéter ces recherches sur les arcs intermédiaires et sur ceux de tête, nous bornant à consigner ici que ces arcs supporteront respectivement les charges ci-après :

Arc intermédiaire. $16^m \times 1^m,600 \times 1500^{kg} = 4000^{kg}$, soit 40000^{kg};
Arc de tête..... $16^m \times 0^m,370 \times 1400^{kg} = 5500^{kg}$, soit 14000^{kg}.

Nous dirons cependant un mot des entretoises qui soutiennent les petites voûtes, et de la charge que ces pièces droites ont à porter.

Si nous les supposons espacées de 1^m,80, chacune d'elles aura à supporter :

1° Une charge permanente de 2^m,47 × 1^m,80 × 1000^{kg}, soit...   4300^{kg}
2° La charge d'épreuve qui ne serait que de 4^m,45 × 400^{kg} ou
1780^{kg}; mais il convient de remplacer ce chiffre par le poids
d'une voiture qui, en réalité, pourra porter tout entière
sur une seule entretoise, soit.............................   4000
                                                            ———
Et nous aurons alors une charge totale de...   8300^{kg}

Cette charge équivalant à 4230 kilogrammes placés au milieu d'une entretoise de 2^m,47 de longueur, il sera facile de déterminer d'après cette base et par les moyens connus les dimensions de la pièce.

133. Quelquefois, notamment au beau pont de Tarascon sur le Rhône, dont la *fig.* 39 ci-après montre une arche de rive en élévation, on a employé pour soutien du ballast du chemin de fer, au lieu de petites voûtes en briques, des plaques en fonte qui forment le plancher.

Ces plaques ont 0^m,018 d'épaisseur et sont renforcées par des nervures de 0^m,08 de hauteur, espacées de 0^m,375 d'axe en axe; elles sont en outre arquées avec une flèche de 0^m,09.

Ce système nous semble présenter l'avantage d'éviter les disjonctions que ne peuvent manquer d'amener, entre les maçonneries et la fonte, les changements de température qui agissent si fortement sur le métal et les trépidations résultant du passage des trains.

134. Enfin, tant au point de vue du soutien des voûtes ou des plaques de remplissage du plancher qu'à celui du contreventement des fermes entre elles, on comprend qu'il est souvent utile de remplacer les entretoises en fonte par des entretoises en fer à double T. Ces dernières sont, en effet, moins sujettes aux ruptures que des chocs peuvent produire, et il est toujours facile de les attacher aux arcs par le moyen d'équerres et de boulons à double écrou, en remplissant en outre les vides avec du mastic à la limaille de fonte.

Quel que soit d'ailleurs le système adopté, il reste entendu qu'il faut toujours tendre à rendre ces entretoises complétement solidaires avec les arcs, pour obtenir toute la solidité que comporte et que réclame ce genre d'ouvrage.

135. Les ponts à arcs en fonte ne sont pas très-anciens, et

III.   11

c'est seulement de la fin du siècle dernier que date le premier ouvrage un peu important de cette nature. Depuis lors il en a été construit beaucoup d'autres, parmi lesquels nous citerons comme les plus remarquables :

1° Le pont de Sunderland (Écosse), de 72 mètres d'ouverture.

2° Celui de Soutwark, à Londres, composé de deux arches de rive de 64 mètres et d'une arche centrale de 73 mètres.

3° Le pont Saint-Louis, à Paris, arche unique de 64 mètres.

4° Celui d'El-Cantara, à Constantine (Algérie), dont l'arche métallique a $57^m,40$ d'ouverture, et placé à 120 mètres au-dessus du fond d'un ravin.

5° Enfin, le pont de Tarascon, dont il a été déjà parlé, qui compte 7 arches de 60 mètres et dont on voit (*fig.* 60), à une grande échelle, la naissance et l'appui sur une des culées.

Dans tous ces ouvrages, les arcs sont formés de voussoirs allongés, pleins ou évidés, mais réunis solidement entre eux et sertis de manière à procurer la plus grande rigidité. Les tympans sont eux-mêmes composés de barres ou panneaux de fonte, diversement découpés, mais invariablement liés entre eux et aux arcs qui les soutiennent.

Le pont de Solférino, à Paris, présente également un beau spécimen d'une disposition de ce genre, et la *fig.* 61 présente la moitié de ses trois arches de 45^m chacune.

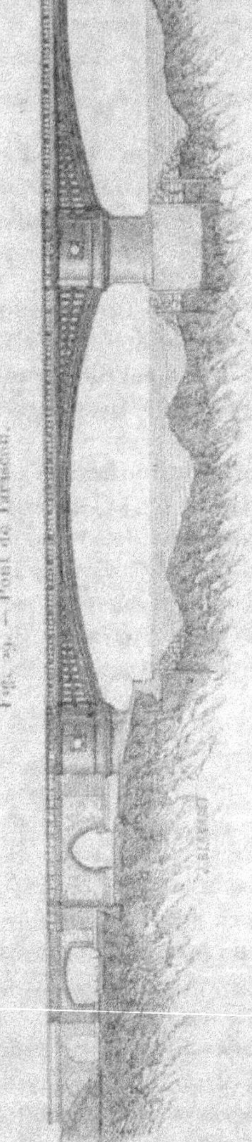

Fig. 59. — Pont de Tarascon.

136. Il est un autre pont sur lequel il nous paraît indispensable d'attirer un instant l'attention, parce que tout semble y avoir été préparé par son auteur, M. Polonceau, pour conserver au contraire à ses éléments, arcs, tympans et longerons, une indépendance relative qui se traduit par des vibrations très-sensibles sous le passage des voitures pesamment chargées. Nous voulons parler du beau pont du Carrousel ou des Saints-Pères, à Paris, lequel se compose de trois

Fig. 62. — Pont de Tarascon.

arches de 48^m d'ouverture, et dont les arcs sont formés de deux demi-enveloppes accolées et boulonnées, constituant un tube ovoïde dont l'intérieur est rempli par une âme en bois. Les tympans, comme le montre en demi-élévation la *fig.* 62, sont garnis à jour par des anneaux circulaires reposant sur les arcs; ces anneaux supportent supérieurement les longerons et le plancher avec sa chaussée.

Sans prétendre condamner formellement un système qui n'a pas, depuis quarante-sept ans, fait défaut un seul jour à une circulation très-active, nous devons dire que le pont du Carrousel n'a trouvé que peu ou point d'imitateurs. L'Administration supérieure donne, d'ailleurs, systématiquement la

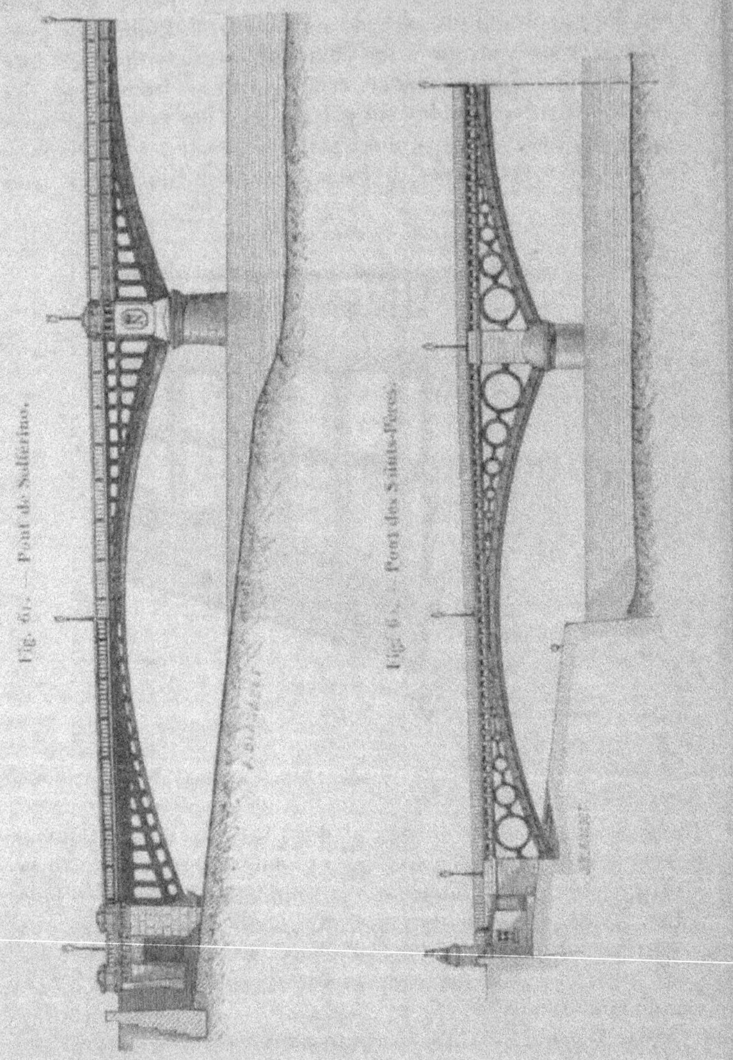

préférence aux ponts complètement rigides, auxquels s'appliquent les considérations et les calculs précédemment déve

toppés, et nous devons nous incliner devant cette imposante
autorité.

PONTS EN TOLE.

137. Préoccupés de l'idée de substituer le fer à la fonte
dans les ponts métalliques, et à la faveur du grand développement que la fabrication des rails laminés a donné à l'industrie du fer, les constructeurs ont été portés naturellement à
établir des poutres droites, et même des arcs à grande portée,
avec des tôles de dimensions restreintes, mais réunies ensemble au moyen de *rivets*.

De là la production si considérable aujourd'hui des fers à T,
des fers à double T, des fers en U et des fers d'angle que l'on
désigne sous le nom de *cornières*. De là aussi la construction
si répandue maintenant des ponts en tôle, dont le premier
date seulement de 1850. C'est le pont Britannia, qui fut jeté
sur le détroit de Menay par l'ingénieur anglais Robert Ste-
phenson. Composé de deux travées de 140 mètres d'ouverture et de deux travées de 70 mètres, ce magnifique ouvrage
n'a pas moins de 410 mètres de débouché total.

À la suite de cette construction gigantesque, des expériences nombreuses furent faites en France, et l'on constata
que les tôles présentent à la traction une résistance d'au moins
30 kilogrammes par millimètre de section. Il fut alors admis
qu'on pouvait sans danger leur imposer dans la pratique un
effort égal au cinquième de leur force réelle, soit 6 kilogrammes par millimètre.

138. Les rivets sont, comme on le sait, des goujons de fer
qui traversent les feuilles de tôle à relier; les extrémités sont
refoulées à chaud, de manière à déborder l'orifice sur les deux
faces extérieures, et à rendre impossible tout mouvement
relatif d'avancement ou de recul d'une lame sur l'autre.

Fig. 63.

L'une des têtes du rivet est préparée à l'avance, et la longueur de la tige doit être telle que l'extrémité saillante, quand

l'objet est en sa place, puisse former sous le marteau une autre tête, généralement sphérique comme la première. A cet effet, on chauffe le rivet jusqu'à ce que sa température atteigne 200°, sans excéder 250°, et on l'introduit dans le trou qu'il doit occuper. Le marteau sert à ébaucher directement la nouvelle tête ou *rivure*, qui s'achève ensuite par l'application de la *bouterolle*, pièce d'acier qui présente en creux le relief que l'on doit obtenir.

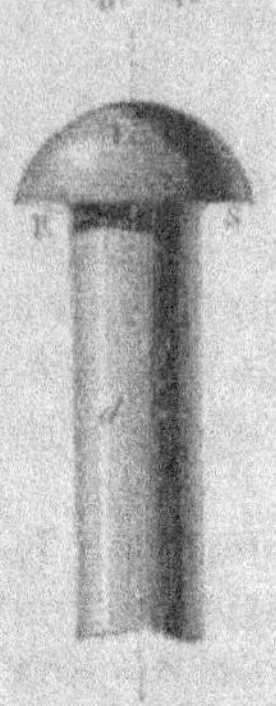

Fig. 64.

Dans les grands travaux, comme pour tout ce qui se fabrique à l'usine même, on rive à l'aide d'une machine spéciale, dans laquelle une matrice appropriée remplace la bouterolle à la main. On fait ainsi plus vite et mieux un travail dont la perfection importe essentiellement à la solidité.

En se refroidissant, les rivets produisent un serrage énergique qui s'oppose au *glissement*, ainsi qu'à cet autre effort qui tend à couper la tige et qu'on appelle le *cisaillement*.

Des expériences ont été faites pour mesurer aussi exactement que possible les efforts dont il s'agit, et il en est résulté cette conclusion qu'il est prudent *d'employer un nombre de rivets tel que la somme de leurs sections soit égale à une fois et demie la section totale des tôles à réunir.*

Nous ajouterons qu'il faut avoir le soin de fabriquer toujours les rivets avec du fer de premier choix, et se bien garder de percer les tôles trop près du bord. Dans la pratique, on place ordinairement le bord extrême des trous de rivets à $0^m,05$ du bout des tôles, et l'on espace entre eux de $0^m,10$ les rivets successifs, dont le diamètre varie généralement entre $0^m,018$ et $0^m,025$ dans les ponts en tôle.

139. La forme et les dimensions des rivets résultent de la figure ci-contre, ainsi que du Tableau qui l'accompagne, pour des rivets ayant respectivement 18, 20, 22 et 25 millimètres de diamètre.

La tête du rivet est une calotte sphérique dont la saillie S sur le corps du cylindre est égale au tiers du diamètre d de ce dernier. La hauteur de cette calotte, ou l'épaisseur E de la tête, est égale à $0,60d$, et le rayon R de la sphère à $0,86d$.

	LIMITE sup.	LIMITE inf.	LIMITE sup.	LIMITE inf.	LIMITE sup.	LIMITE inf.	LIMITE sup.	LIMITE inf.
Diamètre d des rivets......	1,80		2,00		2,2		2,50	
Leur section......	2,54		3,14		3,80		4,90	
Épaisseurs à river......	1,3	4,5	1,8	4,3	2,3	5,0	3,0	7,0
Excès de longueur pour la rivure......	2,7	7,7	3,0	4,0	3,6	3,3	3,6	4,5
Longueur du corps du rivet.	3,9	8,2	4,8	6,5	5,1	8,3	6,6	14,5
Épaisseur E des têtes......	1,01		1,30		1,3		1,50	
Rayon R des têtes......	1,51		1,72		1,8		2,15	
Poids de 100 rivets......	14,50	15,00	17,00	21,00	22,30	24,00	25,00	57,00

140. Les trous que l'on perce dans les tôles en diminuent naturellement la section, et par suite la résistance; mais on regarde cette diminution comme sensiblement compensée par la résistance au frottement, dont on ne tient pas compte dans le calcul du nombre des rivets, et l'habitude est de compter la section entière des tôles sans déduction des trous percés pour les rivets.

141. Pour assembler deux feuilles de tôle, on doit éviter autant que possible de les placer simplement l'une au-dessus de l'autre, comme l'indique la *fig.* 63, parce que cette disposition donnerait nécessairement lieu à des tractions obliques sur les têtes des rivets.

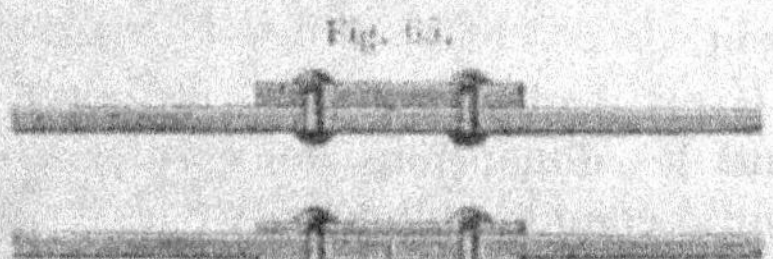

Fig. 65.

Il vaut mieux les placer bout à bout dans le même plan, en employant un couvre-joint dont l'épaisseur doit être égale à celle des tôles, ou mieux encore deux couvre-joints (*fig.* 65) ayant chacun la moitié au moins de l'épaisseur des tôles à réunir, condition essentielle pour que l'on ait toujours en chaque point une section constante résistant à la traction.

142. Si l'on a à réunir quatre feuilles de tôle formant

double épaisseur, le mode préférablement adopté est celui-ci,
l'ensemble des deux couvre-joints devant toujours avoir au

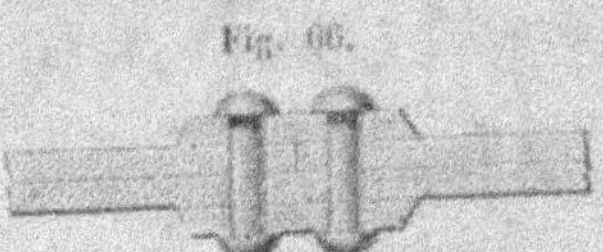

Fig. 66.

moins la section de l'une des
tôles, pour suppléer à la résistance de la lame qui est interrompue au droit de chacun des
joints.

La règle est la même si l'on a
trois épaisseurs et même un plus grand nombre ; mais quelquefois il arrive qu'on ne peut admettre qu'un seul couvre-joint.

Il doit, dans ce cas, avoir toute l'épaisseur d'une feuille de

Fig. 57.

tôle, et l'on calcule toujours le nombre des rivets
en conséquence, d'après
la règle du n° 138.

On ne doit cependant
pas perdre de vue qu'il
faut toujours s'appliquer, dans la disposition des tôles et des
rivets, à diminuer le plus possible le poids des couvre-joints,
afin de réduire celui des fers qui ne contribuent pas directement à la résistance.

143. On place aussi nécessairement des couvre-joints à la
jonction des cornières, et ils ont forcément des sections inférieures à celles de ces dernières.

Par suite, dans le calcul des sections des tôles, on ne doit

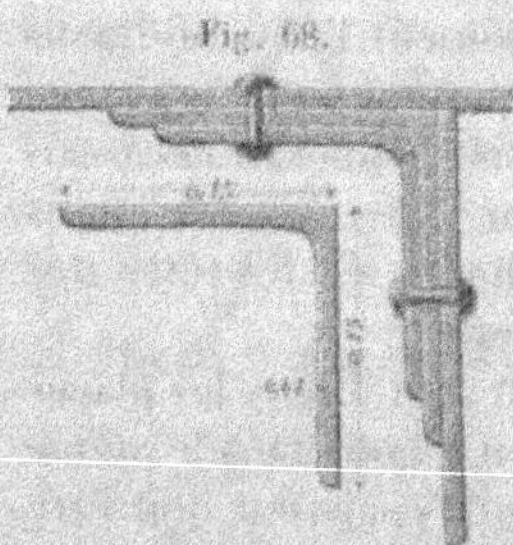

Fig. 68.

compter les cornières que suivant la
section de leurs couvre-joints. Souvent même on les néglige complètement.

Il est d'ailleurs d'usage de noter
ainsi les dimensions des cornières,
l'unité étant le millimètre :

$$\frac{150 \times 150}{10}$$

Les deux facteurs du numérateur indiquent les longueurs respectives des deux branches, et le dénominateur représente
leur épaisseur.

144. Nous n'avons pas besoin d'insister sur l'usage des cor-

nières qui, comme on le voit dans les deux fragments ci-dessous, servent à relier rectangulairement deux ou plusieurs

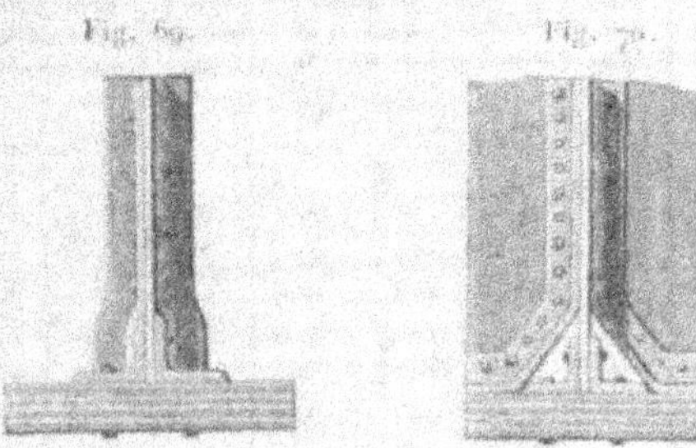

feuilles de tôle, en se prêtant docilement aux inflexions longitudinales qu'exigent les dispositions variées des ouvrages.

PONTS À POUTRES DROITES.

145. Les poutres en tôle les plus simples, celles auxquelles
on a recours à chaque instant dans la construction des chemins de fer, pour des portées qui n'excèdent pas sensiblement 8 mètres, affectent la forme générale à double T, comme
celles que nous avons étudiées en parlant des ponts en fonte.
Ce sont toujours les *poutres simples*, ainsi nommées par opposition aux *poutres à caisson* ou *poutres jumelles*, dans l'intervalle desquelles on fait porter la voie de fer, quand cela est
commandé par les circonstances locales, sur les patins inférieurs, au lieu de la placer sur la tablette supérieure.

146. Avant de présenter les calculs propres à déterminer la
force à donner aux poutres, nous allons réunir en un Tableau,
à titre de renseignements pratiques, les dimensions principales et les poids qui ont été recueillis sur diverses poutres
simples, à section constante, pour des portées variant de mètre
en mètre, depuis 2 jusques et y compris 8 mètres.

N'oublions pas qu'il s'agit, dans ces exemples, de ponts destinés à porter un chemin de fer à deux voies, et que ces ouvrages comportent généralement quatre poutres principales
supportant les rails, plus deux poutres de rive correspondant
aux garde-corps.

PORTÉES	TABLES horizontales		LAME verticale	HAUTEUR totale	POIDS des poutres principales		POIDS des quatre poutres ensemble	POIDS des deux poutres de rive	POIDS additionnels divers	POIDS total des poutres et fers
	Largeur	Épaisseur	Épaisseur	totale	le mètre linéaire	la poutre entière	en semble	de rive	divers	et fers
m	mm	mm	mm	m	kg	kg	kg	kg	kg	kg
2	45	10	12	0,30	70	210	840	240	1130	2200
3	20	11	11	0,35	102	400	1600	300	1500	3750
4	25	11	6	0,40	195	600	2400	360	1620	4780
5	26	16	6	0,50	300	980	3080	580	1980	6360
6	30	20	6	0,40	165	1365	3460	1050	2490	9000
7	52	20	6	0,30	205	1640	6560	1200	2760	10000
8	35	30	6	0,50	275	2575	9900	1350	3150	14400

Ces chiffres, qui n'ont rien d'absolu, sont seulement, comme nous l'avons dit, des exemples qui peuvent guider pour la préparation courante d'un projet de pont en tôle, dans les limites des portées qui figurent à la première colonne du Tableau. Les dimensions principales, notamment l'épaisseur des lames verticales, y ont été distribuées sans autre préoccupation que de satisfaire aux conditions résultant des calculs de résistance, qu'on ne peut se dispenser d'exécuter avec le plus grand soin, dans une question où il importe à la fois, bien qu'à des degrés différents, d'économiser la matière et d'assurer la solidité.

147. Nous allons, dans ce but, faire aux poutres en tôle l'application des formules déjà employées pour la fonte, avec cette seule différence que, dans la pratique, on fait ordinairement supporter aux diverses pièces de tôle des efforts de 6 kilogrammes par millimètre carré, aussi bien à la compression qu'à l'extension.

Prenant donc toujours le mètre pour unité, nous ferons dans ce qui va suivre

$$R = 6\,000\,000^{kg}.$$

et la formule connue

$$P = \frac{2}{3} \times \frac{1}{l} \times \frac{ab^3 - a'b'^3}{b} \times R,$$

appliquée à la dernière des poutres du Tableau ci-dessus, deviendra

$$P = 14450^{kg},$$

par la substitution de

$$a = 0,35, \quad a' = 0,344, \quad l = 8^m,$$
$$b = 0,30, \quad b' = 0,44, \quad R = 6000000^{kg}.$$

Telle est la charge que peut supporter, avec toute sécurité, la poutre qui nous occupe.

Or la charge d'épreuve doit être, d'après la circulaire ministérielle du 26 février 1858, de 5000 kilogrammes par mètre
linéaire de voie; soit pour 8 mètres 40000 kilo-
grammes, et pour une seule poutre . . . . 20000^kg
Le poids de la poutre et de la partie correspondante
du tablier est en tout de 3000
On a donc, dans cette condition, un poids uniformé-   ———
ment réparti de . . . . 23000^kg
lequel équivaut à une charge au milieu de seulement.   11500^kg

148. Ce résultat est certainement très-rassurant; mais il est
cependant intéressant de rechercher quelle serait la charge
résultant du poids d'une locomotive de 34 tonnes, stationnant
sur la poutre de manière que l'essieu intermédiaire cor-
respondît au milieu de la portée, ainsi que le montre la *fig.* 72.

Cet essieu porte, également réparties sur les
    deux roues.   14   tonnes.
Celui d'avant 10 tonnes qui représentent au

$$\text{milieu.} \ldots\ldots\ldots\ldots\ldots\ldots \frac{2.4}{4} \times 10 = 6$$

$$\text{Celui d'arrière 10} \ldots\ldots\ldots\ldots\ldots \frac{2.6}{4} \times 10 = 6,5$$

Soit ensemble, au milieu de la portée . . . . .   26,5 tonnes.
Chaque poutre portera donc en son milieu. . . . . 13250^kg
    auxquels il convient d'ajouter le poids de la
    poutre et du tablier, soit 1500
Ce calcul donne au milieu de la poutre une charge   ———
    totale de . . . . 14750^kg

dépassant un peu celle de 14450 kilogrammes trouvée plus

haut. Mais cette différence peut être négligée sans danger, surtout si l'on considère que nous avons omis de faire entrer en ligne de compte, dans le calcul de la résistance de la poutre, les cornières, qui ajoutent en réalité, à chacune des tables, une résistance correspondant à une surépaisseur que l'on peut évaluer à $0^m,004$.

Fig. 74.

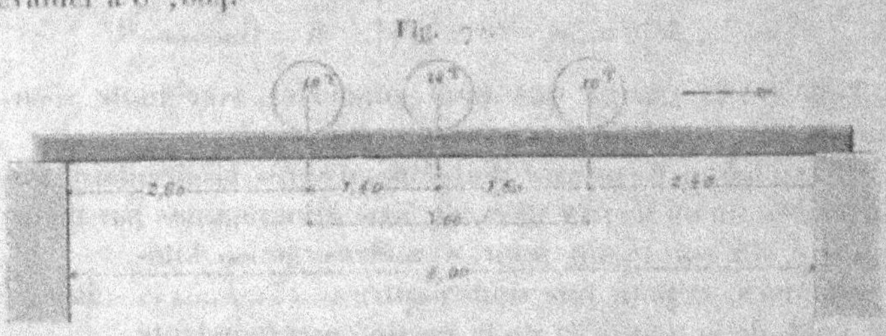

149. Les considérations qui précèdent s'appliqueraient exactement à une poutre à caisson, en prenant le soin de remplacer fictivement pour les calculs, comme on le voit (*fig.* 65) ci-dessous, la section réelle par une section de poutre simple sensiblement équivalente, et effectuant sur cette dernière les opérations indiquées plus haut.

Fig. 75.

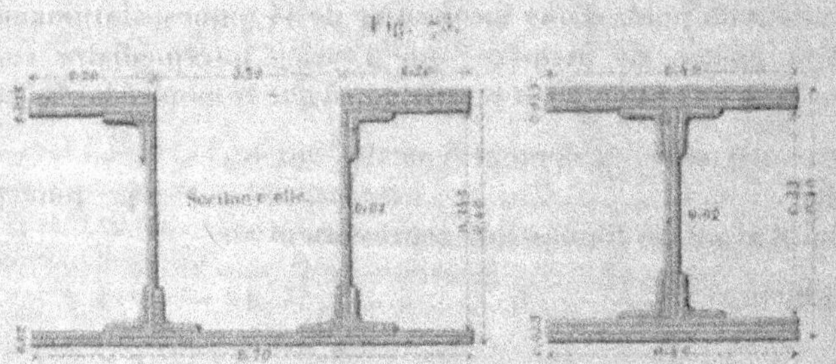

Nous répétons que c'est à peu près exclusivement dans la construction des chemins de fer qu'on est obligé, pour ménager la hauteur, de placer ainsi la voie en l'appuyant directement sur la base de la poutre. On trouvera plus loin, quand nous traiterons spécialement de ces voies de communication, des spécimens des diverses dispositions propres à faciliter la solution de ce problème.

150. Dans les poutres simples que nous avons considérées jusqu'ici, les lames verticales sont en tôle pleine, munie de distance en distance de renforts verticaux, de telle sorte que tous les points de la table supérieure sont invariablement liés avec ceux de la table inférieure. Cette dernière résiste alors à l'extension, l'autre à la compression, et c'est sur cette hypothèse qu'ont été établies les formules de résistance employées.

On comprend, en effet, que cette lame verticale doit être elle-même assez solide pour résister aux actions contraires qu'entraîne cette double nature d'efforts, et ce résultat peut même être suffisamment assuré par l'emploi de parois à jour assez fortes pour assurer la liaison invariable des tables horizontales, suivant le système américain que nous avons indiqué pour les ponts en charpente.

Il est à remarquer que, dans une paroi à treillis comme celle que nous venons d'indiquer, les barres sont soumises à des efforts qui varient d'intensité et même de sens pendant la marche des chargements qui parcourent le pont. Par conséquent, il faut toujours avoir soin de résister, par un serrement assidu des boulons, à l'action destructive que produit nécessairement le passage des diverses pièces par les alternatives répétées de la compression et de l'extension.

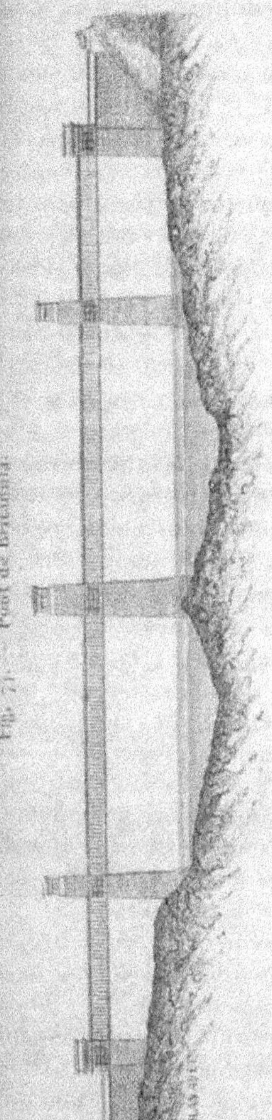

Fig. 74. — Pont de Brizonza.

151. Nous n'entrerons pas ici dans le détail des dispositions plus ou moins ingénieuses que les constructeurs ont imaginées pour composer des poutres droites réunissant les meilleures conditions de

stabilité et d'économie. On a édifié des ponts en tôle à grandes
portées, et celui de Britannia, déjà cité par nous et dont

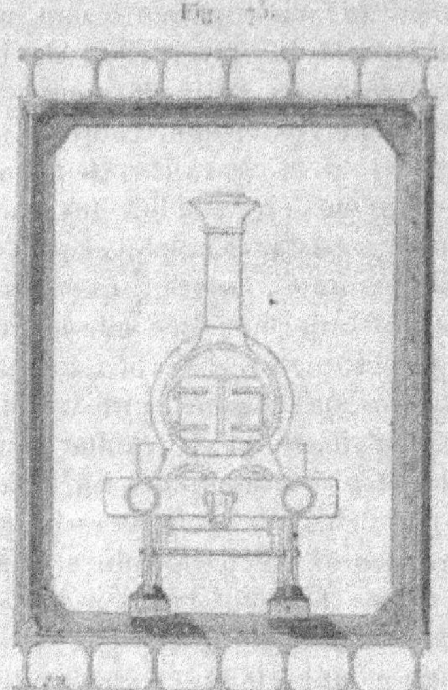

Fig. 75.

notre *fig.* 74 donne l'élévation générale, est le spécimen le plus remarquable
sous ce rapport. Ce magnifique ouvrage se compose
de quatre travées, dont les
deux centrales ont chacune
140 mètres de portée, et les
deux autres 70 mètres. Il
est à peine utile de dire
que les poutres peuvent
prendre alors des hauteurs
telles, que l'on place le plus
souvent la voie entre les deux
parois verticales, et que
le contreventement s'opère
à la partie supérieure, la
circulation se faisant alors
dans un véritable caisson
métallique. À ce titre en-
core, le pont de Britannia, dont nous donnons ci-contre une
demi-coupe (deux tubes pareils sont accolés pour chaque voie
de fer), est un exemple qui a été fréquemment suivi.

152. Quand on a déterminé la hauteur totale des poutres
principales d'un pont en tôle, on en dispose les treillis de manière à y fixer les pièces transversales à la hauteur que réclame la voie de communication qu'il doit recevoir.

Quelquefois la disposition des lieux permet de mettre la
voie entre les deux poutres à une hauteur telle, que ces dernières font elles-mêmes l'office de garde-corps.

Enfin, on a souvent aussi placé la voie sur le contreventement
supérieur lui-même, comme dans l'exemple indiqué par la
fig. 76, dans laquelle on remarque des pièces verticales qui
règnent du haut en bas du treillis, et sur lesquelles il importe
de fixer un instant l'attention.

Ces pièces, auxquelles on donne le nom de *montants verticaux*, sont fortement attachées aux extrémités des *pièces de*

pont ou poutres transversales qui soutiennent la voie, ainsi qu'aux deux tables supérieure et inférieure, et elles ont pour destination d'assurer, à défaut du contreventement supérieur ou même concurremment avec lui, la parfaite verticalité des poutres principales. Il est, en effet, facile de comprendre que les calculs de résistance de ces dernières sont basés sur cette

Fig. 76.

condition essentielle, et que le moindre déversement qui porterait lesdites poutres en dehors ou en dedans serait de nature à amener les plus redoutables accidents.

Les montants verticaux, bien que n'entrant pas d'une manière directe dans la fixation des dimensions des grandes poutres, ne sont donc pas moins un élément indispensable de leur stabilité; il en faut toujours mettre un nombre convenable, et leur donner une force suffisante pour l'objet spéc'al auquel ils sont destinés.

153. La grande influence de la dilatation causée par la chaleur sur une aussi forte masse de fer oblige, au moins pour les ponts à grande portée, à appuyer les poutres principales sur des appareils de friction dont l'élément essentiel est un système de *rouleaux* ou de *secteurs* permettant l'allongement et le retrait de l'ensemble, suivant les alternatives d'élévation ou d'abaissement de la température.

Il n'est, du reste, pas nécessaire que les poutres, dans les ponts à plusieurs travées, soient séparément posées de manière à pouvoir glisser sur toutes les piles. Elles peuvent être fixées à demeure sur une des piles centrales, de manière à s'allonger ou s'accourcir librement vers chaque culée par l'effet de la chaleur ou du froid. Cette disposition est même la meilleure, parce qu'elle s'oppose plus efficacement à tout déplacement général dans un sens ou dans l'autre.

154. Enfin, on comprend que les poutres gigantesques qui franchissent d'un seul bond des portées de 50, 60, 80 mètres et plus, et qui doivent être exécutées et assemblées sur la rive aux abords de l'espace à traverser, ne peuvent être mises à leur place définitive qu'avec les plus grandes précautions, et

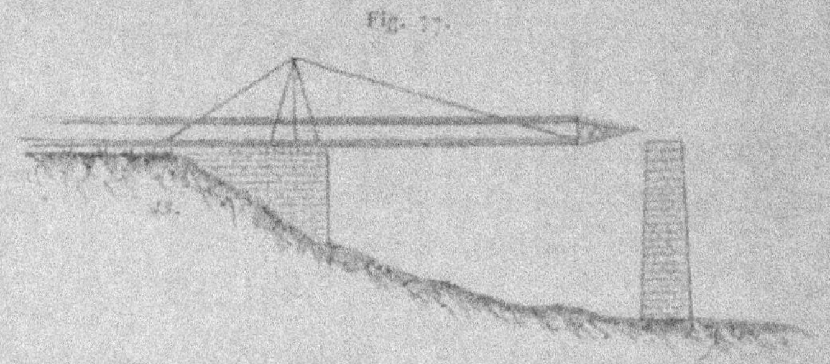

Fig. 77.

aver un développement de force considérable. Des treuils puissants les font avancer lentement sur des galets, et elles roulent tout d'une pièce sur les piles ou sur des palées provisoires en charpente, au renversement desquelles il faut s'opposer en les reliant momentanément entre elles, ou en leur donnant une force suffisante pour résister à cette rude épreuve. On arme d'ailleurs, comme le montre la *fig.* 77, l'extrémité de la poutre d'un bec pointu en charpente qui la protège et qui en facilite, en outre, l'accès sur chaque pile.

Ce *lancement* d'une poutre en tôle à grande portée est toujours une opération difficile et délicate; elle ne doit être tentée que quand l'état d'avancement des travaux de ferronnerie permet de compter sur une complète résistance, dans un système qui porte nécessairement à faux pendant un temps plus ou moins long, subissant alors des efforts en vue desquels il n'a

généralement pas été combiné. Enfin, il ne faut pas oublier
que les travaux complémentaires de charpente, voûtes, trottoirs, chaussées, etc., ne doivent être commencés que quand
l'ossature métallique est entièrement montée dans sa position
définitive, et que c'est seulement après l'achèvement de ces
travaux que l'on peut songer à enlever, avec toutes les précautions requises, les cales qui soutiennent le système sur les
culées, sur les piles et sur les palées qui ont servi au lancement.

PONTS EN ARC.

155. Quelques mots nous suffiront pour l'examen des ponts de
tôle disposés en arc, par la raison que la manière de calculer
les pressions qui s'y produisent ne diffère pas de celle que nous
avons développée assez longuement pour les ponts en fonte.

Toutefois, il ne faut pas oublier que, dans les ponts en arc de
tôle, qui résistent à la compression et qu'il faut se garder d'exposer à se voiler, on prend ordinairement pour limite de résistance 5 kilogrammes par millimètre carré, au lieu de 6 que
supporte facilement la fonte dans les mêmes circonstances.

156. Comme spécimen d'un pareil pont, nous donnerons
d'abord ci-après la demi-élévation d'une des huit arches du
pont construit sur la Theiss, à Szegedin (Hongrie). L'ouverture de chacune de ces arches est de 41^m,40, et sa flèche ou
montée est de 6^m,15.

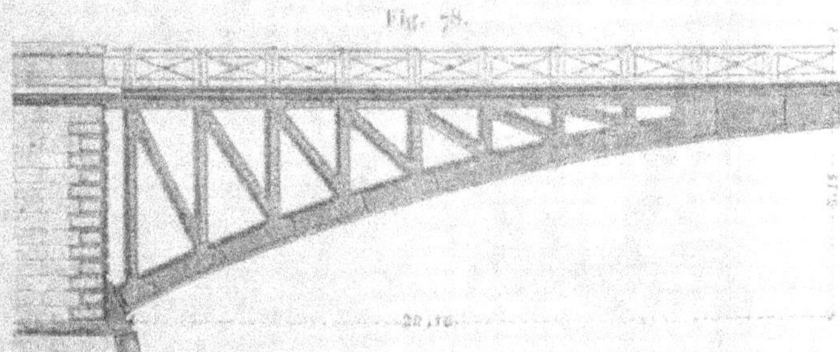

Fig. 78.

On trouve chez nous, sur le chemin de fer d'Orléans à
Gien, une arche de 50 mètres d'ouverture et 5 mètres de
flèche, qui offre la plus grande analogie avec l'ouvrage dont
nous venons de parler.

III.   12

157. Enfin, nous montrerons encore dans la *fig.* 79 l'élévation du pont d'Arcole sur la Seine, à Paris. Chaque ferme de ce pont, qui se compose d'une arche unique, est formée d'un arc en tôle de 80 mètres de corde et $6^m,12$ de flèche. La largeur de cet arc est uniformément égale à $0^m,65$; mais sa hauteur, qui n'est que de $0^m,40$ à la clef, va en croissant jusqu'à $1^m,40$ aux naissances.

C'est assurément là un fort bel ouvrage, auquel on ne peut reprocher que d'avoir coûté un peu cher, et de ne pas avoir peut-être toute la stabilité désirable pour supporter le passage des voitures.

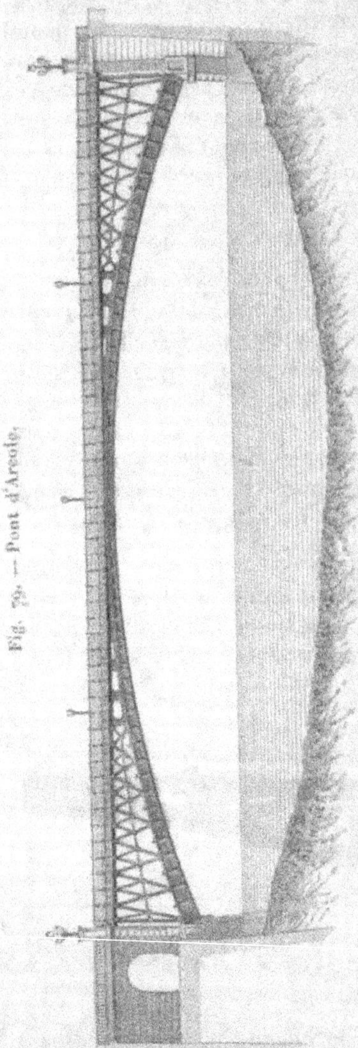

Fig. 72. — Pont d'Arcole.

158. Nous allons terminer ce que nous avons à dire sur les ponts métalliques par une observation générale et d'une grande importance. Les ponts métalliques, qu'ils soient en fonte ou en tôle, qu'ils soient à poutres droites ou en arc, sont soumis, après leur achèvement et avant d'être livrés à la circulation des voitures ou des trains de chemin de fer, à une série d'épreuves destinées à montrer qu'ils peuvent satisfaire à toutes les exigences de leur destination, ou à mettre en évidence les défectuosités qui constitueraient un danger de détérioration rapide ou de rupture subite.

Ces épreuves, dont les détails ont été réglés minutieusement par l'Administration supérieure, comportent deux phases distinctes : 1° le stationnement pendant un temps déterminé de poids morts dont le chiffre est fixé en proportion de la superficie du pont ; 2° le passage à des vitesses également prescrites de véhicules d'un poids déterminé par les instructions.

Un procès-verbal de tous les détails de cette importante opération est dressé par les ingénieurs qui y ont présidé, et c'est seulement sur le vu de ce document que le passage du public est autorisé, s'il y a lieu, soit immédiatement, soit après la réparation des avaries constatées ou survenues pendant l'épreuve.

159. Enfin, et cette recommandation est de la plus extrême gravité, les constructions métalliques réclament dans leur exécution les soins les plus minutieux, sous peine de les voir, le cas s'est présenté, périr avant même les épreuves réglementaires.

Lorsque le projet a été définitivement arrêté, et que son exécution est confiée à un constructeur expérimenté, un appareilleur exercé dresse sur une aire spéciale l'épure exacte et en vraie grandeur de tous les éléments qui doivent entrer dans le système ; il en dresse en bois un gabarit solide, qui servira à confectionner toutes les pièces pareilles, et qui marque avec précision l'emplacement de tous les rivets.

Tout étant ainsi préparé, on opère à l'usine même, et au moyen de boulons fortement serrés, un montage provisoire qui fait voir si les pièces sont exactement découpées, et si tous les trous de rivet qui doivent se correspondre se présentent bien en regard les uns des autres.

La vérification une fois faite, on desserre et on enlève les boulons de montage, de manière à laisser assemblées les pièces composées qui peuvent se transporter entières ; on les porte en cet état à la machine à river, ne réservant pour être posés à la main que les rivets qui doivent les réunir sur place pour le montage définitif.

En un mot, aucune pièce de fer ou de fonte, élémentaire ou composée, ne doit sortir de l'usine sans y avoir été préalablement et provisoirement assemblée avec celles qui s'y adapteront d'une manière quelconque dans la construction. Le succès est à ce prix, et l'on ne négligerait aucune de ces précautions sans s'exposer à de très regrettables mécomptes.

PONTS SUSPENDUS.

160. Comme les ponts en fonte ou en tôle, les *ponts suspendus* ne datent pas de bien loin. C'est aussi vers la fin du siècle dernier que l'idée vint d'attacher à des *chaînes* ou *câbles* en fer un plancher destiné à permettre aux piétons d'abord, aux véhicules ensuite, de franchir d'un seul bond des espaces plus ou moins étendus sans descendre au fond de la vallée. Après avoir pris naissance en Amérique, cette innovation hardie se répandit bientôt en Angleterre, puis en France et dans toute l'Europe, où ces ouvrages furent rapidement adoptés, avec une sorte d'engouement qui ne s'amoindrit que devant la mémorable et terrible catastrophe survenue le 16 avril 1850 au pont de la Basse-Chaîne, à Angers.

Quoi qu'il en soit, on construit encore de nombreux ponts suspendus, et l'on en trouve à chaque pas, depuis les petits ponts de 20 à 25 mètres de portée sur nos canaux de navigation, jusqu'au grand pont de Fribourg (Suisse), qui se compose d'une travée unique de 245 mètres. L'Amérique nous a, d'ailleurs, singulièrement dépassés sous ce rapport, puisqu'on y trouve maintenant des ponts suspendus dont les travées atteignent près de 500 mètres.

On a souvent aussi fait des ponts suspendus de plusieurs travées appuyées sur des piles intermédiaires, et le beau pont de Saint-André-de-Cubzac a été un magnifique spécimen de ce genre d'ouvrages. Mais, comme les conditions d'établissement restent absolument les mêmes quel que soit le nombre des travées, puisque chacune d'elles doit être construite et équilibrée comme si elle était isolée, nous ne considérerons, dans ce qui va suivre, que le cas d'une seule ouverture franchie par un tablier suspendu à des câbles en fil de fer ou à des chaînes en fer forgé. L'emploi des chaînes est même à peu près délaissé dans les ouvrages qui se construisent sous nos yeux, et il ne sera question ici, pour ce motif, que des câbles proprement dits, la théorie étant d'ailleurs identiquement la même dans l'un et dans l'autre système.

161. Les câbles des ponts suspendus affectent, en vertu des actions auxquelles ils obéissent, une courbure parabolique et, après s'être infléchis à leur point le plus élevé sur des supports d'une hauteur déterminée, ils vont prendre, sous le nom de *câbles de retenue*, leur attache au fond de puits d'amarrage solidement enracinés dans le terrain.

Le tablier, dont nous indiquerons plus loin la composition, a une largeur variable suivant les besoins de la circulation qui doit s'établir sur le pont; elle dépasse rarement 7 mètres, qui suffisent pour une voie charretière de 5 mètres, où peuvent se croiser deux voitures, et pour deux trottoirs de 1 mètre. Cette dimension est, en tout cas, une des données principales et primitives de la question, puisque de cet élément dépend le poids que les câbles devront supporter d'une manière permanente ou accidentellement.

Cela posé, et la figure ci-dessous représentant le tracé géo-

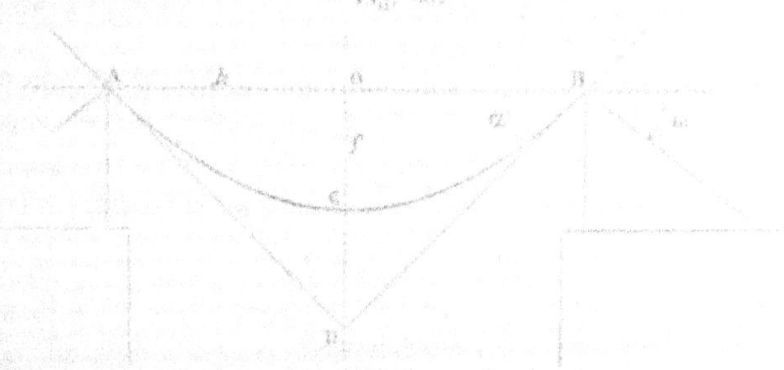

Fig. 80.

métrique de la travée, désignons par

$2h$ l'ouverture AB ou la corde de l'arc parabolique des câbles;

f la flèche OC dudit arc, cette flèche étant, d'après une propriété connue (t. II, *Lever des plans*, 98) de la parabole, égale à la longueur CD comprise entre le sommet C de la courbe et le point de rencontre des tangentes des points A et B;

α l'angle que fait la tangente au point culminant B avec l'horizontale, ledit angle lié avec $2h$ et f par la relation

$$\operatorname{tang} \alpha = \frac{\text{OD}}{\text{OB}} = \frac{2f}{h};$$

$2l$ la longueur développée de l'arc ACB, quantité très-approximativement représentée par la formule

$$2l = 2h\left(1 + \frac{\operatorname{tang}^2 \alpha}{6}\right);$$

p le poids de 1 mètre de longueur du tablier, y compris le poids moyen des tiges de suspension et la partie correspondante de la charge d'épreuve supposée uniformément répartie, comme on le verra plus tard;

A la section totale des câbles, exprimée en millimètres carrés;

δ le poids spécifique $0^{k},0078$ de 1 millimètre cube de fer.

Soit T la tension des câbles au point culminant B. Cette force, qui s'exerce dans la direction BD de la tangente à la courbe, est aussi la plus forte de toutes celles qui agissent sur les autres points, et c'est, par conséquent, en vue de cette tension maxima que doit être déterminée la section uniforme à donner aux câbles de suspension.

Remarquons, dans ce but, que la composante verticale $T \sin \alpha$ de cette tension n'est autre chose que la somme $ph + l A \delta$ des poids de la moitié du tablier, de sa surcharge et des câbles, considération qui nous donne une première relation

$$T \sin \alpha = ph + l A \delta,$$

de laquelle on tire

$$T = \frac{ph + l A \delta}{\sin \alpha}.$$

D'un autre côté, cette même force est nécessairement équilibrée par une autre force égale qui représente le travail de résistance du fer au point considéré, et cette réaction, essentiellement proportionnelle à la section A, a pour expression $\frac{A \times R}{4}$, R représentant la force qui ferait rompre le câble, et qui est égale à quatre fois celle qu'il est permis de lui faire supporter pour garantir la sécurité de l'ouvrage. Il y a donc égalité entre ces deux valeurs de la force T; de là l'équation

$$\frac{ph + l A \delta}{\sin \alpha} = \frac{A \times R}{4},$$

dont la résolution par rapport à la seule quantité inconnue A
donne

$$A = \frac{4\,ph}{R \sin z - \tfrac{4}{3}\delta}$$

Telle est la formule fondamentale dans laquelle il suffit de
mettre pour p, h, R, z, l et δ leurs valeurs ci-dessus indiquées,
pour obtenir sans aucun tâtonnement la section A des câbles
d'un pont suspendu. Si, comme cela a lieu le plus ordinairement, le projet comporte quatre câbles, dont deux sur chaque
tête du pont, on divisera par 4 la valeur obtenue de A, et le
quotient, divisé lui-même par la section des fils que l'on veut
employer, donnera le nombre de ces fils qui devront entrer
dans la composition de chaque câble.

Appliquons cette formule à un exemple connu, et choisis-
sons le beau pont de la Roche-Bernard, construit en 1836
sur la Vilaine, à 33 mètres au-dessus des plus hautes marées,
par M. l'ingénieur en chef Le Blanc, qui l'a décrit dans un
mémoire où nous puisons les données suivantes :

Corde $2h$ de l'arc parabolique............ $193^{m},20$.
Flèche f dudit arc..................... $13^{m},20$.

$$\tan g\,z = \frac{2f}{h} = 0{,}5147\text{, d'où } \sin z = 0{,}5014.$$

Poids p du mètre courant, non compris les câbles, 2230 kilogrammes.

La longueur $2l$ de ces derniers se calculera aisément
d'après la relation citée plus haut

$$2l = 2h\left(1 - \frac{\tan g^2 z}{6}\right) = 196^{m},40.$$

Enfin, les câbles devant supporter au minimum et supportant en effet $16^{k},41$, soit en nombre rond $16^{k},50$ par millimètre carré de section, la quantité R est égale à quatre fois
$16^{k},50$ ou 66 kilogrammes.

Ces valeurs, transportées dans l'expression de A trouvée
ci-dessus, donnent, tout calcul fait, pour la section des câbles

$$A = \frac{4 \times 2230 \times 96,60}{66 \times 0,5014 - 4 \times 98,20 \times 0,0078} = \frac{857808}{16,83} = 50969^{mmq},$$

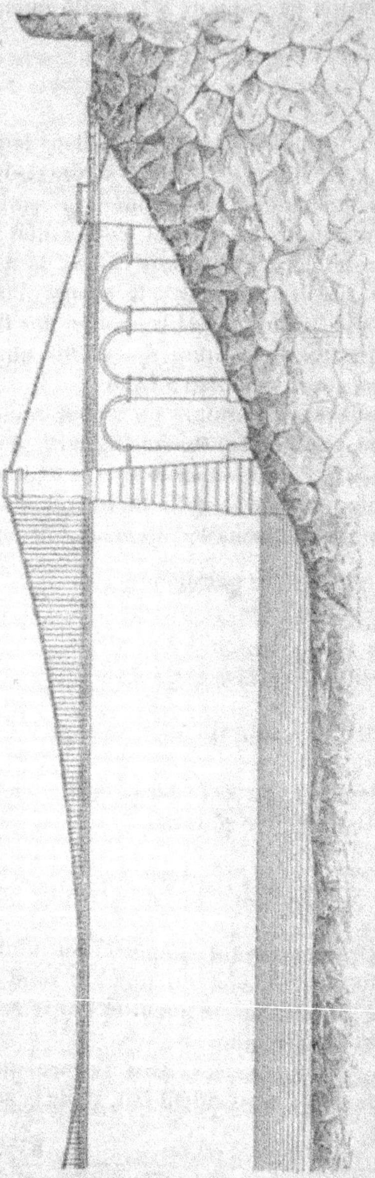

Fig. 81. — Pont de la Roche-Bernard.

qui correspondent à $\frac{50969}{9,08}$ ou 5613 fils n° 18 [ces fils ont, comme
on le sait, 3^{mm},4 de diamètre (t. II, *Pratique des travaux*, 84)
et 9^{mmq},08 de section], soit enfin à 1404 fils pour chacun des
quatre câbles.

Le mémoire de M. Le Blanc donne en réalité 1408 fils pour
les câbles composant la suspension du pont de la Roche-Bernard, dont notre *fig*. 81 montre une demi-élévation ; mais
cette différence, d'ailleurs insignifiante, s'explique tout naturellement par cette circonstance que l'auteur avait cru pouvoir considérer les quantités l et h comme sensiblement
égales, condition qui équivant à remplacer notre formule
exacte par la suivante,

$$A = \frac{4\,ph}{R \sin \alpha - 4 h \delta},$$

qui n'est qu'approchée.

Notons en passant que, par une précaution peut-être excessive, l'Administration a limité à 200, dans le cahier des charges
qu'elle a publié en 1870, le maximum du nombre des fils qui
pourraient à l'avenir être employés pour la confection d'un
seul câble. L'application de cette mesure, qui permet assurément de mieux suivre et assurer la conservation des fils, ne
nous paraît pas compenser la gêne incontestable qu'elle apporte
dans l'agencement des diverses parties de la suspension.

162. Quant à la tension T suivant la tangente au point B,
elle est, comme on l'a vu, égale à $\frac{A \times B}{4}$; on aura donc

$$T = 50969 \times \frac{66}{4} = 840988^{ks},5,$$

soit T $= 841000^{ks}$.

Sa composante verticale agissant sur le pilier est, d'ailleurs,

$$T \sin \alpha = 841000^{ks} \times 0,3014 = 253480^{ks}.$$

On a vu (161) que cette composante est aussi exprimée
par $ph + lA\delta$, c'est-à-dire, par le poids de toute la partie du
système comprise entre le point le plus bas et le point culminant des câbles de suspension. C'est donc le double de cette
charge que supportent, chacun pour moitié, les piliers de
chaque culée, à cause de la composante pareille provenant de

la tension des câbles de retenue, et il est facile d'en déterminer les dimensions d'après cette condition, et suivant la nature
des matériaux dont ils sont formés.

Nous avons dit que le câble de suspension s'infléchit sur
le support pour aller s'amarrer dans les puits préparés à cet
effet. Cet infléchissement donne lieu à deux tensions égales
à T, dont la résultante est verticale et dans l'axe du pilier, si
leurs angles avec l'horizontale sont tous deux égaux à x. S'il
n'en est pas ainsi et si les angles x et α sont différents, la résultante est toujours dirigée suivant la bissectrice des deux
tensions égales ; mais la solidité exige qu'elle ne sorte pas en
dehors de la base du support.

163. Quant à la valeur de l'angle x lui-même, elle ne doit pas
être trop petite, afin de ne pas augmenter la tension d'une manière préjudiciable ; il ne faut pas non plus qu'elle soit trop
grande, parce que l'ensemble du pont serait d'une mobilité qui
pourrait avoir des inconvénients graves, et aussi parce que les
tiges de suspension seraient plus difficilement fixées sur les
parties inclinées des câbles. Il est, à ce double point de vue,
recommandé de faire en sorte que la flèche soit comprise
entre le dixième et le quinzième de l'ouverture, condition qui
correspond (161) aux limites respectives

$$\tan x = \frac{4}{10} \quad \text{et} \quad \tan \alpha = \frac{4}{15},$$

ou encore

$$x = 21°48' \quad \text{et} \quad \alpha = 14°56',$$

soit 22 et 15 degrés.

Au pont de la Roche-Bernard on a

$$\tan x = \frac{30,40}{96,60} = 0,3147 = \tan 17°5,$$

et

$$\frac{f}{2h} = \frac{15,20}{193,20} = \frac{1}{12,7}.$$

164. *Rouleaux de friction*. — C'est sur des *rouleaux* ou sur
des *secteurs* en fonte, dont nous indiquons ci-après (*fig.* 82)
les dispositions générales et les plus simples, que les câbles
de suspension s'infléchissent en haut des piliers en maçonnerie pour se diriger vers les amarres.

On met généralement entre la plaque de roulement et le corps du pilier une lame épaisse de plomb, qui complète l'adhérence du métal avec la pierre, et contribue à répartir plus efficacement la pression sur toute l'étendue de la surface.

Fig. 82.

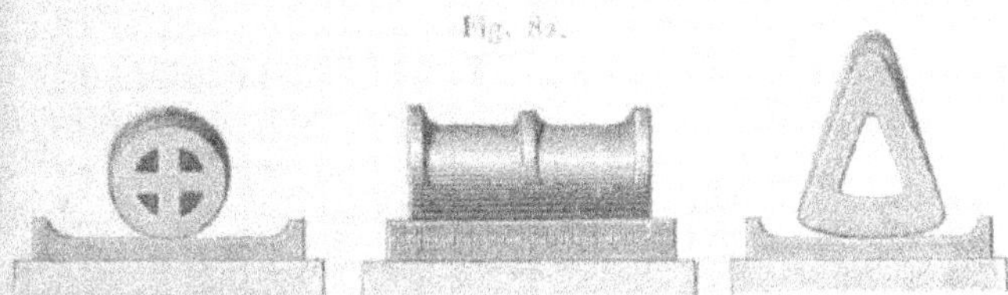

Les dimensions transversales de ces piliers doivent d'ailleurs être déterminées par la connaissance de la charge qu'ils devront supporter, laquelle est, comme on l'a vu (162), la somme des composantes verticales des tensions transmises par les câbles de suspension et de retenue, et par les procédés qui ont été indiqués quand nous avons traité de la résistance des matériaux (t. II, *Pratique des travaux*, 96). On augmente en outre très souvent la résistance à l'écrasement en reliant les pierres de quelques assises de ces piliers par des crampons et même, au besoin, par des armatures en fer.

Dans quelques ponts on a substitué à ces supports fixes des fléaux oscillants en fonte, qui prenaient naturellement

Fig. 83.

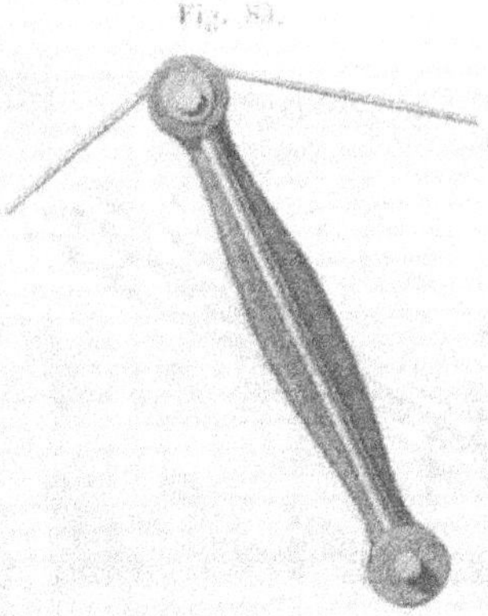

sous les charges permanentes ou accidentelles la direction variable de la résultante des tensions exercées par les câbles de suspension et de retenue. Mais ce système, qui avait d'abord séduit, a été abandonné à cause de son peu de stabilité, et les constructeurs s'accordent maintenant pour donner la plus grande fixité possible aux points d'appui des câbles des ponts suspendus.

165. *Amarrage des câbles.* — En pénétrant dans les massifs d'amarrage, soit en conservant leur direction primitive, soit en s'infléchissant sur des rouleaux placés près du bord, pour éviter un allongement excessif des maçonneries des culées, les câbles de retenue ont leurs extrémités armées de *croupières* qui traversent des plaques métalliques, derrière lesquelles elles sont retenues par des clavettes transversales ou *goujons d'amarrage* également en fer.

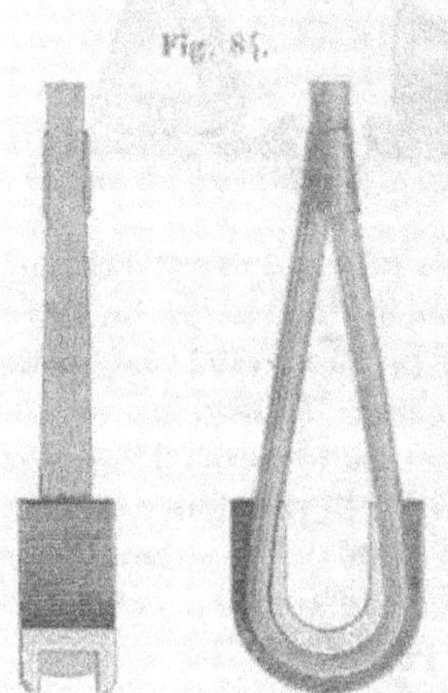

Fig. 84.

166. On arrive à ces parties essentielles, pour les mettre en place, les visiter et les entretenir, par des *puits* ou galeries, autant que possible aérés et éclairés, qui doivent être disposés

Fig. 85.

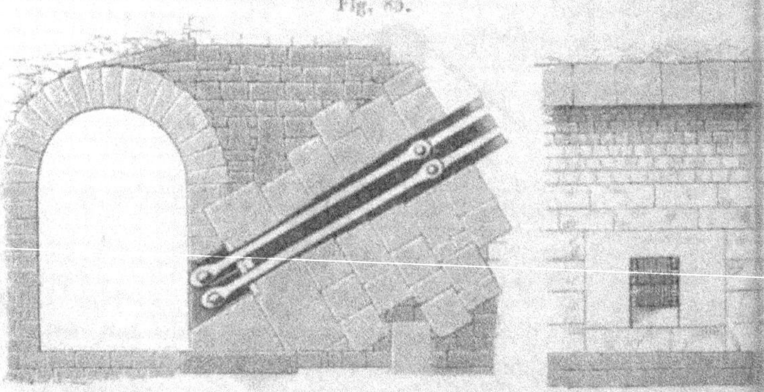

de manière à laisser constamment accessible et visible tout le développement des câbles de retenue.

Un autre mode d'amarrage se prête mieux encore à cette
condition; il consiste à mettre en communication les puits de
chaque culée par une galerie transversale dont les parois supérieures sont disposées de telle sorte que les câbles des

Fig. 86.

têtes opposées peuventêtre réunisdeux à deux, ou mieux
encore que chacun de ces couples de câbles peut ne former
qu'un seul et unique écheveau, construit sur place, fil par fil.
comme cela a été fait aux ponts de Fribourg, de la Charité
sur la Loire, de la Cité à Paris, de Beaumont-sur-Sarthe, et à

plusieurs autres parmi lesquels celui de la Roche-Bernard, dont notre *fig.* 86 représente une culée coupée transversalement, de manière à montrer le travail dont il s'agit en cours d'exécution.

167. *Tiges de suspension.* — Les tiges de suspension ont été quelquefois faites en fil de fer ; mais on y a généralement renoncé pour n'employer que des barres de fer rond de $0^m,015$ à $0^m,035$ de diamètre, lesquelles ont l'avantage de procurer au système une plus grande rigidité quand, comme c'est l'ordinaire, les ponts suspendus doivent résister à des vents violents dans les positions élevées où ils sont le plus fréquemment construits. Avec cette dimension les tiges travaillent toujours à de très faibles tensions, comme on peut le voir en appliquant le calcul à celles du pont de la Roche-Bernard, qui ont $0^m,03$ de diamètre et, par suite, 707 millimètres carrés de section. Nous avons vu que le poids p du tablier par mètre courant est de 2220 kilogrammes ; les tiges étant espacées entre elles de $1^m,20$, chaque paire de ces dernières supporte $2220^{kil} \times 1^m,20$ ou 2664^{kil}, et chacune en particulier 1332 kilogrammes, soit $\frac{1332}{707}$ ou $1^{kil},88$ par millimètre carré.

Il faut toutefois remarquer que, comme on le verra plus loin, l'Administration a prescrit en 1870 de soumettre les ponts suspendus, outre l'épreuve par poids mort de 200 kilogrammes par mètre carré, à une épreuve par poids roulant qui, dans certains cas, semblerait montrer que le diamètre des tiges devrait être plutôt augmenté que diminué.

168. La longueur des tiges de suspension est variable ; elles vont en augmentant depuis le point le plus bas, qui est le sommet

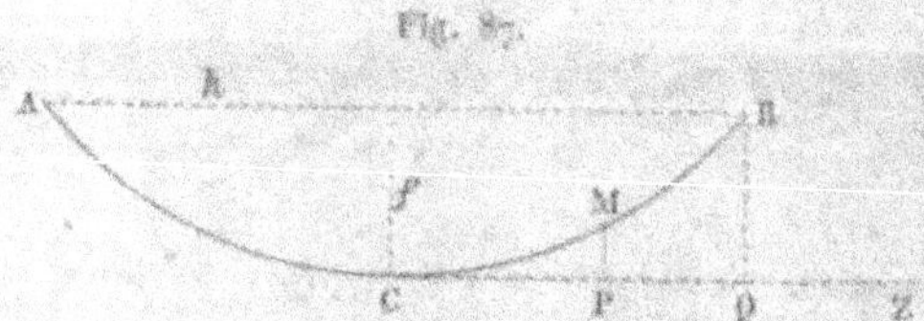
Fig. 87.

met de la courbe, jusqu'au point culminant, et il est facile de calculer la longueur de chacune d'elles, en partant de ce principe inhérent à la parabole, que cette longueur est avec la flèche dans le même rapport que le carré de sa distance au sommet avec celui de la demi-ouverture, cette distance étant comptée sur la tangente CZ au sommet de la courbe.

En d'autres termes, si l'on désigne par y la longueur MP d'une tige quelconque située à une distance CP ou x du sommet, on aura pour ce point de la courbe la relation

$$\frac{y}{f} = \frac{\overline{CP}^2}{\overline{CQ}^2} = \frac{x^2}{h^2},$$

qui permettra de calculer la valeur de y correspondant à une distance x quelconque.

Outre cette longueur variable des tiges de suspension, il faut ajouter à chacune d'elles une quantité constante qui correspond à l'épaisseur du tablier qu'elles doivent traverser. Enfin, on doit également tenir compte du bombement longitudinal qu'on donne toujours au tablier. Ce bombement se règle suivant la courbure d'une parabole renversée, dont les tiges se calculent aussi d'après la méthode qui vient d'être indiquée.

169. Les tiges de suspension s'adaptent sur les câbles de plusieurs façons, dont nous allons indiquer les principales; mais on a toujours le soin de les placer immédiatement au-

Fig. 88.

dessus d'une des nombreuses ligatures qui serrent les brins de fil de fer, et qui se font elles-mêmes avec du fil recuit du n° 13.

Parmi les quatre dispositifs ci-dessus (*fig.* 88), on remarquera particulièrement le premier, qui est le plus simple, mais le moins solide, et qui ne convient guère qu'aux ouvrages peu importants, et le dernier, qui offre l'avantage de permettre de faire par le haut le serrement des écrous, opération qui ne peut dans les autres s'effectuer qu'à la partie inférieure, avec des échafaudages toujours incommodes et souvent périlleux.

A mesure que les tiges sont mises en place sur les têtes du

pont, on les réunit deux à deux par des poutrelles généralement en bois, suivant quatre modes principaux.

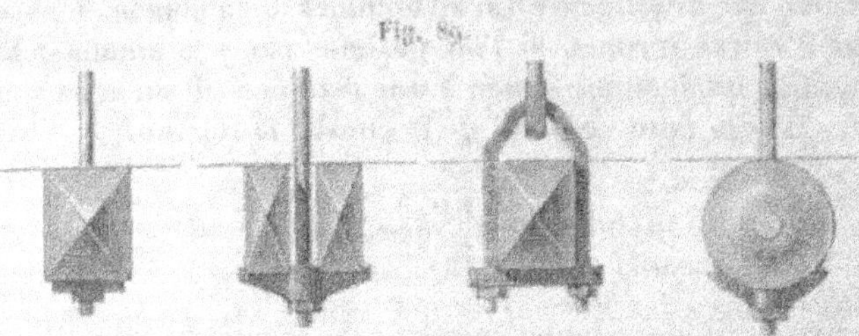

Fig. 89.

Dans le premier, la poutrelle est simplement traversée par la tige et soutenue inférieurement par une barre méplate en fer munie d'un écrou. L'eau pluviale pénètre forcément dans le trou et finit par amener la pourriture du bois; aussi a-t-on eu l'idée de scier en deux poutrelles jumelles la pièce primitive, comme le montre la deuxième disposition. Elle a, de plus, l'avantage de mettre à jour les défauts intérieurs que renferme quelquefois une bille plus forte, et de rendre plus facile le remplacement de l'une des moitiés, dans le cas d'accident ou d'avarie survenue après la construction.

Nous ne nous arrêterons pas sur le système qui consiste à faire passer le bout de la poutrelle dans un étrier en fer, comme cela a été fait à la Roche-Bernard, et nous arriverons de suite à la poutrelle cylindrique en tôle employée par M. Chaley au pont de Cormery (Indre-et-Loire) et au pont de Beaumont (Sarthe), dont nous avons déjà parlé (166). Ces poutres, qui, comme les pièces en bois, comportent le renflement supérieur relatif au bombement transversal de la voie charretière, n'offrent pas d'autre inconvénient que celui de ne pas se prêter très-commodément à l'assemblage avec les pièces plates du plancher, et c'est sans doute ce motif qui a fait préférer jusqu'à présent l'emploi des poutrelles en bois.

Nous pensons néanmoins que la difficulté signalée disparaîtrait facilement par l'emploi de poutrelles de fer à section en double T, et l'on trouverait dans cette disposition l'incontestable avantage d'écarter toute chance d'incendie dans cette partie si importante des ponts suspendus.

170. *Tablier.* — L'ossature du pont étant ainsi constituée par les poutrelles suspendues aux tiges que supportent les câbles, le tablier proprement dit se forme au moyen de fortes poutres longitudinales, dont quatre sont disposées supérieurement pour diriger les voitures et exhausser les trottoirs, tandis que d'autres, si l'on juge à propos d'y avoir recours, sont placées sous les poutrelles, pour les relier plus complétement et répartir les charges accidentelles sur plusieurs de ces pièces à la fois.

Entre les deux longrines intérieures qui forment bordure de trottoir, on applique sur les poutrelles des madriers en chêne, de $0^m,10$ à $0^m,12$ d'épaisseur, espacés entre eux de $0^m,02$ pour laisser passer l'air et l'eau pluviale. On cloue ensuite sur ce plancher un platelage en bois blanc de $0^m,04$ à $0^m,05$, dont les éléments se mettent le plus souvent obliquement par rapport à l'axe de la voie, pour augmenter encore la rigidité de l'ensemble.

Quant aux trottoirs, leur aire se forme par des planches en chêne, clouées d'équerre sur les deux longrines.

171. *Garde-corps.* — Le *garde-corps* est généralement aussi

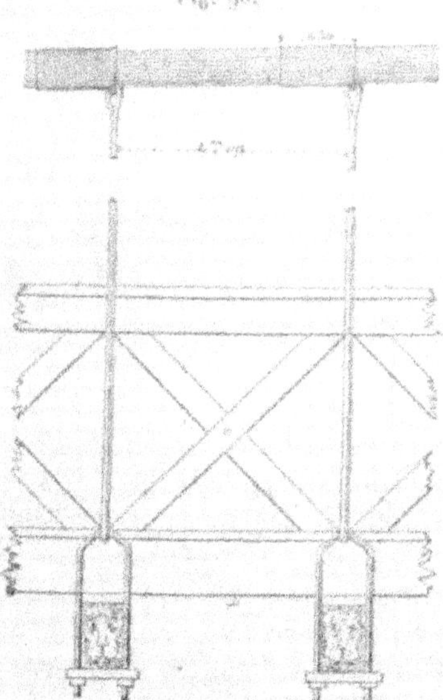

Fig. 96.

en bois; il s'applique sur la longrine extérieure par des potelets

reliant cette pièce à la lisse supérieure ou *main courante*.
Les intervalles rectangulaires, dont la longueur correspond
à l'espacement des tiges de suspension, sont remplis par
des croix de saint André assemblées à tenon et mortaise dans
les deux pièces longitudinales, ou reçues dans des sabots
en fonte que traversent des boulons remplaçant les potelets.

Les deux *fig.* 90 et 91, qui reproduisent des dispositions
empruntées au pont de la Roche-Bernard, montrent en élévation et en coupe le garde-corps de ce bel ouvrage.

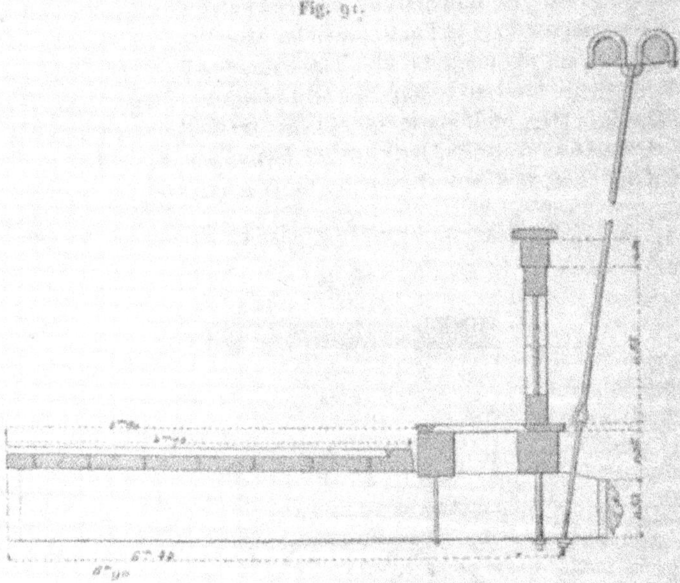

Fig. 91.

Il ne faut pas perdre de vue que le garde-corps d'un pont
suspendu doit pouvoir suivre tous les mouvements du tablier,
et que celui-ci, tout en jouissant d'une rigidité capable de
limiter ses oscillations, est cependant construit de manière
à se plier dans une certaine mesure aux variations de forme
causées par les charges accidentelles. Il faut donc bien éviter
de fixer à demeure les extrémités des garde-corps dans les
maçonneries des piles et des culées, sous peine d'amener
dans ces parties des désordres nuisibles à leur solidité.

172. *Câbles inférieurs, haubans.* — Pour éviter que les diverses parties constitutives d'un pont suspendu à grande ouverture aient à subir, sous l'influence du vent ou de toute autre cause, des déplacements trop compromettants, on établit, soit des *câbles inférieurs* reliés solidement aux piles et aux culées, et limitant par l'intermédiaire de tiges verticales les oscillations du plancher, soit des *haubans* diversement inclinés qui rattachent le tablier à des points invariables de la rive.

C'est surtout dans les grandes portées que ces moyens accessoires trouvent leur application, et il en est fait principalement usage en Amérique, où des travées de 3oo, 4oo et près de 5oo mètres, placées à des hauteurs vertigineuses, donnent quelquefois passage à des routes et à des chemins de fer superposés ou accolés. On augmente d'ailleurs, dans ces cas exceptionnels, la rigidité du système par des poutres longitudinales qui font saillie de 2 et 3 mètres, et la solidité par de nombreux haubans qui, fixés en divers points des supports, vont s'atta-

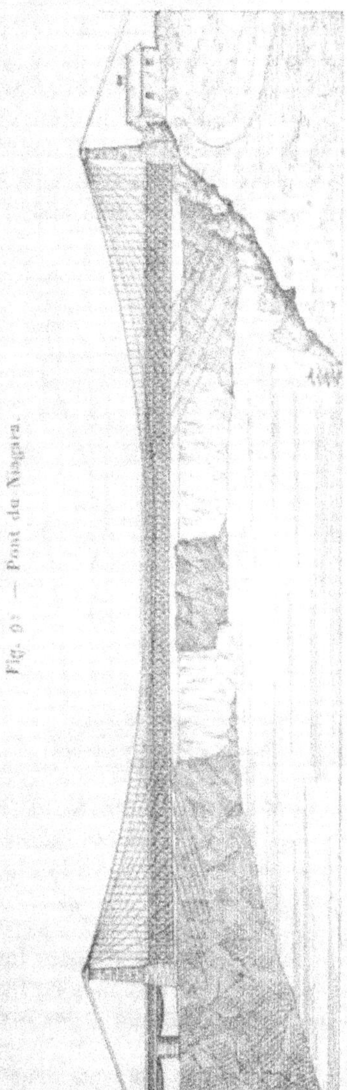

Fig. 98 — Pont du Niagara.

cher au tablier jusqu'au quart et quelquefois même au tiers de sa longueur totale.

Pour donner une idée de ces gigantesques ouvrages et de leurs principales dispositions, nous donnons (*fig.* 92 et 93) l'élévation et la coupe du pont suspendu à 3 kilomètres en aval des célèbres chutes du Niagara, et à 67 mètres de hauteur au-dessus des basses eaux du fleuve en ce point. Ce pont, dont la portée de 250 mètres a été notablement dépassée depuis sa construction en 1856 (celui qui relie New-York à Brooklyn a

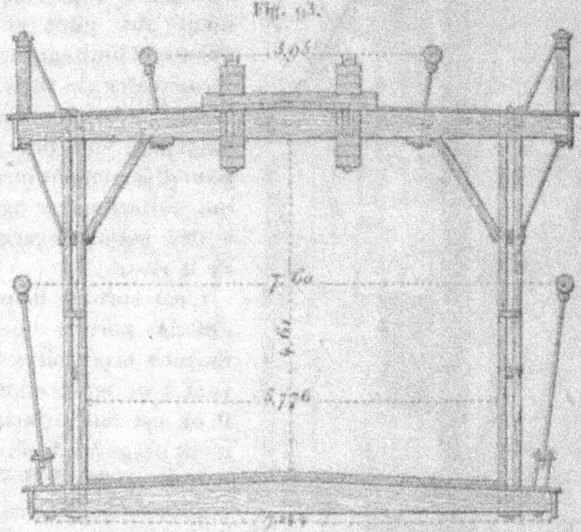

Fig. 93.

une travée de 492 mètres), a deux tabliers superposés à 7 mètres environ l'un au-dessus de l'autre. Sur le tablier inférieur passent les piétons, les bestiaux et les voitures, et la plate-forme supérieure porte une voie de fer.

Des quatre câbles de suspension, deux sont reliés par les tiges au plancher supérieur, les deux autres au plancher inférieur, et l'on peut voir que chacun de ces systèmes de tiges affecte une inclinaison favorable à l'amortissement des oscillations.

On a construit postérieurement, à 500 mètres seulement en aval des chutes du Niagara, un autre pont dont la travée a 387 mètres, et qui est aussi destiné à relier la rive cana-

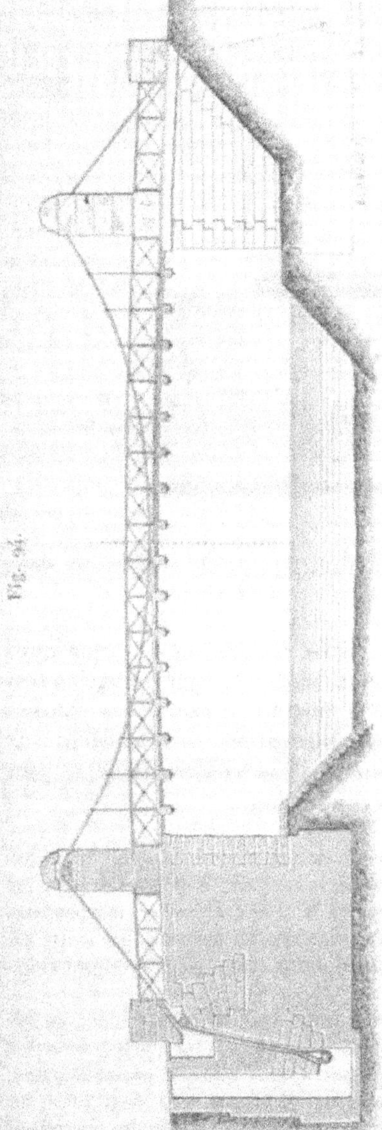

dienne à la rive améri-
caine, en donnant passage
aux nombreux touristes
qui viennent de toutes les
parties du monde contem-
pler ce magnifique spec-
tacle.

173. Pour jeter une plus
modeste et peut-être plus
utile clarté sur ce qui précède, nous présentons ci-
après la vue d'ensemble
d'un des petits ponts suspendus sur nos canaux de
navigation.

Comme il ne s'agit ici
que d'un ouvrage de mi-
nime importance (20 ou
25 mètres entre les cu-
lées), on n'y verra ni
câbles inférieurs ni hau-
bans d'aucune sorte ; mais
il sera néanmoins très-
intéressant de considérer,
dans la coupe, l'appareil
intérieur des massifs de
retenue, tant au point d'infléchissement des câbles
à l'entrée dans le sol qu'à
leur amarrage dans les
puits. Au premier de ces
points, on a eu pour but
de reporter sur la base
des maçonneries la ré-
sultante des deux tensions
du câble de retenue, pour
contre-balancer toute tendance au renversement ;
dans le second, les libages sont introduits pour répartir plus

uniformément la tension sur la masse, et en éviter ainsi le déchirement qui préjudicierait notablement à la solidité.

La coupe transversale qui accompagne ces lignes (*fig.* 95) complète avantageusement les détails qui précèdent, et donne

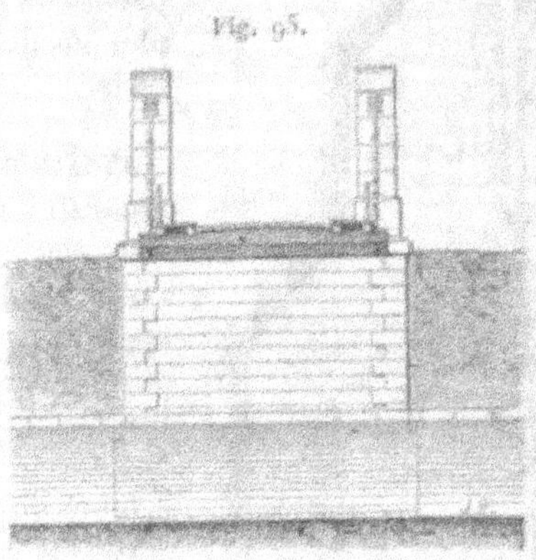

Fig. 95.

une juste idée de la construction des ponts suspendus dans les conditions les plus ordinaires de la pratique.

174. *Épreuves.* — Enfin, nous terminerons ce que nous croyons devoir dire sur les ponts suspendus par la citation textuelle des articles qui, dans le modèle de cahier des charges édicté le 4 mai 1870 par l'Administration, se rapportent aux épreuves auxquelles sont soumises ces constructions, le plus souvent établies par voie de concession :

Article 15. — Lorsque les travaux seront achevés, et avant que le public soit mis en jouissance du passage, le pont sera soumis à une première épreuve par poids mort, dans laquelle il aura à supporter, indépendamment de son propre poids, une charge de 200 kilogrammes par mètre superficiel de plancher, trottoirs compris. Cette charge restera pendant vingt-quatre heures sur le pont.

On procédera ensuite à une seconde épreuve par poids roulant, en faisant circuler sur le pont une ou deux voitures, suivant que le pont sera à une ou deux voies, ces voitures étant à deux roues et pesant chacune, avec le chargement, 11000 kilogrammes. Si le pont est à deux voies, les voitures marcheront en sens contraire. Un certain nombre des poutrelles, désignées par l'ingénieur en chef des Ponts et Chaussées, seront soumises, pendant une heure au moins, à la charge directe de la voiture ou des voitures, selon les cas, servant aux épreuves.

L'ingénieur en chef des Ponts et Chaussées dressera procès-verbal de l'opération et de toutes les circonstances qui auront pu se manifester dans les diverses parties de la construction. Ce procès-verbal, sur lequel le concessionnaire sera invité à faire ses observations, sera adressé, avec un rapport de l'ingénieur en chef, au préfet qui, dans le cas où ni les fers, ni les bois, ni les maçonneries ne paraîtraient avoir éprouvé aucune altération préjudiciable à la solidité, autorisera provisoirement l'ouverture du pont et la perception des droits de péage.

Article 16. — Si l'adjudicataire le demande, le pont pourra n'être soumis d'abord qu'à une demi-épreuve de 100 kilogrammes par mètre superficiel de plancher, et l'épreuve entière du poids mort pourra être retardée de plusieurs mois et même d'une année ; mais, dans l'intervalle de la demi-épreuve à l'épreuve entière, l'adjudicataire sera tenu de se conformer à tous les règlements de police qui seront arrêtés par l'administration dans l'intérêt de la sûreté publique.

Le public ne pourra être mis en jouissance du passage tant que l'épreuve par poids roulant n'aura pas été faite.

Article 17. — Si le pont se compose de plusieurs travées, chaque travée sera soumise séparément aux épreuves prescrites par l'article 15, sauf, pour l'épreuve par poids mort, à substituer la demi-épreuve à l'épreuve entière dans le cas prévu à l'article 16.

CHEMINS DE FER.

PRÉLIMINAIRES.

1. Tout le monde sait qu'un *chemin de fer* proprement dit est une route destinée à être parcourue par la traction d'une machine à vapeur, avec des vitesses considérables qui atteignent et dépassent même quelquefois 60 et 70 kilomètres à l'heure.

Pour obtenir ce résultat, on y établit deux barres parallèles de fer ou d'acier, qui forment une *voie* non interrompue sur tout le parcours, et les roues A et A' des véhicules sont munies à leur circonférence d'un *boudin* saillant qui les guide intérieurement et les retient sur la voie, comme le montre la figure ci-dessous.

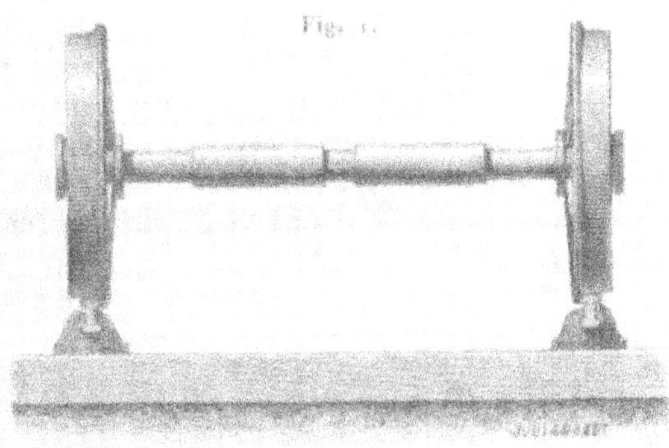

Fig. 1.

Ces barres de fer B et B', que l'on désigne par le nom anglais de *rails*, sont le plus généralement fixées elles-mêmes, par le moyen de *coussinets* en fonte, sur des pièces de bois transversales, ou *traverses*, noyées dans une couche de sable ou de gravier qu'on appelle le *ballast*.

Le ballast, qui a environ 0ᵐ,50 d'épaisseur, remplit là deux objets bien importants : d'une part, il enveloppe les traverses, les maintient solidement et contribue puissamment à la répartition de la charge; d'autre part, il procure une rapide évacuation aux eaux pluviales, et empêche ces pièces de bois d'être à peu près constamment dans un état d'humidité préjudiciable à leur conservation.

Après cette courte description, nous examinerons successivement les dispositions relatives à la *construction* des chemins de fer et les principales conditions de leur *exploitation*.

CONSTRUCTION DES CHEMINS DE FER.

PROFIL TRANSVERSAL ET CONSTITUTION DE LA VOIE.

2. La voie de presque tous les chemins de fer du continent a 1ᵐ,50 de largeur, soit 1ᵐ,45 entre les bords intérieurs des deux rails, et l'on comprend sans peine de quel immense intérêt il est que cette dimension soit uniformément admise, pour la facilité des transactions internationales.

Sur les chemins peu importants, où la circulation des voyageurs et des marchandises est relativement peu considérable, une seule voie sert à desservir les deux sens du parcours; mais, dans le cas le plus général, deux voies sont placées côte à côte, l'une pour la marche dans un sens, l'autre pour le retour, afin d'éviter les chocs qui pourraient accidentellement résulter, surtout quand la circulation est très active, de la rencontre de deux convois ou *trains* marchant à la rencontre l'un de l'autre.

Un intervalle de 2ᵐ,00 environ sépare les deux rails intérieurs, et forme ce que l'on appelle l'*entre-voie*.

Dans ces conditions, voici le profil transversal qu'affectent généralement nos chemins de fer en rase campagne :

Fig. 2.

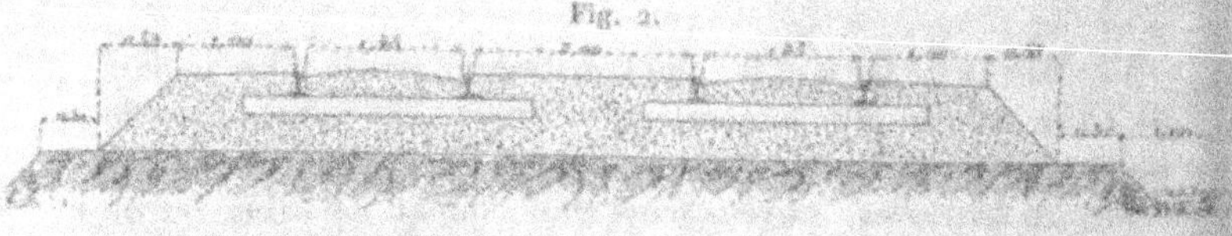

Les traverses ont 2ᵐ,70 de longueur, 0ᵐ,25 de largeur et

0ᵐ,15 d'épaisseur. Elles sont ordinairement en chêne, dont on augmente encore la durée par les procédés d'injection inventés depuis quelques années, et dont nous avons parlé dans le Tome II (*Pratique des travaux*, 60).

Le ballast a 0ᵐ,45 d'épaisseur au milieu et 0ᵐ,55 sur les bords, de manière à réserver une pente transversale aux terres, et à favoriser ainsi le rapide écoulement des eaux pluviales.

3. Au pied des talus du remblai, comme au sommet de ceux en déblai, on ménage une bande de terrain de 1ᵐ au moins de largeur et qu'on appelle *zone de garantie*. Cette bande permet aux agents du chemin de fer de circuler le long de la voie; elle fait face, en outre et dans une certaine mesure, aux dégradations qui pourraient entamer les propriétés riveraines et amener des contestations et des procès.

Sur la limite extrême du chemin on place le plus souvent une *clôture*, sèche d'abord, que vient plus tard remplacer une haie vive. On isole ainsi bien nettement le chemin de fer, et l'on évite les accidents causés par l'introduction des étrangers et des animaux sur la ligne.

DIVERS SYSTÈMES DE RAILS.

Rail à double champignon.

4. Nous avons dit que les rails s'appuyaient généralement sur des traverses en bois par le moyen de coussinets en fonte.

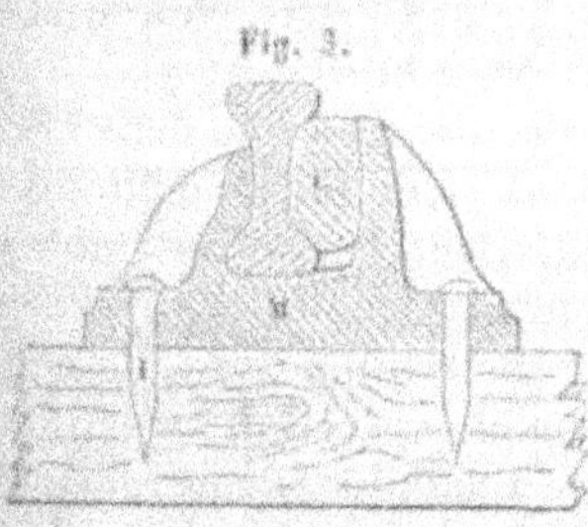

Fig. 3.

On a fait de nombreux essais sur le meilleur profil à adopter pour les rails et pour le coussinet qui doit les recevoir. Le système qui est représenté dans la figure ci-contre a eu la préférence dès l'origine des chemins de fer, et paraît l'avoir conservée jusqu'à ce jour.

Ce rail est dit *à double champignon*, disposition qui permet de le retourner et de l'utiliser sur des voies secondaires, quand il est usé sur un de ses côtés. Il s'engage entre les deux mâchoires du coussinet M, contre lequel il est fermement maintenu par un coin de bois C longitudinalement enfoncé à coups de masse.

Le coussinet est lui-même solidement fixé sur la traverse par de fortes chevilles I en fer ou en cœur de chêne comprimé.

Quant aux dimensions du rail, elles sont variables suivant les lignes de chemins de fer. Voici des dimensions moyennes qui paraissent devoir donner toute satisfaction :

$$
\begin{aligned}
&\text{Hauteur totale} \dots\dots\dots\dots\dots\dots\dots\dots\dots \quad 0^{m},125 \\
&\text{Épaisseur des champignons} \dots\dots\dots\dots\dots\dots \quad 0^{m},060 \\
&\text{Épaisseur de la lame intermédiaire} \dots\dots\dots \quad 0^{m},018 \\
&\text{Poids par mètre courant} \dots\dots\dots\dots\dots \quad \text{de } 32^{kg} \text{ à } 35^{kg}.
\end{aligned}
$$

Enfin on donne aux champignons un léger bombement transversal, destiné à atténuer le mouvement de *lacet* qui résulterait de ce que la jante conique de la roue porterait sur des arêtes différentes, si un rail plat n'était pas posé d'une manière bien rigoureusement exacte. Le rayon de roulement des roues varierait alors à chaque instant, et produirait ces oscillations si désagréables que connaît quiconque a voyagé sur un chemin de fer. Le bombement du rail, bien qu'il ne soit guère que de 2^{mm}, remédie en grande partie à cet inconvénient.

5. Les rails ont des longueurs qui varient, suivant les lignes, de $4^{m},50$ à 6^{m}. On les assemble simplement, sur les chemins de fer français, en les coupant perpendiculairement à leur longueur et en juxtaposant les extrémités. Sur d'autres lignes étrangères, on a coupé les bouts en biais ; ailleurs, on a entaillé les deux extrémités pour les assembler à mi-fer.

Quant à la jonction des deux rails, elle a eu lieu dans l'origine et pendant longtemps dans l'intérieur même d'un coussinet ; mais il arrivait que les variations de cet assemblage causaient aux véhicules des chocs pénibles pour les voyageurs et funestes pour le matériel. Cette disposition avait, de plus, l'inconvénient de nécessiter un modèle spécial de coussinets plus larges que les autres, et l'on y a définitivement renoncé.

On réunit maintenant les rails bout à bout entre deux traverses, et l'on assure leur solidarité par des *éclisses* en fer qui, fixées par trois ou quatre boulons, s'opposent à tout mouvement de l'assemblage. La *fig.* 4 ci-après montre une éclisse à trois boulons dont l'un, celui du milieu, correspond au joint des deux rails; mais on a reconnu qu'il était préférable d'en mettre quatre, et c'est maintenant le mode exclusivement adopté.

Fig. 4.

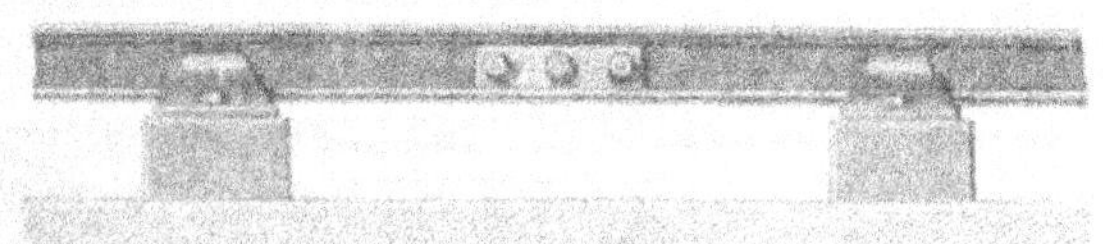

6. Nous avons dit que les rails avaient de 4m,50 à 6 mètres de longueur. Ils sont divisés en quatre ou cinq parties par les traverses d'appui; mais celles-ci ne sont pas nécessairement placées à des distances égales les unes des autres, les intervalles du milieu pouvant être un peu plus grands que ceux des extrémités, à raison du mode de résistance des pièces chargées dans de pareilles conditions.

Rail à patin.

7. Le rail à double champignon est encore celui qui domine sur le réseau de nos lignes ferrées, et rien n'annonce qu'il

Fig. 5.

puisse être remplacé avec des avantages bien certains. Cependant une certaine réaction semblerait vouloir se produire, depuis quelques années, en faveur du *rail à patin*, dit rail américain, ou encore rail Vignole, du nom de l'ingénieur qui en a préconisé l'emploi.

Son principal avantage est de procurer l'économie du coussinet. Il se place en effet directement sur la traverse, et s'y assujettit au moyen de crampons en fer fortement enfoncés à coups de marteau.

De distance en distance, et au moins aux points de chaque rail qui correspondent aux traverses extrêmes, on ménage sur le patin des encoches dans lesquelles pénètre en partie la tête des crampons. On s'oppose ainsi à tout glissement longitudinal du rail, mouvement qui aurait pour conséquence première de faire disparaître le petit intervalle qui doit toujours être réservé, au moment de la pose, entre deux rails consécutifs, pour faire face aux dilatations dues à l'élévation de la température.

Rail Brunel.

8. Pour supprimer l'inconvénient des porte-à-faux dans l'intervalle des deux traverses, l'ingénieur Brunel imagina de substituer à la forme en double T et à ses dérivés celle en V renversé, de manière à pouvoir établir ses rails sur deux cours de longrines continues.

La figure ci-dessous représente la moitié d'un rail Brunel et

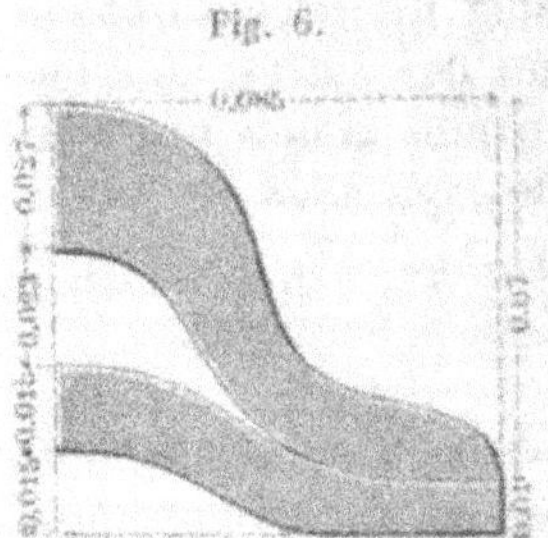

Fig. 6.

de la selle de même métal qui se place à chaque joint pour le consolider. Ces rails ont généralement 6^m de longueur, et leurs joints alternent de milieu en milieu avec ceux des longrines, qui ont aussi la même longueur.

De 3^m en 3^m, au droit des joints des longrines et de ceux des rails, les deux files de la voie sont réunies par des traverses en bois qui s'opposent à l'écartement ou au rapprochement des lignes de rails.

Chaque extrémité de rail est fixée à la selle par quatre rivets, et le rail lui-même est relié à la longrine par des boulons placés de $0^m,50$ en $0^m,50$ à droite et à gauche alternativement.

Le rail Brunel pèse 30^{k} par mètre courant, et sa selle, qui a $0^m,40$ de longueur, pèse 6^k. Il n'est plus guère employé maintenant que dans quelques cas exceptionnels, comme sur des ponts métalliques non ballastés, où la rupture d'un rail entre deux traverses aurait les plus graves inconvénients et pourrait même créer un danger sérieux.

Rail Barlow.

9. Enfin nous donnons ci-après, plutôt pour mémoire que dans un but pratique, le dessin d'un quatrième rail que, du nom

d'un autre ingénieur anglais qui l'a imaginé, on appelle rail Barlow. Il repose directement sur le sable, que l'on refoule fortement par-dessous, en inclinant le rail légèrement vers l'axe de la voie.

Ces rails ont 5ᵐ de longueur; à leurs points de jonction se place aussi une selle sur laquelle ils sont fixés par douze rivets,

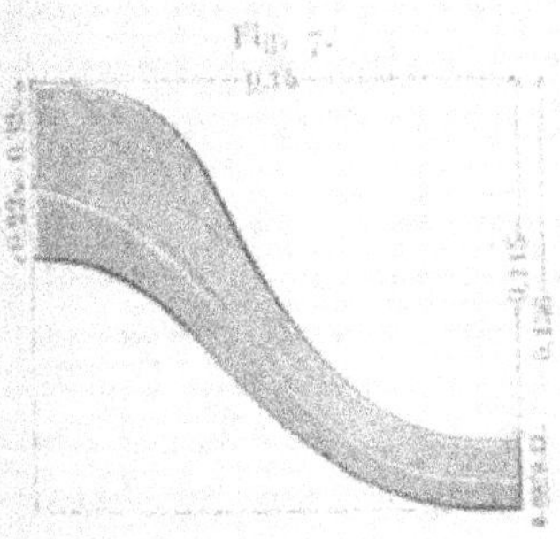

et une entretoise en fer cornière relie également en ce point les deux files de rails de la voie.

La voie ainsi formée a l'avantage d'être très-douce et d'un entretien facile; mais sa destruction est rapide, parce que la forme du rail, qui se prête peu à une bonne fabrication, exclut l'emploi de fers de qualité supérieure dans la partie directement soumise à l'action des roues. Aussi ce système est-il complétement abandonné dans notre pays.

Le poids du mètre courant de rail Barlow est de 45ᵏ, et sa selle, qui a 0ᵐ,60 de longueur, pèse 19ᵏ environ.

PASSAGE D'UNE VOIE SUR UNE AUTRE.

10. Nous avons dit que les chemins d'une médiocre importance se construisaient à une seule voie, et il est facile de comprendre que, sur une pareille ligne, il faut nécessairement que les trains puissent passer de la voie de parcours sur des voies d'évitement, parallèles ou non à la première, toutes les fois qu'il y a lieu de se garer devant un train marchant en sens contraire. Il en est ainsi, même sur les chemins à double voie, quand on est forcé de se retirer de la voie normale pour laisser passer un train plus rapide. Enfin, à l'entrée et à la sortie des gares, les passages d'une voie à une autre sont continuels; ils doivent donc être assez faciles pour que les manœuvres du service n'en soient pas ralenties ou entravées.

Les changements de voie s'opèrent de trois manières :

1° *Tangentiellement*, par le *changement de voie* proprement dit, qui dirige un train tout entier d'une voie sur une autre, sans autre arrêt qu'un ralentissement que la prudence conseille et dont les règlements font une obligation.

2° *Sous un angle quelconque*, et le plus souvent à angle droit, par des *plaques tournantes* qui ne reçoivent qu'un seul véhicule à la fois et qui, par suite, exigent autant de manœuvres distinctes qu'on a de voitures à déplacer.

3° *Transversalement*, sur un *chariot* qui porte un tronçon de voie et que l'on pousse en travers, au moyen de rails inférieurs, jusqu'à ce qu'il vienne se placer au droit de la voie sur laquelle on veut l'amener.

Il résulte déjà de ce premier aperçu que les plaques tournantes et les chariots, qui n'agissent que sur des véhicules isolés, exigent la présence d'un personnel relativement nombreux; aussi ces appareils sont-ils exclusivement réservés pour être employés dans l'intérieur des gares à la composition et à la décomposition des trains, tandis que les changements de voie s'appliquent aux convois en marche et s'adaptent à toutes les bifurcations.

Nous allons, d'ailleurs, examiner séparément et en quelques lignes chacun de ces trois systèmes.

Changement de voie.

11. C'est toujours tangentiellement, ou tout au moins sous un angle très-aigu, qu'un train en marche peut passer d'une voie sur une autre, et il n'en saurait être autrement sans donner lieu à des chocs désagréables pour les voyageurs, et préjudiciables à la voie elle-même et au matériel.

Plusieurs dispositions ont été ou sont encore usitées pour cet objet; nous parlerons seulement ici des deux qui sont le plus généralement employées.

La plus simple est le changement de voie à *rails mobiles*. Il consiste à faire pivoter une certaine longueur de la voie directe du petit angle nécessaire pour l'amener dans le prolongement de la voie d'embranchement.

La *fig.* 8 nous montre en effet, avec l'exagération d'inclinaison nécessaire à l'intelligence du système, la longueur *ab* de chacun des deux rails de la voie XY mobile autour du point *a*, et pouvant être poussée vers la position *ab'*, dans laquelle les rails correspondent bout à bout à ceux de la voie XZ.

Par le moyen d'un engrenage et d'une manivelle placée en M, ou mieux à l'aide d'un système de leviers, l'entretoise *oo* est poussée en *o'o'*; elle agit ainsi directement sur les rails mobiles, et l'on comprend que la plus grande précision est

Fig. 8.

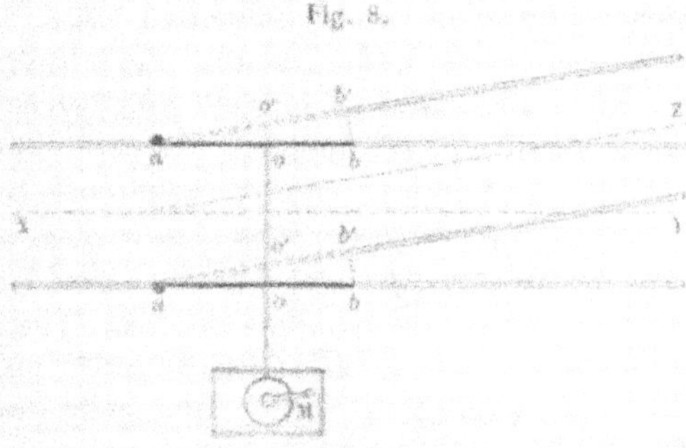

nécessaire dans cette manœuvre, afin que les rails à parcourir soient bien exactement dans le prolongement l'un de l'autre, précaution sans laquelle un train serait exposé à dérailler et à causer les plus graves accidents. Aussi préfère-t-on généralement le mode suivant, qui s'appelle changement de voie à *aiguilles*.

12. Dans cet appareil, les deux rails extérieurs sont conti-

Fig. 9.

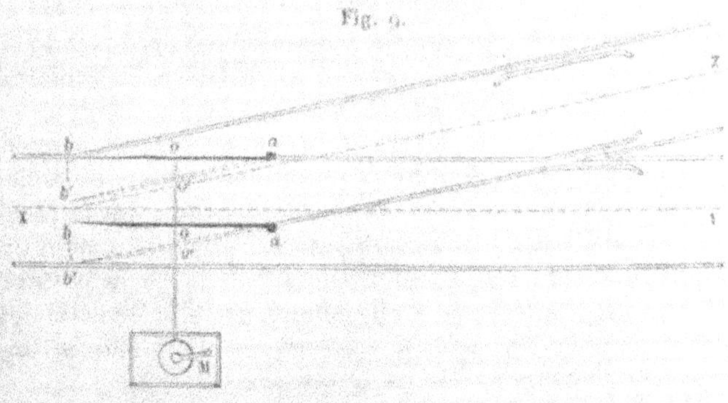

nus, et les deux rails intérieurs ont, au contraire, une partie mobile autour du point *a*, comme l'indique la *fig.* 9 dans

III.   14

laquelle l'angle du raccordement est encore exagéré à dessein, et où nous avons aussi représenté dans le même but les portions de rails mobiles par un trait noir plein. Ce sont là les aiguilles qui, dans la position *ab*, permettent la circulation sur la voie directe XY; dans la position *ab'*, au contraire, elles feraient passer le train sur l'embranchement XZ.

Il est aisé de voir que ce double résultat ne saurait être obtenu sans que les aiguilles, qui ne sont autre chose que des bouts de rails, soient effilées, comme leur nom l'indique, de telle manière que leur pointe vienne s'appliquer contre les rails fixes pour en détourner doucement les roues et les porter sans choc sur l'autre voie. On voit d'ailleurs plus clairement encore les détails de ce changement de voie dans la figure suivante; elle montre à une échelle plus grande le mécanisme de ce système, qu'en terme du métier on appelle simplement une *aiguille*.

13. La manœuvre d'une aiguille s'opère, comme pour le changement à rails mobiles, par l'action d'un levier NG dont le point fixe est en M (*fig.* 10), et qui est maintenu par un contrepoids dans la position qu'on veut lui assigner. Il est même à remarquer que cette manœuvre, qui par le moyen de la barre H entraîne la seconde aiguille en même temps que la première, n'est rigoureusement nécessaire que si le train marche dans le sens de B vers A ou A'; car les roues des voitures en porteront nécessairement les deux branches dans la position convenable, quand elles marcheront de A ou de A' vers B, c'est-à-dire quand, au lieu de prendre l'aiguille *en pointe*, elles la prendront *par le talon*.

Mais cette manière de faire n'est pas sans quelque danger, et il est toujours sage de l'éviter autant que cela est possible. On comprend, par exemple, quel désordre causerait le recul accidentel d'une ou plusieurs voitures qu'il aurait fallu, pour un motif quelconque, arrêter immédiatement après le passage d'une aiguille abandonnée à elle-même, puisque celle-ci est toujours disposée de façon à reprendre d'elle-même sa position normale après qu'elle a été franchie en talon.

A cette occasion, il n'est pas inutile de dire combien il importe qu'un *aiguilleur* se garde de manœuvrer son levier pendant le passage d'un train en pointe, quand même ce dernier aurait pris une mauvaise direction. Il doit alors attendre que le train soit complètement passé, le faire arrêter, puis reculer en entier pour le lancer ensuite dans la direction convenable.

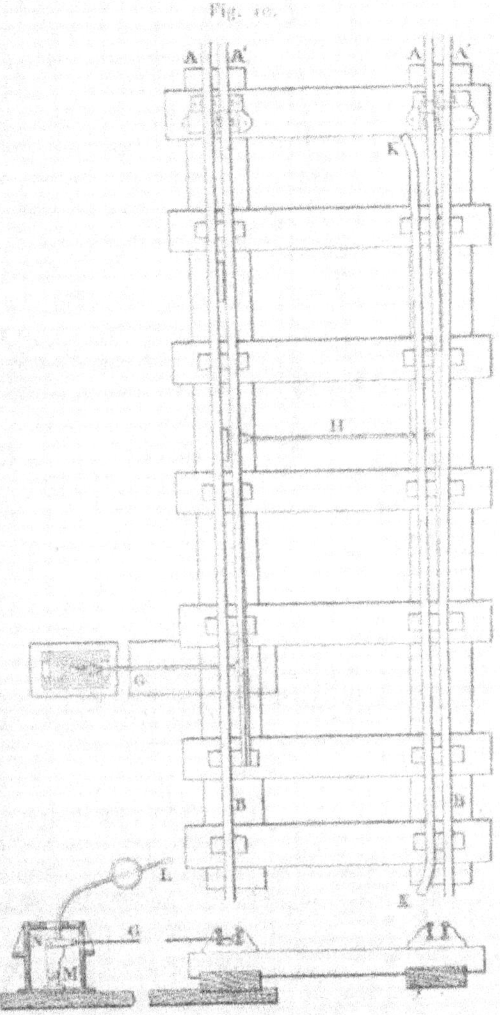

Fig. 40.

14. Quel que soit le système adopté pour ces changements de voie, il faut inévitablement que les deux rails intérieurs

arrivent à se croiser, et l'on remplit cette condition en interrompant chacun d'eux sur quelques centimètres, pour laisser passer le boudin de la roue qui circule sur l'autre.

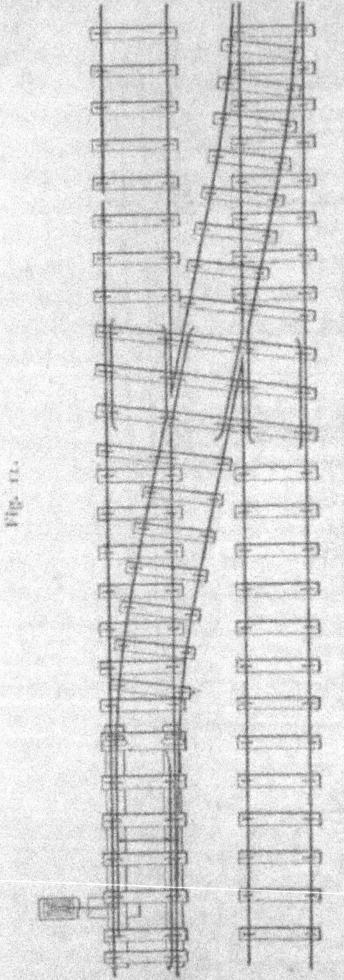

On allonge enfin sur une petite longueur chacun des bouts de rail isolés parallèlement à l'autre, et l'on place un *contre-rail* du côté opposé pour assurer la régularité du passage, précaution indispensable toutes les fois que deux rails doivent ainsi se couper obliquement. La *fig.* 10 montre en effet en K un contre-rail destiné à prévenir le déraillement, au moment où les roues des wagons viennent passer en pointe sur les aiguilles.

La pointe des deux rails qui se réunissent à angle aigu se forme au moyen d'une pièce d'acier spéciale à laquelle, à cause de sa forme, on a donné le nom de *cœur*. Les deux portions de rails déviées de chaque côté du cœur sont appelées *pattes de lièvre*.

15. Un simple changement de voie à rails mobiles ou à aiguilles ne peut suffire pour constituer une communication entre deux voies, si ces dernières sont parallèles. Il faut dans ce cas adopter un double changement établissant le raccordement en S des deux directions; tout se passe alors comme nous l'avons indiqué précédemment.

Nous recommandons toutefois de ne pas confondre ce sys-

tème avec l'*aiguille double* que, pour ménager l'espace dans
les gares, on établit sur un même point pour passer d'une voie
sur l'une ou l'autre de deux voies qui lui sont parallèles à
droite et à gauche. Tout est pareil quant au principe en lui-
même; il n'y a qu'un peu plus de complication inévitable
dans le détail, à cause de la superposition des organes.

Plaque tournante.

16. Lorsqu'on doit passer d'une voie sur une autre, soit
que l'on ne dispose pas de la place nécessaire pour développer suffisamment un changement de voie, soit que l'angle
des deux voies à mettre en communication ne se prête pas à
d'autres systèmes, on a recours à une *plaque tournante*.

C'est un plateau horizontal et circulaire (*fig.* 12), ordinairement en fonte. Placé au niveau des rails et portant lui-même
un tronçon de voie (BC, DE), il peut tourner sur son pivot A
avec un véhicule quelconque, et présenter celui-ci successivement dans la direction de chacune des deux voies qu'il s'agit
de relier.

La manœuvre de cet appareil est des plus simples, comme
on le pressent déjà : elle consiste à amener la voiture sur la

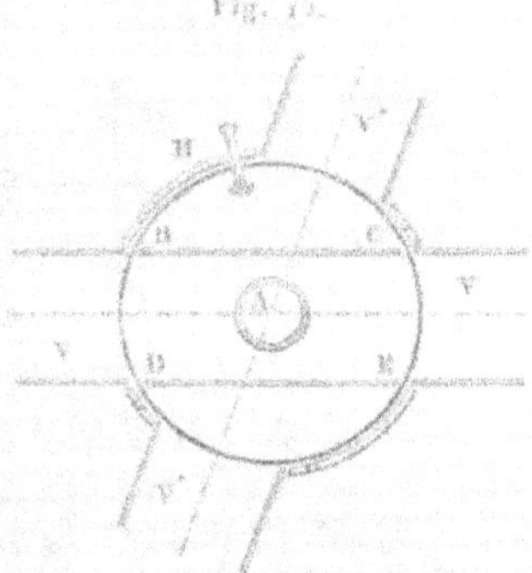

Fig. 12.

plaque en suivant, par exemple, la voie V ; à lever le loquet
d'arrêt H qui maintient le système immobile; à faire tourner
la plaque, dans un sens ou dans l'autre, jusqu'à ce que sa voie
vienne dans la direction V', condition qui sera remplie quand
le loquet d'arrêt retombera de lui-même dans une autre en-

coche correspondant à l'angle des deux voies ; enfin, à pousser en avant ou en arrière la voiture, pour qu'elle fasse place à une autre et permette de recommencer le mouvement, s'il y a lieu.

17. Quand les deux voies à mettre en communication sont dans des directions rectangulaires entre elles, la plaque porte ordinairement deux bouts de voie à angle droit l'un sur l'autre,

Fig. 13.

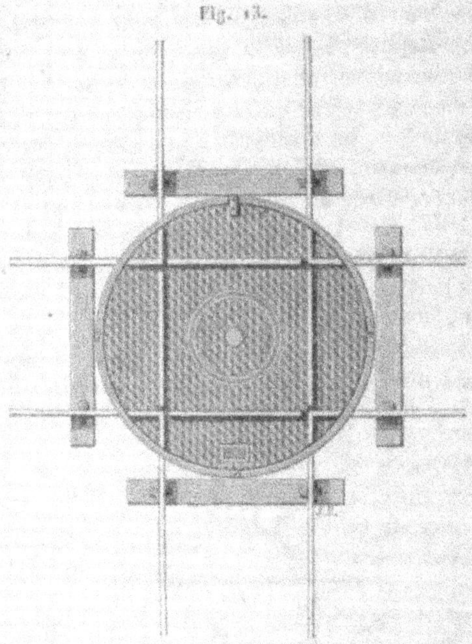

comme on le voit dans la *fig.* 13. Cette disposition fixe à 90 degrés la rotation à opérer, et fait que la plaque est toujours placée, quand elle est au repos, de manière à pouvoir fonctionner par rapport à chacune des deux voies, circonstance qui est loin d'être indifférente dans un service comportant généralement autant d'activité que celui des chemins de fer.

Il en est encore de même s'il s'agit de deux voies parallèles, parce que l'on emploie encore des plaques symétriquement placées sur chacune d'elles et que ces plaques sont reliées par un tronçon de voie intermédiaire qui se trouve perpendiculaire à chacune des deux autres, comme le montre la *fig.* 14.

Fig. 14.

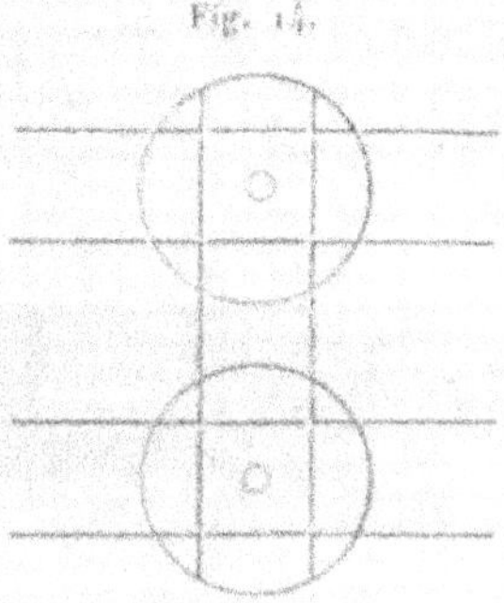

18. Dans les gares de chemins de fer, les voies sont généralement parallèles ou perpendiculaires entre elles, et cela explique comment les plaques tournantes sont presque toutes à double voie rectangulaire. On voit bien cependant quelques plaques à voie unique; mais elles sont à peu près exclusivement réservées pour la manœuvre et le changement de sens des *machines locomotives* et de leur *tender*. Ces engins, à grandes dimensions et d'un poids considérable, sont mus le plus souvent par des systèmes d'engrenages et de manivelles dont on diminue d'ailleurs le plus possible le travail en supprimant les deux segments latéraux de la plaque métallique. On obtient ainsi un véritable pont tournant, sauf à compléter en bois la plate-forme qui est indispensable pour la circulation des ouvriers et des autres agents.

19. Les plaques tournantes devant être nécessairement au niveau des voies, elles ont leur support et tout leur mécanisme au-dessous d'elles, dans des fosses ou cuves circulaires. Sans parler des grandes plaques à locomotives, dont le système est naturellement plus compliqué, nous dirons que les plaques ordinaires, dont le diamètre varie de 4 à 5 mètres, sont supportées par dix ou douze galets coniques, soit fixes et tournant sur un axe, soit mobiles et roulant entre deux voies de fer circulaires fixées l'une à la plaque elle-même, l'autre au fond de la fosse.

C'est ce dernier mode qui est généralement adopté. Les axes

des galets mobiles se prolongent jusqu'au pivot de la plaque, et sont ainsi maintenus à une distance constante du centre; les extrémités de ces axes sont également reliées ensemble par un cercle de fer qui assure l'espacement des galets entre eux.

Le pivot sur lequel roule la plaque tournante est fixé au fond de la fosse, et c'est la plaque elle-même qui porte la cra-

Fig. 15.

paudine dans laquelle tourne le pivot. Cette disposition a cet avantage qu'elle empêche la poussière et les corps étrangers de venir s'interposer entre les surfaces frottantes; mais on y trouve aussi, par contre, l'inconvénient de rendre difficile l'introduction des corps gras destinés à adoucir et à faciliter les mouvements.

Chariot.

20. Il arrive souvent, particulièrement dans les remises de voitures à voyageurs, que les véhicules sont rangés sur plu-

Fig. 16.

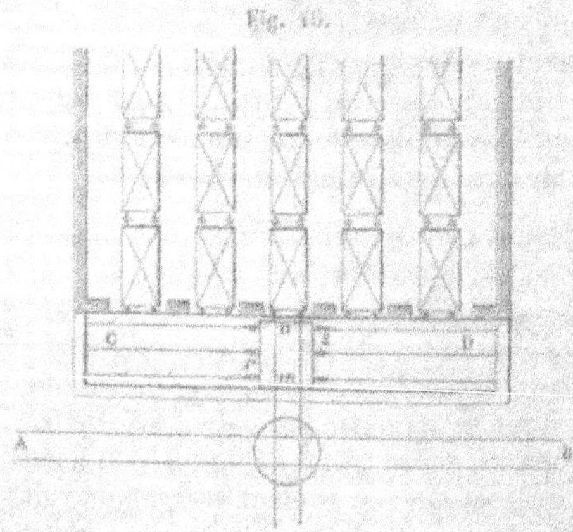

sieurs tronçons de voies parallèles qu'il est impossible, vu l'espace restreint, de mettre en communication directe avec la voie de formation des trains, ou avec toute autre voie AB, liée à cette dernière par des changements ou par des plaques tournantes.

C'est alors un morceau de voie *mn* que l'on détache dans la longueur correspondant à une voiture, et que l'on place, en conservant son niveau, sur un *chariot rs*; ce système roule lui-même inférieurement sur une voie à trois rails CD, perpendiculaire à la première et à celles de la remise. Pour utiliser ce système, on envoie le chariot se placer au-devant de l'une des voies parallèles, de manière à s'y adapter bien exactement; on y pousse une voiture et, après l'avoir calée, on ramène avec elle le chariot sur la voie qui doit la conduire au lieu convenable. La manœuvre inverse sert à remiser les wagons après la décomposition des trains.

Rien n'est plus simple que cet appareil, qui rend de très-grands services dans les gares de chemins de fer, et dont les dispositions de détail varient, d'ailleurs, avec les circonstances et les besoins locaux.

CROISEMENT DE DEUX VOIES DE FER.

21. Il arrive fréquemment que deux voies de fer, sans communiquer entre elles, doivent néanmoins se traverser sous un

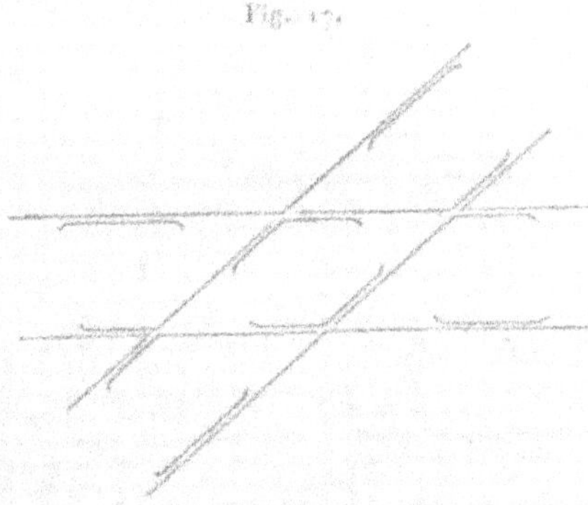

Fig. 17.

angle quelconque. On n'admet pas, dans la pratique, de croisement sous un angle inférieur à 4 degrés.

Les choses se passent alors d'une manière tout à fait analogue à ce que nous avons vu plus haut pour les changements de voie. On interrompt, aux quatre sommets du parallélogramme, les rails intérieurs pour laisser passer les boudins des bandages des roues, et l'on dispose, de l'autre côté, des contre-rails destinés à forcer lesdites roues à s'engager dans l'intervalle qu'elles doivent suivre sous peine de déraillement ou d'accidents.

Il est inutile d'insister sur la nécessité de donner à l'intervalle compris entre un rail et son contre-rail une largeur inférieure à l'épaisseur de la jante des roues, afin que celles-ci soient toujours supportées et que la présence du contre-rail produise l'effet de direction qu'on en attend.

22. On comprend que les contre-rails perdent toute leur utilité quand les deux voies qui se croisent sont à angle droit, ou à angle presque droit l'une avec l'autre. Il suffit évidemment alors, comme on le voit ci-contre, d'entailler ou d'interrompre les rails de la quantité suffisante pour le passage des boudins des roues. C'est ainsi que les choses se passent, d'ailleurs, sur les plaques tournantes à double voie rectangulaire, dont il a été parlé plus haut.

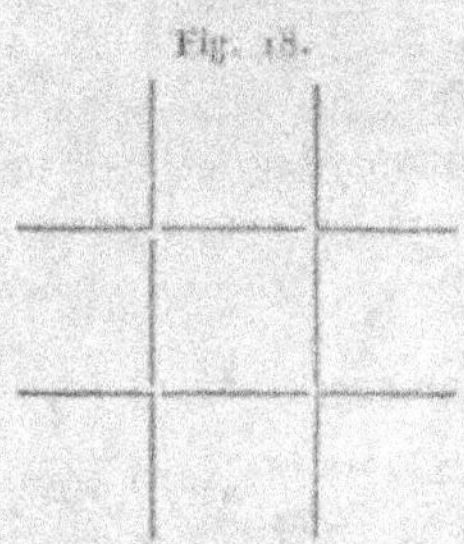
Fig. 18.

Tous ces appareils de croisement de voie, de même que ceux des changements (10 et 11), sont établis sur des châssis en charpente, au moyen de coussinets et d'autres organes spéciaux, de telle sorte qu'ils se maintiennent avec toute la fixité nécessaire à la sûreté du passage.

Cette sujétion perd naturellement beaucoup de sa gravité, si l'on a le soin de n'admettre, sur la même ligne de chemin de fer, que des inclinaisons déterminées pour les croisements et les changements de voie, dans le but, facile à saisir, de n'avoir que le moins grand nombre possible de modèles différents pour le même objet.

CROISEMENT D'UNE ROUTE AVEC LA VOIE DE FER.

23. Lorsqu'un chemin de fer et une route ordinaire doivent se croiser, trois cas différents peuvent se présenter en ce qui concerne leurs hauteurs relatives :

1° La route et le chemin de fer sont au même niveau dans

le point de leur rencontre, ou du moins il est possible de
les y ramener dans des conditions acceptables pour l'une
comme pour l'autre de ces voies.

2° La route est plus élevée que le chemin de fer, et doit
forcément passer au-dessus de lui.

3° C'est, au contraire, le chemin de fer qui doit franchir la
route, en laissant entre elle et lui la hauteur nécessaire au
passage des voitures.

Ces trois situations différentes donnent naissance à autant
de dispositions spéciales pour le croisement. Nous allons les
étudier successivement sous les dénominations admises de
passages à niveau, *ponts par-dessus le chemin de fer* ou simplement *ponts par-dessus*, et *ponts par-dessous*.

Passages à niveau.

24. Quand un chemin de fer doit être traversé à niveau par
une route ou par un chemin quelconque, il est nécessaire
d'adopter des dispositions propres à éviter que les roues des
voitures viennent heurter les rails, les déplacer et les dété-
riorer, en même temps que celles-ci ne pourraient les franchir
sans une grande gêne et même souvent sans danger.

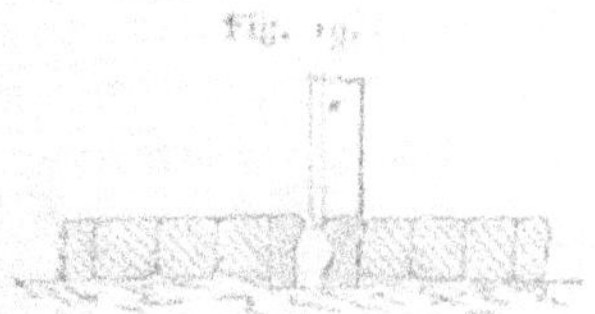

Fig. 19.

On pave alors toute la traversée dans la largeur réservée
aux chevaux et aux voitures, en faisant affleurer le pavage au
niveau du dessus des rails que les roues traversent ainsi sans
les offenser, et en ménageant toujours la rainure nécessaire
pour les rebords des roues des machines locomotives et des
voitures qu'elles entraînent. D'ailleurs, afin d'empêcher toute
dégradation de cette rainure, on en borde la rive opposée au
rail par un contre-rail en fer ou en bois contre lequel vient
buter le pavage.

Quelquefois aussi, mais plus rarement, on a formé de toutes
pièces une rainure bordée de deux barres de fer ou de bois.

au fond de laquelle on a placé le rail, qui se trouvait ainsi com-

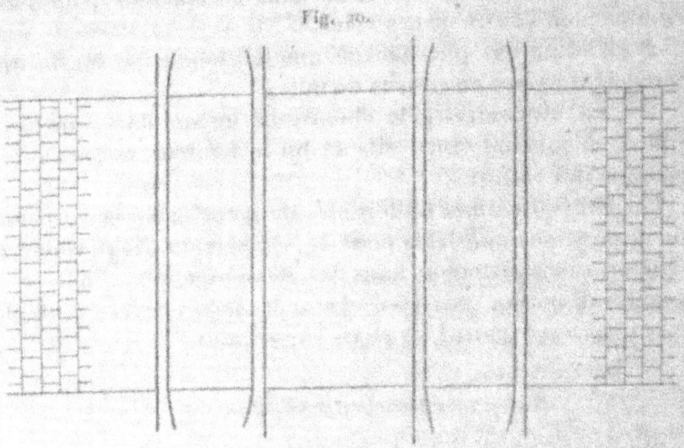

Fig. 70.

plétement à l'abri du choc et des atteintes des roues des voitures.

25. Le complément indispensable d'un passage à niveau
consiste à y placer, de chaque côté de la voie de fer, des barrières mobiles qui doivent être fermées et intercepter le
parcours sur la route quelque temps avant le passage d'un
train.

Ces barrières, dont la forme et les dimensions varient avec
l'importance du passage qu'elles doivent desservir, sont ouvertes et fermées, suivant les prescriptions des règlements sur
la matière, par des gardiens logés à leur proximité. Elles sont
généralement accompagnées d'un portillon que les gens de
pied ouvrent eux-mêmes à leurs risques et périls, et qui se referme derrière eux par son propre poids et par une disposition
particulière de ses gonds.

Enfin, les plus importants de ces passages, désignés par l'autorité administrative, sont éclairés pendant la nuit sur les
lignes où le service des trains ne subit pas d'interruption.

26. Les barrières sont, le plus souvent, de simples vantaux
tournants à claire-voie, qui s'ouvrent du côté du chemin de
fer, si l'on a la place suffisante, ou extérieurement dans le
cas contraire. Les deux figures ci-après montrent le système

général de la construction de deux barrières tournantes qui
sont l'une en bois (*fig.* 21), l'autre en fer (*fig.* 22).

Fig. 21.

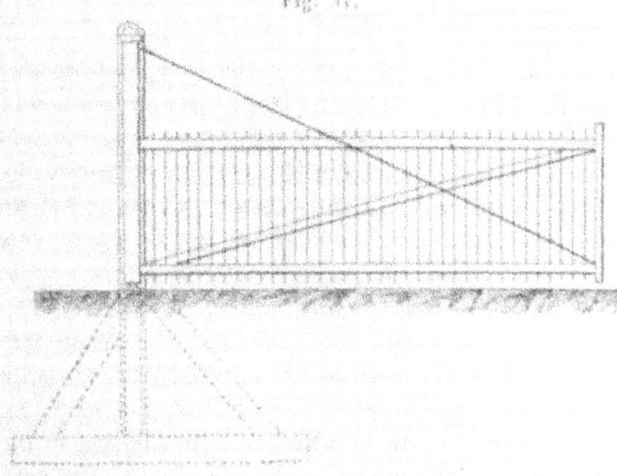

Fig. 22.

27. Quand aucune de ces deux solutions ne peut être admise

Fig. 23.

à raison des circonstances locales, on adopte des barrières *rou-*

lantes, selon la disposition de la *fig.* 23. Ces barrières, portées sur deux roues situées dans leur plan, se meuvent dans une rainure située au pied de la haie, et se déplacent ainsi parallèlement à l'axe de la voie de fer.

28. La tendance générale est maintenant de renoncer, au moins sur les lignes d'une importance secondaire, aux clôtures complètes et aux barrières coûteuses. On se contente souvent de lisses simples ou doubles, et des barrières de passages peu fréquentés ne comportent qu'une barre unique glissant sur ses appuis, ou tournant à l'une de ses extrémités, soutenue seulement par une contre-fiche mobile avec elle.

Quelques barrières de cet ordre ont même été disposées de manière à pouvoir basculer, en s'ouvrant et se fermant par l'action d'un contre-poids manœuvré à plusieurs centaines de mètres de distance par le garde d'un passage éloigné. Économique au point de vue de la dépense d'installation et du personnel nécessaire, ce système est essentiellement précaire et doit être proscrit toutes les fois que, par la disposition des lieux, par la distance ou par le brouillard, le garde ne peut voir distinctement et contrôler l'effet lointain de ses manœuvres.

29. Les cahiers des charges des concessions de chemins de fer portent que les croisements à niveau des routes ne pourront s'effectuer sous un angle plus petit que 45 degrés.

De plus, lorsqu'il y a lieu de modifier l'emplacement ou le profil des routes existantes, l'inclinaison des pentes et rampes sur les routes modifiées ne peut excéder $0^m,03$ par mètre pour les routes nationales ou départementales, et $0^m,05$ par mètre pour les chemins vicinaux, l'Administration se réservant toujours d'apprécier les circonstances qui motiveraient une dérogation à ces diverses clauses.

On doit avoir, en outre, le soin de placer les passages à niveau sur des alignements droits ou sur des courbes en remblai, là où il est facile aux mécaniciens conduisant les machines d'apercevoir de loin les obstacles qui pourraient obstruer la voie, et d'être vus par les piétons qui s'aventureraient à la traverser au moment de l'arrivée d'un train.

Il convient, par suite, de ne jamais établir de passage à niveau à l'extrémité d'une tranchée en courbe, ou dans tout autre point d'où la voie ne peut être découverte à une assez grande distance pour éloigner toute cause d'accident.

Ponts par-dessus.

30. Les ponts qui servent à faire passer une route au-dessus d'un chemin de fer sont généralement des arches en maçonnerie; ce sont quelquefois des travées en fer. On les construit plus rarement en bois, à cause des chances d'incendie et de la difficulté de remplacer les pièces avariées sans entraver la circulation des trains.

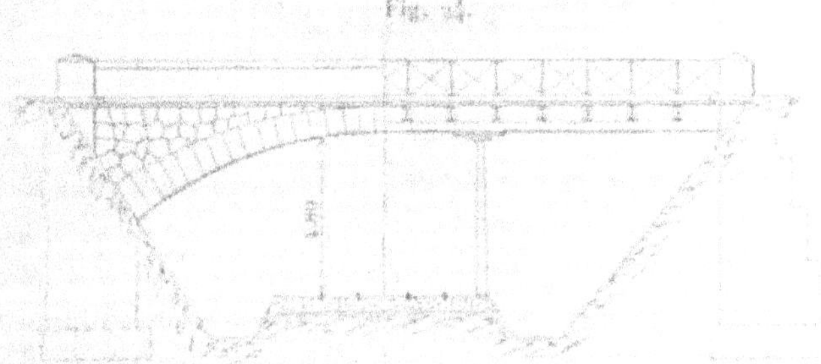

Fig. 24.

Dans le cas d'une arche, la forme la plus convenable est celle d'un arc de cercle ayant toute la portée compatible avec l'évasement des talus, de manière à ne pas intercepter la vue, ainsi que le présente la moitié gauche de la *fig.* 24.

31. Toutefois, les cahiers des charges des concessions exigent

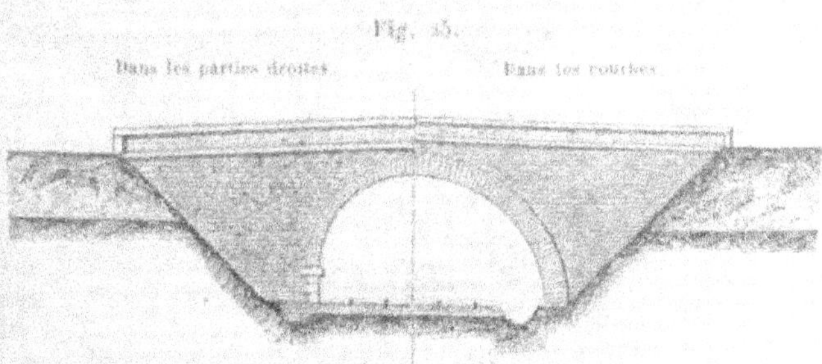

Fig. 25.

seulement 8 mètres d'ouverture au moins entre les culées, et les dispositions des *fig.* 25 et 26 sont encore très-bonnes, surtout dans les grands alignements droits où la vue des préposés des trains peut s'étendre au loin suivant l'axe du chemin.

La hauteur nécessaire au libre passage des trains est de

Fig. 26.

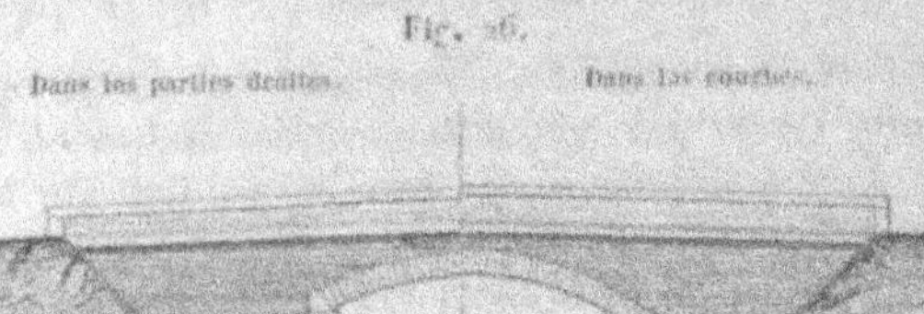

$4^m,80$ au-dessus du rail extérieur de chaque voie, et il faut toujours avoir soin d'observer cette règle dans les projets que l'on rédige pour les ponts par-dessus.

32. Si l'on adopte un tablier droit qui nécessite des supports intermédiaires, il est convenable, par les mêmes considérations que ci-dessus, de n'employer que des colonnes en fonte situées de chaque côté des voies et partageant en trois la portée totale, ainsi qu'on le voit sur la moitié droite de la

Fig. 27.

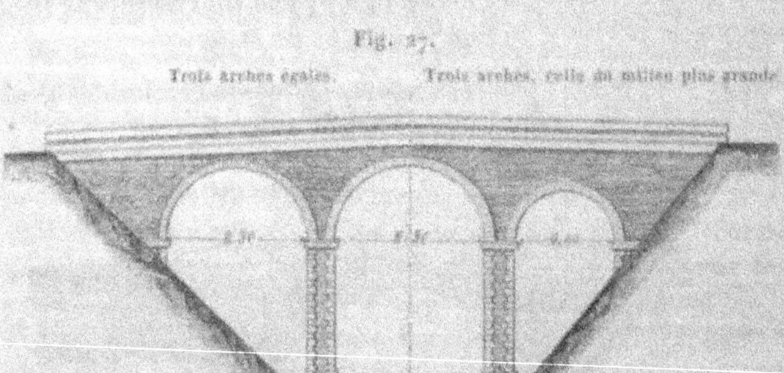

fig. 24. Toutefois, les ouvrages en maçonnerie peuvent s'accommoder fort bien aussi de supports de même nature, ainsi que le montre la *fig.* 27 ci-dessus. Rien d'absolu n'est prescrit

à cet égard, et l'étude des lieux est toujours le meilleur guide
à consulter.

33. L'Administration supérieure se réserve, lorsqu'un chemin de fer doit passer au-dessous d'une route nationale ou départementale, ou au-dessus d'un chemin vicinal, de fixer elle-
même la largeur entre les parapets du pont, en tenant compte
des circonstances locales ; mais cette largeur ne peut, dans
aucun cas, être inférieure à

8 mètres pour une route nationale,
7   »   »   »   départementale,
5   »   pour un chemin vicinal de grande communication,
4   »   pour un simple chemin vicinal.

Ponts par-dessous.

34. Quand c'est le chemin de fer qui franchit une route en
passant au-dessus d'elle, la condition principale d'une pareille
disposition est la hauteur qui doit être laissée libre sous l'ouvrage pour le passage des voitures les plus élevées, y compris
leurs chargements. Cette hauteur est fixée à 5 mètres au moins
sous clef, à partir du sol de la route, pour les ponts à forme
cintrée. Pour ceux qui sont composés de poutres horizontales
en bois ou en fer, la hauteur minima sous poutre est réglementairement de $4^m,3o$.

La largeur entre les parapets est au moins de 8 mètres. La
hauteur de ces parapets est fixée par l'Administration dans
chaque cas particulier ; mais elle ne peut jamais être inférieure
à $o^m,8o$.

Quant à la largeur du passage entre les culées, elle est naturellement variable en raison de l'importance de la voie de
communication dont il s'agit.

Voici toutefois les dimensions que, dans les circonstances
ordinaires, l'Administration s'impose à elle-même, et qu'elle
impose aux Compagnies auxquelles elle concède la construction et l'exploitation des chemins de fer :

8 mètres pour une route nationale,
7   »   »   »   départementale,
5   »   pour un chemin de grande communication,
4   »   pour un chemin vicinal ordinaire.

III.   15

35. C'est généralement en maçonnerie que se font les ponts par-dessous ; mais il arrive fréquemment que le biais prononcé qu'il faudrait donner à l'ouvrage rend difficile, et parfois même impossible, l'emploi de ce mode de construction. Si l'on adopte

Fig. 28.

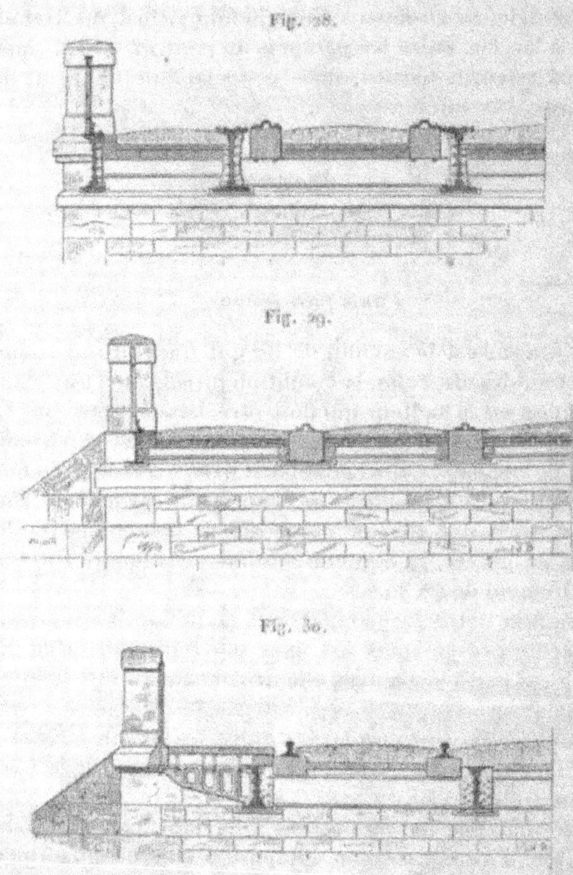

Fig. 29.

Fig. 30.

alors des poutres droites ou des arcs en fonte ou en tôle, on calcule leurs dimensions en raison de la résistance qu'ils auront à développer lors du passage des trains les plus lourds, et nous avons donné à cet égard toutes les indications nécessaires, quand il a été traité de la construction des ponts métalliques, qui présentent, en outre, des avantages sérieux comme économie et facilité d'exécution.

En ce qui concerne particulièrement les poutres droites, on a ici sous les yeux quelques-uns des dispositifs qui ont été adoptés par nos grandes compagnies de chemins de fer, suivant les nécessités résultant du plus ou moins de hauteur disponible entre le niveau supérieur des rails et le dessous du tablier.

Fig. 31.

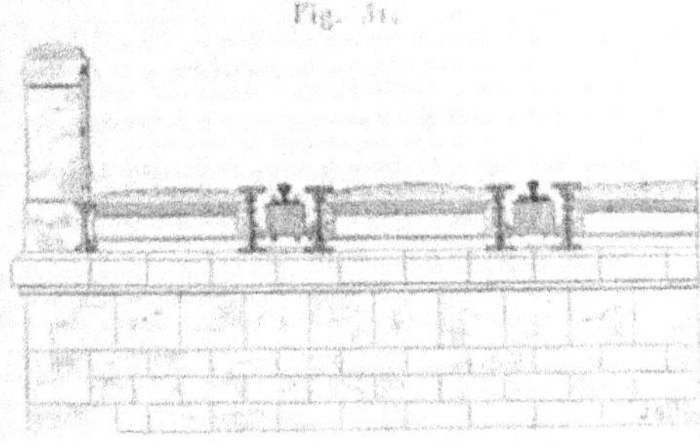

Fig. 32.

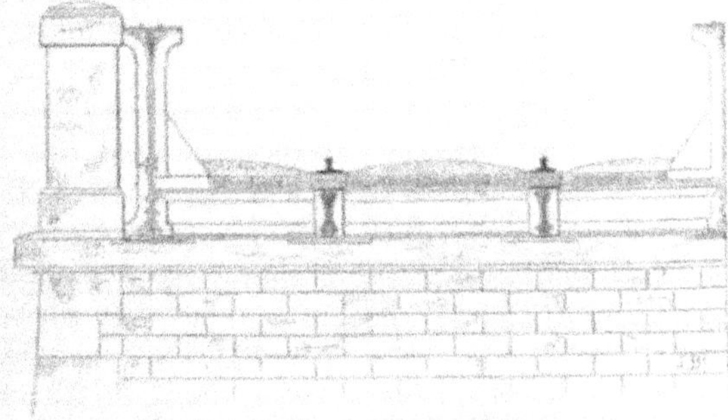

Dans ces cinq types, le ballast est supporté uniformément entre les rails par un plancher composé de madriers en bois, quelquefois recouvert d'un platelage supérieur, mais toujours de manière à laisser entre les pièces un écoulement pour les eaux pluviales.

Le premier (*fig.* 28), qui ne convient guère qu'aux plus faibles ouvertures, montre la voie formée de longrines en bois, enveloppées d'une carapace en fer et accolées à des poutres dont la semelle inférieure porte des entretoises métalliques.

Dans le deuxième (*fig.* 29), c'est le plancher en bois qui s'appuie sur la semelle de la carapace des longrines, et le tout est supporté par des entretoises portant sur les semelles des poutres ayant pour hauteur l'épaisseur entière du tablier.

Le détail qui distingue principalement le troisième exemple (*fig.* 30), c'est que l'ouvrage n'a que quatre poutres, correspondant aux quatre rails, et que le trottoir est assis sur des consoles fixées aux deux poutres extérieures.

Le quatrième type (*fig.* 31) présente la voie au fond de poutres à caisson; enfin, dans le cinquième (*fig.* 32), les deux poutres de rives sont renforcées et exhaussées de manière à former elles-mêmes le garde-corps, comme nous l'avons indiqué (*Ponts*, 152) en parlant spécialement de la construction des ponts métalliques.

VIADUCS.

36. Mais les ponts en dessous ne franchissent pas tous des routes ou de petits cours d'eau; un grand nombre sont de véritables *viaducs* qui traversent des rivières plus ou moins larges; quelques-uns sont même élevés à des hauteurs considérables au-dessus de vallées profondes.

Dans ces conditions, le nombre et la portée des ouvertures se déterminent d'après les circonstances locales, ainsi que la nature des matériaux employés dans la construction. On peut toutefois poser ce principe que, pour les viaducs sur rivières navigables et profondes, il convient d'éviter le plus possible de multiplier les piles, à cause des entraves qu'elles apportent à la navigation et des difficultés de leurs fondations. De là ces beaux viaducs à très-grandes portées que l'on franchit au moyen de poutres en tôle de 50 mètres et plus.

Au contraire, dans les cas ordinaires et pour des vallées même très-profondes, on adopte des arches en plein cintre dont l'ouverture atteint et dépasse même parfois 20 mètres, pour des hauteurs variables qui vont jusqu'à 50 et 60 mètres.

37. On comprend que, pour des ouvrages d'une aussi grande importance, il y a nécessité de se rendre bien compte des conditions de stabilité dans lesquelles seront placées les maçonneries, pour déterminer les formes et les dimensions des

piles en raison du poids qu'elles peuvent supporter en toute sécurité.

Il faut donc vérifier, après que le dessin du viaduc a été ébauché, après qu'on a déterminé provisoirement le nombre et la portée des arches, la hauteur de l'ouvrage, ainsi que le fruit donné aux têtes et aux contre-forts des piles, si le poids que la maçonnerie aura à supporter n'est pas susceptible de l'écraser à une hauteur quelconque et d'amener, par suite, la ruine complète du viaduc.

On calculera pour cela, dans les sections principales, savoir aux naissances des voûtes, au pied des piles, à la base des socles et sur le sol des fondations, quel est le poids de toutes les parties supérieures, et l'on déterminera ainsi par une opération fort simple quelle est, par centimètre carré, la pression exercée à chaque hauteur considérée.

Si cette pression dépasse le dixième de celle qui produirait l'écrasement de la maçonnerie à employer, supposée faite avec tout le soin possible et avec des matériaux d'excellente qualité, il faut évidemment modifier le système, soit en réduisant le poids des parties que supporte la section considérée, soit en augmentant, par des dispositions nouvelles, la valeur de cette section elle-même.

Pour plus de prudence encore, dans les viaducs qui sont composés d'un grand nombre d'arches, on a soin de placer de distance en distance des piles-culées qui arrêteraient les suites d'une rupture accidentelle, et restreindraient ainsi l'étendue d'un désastre qui, nonobstant ces précautions, ne pourrait manquer d'avoir toujours d'effrayantes et déplorables conséquences.

38. A cause de la longueur de certains viaducs, on y pratique au-dessus de chaque pile, ou tout au moins de distance en distance, des gares de *refuge* pour les piétons, soit par des encorbellements, soit simplement par le moyen des contre-forts des piles que l'on élève dans ce but jusque sous la plinthe.

39. Enfin, à titre de spécimen, nous présentons ici les dessins propres à donner une idée d'un viaduc construit à Laval, sur la Mayenne, pour le passage du chemin de fer de l'Ouest.

Bien que ses proportions n'aient rien de gigantesque,

puisque cet ouvrage n'a que 28 mètres environ d'élévation,
et seulement neuf arches de 12 mètres d'ouverture, il n'en a
pas moins un aspect très-satisfaisant, auquel contribue puis-

Fig. 33.

samment la simplicité de ses formes. Aucun contre-fort ne
masque les piles, et son peu de longueur a permis de ne
pas pratiquer de refuges pour les piétons.

SOUTERRAINS.

40. Quand les tranchées à ouvrir pour la construction
d'une route, d'un canal, et particulièrement d'un chemin de
fer, sont très-profondes, il y a souvent avantage à percer la
montagne et à la traverser par un *souterrain* ou *tunnel*. Cette
détermination peut même souvent influer considérablement
sur la question du choix à faire entre plusieurs tracés à l'é-
tude. L'ingénieur calcule aisément la dépense comparative
de l'ouverture de la ligne par la continuation d'une tranchée
ou par l'établissement d'un tunnel, et il en déduit la profondeur à laquelle il convient de passer du premier mode au second pour chacune des extrémités de la butte à franchir.

On conçoit, d'ailleurs, que bien des considérations locales
doivent influer sur la solution de ce problème, notamment la

nature du terrain qu'accusent des sondages faits avec soin, et
la plus ou moins grande abondance des eaux qu'il faudra peut-
être faire évacuer pendant les travaux par des moyens énergiques et dispendieux.

Mais on doit aussi ne pas oublier, pour la fixation du point
où il convient de commencer ou finir une percée souterraine,
que c'est là un problème qui dépend essentiellement de ce que
révélera le creusement des tranchées aux abords. Aussi est-il
probablement sans exemple qu'un tunnel ait été exécuté
avec la longueur exacte prévue par le projet, et c'est en partie
pour ce motif que l'évaluation préalable de ces ouvrages se
présente toujours avec un prix moyen par mètre de longueur,
têtes comprises ou non, au lieu d'être faite à tant par mètre
cube de déblai ou de maçonnerie, quantités qui seraient
presque toujours difficiles à établir, même au fur et à mesure
de l'exécution.

Quelle que soit la longueur d'un souterrain, sa section est
déterminée par les prescriptions administratives qui exigent
4^m,5o ou 8 mètres de largeur au niveau des rails, selon qu'il
s'agit d'y établir une ou deux voies, et 6 mètres de hauteur
sous clef au-dessus de la surface des rails, avec un minimum
de 4^m,8o au-dessus du rail extérieur.

Fig. 34.

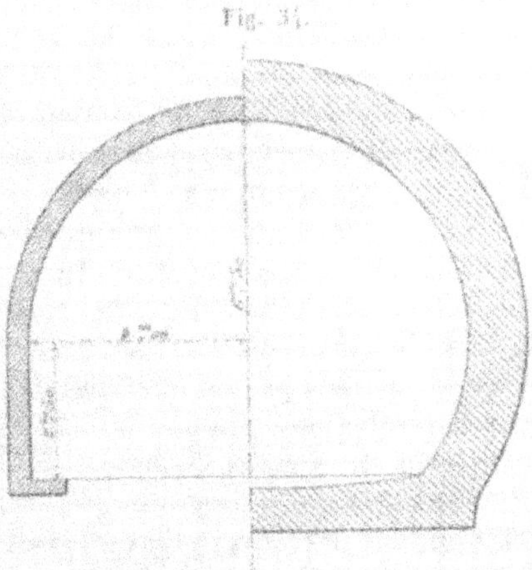

D'après ces bases, les tunnels affectent généralement l'une
des deux sections de la *fig*. 34 ci-dessus, dont la moitié de

gauche se rapporte à un simple revêtement d'un terrain
solide sur 0^m,20 d'épaisseur avec des pieds-droits à la voûte,
tandis que l'autre moitié représente le cas d'une voûte se prolongeant jusqu'au radier sur une épaisseur qui, suivant la
nature du terrain, atteint quelquefois 1 mètre.

41. L'opération préliminaire de tout travail de percement
souterrain est le tracé de l'axe de cette voie. C'est par des
balises élevées et des signaux télégraphiques convenus que
l'on parvient d'abord à jalonner, sur le sol naturel, la jonction
le plus souvent rectiligne des axes des deux tranchées qu'il
s'agit de réunir par une percée souterraine.

Quand le tunnel ne doit avoir qu'une longueur relativement
peu considérable, et qu'il est possible de ne l'entamer qu'a-
près l'ouverture des tranchées qui y aboutissent, on y entre
simultanément par les deux extrémités, et l'on se débarrasse
ainsi sans difficulté des déblais extraits, ainsi que des eaux, qui
sont généralement une des entraves les plus sérieuses à la
marche des travaux.

Mais il n'en est que bien rarement ainsi, et le plus souvent
cette manière de procéder est inapplicable, à cause de la longueur du souterrain et de la rapidité imposée à l'achèvement
de la ligne. Il faut alors attaquer en même temps par un ou
plusieurs points intermédiaires, au moyen de puits creusés
sur l'axe ou à une distance déterminée de l'axe, et c'est avec
l'aide de ces puits qu'on fait ensuite le tracé définitif, soit
directement, soit par un report dans une galerie transversale
allant rejoindre l'axe proprement dit du tunnel.

On creuse les puits avec toutes les précautions nécessitées
par la nature du terrain; on leur donne 1^m,50 ou 3 mètres de
diamètre, selon qu'on a besoin d'un simple ou d'un double
tirage pour la montée et la descente des *bennes* ou baquets
qui transportent les déblais et les ouvriers. Le creusement
s'arrête dès que la profondeur obtenue permet de cheminer,
soit latéralement, soit en avant et en arrière dans le sens de
l'axe, pour y établir une galerie longitudinale passant soit au-
dessous du point où doit se trouver plus tard la clef de la voûte
à construire, soit à la partie inférieure du tunnel, suivant le
système que l'on aura choisi pour la marche du travail, comme
nous l'expliquerons bientôt.

42. Les parois des puits doivent, pour la sûreté du travail et des travailleurs, être soigneusement étrésillonnées à mesure qu'ils s'approfondissent; mais le plus grand obstacle est souvent, nous le répétons, la présence d'eaux abondantes qu'il faut enlever au moyen de pompes mues par des hommes ou par la vapeur.

Quelquefois même on a dû s'arrêter provisoirement au point de l'affluence des eaux, et creuser des galeries d'écoulement auxiliaires allant s'ouvrir en des points inférieurs.

Fig. 35.

Ce n'est qu'alors que le travail de creusement des puits a pu être repris et conduit jusqu'à la profondeur nécessaire.

Le plafond et les parois latérales de la galerie de mine sont également soutenus par des cadres en charpente sur lesquels s'appuient des madriers longitudinaux. Elle sert tout d'abord à amener les eaux et les déblais au bas de chaque puits: les premières sont chassées par des pompes foulantes, et les seconds sortent dans les bennes que l'action de treuils puissants attire à la partie supérieure.

C'est aussi par cette galerie, quand elle est percée dans toute sa longueur, qu'arrivent directement les matériaux de construction, et que sont évacués plus tard les eaux et les déblais.

43. Dès que la galerie de mine a atteint une certaine longueur, qu'elle soit au sommet, suivant la *méthode belge*, ou au fond du percement définitif, comme le font les Anglais, on procède à son agrandissement et à la construction du revêtement. Nous allons entrer dans quelques détails au sujet de chacune de ces méthodes, dont la première, sauf une légère modification, est à peu près exclusivement employée en France.

On déblaye, par la méthode belge, les côtés de la galerie avec toutes les précautions que commande la nature du terrain, et en étayant au fur et à mesure le toit contre le sol et contre les cadres. On fait ainsi la place à la maçonnerie qui devra constituer le revêtement en voûte du tunnel ; cette opération s'appelle l'*abatage en grand*.

Fig. 36.

La place étant ainsi préparée, on établit de 2 mètres en 2 mètres les fermes de cintre, en prenant tous les soins nécessaires pour assurer l'exactitude du tracé de l'axe longitudinal, et pour que la hauteur du niveau des naissances au-dessus des rails futurs soit bien celle qui est prévue dans le projet. Enfin, on construit la calotte de la voûte à la manière ordinaire sur les couchis et jusqu'aux approches de la clef.

Arrivé à ce point, l'ouvrier ne trouve plus de couchis, dont la présence ne lui permettrait pas d'ailleurs de continuer ; il se sert, pour maintenir les moellons et fermer la voûte, de deux coins en bois qu'il appuie sur les deux couchis voisins, et qu'il enlève à mesure qu'il se retire en arrière pour les poser plus loin.

44. Quand on a ainsi construit, comme il vient d'être dit, une certaine longueur de voûte, il faut passer à l'exécution en sous-œuvre des pieds-droits.

Deux procédés se présentent ici pour attaquer la masse inférieure ou le *strass* : ou bien, comme les Belges, on pratique une galerie centrale à profondeur (*fig.* 37), en laissant de chaque côté une banquette capable de supporter la voûte, et l'on déblaye par parties l'emplacement des pieds-droits ; ou bien, suivant la modification usitée dans notre pays, on laisse au contraire le noyau central (*fig.* 38) pour supporter la calotte de la voûte par l'intermédiaire des boisages, et l'on creuse les fouilles des pieds-droits, que l'on construit comme précédemment en sous-œuvre.

Quelquefois même, et si la nature du terrain le permet, au lieu de faire d'abord la calotte, on laisse subsister les étais supérieurs après l'abatage en grand; on creuse les sections correspondant aux pieds-droits, et l'on pose les cintres qui

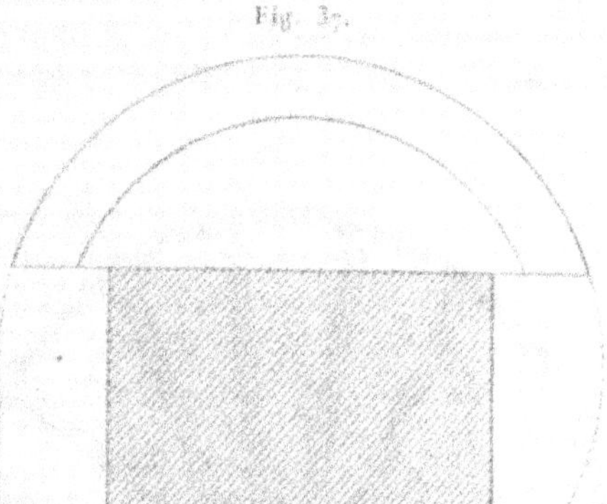

Fig. 37.

permettent de faire toute la voûte à partir du bas. C'est seulement alors, et après l'achèvement complet des maçonneries, qu'on enlève le noyau central qui a soutenu jusque-là les

Fig. 38.

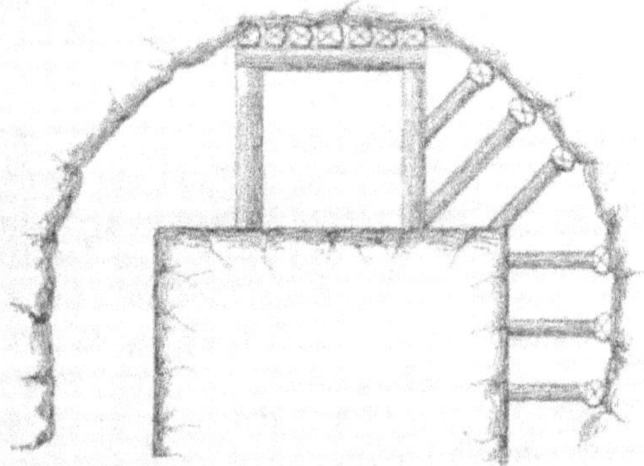

bois de blindage et les contre-fiches du cintre. Mais cette modification, qui présente plus de dangers, et que l'on appelle très-improprement la *méthode française*, est peu usitée et ne trouve que très-exceptionnellement une utile application.

45. Nous ne dirons que peu de chose de la *méthode anglaise* qui n'est guère adoptée que quand on juge la première inap-

plicable à cause de la nature du terrain traversé. La galerie de mine est alors percée au fond ; l'abatage en grand s'opère sur toute la section (*fig.* 39), et l'on en soutient les parois par des étais en éventail appuyés sur les cadres et portant eux-mêmes, s'il est nécessaire, des cours de madriers longitudinaux. On

Fig. 39.

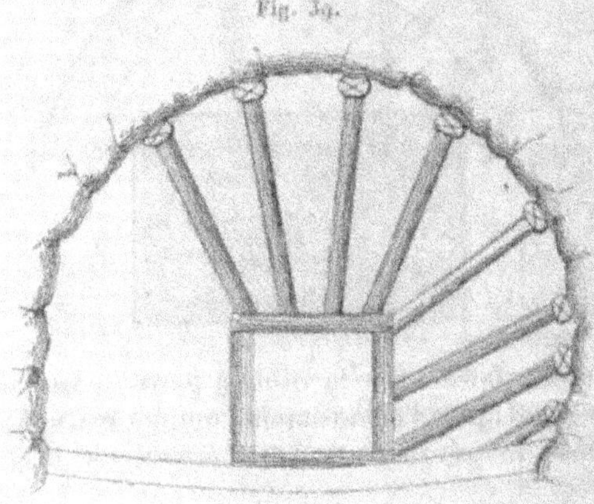

fait alors la voûte par portions plus ou moins longues et dans toute sa hauteur, ainsi qu'on l'a vu plus haut dans la méthode dite française.

46. Les travaux complémentaires de la construction d'un tunnel consistent à boucher ceux des puits qu'on ne doit pas conserver comme voies d'aérage ; à pratiquer, de distance en distance et de chaque côté, des niches creusées dans les parois latérales pour servir de refuge aux piétons ; à recevoir, dans les aqueducs latéraux ou dans un aqueduc central, les eaux auxquelles on aura procuré un écoulement facile et inoffensif à mesure que s'est établi le revêtement ; enfin à édifier les *têtes* du souterrain.

Aucune règle n'est à tracer pour l'ordonnancement et le style de ces têtes. On peut dire seulement qu'il est convenable que leur caractère général soit l'expression aussi simple que possible de la force nécessaire pour supporter la masse du terrain supérieur, et rappelle le travail persévérant auquel il a fallu se livrer pour violenter ainsi la nature. Cette condition, toute d'appréciation, implique une grande sobriété d'ornements et l'emploi de matériaux de choix, plus imposants par leur masse et leur mise en œuvre rustique que par le fini de leur taille ou le poli de leur parement.

EXPLOITATION DES CHEMINS DE FER.

GARES ET STATIONS.

47. Indépendamment des *gares* établies nécessairement aux deux extrémités d'une ligne de chemin de fer, pour recevoir les voyageurs et les marchandises au départ et à l'arrivée, il est évident qu'il doit être construit des *stations* à tous les centres de population intermédiaires, pour desservir convenablement la contrée traversée et faire produire à l'entreprise tout le trafic dont elle est susceptible. Ces deux mots *gare* et *station* sont, d'ailleurs, le plus souvent entendus dans le même sens, le premier s'attachant particulièrement aux établissements de ce genre qui ont une certaine importance relative, et ne devant pas être confondu avec l'appellation de *gare d'évitement*, que l'on donne à toute voie latérale destinée à recevoir momentanément un train, quand il faut en laisser passer un autre marchant à sa rencontre ou venant derrière lui.

Voici, du reste, un extrait textuel de l'article que le cahier des charges administratif consacre à cet objet :

Le nombre, l'étendue et l'emplacement des gares d'évitement seront déterminés par l'Administration, la Compagnie entendue.

Le nombre des voies sera augmenté, s'il y a lieu, dans les gares et aux abords de ces gares, conformément aux décisions précédemment prises par l'Administration, la Compagnie entendue.

Le nombre et l'emplacement des stations de voyageurs et des gares de marchandises seront également déterminés par l'Administration, sur les propositions de la Compagnie, après une enquête spéciale.

48. Nous ne pourrions, sans sortir de notre cadre, exposer ici tous les détails relatifs à la construction et à la distribution des gares de chemins de fer, ces établissements affectant des dispositions qui varient avec les lieux et avec les besoins. Aussi nous bornerons-nous à mentionner les principales des installations nécessaires dans une grande gare de voyageurs :

1° Cours spacieuses et distinctes pour le départ et l'arrivée des trains.

2° Vestibule de départ, dans lequel se trouvent les guichets pour la distribution des billets.

3° Bancs spéciaux pour recevoir les bagages, appareils de pesage et bureaux d'enregistrement des colis.

4° Salles d'attente au départ pour les trois classes de voyageurs.

5° Salle d'attente à l'arrivée, et salle de distribution des bagages.

6° Bureaux intérieurs pour le chef et les sous-chefs de gare, et pour tous les autres agents attachés à l'exploitation.

7° Bureaux pour les commissaires de surveillance administrative, pour les préposés des postes, de l'octroi, des lignes télégraphiques.

8° Salles, bureaux, magasins et quais pour le pesage, l'enregistrement, le dépôt et le chargement ou le déchargement des articles expédiés dits *messageries*.

9° Quais de chargement pour chevaux, bestiaux, voitures, marée, fruits, etc.

10° Buffets et buvettes, urinoirs et lieux d'aisances pour les voyageurs.

11° Remises pour les voitures des trois classes.

12° Réservoirs et grues hydrauliques pour l'alimentation des machines.

49. L'installation des grandes gares de marchandises comprend, outre les voies qui servent à former et à décomposer les trains, à les garer avant leur départ ou après leur arrivée, les quais et les cours nécessaires à la réception, à la manutention et à la livraison des marchandises, les bureaux d'enregistrement, ceux des préposés de la douane, de l'octroi, et les magasins destinés au dépôt et à la conservation des colis.

On comprend que cette nomenclature sommaire exclut bien des détails qui, aussi bien dans les gares à voyageurs que dans celles-ci, doivent être appropriés aux besoins des localités, mais qui découlent nécessairement des principales divisions que nous venons d'énumérer.

Enfin nous citerons, pour mémoire, les ateliers de réparation du matériel, et les dépôts spéciaux dans lesquels se remisent les machines locomotives, tant pour la formation des trains d'embranchement et les relais, que pour les secours et renforts nécessités par les accidents de route ou les rampes exceptionnelles.

MACHINES LOCOMOTIVES.

50. Nous n'avons pas la pensée de développer ici une théorie plus ou moins complète de la machine à vapeur, et en particulier de celle qui, sous le nom de *machine locomotive*, ou simplement de *locomotive*, sert de moteur pour la traction des voitures ou *wagons* sur les chemins de fer. Notre intention est seulement de donner de ces engins si puissants une description suffisamment claire pour en faire bien comprendre le mécanisme général et le mode d'action.

Trois parties principales apparaissent distinctement tout d'abord, dans le modèle dont nous donnons ci-après une élévation latérale et une coupe longitudinale :

1° A l'une des extrémités, le *foyer*, devant lequel se tiennent le *mécanicien* chargé de la conduite de la machine et le *chauffeur* qui, sous la direction du premier, exécute les manœuvres nécessaires à l'alimentation de combustible et d'eau, au serrement et au desserrement des freins, etc.

On peut voir que le foyer est complétement engagé dans le corps de la machine, de telle sorte qu'il est latéralement et supérieurement entouré d'eau, disposition qui a le double avantage d'utiliser toute la chaleur pour l'échauffement et la vaporisation du liquide, et d'empêcher que cette partie de l'appareil soit détruite promptement par l'oxydation.

2° A l'autre bout la *boîte à fumée* surmontée de la cheminée, et au bas de laquelle se trouvent de chaque côté les *cylindres* à vapeur et le *piston* moteur.

3° Enfin, au centre, la *chaudière*, dans laquelle on met l'eau à vaporiser, et qui est traversée longitudinalement par de nombreux tuyaux en cuivre de 4 à 5 centimètres de diamètre. C'est dans ces tuyaux que circulent, du foyer à la cheminée, la flamme, les gaz dégagés par la combustion et la fumée.

51. Le foyer, comme nous l'avons dit, est enveloppé d'eau de toutes parts, et cette eau s'échauffe rapidement et se vaporise, sous l'influence de la flamme qui parcourt les tuyaux, avec une abondance qui explique l'énorme quantité

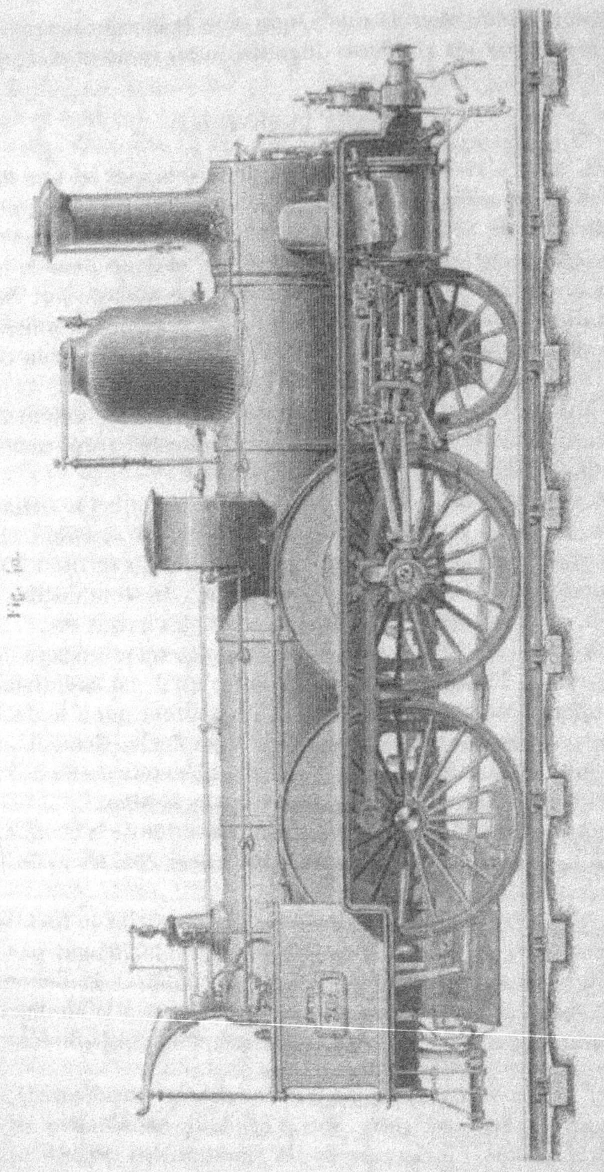

Fig. 60.

de vapeur consommée par la machine dans sa marche rapide.

Un dôme élevé se trouve dans la partie supérieure de la

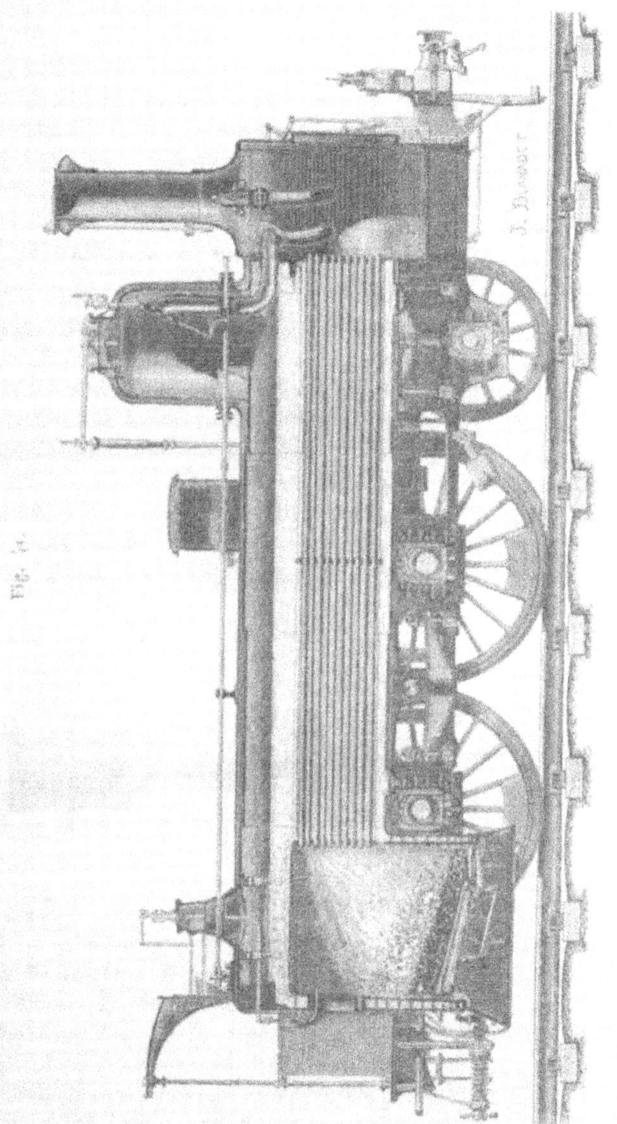

chaudière; c'est là que s'accumule la vapeur, et c'est de là qu'elle passe par un tuyau qui, se divisant en deux à l'extrémité antérieure de la locomotive, l'amène aux cylindres à travers la boîte à fumée.

En prenant ainsi la vapeur dans un point aussi élevé que possible de la chaudière, on obtient ce résultat que l'eau, soulevée par le mouvement de la machine et par le bouillonnement, ne peut être entraînée dans les cylindres, où elle produirait les plus fâcheux effets. Le mécanicien a d'ailleurs sous la main un robinet, au moyen duquel il règle et ferme au besoin la communication de la vapeur entre la chaudière et les cylindres. Ce robinet s'appelle le *régulateur*.

52. Comme cela a lieu dans les machines fixes, la vapeur est admise dans chaque cylindre sur l'une ou l'autre face du piston, suivant la position d'un *tiroir* placé dans une capacité latérale et fermée; elle y produit le mouvement de va-et-vient de ce piston, en établissant alternativement la communication avec la chaudière et avec l'air extérieur.

Le piston, en se mouvant dans le cylindre, entraîne une bielle fixée elle-même par une manivelle sur l'essieu des roues motrices, comme le montre la figure ci-dessous, et ces

Fig. 42.

dernières, qui font corps avec ledit essieu, entraînent le système entier sur les rails. Ce mouvement de rotation se continue sans interruption, si la distribution de la vapeur est entretenue et réglée convenablement, et si l'on a eu, comme cela a lieu en effet, le soin de faire agir les deux pistons sur des manivelles placées à angle droit l'une par rapport à l'autre, de manière que les *points morts* de l'une soient détruits par la force maximum de l'autre.

On augmente souvent l'adhérence des roues sur les rails, et par suite la force utile de traction de la machine, en *accouplant* les roues *motrices*, celles sur lesquelles agit directement la bielle du piston, avec une ou deux paires des autres roues, et l'on emploie pour cela des bielles de longueur exactement égale à la distance des axes des essieux. De cette manière, et les roues ainsi accouplées étant nécessairement de même diamètre pour qu'il n'y ait pas glissement sur les rails, les bielles dont il s'agit restent constamment parallèles à la voie.

53. Nous venons de dire que les deux capacités des cylindres, situées de chaque côté du piston moteur, communiquaient tantôt avec la prise de vapeur venant de la chaudière, tantôt avec l'atmosphère. Cette dernière condition est remplie par le moyen d'un tuyau que l'on voit se détacher dans l'axe de la cheminée à côté du tube d'admission, et ce jet alternatif de vapeur détermine un tirage qui, en accélérant la combustion, contribue puissamment à l'effet de la machine.

54. Le va-et-vient du tiroir qui règle l'entrée de la vapeur dans les cylindres est, d'ailleurs, déterminé par une excentrique fixée à l'arbre de la roue motrice.

Le plus souvent les excentriques sont doubles et disposées de manière à donner au tiroir des mouvements contraires. On comprend qu'alors, en mettant le tiroir en relation avec l'une ou avec l'autre au moyen d'une coulisse, sur laquelle agit directement le mécanicien par une tringle et un levier coudé, il peut à volonté changer le sens de la marche du tiroir et, par suite, celui de la marche de la locomotive.

55. Pour que la tension de la vapeur ne dépasse pas la limite en vue de laquelle a été construite la chaudière, deux *soupapes de sûreté* sont établies sur cette dernière, et leur mouvement est réglé par deux ressorts, dont on détermine la force de traction en serrant convenablement l'écrou adapté à la tige au-dessus du levier de la soupape.

La *fig.* 43 montre la disposition de cet appareil. Le levier horizontal BK est mobile autour de son extrémité B, et porte en C la soupape DE; à l'autre extrémité K est fixé le ressort à boudin FG solidement attaché en GL, et sollicité en M par une tige verticale selon la tension de la vapeur qui tend à soulever la soupape.

Fig. 43.

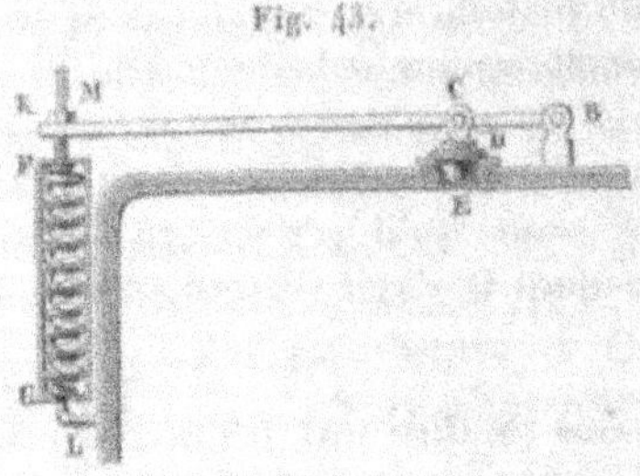

56. Un *manomètre* indique, à chaque instant, le degré de tension de la vapeur dans la chaudière, et le mécanicien doit régler son feu de manière à ne pas dépasser le taux correspondant à la marche qui lui est assignée. Cet appareil, dont nous donnons ci-contre un dessin, se compose d'un tube à section elliptique et enroulé sur lui-même; il communique avec la vapeur de la chaudière par un robinet α, et son extrémité fermée, qui se déroule sous l'effort de la tension, porte une aiguille dont la marche sur un cadran gradué CD indique la pression intérieure. Une boîte vitrée AB enveloppe tout le système et le met à l'abri des chocs accidentels.

Fig. 44.

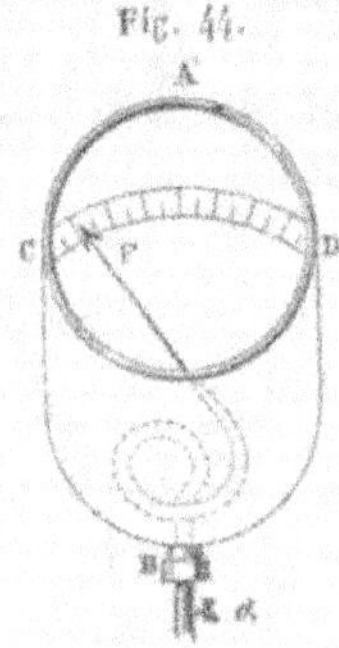

57. Toutes ces mesures de précaution sont complétées par un tube vertical extérieur en verre épais, lequel communique au moyen de robinets, par en haut avec la vapeur, par en bas avec l'eau de la chaudière. Le *niveau* de cette dernière apparaît ainsi constamment aux yeux du mécanicien, qui juge à chaque instant de l'opportunité d'alimenter sa machine.

58. Chacun a entendu le bruit strident et aigu que produit le mécanicien, en faisant à volonté sortir un jet de vapeur dans un sifflet métallique placé à sa proximité. Il signale ainsi l'approche de la machine dans les courbes ou dans les souterrains, son arrivée dans les gares, son arrêt ou sa mise

en marche sur un point quelconque de son parcours ; enfin, il appelle du secours en cas de *détresse*, ou il attire l'attention de toute personne qui, engagée sur la voie, serait exposée à être atteinte par le train.

Voici la désignation sommaire des signaux convenus pour assurer la marche des trains au moyen du sifflet à vapeur.

Par un coup de sifflet prolongé, *on attire l'attention* des agents du train, comme de toutes autres personnes qu'on a intérêt à avertir.

Par deux coups brefs, le mécanicien enjoint de *serrer les freins* jusqu'à ce qu'on obtienne un frottement modéré.

Plusieurs coups saccadés indiquent qu'il faut *serrer jusqu'au refus.*

Enfin, quand on est au repos, un coup de sifflet bref fait *desserrer les freins* et annonce le départ.

59. Les freins des chemins de fer sont analogues à ceux qui servent pour les voitures ordinaires, et composés le plus généralement de deux morceaux de bois placés entre deux roues consécutives d'un même véhicule, de manière à en embrasser en partie le contour. En agissant par une mani-

Fig. 45.

velle et un engrenage sur une tige AB fixée à un levier intermédiaire BC, le serre-frein applique et presse ces deux morceaux de bois contre les jantes des roues, que le frottement gêne alors dans leur rotation, et qui finissent par s'arrêter sous l'influence de cette augmentation des résistances passives.

Ce système a l'inconvénient réel de faire glisser les roues sur les rails, et de causer leur déformation par l'usure qui se produit irrégulièrement sur les différents points de leur contour. Pour y remédier, on a imaginé un autre frein consistant en un morceau de bois rectiligne qui descend entre les deux roues sur le rail, et qui y frotte assez énergiquement pour ralentir la marche; mais le premier système paraît demeurer jusqu'à présent le plus répandu, malgré le défaut que nous avons signalé et malgré les recherches qu'ont provoquées dans ces dernières années de fréquents et déplorables accidents.

60. Nous compléterons ce que nous avons à dire sur les machines locomotives, en donnant quelques détails relatifs à leur alimentation.

Le *tender*, véhicule spécial placé derrière la machine, dont il fait même quelquefois partie intégrante et solidaire, porte des approvisionnements suffisants en combustible et en eau.

Tout le monde connaît ces *grues hydrauliques* auprès desquelles les locomotives s'arrêtent dans les gares, pour renouveler leur provision de liquide. Ce dernier est amené de réservoirs plus ou moins vastes et généralement composés

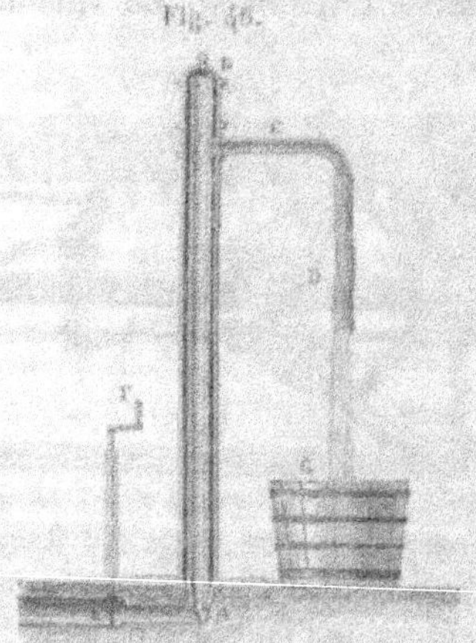

Fig. 46.

d'une tonne cylindrique, en tôle de fer, montée sur une base solide en maçonnerie. La grue hydraulique a pour élément principal un tube vertical AB en fonte, solidement fixé dans un massif en pierre de taille, et dans lequel est enfermé un second tuyau servant à l'ascension de l'eau.

Un bras horizontal C, terminé par une manche en cuir D, peut être amené par un mouvement de rotation au-dessus de l'orifice du tender, et replacé parallèlement à la voie, quand ce dernier est rempli. Une manivelle EF permet, d'ailleurs, d'ouvrir ou de fermer la communication entre le réservoir et la grue, dont le trop-plein est reçu d'ordinaire dans une cuve en bois G disposée à cet effet au pied de l'appareil.

Dans le principe, et pendant de longues années, ce fut à l'aide de deux pompes, mues par le va-et-vient des pistons moteurs eux-mêmes, que l'eau du tender était attirée dans la chaudière. Mais ce système avait le grave inconvénient de ne pouvoir fonctionner que quand la machine était en marche,

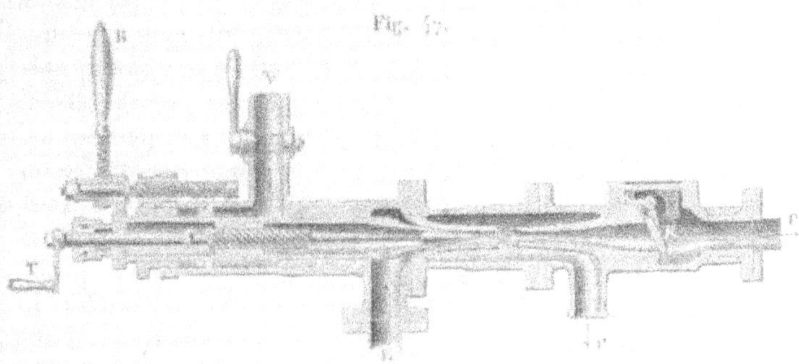

Fig. 57.

et on l'a remplacé par l'injecteur Giffard (c'est le nom de son inventeur), précieux appareil qui s'applique aussi bien aux machines fixes qu'à celles qui sont mobiles.

Il se compose essentiellement d'un cylindre en fonte dans lequel sont disposés deux ajutages coniques en cuivre, placés par la pointe en regard l'un de l'autre, à une distance qui peut se modifier par l'action régulatrice de la vis à long pas que mène le levier R.

Dans la partie gauche du cylindre arrive, par le tuyau V, la vapeur prise directement à la partie supérieure de la chaudière, et cette vapeur, introduite au moyen d'un robinet et par une série de trous percés dans le tube intérieur, tend à s'échapper par l'orifice conique correspondant.

Cette ouverture est elle-même augmentée ou diminuée,

suivant la pression de la vapeur, par une tige conique pleine
que l'on approche ou que l'on éloigne au moyen de la manivelle T.

L'eau du tender est, d'ailleurs, introduite dans l'appareil par
le tube F, dans lequel elle est aspirée par le vide dû à une con-
densation partielle de la vapeur à la sortie de son orifice conique; elle est entraînée par cette dernière dans le cône
opposé où elle soulève un clapet K, et se rend de là dans la
chaudière en suivant la direction indiquée par la flèche C.

Quant au tube P, il sert à purger l'appareil de l'eau sur-
abondante qui a été aspirée par la mise en train; il ne doit évidemment rien donner tant que l'appareil fonctionne régulièrement.

61. Il ne sera pas inutile de donner quelques indications
sommaires sur les règles à suivre pour mettre en marche,
conduire et arrêter une machine locomotive, soit seule, soit
attelée en tête d'un train de voyageurs ou de marchandises.
On comprend, toutefois, que nous n'entendons nullement ici
dispenser le lecteur de l'apprentissage pratique nécessaire en
tout, mais principalement dans une affaire où le salut de tant
de personnes est confié au sang-froid, à l'expérience et à la
vigilance d'un seul.

Avant de mettre sa machine en marche, le mécanicien la
visite avec un soin attentif, s'assure du bon fonctionnement
des soupapes de sûreté, du manomètre, des freins et du sifflet,
vérifie la régularité de l'attelage, et attend le signal de départ
que lui donne le chef de gare et que répète le chef de train.
Il lance alors le coup de sifflet qui fait desserrer les freins,
et ouvre avec précaution et graduellement le régulateur (50)
qui livre passage à la vapeur et met en jeu les pistons moteurs. Le but à atteindre est de passer progressivement et
sans à-coup du repos à la vitesse normale, afin de ménager
les organes divers de la machine et les attelages de tous les
véhicules entraînés, et pour éviter les chocs brusques, si préjudiciables au matériel et si désagréables pour les voyageurs.

Pendant la marche, il faut conduire le feu et régler la pression de manière à conserver une force motrice appropriée aux
exigences de la route, plus forte pour gravir les rampes, modérée dans les courbes et dans les pentes. Enfin, le mécani-

cien doit connaître à fond le tempérament de sa machine et
tous les détails de la ligne qu'il parcourt, pour être en mesure
d'assurer l'arrêt progressif, aux approches des stations, par la
fermeture partielle ou complète du régulateur, et par le fonctionnement des freins du tender et des wagons remorqués.

Si, au contraire, le mécanicien aperçoit devant lui un obstacle quelconque qui nécessite l'arrêt aussi instantané que
possible, il doit faire serrer à fond tous les freins, *renverser
la vapeur*, c'est-à-dire disposer rapidement toutes choses (54)
pour la marche en arrière, et déboucher entièrement le régulateur, s'il n'est encore qu'incomplétement ouvert. La vitesse
du train s'amortit alors plus ou moins rapidement; il s'arrête
bientôt, et marcherait même en sens inverse, si le régulateur
n'était à ce moment fermé. Cette manœuvre violente ne s'exécute pas, cependant, sans fatiguer considérablement tous les
organes du système, et on l'a rendue plus inoffensive et plus
efficace par un appareil spécial, dit *de contre-vapeur*, qui sert
non-seulement à arrêter promptement les convois en présence
d'un danger imprévu, mais aussi à modérer la marche le long
d'une pente rapide. Nous n'entrerons pas dans de plus longs
détails sur ce sujet, pour l'étude duquel, comme nous l'avons
dit, quelques heures de pratique remplaceront avantageusement les plus minutieux développements.

SIGNAUX.

62. Enfin, et c'est par là que nous finirons, l'exploitation
d'un chemin de fer n'est possible qu'avec l'emploi de signaux
nombreux et divers permettant de régler les manœuvres, et de
transmettre au loin des avertissements et des ordres. Ces signaux sont de plusieurs espèces; on distingue :

1° Les signaux à main ;
2° Les signaux fixes ;
3° Les signaux détonants ;
4° Les signaux de trains ;
5° Les signaux des mécaniciens.

Nous avons déjà expliqué (57) la nature et la signification
des signaux que donne le mécanicien conducteur de locomotive
au moyen du sifflet à vapeur de sa machine, et nous n'y
reviendrons pas.

C'est donc seulement sur les quatre premiers genres de signaux que nous allons présenter quelques explications sommaires, en nous bornant à ce qui concerne directement la marche des trains et la sécurité des voyageurs.

1° *Signaux à main.* — Ces signaux se font pendant le jour par le moyen de *drapeaux* de différentes couleurs et, pendant la nuit, avec des *lanternes* à feux pareillement colorés.

L'absence de drapeaux ou le feu blanc indique que la voie est libre; le vert prescrit la prudence et le ralentissement, et le rouge, signe de danger, ordonne l'arrêt immédiat et sur place, si cela est possible.

En cas d'urgence et à défaut de drapeau rouge le jour, de feu rouge la nuit, on commande aussi l'arrêt en agitant vivement un objet très apparent ou une lumière quelconque de haut en bas et de bas en haut.

2° *Signaux fixes.* — Ils sont de deux sortes : les *sémaphores* et les *disques.*

Le sémaphore se compose essentiellement d'un mât muni d'un ou de deux bras mobiles pour les signaux de jour, et de lanternes à feu blanc, vert ou rouge pour la nuit. Disons de suite que cette coloration des feux s'obtient très simplement au moyen d'une lanterne ordinaire que l'on présente devant une vitre blanche, rouge ou verte.

La signification de ces dernières est la même que pour les signaux à main; la seule différence est que ces derniers sont mobiles et employés en un point quelconque que l'on veut protéger, tandis que le sémaphore agit sur place dans les gares, aux bifurcations et, en général, sur tous les points où la circulation des trains et des machines peut rencontrer des obstacles.

Quant aux bras, qui sont peints en rouge du côté où ils doivent exercer leur action, ils indiquent que la voie est libre s'ils sont pendants; ils prescrivent l'arrêt immédiat dans la position horizontale, et le simple ralentissement dans la position intermédiaire.

Il est, d'ailleurs, entendu que les deux bras servent exclusivement et respectivement pour les machines qui se présentent du côté peint en rouge, l'un de ces bras se mouvant à gauche, l'autre à droite du mât.

Les disques ont la même destination que les sémaphores; mais ils en diffèrent surtout en ce qu'ils se manœuvrent à distance au moyen de fils de fer et de leviers diversement articulés. Un disque circulaire D, mesurant 80 centimètres environ de diamètre, est situé au haut d'un mât vertical dont l'axe est dans son plan, et il est percé d'une ouverture B fermée par une vitre rouge. L'une des faces du disque lui-même est peinte en blanc, l'autre est rouge.

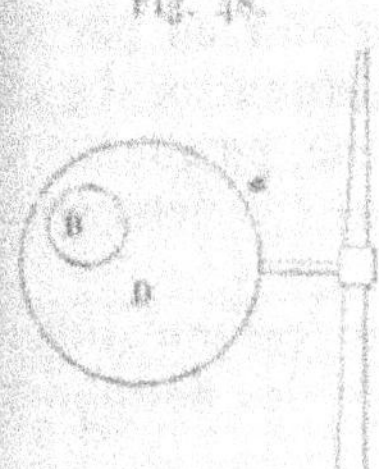

Fig. 48.

Pendant le jour, pour fermer le passage aux trains arrivant inopportunément en gare, on tourne vers eux la face rouge ; pendant la nuit, une lanterne allumée devant l'orifice B remplit le même objet à travers la vitre rouge qui le ferme.

Nous passons à dessein sous silence certains autres détails de manœuvre, tels que, par exemple, ceux qui servent à empêcher un second train d'entrer en gare après le premier sans y être attendu, après que celui-ci a obtenu la voie libre et l'ouverture du disque. Toutefois, nous appellerons encore l'attention sur la nécessité d'avoir égard aux indications établies à demeure sur la ligne, aux abords de toutes les bifurcations, pour indiquer le point où doivent s'arrêter les trains et les machines, aussi longtemps que le sémaphore ou le disque n'a pas indiqué que la voie est complètement libre.

3° *Signaux détonants.* — Ce sont des *pétards*, employés le jour et la nuit pour signaler au mécanicien un train ou un obstacle quelconque qui lui commande la

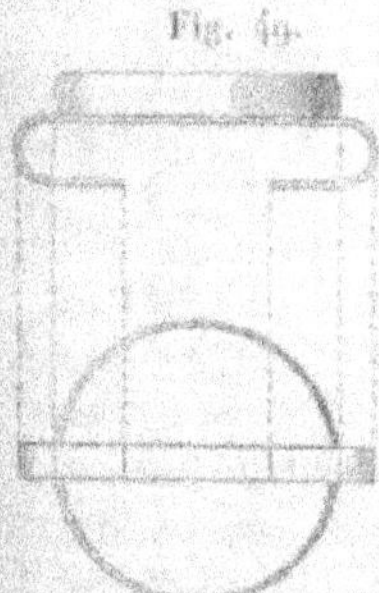

Fig. 49.

prudence et le ralentissement de sa propre marche. Le pétard dont il s'agit est une boîte circulaire en fer-blanc, de la grosseur d'une forte montre, et contenant une matière explosive ; on le place sur le rail en l'assujettissant au moyen de deux bandes de fer sur le champignon du rail, et l'écrasement produit par les roues détermine l'explosion bruyante dont on a besoin.

Si le temps est sec, deux pétards placés, l'un sur le rail de droite, l'autre sur le rail de gauche, à une vingtaine de mètres l'un de l'autre, suffisent à l'effet cherché ; si le temps est humide, on en met trois.

Il est entendu, d'ailleurs, que l'emploi de ces engins détonants ne saurait jamais dispenser de faire usage des signaux ordinaires, même et surtout la nuit ou dans les souterrains, et le jour lorsque le brouillard ne permet pas de distinguer facilement les signaux à main.

4° *Signaux de trains.* — Sauf pour l'annonce de trains spéciaux, pour éclairer le passage des souterrains ou par le temps de brouillard, un train en marche ne porte aucun signal pendant le jour; mais, dès que la nuit approche, on allume à l'avant une forte lanterne à feu blanc et à l'arrière deux lanternes à feu rouge.

L'annonce d'un train spécial se fait par un drapeau rouge flottant à l'angle supérieur de droite de l'une des dernières voitures du train en marche.

Enfin, tout train circulant sur les voies est muni d'une cloche placée sur son tender, et dont le battant est mis en mouvement au moyen d'une corde, en cas de besoin, par le conducteur placé dans la vigie du fourgon de tête, quand il juge que pour une cause quelconque il peut y avoir lieu de faire arrêter le train.

NAVIGATION INTÉRIEURE.

PRÉLIMINAIRES.

1. La navigation intérieure se divise en deux branches distinctes qui se rapportent respectivement, la première à la navigation fluviale ou naturelle dans le lit même des rivières, la seconde à la navigation artificielle dans des canaux ouverts et construits par la main de l'homme.

Nous allons donc examiner successivement, en donnant quelques détails sur les principaux ouvrages qui leur sont propres, la *navigation des rivières* et la *navigation des canaux*.

NAVIGATION DES RIVIÈRES.

2. Si toutes les rivières, ou tout au moins les rivières principales, avaient une profondeur d'eau suffisante pour porter des bateaux, et assez de largeur pour permettre à ces derniers une marche toujours facile et assurée, si la vitesse de leurs eaux était assez régulière et assez modérée pour que les embarcations pussent descendre sans danger et remonter sans de trop grandes difficultés, ce moyen de transport serait évidemment le plus économique, et aurait reçu depuis des siècles une universelle application.

Il n'en est malheureusement pas ainsi. Quelques rivières ont un cours trop sinueux, barré par des bancs de sable ou par des rochers produisant, dans les grandes eaux, des *rapides* qui ne peuvent être franchis avec une suffisante sécurité, et dans les eaux basses des *maigres* ou *hauts-fonds* sur lesquels les barques les plus plates et les plus légères ne pourraient flotter. D'autres coulent sur un fond de sable mobile qui, se déplaçant à chaque crue, produit des atterrissements accidentels ayant les mêmes inconvénients que les hauts-fonds fixes. Il en est aussi dont le lit, creusé dans le rocher ou dans les galets, a conservé une pente si considérable, que l'on ne pourrait y naviguer sans péril, à cause de l'extrême rapidité du courant.

Comme on peut en juger par ces quelques lignes, la navigation des rivières dans leur état naturel et primitif n'est qu'exceptionnellement praticable, et des travaux importants sont le plus souvent nécessaires pour obtenir ce résultat, soit que l'on améliore la marche des eaux en leur laissant un libre cours dans leur lit, soit que par des barrages on obtienne ce double résultat de diminuer la pente superficielle et d'augmenter la profondeur.

3. Quoi qu'il en soit, il est indispensable d'étudier et de bien connaître tout d'abord le *régime* de la rivière, c'est-à-dire l'état de son lit, la nature du terrain qui le forme et celle des matières qui peuvent être apportées de la partie supérieure, la pente de la vallée, la promptitude, la fréquence des crues et leur volume par rapport à celui qui correspond à l'*étiage*. C'est ce dernier nom que l'on donne au niveau le plus bas qu'atteignent les eaux.

La connaissance exacte de ces particularités et de l'action que les eaux, dans leurs divers états, exercent sur le fond et sur les rives, est le point de départ obligé de toute modification ultérieure. Quand le lit est à peu près stable, quand les rives résistent à l'action des eaux pendant les crues, quand le *tirant d'eau* est, non pas nécessairement uniforme, mais à peu près invariable en chaque point, on dit que *le régime est établi*.

Beaucoup de rivières n'arrivent jamais à cet état de stabilité, et il n'y en a peut-être aucune qui y soit réellement parvenue. Cependant, les variations qu'éprouvent encore à la longue celles qui sont regardées comme relativement inaccessibles aux mouvements prononcés que l'on remarque fréquemment dans d'autres n'influent pas d'une manière sensible sur les conditions d'une bonne navigabilité ; elles sont, du reste, considérablement atténuées par les soins d'un entretien attentif et continu.

4. Les éléments essentiels de l'étude du régime d'une rivière sont, comme on peut le pressentir par ce qui vient d'être dit :

1° Le *plan* aussi exact que possible du lit et de ses abords.

2° Le *nivellement* de la surface des eaux et du fond, tant

dans le sens longitudinal que dans le sens transversal, c'est-à-dire les profils en long et en travers.

3° Le *jaugeage*, ou la détermination des quantités d'eau que débitent les rivières aux époques signalées plus haut, savoir : à l'étiage, dans les eaux moyennes et en hautes eaux.

Le lever du plan ne nécessite aucune autre connaissance spéciale que celles qui ont été indiquées dans le tome II de ce Livre; il demande seulement de l'exactitude, et il importe qu'il soit parfaitement en rapport avec le nivellement. Il doit notamment reproduire très-fidèlement les lignes suivant lesquelles les profils sont dressés, ainsi que l'emplacement de repères solides, placés à 300 ou 400 mètres de distance les uns des autres, et en regard desquels on fera plus tard des observations de hauteur de l'eau et des sondages transversaux après chaque crue.

Le nivellement des eaux devrait se faire au milieu de la rivière; mais il s'exécute plus commodément sur le bord, au moyen de piquets dont la tête affleure la surface, ou qui la dépassent de quantités mesurées directement. On doit faire grande attention, si des circonstances quelconques obligent à faire passer le nivellement d'une rive sur l'autre, qu'il peut exister une différence de niveau assez sensible entre les deux bords dans la même section, et qu'il convient d'en tenir compte avec le plus grand soin dans les opérations.

Enfin, le jaugeage aux diverses époques se fait par des procédés que nous indiquerons plus loin, quand nous parlerons du Service hydraulique. Nous ferons seulement remarquer dès à présent que l'étiage d'une rivière ne descend pas nécessairement tous les ans au même point, à cause des influences météorologiques qui varient d'une année à l'autre, et qui obligent même souvent à distinguer dans une même année l'étiage d'été et l'étiage d'hiver. De plus, l'époque des hautes eaux n'est pas la même pour toutes les rivières, dont les unes reçoivent le produit de la fonte des neiges accumulées sur les montagnes où elles prennent leur source, tandis que les autres n'ont leurs crues qu'à la suite de pluies plus ou moins abondantes et plus ou moins prolongées.

5. La plus grande imperfection d'une rivière qui doit servir à la navigation est celle qui résulte d'une profondeur insuffi-

sante, lorsque le tirant d'eau devient assez faible pour faire échouer les embarcations et arrêter les transports.

Deux moyens principaux se présentent et sont mis en usage pour remédier à cet inconvénient :

1° Le *dragage* ou déblai sous l'eau, combiné, s'il y a lieu, avec un rétrécissement du lit par des digues transversales ou longitudinales qui, peu élevées au-dessus de l'étiage, provoquent l'ensablement lors du retrait des crues dans le premier cas, et augmentent la hauteur de la section mouillée aux dépens de la largeur dans le second.

2° La création de *barrages-déversoirs* qui, relevant les eaux, forment des chutes qu'il faut ensuite franchir par des moyens particuliers.

DRAGAGES.

6. L'opération du dragage est, en général, fort simple. Elle s'exécute sur les terrains tendres avec la *drague à main*,

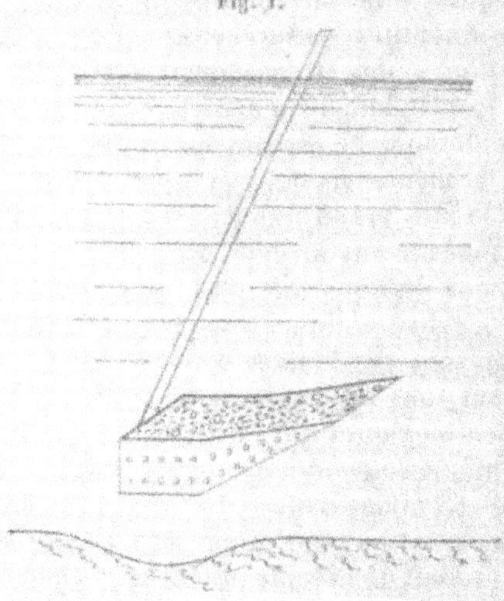

Fig. 1.

sorte de cuiller percée de trous que manie, au bout d'un long manche, un homme placé sur un bateau, ou que mettent en mouvement quatre ouvriers au moyen d'un treuil, si elle a des dimensions plus considérables, et si la résistance du fond oblige à employer une force plus grande.

On se sert aussi avec succès, dans ces circonstances, de la force de l'eau elle-même pour approfondir la rivière sur certains points et en déchirant préalablement le fond avec une herse en fer pour que le courant emporte plus facilement les déblais.

Enfin, on favorise puissamment cette action en maintenant un bateau en travers du courant, et faisant glisser contre le bord d'amont un panneau jointif que l'on arrête à une faible distance du fond; ou encore, en employant de la même manière une ventelle suspendue entre deux batelets, de telle sorte que l'eau qui s'échappe par-dessous avec une grande vitesse suffise pour enlever et chasser les atterrissements.

7. Ces divers procédés, on le comprend, ne sont applicables que quand on a à traiter un fond d'une faible résistance. S'il en était autrement, et si même la grande drague à main ne pouvait utilement fonctionner, on aurait recours à la *machine à draguer* proprement dite, sorte de chapelet incliné à une ou deux chaînes, muni de hottes à trous et de griffes, et mû par des chevaux, des bœufs ou la vapeur.

Mais, s'il s'agit d'enlever des hauts-fonds en roche plus ou moins dure, que n'entamerait facilement ni la herse ni la drague, on plante dans les joints des pieux de fer battus au mouton; puis, on s'efforce d'ébranler et de soulever les parties disjointes au moyen d'un cordage attaché à l'extrémité de chaque pieu.

Si le rocher est compacte et inattaquable par les moyens ci-dessus indiqués, on le fait éclater par la force d'expansion de la poudre, que l'on introduit au moyen de boîtes et de tubes en fer-blanc dans des trous cylindriques préalablement pratiqués avec la barre à mine. La *dynamite*, substance explosive d'une grande énergie et dont la découverte est récente, rend aussi de précieux services dans des circonstances où tous les autres moyens ont échoué.

8. Quel que soit, d'ailleurs, le mode employé pour désagréger les parties dures du lit, on peut enlever les morceaux détachés avec des tenailles qui se manœuvrent au moyen d'un long manche, et qui se referment lorsqu'elles sont tirées par une corde attachée à l'extrémité commune de deux branches articulées.

Ce genre d'outil comporte plusieurs dispositions, dont l'une est reproduite par la figure ci-dessous.

Fig. 2.

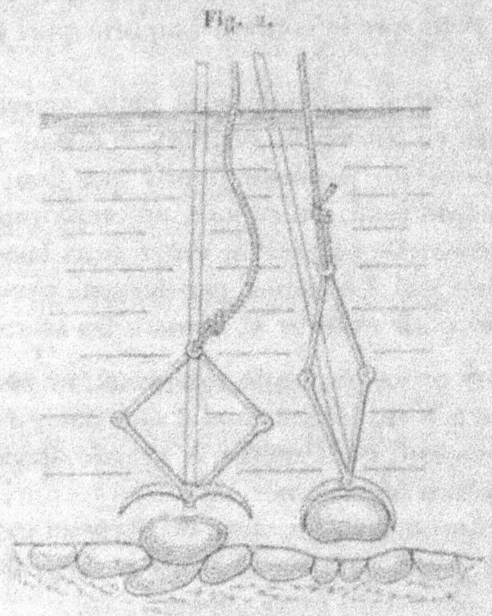

9. On emploie encore avantageusement, pour enlever les blocs détachés du fond, comme pour exécuter tout autre travail à faire sous l'eau, la *cloche à plongeur*, espèce de cuve renversée, en fonte, munie de lentilles circulaires en verre très-épais, et imperméable à l'eau extérieure comme à la pression de l'air intérieur.

La respiration s'y alimente par une pompe qui, placée sur un radeau, refoule l'air extérieur, tandis que l'air vicié par la respiration, plus chaud et par suite moins dense que l'air frais, s'échappe par un robinet du haut de la cloche où il s'accumule.

La communication entre le plongeur et les hommes de l'extérieur se fait, du reste, au moyen de coups de marteau frappés d'une manière convenue à l'avance sur la paroi.

10. Enfin, on a imaginé de confectionner avec du caoutchouc un vêtement imperméable que revêt le plongeur, et que complète un casque en cuivre fermé par une large lunette en verre. Ce casque contient de l'air qui se renouvelle aussi par une pompe foulante, et les signaux se font par une corde de sauvetage que l'on agite du haut ou du bas un certain nombre

de fois convenu, ou encore en écrivant sur une ardoise qui,
par le moyen d'une corde, peut voyager du dehors au fond et
réciproquement.

Fig. 3.

Le plongeur, une fois équipé, descend par une échelle au
fond de l'eau, où il est maintenu par des semelles de plomb
adaptées à ses brodequins, et par un collier du même métal
qui pèse sur ses épaules.

Si, par une cause quelconque, un plongeur est pris d'un malaise subit qui ne lui laisse pas la faculté de transmettre ou de recevoir les signaux préalablement convenus, il lui suffit de toucher un ressort qui fait tomber instantanément son collier, et il remonte de suite à la surface de l'eau, où il est hors de danger. Cette disposition est capitale, non-seulement par les bons résultats qu'elle produit directement en cas d'urgence, mais aussi par la confiance qu'elle donne à l'ouvrier qui doit quelquefois travailler ainsi à de grandes profondeurs sous l'eau.

L'appareil que nous venons de décrire sommairement, et qui rend de très-grands services, est plus commode et maintenant plus fréquemment employé que la cloche à plongeur ; il porte le nom de *scaphandre*.

11. Les résultats d'un dragage ne sont pas toujours aussi certains qu'on pourrait le croire d'abord, et de graves mécomptes viennent souvent déjouer les prévisions. Si la cause de la formation du haut-fond qui gêne la navigation est accidentelle, comme l'érosion imprévue d'une berge ou l'établissement d'un ouvrage neuf, le dragage réussit parfaitement et l'on peut espérer ne pas avoir à le recommencer.

S'il s'agit, au contraire, de l'approfondissement d'un lit naturel et mobile, ou si l'atterrissement est une conséquence directe et forcée du régime de la rivière, il y a tout lieu de craindre que le dépôt se reforme et demande un dragage périodique ; mais cette opération, malgré son renouvellement plus ou moins fréquent, peut bien ne représenter qu'une dépense annuelle peu importante auprès des avantages sérieux d'une meilleure navigation, et il n'y a pas lieu de la repousser systématiquement.

Toutefois, le dragage des parties dures dans un lit de rivière n'offre généralement pas le même inconvénient ; impuissante pour ronger et enlever un fond résistant, la vitesse peut être suffisante pour empêcher le dépôt de matières charriées par les eaux, et l'amélioration ainsi obtenue sera durable et définitivement acquise.

BARRAGES.

12. Il faut toujours, avant d'entreprendre le dragage d'un haut-fond qui entrave la navigation, examiner attentivement

si cet exhaussement du lit n'a pas pour effet utile de retenir et relever les eaux au-dessus de lui, et si son enlèvement ne serait pas de nature à abaisser le niveau supérieur au-dessous de la hauteur nécessaire pour la circulation des bateaux, auquel cas il conviendrait de chercher un autre moyen d'améliorer cette partie de la rivière.

On atteint généralement ce but d'une manière certaine en plaçant à l'aval d'un haut-fond un *barrage* transversal, par-dessus lequel la rivière s'écoule en déversoir, et en donnant à cette retenue une hauteur suffisante pour que les bateaux trouvent partout un mouillage convenable.

Il est clair qu'on doit ménager dans ces barrages un *pertuis* qui, s'ouvrant et se fermant à volonté, puisse donner passage aux bateaux; mais l'eau retenue s'échappe en même temps avec impétuosité dans le bief inférieur, et cette manœuvre, difficile à la remonte et dangereuse à la descente, est encore la seule qui soit en pratique sur plusieurs rivières de France, où les barrages ne sont même pas partout assez rapprochés pour procurer le tirant d'eau convenable.

Dans ce dernier cas, on est obligé de *lâcher*, après une retenue plus ou moins prolongée, l'eau du bief d'amont pour produire le mouillage suffisant dans le bief d'aval que doivent parcourir les bateaux montants ou descendants. Il est aisé de comprendre ce qu'offre de précaire un pareil système de navigation, qui tend heureusement à disparaître de jour en jour.

13. Nous n'entrerons pas ici dans la discussion et le calcul des effets que produit la création d'un barrage, tant sur le régime des eaux que sur le fond et les berges d'une rivière. Ces effets sont généralement divers, suivant le plus ou moins de longueur ou d'obliquité que l'on donne à ces constructions par rapport à la direction du courant.

Plus un barrage est étendu, moins pour le même produit la tranche d'eau qui se déverse sur le glacis a d'épaisseur et de vitesse, et moins cette tranche d'eau tendra à dégrader la maçonnerie supérieure; moins aussi sera affouillé le lit en aval de la chute, dont l'action se trouve ainsi répartie sur une plus grande longueur.

C'est dans cette pensée que l'on établit souvent les barrages, soit auprès d'une île, soit dans un élargissement du lit, ou obliquement par rapport au courant général. D'autres fois, pour s'assurer les avantages d'un barrage oblique et éviter l'inconvénient qui résulte de ce que, dans ce système, le courant va frapper la rive opposée, la corrode et forme des dépôts en aval, on a adopté la forme d'un *chevron brisé*, ou celle d'un arc de cercle qui a la propriété de concentrer les filets d'eau dans le milieu de la rivière.

Néanmoins, la ligne droite perpendiculaire au fil de l'eau étant nécessairement la plus courte, cette forme est en général la plus économique quant aux frais d'établissement, et semble sous ce rapport devoir être préférée, toutes les fois que l'on peut donner au glacis du barrage la solidité désirable, et quand le fond en aval est assez résistant pour que des affouillements résultant de la chute ne soient pas à redouter.

14. La *chute* d'un barrage s'estime en prenant la différence entre le niveau de l'eau d'amont et celui d'aval après le déversement ; elle est donc variable avec les divers états de la rivière. L'expérience et le raisonnement s'accordent pour établir que ces chutes diminuent au fur et à mesure que le produit augmente, à tel point que, dans les crues assez fortes, le barrage semble n'exercer et n'exerce réellement plus qu'une influence presque insensible sur la surface et sur le cours des eaux. Ce n'est donc que dans les crues moyennes que la présence d'un barrage apporte un obstacle réel au débouché, et cette considération, jointe à celle de l'économie, commande de réduire la hauteur de ces ouvrages à la moindre dimension nécessaire pour la navigation.

D'un autre côté, la puissance destructive des chutes d'eau croît rapidement avec leur hauteur ; les matériaux de construction, continuellement exposés à l'effort d'une masse liquide animée d'une vitesse considérable, ne résisteraient pas indéfiniment à cette action, et le lit lui-même, qui reçoit le choc d'une manière permanente, serait à la longue emporté et affouillé, si l'on dépassait une limite assez rapprochée. Enfin, les difficultés du passage des bateaux par le pertuis font aussi une loi de restreindre la hauteur à franchir au strict nécessaire.

Aussi, bien que l'on ait quelquefois exécuté des barrages

de 3 ou 4 mètres de chute, la prudence et l'expérience conseillent-elles de ne jamais s'élever notablement au-dessus de 2 mètres.

15. La forme du barrage vers l'aval exerce aussi une influence considérable sur les effets de la chute. Cette forme peut se rapporter à trois types principaux : les déversoirs *à parois verticales*, les déversoirs *à longs glacis inclinés* et les déversoirs *à gradins*.

La paroi verticale à l'aval d'un barrage présente un inconvénient fort grave. En effet, dans les crues moyennes, lorsqu'un volume d'eau important tombe verticalement avec une chute encore très-marquée, il forme un tourbillon à axe horizontal dont les effets sont extrêmement puissants, et qui ne tarderait pas à mettre en péril la construction tout entière, en creusant un véritable gouffre à son pied, si elle n'était pas assise sur un sol assez résistant et avec un surcroît de précautions dispendieuses.

C'est pour s'opposer à cet affouillement désastreux que l'on a construit quelquefois, en avant du barrage, une risberme en

Fig. 4.

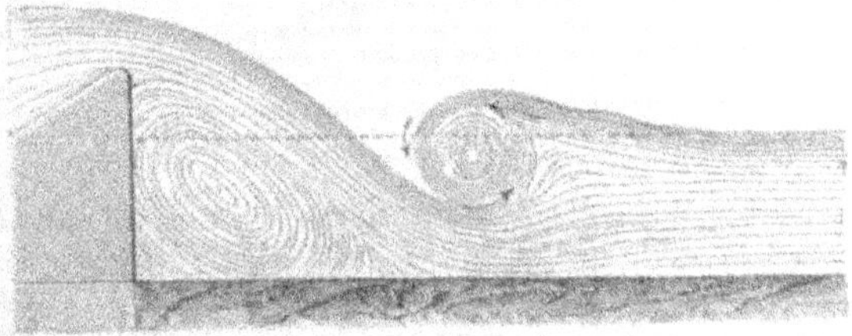

maçonnerie ou en enrochements parementés ; mais ces précautions elles-mêmes ont été presque toujours impuissantes contre l'effort des grandes eaux, et de nombreux sinistres permettent de condamner d'une manière à peu près absolue ce mode de construction des barrages.

16. Dans le but de remédier à ce grave inconvénient, on a eu recours à de *longs glacis inclinés vers l'aval*, soit que, comme dans la *fig.* 5, on adopte le profil rectiligne, soit que l'on s'arrête à un profil courbe, convexe à la partie supérieure et concave inférieurement, ainsi qu'on le voit dans la *fig.* 6.

Mais ce dernier système n'offre aucune garantie de plus que
les plans inclinés pour la solidité; il a, de plus, le sérieux
défaut d'exiger des pierres de taille d'un appareil difficile

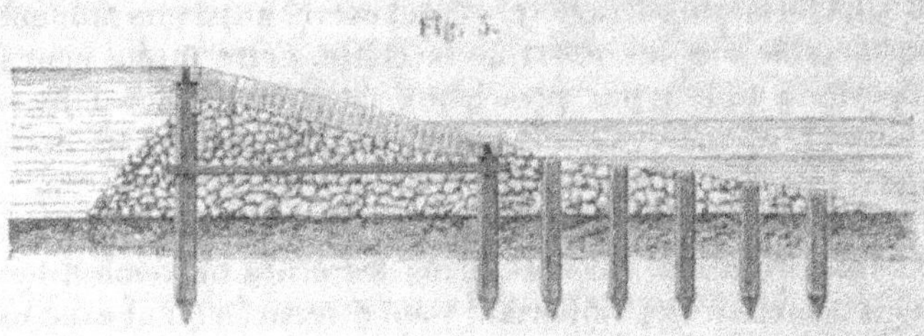

Fig. 5.

et coûteux. La partie convexe comporte principalement une
cause de dégradation qui tient à ce que les pierres d'appareil,
nécessairement moins épaisses en queue qu'en parement,

Fig. 6.

donnent ainsi prise à l'eau qui pénètre à la longue dans le massif, les déchausse et les chasse au dehors.

17. Enfin, on a cherché à diviser la chute, pour en atténuer
les effets, et l'on a construit les glacis d'aval *en gradins* sur
lesquels l'eau se déverse successivement, comme l'indique ci-
après la *fig.* 7.

En général, les barrages de ce genre n'ont que deux ou trois
chutes au plus.

18. Quant au mode de construction des barrages et à la
nature des matériaux qu'on y emploie, les quatre figures ici
groupées nous en montrent les types principaux. Les *fig.* 4
et 6 représentent des déversoirs en maçonnerie, l'un à paroi
extérieure verticale, l'autre à surface curviligne; on voit

dans les *fig.* 5 et 7 des barrages formés de massifs de maçonnerie ordinaire, de béton ou d'enrochements parementés, le tout renfermé dans des encoffrements en charpente et maintenu par des pieux.

Fig. 7.

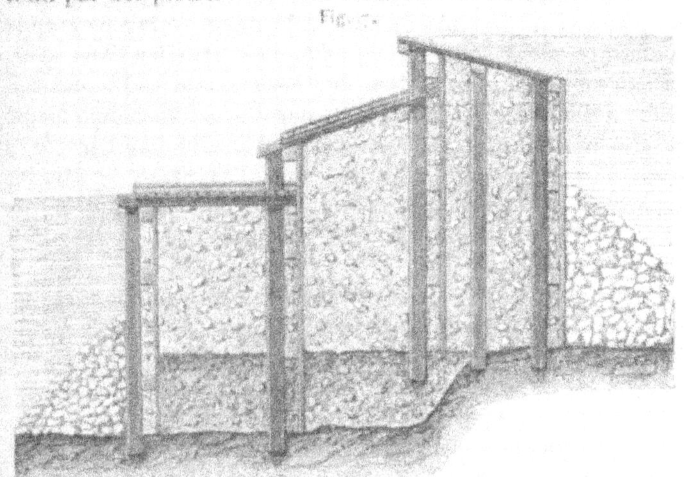

Nous allons donner quelques indications de détail sur chacun de ces deux systèmes et sur leur application.

Les déversoirs à parois verticales sont généralement exécutés en maçonnerie et recouverts d'un glacis en contrepente, dont les pierres doivent être de fortes dimensions, pour résister au choc des glaces et des autres corps flottants que peuvent amener les crues. De plus, ces pierres sont le plus souvent assemblées en queue d'aronde, et s'opposent ainsi aux disjonctions qu'occasionne pendant les gelées l'eau qui pénètre dans les joints verticaux, presque toujours dégarnis.

Il est entendu, d'ailleurs, que l'on ne doit employer dans cette partie de la construction que des matériaux durs, qui ne soient pas entamés par les graviers que roulent quelques rivières.

Enfin, on appuie assez fréquemment, contre la paroi d'amont des déversoirs verticaux, un remblai en pente douce qui protége la tablette contre les chocs, et que l'on défend lui-même par un recouvrement en moellons, quand il n'est pas tout entier formé par des enrochements.

19. Si l'on adopte la forme de longs glacis inclinés vers l'aval (*fig.* 5), le massif peut être fait en pierres perdues enfermées dans un châssis en charpente, formé par deux files de pieux battus en travers de la rivière, et quelquefois aussi par d'autres qui sont placés dans la direction de la plus grande pente. Ces pieux sont liernés et moisés dans les deux sens, un peu au-dessous du niveau de l'étiage, puis coiffés de chapeaux qui affleurent le glacis; ce dernier est lui-même formé de gros moellons smillés, bien serrés et soutenus à la crête et au pied par les liernes. On trouve ainsi l'avantage de séparer le parement en cases, disposition qui, limitant les dégradations aux encadrements partiels, s'oppose à des destructions étendues et générales.

On termine enfin le massif en plaçant à l'amont des enrochements en talus opposé au courant. Quant à l'aval, on y plante des pieux entre lesquels on jette de gros blocs de pierre, de manière à continuer jusqu'au fond le talus du glacis.

Quelques déversoirs de ce genre ont été exécutés en maçonnerie ordinaire; seulement le revêtement du glacis était formé de grandes dalles cramponnées, et le pied était retenu par une file de pieux liernés.

D'autres ont aussi été faits en remplissant de béton des encoffrements en charpente, et en recouvrant le tout d'un plancher. Le talus de ces glacis est généralement compris entre 3 et 5 mètres pour 1 mètre.

Le barrage en maçonnerie à paroi curviligne reproduit dans notre *fig.* 6 se rattache, quant au mode de déversement de l'eau, à cette catégorie; nous en avons dit (17) les inconvénients, et nous n'y reviendrons pas.

20. Les déversoirs à glacis en gradins sont presque toujours formés par un encoffrement de charpente, dans lequel on place un remplissage en pierres sèches, en maçonnerie ou en béton.

La *fig.* 7 représente un barrage de ce genre avec deux chutes; les glacis inférieurs sont revêtus en planchers doubles pour recevoir le choc de l'eau. Quelquefois, quand les chutes sont faibles, on se contente de parementer la maçonnerie en pierres sèches dans le glacis.

En tous cas, il convient de défendre à l'aval l'ensemble de

l'ouvrage par une risberme en pierres perdues ou parementées qui, comme nous l'avons dit, prévient les affouillements et empêche la ruine de la construction tout entière.

PERTUIS.

21. Nous avons dit que les barrages sont toujours accompagnés d'un pertuis destiné soit au passage des bateaux, soit à l'écoulement plus rapide des crues ou à la suppression momentanée de la retenue, quand cette mesure est nécessitée par quelque réparation à faire dans l'intérêt de la navigation ou des propriétés riveraines.

Ces ouvertures, celles du moins que doivent traverser les bateaux, veulent autant que possible être placées assez près d'une rive pour que les chevaux de halage tirent à la remonte sensiblement dans l'axe du passage.

Il faut aussi que la rivière présente en aval, dans l'alignement de cet axe, un prolongement de 100 mètres au moins, afin que les bateaux descendants que pousse violemment la cataracte puissent opérer sans danger ce mouvement.

22. Plusieurs modes sont employés pour fermer et ouvrir les pertuis de navigation. Le plus simple se compose d'une poutre horizontale inférieure fixe, formant seuil en relief sur le fond, et d'une poutre supérieure mobile autour d'un axe. On place verticalement en amont des morceaux de bois jointifs, appelés *aiguilles*, qui s'appuient en haut et en bas (*fig*. 8) sur les deux poutres horizontales, et c'est en cheminant sur la poutre supérieure, ou sur une étroite plate-forme solidaire avec elle, que les hommes placent les aiguilles ou les enlèvent à la main.

23. D'autres fois, les aiguilles ne sont plus jointives, ou plutôt elles sont remplacées par des potelets espacés entre eux et portant feuillure (*fig*. 9), que l'on assujettit solidement au moyen d'encastrements dans le seuil et dans la poutre supérieure. Les intervalles entre ces potelets sont fermés avec des planchettes superposées, ayant chacune un manche qui s'élève au-dessus de l'eau, et au moyen duquel elle se met en place et s'enlève à volonté.

24. On a aussi employé, pour fermer les pertuis, des pou-

trelles horizontales qu'on introduit les unes après les autres
dans des rainures verticales, ou qui glissent simplement et

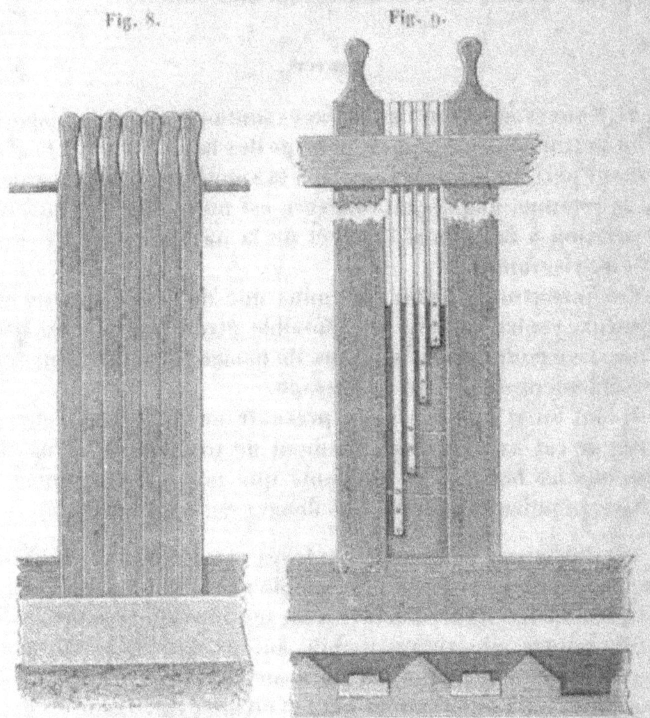

viennent s'appliquer par leurs extrémités contre des feuillures
pratiquées en amont des parois latérales.

Chaque poutrelle porte alors à ses extrémités des anneaux
que saisit une gaffe, quand on veut l'enlever.

25. Il est quelquefois intéressant d'ouvrir le plus promptement possible un pertuis, soit pour évacuer l'eau d'une crue
subite, soit pour faire une lâchure et donner plus d'eau à un
bateau qui va franchir la retenue. Plusieurs moyens ont été
mis en pratique à cet effet, et les plus simples consistent à
faire porter une extrémité des poutrelles, non plus contre
une feuillure fixe, mais contre un poteau vertical mobile, qui
peut facilement être abattu sur le radier ou pivoter autour de

son axe. On abandonne ainsi subitement au fil de l'eau toutes
les poutrelles, qui sont retenues par une chaîne à leur autre
extrémité.

On a aussi essayé d'employer pour fermeture, au lieu de
poutrelles, deux portes venant s'arc-bouter l'une contre
l'autre, et s'appuyant dans le bas contre un seuil en relief sur
le radier; mais la pression de l'eau d'amont rend l'ouverture
de ces portes extrêmement difficile, à moins que l'on n'y
pratique des ventelles inférieures au moyen desquelles on
diminue la pression en réduisant la surface sur laquelle elle
s'exerce.

26. Quand un pertuis ne doit pas être traversé par les
bateaux, il existe un moyen bien plus simple de le fermer, au
moyen de vannes qui se lèvent ou s'abaissent avec des leviers,
des vis, des treuils ou des crémaillères. Cette manœuvre peut
alors aisément se faire sur une petite passerelle de service qui
est fixée à demeure au-dessus du pertuis.

De pareilles vannes, en bois ou en métal, doivent pouvoir
être levées au-dessus des plus grandes eaux, pour éviter le
choc des glaces, et même parfois pouvoir être enlevées complétement de leurs coulisseaux.

27. On a cherché les moyens de diminuer l'effet nuisible
des crues sur les propriétés riveraines, dans les rivières navigables, en adaptant aux barrages plusieurs pertuis qui permettent de donner un libre cours aux grandes eaux, ou de
retenir à volonté celles de l'étiage nécessaire à la navigation. Telle est l'idée qui a conduit à la construction de barrages complètement mobiles, dont toutes les parties, une fois
les aiguilles enlevées, peuvent être abattues et appliquées sur
un radier général avant les crues.

Plusieurs systèmes de *barrages mobiles* ont été, dans ces
dernières années, imaginés et appliqués par d'éminents ingénieurs, et il ne nous appartient pas de nous prononcer, sans
attendre la sanction de l'expérience, sur la préférence à donner
à l'un ou l'autre d'entre eux; mais il nous suffira de dire que
le principe fondamental de ces ouvrages, sauf quelques modifications de détail, repose sur l'emploi de petites fermes trapé-
zoïdales en fer forgé, pouvant tourner autour de leur côté inférieur qui est horizontal. On les relève l'une après l'autre au

moyen d'une chaîne qui va de chacune d'elles à la suivante; puis, on les réunit deux à deux par une traverse en fer, contre laquelle on applique ensuite les aiguilles qui complètent la fermeture en s'appuyant au pied sur une saillie du radier.

Fig. 10.

De l'adoption de ces barrages mobiles date une nouvelle et notable amélioration de la navigation des rivières, que l'invention des *écluses à sas*, connue depuis quatre siècles, avait alors émancipée, mais laissée à peu près stationnaire depuis cette époque reculée.

ÉCLUSES.

28. On nomme *écluse à sas*, ou simplement *écluse*, un tronçon de canal artificiel dans lequel on amène un bateau, et où l'eau peut être abaissée avec lui au niveau d'aval ou relevée au niveau d'amont, selon qu'il doit en sortir pour descendre ou pour remonter.

Ce canal, essentiellement fort court, et le plus souvent limité à la longueur d'un bateau, s'appelle le *sas*; il est généralement contenu entre deux murs parallèles que l'on appelle ses *bajoyers*, et se termine à chaque extrémité par une paire de *portes* qui servent à l'isoler au besoin du reste de la rivière. Les portes ont communément à leur partie inférieure des vannes ou *vantelles* pour l'introduction de l'eau d'amont ou pour son évacuation à l'aval, selon que l'on veut avoir dans le sas le niveau supérieur ou le niveau inférieur.

La figure ci-dessous donne, en plan et en élévation, un aperçu général de l'ensemble de cet ouvrage.

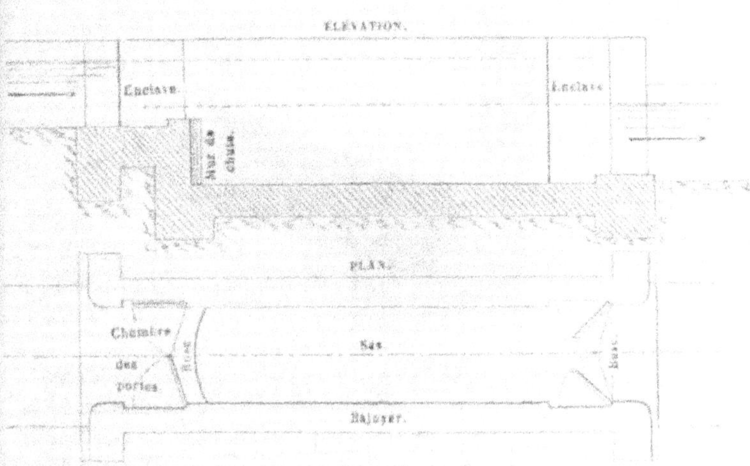

Fig. 11.

A la tête d'amont de l'écluse, on remarque le *mur de chute*, dont la hauteur est généralement égale à la différence des deux niveaux, bien que fort souvent aussi elle soit inférieure à cette différence. Au-dessus de ce mur de chute on trouve la *chambre des portes* d'amont, dans laquelle se meuvent les portes supérieures, de même qu'à l'autre extrémité se voit la chambre des portes d'aval, avec leurs *enclaves*, cavités dans lesquelles chaque *vantail* vient se loger quand il est ouvert et appliqué contre le bajoyer.

29. Si les portes sont fermées, leurs deux vantaux s'appuient, s'arc-boutent l'un contre l'autre dans toute leur hauteur et sont, de plus, arrêtés au bas par une saillie du radier qui porte le nom de *busc*. Leur autre extrémité pivote, pour l'ouverture, en demeurant dans la partie extrême de l'enclave qu'on nomme le *chardonnet*.

La surface cylindrique du chardonnet a élémentairement

pour directrice un arc de cercle que terminent deux portions de tangentes, l'une dans le prolongement du busc, l'autre parallèle à l'axe de l'écluse; mais, par la nécessité de ménager, entre le fond de l'enclave et la face d'amont du vantail, la place nécessaire pour loger les divers objets qui y font saillie

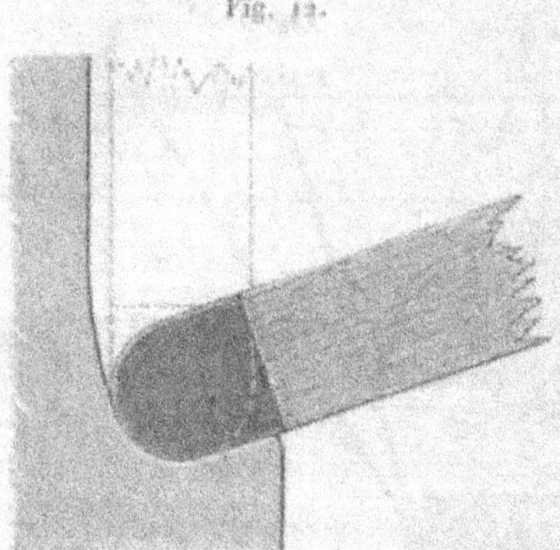

Fig. 12.

ou les corps étrangers qui pourraient s'y introduire accidentellement, on recule de la quantité nécessaire le parement de la maçonnerie dans cette partie, sauf à raccorder ce parement avec l'arc primitif par un second arc de cercle tournant vers le sas sa concavité, comme le montre la *fig.* 12.

30. De plus, pour éviter l'inconvénient grave qui résulterait

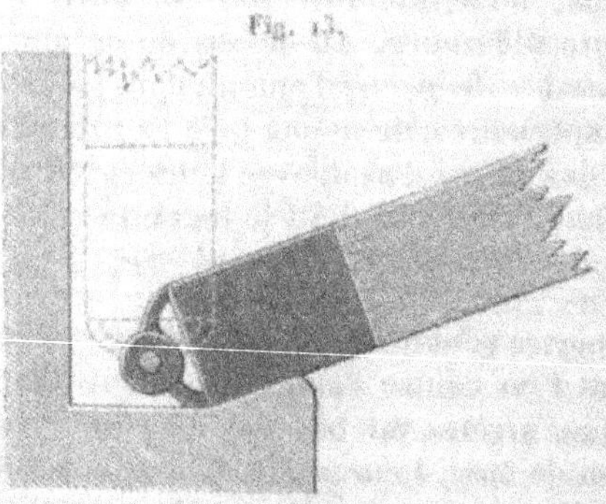

Fig. 13.

du frottement du bois contre la pierre, on a construit des chardonnets qui n'avaient pas de partie circulaire, et contre lesquels les portes fermées ne s'appuyaient que par une portion de plan vertical.

31. D'autres fois, on a fait pivoter le système autour d'un axe O légèrement écarté du centre de figure C du *poteau tourillon*, de telle façon que le vantail ne s'appliquât sur la pierre

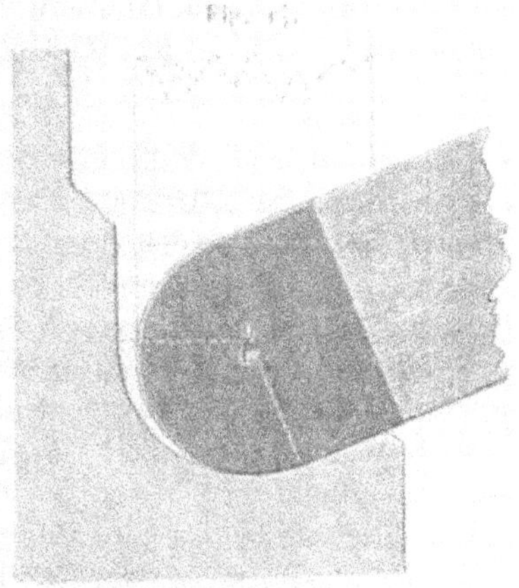

Fig. 14.

qu'au moment où il était fermé, et qu'il s'en dégageât complétement aussitôt qu'on commençait à l'ouvrir. Cette dernière combinaison est assez généralement adoptée, et la *fig.* 14 en donne la disposition générale.

32. Les *portes* d'écluse sont le plus ordinairement en bois; on en fait aussi en fonte, en fer forgé et laminé, et avec ces divers métaux combinés. Ce qui va suivre s'applique plus particulièrement aux portes en charpente, les seules qui aient été longtemps en usage; nous reviendrons plus tard sur les portes d'écluse métalliques.

Chaque vantail est essentiellement formé de deux poteaux verticaux qui rassemblent des traverses horizontales, et le panneau tout entier est recouvert, sur sa face d'amont, de madriers jointifs ou *bordages*. Celui des deux poteaux qui pivote dans l'enclave est déjà connu (32) sous le nom de *poteau tourillon*; celui qui vient s'arc-bouter contre la pièce analogue du vantail opposé, quand la porte est fermée, s'appelle le *poteau busqué*.

III.   18

Les portes sont retenues dans le chardonnet par un *collier* à la partie supérieure, et par un pivot inférieur situé au pied du poteau tourillon. Quelquefois une *roulette* placée sous la traverse inférieure, non loin du poteau busqué, soutient la porte au repos et dans son mouvement; mais cette roulette, qui porte une charge considérable, se détériore promptement, et son usage n'est pas très-répandu, du moins dans les écluses de navigation intérieure, qui n'ont pas relativement une bien grande largeur.

33. Le poids d'un vantail de porte d'écluse est généralement fort considérable, et tend nécessairement à en disjoindre les éléments principaux; le vantail se disloquerait bientôt, si l'on ne prenait le soin de placer diagonalement, du pied du poteau tourillon à la tête du poteau busqué, une pièce de bois appelée *bracon*, qui empêche le rectangle de la porte de faire parallélogramme ou, comme on dit, de *donner du nez*.

C'est encore dans le même but que l'on adapte, suivant l'autre diagonale du vantail, une *écharpe* en fer qui relie le haut du poteau tourillon au pied du poteau busqué.

Ces diverses pièces apparaissent dans la figure ci-après,

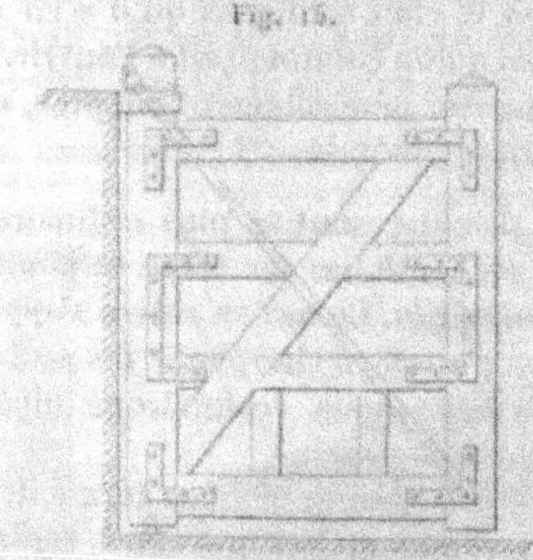

Fig. 15.

que nous avons à dessein dégagée de tout détail nuisible à sa clarté. On y remarque cependant, à chaque jonction des entretoises avec les poteaux, des équerres en fer plat qui assurent la solidité des assemblages, mais auxquelles on adresse le reproche de tendre à faire éclater les poteaux sur toute leur hauteur, à cause de la présence de leurs boulons sur la même ligne verticale.

Aussi remplace-t-on le plus souvent ces équerres par des étriers en haut et en bas du poteau tourillon, lequel est toujours disposé à se fendre, à cause de la torsion qu'il éprouve au pied par la résistance du pivot, à la tête par le gauchissement plus ou moins prononcé du vantail.

34. Ainsi que nous venons de le dire (33), le système de rotation d'une porte d'écluse se compose d'un *pivot* et d'une *crapaudine* au pied, d'un collier à la tête, et parfois d'une roulette auprès du poteau busqué.

Fig. 16.

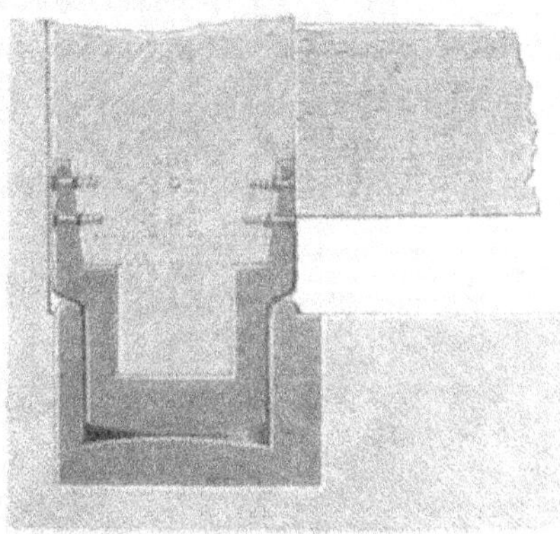

La crapaudine est généralement une boîte cylindrique qui reçoit le pivot adapté sous le poteau tourillon, et qui est scellée dans le radier. Afin de l'empêcher d'y tourner, on lui donne extérieurement une forme polygonale en plan, ou mieux encore on y pratique plusieurs oreilles saillantes et encastrées dans la pierre de taille. Les deux surfaces en contact s'opposent réciproquement leur convexité, comme on le voit dans la figure ci-dessus. Elles doivent être de même métal, afin d'éviter les détériorations produites par l'action galvanique des métaux différents en contact l'un avec l'autre. C'est généralement du bronze de canon que l'on enduit de suif au moment de la pose des portes.

35. Quelquefois on place le pivot dans le radier, et c'est la crapaudine qui garnit le pied du poteau tourillon. Il faut alors réduire notablement le diamètre du pivot, pour qu'il reste

Fig. 17.

assez de bois autour de la crapaudine. Cette dernière garnit même, comme le montre la *fig.* 17, tout le pied du poteau tourillon, et se relève pour l'envelopper et lui servir de frette.

36. Les colliers sont ordinairement composés de deux parties demi-circulaires que réunissent des charnières; l'une de ces parties est fixée par deux tirants ou ancres dans le bajoyer,

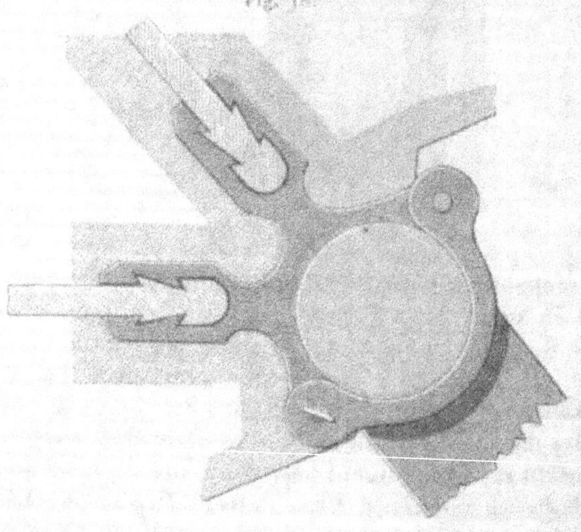

Fig. 18.

et l'autre s'ouvre ou se ferme chaque fois qu'il s'agit de déplacer ou de replacer les portes. Ces organes sont en bronze, en fer forgé ou en fonte; mais les ancres sont toujours en fer.

On les place par encastrement sur une assise quelconque, et souvent sur le couronnement même de l'écluse. Les ancres, qui ont 1^m,50 ou 2 mètres de longueur sur les écluses ordinaires, sont traversées à leur extrémité par des goujons verticaux de 0^m,70 à 0^m,80 de longueur, le tout solidement scellé au plomb dans le bajoyer.

37. On place ordinairement les ventelles des portes d'écluse entre les deux entretoises inférieures, et leur position est déterminée généralement par l'écharpe et le bracon, de manière que la présence de ces pièces ne gêne que le moins possible l'écoulement de l'eau.

Elles sont généralement formées de petits madriers horizontaux, assemblés à languettes, et maintenus par des ferrures qui se réunissent pour donner naissance à la tige de manœuvre. Ce système glisse dans des coulisseaux en bois ou en fer, et quelquefois même les ventelles sont elles-mêmes en tôle fixée sur un châssis de fer forgé.

Quant à la manœuvre, elle se fait le plus souvent par des crics dont la crémaillère est adaptée sur la tige elle-même de la ventelle, ou bien encore par un levier agissant dans un plan parallèle à la porte, et faisant mouvoir une portion de roue dentée qui engrène dans la crémaillère. Dans ce dernier cas, la course étant nécessairement très-limitée, il faut que la hauteur à découvrir soit faible, résultat que l'on obtient en partageant l'ouverture en deux ou trois orifices superposés, et fermés par autant de petites ventelles qui se meuvent toutes ensemble et instantanément par le même coup de levier.

38. Plusieurs procédés sont usités pour la manœuvre des portes d'écluse; voici les principaux :

1° Les traverses supérieures des portes sont prolongées sur les bajoyers, de manière à former en même temps bras de levier et contre-poids soulageant les colliers; l'éclusier pousse devant lui ce levier, et la porte s'ouvre ou se ferme. On comprend que ce moyen si simple n'est pourtant admissible que pour les portes de faibles dimensions.

2° Un cordage fixé aux deux bouts d'une bielle, et faisant deux ou trois tours sur un cabestan, permet de tirer et de pousser le vantail, au poteau busqué duquel la bielle est attachée.

3° Une longue crémaillère, agissant comme ci-dessus à la tête du poteau busqué, engrène dans une lanterne placée au pied du cabestan.

4° Un arc denté en fonte, fixé perpendiculairement au vantail, est mis en marche par un pignon à axe vertical établi sur la tablette du bajoyer, où il roule sur un système de galets. Ce pignon est mû lui-même par une manivelle dont la puissance

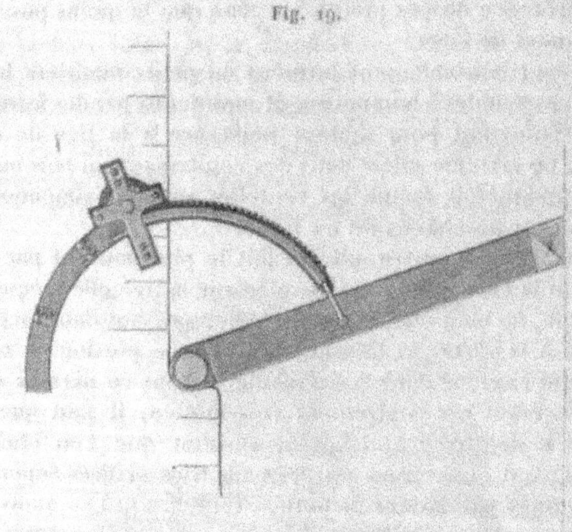

Fig. 19.

agit, soit directement et dans un plan horizontal, soit verticalement au moyen d'une transformation de mouvement renfermée dans une borne de fonte, ainsi qu'on le voit représenté en plan dans la *fig.* 19, et en élévation, à une plus grande échelle, dans la *fig.* 20.

Nous avons déjà dit que le premier système diminue le frottement des colliers et les soulage beaucoup; mais il fatigue nécessairement les assemblages supérieurs du vantail.

Les cabestans, les crémaillères et les arcs dentés éprouvent moins les portes; ils ont, de plus, le grand avantage de diminuer le temps de la manœuvre, en ce sens qu'ils permettent d'ouvrir quand il existe encore une légère différence entre les deux niveaux, ce qui est très intéressant dans une navigation tant soit peu active.

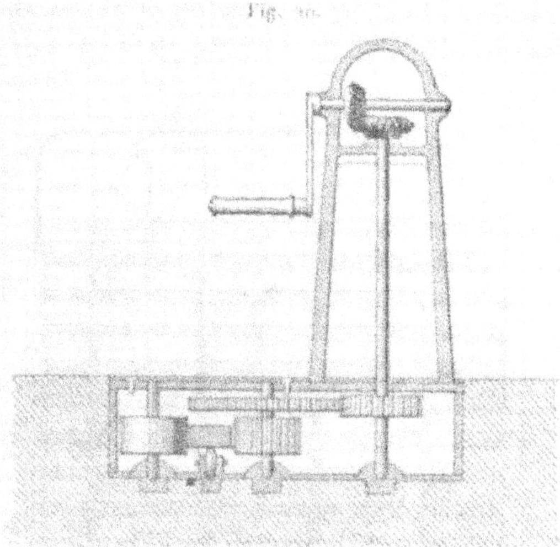

Fig. 40.

39. Après les explications qui précèdent, nous n'aurons que peu de chose à ajouter pour donner une idée suffisante des portes d'écluse en tôle. Un des beaux spécimens de ce genre, du moins dans les ouvrages de navigation intérieure, est fourni par l'écluse de la Monnaie, sur la Seine, à Paris. On voit ci-après une élévation d'amont de l'un des vantaux de ce beau travail.

L'ouverture de l'écluse est de 12 mètres, et chaque vantail a 6^m,5o de largeur sur 6^m,4o de hauteur.

Chaque vantail est composé de onze entretoises horizontales, demi-cylindriques, superposées jointivement jusqu'au châssis des ventelles qui a 0^m,45 de hauteur, et de quatre cours d'entretoises verticales.

La tôle qui forme le poteau busqué est revêtue d'une fourrure en bois de 0^m,10 d'épaisseur, et le heurtoir est au contraire formé par une pièce de bois revêtue sur trois faces par une enveloppe en tôle.

On voit sur chaque vantail trois ventelles comprises entre deux entretoises verticales; elles agissent par des écrous se mouvant sur des vis fixes au moyen d'une manivelle coudée qui fait partie du garde-corps.

Quant à la manœuvre des portes, elle s'effectue à l'aide d'une crémaillère circulaire de 2 mètres de rayon, suivant le système indiqué plus haut dans les *fig.* 19 et 20.

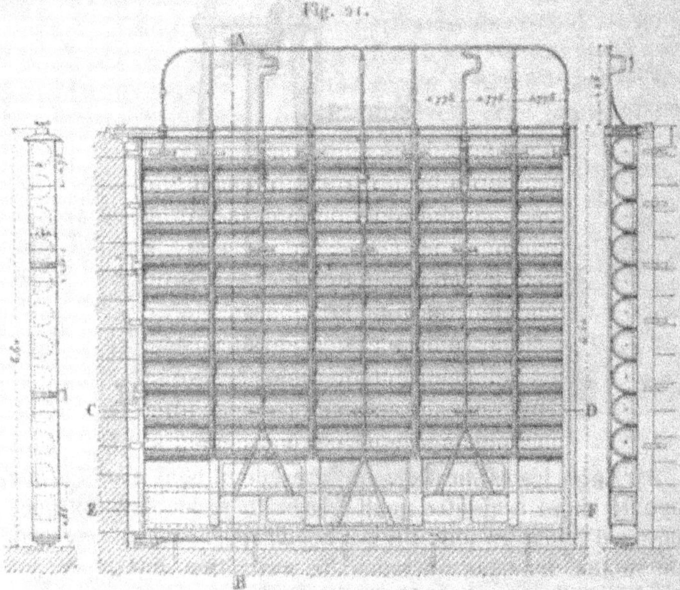

40. Maintenant que nous avons donné la description générale des écluses, sans toutefois indiquer les modifications de détail qui ont été successivement introduites par les constructeurs dans ce genre d'ouvrages, nous devons faire connaître en quelques lignes l'utilité de leur emploi dans la navigation des rivières.

Nous avons dit que les bateaux ne franchissaient les pertuis qu'en courant souvent des dangers sérieux, et toujours en effectuant une manœuvre longue et difficile. Une écluse abrége le temps du passage, rend cette opération facile et à l'abri de tout péril; elle peut offrir aussi de très-grands avantages en permettant de remplacer des sinuosités qui allongent le parcours des bateaux et qui présentent parfois des coudes brusques et dangereux, par une dérivation navigable qui laisse les eaux courantes suivre l'ancien lit de la rivière, sans que l'on ait à redouter l'augmentation de pente et de vitesse qui résulterait d'un simple redressement.

Deux conditions essentielles sont à remplir dans l'établissement de pareils ouvrages. Les écluses en lit de rivière doivent être placées du côté de la rive sur laquelle se fait la traction ou le *halage* des bateaux, et leur accès doit être facile et à l'abri de tout courant à l'amont comme à l'aval, afin que les bateaux puissent, sans effort transversal, se diriger dans l'axe du passage.

Quelquefois l'état des lieux oblige à mettre l'écluse dans le lit même de la rivière, où les fondations sont généralement difficiles et coûteuses; d'autres fois, elle doit se trouver à l'entrée ou à la sortie d'une dérivation plus ou moins longue. Dans le premier cas, on risque de voir le chenal s'ensabler par le remous des crues d'aval; dans le second, on est souvent obligé de fermer l'entrée de la dérivation par des portes de garde, pour empêcher le courant de s'y établir et d'y causer des dégradations.

NAVIGATION DES CANAUX.

41. Dans les pages qui précèdent, nous avons décrit sommairement les principaux travaux propres à améliorer la navigation des rivières dans leur lit, soit en laissant un libre cours à leurs eaux, soit en les relevant et les soutenant au moyen de barrages qui augmentent le mouillage et modèrent la vitesse.

Mais l'application de ces différents systèmes ne peut pas se faire partout avantageusement. Dans une rivière très-large, à pentes prononcées, les barrages seraient fort dispendieux et en même temps très-nombreux; un lit trop mobile ou trop sinueux présenterait de même des obstacles qui ne pourraient souvent être que difficilement surmontés.

On est conduit, dans de pareilles circonstances, à abandonner le lit naturel, et à créer pour la navigation des voies artificielles; ce sont les *canaux* dont nous avons déjà parlé (1), et qui se divisent immédiatement en deux classes :

1° Les *canaux latéraux*. Sauf les redressements utiles, ces voies longent les rivières qu'elles doivent suppléer, s'alimentent par leurs eaux, et ont nécessairement leur pente dans le sens de la vallée.

2° Les *canaux à point de partage*, qui établissent la communication entre deux lignes navigables séparées par un faîte élevé. Ils présentent par conséquent deux *versants* à pentes opposées, et exigent une alimentation spéciale et en quelque sorte indépendante du produit des rivières elles-mêmes.

Nous allons successivement examiner ces deux espèces de canaux qui sont, d'ailleurs, en tout point semblables, quant à leur mode de construction et quant à la nature des ouvrages auxquels ils donnent lieu, sauf toutefois ceux de ces ouvrages qui concernent l'alimentation, comme on le verra plus loin.

CANAL LATÉRAL.

42. Un canal, ou lit artificiel de navigation, n'est autre chose qu'un grand fossé créé de main d'homme, généralement en déblai, quelquefois cependant partiellement en remblai, dans lequel on peut introduire et conserver assez d'eau pour la circulation des bateaux.

La pente du terrain sur lequel on établit le canal oblige à changer de temps en temps de niveau, ce que l'on réalise sans autre difficulté que celle qui est inhérente à la construction des écluses, pour racheter les diverses chutes dans lesquelles on subdivise la chute totale.

Chaque tronçon de canal compris entre deux écluses est un *bief*, et il est d'usage de donner à un bief quelconque le nom de l'écluse inférieure qui en retient et gouverne les eaux.

43. La *chute* d'une écluse de canal varie le plus habituellement entre $1^m,50$ et $2^m,50$, suivant les circonstances locales. On en a construit cependant avec des chutes de $0^m,60$ et de 4 mètres.

Avec des chutes trop faibles, on arrive à augmenter inutilement la dépense en multipliant les écluses, à les rapprocher trop les unes des autres au point de causer des retards préjudiciables à la navigation par des sassements plus répétés, et à avoir des biefs trop courts dont le niveau normal serait sensiblement modifié par la sortie ou l'introduction de l'eau nécessaire au passage des bateaux.

D'un autre côté, les fortes chutes consomment une grande

quantité d'eau, donnent lieu à des pertes notables par les portes d'aval, dégradent les maçonneries intérieures par le choc de l'eau sortant violemment des ventelles, provoquent le soulèvement du radier et du busc d'aval quand le sas est vide, et donnent naissance à des filtrations et à des affouillements quand il est plein.

44. Quelquefois cependant il a été impossible d'éviter ces inconvénients, et la disposition des lieux a conduit à construire deux ou plusieurs *écluses accolées* les unes aux autres, les portes d'aval de la première servant de portes d'amont à la seconde, et ainsi de suite.

Ce système, que l'on n'admet du reste qu'en cas d'impossibilité de faire autrement, amène en effet une notable perte de temps et une grande dépense d'eau dans les manœuvres, ainsi qu'il est facile de s'en convaincre en se représentant les exigences du passage d'un convoi de bateaux descendants ou montants, et à plus forte raison de deux convois cheminant dans des sens contraires.

De plus, les écluses accolées partagent, avec les écluses à fortes chutes, le défaut de donner lieu à des fuites considérables, tant par les portes que sous les maçonneries, dont les buscs sont parfois soulevés par la pression d'amont. Elles occasionnent aussi très-souvent des affouillements dangereux à la sortie du sas inférieur.

45. La largeur du sas d'une écluse doit être nécessairement telle qu'un bateau puisse y passer sans difficulté; mais un jeu d'une dizaine de centimètres de chaque côté est parfaitement suffisant pour cet objet. C'est d'après cette base que la largeur des écluses des canaux français a été fixée, savoir :

$$
\begin{array}{ll}
\text{Pour les canaux de petite section} \ldots\ldots\ldots\ldots & \text{à } 2,70^{\mathrm{m}} \\
\text{"} \qquad\qquad \text{de moyenne section} \ldots\ldots\ldots & \text{à } 5,20 \\
\text{"} \qquad\qquad \text{de grande section} \ldots\ldots\ldots & \text{à } 7,80
\end{array}
$$

46. La longueur doit être également calculée sur celle des plus grandes embarcations que les sas auront à recevoir. Il faut que cette dimension soit telle que l'on puisse facilement fermer et ouvrir les portes d'aval, sans que le bateau aille choquer les portes d'amont, et sans qu'il reçoive sur son bord l'eau qui s'échappe des ventelles pour le remplissage du sas.

Enfin, lorsque la navigation doit se faire par convois, on fait quelquefois de grands sas pouvant contenir le nombre des bateaux qui naviguent ordinairement ensemble, sauf à ne construire en maçonnerie que les têtes d'amont et d'aval, et à laisser le sas proprement dit en terre, avec talus revêtus par des perrés.

47. Pour garantir les portes du choc des bateaux, et en même temps pour pouvoir pratiquer des rainures destinées à recevoir des poutrelles transversales et y appuyer un batardeau en cas de réparation, on a soin de prolonger les bajoyers de $1^m,60$ à 2 mètres en deçà des enclaves d'amont.

De même on termine l'ouvrage, en aval, à 4 ou 5 mètres au delà des chardonnets, afin de soutenir efficacement la pression des portes, quand le sas est plein.

À l'amont comme à l'aval, les bajoyers se raccordent avec les berges du canal par des murs en retour d'équerre, abattus en pans coupés ou arrondis par des musoirs de $0^m,60$ à $0^m,80$ de rayon.

Il est clair d'ailleurs que ces détails, relatifs aux dimensions à donner aux écluses dans leurs différentes parties, s'appliquent aussi bien à celles qui sont construites pour l'amélioration de la navigation des rivières dans leur propre lit qu'à celles qui doivent être établies sur des canaux.

48. Un canal latéral à une rivière traverse nécessairement, sur la rive qu'il occupe, tous les affluents du cours d'eau qu'il est destiné à suppléer au point de vue de la navigation. On ne peut que très-exceptionnellement laisser ces derniers entrer dans le canal, tant à cause de la variation que subit nécessairement leur niveau, que pour éviter les dégradations et les engorgements que pourrait y causer la violence accidentelle ou l'impureté de leurs eaux.

Il faut donc, en général, ménager aux affluents un passage indépendant sous la voie navigable, ou tout au moins se réserver les moyens de les y faire passer quand leurs eaux sont troubles.

49. S'il ne s'agit que d'un très-petit ruisseau, on peut le conduire, par le contre-fossé du canal, jusqu'à l'aqueduc le plus voisin, ou bien s'en débarrasser directement par une buse

en fonte que l'on fait précéder d'un puisard où se déposent les vases et pierrailles, et que l'on cure de temps en temps.

50. Quand les cours d'eau rencontrés sont inférieurs à la cuvette du canal, on les franchit par des aqueducs construits en maçonnerie, avec une ou plusieurs ouvertures qui règnent sous toute la largeur comprise entre les pieds des talus extérieurs, ou tout au moins entre les arêtes extérieures des chemins de halage.

Il ne faut surtout jamais perdre de vue, d'une part, que l'on doit pouvoir pénétrer dans l'aqueduc pour le visiter et le réparer au besoin; d'autre part, que les ruisseaux entraînent quelquefois, dans leurs crues, des branches et même des arbres qui peuvent s'arrêter à l'entrée, et y former des barrages fort dangereux pour le canal et pour les propriétés riveraines. Cette double considération est donc importante dans la détermination des dimensions d'un aqueduc qui doit traverser un canal, et conduit naturellement à ne pas reculer devant les arches surbaissées à grande ouverture. En tout cas, on doit admettre comme minimum extrême 0^m,60 de largeur, avec 1^m,50 de hauteur libre sous clef.

51. Toutes les fois que cela est possible, on détourne les cours d'eau rencontrés à un niveau trop élevé, soit en amont pour les faire passer, à la faveur de la chute, sous le bief supérieur, soit à l'aval pour gagner, au moyen de la pente de la vallée, la hauteur nécessaire.

Mais, dans quelques cas, il y a impossibilité d'agir de l'une ou de l'autre manière, et il faut se résigner à franchir le canal par un *aqueduc en siphon renversé*, comme l'indique la figure ci-dessous, dans laquelle on voit à droite le niveau du ruisseau

Fig. 43.

plus élevé que le sommet de la voûte, sous laquelle il doit passer pour se relever ensuite.

Ces ouvrages ont plusieurs inconvénients, dont le plus grave est l'engorgement par les sables ou graviers qu'apportent les crues, et que la force ascensionnelle de l'eau par la bouche d'aval est impuissante à chasser. Quand cet engorgement a pris un certain degré de dureté et d'épaisseur, il peut survenir une forte crue dont les eaux surmontent la berge du canal, y forment une brèche et ensablent en tout ou en partie le bief.

Il pourrait même arriver que la berge opposée fût également rompue ; alors les propriétés riveraines seraient envahies, et l'on retrouverait, après le retrait de la crue, le bief sans eau, parfois rempli de dépôts qu'il faudrait enlever à grands frais.

52. D'un autre côté, le canal est périodiquement ou accidentellement mis en chômage pour cause d'entretien ou de réparation d'avaries. Pendant que le bief est vide, une forte crue du ruisseau survenant et la pression des eaux de l'aqueduc n'étant plus contre-balancée par celle de la masse liquide du canal, la voûte peut être soulevée et se crever, si elle n'a pas reçu le surcroît de résistance nécessaire.

Pour se mettre à l'abri de cette chance redoutable d'accident, on remplace sous le canal les maçonneries par de grands tuyaux de fonte, placés les uns à côté des autres jusqu'à concurrence du débouché nécessaire, et formés de tronçons

Fig. 23.

s'emboîtant ensemble et mastiqués soigneusement avec un ciment hydraulique. La *fig*. 23 représente, en élévation et en coupe, un aqueduc double construit dans ces conditions.

53. Enfin les aqueducs en siphon ont un autre défaut qui,

bien que relativement moins grave que les deux premiers, doit cependant contribuer à les faire rejeter, sauf les cas d'absolue nécessité. On ne peut les visiter qu'en détournant ou en retenant momentanément le ruisseau, et en épuisant toute l'eau de la partie basse, opération qui rend les réparations plus coûteuses et plus longues.

54. Il arrive parfois aussi que le canal latéral à une rivière doit traverser ce cours d'eau lui-même, et dans ce cas le niveau du bief artificiel est de beaucoup supérieur à l'autre. En général, si le niveau d'une rivière que doit croiser un canal est de beaucoup inférieur à celui du bief correspondant, on construit alors, pour y établir ce dernier, un *pont-canal*. C'est en effet un véritable pont, sur lequel on établit une cuvette en maçonnerie.

Par mesure d'économie, on réduit en ce point la section à ce qui est nécessaire pour le passage d'un seul bateau, en donnant toutefois à cette largeur, pour faciliter le déplacement latéral de l'eau, 0^m,5o ou 0^m,6o de plus qu'aux sas des écluses.

Fig. 34.

Une pareille construction a tout à fait l'apparence d'un pont ordinaire, avec cette différence cependant que les têtes sont nécessairement surhaussées de toute la profondeur du tirant d'eau dans le canal.

La largeur, d'une tête à l'autre, doit être telle que l'on ait, entre les parapets ou garde-corps, la largeur de la cuvette et les deux banquettes de halage, qui ne sauraient être réduites au-dessous de 1^m,5o ou même 2 mètres.

Il est inutile d'insister sur ce point que le poids d'une

pareille construction est, toutes choses égales d'ailleurs, beaucoup plus considérable que pour un pont ordinaire, et qu'il exige, par suite, un système de fondations beaucoup plus résistant et plus sérieusement étudié.

55. Une condition capitale de la construction d'un pont-canal est l'imperméabilité de la cuvette, que l'eau dégraderait à la longue, si des filtrations quelque peu abondantes pouvaient s'y produire.

On ne saurait donc apporter trop de soin à la confection des maçonneries, ainsi qu'à l'exécution de chapes épaisses après le décintrement, et quand on a constaté l'assiette définitive des voûtes. Ces enduits, soit en mortier hydraulique, soit en bitume, doivent se relever sur chaque paroi latérale de la cuvette, de manière à former comme un vase bien étanche, et ces parois sont garanties du frottement des bateaux par des lisses en charpente, supportées par des montants également en bois.

Quoi qu'il en soit, il n'existe presque aucun pont-canal complétement exempt de filtrations. On le comprendra facilement en songeant aux effets de dilatation et de retrait que produisent, en dépit de tout effort contraire, les changements de température sur les maçonneries, et ces dernières éprouvent nécessairement de légères disjonctions, suffisantes pour donner passage à des suintements plus ou moins abondants.

Pour remédier à ce grave inconvénient, on a formé les parois de plusieurs ponts-canaux au moyen de cuvettes en fonte, sur voûtes en maçonnerie ou sur arches également en fonte, et de très-bons effets ont été ainsi obtenus.

56. On trouve généralement une ou deux écluses immédiatement à la sortie d'un pont-canal, par la raison qu'un pareil ouvrage et le canal aux abords sont naturellement très-élevés, et qu'il y a par conséquent un grand intérêt à redescendre le plus promptement possible, après que ce passage a été franchi.

57. Quand le cours d'eau à traverser est considérable et si son niveau habituel et normal en ce point est peu différent de celui du plan d'eau du canal, on interrompt complétement ce dernier, et les bateaux traversent la rivière dans son lit par deux écluses, l'une pour sortir du canal, l'autre pour y rentrer.

Dans les cas pareils, on construit ordinairement un barrage

à l'aval du point de croisement des deux voies, afin d'augmenter le tirant d'eau et d'empêcher le courant de gêner la marche des bateaux.

Quoi qu'il en soit, la traversée d'un canal en lit de rivière offre parfois de grands inconvénients, si l'on se trouve en présence d'un cours d'eau à fond mobile et à fortes crues. Ce problème mérite donc toute l'attention des constructeurs, qui ont souvent beaucoup de difficultés à vaincre pour entretenir la profondeur sur tous les points du parcours.

CANAL A POINT DE PARTAGE.

58. Les canaux à point de partage sont, comme nous l'avons dit, ceux qui, composés d'un bief culminant et de deux branches descendantes, servent à mettre en communication deux rivières navigables.

Le bief culminant s'appelle *bief de partage*, parce qu'en effet les eaux s'y partagent entre les deux branches qui suivent les versants opposés du faîte de séparation.

On comprend, dès l'abord, que c'est vers le point le plus déprimé du seuil à franchir que semble devoir se trouver la meilleure position à donner au point de partage d'un canal, puisque c'est là que la traversée est généralement moins haute et moins longue, par conséquent moins dispendieuse comme construction et comme exploitation, cette disposition entraînant nécessairement un moindre nombre d'écluses à établir et à franchir. C'est, d'ailleurs, là aussi que l'on peut espérer, en abaissant suffisamment le bief de partage, réunir le plus fort volume d'eau destiné à contribuer à l'alimentation du canal, tant par les sources qu'on peut amener en plus grande abondance que par la plus vaste surface des versants qui y apportent leur tribut.

Cette règle subit pourtant aussi des exceptions, et quelques biefs de partage ont été établis en des points où le faîte est fort élevé, au moyen de souterrains qui procurent une traversée relativement très-courte et une alimentation plus abondante et plus assurée.

59. C'est qu'en effet la question de l'alimentation d'un canal à point de partage est la plus importante de toutes celles que

comporte ce genre d'ouvrage, parce qu'il n'a pas, comme un canal latéral, sa prise d'eau toute naturelle dans la rivière elle-même. Pour l'étudier avec fruit, nous allons d'abord rechercher quelles sont les causes de déperdition de l'eau d'un pareil canal, et quels moyens on a de recouvrer la quantité perdue.

La dépense d'eau d'un canal de navigation est due à cinq causes différentes, savoir :

1° L'évaporation atmosphérique, variable avec le climat.

2° Les filtrations à travers le sol dans lequel est établi le canal.

3° Les pertes par les portes des écluses.

4° La dépense occasionnée par le passage des bateaux.

5° La mise à sec du canal pour les chômages périodiques ou accidentels.

Disons quelques mots sur chacune de ces causes d'appauvrissement.

60. L'*évaporation* est variable d'un instant à l'autre, dans un même lieu, avec la température, l'état de l'atmosphère et encore par suite d'autres circonstances.

Il est donc bien difficile, pour ne pas dire impossible, d'évaluer avec quelque sûreté le maximum des pertes dues à cette cause dans une période déterminée. Toutefois, on compte moyennement sur un déficit de $1^m,50$ de hauteur d'eau par année, soit $0^m,004$ par jour.

De ce chiffre il faudrait, il est vrai, retrancher la hauteur diurne recouvrée par les pluies; mais cet élément est trop incertain, il change trop facilement avec le climat et avec les diverses dispositions atmosphériques, pour qu'on puisse le prendre en considération par une règle générale.

C'est en chaque lieu et par des expériences spéciales qu'il faut se fixer, aussi approximativement que possible, sur la quantité d'eau restituée par la pluie.

Une fois que l'on a déterminé la hauteur perdue chaque jour par l'évaporation et celle que restituent les pluies, on multiplie la différence par la surface des biefs qui s'alimentent exclusivement au moyen du point de partage, et l'on connaît ainsi le cube d'eau qui doit lui être rendu pour ce motif.

Il est évident d'ailleurs que, une fois descendu aux biefs qui reçoivent le tribut des ruisseaux rencontrés, le canal trouve des ressources plus abondantes, qui limitent à la partie supérieure l'obligation d'assurer une complète compensation entre les eaux affluentes et les pertes de toute nature.

61. Les *filtrations* varient nécessairement avec la nature du sol. Généralement très-considérables au moment où le canal vient d'être rempli pour la première fois, elles diminuent progressivement avec le temps par la saturation des masses perméables et par le dépôt des vases.

On accélère souvent ce moment en pratiquant artificiellement des alluvions en terre grasse ou en sable fin, qui s'introduisent dans les interstices du sol et en diminuent notablement la perméabilité.

Il a fallu même, dans bien des circonstances, employer des moyens plus énergiques et plus coûteux : on a enlevé, sur le fond et sur les parois, des couches épaisses que l'on a remplacées par des *corrois* de terre grasse, soit damée sur les parties inclinées, soit délayée par couches sur le fond de la cuvette. Enfin, des filtrations trop abondantes n'ont pu quelquefois être arrêtées que par l'exécution de revêtements en maçonnerie ou en béton.

Quoi qu'il en soit, le minimum des filtrations est pratiquement considéré comme étant double du cube de l'eau perdue par l'évaporation. Ce chiffre doit cependant être, dans chaque cas, corroboré et corrigé par l'examen attentif de la nature du terrain dans lequel est ouvert le canal, si l'on ne veut rester exposé à des mécomptes graves et parfois irréparables.

62. La *perte d'eau par les portes d'écluse* dépend de la bonne ou mauvaise construction de ces portes et du plus ou moins de soin que l'on met à les entretenir ou à les renouveler.

Si l'on admet que toutes les portes d'un canal perdent également, chaque bief laissera couler, par son extrémité inférieure, ce qu'il reçoit à son origine, et c'est le bief de partage qui subit, par chacune de ses deux écluses, un déficit constant que l'on ne peut évaluer à moins de 150 mètres cubes par vingt-quatre heures, mais qui fréquemment dépasse beaucoup ce chiffre.

63. Quand un bateau montant entre dans le sas d'une écluse, et après que les portes d'aval se sont fermées derrière lui, on ouvre les ventelles des portes d'amont, et l'eau du sas s'élève de toute la chute de l'écluse. On ouvre alors les portes d'amont, on les referme quand le bateau les a franchies, on vide le sas et l'on ouvre les portes d'aval; les choses sont ainsi revenues à leur état primitif. Toutefois, le niveau du bief supérieur a un peu baissé, celui du bief inférieur a un peu monté.

A la descente, une manœuvre analogue s'opère en sens inverse, et le bief supérieur a encore perdu une certaine quantité d'eau que nous allons évaluer dans chacun des deux cas.

Si, pour fixer les idées, nous désignons par S la surface horizontale du sas et par h la hauteur de la chute de l'écluse, le produit $S \times h$ représentera ce que l'on appelle une *éclusée*, c'est-à-dire le volume de l'eau nécessaire pour remplir le sas et mettre son niveau à la hauteur du bief d'amont.

Admettons maintenant qu'un bateau, déplaçant un volume d'eau égal à β, se présente pour monter à une écluse; son passage aura nécessairement fait descendre un volume d'eau représenté par

$$S \times h + \beta.$$

Cette dépense d'eau ne serait, au contraire, que de

$$S \times h - \beta$$

pour le même bateau descendant.

64. On en peut de suite conclure que, quand un bateau traverse en montant un bief dont les deux écluses ont des chutes respectivement égales à h et h', ce bief perd une quantité d'eau exprimée par

$$S \times h + \beta,$$

et gagne

$$S \times h' + \beta$$

en sorte que son état a varié de

$$S \times h - S \times h' \quad \text{ou} \quad S(h - h'),$$

c'est-à-dire de la différence des deux éclusées.

Cette variation serait, du reste, exactement la même à la descente; elle serait nulle, dans l'un comme dans l'autre cas, si les deux chutes h et h' étaient égales.

65. Supposons maintenant que le bief de partage soit entre-

tenu à un niveau constant et qu'un bateau le traverse, entrant par une écluse de chute h et sortant par une écluse de chute h'.

Ce bief perdra, à l'entrée .... $S \times h + \beta$,
à la sortie .... $S \times h' - \beta$,

et sa dépense totale sera exprimée par

$$S \times h + S \times h' \quad \text{ou} \quad S(h + h').$$

On voit donc que le bief de partage a été appauvri par le passage d'un bateau de la somme des deux éclusées, ou de deux éclusées si les chutes d'entrée et de sortie sont égales.

Avec cette donnée, nous pouvons sans peine, connaissant le nombre des bateaux qui circulent sur un canal à point de partage, déterminer, aussi approximativement que la question l'exige, le volume d'eau nécessaire pour faire face à la dépense résultant de la navigation proprement dite.

66. Nous ne laisserons pas ce sujet sans faire remarquer que, si la navigation est un peu active et qu'un bateau se présente pour descendre au moment où un bateau montant entre dans le bief supérieur, la même éclusée servira pour les deux manœuvres, et qu'il en résultera une économie de moitié pour chaque bateau.

Toutefois, nous ferons observer que l'attente d'un bateau descendant ne saurait permettre de conserver longtemps l'éclusée qui vient de servir à un bateau montant. En effet, quand le sas est plein, les portes d'aval se fatiguent et perdent de l'eau bien plus que celles d'amont, les surfaces en contact avec l'eau et les pressions étant plus considérables.

Il ne faut, par conséquent, jamais compter sur l'économie apportée par le double passage, et la règle est de se borner à en profiter quand l'occasion et l'activité des transports permettent de le faire utilement.

67. Le cube d'eau nécessaire pour remplir, après un chômage, le bief de partage et les biefs placés sur chaque versant en amont des premières prises d'eau supplémentaires, est généralement beaucoup plus considérable que celui que comportent normalement ces biefs, à cause de l'imbibition et des filtrations dans des terres plus ou moins desséchées.

L'eau vient, d'ailleurs, de points plus ou moins éloignés, et il s'en perd beaucoup aussi dans les fossés ou *rigoles* d'amenée, circonstance qui commande de faire en sorte que le remplissage s'opère dans le moindre temps possible, et qui doit entrer en ligne de compte dans les calculs relatifs à l'évaluation du volume nécessaire pour rendre aux biefs leur niveau normal.

Il importe que les rigoles d'alimentation aient une faible pente afin que le ruisseau dévié, pris aussi bas que cela se peut, fournisse le maximum d'eau, et pour que le courant ne puisse attaquer et entraîner les terrains dans lesquels ces rigoles sont établies. On ne doit toutefois pas diminuer la vitesse au point que les herbes et les moindres obstacles arrêtent l'écoulement, et il est convenable de disposer le fond de telle sorte que la vitesse puisse se tenir entre 20 et 40 centimètres par seconde.

68. Quand les cours d'eau naturels ne sont ni assez abondants, ni assez réguliers pour alimenter d'une manière constante un canal à point de partage, on est obligé de créer des *réservoirs* dans lesquels on accumule les eaux pour les jours de disette, pour les remplissages après chômage ou réparation d'avaries, ou pour faire face à une navigation momentanément plus active.

Pour établir ces réservoirs dans de bonnes conditions, on choisit des vallons qui aient un bassin versant d'une vaste étendue, dont les coteaux latéraux soient fortement inclinés, et dont le fond présente, sur une notable longueur, une faible pente longitudinale suivie d'un relèvement accentué en amont. C'est à la suite et au bas de cette partie peu inclinée, et dans son point le plus resserré, que l'on construit de préférence la digue transversale qui doit retenir les eaux.

Toutes ces conditions ont pour objet de donner au réservoir plus de volume et moins de superficie, et au barrage moins de développement. On évite ainsi un excès de dépense pour l'acquisition des terrains submergés et pour la construction de la digue, en même temps qu'on diminue la surface d'évaporation de l'eau et les chances d'infiltration.

Le point favorable pour l'établissement d'un réservoir étant ainsi reconnu, il faut encore déterminer la hauteur qui pourra être donnée à la digue, la capacité qui en résultera pour l'eau emmagasinée, et le temps qu'exigera le remplissage total ou partiel, tant par l'apport des cours d'eau affluents que par le produit présumé des pluies.

Pour les cours d'eau, leur contingent utile est donné par des jaugeages exécutés journellement au niveau de la retenue projetée, déduction faite de l'évaporation et des pertes dues à la pression de la retenue.

Quant aux pluies, leur produit, toujours fort incertain, est soumis aux mêmes causes de déperdition, augmentées encore par l'absorption résultant de la végétation, et par la quantité d'eau tombée qui ne se rend pas utilement aux sources du versant qui les reçoit.

69. Trois systèmes ont été employés pour établir les digues des grands réservoirs. On en a fait avec de simples *remblais revêtus de pierres*, ou avec des *murs accompagnés de remblais* s'appuyant contre eux, ou enfin avec un *mur seul*. Quelques mots sont nécessaires sur chacune de ces dispositions.

70. Il faut donner aux digues en terre une épaisseur de 5 à 6 mètres au sommet, que l'on tient en outre à $1^m,50$ au moins au-dessus du niveau de la retenue, à cause des vagues qui franchissent parfois la levée et qui la dégraderaient bientôt, si l'on ne couronnait pas le tout par un pavage et un parapet.

Les talus des digues varient de $1\frac{1}{2}$ à 3, et le côté mouillé est revêtu d'un perré posé soit par assises réglées, soit à joints incertains, soit même à pierres perdues.

Les remblais doivent être faits, cela se comprend aisément, avec le soin le plus minutieux. On y emploie des terres grasses, en donnant toujours la préférence à celles qui sont à la fois argileuses et sablonneuses, sauf à ne former avec ces matériaux de choix, s'il y a pénurie, qu'un noyau central que l'on enracine profondément dans le terrain naturel du fond et dans les côtés du vallon. On dame les terres par couches de 10 à 12 centimètres d'épaisseur; on les arrose légèrement si elles sont trop sèches, et on les élève en ayant soin de ménager toujours, dans chaque couche, une ouverture provisoire pour le passage des eaux d'orage qui pourraient survenir pendant la construction, et qui surmonteraient le remblai d'une manière compromettante pour sa solidité.

71. Le système des remblais appuyés contre des murs est une combinaison mixte entre les remblais simples et les murs isolés résistant à la pression de l'eau. L'épaisseur de pareils murs peut être déterminée comme celle des murs de soutènement, et nous avons donné dans ce Volume (p. 11) la formule applicable, laquelle devient pour le cas présent, l'angle θ étant égal à 90 degrés et P, à 1000 kilogrammes,

$$c = 0,59 h \sqrt{\frac{1000}{P_m}},$$

ou encore, en admettant la valeur moyenne $P_m = 2000^{k_s}$,

$$c = 0,42 h.$$

Nous insisterons, en outre, sur ce point important que les murs dont il s'agit doivent aussi contribuer à arrêter les filtrations, toujours à craindre avec de simples remblais. Par conséquent, il importe d'abaisser le plus possible leurs fondations, dans le double but de contrarier la pénétration de l'eau, et d'opposer au glissement la résistance du terrain dans lequel le mur se trouve ainsi comme encastré.

72. Dans le troisième système, un seul mur résiste à la fois à la pression de l'eau et aux infiltrations.

Les précautions à prendre pour l'établissement de pareilles constructions se résument en ceci : asseoir et enraciner les fondations de manière à empêcher l'eau de passer en dessous ou sur les côtés; donner au mur une épaisseur suffisante pour assurer la stabilité contre la poussée du liquide; enfin faire de la maçonnerie parfaitement pleine et inattaquable par l'eau, afin qu'aucun affaiblissement de sa résistance ne vienne à la longue la faire céder à la pression considérable qu'elle est appelée à supporter.

Pour donner une idée de l'épaisseur qu'il convient d'adopter pour les murs des réservoirs, nous dirons que l'épaisseur qui a été donnée au sommet de ces murs varie entre le tiers et le quart de la charge. Cette épaisseur a d'ailleurs un minimum arbitraire, déterminé par la nécessité de pratiquer sur de pareils murs un passage sûr et facile pour les agents du service et, dans certains cas, d'assurer une communication publique entre les deux rives. Quant aux parements, ils ont été dressés soit verticalement, soit avec fruit, soit enfin avec des retraites que l'on place intérieurement, pour augmenter la stabilité par la pression verticale de l'eau sur ces petits plans horizontaux.

Enfin l'on a souvent construit, à l'appui des murs de réservoirs, des contre-forts en maçonnerie dont l'heureuse influence ne peut être contestée, mais qui augmentent naturellement la dépense.

73. On tire l'eau des réservoirs, soit au moyen de vannes placées à différentes hauteurs et débouchant dans des aqueducs, et de là dans des rigoles tracées en écharpe à flanc de coteau et rejoignant la rigole principale ; soit avec des robinets de gros calibre, dont le nombre et la dimension sont proportionnés au débit nécessaire à l'alimentation ; soit enfin par ces deux moyens combinés, la vanne convenant parfaitement pour la partie supérieure du bassin, mais n'étant jamais assez étanche pour résister à la pression de la hauteur totale de la retenue.

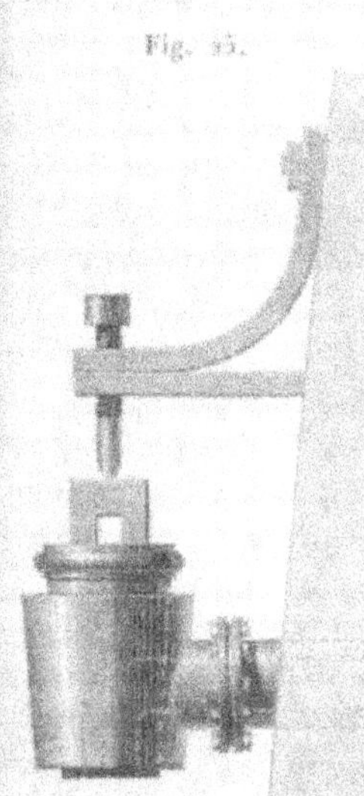

Fig. 25.

La forme des robinets employés se rapproche plus ou moins de celle de la figure ci-contre. On y remarque tout d'abord une vis de pression qui porte sur la tête du robinet, et dont la destination est de s'opposer au soulèvement que tend à produire la pression de l'eau, surtout quand l'écoulement a lieu.

Cette disposition se remarque notamment au réservoir de Saint-Féréol, sur le canal du Midi, où trois grands robinets pareils fonctionnent sous une charge de 25 mètres de hauteur d'eau. Ces robinets ont 20 centimètres de diamètre et sont encore insuffisants, dit-on, pour débiter l'eau nécessaire, quand le réservoir est à moitié vidé.

74. Les digues des réservoirs doivent toujours être accompagnées d'un déversoir assez étendu pour dégager le trop-

plein de la retenue, et d'un ou plusieurs aqueducs de fond qui permettent de vider entièrement le bassin pour le curer, ou pour y faire toutes les réparations nécessaires.

Le déversoir se place le plus habituellement à l'une des extrémités de la digue, parce que cette position permet de trouver dans le coteau une assiette plus solide et une chute moins forte pour les eaux.

Enfin, toutes les fois que cela est possible, il convient de se ménager le moyen de donner à volonté un passage en dehors du réservoir aux ruisseaux qui l'alimentent. De cette manière on évite les ensablements, et un trop-plein qui pourrait devenir dangereux dans les orages ou au moment des fontes de neige.

75. Nous terminerons ce qui concerne la question de l'alimentation des canaux par quelques indications sommaires sur les ouvrages de prise d'eau et de dégorgement des biefs.

Les aqueducs de prise d'eau passent sous les levées du bief dans lequel elle doit pénétrer; ce sont généralement des pertuis ordinaires composés d'un radier, de deux bajoyers avec murs en aile, le tout recouvert d'un tablier en charpente ou d'une voûte en maçonnerie pour le passage des piétons ou des chevaux de halage. Ces pertuis se ferment assez communément avec des vannes que l'on applique à la tête extérieure, afin que la charpente n'arrête pas la corde de halage. On donne à ces vannes environ 1^m,20 d'ouverture.

Pour vider un bief, il est plus facile et plus expéditif de ménager dans son étendue des *épanchoirs*, ou vannes de fond, que de compter uniquement sur l'évacuation par les ventelles des portes d'écluse. Ces épanchoirs sont surtout utiles dans les biefs très-longs, ou dans ceux qui reçoivent des rigoles ou des prises d'eau susceptibles de grossir promptement par les orages, et de faire courir aux digues des risques de rupture.

PÊCHE FLUVIALE.

76. La pêche dite fluviale s'exerce au profit de l'État sur tous les cours d'eau navigables et flottables et sur leurs dépendances légalement désignées, et c'est ce motif qui nous porte à placer ici ce que nous avons à dire sur l'organisation de ce service important qui n'est, d'ailleurs, dans les attributions de

l'Administration des travaux publics que depuis le décret du
29 avril 1862.

Organisée d'abord par la loi du 15 avril 1829, la pêche fluviale a subi à diverses époques, par des ordonnances et des
décrets successifs, des modifications et améliorations dont le
lecteur aura une idée très-suffisamment exacte en examinant
les documents dont nous venons de parler, et desquels nous
allons extraire chronologiquement, parmi les articles qui sont
encore actuellement en vigueur, ceux qui ont trait à l'organisation générale du service. Nous commencerons par la loi du
15 avril 1829 déjà citée.

77. Titre I. *Du droit de pêche.* — **Art. 1ᵉʳ.** Le droit de pêche sera
exercé au profit de l'État :

1° Dans tous les fleuves, rivières, canaux et contre-fossés navigables
ou flottables avec bateaux, trains ou radeaux, et dont l'entretien est à
la charge de l'État ou de ses ayants cause.

2° Dans les bras, noues, boires et fossés qui tirent leurs eaux des
fleuves et rivières navigables ou flottables, dans lesquels on peut en tout
temps passer ou pénétrer librement en bateau de pêcheur, et dont l'entretien est également à la charge de l'État.

Sont toutefois exceptés les canaux et fossés existants ou qui seraient
creusés dans des propriétés particulières et entretenus aux frais des
propriétaires.

Art. 2. Dans toutes les rivières et canaux autres que ceux qui sont
désignés dans l'article précédent, les propriétaires riverains auront,
chacun de son côté, le droit de pêche jusqu'au milieu du cours de l'eau,
sans préjudice des droits contraires établis par possession ou titre.

Titre II. *De l'administration et de la régie de la pêche.* — **Art. 6.** Nul
ne peut exercer l'emploi de garde-pêche s'il n'est âgé de vingt-cinq ans
accomplis.

Art. 7. Les préposés chargés de la surveillance de la pêche ne peuvent
entrer en fonctions qu'après avoir prêté serment devant le tribunal de
première instance de leur résidence, et avoir fait enregistrer leur commission et l'acte de prestation de leur serment au greffe du tribunal dans
le ressort duquel ils devront exercer leurs fonctions.

Dans le cas d'un changement de résidence qui les placerait dans un
autre ressort en la même qualité, il n'y aura pas lieu à une nouvelle
prestation de serment.

Art. 8. Les gardes-pêche pourront être déclarés responsables des délits
commis dans leurs cantonnements, et passibles des amendes et indemnités

encourues par les délinquants, lorsqu'ils n'auront pas dûment constaté les délits.

TITRE III. *Des adjudications des cantonnements de pêche.* — ART. 10. La pêche au profit de l'État sera exploitée soit par voie d'adjudication publique, soit par concession par licences à prix d'argent.

Le mode de concession par licences ne sera employé que lorsque l'adjudication aura été tentée sans succès.

Toutes les fois que l'adjudication d'un cantonnement de pêche n'aura pu avoir lieu, il sera fait mention, dans le procès-verbal de la séance, des mesures qui auront été prises pour donner toute la publicité possible à la mise en adjudication et des circonstances qui se seront opposées à la location.

ART. 11. L'adjudication publique devra être annoncée au moins quinze jours à l'avance par des affiches apposées dans le chef-lieu du département, dans les communes riveraines du cantonnement et dans les communes environnantes.

TITRE IV. *Conservation et police de la pêche.* — ART. 23. Nul ne pourra exercer le droit de pêche dans les fleuves et rivières navigables ou flottables, les canaux, ruisseaux ou cours d'eau quelconques, qu'en se conformant aux dispositions suivantes :

ART. 24. Il est interdit de placer dans les rivières navigables ou flottables, canaux et ruisseaux, aucun barrage, appareil ou établissement quelconque de pêcherie ayant pour objet d'empêcher entièrement le passage du poisson.

Les délinquants seront condamnés à une amende de 5o francs à 5oo francs et, en outre, aux dommages-intérêts, et les appareils ou établissements de pêcherie seront saisis et détruits.

ART. 25. Quiconque aura jeté dans les eaux des drogues ou appâts qui sont de nature à enivrer le poisson ou à le détruire, sera puni d'une amende de 3o francs à 3oo francs et d'un emprisonnement d'un mois à trois mois.

ART. 26. Des ordonnances royales détermineront :

1° Les temps, saisons et heures pendant lesquels la pêche sera interdite dans les rivières et cours d'eau quelconques.

2° Les procédés et modes de pêche qui, étant de nature à nuire au repeuplement des rivières, devront être prohibés.

3° Les filets, engins et instruments de pêche qui seront défendus comme étant aussi de nature à nuire au repeuplement des rivières.

4° Les dimensions de ceux dont l'usage sera permis dans les divers départements pour la pêche des différentes espèces de poissons.

5° Les dimensions au-dessous desquelles les poissons de certaines espèces qui seront désignées ne pourront être pêchés et devront être rejetés en rivière.

6° Les espèces de poissons avec lesquels il sera défendu d'appâter les hameçons, nasses, filets et autres engins.

Titre V. *Des poursuites exercées au nom de l'Administration.* — Art. 38. Ils (les gardes-pêche) recherchent et constatent par procès-verbaux les délits dans l'arrondissement du tribunal près duquel ils sont assermentés.

Art. 39. Ils sont autorisés à saisir les filets et autres instruments de pêche prohibés, ainsi que le poisson pêché en délit.

Art. 40. Les gardes-pêche ne pourront, sous aucun prétexte, s'introduire dans les maisons et enclos y attenant pour la recherche des filets prohibés.

Art. 43. Les gardes-pêche ont le droit de requérir directement la force publique pour la répression des délits en matière de pêche, ainsi que pour la saisie des filets prohibés et du poisson pêché en délit.

Art. 48. Toutes les poursuites exercées en réparation de délits pour fait de pêche seront portées devant les tribunaux correctionnels.

78. Nous arrêterons ici la reproduction partielle de la longue loi du 15 avril 1829, que l'on fera bien de lire *in extenso* dans les ouvrages spéciaux, si l'on veut étudier complètement la matière. Une autre loi, celle du 31 mai 1865, est intervenue pour assurer d'une manière plus complète encore que par le passé le repeuplement des cours d'eau. En voici les principales et plus essentielles dispositions :

Art. 1er. Des décrets rendus en Conseil d'État, après avis des Conseils généraux des départements, détermineront :

1° Les parties des fleuves, rivières, canaux et cours d'eau réservées pour la reproduction, et dans lesquelles la pêche des diverses espèces de poissons sera absolument interdite pendant l'année entière.

2° Les parties des fleuves, rivières, canaux et cours d'eau dans les barrages desquelles il pourra être établi, après enquête, un passage appelé *échelle*, destiné à assurer la libre circulation du poisson.

Art. 2. L'interdiction de la pêche pendant l'année entière ne pourra être prononcée pour une période de plus de cinq ans. Cette interdiction pourra être renouvelée.

Art. 3. Les indemnités auxquelles auront droit les propriétaires riverains qui seront privés du droit de pêche, par application de l'article précédent, seront réglées par le Conseil de préfecture, après expertise, conformément à la loi du 16 septembre 1807.

Les indemnités auxquelles pourra donner lieu l'établissement d'échelles dans les barrages existants seront réglées dans les mêmes formes.

79. En exécution de l'article 26 de la loi du 15 avril 1829, l'Administration supérieure a, à plusieurs reprises, réglé par des ordonnances ou décrets certaines dispositions importantes relatives à l'exercice de la pêche fluviale.

Nous ne citerons que les deux derniers de ces actes, celui du 10 août 1875 et celui du 18 mai 1878. Ce dernier, modifiant en certains points essentiels le précédent, peut bien encore n'être pas le dernier mot de cette réglementation si difficile qui donne fatalement prise à tant de réclamations. En voici les textes refondus en un seul :

ART. 1er. Les époques pendant lesquelles la pêche est interdite, en vue de protéger la reproduction du poisson, sont fixées comme il suit :

1° Du 20 octobre au 31 janvier est interdite la pêche du saumon, de la truite et de l'ombre-chevalier.

2° Du 15 novembre au 31 décembre est interdite la pêche du lavaret.

3° Du 15 avril au 15 juin est interdite la pêche de tous les autres poissons et de l'écrevisse.

Les interdictions prononcées dans les paragraphes précédents s'appliquent à tous les procédés de pêche, même à la ligne flottante tenue à la main.

ART. 2. Les préfets pourront, par des arrêtés rendus, après avoir pris l'avis des Conseils généraux, soit pour tout le département, soit pour certaines parties du département, soit pour certains cours d'eau déterminés :

1° Interdire exceptionnellement la pêche de toutes les espèces de poissons pendant l'une ou l'autre période, lorsque cette interdiction est nécessaire pour protéger les espèces prédominantes.

2° Augmenter, pour certains poissons désignés, la durée desdites périodes, sous la condition que les périodes ainsi modifiées comprennent la totalité de l'intervalle de temps fixé par l'article 1er.

3° Excepter de la seconde période la pêche de l'alose, de l'anguille, de la lamproie, ainsi que des autres poissons vivant alternativement dans les eaux douces et dans les eaux salées.

4° Fixer une période d'interdiction pour la pêche de la grenouille.

ART. 3. Des publications sont faites dans les communes, dix jours au moins avant le début de chaque période d'interdiction de la pêche, pour rappeler les dates du commencement et de la fin de ces périodes.

ART. 4. Quiconque, pendant la période d'interdiction, transporte ou débite des poissons dont la pêche est prohibée, mais qui proviennent des étangs et réservoirs, est tenu de justifier de l'origine de ces poissons.

Art. 5. Les poissons saisis et vendus aux enchères, conformément à l'article 42 de la loi du 15 avril 1829, ne peuvent pas être exposés de nouveau en vente.

Art. 6. La pêche n'est permise que depuis le lever jusqu'au coucher du soleil. Toutefois, la pêche de l'anguille, de la lamproie et de l'écrevisse peut être autorisée après le coucher et avant le lever du soleil, dans les cours d'eau désignés et aux heures fixées par des arrêtés préfectoraux rendus après avis des Conseils généraux. Ces arrêtés détermineront, pour l'anguille, la lamproie et l'écrevisse, la nature et les dimensions des engins dont l'emploi est autorisé.

La pêche du saumon et de l'alose peut être autorisée par des arrêtés préfectoraux rendus après avis des Conseils généraux, pendant deux heures au plus après le coucher du soleil et deux heures au plus avant son lever, dans certains emplacements des fleuves et rivières navigables spécialement désignés.

Art. 7. Le séjour dans l'eau des filets et engins ayant les dimensions réglementaires est permis à toute heure, sous la condition qu'ils ne peuvent être placés et relevés que depuis le lever jusqu'au coucher du soleil.

Art. 8. Les dimensions au-dessous desquelles les poissons et écrevisses ne peuvent être pêchés, même à la ligne flottante, et doivent être immédiatement rejetés à l'eau, sont déterminées comme il suit pour les diverses espèces :

1° Les saumons et anguilles, 25 centimètres de longueur.

2° Les truites, ombres-chevaliers, ombres communs, carpes, brochets, barbeaux, brèmes, meuniers, muges, aloses, perches, gardons, tanches, lottes, lamproies et lavarets, 14 centimètres de longueur.

3° Les soles, plies et flets, 10 centimètres de longueur.

4° Les écrevisses à pattes rouges, 8 centimètres de longueur; celles à pattes blanches, 6 centimètres de longueur.

La longueur des poissons ci-dessus mentionnés est mesurée de l'œil à la naissance de la queue; celle de l'écrevisse, de l'œil à l'extrémité de la queue déployée.

Art. 9. Les mailles des filets, mesurées de chaque côté après leur séjour dans l'eau, et l'espacement des verges, des biers, nasses et autres engins employés à la pêche des poissons doivent avoir les dimensions suivantes :

1° Pour les saumons, 40 millimètres au moins.

2° Pour les grandes espèces autres que le saumon et pour l'écrevisse, 27 millimètres au moins.

3° Pour les petites espèces, telles que goujons, loches, vérons, ablettes et autres, 10 millimètres.

La mesure des mailles et de l'espacement des verges est prise avec une tolérance d'un dixième.

Il est interdit d'employer simultanément à la pêche des filets ou engins de catégories différentes.

Art. 10. Les préfets peuvent, sur l'avis des Conseils généraux, prendre des arrêtés pour réduire les dimensions des mailles des filets et l'espacement des verges des engins employés uniquement à la pêche de l'anguille, de la lamproie et de l'écrevisse.

Les filets et engins à mailles ainsi réduites ne peuvent être employés que dans les emplacements déterminés par ces arrêtés.

Les préfets peuvent aussi, sur l'avis des Conseils généraux, déterminer les emplacements limités en dehors desquels l'usage des filets à mailles de 10 millimètres n'est pas permis.

Art. 11. Les filets fixes ou mobiles et les engins de toute nature ne peuvent excéder, en longueur ni en largeur, les deux tiers de la largeur mouillée des cours d'eau dans les emplacements où on les emploie.

Plusieurs filets ou engins ne peuvent être employés simultanément, sur la même rive ou sur deux rives opposées, qu'à une distance au moins triple de leur développement.

Lorsqu'un ou plusieurs des engins employés sont en partie fixes et en partie mobiles, les distances entre les parties fixées à demeure, sur la même rive ou sur les rives opposées, doivent être au moins triples du développement total des parties fixes et mobiles mesurées bout à bout.

Art. 12. Les filets fixes employés à la pêche doivent être soulevés par le milieu pendant trente-six heures de chaque semaine, du samedi à 6 heures du soir au lundi à 6 heures du matin, sur une longueur équivalente au dixième de leur développement, et de manière à laisser entre le fond et la ralingue inférieure un espace libre de 50 centimètres au moins de hauteur.

Art. 13. Sont prohibés tous les filets traînants, à l'exception du petit épervier jeté à la main et manœuvré par un seul homme.

Sont réputés traînants tous les filets coulés à fond au moyen de poids, et promenés sous l'action d'une force quelconque.

Est pareillement prohibé l'emploi de lacets ou collets.

Toutefois, des arrêtés préfectoraux, rendus après avis des Conseils généraux, peuvent autoriser, à titre exceptionnel, l'emploi de certains filets traînants à mailles de 40 millimètres au moins, pour la pêche d'espèces spéciales, dans les parties profondes des lacs, des réservoirs de canaux, et des fleuves et rivières navigables. Ces arrêtés désignent spécialement les parties considérées comme profondes dans les lacs, réservoirs de canaux, fleuves et rivières navigables. Ils indiquent aussi les noms de ceux des filets autorisés et les heures auxquelles leur manœuvre est permise.

Art. 14. Il est interdit d'établir dans les cours d'eau des appareils ayant pour objet de rassembler le poisson dans des noues, boires, fossés ou mares dont il ne pourrait plus sortir, ou de le contraindre à passer par une issue garnie de pièges.

Art. 15. Il est également interdit :

1° D'accoler aux écluses, barrages, chutes naturelles, pertuis, vannages, coursiers d'usines et échelles à poisson, des nasses, paniers et filets à demeure.

2° De pêcher avec tout autre engin que la ligne flottante tenue à la main dans l'intérieur des écluses, barrages, pertuis, vannages, coursiers d'usines et passages ou échelles à poisson, ainsi qu'à une distance de 30 mètres en amont et en aval de ces ouvrages.

3° De pêcher à la main, de troubler l'eau et de fouiller au moyen de perches sous les racines ou autres retraites fréquentées par le poisson.

4° De se servir d'armes à feu, de poudre de mine, de dynamite ou de toute autre substance explosive.

Art. 16. Les préfets peuvent, après avoir pris l'avis des Conseils généraux, interdire en outre, par des arrêtés spéciaux, d'autres engins, procédés ou modes de pêche de nature à nuire au repeuplement des cours d'eau.

Ils déterminent, conformément au paragraphe 6 de l'article 26 de la loi du 15 avril 1829, les espèces de poissons avec lesquelles il est interdit d'appâter les hameçons, nasses, filets et autres engins.

Art. 17. Il est interdit de pêcher dans les parties des rivières, canaux ou cours d'eau dont le niveau serait accidentellement abaissé, soit pour y opérer des curages ou travaux quelconques, soit par suite du chômage des usines ou de la navigation.

Art. 18. Sur la demande des adjudicataires de la pêche des cours d'eau navigables et flottables, et sur la demande des propriétaires de la pêche des autres cours d'eau et canaux, les préfets peuvent autoriser, dans des emplacements déterminés et à des époques qui ne coïncident pas avec les périodes d'interdiction, des manœuvres d'eau et des pêches extraordinaires pour détruire certaines espèces dans le but d'en propager d'autres plus précieuses.

Art. 19. Des arrêtés préfectoraux, rendus sur les avis des Conseils de salubrité et des ingénieurs, déterminent :

1° La durée du rouissage du lin et du chanvre dans les cours d'eau, et les emplacements où cette opération peut être pratiquée avec le moins d'inconvénient pour le public.

2° Les mesures à observer pour l'évacuation dans les cours d'eau des matières et résidus susceptibles de nuire au poisson, et provenant des fabriques et établissements industriels quelconques.

Art. 20. Les arrêtés pris par les préfets, en vertu des articles 2, 6, 10, 13, 16 et 19 du présent décret, ne sont exécutoires qu'après approbation donnée par le Ministre des Travaux publics, le Conseil général des Ponts et Chaussées entendu.

Ces arrêtés ne seront valables que pour une année; ils peuvent être renouvelés.

A la fin de chaque année, les préfets adressent au même Ministre un relevé des autorisations accordées en vertu de l'article 18.

Art. 21. Les dispositions du présent décret ne sont applicables ni au lac Léman ni à la Bidassoa, lesquels restent soumis aux lois et règlements qui les régissent spécialement.

80. Ce que nous avons dit sur la pêche fluviale suffit large-

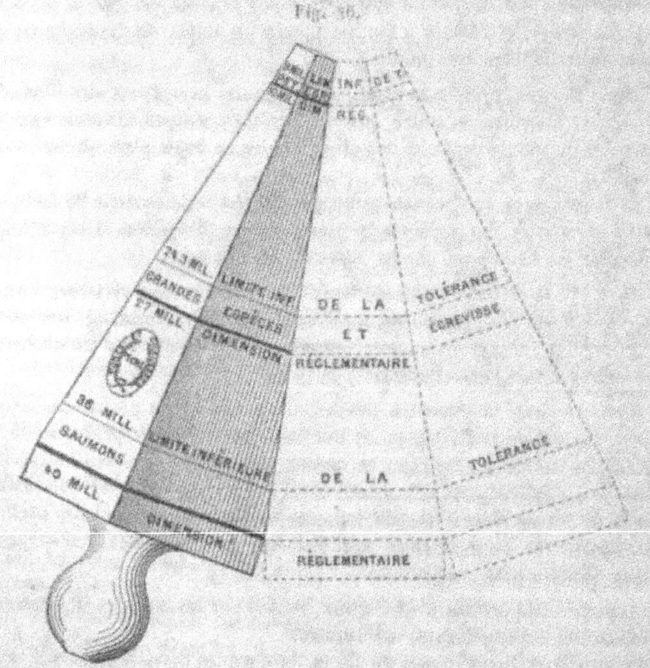

Fig. 56.

ment pour initier le lecteur aux principes de ce service, et nous terminerons en rappelant que le personnel de la surveillance comprend, outre les gardes spéciaux dont il a été parlé, des gardes mixtes, c'est-à-dire des agents déjà investis d'autres fonctions, telles que celles d'éclusier, garde de navigation, cantonnier ou autres, lesquels font, comme les premiers, des tournées suivant les ordres du conducteur duquel ils dépendent, et en rendent compte dans un rapport de quinzaine d'une forme déterminée.

Les gardes-pêche spéciaux sont, du reste, munis d'un carnet dont le modèle a été arrêté par l'Administration, et dont ils doivent être toujours porteurs, ainsi que du gabarit en bois destiné à mesurer les mailles des filets.

Cet instrument, dont la figure ci-dessus donne une idée exacte, a la forme d'une pyramide quadrangulaire régulière, portant à sa surface des traits accompagnés de chiffres qui indiquent les longueurs des côtés des mailles correspondantes à chaque espèce de poisson. Il est fourni par l'Administration, poinçonné par elle et, aux termes du décret du 26 août 1865, un exemplaire en est déposé au greffe de chaque tribunal civil.

PORTS DE MER.

PRÉLIMINAIRES.

1. Avant de poser les règles qui doivent présider à la construction des ouvrages destinés à faciliter la navigation maritime, il est indispensable d'étudier avec quelques détails les diverses causes qui mettent en mouvement cette immense masse liquide et toujours agitée qu'on appelle la *mer*, et qui recouvre à peu près les trois quarts de la superficie du globe terrestre. Ces causes sont multiples; mais les principales sont les *marées*, les *vents*, les *vagues* et les *courants*.

Marées.

2. Deux mers baignent les côtes de France : la Méditerranée et l'Océan. La première a son niveau à peu près constant, tandis que la seconde éprouve un mouvement périodique et journalier d'élévation et d'abaissement de ses eaux.

Ce mouvement, connu sous le nom de *marée*, est à peine marqué dans la Méditerranée, où il ne donne lieu qu'à des écarts de 15 à 30 centimètres, et où il n'atteint qu'exceptionnellement une amplitude totale de 1 mètre à 1^m,20; c'est au contraire, sur l'Océan, un phénomène de la plus haute importance, qui établit une différence notable entre les conditions d'établissement des ouvrages d'art à construire dans ces deux mers.

Sur la Méditerranée, en effet, les bâtiments sont toujours à flot, et les travaux des ports doivent y être fondés à une grande profondeur, puisque les navires marchands exigent au moins 6 mètres, et les navires de guerre 8 mètres d'eau. Au contraire, dans l'Océan, les vaisseaux qui sont à flot lorsque la mer est haute échoueraient le plus souvent quand elle est basse, si l'on ne disposait des bassins spéciaux où ils trouvent toujours le tirant d'eau qui leur est nécessaire.

Mais les ouvrages des ports de l'Océan ont sur les autres l'avantage de pouvoir être construits à peu près à sec, pendant les intervalles qui correspondent aux basses mers.

3. La marée s'élève et s'abaisse deux fois dans le temps qui s'écoule entre deux retours consécutifs de la Lune au méridien; elle monte, sur nos côtes, pendant environ six heures douze minutes, reste *étale*, c'est-à-dire stationnaire et pleine, pendant un temps plus ou moins long, et emploie ensuite à descendre à peu près le même temps qu'elle a mis à monter.

Ainsi que nous l'avons dit, ces mouvements se reproduisent périodiquement, sauf les irrégularités passagères que produit l'action des vents; celui de la mer montante s'appelle *flux*, *flot* ou *montant*, et celui de la marée descendante se désigne par les noms de *reflux*, *èbe* ou *jusant*.

4. La production des marées est due à l'action simultanée du Soleil et de la Lune, mais principalement du dernier de ces deux astres, qui, à raison de son éloignement relativement faible de la Terre dont il est le satellite, exerce nécessairement une influence prépondérante sur ce qui se manifeste à la surface de cette dernière. L'un et l'autre, par leur attraction sur les lames, déterminent des marées partielles qui se combinent ensemble, et produisent les marées que nous observons dans nos ports.

La marée solaire et la marée lunaire coïncident, en direction, vers les syzygies; la marée résultante est alors la somme des deux marées partielles; ces époques correspondent, on le sait, à la nouvelle et à la pleine lune. Vers les quadratures, au contraire, alors que les astres agissent dans des directions rectangulaires, la haute mer lunaire correspond à la basse mer solaire, et la marée observée n'est plus que la différence des deux marées partielles.

Entre les syzygies et les quadratures, le Soleil tend à accroître ou à diminuer plus ou moins la marée lunaire.

5. La hauteur absolue des marées varie avec les déclinaisons du Soleil et de la Lune, et avec les distances de ces astres

à la Terre. Elle est d'autant plus grande que la Lune et le Soleil sont plus près de la Terre et du plan de l'équateur; ainsi, les marées augmentent à mesure qu'on approche des équinoxes. Il en est de même des plus basses mers, ces dernières étant naturellement en corrélation directe avec les premières, et la mer descendant d'autant plus qu'elle a monté davantage à la marée précédente.

Par contre, c'est aux solstices qu'ont lieu les plus faibles marées.

6. Les marées des syzygies se nomment *marées de vives eaux* ou *malines;* celles des quadratures *marées de mortes eaux.*

Il résulte du paragraphe précédent que c'est aux équinoxes qu'ont lieu les plus fortes et les plus basses mers de vives eaux.

C'est d'ailleurs graduellement que les marées augmentent d'intensité en allant vers les syzygies, et qu'elles décroissent vers les quadratures.

Toutefois, cette régularité n'a pas lieu pour les deux marées d'un même jour, et la règle s'applique seulement à la *marée totale,* ou marée moyenne, représentée par la demi-somme des hauteurs des deux pleines mers du jour au-dessus de la basse mer intermédiaire.

7. N'oublions pas que les vents apportent, dans les lois de ce phénomène, des perturbations sensibles; ils élèvent ou abaissent la marée, suivant qu'ils viennent de mer ou de terre.

Les vents de mer sont généralement les plus forts, parce qu'ils rencontrent moins d'obstacles, et ils amènent une coïncidence assez constante entre les tempêtes et les hautes marées.

Cette influence du vent est telle, qu'elle va jusqu'à faire que certaines pleines mers des quadratures peuvent être aussi fortes et même plus fortes que celles des syzygies.

8. En recueillant dans un port un assez grand nombre d'observations de hautes et basses mers équinoxiales, et en prenant la moyenne de ces observations, on obtient une hauteur qui est la quantité dont la mer s'élève ou s'abaisse, relative-

ment au niveau moyen qui aurait lieu sans l'action du Soleil et de la Lune, et qui s'appelle *l'unité de marée* ou *l'unité de hauteur* du port considéré.

Il faut se rappeler, en faisant cette détermination, que dans nos ports les plus grandes marées suivent d'un jour et demi la nouvelle et la pleine lune, et que, par suite, elles arrivent un jour et demi après la date des syzygies.

9. Toutefois, dans chaque port, l'heure de la haute mer, les jours de pleine et nouvelle lune, est constante; on l'appelle *l'établissement du port*. En d'autres termes, l'établissement d'un port est le retard de la pleine mer sur le passage de la Lune au méridien, le jour d'une syzygie équinoxiale.

Ce retard constant provient des circonstances locales et de la configuration des côtes. Il est souvent très-différent pour deux ports voisins, parce que les circonstances locales, sans rien changer aux lois générales, ont plus ou moins d'influence sur la grandeur des marées dans un port et sur son établissement.

Pour donner une idée de cette influence dans les diverses localités, nous rappellerons que l'établissement du port de Rochefort est seulement de trois heures quarante-huit minutes, tandis que celui de Dunkerque atteint douze heures treize minutes.

10. Chaque jour les marées arrivent plus tard que celles de la veille. Ce retard varie avec les phases de la Lune, avec la position du Soleil et de la Lune par rapport à l'équateur, et avec la distance de ces astres à la Terre. Il existe des formules pour le déterminer exactement; mais il nous suffit de dire qu'il est moyennement de 5o',5. On obtiendra donc approximativement l'heure de la pleine mer, dans chaque port, en ajoutant à l'établissement du port autant de fois 5o',5 qu'il s'est écoulé de jours depuis celui de la pleine ou de la nouvelle lune.

11. On établit dans les ports des échelles de marées, dont le zéro est difficile à déterminer, puisque le point le plus bas où puisse descendre la mer dépend de la coïncidence de certains vents et de certaines positions des astres, circonstances

qu'on ne rencontre généralement qu'au moyen d'observations poursuivies pendant plusieurs années.

Mais l'important, en cette matière, est de connaître les hauteurs et les époques des pleines mers, et un petit nombre d'observations suffit pour déterminer le niveau moyen, à partir duquel on doit porter les hauteurs indiquées dans les Tables spéciales de l'*Annuaire du Bureau des Longitudes* ou de celui des *Marées des côtes de France*, que publie chaque année M. l'ingénieur hydrographe Gaussin, pour la commodité des navigateurs et des ingénieurs de travaux hydrauliques à établir dans les ports.

Vents.

12. Nous avons dit que la direction et l'intensité des vents avaient la plus grande influence sur les marées ; cette influence n'est pas moins marquée sur tous les autres mouvements des lames, sur le régime des côtes et sur celui des ports eux-mêmes. C'est donc ici le lieu de dire quelques mots, non sur les lois qui régissent ces phénomènes merveilleux, variables et inconstants, mais au moins sur les appellations par lesquelles on est parvenu à fixer les idées et à s'entendre dans les désignations y relatives.

C'est au moyen des quatre points cardinaux et des subdivisions des angles qu'ils comprennent que l'on a donné des noms aux vents, et que l'on a formé ce qu'on appelle la *rose des vents*, comme l'indique ci-après la *fig.* 1.

On a d'abord divisé en deux angles de 45 degrés chacun des angles droits correspondant aux points cardinaux, et l'on a désigné chaque vent, soufflant dans ces nouvelles directions, par les deux points cardinaux les plus voisins. C'est ainsi qu'on dit *vent de nord-ouest*, et que l'on écrit *vent N.-O.*, pour désigner celui dont la direction est intermédiaire entre le nord et l'ouest.

On a ensuite divisé chacun de ces angles de 45 degrés en angles égaux de 22°30′, et l'on a appelé *vent d'est-sud-est* ou *vent E.-S.-E.* celui qui souffle intermédiairement entre l'est et le sud-est.

Enfin, cette division ne suffisant pas encore à tous les besoins, on a partagé de nouveau les angles de 22°30′ en deux angles égaux de 11°15', que l'on a appelés *quarts* ou *rumbs*, et l'on a désigné sous le nom de *vent nord-est quart nord*, ou

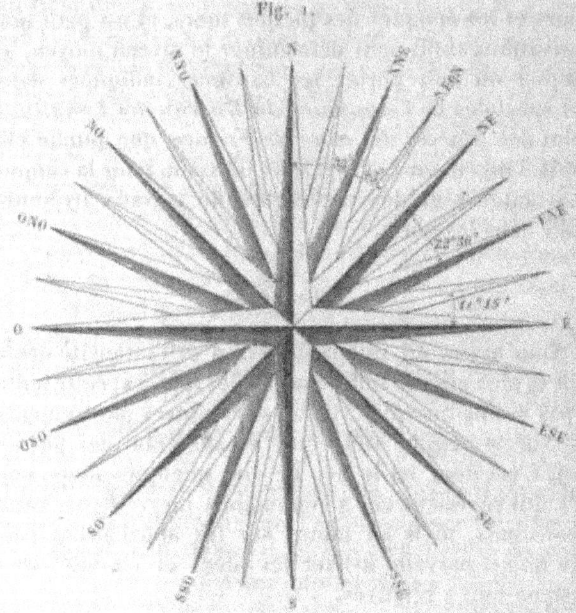

Fig. 1.

vent N.-E. q. N., celui dont la direction fait avec le méridien un angle de 33°45' du côté de l'est.

13. Dans un port ou sur un point déterminé des côtes, on appelle *vent régnant* ou *vent dominant* celui qui souffle le plus souvent. Il ne faut pas confondre le vent régnant avec le vent le plus fort qui, au contraire, ne souffle qu'exceptionnellement et qui vient parfois d'un tout autre côté.

En général, les vents les plus violents sont ceux qui viennent du large, et qui suivent la ligne droite la plus grande que l'on puisse tirer sur la mer du point considéré jusqu'aux terres d'une étendue notable. Ainsi, à la pointe méridionale de la Bretagne, le vent le plus violent est toujours celui du sud-ouest; et, en effet, ce vent ne rencontre depuis la Guyane aucune terre qui puisse mettre obstacle à sa course et atténuer son intensité.

Vagues.

14. En dehors des mouvements périodiques des eaux de la mer sous l'influence des marées, on y voit toujours une agitation plus ou moins prononcée de la surface. Cette agitation tient à l'action du vent; elle augmente nécessairement avec l'intensité de ce dernier, et avec la profondeur et l'étendue des bassins où on l'observe. On donne le nom de *vagues* ou *lames* à ces ondulations produites à la surface de la mer par l'action du vent.

Si parfois on constate encore la présence des *vagues* à la surface de l'eau par un temps calme, il en faut conclure que ce mouvement vient d'une région éloignée où le vent agite la mer, et que les ondulations se communiquent de proche en proche à de grandes distances dans la masse liquide.

15. Quand sur un navire au large on observe la surface agitée de la mer, les vagues semblent s'avancer en suivant l'impulsion du vent. Il faut se défier de cette illusion; car le mouvement de translation n'est qu'apparent, et un corps flottant qu'on observerait attentivement paraîtrait s'élever et s'abaisser successivement en s'éloignant fort peu de la verticale, à moins qu'il n'obéît lui-même à l'action du vent ou à l'entraînement d'un courant. Par les soulèvements de l'eau, les divers points de la surface parviennent alternativement au maximum et au minimum de la hauteur en montant et descendant verticalement, et le mouvement qui en résulte est tout à fait analogue à celui que l'on observe dans un drapeau flottant au vent, dont les divers points semblent s'éloigner toujours de la hampe, quoiqu'ils en restent nécessairement à des distances sensiblement constantes.

16. En général, l'action des vagues ne se fait plus sentir à une certaine profondeur, si ce n'est dans les tempêtes; mais, si le fond est à une faible distance de la surface, il réagit *sur* les vagues, qui s'élèvent alors en *brisant*, comme on l'observe sur tous les hauts-fonds et les rochers qui forment écueil à la navigation.

Auprès du rivage la lame, dont le mouvement est contrarié par la plage, glisse et arrive à une hauteur plus grande que celle de son sommet. Le mouvement vertical d'ondulation se transforme donc partiellement en mouvement horizontal; et si les vagues viennent frapper des ouvrages à la mer, elles peuvent leur causer des dégradations contre lesquelles l'art de l'ingénieur doit combattre et lutter sans cesse.

17. Quand une lame qui a monté sur le plan incliné d'une plage redescend, elle frappe le plus souvent une de celles qui la suivaient. Celle-ci, étant plus forte et pressée par celles qui viennent derrière, dépasse la première, la franchit et tombe en avançant sur le rivage; elle enveloppe dans sa chute de l'air qui produit cette mousse blanche qu'on remarque toujours en pareille circonstance.

Il arrive aussi quelquefois que, le calme s'étant rétabli au large, les lames continuent à se propager sourdement au fond de la masse liquide, et viennent jusque sur la plage s'y briser à l'improviste, sans que rien ait annoncé leur approche. De là ce phénomène que l'on désigne sous le nom de *lame de fond*, et qui cause souvent d'autant plus de mal qu'aucun indice ne le faisait pressentir.

18. Mais, si la lame vient frapper brusquement contre un obstacle plus ou moins abrupte, une agitation locale se manifeste, et le choc fait jaillir verticalement l'eau, qui retombe avec force par l'effet de la pesanteur. De là un effet qu'on désigne sous le nom de *ressac*; ses conséquences sont souvent désastreuses pour les ouvrages, dont les fondations sont ainsi notablement compromises par des affouillements dangereux.

Nous donnons dans les trois figures ci-après des exemples du ressac. Dans la première, la mer trouve une surface curviligne, sur laquelle elle s'élève en usant progressivement sa force par l'effet de la pesanteur, et sans faire aucun autre dommage qu'un déversement le plus souvent inoffensif par-dessus la maçonnerie.

La deuxième montre, au contraire, le ressac contre une paroi sensiblement verticale, dont elle affouille gravement les fondations en rejetant en arrière les matières arrachées au pied de la construction.

Enfin l'on voit, dans la troisième, la mer en furie, s'élançant
contre un phare qu'elle dépasse et surmonte d'une manière

Fig. 5.

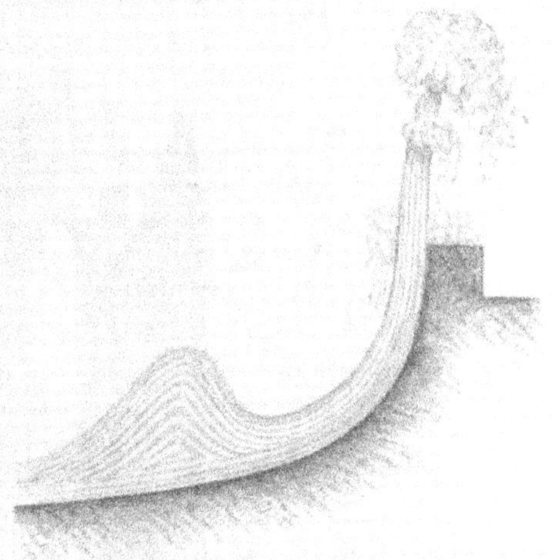

plus effrayante par sa violence que réellement dommageable
pour la solidité de l'édifice.

Fig. 26.

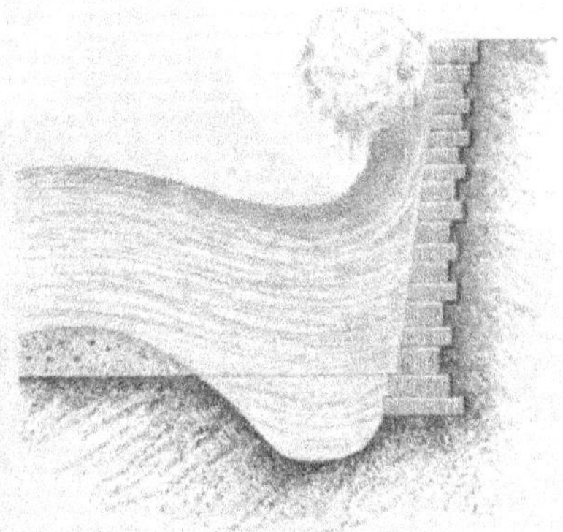

Le ressac se produit, d'ailleurs, non-seulement contre les
obstacles directement opposés à l'effort des lames venant du

large, mais souvent aussi par la réflexion de ces dernières sur
des parois qui les repoussent contre des ouvrages situés dans
des directions différentes.

Fig. 4.

Courants.

19. La mer présente aussi d'autres mouvements qui doivent
être pris en sérieuse considération, par le navigateur s'ils se
manifestent au large, par l'ingénieur s'ils existent auprès des

ports et le long des côtes : nous voulons parler des *courants*
quelquefois fort intenses qui sillonnent en beaucoup de points
et dans diverses directions la masse liquide, et sur lesquels les
marées ont la plus grande influence.

Sans entrer ici dans une étude approfondie des courants,
nous ferons remarquer que l'approche du rivage donne
souvent naissance à des remous, à des tournants, à des contre-
courants qui sont d'autant plus marqués que la vitesse du
courant lui-même est plus grande, et que les reliefs des côtes
qui y donnent naissance sont eux-mêmes plus accentués. La
connaissance de ces phénomènes est indispensable aux
marins, parce qu'elle gêne ou facilite l'entrée de certains ports ;
il importe aussi de les étudier avec soin, parce qu'ils donnent
souvent lieu à des dépôts considérables d'alluvions marines
auxquelles les courants servent de véhicule accoutumé.

PORTS ET RADES.

20. On donne le nom de *port* à une partie de la mer où les
navires sont à l'abri du vent et de l'action des flots, et où l'on
s'efforce de maintenir assez de profondeur d'eau pour qu'ils
puissent approcher des quais de chargement et de déchargement.

De là une différence essentielle entre les ports de l'Océan
et ceux de la Méditerranée. Dans les premiers, comme nous
l'avons dit, le niveau monte et descend deux fois par vingt-
quatre heures sous l'action des marées ; dans le second, au
contraire, il est à peu près constant.

Dans les ports de la Méditerranée les bâtiments sont toujours à flot, et les fondations des ouvrages d'art doivent y être
établies à une grande profondeur sous l'eau. Dans ceux de
l'Océan, au contraire, où les navires échoueraient le plus souvent à mer basse, il faut leur ménager des bassins spéciaux
dans lesquels la retenue des eaux les dispense de cette
manœuvre gênante et même quelquefois dangereuse.

Toutefois certains petits ports de l'Océan, dits *ports d'é-
chouage*, n'ont aucun bassin de cette sorte, et les faibles
navires qui les fréquentent peuvent s'y échouer sans grand
inconvénient pendant les basses mers, soit en se couchant sur
l'un de leurs flancs, soit en demeurant sur leur quille, soutenus
par des béquilles latérales appuyées sur le fond.

On comprend que, dans les ports à marée, les fondations des ouvrages à la mer sont plus faciles que dans la Méditerranée, à la condition de les exécuter à mer basse et de les interrompre quand la marée vient rendre les chantiers impraticables.

21. En général, un port est précédé d'une *rade*, espace maritime plus ou moins vaste où peuvent se réfugier momentanément, pendant les gros temps, les navires qui passent, où ceux qui sont prêts à partir épient les vents favorables pour *appareiller*, et où ceux qui arrivent peuvent attendre la marée pour entrer dans le port, le remorquage si le vent est contraire, ou toute autre circonstance favorable.

Si une rade est utile pour les navires de commerce qui voyagent d'ordinaire isolément, on comprend qu'elle est tout à fait indispensable dans les ports militaires, où les bâtiments de guerre et de transport partent quelquefois en grand nombre et de conserve pour leurs expéditions.

22. Une rade est essentiellement formée par la nature des lieux. Les premières conditions sont un bon fond et des terres élevées qui abritent une vaste étendue. On comprend qu'il ne faut pas songer à créer une rade de toutes pièces, et l'art de l'ingénieur doit se borner à l'améliorer par des constructions et des dispositions convenables. Ainsi des digues judicieusement dirigées peuvent quelquefois augmenter le calme d'une rade, en arrêtant la transmission directe des mouvements du large; ainsi des dragages peuvent procurer des mouillages précieux pour les navires, là où des hauts-fonds rendaient leur stationnement dangereux.

Les meilleurs fonds pour le mouillage sont des sables vaseux; sur le rocher l'ancre ne mord pas, les chaînes s'usent rapidement et les bâtiments *chassent sur leurs ancres*.

Sous le rapport de la tranquillité des eaux, on dit qu'une rade est *foraine* quand elle est peu abritée contre les vents et qu'elle est ouverte du côté du large.

23. Si le calme est à rechercher dans une rade, c'est surtout dans le port que cette condition est indispensable, sous peine de voir les bâtiments ballottés par les lames se choquer et s'endommager les uns contre les autres ou contre les quais,

et de rendre impraticables ou tout au moins fort difficiles les diverses manœuvres qu'exige leur présence.

Un port doit donc, autant que possible, être placé dans le fond d'une rade ou d'une baie; le *chenal* qui en forme l'entrée doit être sinueux ou brisé, de manière à rompre l'action directe des agitations extérieures. On obtient ce résultat en construisant des ouvrages spéciaux auxquels on donne le nom de *môles* ou *brise-lames* et de *jetées*, et sur lesquels nous allons entrer dans quelques détails relatifs à leurs dispositions principales et à leur mode de construction.

MOLES OU BRISE-LAMES.

24. Les *môles*, auxquels on donne aussi le nom de *brise-lames*, sont généralement disposés de manière à rompre transversalement la force des vagues et à procurer, dans une rade ou aux abords d'un port, le calme relatif qui est nécessaire au stationnement et à la circulation des bâtiments.

La position et la direction de ces ouvrages dépend d'une foule de circonstances locales qu'il faut étudier avec le plus grand soin avant de prendre un parti à cet égard; nous citerons notamment l'étendue qu'on doit réserver aux navires, la nature de ces derniers, la facilité de leur entrée et de leur sortie, la direction des lames et des vents régnants, les courants, la marche des alluvions, et avant tout la profondeur de la mer.

La défense militaire des côtes apporte aussi dans la question des éléments avec lesquels il faut compter, avant d'arrêter les dispositions définitives d'un travail de ce genre, pour lequel aucune règle générale et précise ne saurait être posée.

25. La première étude à faire est, comme nous l'avons dit, celle de la mer dans l'emplacement et aux abords de l'ouvrage. C'est par des sondages multipliés qu'on y arrive; mais on ne saurait se flatter d'obtenir, dans une pareille opération, une précision aussi grande que celle des nivellements ordinaires. Néanmoins, et sous cette réserve, on trace, en plantant sur la côte de grands jalons visibles en mer, une série d'alignements dans différents sens, et l'on rapporte sur un plan général ces lignes, suivant lesquelles on lève des profils que l'on relie ensuite par des courbes de niveau.

Dans le levé des profils sous-marins, les distances horizontales se mesurent par la marche d'un canot, estimée d'après le nombre de coups d'aviron donnés aussi également que possible, et les profondeurs sont évaluées au moyen de la sonde, instrument formé d'une corde divisée par des nœuds, ou d'une petite chaîne de fer qui porte un plomb à son extrémité. Bien que l'on ait la précaution de se faire seconder, dans une pareille opération, par des observateurs placés sur le rivage et munis de graphomètres et de bonnes montres bien réglées, ou placés près d'échelles de marées, de manière que tous puissent apercevoir le pavillon qu'on élève pour signal à l'instant favorable, il existe toujours une cause d'erreur tenant à la difficulté de juger du moment précis où le plomb touche le fond.

Il faut aussi beaucoup d'habitude pour bien observer la hauteur moyenne de la vague; s'il y a courant, la sonde prend une courbure dans le même sens, de telle sorte que le résultat final est entaché de bien des causes d'erreur, qui ne peuvent être conjurées que par la répétition réitérée des mêmes observations.

26. On fait des môles en enrochement, en maçonnerie ou en charpente; on en a même exécuté sur des radeaux ou pontons flottants retenus par des ancres.

Lorsqu'il s'agit de faire un môle ou tout au moins la partie submergée d'un môle en enrochement, la détermination des talus du côté du large et du côté du port réclame une attention toute particulière. L'inclinaison de ces talus doit, en effet, varier avec la profondeur des lames, avec la force des vagues et avec la grosseur des matériaux dont on peut disposer.

Il faut diviser par la pensée la profondeur de la mer en deux zones : celle où se fait sentir et se propage l'action des lames, et celle où ces dernières n'ont que peu ou point d'effet. La limite séparative de ces deux zones est, d'ailleurs, variable avec l'état de la mer, et il faut dans son appréciation tenir compte des tempêtes les plus violentes, pour se mettre en garde contre des éventualités fâcheuses.

Au-dessous de la zone d'action, on peut donner aux talus $1^m,50$ ou 2 mètres de base pour 1 mètre de hauteur du côté du large; mais, dans la zone d'action elle-même, cette inclinaison doit être beaucoup plus considérable, et elle varie généralement entre 8 et 12 mètres par mètre. Du côté du port, rien ne s'oppose à ce que le talus ait aussi de 1^m,5o à 2 mètres de base par mètre de hauteur.

On conçoit, d'ailleurs, que les talus ne peuvent être fixes qu'à la condition d'être formés de blocs suffisamment gros; car, si la mer remuait les pierres, celles-ci s'useraient et s'arrondiraient aux dépens de leur volume, et l'inclinaison tendrait de plus en plus à diminuer.

27. Quand l'emplacement d'un môle à construire a été déterminé, et quand on veut procéder à son exécution, on fait le tracé du périmètre de l'enrochement au moyen de balises ou de *bouées*. On amène les bateaux chargés des blocs de pierre dans l'espace ainsi déterminé, et l'on procède à l'échouement, en ayant soin de faire des sondages multipliés pour s'assurer des points où l'on doit interrompre ou continuer le versement. Il faut, en effet, déposer les blocs par couches horizontales, afin d'éviter les affouillements que ne manquerait pas de causer le ressac des vagues, en descendant le long de l'espèce de muraille formée par un noyau qui n'aurait pas tout l'empatement du môle. Ce n'est que dans des parties reconnues comme complétement inaffouillables qu'il est permis de procéder sans prendre la précaution indiquée.

Dans l'Océan, on est puissamment aidé dans ce travail par la marée; on profite de la haute mer pour opérer le déchargement des bateaux, et l'on dispose les matériaux par couches à la mer basse.

On doit, d'ailleurs, mettre les plus grosses pierres au pourtour, surtout du côté d'où vient le vent dominant.

28. Les blocs de pierre que l'on peut employer à la confection des enrochements à la mer sont bien souvent trop petits pour opposer une force d'inertie suffisante aux efforts de la tempête; de là résultent des mouvements dans la fondation, et les constructions qui y sont élevées se trouvent compromises. On obtient alors une masse suffisante et une complète stabilité au moyen de blocs artificiels en béton ou en maçonnerie hydraulique.

Les blocs en maçonnerie s'exécutent sans difficulté suivant les dimensions parallélépipédiques que l'on arrête à l'avance.

Pour faire ceux de béton, on forme une caisse sans fond au moyen de quatre panneaux verticaux réunis dans les angles par des ferrures à goupilles qui s'enlèvent à volonté; une couche de quelques centimètres de sable empêche le mortier d'adhérer au sol. Quand on juge, après un ou deux mois, que le béton a assez durci pour être immergé sans danger de rupture, on procède à cette opération en transportant les blocs sur une cale flottante qui les conduit jusque sur l'enrochement. Là, par un système de plan incliné convenablement disposé, le bloc glisse et coule au fond de la mer ou sur les blocs précédemment échoués.

Ce procédé a été employé avec succès au port d'Alger, où l'on a reconnu qu'il fallait des blocs de 10 mètres cubes au moins pour résister aux plus fortes tempêtes. Il est généralement admis qu'une stabilité parfaite serait assurée, dans tous les cas et dans les lieux le plus agités, par un enrochement fait en blocs naturels ou artificiels de 15 mètres cubes.

On a fait, à Cherbourg et ailleurs, des fondations de môles en blocs factices formés d'enrochements renfermés dans des coffres en charpente; mais ces encoffrements en bois sont rapidement détruits dans l'eau de mer par les ravages des vers *tarets* qui y pullulent, et il a fallu renoncer à ce mode de construction.

29. D'autres fois, dans une profondeur d'eau ne dépassant pas 6 mètres, on a fondé des môles sur des enrochements contenus dans une cuvette de béton que l'on coulait au moyen d'une enceinte provisoire en charpente ayant la forme du périmètre assigné à la fondation.

Voici comment on a procédé, sur certains fonds rocheux le sabot seul des pieux pouvait à peine pénétrer.

On a formé chacune des parois de l'enceinte avec des madriers horizontaux glissant dans des feuillures comprises entre deux pieux séparés par une palplanche, comme l'indique la figure ci-après.

Les madriers horizontaux ont 0^m,10 d'épaisseur, et celui du dessous est, autant que cela est possible, taillé suivant le relief du rocher, afin de s'y appliquer exactement. Quant à l'épaisseur de l'encoffrement, elle dépend de celle du mur qui doit être élevé sur le béton, et des pièces transversales sont disposées de manière à relier ensemble les deux panneaux et à empêcher leur écartement à la partie supérieure, sous la charge du béton non encore durci, ou leur rapprochement, au début de l'opération, sous la pression extérieure de l'eau.

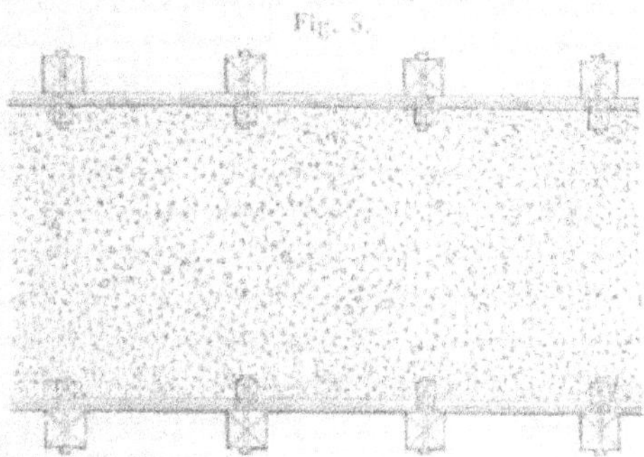

Fig. 5.

On peut, d'ailleurs, après la prise du béton et avant le versement des enrochements intérieurs, démonter tout ou partie des parois en charpente et les faire servir sur un autre point. Toutefois, c'est là une économie parfois dangereuse, à cause des disjonctions qui peuvent en résulter dans la masse de l'enceinte, quelque précaution que l'on prenne pour les éviter.

30. L'objet des môles est, comme nous l'avons dit, d'arrêter la transmission des ondulations et de l'agitation de la mer, et ces ouvrages devraient, pour remplir complétement cette destination, s'élever jusqu'au sommet des plus hautes vagues. Mais, ne pouvant songer à atteindre la limite des tempêtes, on se borne à la hauteur des fortes vagues ordinaires, et l'on ne dépasse guère que de 2 ou 3 mètres les hautes mers moyennes.

Quant à la forme de l'ouvrage au-dessus de la mer, on élève des murs droits avec un fruit plus ou moins prononcé, ou l'on arrondit simplement le sommet du massif, de manière à n'offrir aux lames que le moins d'aspérités possible. Cette dernière disposition a l'avantage de ne pas opposer aux flots une résistance qui peut parfois amener des dégradations; mais elle assure d'une manière moins certaine la tranquillité des eaux dans la rade.

31. Dans le système des murs droits, que l'on termine souvent inférieurement par une partie circulaire concave, on

couronne les massifs de maçonnerie par une plate-forme plus ou moins large, et plus ou moins élevée au-dessus du niveau de la mer. Un parapet, du côté du large, garantit des fortes vagues les marins qui travaillent à l'entrée et à la sortie des navires, et aux extrémités des môles on place souvent des batteries d'artillerie, des tours de signaux pour les navigateurs, ou des fanaux. Quelquefois même on y établit de véritables quais d'embarquement ou de déchargement. Ces différents usages modifient secondairement l'épaisseur des môles ; il y en a de 3 mètres d'épaisseur, d'autres de 40 et 50 mètres. Les môles de Toulon servent de quais d'embarquement : ils ont jusqu'à 140 mètres de largeur.

Enfin, on ménage dans les parois des échelles de fer encastrées pour aider les naufragés à monter sur la plate-forme, et sur cette dernière on met, s'il y a lieu, des *canons* en fonte scellés verticalement dans la maçonnerie et destinés à faciliter l'amarrage des bâtiments.

32. Nous n'insisterons pas sur les précautions toutes spéciales que commandent des travaux aussi exposés, et que le choc des lames peut si facilement détruire avant qu'ils soient achevés, puisque dans l'Océan il n'est possible d'y travailler que dans l'intervalle des marées et toujours avec précipitation ; mais nous recommanderons, comme étant indispensable à avoir, le soin de répandre sur les dernières pierres de l'enrochement une forte couche de béton qui en garnit les vides et qui reçoit les premières assises de la construction.

On ne saurait aussi trop s'appliquer à faire des maçonneries bien pleines, en reliant très-étroitement les pierres entre elles, et notamment le parement avec le massif intérieur, pour éviter que l'eau s'infiltre à haute mer dans les maçonneries et entraîne le mortier en se retirant. Ce dernier a, du reste, besoin d'être composé des éléments les plus énergiques et de faire prise promptement, condition essentielle de réussite pour des travaux de ce genre.

33. Il faut profiter des changements de direction qui se présentent, comme nous l'avons dit, dans la longueur du chenal, pour pratiquer, à travers les jetées qui le bordent, des claires-voies qui permettent aux lames de s'étendre et de s'amortir sur des plans inclinés très-doux. On a conservé très-improprement

le nom de *brise-lames* à ces constructions, dont la figure ci-après donne une idée au moment des plus hautes mers, mais dont l'effet est surtout saisissant dans les mers moyennes.

Fig. 6.

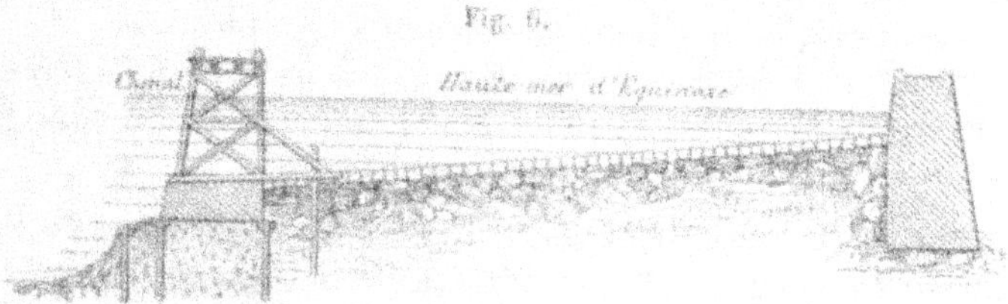

Lorsqu'il a été possible d'employer ce procédé dans de bonnes conditions, on a eu lieu de constater sa supériorité sur les brise-lames proprement dits. Ceux-ci, en effet, opposent à la mer un obstacle contre lequel elle lutte quelquefois victorieusement, tandis que les plans inclinés l'obligent à user peu à peu sa puissance en efforts inoffensifs.

JETÉES.

34. Les jetées, comme les môles, sont destinées à arrêter l'agitation des lames; mais elles ont plus particulièrement pour objet, dans l'Océan, de fermer l'entrée ou le *chenal* d'un port, de diriger l'action des chasses et de favoriser le halage des bâtiments à leur entrée ou à leur sortie.

Aucune règle générale et précise ne saurait être posée pour fixer la direction, la position, la longueur et la forme des jetées; les vents régnants, les courants, la direction des lames, la marche des alluvions sont, avec d'autres encore, les circonstances principales à étudier dans chaque localité, et ce problème est difficilement résolu dans chaque cas, de manière à satisfaire à la fois à toutes les conditions qu'il y a lieu de faire intervenir avec le degré d'importance qui convient à chacune d'elles.

35. Les sables et les galets, soulevés par les vagues et entraînés par les courants littoraux, dépassent l'extrémité des jetées et entrent dans le chenal avec la mer montante; ils s'y déposent, et il faut plus tard les en chasser par des moyens que nous indiquerons, mais dont l'efficacité dépend beaucoup

de la direction des jetées. Cette direction doit aussi être telle que les vagues qui obéissent aux vents régnants ne puissent pas pénétrer directement dans le port; d'un autre côté, les jetées doivent, dans l'intérêt de leur conservation, ne pas recevoir l'effort de la lame normalement à leur longueur.

Telles sont les conditions principales qu'il faut s'efforcer de remplir le mieux possible, quand on étudie la direction la plus convenable pour une jetée à construire.

36. On limite généralement la longueur des jetées à la partie inférieure de l'*estran*, c'est-à-dire à la laisse des basses mers. En les prolongeant au delà de ce point, on faciliterait sans doute l'entrée et la sortie des navires; mais on tomberait le plus souvent dans des profondeurs croissantes qui rendraient la construction fort dispendieuse, et l'on risquerait en outre de rendre les chasses moins efficaces en allongeant outre mesure le chenal.

Les deux jetées ne sont, d'ailleurs, pas d'une même longueur, et l'on fait plus longue que l'autre celle qui est placée immédiatement sous le vent dominant. Cette disposition est favorable à la sortie des navires comme à leur entrée, et ce n'est que par des raisons locales tout à fait particulières que le port de commerce de Cherbourg a sa jetée sous le vent beaucoup plus courte que l'autre.

37. En plan, les deux jetées qui forment le chenal d'entrée d'un port sont tracées généralement suivant deux polygones, ou deux courbes tournant leur convexité du côté où viennent les alluvions. Cette disposition favorise le développement d'une certaine force centrifuge dans les chasses, et le courant qu'elles produisent est ainsi poussé contre le dépôt habituellement formé sur la face intérieure de la tête de la jetée extérieure.

L'intervalle ordinaire des deux jetées est la largeur de trois navires sous voiles, bien que cette rencontre soit fort rare et même assez dangereuse, attendu que le tirant d'eau contre les jetées n'est jamais aussi considérable qu'au milieu du chenal. Toutefois, cette dimension varie nécessairement avec la force des bâtiments, et avec la puissance des chasses que l'on peut produire pour nettoyer le chenal; elle est communément comprise entre 3o et 1oo mètres, avec un léger évasement à l'entrée pour donner plus d'espace et favoriser l'évolution des navires.

38. La hauteur des jetées doit être telle que la plate-forme supérieure soit à 2 mètres ou 2^m,50 au-dessous des hautes mers de vive eau, afin que la circulation y soit à l'abri de l'atteinte des vagues ordinaires. Toutefois les musoirs sont plus élevés, parce qu'ils sont plus exposés aux coups de mer, et parce que c'est de là que se font les manœuvres propres à faciliter l'entrée des navires pendant la tempête.

Quant à la largeur du couronnement, elle varie ordinairement entre 3 et 6 mètres; mais les musoirs ont 8, 10, 12 mètres et plus de diamètre, à cause des diverses manœuvres qui s'y font, de la présence des fanaux et des batteries qui y sont souvent établis, et aussi pour la nécessité de donner plus de résistance à ce point, qui est le plus exposé et le moins protégé contre l'action de la mer.

39. Les jetées se construisent soit en maçonnerie fondée sur le rocher, sur pilotis, sur enrochements ou sur béton contenu dans des enceintes de pieux et palplanches; soit en coffres de charpente remplis de pierres, tantôt jusqu'au plancher supérieur qui sert de pont, tantôt seulement jusqu'à la haute mer pour laisser passer les vagues et diminuer leur action contre la jetée ou dans le chenal; soit enfin en charpente entièrement à claire-voie.

40. Les jetées en maçonnerie sont des massifs pleins parementés en pierres de taille, ou sont composées de deux murs de face que réunissent intérieurement de distance en distance des murs de refend. Les cases ainsi formées se remplissent en pierres sèches, en gravier ou en sable.

On donne à ces murs de refend une épaisseur de 2 à 3 mètres, et ils s'espacent entre eux de 8 à 12 mètres d'axe en axe.

Les parements extérieurs de la jetée ont généralement un fruit variant entre $\frac{1}{4}$ et $\frac{1}{5}$.

Le couronnement de la jetée est recouvert d'un dallage maçonné en dos d'âne, qui rejette dans la mer l'eau qui y tombe par les pluies ou qu'y lancent les coups de vent.

Comme précaution accessoire, il est recommandé d'employer, dans les parements exposés au choc des vagues, les pierres les plus dures et de fortes dimensions, de les lier entre

elles par des goujons en fer, et même de revêtir les parties
basses de madriers verticaux jointifs destinés à préserver les
parements de l'usure produite, dans certains parages, par le
frottement continuel des galets.

Fig. 7.

Enfin, les fondations d'une jetée demandent à être exécutées
avec un soin tout particulier, et il est indispensable, toutes
les fois qu'elles ne sont pas assises sur un rocher d'une résistance indéfinie aux affouillements, de les protéger par une
risberme profilée en talus ou en courbe pour rejeter au large
les lames qui y retombent, comme on le voit dans l'un des
exemples de la figure ci-dessus, qui présente à droite une
jetée pleine en maçonnerie, à gauche une jetée avec remplissage intérieur en gravier et murs de refend.

44. Les jetées en charpente sont, comme nous l'avons dit,
des encoffrements remplis d'un enrochement, soit jusqu'au
couronnement, soit seulement dans la partie basse; ou bien
elles sont complétement à claire-voie.

La *fig.* 8 donne, à gauche et à droite de son axe, le spécimen de deux dispositions de jetées de ce genre complètement remplies d'enrochements.

Ces encoffrements sont formés par des madriers jointifs

horizontaux qui s'appuient intérieurement ou extérieurement contre les poteaux des fermes, et ces poteaux ont eux-mêmes des inclinaisons qui varient de ⅓ à ¼.

Les constructeurs sont d'opinions diverses sur la convenance d'appliquer les bordages intérieurement ou extérieurement sur les poteaux. Ceux qui les mettent en dedans prétendent avec raison qu'ils résistent mieux ainsi à la poussée du remplissage ; les autres se fondent, pour les placer au dehors, sur ce que cette disposition soutient mieux le choc des vagues. On peut ajouter, en faveur du dernier système, que les

Fig. 8.

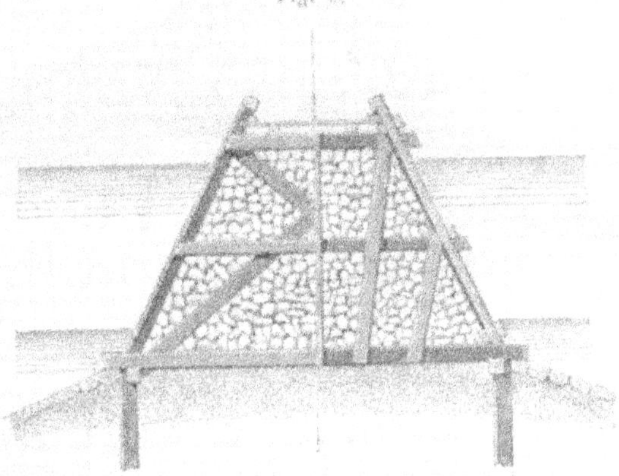

bordages extérieurs se réparent et se remplacent facilement, et qu'ils ont en outre le grand avantage de former une surface lisse contre laquelle les navires glissent sans se déchirer.

A cette occasion, nous insisterons sur cette nécessité d'éviter avec soin, sur les faces des jetées qui regardent le chenal, les saillies des bois et des ferrures. Sous ce rapport le profil de gauche de notre figure aura toujours une véritable supériorité sur celui de droite, à moins que l'on ne recouvre ce dernier d'une fourrure en bois affleurant les parties saillantes, comme cela a été fait en plusieurs circonstances.

42. Nous avons dit que quelquefois l'encoffrement n'existait que dans la partie basse des jetées, la partie supérieure restant à jour et laissant, comme dans la *fig.* 9 ci-après, passer seulement les lames de haute mer.

Souvent même aussi la partie basse de la jetée est formée par un simple enrochement (*fig.* 10), qui s'étend en talus vers le chenal aussi bien qu'au large, et y forme une risberme défensive. C'est dans ce massif surélevé, recouvert d'un pavage

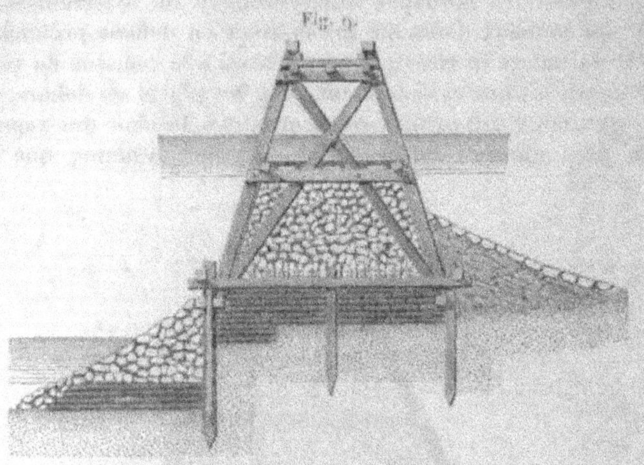

maçonné, que l'on enracine fortement les fermes d'une jetée à claire-voie.

43. Tel est, d'ailleurs, le système général de l'établissement des jetées en charpente, qui reposent toutes sur un massif artificiellement constitué, soit par des enrochements, soit simplement par des fascinages recouverts d'une couche de pierres, et consolidés par un pavage à bain de mortier.

La jetée proprement dite se compose de fermes ou palées placées à 2 ou 3 mètres d'intervalle l'une de l'autre; cette distance, entre ces limites, est d'autant moindre que la mer est plus agitée et plus profonde au point où l'on s'établit. Chaque ferme a la forme d'un trapèze à faces inclinées du côté du large et du chenal, et toutes les palées sont reliées entre elles par des cours de liernes et de moises solidement boulonnés.

On doit éviter avec soin les assemblages à tenons et mortaises, que l'ébranlement continuel produit par les vagues fatigue et disloque; les embrèvements boulonnés, au contraire, sont plus faciles à exécuter, plus aisément resserrés à volonté, et permettent de remplacer sans difficulté les pièces avariées.

44. Les palées des jetées en charpente à claire-voie sont ordinairement composées de deux parties bien distinctes, dont l'une sert, pour ainsi dire, de fondation à l'autre. Par l'emploi d'une basse palée, on construit plus rapidement et plus régulièrement, en ce sens que l'on évite d'avoir à battre de grands pieux, toujours fort difficiles à manœuvrer, et d'attendre la marée basse pour tailler toutes les pièces qui s'assemblent à la partie inférieure. On peut, en effet, assembler les hautes

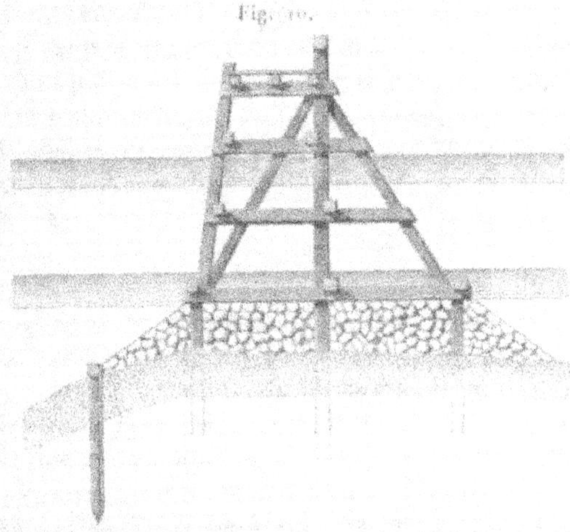

Fig. 70.

palées sur le rivage et les mettre en place au moyen d'une espèce de chèvre qui s'avance avec le travail. Chaque ferme arrive ainsi au-dessus de la partie basse qui lui correspond, et l'on n'a plus qu'à tailler et poser les moises ou liens inférieurs qui, comme on le voit dans la figure ci-dessus, doivent réunir la basse et la haute palée.

Il ne faut, du reste, nullement s'effrayer du défaut de solidité qui pourrait résulter de cette discontinuité des pièces principales du haut en bas de chaque ferme, attendu que les bois alternativement couverts par les eaux et exposés à l'air se détériorent rapidement, circonstance qui nécessite bientôt, dans les palées même les plus solidaires, l'enture des pièces à un certain niveau.

AVANT-PORT.

45. Les jetées comprennent entre elles le chenal qui conduit à l'*avant-port*. C'est là que stationnent les navires qui peuvent supporter l'échouage, ainsi que ceux qui, à raison de leur faible tirant d'eau, peuvent entrer et sortir à mi-marée. C'est là aussi que les bâtiments qui entrent sous voiles doivent trouver assez d'espace pour y faire quelques évolutions propres à user leur vitesse ou, comme on dit, leur *aire*. Une longueur de 500 à 600 mètres est, en général, suffisante pour que cette condition soit remplie convenablement.

Il importe, d'ailleurs, que les bâtiments à quai ne soient pas gênés par ceux qui arrivent ou réciproquement, et qu'il y ait un espace suffisant pour qu'un grand nombre de navires puissent s'y réfugier dans les gros temps. Pour cela, l'avant-port doit avoir la même profondeur que le chenal, et trois fois au moins sa largeur.

46. La première partie de l'avant-port prend plus spécialement ce nom ; la seconde, dans l'Océan, se distingue par la dénomination de *port d'échouage*, par opposition avec les *bassins à flot*, dont il sera parlé plus loin.

Le fond qui convient le mieux à un port d'échouage est nécessairement celui de vase ou de sable, pour que les bâtiments qui échouent à marée basse et sont soulevés par la lame ne retombent pas sur un fond dur qui les briserait. Mais la présence de ce sous-sol mobile est un grave danger pour la solidité des murs de quai ; car ceux-ci, malgré les précautions prises pour assurer leur stabilité, sont toujours exposés à s'enfoncer sous leur propre poids, ou même à s'avancer par l'action de la poussée horizontale des remblais composant le terre-plein.

La pression verticale des maçonneries peut généralement se transmettre, à l'aide de pilotis, au terrain dur que recouvre la vase ; mais, si cette vase s'étend à une profondeur indéfinie, les difficultés deviennent à peu près insurmontables. On n'arrive alors le plus souvent à un résultat satisfaisant qu'en établissant en arrière du mur de quai une plate-forme en bois, portée par un grand nombre de pieux, et sur laquelle le rem-

blai a chance de ne pas presser la vase de manière à la mettre
en mouvement.

47. Ces considérations montrent combien il est nécessaire
de donner aux murs de quai, dans les ports à marée, un profil
et une épaisseur déterminés, de manière à contribuer le plus
possible à la solidité.

En ce qui concerne le profil, il faut que le mur de quai
n'ait pas un fruit trop sensible, pour que les bâtiments puissent
approcher le plus possible du terre-plein. Afin de concilier cette exigence avec les conditions d'une suffisante stabi-

Fig. 11.

lité, on donne quelquefois au parement extérieur une forme
légèrement concave, qui se termine supérieurement par un
plan vertical.

Cette disposition, adoptée surtout en Angleterre, permet de
donner aux joints des directions qui se relèvent du côté de
l'eau pour rester normales au parement, et qui rendent ainsi
les assises solidaires entre elles comme les voussoirs d'une
voûte, ce qui augmente notablement leur résistance à la
poussée des terres sans augmenter le cube des maçonneries.
A la vérité, la forme concave des murs entraîne un peu plus
de sujétion dans la taille et la pose des pierres, et elle oblige
à battre des pieux inclinés ; mais ces faibles inconvénients
sont largement compensés par les avantages que nous avons
signalés ci-dessus. On y trouve, de plus, un profil qui s'accom-

mode mieux que tout autre au gabarit des bâtiments et leur
permet, par suite, d'approcher le plus possible du terre-plein
du quai.

Enfin, on obtient souvent aussi avec plus de facilité le
résultat cherché en élevant les murs de quai, soit verticalement, soit avec fruit (*fig.* 12), sur le sommet d'un talus, si le
terrain n'est pas de nature à compromettre par choc ou par
frottement la coque des navires. Au moyen de cette risberme
on réalise une notable économie de maçonnerie; il suffit de
défendre le pied du mur par une file de pieux et de palplanches
moisées.

48. L'épaisseur à donner aux murs de quai des ports
d'échonage a, d'ailleurs, la plus grande analogie avec celle
qui convient aux bajoyers des écluses à sas, puisque, comme
ces derniers, ils sont exposés à des alternatives de pression ou
de vide résultant de l'introduction de l'eau derrière les maçonneries. L'expérience a prouvé que cette épaisseur devait
s'écarter assez peu de $\frac{1}{12}$ de la hauteur, soit $\frac{1}{15}$ et $\frac{1}{12}$ pour les
cas extrêmes, suivant la nature du terrain.

49. Comme on le voit dans la figure qui suit, on protége le
parement des murs de quai par des poteaux de garde assem-

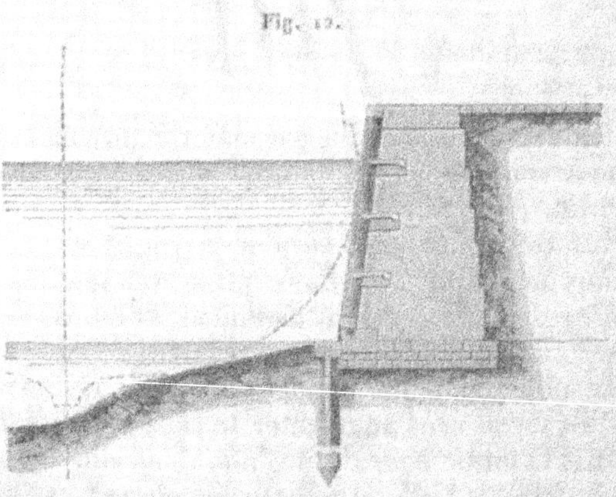

Fig. 12.

blés sur une semelle, et réunis par un chapeau également en
bois au niveau du couronnement. Ces poteaux, qui sont fixés
au mur par des goujons en fer, sont appliqués contre la ma-

çonnerie à 1^m,5o ou 2 mètres d'intervalle les uns des autres, et les goujons ne doivent pas dépasser la charpente, afin que le frottement des navires ait lieu exclusivement sur le bois et soit inoffensif pour eux.

50. Nous n'insisterons pas ici sur les détails accessoires des murs de quai, détails dont la seule énumération indiquera suffisamment la destination. Nous voulons parler des *cales* ou rampes d'accès qui facilitent l'embarquement et le débarquement, et qui sont surtout nécessaires dans les ports à niveau variable; des *escaliers* qui remplissent le même objet; des *échelles* verticales en fer encastrées dans les murs, comme les *organeaux* auxquels s'attachent les cordes d'amarrage; enfin, et pour nous borner, des pieux ou *canons* fixés verticalement sur les quais pour amarrer les navires.

BASSIN A FLOT.

51. A la suite d'un port d'échouage, on trouve comme ouvrages essentiels un ou plusieurs *bassins à flot*, ainsi nommés parce qu'ils ont pour objet de retenir l'eau de haute mer et de maintenir ainsi constamment *à flot* les bâtiments, dont quelques-uns ne supporteraient pas facilement l'échouage. Une écluse de dimension suffisante pour donner passage aux navires, et munie de portes busquées contre la pression de l'eau du bassin, se ferme au moment de pleine mer et garde l'eau pendant le jusant.

Ces portes d'èbe sont souvent doubles. L'une supplée à l'autre en cas d'accident ou de réparation; ou bien encore, elles servent à diviser la pression de l'eau à l'aide d'un niveau intermédiaire que l'on maintient par le jeu de ventelles convenablement ouvertes, dans l'intervalle compris entre les deux paires de portes.

Enfin, on adapte aussi parfois une paire de portes de flot, qui sont busquées vers le dehors, et que l'on ferme soit pour empêcher les marées extraordinaires d'entrer dans le bassin, soit quand on a besoin d'y tenir l'eau basse pour faire des réparations aux parties inférieures des ouvrages. Le même office peut, d'ailleurs, être rendu par des *portes-valets* qui viennent contre-butter les portes principales quand elles sont fermées, et qui se logent derrière elles dans les enclaves, quand elles sont ouvertes.

52. La largeur comprise entre les bajoyers de l'écluse d'un bassin à flot dépend évidemment de celle des navires qui doivent entrer et sortir. Cette condition, en tenant compte d'un jeu de 20 à 30 centimètres de chaque côté, porte à faire varier la largeur libre entre 13 et 18 mètres. Quelques écluses de bassin à flot, destinées à recevoir de grands bâtiments à vapeur, ont reçu des largeurs qui ont atteint jusqu'à 20 et 21 mètres; mais le remplacement général des roues à aubes disposées latéralement, par une hélice placée à l'arrière des navires, a notablement diminué la largeur de ces derniers, et permet de réduire d'autant la dimension transversale des écluses.

53. Nous ne reviendrons pas ici sur les détails que nous avons donnés précédemment à l'occasion des portes des écluses de canaux, avec lesquelles celles qui nous occupent ont nécessairement, sauf les dimensions et les renforcements qu'elles exigent, la plus grande analogie.

Il est, toutefois, indispensable de faire observer que l'eau de mer renferme une énorme quantité de vers, dont quelques-uns, le *taret* principalement, dévorent le bois avec une effrayante rapidité, et s'y développent au point de détruire en peu de temps les ouvrages les plus solidement édifiés. Aussi, tant pour ce motif que pour la rareté croissante et le prix élevé du bois, on a depuis quelques années employé avec succès le fer et la fonte dans la construction des navires et des portes d'écluses à la mer. Quoi qu'il en soit, le bois a, sous plus d'un rapport et pour des emplois déterminés, une supériorité marquée sur les métaux, et il sera toujours d'un usage assez répandu pour qu'il y ait un intérêt majeur à trouver le moyen de le mettre à l'abri de l'attaque du taret.

Les deux procédés les plus usités jusqu'à ces derniers temps étaient le *mailletage* et le *doublage*.

54. Le *mailletage* consiste à couvrir les surfaces exposées à l'eau de mer par des clous de fer ou de cuivre à tête large. Quelque rapprochés l'un de l'autre qu'on les suppose, et bien que leurs têtes aient 2 ou 3 centimètres de diamètre, ces

clous ne couvrent pas entièrement le bois ; mais l'oxydation qui ne tarde pas à se produire cache les vides, et le tout est au bout de quelques années recouvert d'une croûte de plusieurs millimètres d'épaisseur, dans laquelle on ne distingue plus que difficilement les têtes de clous.

Ce moyen de préservation n'est pas absolument efficace ; mais il a l'avantage de s'appliquer aisément à toutes les formes de la charpente, et de pouvoir être employé sur les pieux de fondation, même avant le battage. Toutefois il est fort cher, surtout quand les clous jointifs sont en cuivre.

55. Par le *doublage*, on revêt les bois de feuilles de cuivre ou de zinc, contre lesquelles la morsure du taret est impuissante, et ce moyen serait radical s'il était possible de l'appliquer sans aucune discontinuité dans les angles rentrants des charpentes. Cette condition est plus facile à obtenir avec le zinc qu'avec le cuivre ; mais le doublage avec le premier de ces deux métaux n'est pas de longue durée et doit être souvent renouvelé.

On évite cet inconvénient, en même temps qu'on échappe au prix élevé du cuivre, en adoptant des feuilles de tôle que l'on met à l'abri de l'oxydation par la galvanisation des feuilles elles-mêmes et des clous qui servent à les fixer au bois.

56. Nous avons déjà indiqué (t. II, p. 300 et 301) les divers moyens employés pour préserver les bois de la détérioration causée par les agents atmosphériques, aussi bien que par le taret pour les ouvrages plongés dans l'eau de mer. Nous avons alors parlé de l'injection de substances antiseptiques, et notamment du *créosotage* qui, à la suite d'expériences répétées tant en France qu'en Angleterre, en Hollande et en Belgique, paraît constituer, sinon le seul, du moins le meilleur moyen d'obtenir le résultat cherché.

Il ne nous reste plus à donner que quelques explications de détail sur le procédé d'injection en lui-même, et nous rappellerons en peu de mots que les bois à soumettre à la pénétration de la créosote sont renfermés dans un récipient où une température élevée dilate leurs pores, et où la raréfaction de l'air par une pompe pneumatique dégage les liquides et les gaz intérieurs, de manière à rendre ensuite plus facile, plus

prompte et plus complète l'absorption du liquide préserva-
teur sous l'influence d'une compression prolongée.

Une précaution essentielle consiste à ne soumettre à l'action du créosotage que des bois tout travaillés et prêts à être
employés, pour éviter que la taille des assemblages mette
à découvert des parties intérieures dans lesquelles le liquide
n'aurait pas pénétré, et qui faciliteraient sans aucun doute
l'introduction et les ravages des tarets.

Enfin des expériences concluantes ont démontré, et il paraît
maintenant établi, que les bois créosotés ne perdent par ce
traitement aucune de leurs qualités de résistance et d'élasticité.

PONTS TOURNANTS.

57. Bien que nous n'ayons pas cru devoir comprendre les
ponts tournants dans l'étude spéciale que nous avons faite des
divers systèmes de ponts, il est impossible que nous ne disions
pas ici quelques mots sur ces ouvrages qui, quelquefois utiles
sur les canaux pour le passage de certain chemin à un niveau
qui ne peut être exhaussé, sont indispensables dans les ports
maritimes pour établir des communications entre les diverses
voies, tout en permettant aux bâtiments mâtés d'y passer pour
les besoins de leur service et de leur entretien.

Comme on le comprend, ce système comporte élémentairement un tablier mobile qui peut tourner autour d'un axe vertical, de manière à se placer tantôt parallèlement à l'axe du
passage pour établir la communication par eau, tantôt perpendiculairement audit axe, pour laisser libre la voie de terre
qu'il doit desservir.

Dans l'une et l'autre de ces positions, l'extrémité de la *volée*
repose sur des cales que l'on enlève pour exécuter le mouvement de rotation, et l'ensemble est alors maintenu en équilibre par le seul effet d'un contre-poids placé dans la *culasse*
pour permettre d'en diminuer la longueur.

Quand, comme dans les ports maritimes, on a des passages
beaucoup plus considérables à franchir que sur les canaux, où
la portée d'un pont tournant peut toujours être réduite à 12 ou
15 mètres, on oppose l'un à l'autre deux systèmes identiques,
dont les volées viennent butter l'une contre l'autre au milieu
du chenal, et il est aisé de comprendre que, si le bois peut

encore parfois trouver place dans les premiers, c'est exclusivement le fer qui entre dans la composition des derniers.

La manœuvre se fait d'ailleurs, sur chaque rive, au moyen de cabestans ou de mécanismes plus compliqués et plus puissants, s'il est nécessaire, sur lesquels nous n'insisterons pas, nous bornant à présenter ici, avec quelques explications tout à fait sommaires, deux ponts tournants remarquables construits l'un à Dunkerque, l'autre à Brest.

58. Le pont tournant de Dunkerque couvre par ses deux volées un passage de 21 mètres de largeur; il offre une voie charretière de 2^m,5o entre deux trottoirs qui ont chacun 75 centimètres, soit en tout 4 mètres entre les garde-corps.

Ne pouvant entrer dans une description détaillée de ce bel ouvrage, dont les *fig.* 13 et 14 donneront une idée suffisamment exacte, nous nous bornerons à dire que la solidarité des deux volées, à leur point de jonction sur l'axe du passage maritime, a été assurée par le moyen d'une gorge creusée sur une extrémité, et dans laquelle s'engage, comme font les deux battants d'une fenêtre, une saillie de même forme ménagée sur l'autre volée.

59. A Brest, le pont tournant établi sur la Penfeld, au milieu du port militaire, pour mettre la ville en communication avec un important faubourg, est un ouvrage unique en France, tant par sa grande portée que par son élévation.

Le tablier est à 29 mètres au-dessus des plus basses mers, et à 19^m,5o au-dessus des plus fortes marées.

Les parements des culées sont distants entre eux de 174 mètres, et les deux volées reposent sur des piles circulaires qui ont 10^m,6o de diamètre au sommet. Ces piles sont distantes de 117 mètres d'axe en axe, et la largeur du passage, le pont étant ouvert, est de 106 mètres.

Sur les piles les volées ont 7^m,10 de hauteur, et 1^m,4o à leur jonction sur l'axe du chenal.

La voie charretière de cet ouvrage, qui donne passage à une circulation très active, est de 5 mètres, entre deux trottoirs de 1^m,10 chacun.

Trois arcades en maçonnerie, de 5^m,8o d'ouverture en plein cintre, font suite, sur chaque rive, à la travée de 23^m,4o qui

Fig. 13. — Pont tournant de Dunkerque.

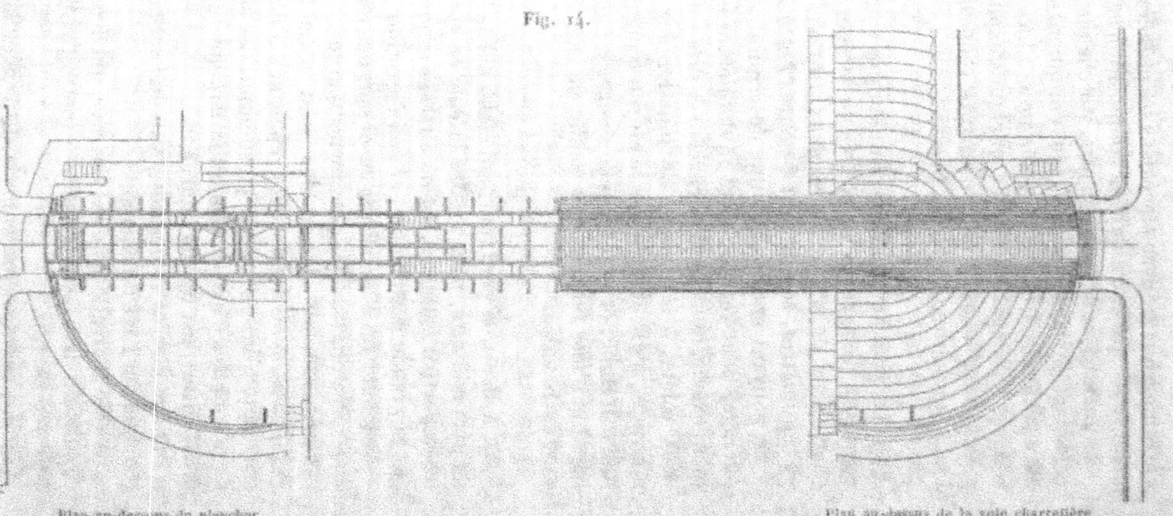

Fig. 14.

correspond à la culasse, et contribuent pour leur part à l'effet

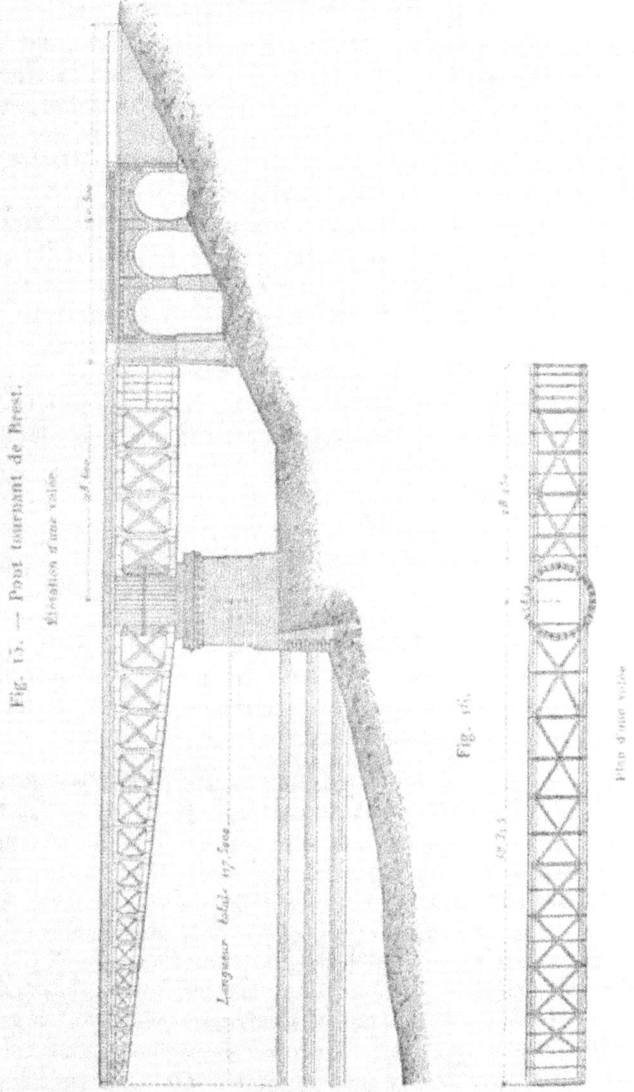

grandiose de ce magnifique ouvrage qu'elles encadrent de la manière la plus avantageuse.

BASSIN DE RETENUE.

60. La marée apporte en quantités considérables, sur les côtes de l'Océan, de la vase, des sables et des galets. Ces dépôts sont surtout nuisibles à l'entrée des ports, où ils exhaussent plus ou moins rapidement le fond, et ils nécessitent des dispositions et des manœuvres spéciales pour restituer le tirant d'eau indispensable à la circulation des bâtiments.

Les galets, si l'on a prolongé suffisamment et dans une direction convenable la jetée au vent, n'entrent généralement pas dans le port; ils forment un *poulier* à l'extrémité du chenal, et il faut les enlever au fur et à mesure qu'ils s'y accumulent.

Les sables tenus en suspension dans l'eau pénètrent dans le chenal, et s'y déposent le plus souvent avant d'avoir atteint l'avant-port; mais il n'en est pas ainsi des vases, qui pénètrent partout, et qui exigent des dragages périodiques pour rétablir la profondeur ainsi diminuée avec le temps.

Quand les dépôts de galets ou de sable découvrent à marée basse, on peut venir les enlever soit avec des tombereaux, soit avec des chalands que l'on amène à mer haute pour les laisser échouer au jusant. Si la mer ne découvre pas, on emploie des machines à draguer; mais bien souvent ces modes de procéder ne produiraient que des effets insignifiants par rapport à la masse d'alluvions à faire disparaître, et il faut avoir recours à des moyens spéciaux et énergiques pour rouvrir la passe aussitôt qu'elle s'embarrasse et menace de se fermer.

61. Le procédé le plus efficace consiste à faire ce qu'on appelle des *chasses*. On retient l'eau à mer haute dans un bassin spécial qui, pour ce motif, s'appelle *bassin de retenue*, et on la laisse brusquement s'échapper à mer basse. Il se forme alors une grande agitation et un courant rapide vers la mer; les alluvions ainsi soulevées et mises en mouvement sont alors entraînées dans les profondeurs extérieures.

Il est à remarquer que le bassin de retenue doit, en général, être tout à fait distinct du bassin à flot, dans lequel il n'est pas toujours possible de laisser le niveau s'abaisser jusqu'à faire échouer les navires qui y sont renfermés. Ce n'est que très-exceptionnellement que l'on peut aider l'effet d'une chasse en lâchant la tranche supérieure d'un bassin à flot, où il importe aussi beaucoup de ne pas troubler, par des ondulations inévitables en pareil cas, la tranquillité des bâtiments.

62. En se jetant au dehors avec les galets et le sable qu'il entraîne, le courant des chasses est toujours arrêté par la résistance de la mer marchant parallèlement à la côte, ou par la direction opposée des vagues. Il y a donc en ce point un repos relatif, et il s'y forme un dépôt qui constitue ce qu'on appelle la *barre*, effet analogue à ce qui se produit aux embouchures des rivières, et qui est souvent une entrave d'autant plus sérieuse à la navigation qu'il est plus difficile d'y porter remède, même en prolongeant les jetées jusqu'aux points réputés assez profonds pour que le dépôt ne soit pas nuisible. L'expérience a montré que l'on n'arrive généralement ainsi qu'à éloigner la barre, laquelle se forme toujours à la faveur de l'exhaussement résultant de l'agglomération des alluvions autour de la tête des jetées.

Quoi qu'il en soit, il est facile de comprendre que l'effet d'une chasse dépend de plusieurs causes locales, parmi lesquelles les principales sont la masse de l'eau qui s'écoule, la vitesse qu'elle peut acquérir dans le chenal, le temps pendant lequel dure l'écoulement, la distance plus ou moins grande de la retenue au point à attaquer, et la hauteur de l'eau qui le recouvre à basse mer.

63. On a fréquemment besoin de diriger le courant d'une

Fig. 17.

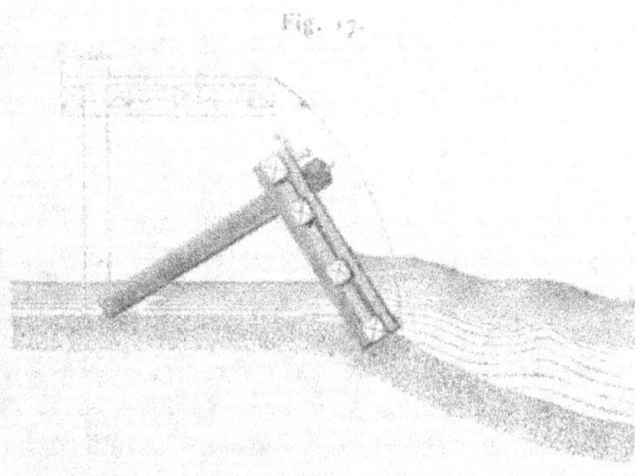

chasse sur un point déterminé; on y parvient au moyen d'un

grand radeau qui porte le nom significatif de *guideau*, et qui peut prendre à mer basse une position inclinée par le moyen de poteaux qui le traversent le long de l'une de ses rives. Le guideau est amené à mer haute à l'endroit jugé convenable pour la chasse projetée; il échoue avec le retrait des eaux, et plusieurs systèmes pareils, disposés à la suite les uns des autres, forment ainsi une paroi factice qui dirige le courant et lui fait attaquer les points désignés.

64. L'emploi des guideaux pour diriger le courant et l'action des chasses est le moyen le plus répandu; on a quelquefois eu recours à des obstacles submersibles, sorte d'épis fixés à demeure en des points déterminés, à des pontons ou bâtiments à fond plat qu'on échouait au moment et à l'endroit convenables, ou même à de simples et légères digues de tunages ou de fascines piquetées.

Enfin, lorsque le terrain à enlever n'est pas trop dur, et qu'il s'agit d'approfondir un chenal déjà commencé, on aide l'action du courant en faisant circuler des bateaux munis de grandes roues formant hérisson, qui entament et ameublissent le fond; ou encore des hommes munis de grandes bottes imperméables se mettent à l'eau et remplissent le même objet avec la pelle et la pioche. Ce dernier moyen est surtout préférable quand on a à redresser un chenal que l'accumulation irrégulière et excessive des galets a détourné de sa direction primitive et normale.

65. Les bassins de retenue sont, comme on le pressent, fermés au moyen d'écluses de chasse qui, à cause de la grande pression qu'elles ont à supporter et des courants violents qui s'agitent à leurs abords, doivent être construites dans des conditions de solidité tout à fait exceptionnelles. Des affouillements considérables se forment à une certaine distance en avant et en arrière de ces écluses, aux points où se fait sentir directement l'action de la masse d'eau qui sort violemment du bassin pendant la chasse, ou de celle qui y rentre, bien que graduellement, pour le remplir à la marée montante. Il est donc indispensable de se défendre, à l'amont comme à l'aval, par des garde-radiers étendus et protégés eux-mêmes par de forts enrochements.

Nous allons maintenant indiquer sommairement les divers moyens employés pour la fermeture des écluses de chasse.

66. Le système le plus simple, mais non le meilleur, est assurément celui qui consiste à manœuvrer simultanément une ou plusieurs vannes verticales à coulisses, soit au moyen de treuils horizontaux, soit avec des crémaillères et des crics, soit enfin par des vis mobiles formant la tige même de chaque vanne et s'engageant dans des écrous fixes.

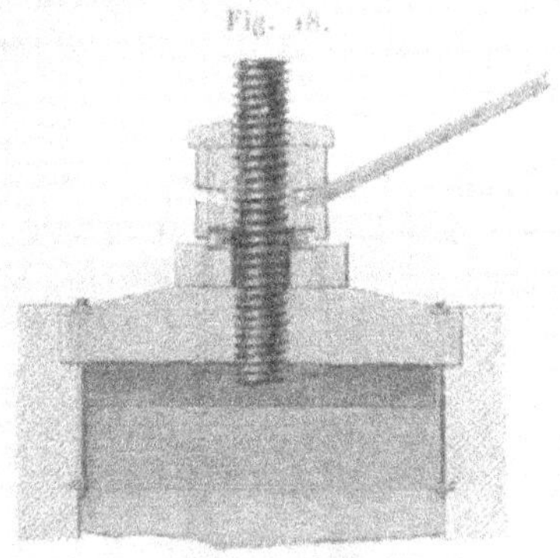

Fig. 48.

Ces vannes ont un défaut capital qui fait qu'on ne les emploie plus guère que dans des canaux ou étiers de peu d'importance, ou pour la fermeture d'aqueducs de secours pratiqués derrière les murs de quai, et s'ouvrant dans les parties rentrantes où la chasse principale ne pourrait aller chercher les dépôts. Leur frottement contre les parois est augmenté par la forte pression de l'eau qu'elles supportent ; elles exigent, d'ailleurs, un grand nombre de bras pour être mues simultanément, et ce retard fait que, les tranches supérieures de la retenue étant écoulées avant que l'ouverture soit complète, on est ainsi bien loin d'obtenir le maximum d'effet utile. Aussi emploie-t-on à peu près exclusivement aujourd'hui, pour fermer les écluses de chasse proprement dites, des portes tournant autour d'un axe vertical.

67. Les portes tournantes sont ou isolées ou couplées.

Dans le premier cas, le pertuis est fermé par un seul vantail divisé en deux parties d'inégale largeur par l'axe du poteau de rotation; la seule pression de l'eau suffit alors pour faire que la porte s'ouvre d'elle-même, dès que l'on enlève l'obstacle contre lequel s'appuie le plus grand côté.

On peut encore faciliter ce mouvement sans donner aux deux ailes de la porte une trop grande disproportion, en ménageant dans la plus petite une ou plusieurs ventelles dont l'ouverture diminue la surface et, par conséquent, la pression.

Le poteau-tourillon s'engage inférieurement dans une crapaudine fixée au radier. Il tourne à sa partie supérieure dans une pièce de bois, qui fait le plus souvent partie du pont de service nécessaire pour assurer la communication et faciliter la manœuvre.

68. Deux systèmes ont été employés pour donner au grand côté de la porte tournante un appui mobile qui puisse lui être instantanément dérobé. Le premier consiste en un accouplement de deux poteaux verticaux a et b reliés par des

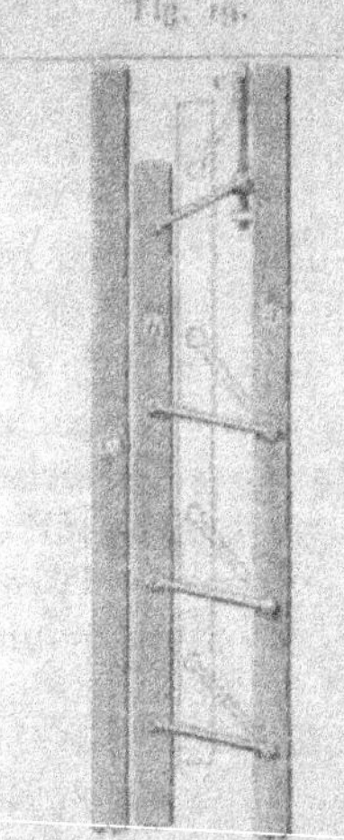

Fig. 19.

tringles de fer articulées, de manière à permettre à l'un des poteaux de s'éloigner ou de se rapprocher de l'autre sans cesser de lui être parallèle. Le poteau a est fixe et solidement encastré dans une enclave du bajoyer; l'autre b est mobile, et une vis supérieure v permet de l'appliquer contre le poteau

butant c de la porte ou de l'en éloigner, selon que l'on veut
tenir le pertuis fermé ou donner un libre cours aux eaux.

69. Le mode actuellement usité est plus simple : il consiste
à soutenir en même temps les deux extrémités par deux
poteaux d'arrêt qui tournent eux-mêmes sur leurs axes. Ces
poteaux sont cylindriques, et l'on enlève à chacun d'eux une
lame longitudinale, de manière à obtenir un plan vertical
contre lequel vient s'appuyer la porte, et qui lui permet de
s'ouvrir, quand il est dirigé parallèlement à la face du bajoyer.

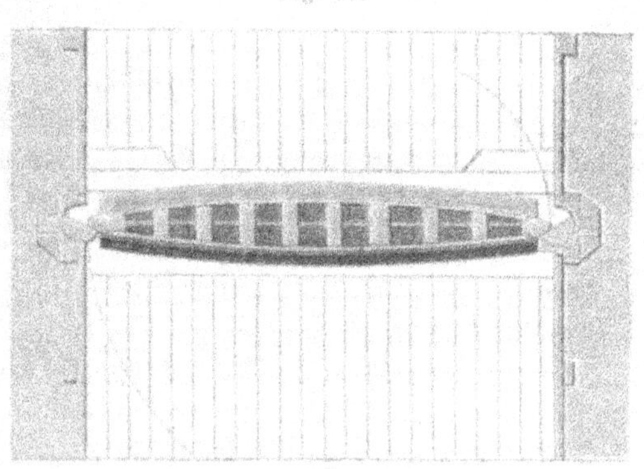

Fig. 30.

Un levier d'une faible longueur suffit à la manœuvre de
chaque poteau. Il est, du reste, à remarquer que celui qui
correspond au grand côté de la porte est seul nécessaire à l'ouverture et à la fermeture du pertuis de chasse ; mais on voit
aussi que l'ensemble des deux, selon le sens où ils présentent
leur plan d'appui, peut servir indifféremment à supporter l'eau
du bassin ou celle de la haute mer.

70. Quand le pertuis est fermé par deux portes couplées,
elles s'appuient par leur grand côté sur un poteau tournant
qui occupe le milieu du passage. Ce poteau est, comme on
le voit dans la figure ci-après, formé de telle façon que l'une
de ses dimensions transversales est plus grande et l'autre
plus petite que l'intervalle qui sépare les deux portes ; de
telle sorte que si, à l'aide d'un treuil, on fait faire à ce poteau
un quart de révolution autour de son axe, les deux portes se

dégagent en même temps, et s'ouvrent sous la pression prépondérante de l'eau sur leur plus grande aile. Quand la mer rentre dans la retenue, elle fait tourner les portes en sens

Fig. 21.

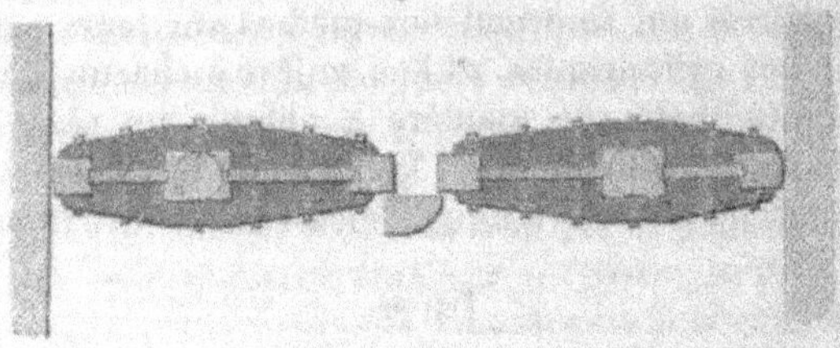

contraire. On remet alors le poteau central dans sa première position; l'eau qui commence à suivre le déclin de la marée ferme les portes en s'échappant, et le bassin se trouve ainsi fermé de nouveau.

71. Enfin, on a quelquefois reconnu la nécessité de faire des chasses partielles à la sortie même du bassin à flot, ou bien de faire entrer pour un motif quelconque des bâtiments dans le bassin de retenue. Il a fallu alors placer des portes tournantes dans les châssis des portes d'ébe, qui se trouvaient ainsi en position de satisfaire à cette double destination.

Nous ne nous étendrons pas davantage sur ce sujet, afin de rester dans les généralités que notre cadre restreint ne nous permettrait pas de dépasser. Pour le même motif nous passerons sous silence divers autres établissements accessoires qui ne se trouvent pas dans tous les ports, tels que *cales de construction, formes ou bassins de radoub, grils de carénage,* etc., et nous aborderons immédiatement la question capitale de *l'éclairage des côtes.*

PHARES ET BALISES.

72. L'éclairage des côtes est l'un des points les plus importants parmi ceux qui ont rapport à la navigation maritime. En effet, les plus grands dangers étant naturellement situés à l'approche du littoral, il est indispensable de les signaler pendant la nuit par un feu placé sur chaque écueil, ou de déterminer par des alignements lumineux un polygone circonscrit

qui limite les abords de la terre ferme, et avertisse les navigateurs des précautions et de l'attention nécessaires à la sûreté de leur marche.

Le problème à résoudre a donc été d'abord d'espacer convenablement les sommets du polygone, et de procurer aux feux qui les surmontent une portée déterminée, de manière que l'on ne puisse approcher de la côte sans apercevoir au moins l'un d'eux, tant que l'état brumeux de l'atmosphère n'y apporte pas d'obstacle.

Ces feux, qui signalent le littoral et qui réclament la plus grande portée, sont appelés *phares de premier ordre* ou *phares de grand atterrage*.

Viennent ensuite les points intermédiaires, comme les écueils secondaires, les bancs de sable, les caps ou les îles qu'il faut éviter, les passes qu'il faut signaler. Ce sont là tout autant d'indications qui réclament des feux réglés, quant à leur intensité et leur direction, d'après l'étendue linéaire et angulaire de leur action.

Enfin l'on installe, à l'entrée des ports et à leurs approches, des feux de faible portée qui suffisent à indiquer la direction du chenal, et qui permettent aux navires d'y pénétrer sûrement.

73. Nous venons de désigner les phares de premier ordre dont la portée varie de 33 à 50 kilomètres [de 18 à 27 milles marins ([1])]. Les autres se divisent en trois ordres, suivant la quantité de lumière qu'ils produisent; leur portée, à raison de la diversité de leur destination, varie entre des limites plus éloignées, depuis 3 ou 4 milles jusqu'à 20 milles.

Il en résulte que le système complet de l'éclairage des côtes et des approches des ports comprend des phares de premier, de deuxième, de troisième et de quatrième ordre, plus des *feux de port* ou de direction, qui sont destinés à diriger et à faciliter les mouvements des bâtiments à leur entrée ou à leur sortie du port.

On donne généralement le nom de *fanal* à un phare de quatrième ordre.

([1]) Le mille marin est la soixantième partie du degré terrestre; sa longueur est, en nombre rond, de 1852 mètres.

74. Pour rendre encore plus facile et plus sûre la marche que doit suivre un navire, et pour lui permettre de reconnaître aisément la signification des feux qu'il aperçoit, on s'est attaché à varier d'une manière bien caractéristique et connue des navigateurs l'apparence de chacun d'eux dans les diverses régions du littoral. Les cinq genres principaux adoptés sont les suivants :

1° Feux fixes.
2° Feux à éclipses.
3° Feux variés par des éclats précédés et suivis de courtes éclipses.
4° Feux scintillants.
5° Feux diversement colorés.

C'est seulement pour les phares des trois premiers ordres que l'on emploie ces apparences variées, et d'autres encore résultant de leur combinaison ; mais les fanaux et les feux de port sont presque toujours fixes et diffèrent seulement, s'il y a lieu, par leur couleur.

75. Dans l'appareil d'éclairage d'un phare, on distingue deux parties principales, savoir : le foyer de lumière, et le système destiné à diriger sur l'horizon ceux des rayons lumineux qui divergeraient sans utilité dans toutes les autres directions.

Le foyer de lumière est une lampe plus ou moins puissante, et les plus usitées sont actuellement la *lampe à mouvement d'horlogerie* du système Wagner, et la *lampe modérateur à poids*.

Nous n'entrerons pas ici dans les détails de la construction de ces lampes et de leur service ; des instructions fort complètes donnent à cet égard tous les renseignements utiles. Il nous suffira d'indiquer que le combustible employé a été pendant de longues années l'huile de colza, que tend à remplacer partout maintenant l'huile minérale, cette dernière matière offrant des avantages sérieux sous le rapport de l'économie et de l'intensité des feux.

76. Les systèmes propres à ramener les rayons lumineux vers l'horizon sont de deux sortes ; ils donnent naissance aux appareils *catoptriques* ou à *réflecteur*, et aux appareils *dioptriques* ou *lenticulaires*.

Ces derniers, dont l'invention est due à l'illustre Fresnel, sont maintenant exclusivement admis dans les phares de quelque importance, et les réflecteurs ne trouvent plus guère place que dans les feux secondaires qui éclairent des passes étroites, ou qui déterminent la direction d'un chenal.

77. La hauteur qu'il convient d'adopter pour un phare projeté dépend de plusieurs conditions, dont les principales sont :

1° La *portée lumineuse;* elle dépend de l'intensité du foyer de lumière qui sera employé.

2° La *portée géographique*, qui varie avec la hauteur du foyer au-dessus de l'eau. Pour la déterminer il faut tenir compte de la courbure de la surface de la Terre et de la réfraction des rayons lumineux à travers les couches plus ou moins denses de l'atmosphère, par analogie avec ce que nous avons vu à l'occasion du *niveau apparent* et du *niveau vrai* (t. II, p. 118).

Mais ces deux conditions mèneraient souvent à des solutions dont la dépense serait hors de proportion avec les besoins à satisfaire, et il faut dans chaque cas faire entrer aussi en ligne cet élément essentiel. On est ainsi conduit à adopter des hauteurs sensiblement moindres que celles qu'indiquerait le seul examen théorique dont nous venons d'indiquer les bases.

78. Nous ne pouvons traiter ici, même sommairement, les dispositions si variées qui ont été adoptées pour la construction et l'aspect extérieur des phares et fanaux. On peut voir, en parcourant le remarquable Ouvrage publié sur ce sujet par M. l'inspecteur général des Ponts et Chaussées L. Reynaud, ancien directeur du Service des phares, que l'architecture trouve encore à placer là des productions réellement élégantes. Bornons-nous donc à donner l'élévation et la coupe verticale (*fig.* 22 et 23) d'un fanal établi dans une tour en pierre de taille; il peut servir de type, et a été effectivement reproduit assez souvent pour les feux d'entrée de port.

Il a été dit plus haut que l'on emploie encore, dans les ports, des feux inférieurs qui servent à tracer des directions intéressantes pour les mouvements des navires. Quelques-uns de ces feux sont de simples réverbères élevés au haut d'une potence entre deux tringles directrices, avec une petite baraque à proximité pour faciliter l'allumage à couvert.

79. C'est surtout pendant la nuit qu'il est indispensable de tracer par des points lumineux la route que doit suivre le navigateur quand il approche de terre; mais il est aussi très-nécessaire de caractériser, pour la marche de jour, par des objets d'apparence nette et convenue les points saillants du littoral, et c'est par des *amers* qu'on distingue du large (*à mare*) les indications utiles aux navires qui longent la côte, et qui doivent en éviter soigneusement les écueils. Ces points

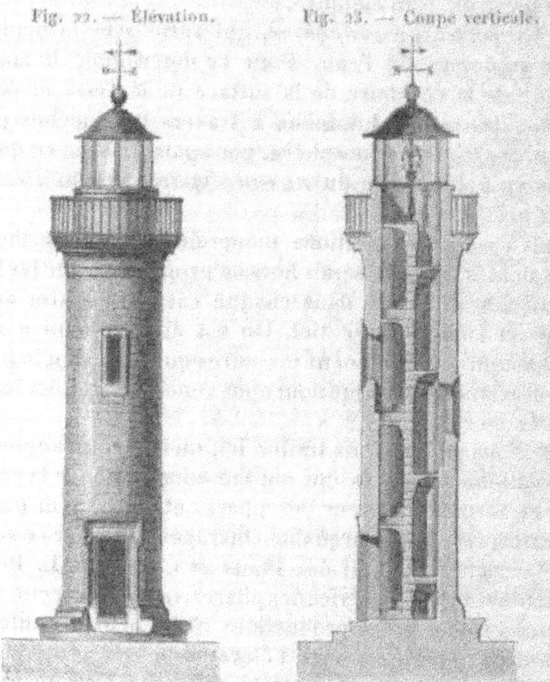

Fig. 22. — Élévation.   Fig. 23. — Coupe verticale.

servent aussi pour désigner les passes à suivre au moyen de droites joignant deux d'entre eux, ou à signaler la position précise d'un danger par le croisement de deux directions.

Ou emploie pour amer tout objet propre à remplir cet office, tel que moulin à vent, maison, bouquet d'arbres, roche de forme particulière, phare ou fanal; mais, s'il ne se trouve aucun objet convenablement disposé pour atteindre ce but, on construit en maçonnerie ou en charpente des amers spéciaux dont on détermine les dimensions, la forme et la coloration de la manière la plus favorable à la netteté des indications. Nous n'insisterons pas sur les détails des diverses dispositions qui ont été essayées ou adoptées.

80. Les écueils sous-marins qui, surtout aux approches de la terre ferme, constituent des dangers si graves pour la navigation, doivent être signalés d'une manière aussi précise que possible, et c'est par des constructions en bois, en fer ou en maçonnerie, établies sur le lieu même, que l'on arrive au résultat cherché. Si ces constructions sont fixes, on les appelle *balises*; si ce sont des corps flottants fixés au fond par une chaîne attachée à une ancre, elles prennent le nom de *bouées*.

Les balises les plus simples sont de longues perches en bois; on les assujettit au fond de l'eau de diverses façons, qui dépendent de la nature et de la profondeur du point d'attache. On les surmonte le plus ordinairement de voyants de formes variées, telles que des sphères, des triangles ou des tonnes en bois, qui servent à les rendre plus apparentes et à les distinguer les unes des autres.

On fait des balises plus durables au moyen de tiges de fer maintenues par des jambes de force, ou mieux encore de plusieurs tiges scellées dans le rocher (*fig.* 24) et rendues solidaires entre elles par des entretoises ou des croix de Saint-André. Des lames de tôle posées à claire-voie les relient à la partie supérieure, et le tout est surmonté d'un voyant.

Mais les balises en maçonnerie sont les meilleures sous le double rapport de la durée et de la visibilité; elles se construisent en matériaux de petite dimension, grossièrement smillés au parement extérieur et liés entre eux par du mortier de ciment à prise rapide. La forme adoptée est celle d'un tronc de cône à base circulaire (*fig.* 25), qui s'élève à 3 mètres au moins au-dessus des plus hautes mers, et que l'on surmonte quelquefois d'une autre balise en fer avec son voyant.

Les tours-balises que nous venons de décrire sont généralement munies, pour faciliter le sauvetage des naufragés, d'une échelle et d'une balustrade supérieure en fer galvanisé.

Enfin, on a adapté à quelques balises un flotteur qui monte ou descend dans un tube vertical, et qui agit sur les marteaux

d'une cloche, de manière à signaler la présence de l'ouvrage
pendant l'obscurité des nuits.

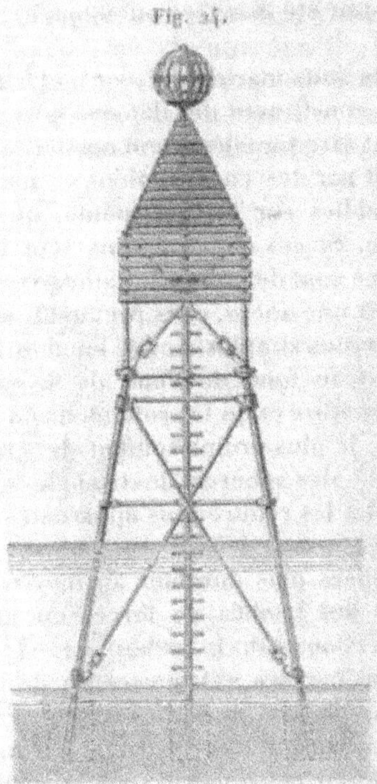

Fig. 25.

81. Les bouées sont, comme nous l'avons dit, des corps flottants en bois ou en tôle fixés au bout d'une forte chaîne attachée
par une ancre au fond de la mer. Les plus usitées sur notre
littoral sont de forme hémisphérique à la partie inférieure;
la partie qui sort de l'eau est un tronc de cône surmonté
d'un voyant. A l'intérieur, une cloison étanche partage horizontalement la capacité, pour que l'ouvrage ne coule pas à
fond, au cas où il viendrait à être crevé par un choc ou rempli
d'eau par une infiltration. Une ceinture en bois d'orme (*fig.* 26)
entoure, d'ailleurs, la bouée à la hauteur de son plus grand
diamètre, pour la garantir contre les corps flottants qui pourraient l'endommager, et un tuyau d'aspiration pénètre dans la

cavité inférieure, afin qu'on puisse la vider avec une pompe
quand elle se remplit.

Fig. 75.

   Quelquefois le tronc de cône de la bouée est à claire-voie
et une cloche avec marteaux mobiles, situés à l'intérieur,
avertit de sa présence pendant la nuit. On a alors ce que l'on
appelle une *bouée à cloche*.

   82. Nous avons dit précédemment que des colorations diverses
servaient à rendre plus nettes les indications des amers; c'est
le blanc et le noir qui sont généralement employés dans ce but.
Un système analogue, et nécessairement plus précis, s'applique
aux balises et aux bouées; on peint en rouge, avec couronne
blanche au-dessous du sommet, ceux de ces ouvrages que les
navigateurs venant du large doivent laisser à leur droite (à
tribord), et en noir ceux qui doivent être laissés à gauche (à
bâbord). Ceux qu'il est indifférent de laisser à droite ou à gauche
portent des bandes horizontales alternativement rouges et
noires.

Toutes ces indications sont variées par des dispositions de
détail, et complétées par l'inscription de numéros d'ordre
pour une même passe, ou même du nom de l'écueil à signaler.

Fig. 96.

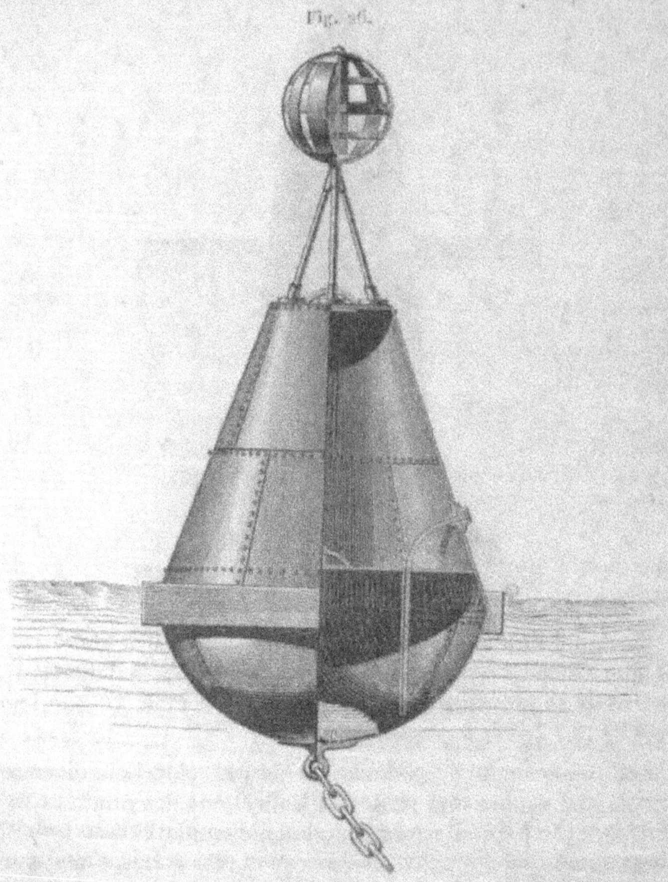

Un état général et officiel de l'éclairage et du balisage des
côtes de France est, d'ailleurs, publié périodiquement par
l'Administration supérieure, pour servir de guide aux bâtiments qui naviguent le long de nos rivages.

SERVICE HYDRAULIQUE.

PRÉLIMINAIRES.

1. C'est par une circulaire du 17 novembre 1848 que l'Administration des Ponts et Chaussées a établi le Service hydraulique, dans le but d'imprimer une plus vive impulsion aux travaux propres à développer les progrès de l'agriculture, et pour remplacer, en cette importante matière, l'initiative souvent lente et indécise de l'intérêt privé par le concours actif et bienveillant de l'autorité publique. Instituée d'abord avec un personnel spécial dans tous les départements indistinctement, cette branche nouvelle a été successivement ramenée à ses proportions vraiment utiles, et réduite à quelques groupes de départements où l'expérience a montré la nécessité de seconder ou de provoquer l'activité des particuliers dans un but d'intérêt général et pour un objet déterminé.

Aux termes mêmes du document susmentionné, ce Service devait centraliser « toutes les études relatives au régime des cours d'eau, la réglementation des usines hydrauliques, la rédaction des projets de desséchements, d'irrigations, de colmatages, de réservoirs ou de tous autres ouvrages destinés à utiliser les eaux pluviales et à créer des ressources pour les époques de sécheresse, l'organisation et la surveillance des associations formées en vue de l'exécution des travaux publics intéressant l'agriculture, enfin l'examen et la proposition de toutes les mesures propres à assurer le bon emploi des eaux, et leur équitable répartition entre l'agriculture et l'industrie. »

Sans prétendre embrasser dans notre étude, qui sera nécessairement sommaire, toutes les branches de cette vaste nomenclature, nous nous contenterons d'exposer ici quelques principes relatifs au régime des cours d'eau, aux curages,

à la réglementation des usines, aux desséchements, aux drainages, aux irrigations et aux associations syndicales.

MOUVEMENT DE L'EAU DANS UNE RIVIÈRE.

2. Lorsque l'eau se meut dans un canal de dimensions uniformes, d'une pente constante et peu considérable, ce mouvement est nécessairement régulier; il est le même pour toutes
les sections transversales qu'on peut imaginer dans le liquide, et
chaque molécule se ment uniformément en ligne directe. La
surface est plane et inclinée parallèlement au fond du canal;
en un mot, la vitesse et le débit sont constants.

Toutefois, à raison de la résistance qu'offrent les parois
solides au mouvement des molécules voisines, la vitesse n'est
pas la même dans toute l'étendue d'une section transversale :
elle est d'autant plus grande qu'on s'éloigne davantage de ses
parois, et le maximum semblerait devoir se trouver dans le
filet central de la surface libre.

C'est, à peu de chose près, ce qui s'observe. Cependant l'air
atmosphérique oppose aussi une légère résistance au mouvement des filets en contact avec lui, et c'est un peu au-dessous
de la surface que l'observation fait trouver la plus grande vitesse,
ainsi que l'on peut s'en assurer par une expérience bien facile
à réaliser, au moyen d'un petit appareil composé de deux
boules de cire unies entre elles par un fil de faible longueur,
ainsi que l'indique la *fig.* 1. En mêlant à la cire des matières

Fig. 1.

étrangères, il est aisé de faire que l'une des deux boules ait
une densité supérieure à celle de l'eau, et que l'autre en obtienne une plus faible, de telle manière cependant que l'ensemble du système puisse flotter sans que la boule la plus
légère dépasse sensiblement la surface. Un tel instrument,
mis dans une eau tranquille, se disposera nécessairement suivant une ligne verticale; mais dans le courant d'un canal, il
suivra l'eau, et la boule inférieure devancera légèrement la

boule supérieure, évidemment entraînée par une vitesse plus grande un peu au-dessous de la surface qu'à la surface même.

3. Parmi toutes les vitesses constatées dans les différents points d'une même section, on en peut facilement concevoir une qui devrait être commune à tous les filets liquides, pour que la quantité d'eau qui passe en une seconde par cette section demeurât la même, c'est-à-dire une *vitesse moyenne* dont le produit par l'aire de la section donnerait le *débit* du canal considéré.

4. Mais le lit d'une rivière n'a pas, à beaucoup près, les dispositions régulières et invariables d'un canal tel que nous l'avons supposé dans les lignes précédentes, et l'on comprend que le mouvement de l'eau, bien qu'il y conserve nécessairement une certaine analogie avec les indications déjà données, ne puisse avoir, dans son ensemble, la même régularité. D'ailleurs, le volume de l'eau d'une rivière est lui-même essentiellement variable, tant par l'apport de tous les affluents que par le produit des sources qui existent dans son lit.

Toutefois, il est facile d'isoler par la pensée et d'observer des longueurs plus ou moins considérables, dans toute l'étendue desquelles on peut admettre qu'il passe sensiblement la même quantité d'eau par seconde en chaque section transversale. Cela posé, si cette section varie d'une manière notable en largeur et en profondeur dans ce parcours, il est indispensable que la vitesse moyenne change aussi d'un point à un autre, et que cette vitesse soit plus grande dans les points où la section transversale est moindre. Cette conclusion est, du reste, tout à fait conforme à ce qui s'observe, puisque l'eau est presque stagnante dans les endroits où le lit est large et profond, tandis qu'elle acquiert une vitesse relativement considérable quand le lit est peu profond et resserré.

5. On voit maintenant combien il est intéressant de connaître la vitesse moyenne d'un cours d'eau en un point quelconque de sa marche. Des ingénieurs distingués ont cru pouvoir déduire d'expériences plus ou moins nombreuses des formules dans lesquelles ils ont fait entrer la pente par mètre et les divers éléments de la section transversale; mais ces formules sont bien rarement applicables aux rivières, même pour

des eaux moyennes, à cause de l'irrégularité de leur lit, et il serait imprudent, à plus forte raison, d'en faire usage dans les moments de crue, sous peine d'obtenir des résultats en contradiction manifeste avec le débit réel.

Il faut donc chercher à mesurer directement la vitesse moyenne de l'eau dans la partie que l'on veut considérer. Seulement cette vitesse moyenne est loin d'être celle de la surface, parce que les couches inférieures sont très-sensiblement ralenties par leur frottement sur le lit, tandis que la plus grande vitesse a lieu, comme nous l'avons dit, un peu au-dessous de la surface, vers le point qui correspond à la plus grande profondeur. C'est cependant la vitesse à la surface qu'il est le plus facile de déterminer, et l'on emploie, à cet effet, un *flotteur* qui n'est autre chose qu'une boule creuse suffisamment lestée, un morceau de bois de chêne plongeant presque entièrement dans l'eau, ou même un simple pain à cacheter. La seule condition que doit remplir ce flotteur est de sortir très-peu de l'eau, pour n'être pas influencé par la résistance de l'air.

Si le courant présente de la régularité dans une certaine longueur, le flotteur y sera animé d'un mouvement uniforme, et il suffira de déterminer combien de secondes il emploiera à parcourir une distance connue. Ayant donc choisi une portion Δ du cours d'eau remplissant la condition ci-dessus, on en marque par deux jalons les extrémités, et l'on jette le flotteur dans le courant à quelque distance au-dessus du point supérieur. Muni d'une bonne montre à secondes, on note exactement le temps T que ce flotteur met à passer entre les deux jalons, et l'on obtient par une simple division la vitesse V, dont l'expression est ainsi

$$V = \frac{\Delta}{T}.$$

6. De la vitesse à la surface V, ainsi déterminée par l'expérience, on déduit facilement la vitesse moyenne v et la vitesse au fond U, au moyen des deux formules suivantes qu'a établies M. de Prony :

$$v = V \times \frac{V + 2,37}{V + 3,15},$$
$$U = 2v - V.$$

Cette dernière relation, il faut bien le remarquer, n'est aussi qu'approximative, puisqu'elle équivaut à celle-ci

$$c = \frac{V + U}{2},$$

dans laquelle on considère à tort la vitesse c comme étant la moyenne entre la vitesse au fond et celle à la surface, qui, comme on l'a vu, n'est pas la plus grande.

VITESSE à la surface V.	VITESSE moyenne c.	RAPPORT $\frac{c}{V}$	VITESSE au fond U.	VITESSE à la surface V.	VITESSE moyenne c.	RAPPORT $\frac{c}{V}$	VITESSE au fond U.
m	m		m	m	m		m
0,05	0,038	0,756	0,016	1,20	0,985	0,821	0,770
0,10	0,076	0,760	0,052	1,40	1,160	0,829	0,920
0,15	0,115	0,764	0,086	1,60	1,338	0,836	1,075
0,20	0,153	0,767	0,126	1,80	1,516	0,843	1,232
0,25	0,193	0,771	0,145	2,00	1,698	0,849	1,396
0,30	0,232	0,774	0,164	2,20	1,879	0,854	1,558
0,35	0,272	0,777	0,184	2,40	2,061	0,859	1,724
0,40	0,312	0,780	0,224	2,60	2,246	0,864	1,892
0,45	0,352	0,783	0,255	2,80	2,433	0,869	2,060
0,50	0,393	0,786	0,286	3,00	2,619	0,874	2,238
0,55	0,434	0,789	0,318	3,20	2,806	0,877	2,412
0,60	0,475	0,792	0,350	3,40	2,995	0,881	2,590
0,65	0,517	0,795	0,385	3,60	3,183	0,884	2,764
0,70	0,558	0,797	0,418	3,80	3,374	0,888	2,948
0,75	0,600	0,800	0,450	4,00	3,564	0,891	3,128
0,80	0,642	0,803	0,484	4,20	3,755	0,894	3,310
0,85	0,684	0,805	0,518	4,40	3,945	0,897	3,490
0,90	0,726	0,807	0,552	4,60	4,135	0,899	3,670
0,95	0,770	0,810	0,590	4,80	4,330	0,902	3,860
1,00	0,812	0,813	0,624	5,00	4,530	0,906	4,040

Quoi qu'il en soit, et afin d'abréger les calculs relatifs à l'écoulement des eaux, nous donnons ci-dessus une Table qui, pour des vitesses à la surface comprises entre 0^m,05 et 5 mètres,

comprend les valeurs du rapport $\frac{c}{V}$ fournies par la première

formule en fonction de la vitesse V observée directement, et celles qui en résultent pour les quantités c et U.

7. Le rapport $\frac{v}{V}$ de la vitesse moyenne à la vitesse superficielle ne saurait cependant être indépendant de la profondeur des eaux, de l'état du lit, de sa forme et de ses irrégularités, et la vitesse à la surface n'est d'ailleurs pas la même dans toute la largeur de la rivière. La vitesse moyenne varie donc aussi dans chaque tranche verticale, et l'on comprend qu'il serait, pour ainsi dire, impossible d'arriver à un résultat tout à fait exact.

Aussi, dans la pratique, se borne-t-on souvent à mesurer la vitesse à la surface dans le point où le courant est le plus rapide et à prendre, pour la vitesse moyenne v, les quatre cinquièmes de la valeur obtenue ainsi pour V.

8. Il existe toutefois plusieurs moyens de contrôler les résultats obtenus par les considérations qui précèdent, et de mesurer directement la vitesse que possède l'eau en un point quelconque et à diverses profondeurs. Le plus simple et le plus généralement adopté est le moulinet de Woltmann.

Cet instrument, dont nous donnons ci-après la figure, se

Fig. 1.

compose d'une petite roue formée de plusieurs ailettes planes, fixées aux extrémités d'autant de tiges implantées perpendiculairement dans un arbre horizontal qui se place lui-même dans la direction du courant. Les ailettes sont disposées de manière à recevoir obliquement le choc du liquide, et il en résulte un mouvement de rotation dont la rapidité, mesurée comme on va le dire, fait connaître la vitesse de l'eau.

À cet effet, l'arbre est muni d'un filet de vis sans fin D qui peut, par l'élévation d'un système de deux roues dentées B, B, engrener avec elles et permettre de compter le nombre des tours que fait la roue à palettes dans un temps donné. L'appareil tout entier glisse le long d'une tige de fer verticale T que l'on fixe dans le fond de la rivière, de manière à mettre le moulinet à la profondeur à laquelle on veut le faire fonctionner. Le système des ailettes, placé de manière à faire face au courant, prend alors un mouvement uniforme de rotation et, à un moment donné, on tire la tringle A qui soulève la pièce C; les roues BB engrènent aussitôt avec la vis sans fin de l'arbre principal. Au bout d'une minute, par exemple, on lâche la tringle : les roues s'abaissent et s'arrêtent de suite par l'effet de deux saillies convenablement placées sur la partie fixe de l'appareil, et il est facile de compter le nombre total de tours et la fraction de tour dont a marché la roue à palettes pendant la durée de l'expérience.

Ce nombre N de tours étant évidemment proportionnel à la vitesse de l'eau, nous pourrons poser

$$c = aN,$$

et cette vitesse sera parfaitement déterminée si, connaissant d'avance le nombre de tours que fait le moulinet employé lorsque la vitesse de l'eau a une valeur connue, nous pouvons assigner au coefficient a la valeur constante qui lui convient.

Supposons, par exemple, que le moulinet fasse 10 tours dans une seconde, quand la vitesse de l'eau est de $1^m,20$ pour le même temps; on aura, dans ce cas,

$$1,20 = a \times 10,$$

d'où vient

$$a = \frac{1,20}{10} = 0,12.$$

Si, dans une nouvelle expérience, on a trouvé que le même instrument a fait 23 tours en une seconde, on devra conclure que la vitesse v, pour le deuxième cas, est exprimée par

$$v = xN = o,12 \times 23 = 2^m,76.$$

Quant à l'expérience préalable qui sert à déterminer une fois pour toutes le coefficient x relatif à un instrument donné, elle se pratique soit en plaçant l'appareil dans un courant dont la vitesse est connue, soit en le transportant lui-même avec une vitesse donnée à l'intérieur d'une masse d'eau immobile.

9. C'est généralement vers les trois cinquièmes de la profondeur que se trouve la vitesse moyenne, c'est-à-dire celle que devrait posséder toute la masse liquide de la section considérée, pour que le débit fût le même que ce qu'il est avec les vitesses variables. Le moulinet de Woltmann fournit un moyen facile de s'assurer de ce fait, qui résulte d'ailleurs de nombreuses expériences.

Notons, en passant, que la vitesse moyenne de la Seine, aux environs de Paris, n'est que de $o^m,6o$ à $o^m,65$, tandis que celles du Rhône et du Rhin sont de 2 mètres environ, et s'élèvent même jusqu'à 4 mètres dans les grandes crues.

JAUGEAGE D'UN COURS D'EAU.

10. La connaissance de la vitesse moyenne dans une section quelconque donne un procédé à la fois simple et commode de *jauger* un cours d'eau; en d'autres termes, elle permet de mesurer son débit ou la quantité de liquide qu'il fournit en une seconde.

Il suffit en effet, pour cela, de multiplier la vitesse moyenne dans le voisinage d'une section transversale de la masse liquide par l'aire de cette section, et toute la difficulté consiste à obtenir aussi exactement que possible cette surface.

On tendra dans ce but une chaîne ou une corde d'une rive à l'autre, et l'on cheminera avec un bateau le long de cette directrice en faisant, de distance en distance et à des intervalles déterminés, des sondages propres à donner la profondeur en chaque point. Les résultats de ces opérations étant rapportés sur le papier, comme on le voit dans la *fig.* 3, où la ligne AB représente la surface de l'eau située à une distance connue au-dessous de la chaîne, on aura à mesurer les aires d'une série de trapèzes *bcnm*, *cdsn*, ..., dont les hauteurs sont les distances des points de sondage entre eux, et dont les bases parallèles sont les profondeurs trouvées.

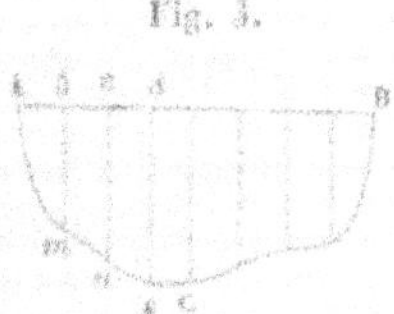

Fig. 3.

La somme des aires de ces trapèzes, y compris celles des deux triangles extrêmes, donnera évidemment la section mouillée que l'on cherche.

On peut, d'ailleurs, appliquer à cette évaluation des aires le procédé géométrique et la roulette de M. Dupuit, dont nous avons donné, dans le Tome II de cet Ouvrage (*Cubature des terrasses*, n°⁵ 25 et suiv.), la description et l'emploi.

Il faudrait alors rapporter à une échelle déterminée la figure représentant les sondages, qui devraient être exécutés eux-mêmes à des distances uniformes, de mètre en mètre par exemple.

11. Le jaugeage des cours d'eau peut encore s'effectuer d'une manière fort simple, en faisant passer tout le débit sur la crête d'un barrage horizontal pratiqué en travers du courant, soit que cet ouvrage préexiste avec la destination d'élever les eaux pour un usage quelconque, soit qu'on le construise à titre provisoire, si la rivière est peu considérable. Examinons avec quelques détails cette importante théorie du *déversoir*.

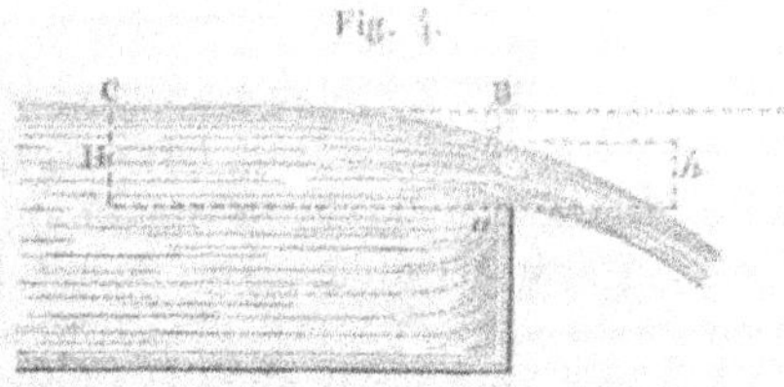

Fig. 4.

Quand l'eau s'écoule ainsi sur un déversoir, on remarque que la surface s'abaisse très-sensiblement à partir d'une certaine distance BC avant d'arriver au bord. Cet abaissement B*b* est tel, que la lame d'eau *ab* ou *h* n'a plus guère, à sa sortie, que les $0,72$ de l'épaisseur Ba ou H comprise entre le niveau supérieur et la crête du barrage.

La dépense Q par seconde, ou le débit cherché, est alors donnée par la formule

$$Q = ml\mathrm{H}\sqrt{2g\mathrm{H}},$$

que nous ne nous arrêterons pas à démontrer, et dans laquelle l est la largeur du déversoir, g une quantité constante $9^m,8088$ relative à la pesanteur, et m un coefficient numérique réduisant le *débit théorique* à raison des diverses causes qui tendent à le diminuer dans la pratique, telles que le frottement de l'eau contre les parois de l'orifice, la résistance de l'air et autres.

La quantité m est variable avec les différents systèmes de valeurs que prennent les dimensions l et h, ainsi que l'ont prouvé des expériences nombreuses.

Toutefois, ces recherches ont donné pour résultat moyen $m = 0,405$, qui est généralement adopté dans les cas ordinaires. Nous pouvons donc écrire la formule à appliquer à un déversoir sous la forme usuelle

$$Q = 0,405 \times l\mathrm{H}\sqrt{2g\mathrm{H}},$$

ou, en mettant pour g sa valeur numérique rappelée ci-dessus, et tout calcul fait,

$$Q = 1,86 \times l\mathrm{H}\sqrt{\mathrm{H}}.$$

Rappelons que la hauteur H du niveau de l'eau au-dessus du seuil du déversoir doit être mesurée en un point où la dénivellation ne se fait plus sentir, c'est-à-dire à 3 ou 4 mètres en avant du déversoir.

12. Le coefficient $0,405$ a été déduit d'expériences faites avec un orifice de $0^m,20$ seulement de largeur, au milieu d'un canal de plus de 3 mètres. Mais, si l'on voulait appliquer la formule à un déversoir ayant la même largeur que le canal d'arrivée des eaux, comme cela se passe le plus ordinairement dans les rivières, il faudrait adopter pour m la valeur $0,442$, et la formule serait alors

$$Q = 0,442 \times l\mathrm{H}\sqrt{2g\mathrm{H}} = 1,96 \times l\mathrm{H}\sqrt{\mathrm{H}}.$$

On comprend en effet que, dans la nouvelle hypothèse, le

débit doit être plus grand, puisqu'il n'est plus contrarié par la contraction latérale qu'éprouvait le liquide à sa sortie de l'orifice.

13. Il arrive fréquemment, notamment dans les usines hydrauliques qui emploient le produit d'une rivière comme moteur, que l'eau passe par l'ouverture d'une vanne rectangulaire qui peut se lever d'une quantité convenable pour mettre en marche le mécanisme, ou pour évacuer le liquide dans les moments de chômage ou de crue. On trouve encore dans cette disposition un moyen simple et facile de mesurer le débit des cours d'eau.

Nous supposerons, comme dans la figure ci-dessous, que la

Fig. 5.

vanne est verticale, et nous calculerons le débit par la formule

$$Q = m\omega \sqrt{2g\,\frac{H - h}{2}},$$

dans laquelle ω représente l'aire de l'ouverture, H la charge ea sur le côté inférieur ou le seuil de cet orifice, et h la charge cb sur le côté supérieur.

Si l'on remarque que l'aire rectangulaire ω peut se remplacer par l'expression $l(H - h)$, l étant toujours la largeur de l'orifice, la formule précédente deviendra

$$Q = ml(H - h)\sqrt{g(H + h)},$$

et, en y introduisant le coefficient moyen $m = 0,62$ que MM. Poncelet et Lesbros ont déduit de leurs nombreuses expériences, on aura finalement

$$Q = 1,94 \times l(H - h)\sqrt{H + h}.$$

Les formules précédentes expriment la dépense Q en mètres cubes, les quantités l, h et H étant elles-mêmes exprimées en

III.   24

mètres. Si l'on voulait, et cela est en effet plus commode sur les petits cours d'eau, que Q représentât des litres, il suffirait de multiplier par 1000 les valeurs fournies par les formules pour cette quantité.

14. Les mêmes relations, entre le débit d'un cours d'eau et les dimensions de l'orifice par lequel il passe, permettraient évidemment de déterminer, dans certains cas, l'une de ces dimensions en fonction de l'autre et du débit, si ce dernier avait été obtenu directement par un autre procédé, notamment par le jaugeage direct indiqué au n° 10.

Si, par exemple, on voulait déterminer à quelle hauteur en contre-bas d'un niveau déterminé il faudrait placer le seuil d'un déversoir, pour qu'il donnât passage au débit connu d'un cours d'eau, il faudrait transformer l'une des formules

$$Q = 1,80 \times lh\sqrt{h} \quad \text{ou} \quad Q = 1,96 \times lh\sqrt{h},$$

qui deviendraient respectivement

$$h^3 = \frac{Q^2}{3,24 \times l^2} \quad \text{et} \quad h^3 = \frac{Q^2}{3,84 \times l^2},$$

et donneraient les valeurs de h répondant à la question.

15. Nous avons parlé ci-dessus (11) du *débit théorique* $lh\sqrt{2gh}$ du déversoir, et nous avons admis qu'il était proportionnel au *débit effectif*, ce dernier étant égal à l'autre multiplié par le coefficient m.

Or le facteur lh n'est autre chose que l'aire de la section d'écoulement de l'eau sur le seuil, et la Mécanique enseigne que le radical $\sqrt{2gh}$ représente la vitesse théorique due à la hauteur h, c'est-à-dire celle qu'acquerrait dans le vide un corps qui tomberait de cette hauteur, sous la seule action de la pesanteur.

C'est aussi dans ce sens que, pour l'écoulement par une vanne (13), le débit théorique, exprimé par

$$\omega\sqrt{2g\frac{H+h}{2}},$$

est susceptible de la même définition, puisque ω représente la section de l'orifice, et que le radical $\sqrt{2g\,\dfrac{H+h}{2}}$ est encore la vitesse due à la hauteur $\dfrac{H+h}{2}$ du niveau de l'eau sur le centre dudit orifice.

On voit par là combien il est intéressant, dans les calculs relatifs aux déversoirs et aux vannes, de pouvoir passer sans difficulté d'une hauteur donnée à la vitesse qu'elle peut engendrer, et réciproquement. Ces deux quantités sont d'ailleurs, comme nous venons de le dire, liées par la relation connue $c^2 = 2gh$, qui devient, suivant les besoins,

$$c = \sqrt{2gh}, \quad \text{ou} \quad h = \frac{c^2}{2g},$$

et dans laquelle on sait (12) que g a une valeur constante égale à $9^m,8088$.

16. Nous donnons ci-après une Table dans laquelle on trouve les valeurs de c, toutes calculées en fonction de h, de centimètre en centimètre depuis 0 jusqu'à 5 mètres de hauteur. Elle est d'un usage fréquent dans les opérations qui ont trait au mouvement des eaux et, en général, à la chute des corps graves, comme nous l'avons expliqué dans le numéro précédent. On nous saura donc gré de la reproduire ici, avec cette observation qu'elle pourrait aussi servir à déterminer approximativement la valeur de h correspondant à une vitesse donnée, si cette dernière quantité était inférieure à 10 mètres et sensiblement égale à l'une de celles qui y sont inscrites.

Table des vitesses dues à des hauteurs de chute croissant de centimètre en centimètre jusqu'à 5 mètres.

HAUTEURS de chute.	VITESSES correspondantes.	HAUTEURS de chute.	VITESSES correspondantes.	HAUTEURS de chute.	VITESSES correspondantes.	HAUTEURS de chute.	VITESSES correspondantes.	HAUTEURS de chute.	VITESSES correspondantes.
m	m	m	m	m	m	m	m	m	m
0,001	0,140	0,43	2,905	0,94	4,295	1,45	5,334	1,96	6,201
0,002	0,198	0,44	2,938	0,95	4,317	1,46	5,352	1,97	6,217
0,003	0,243	0,45	2,971	0,96	4,340	1,47	5,370	1,98	6,233
0,004	0,280	0,46	3,004	0,97	4,362	1,48	5,389	1,99	6,249
0,005	0,313	0,47	3,037	0,98	4,385	1,49	5,407	2,00	6,264
0,006	0,343	0,48	3,069	0,99	4,407	1,50	5,425	2,01	6,280
0,007	0,371	0,49	3,101	1,00	4,429	1,51	5,443	2,02	6,295
0,008	0,396	0,50	3,132	1,01	4,452	1,52	5,461	2,03	6,311
0,009	0,420	0,51	3,163	1,02	4,474	1,53	5,479	2,04	6,327
0,01	0,443	0,52	3,194	1,03	4,495	1,54	5,497	2,05	6,342
0,02	0,626	0,53	3,225	1,04	4,517	1,55	5,515	2,06	6,357
0,03	0,767	0,54	3,255	1,05	4,539	1,56	5,532	2,07	6,373
0,04	0,886	0,55	3,285	1,06	4,560	1,57	5,550	2,08	6,388
0,05	0,990	0,56	3,315	1,07	4,582	1,58	5,568	2,09	6,404
0,06	1,085	0,57	3,344	1,08	4,603	1,59	5,585	2,10	6,419
0,07	1,172	0,58	3,373	1,09	4,624	1,60	5,603	2,11	6,434
0,08	1,253	0,59	3,402	1,10	4,646	1,61	5,620	2,12	6,449
0,09	1,329	0,60	3,431	1,11	4,667	1,62	5,638	2,13	6,465
0,10	1,401	0,61	3,460	1,12	4,688	1,63	5,655	2,14	6,480
0,11	1,469	0,62	3,488	1,13	4,709	1,64	5,672	2,15	6,495
0,12	1,534	0,63	3,516	1,14	4,729	1,65	5,690	2,16	6,510
0,13	1,597	0,64	3,544	1,15	4,750	1,66	5,707	2,17	6,525
0,14	1,657	0,65	3,571	1,16	4,771	1,67	5,724	2,18	6,540
0,15	1,715	0,66	3,599	1,17	4,791	1,68	5,741	2,19	6,555
0,16	1,772	0,67	3,626	1,18	4,812	1,69	5,758	2,20	6,570
0,17	1,826	0,68	3,653	1,19	4,832	1,70	5,775	2,21	6,585
0,18	1,879	0,69	3,679	1,20	4,852	1,71	5,792	2,22	6,600
0,19	1,931	0,70	3,706	1,21	4,872	1,72	5,809	2,23	6,615
0,20	1,981	0,71	3,732	1,22	4,892	1,73	5,826	2,24	6,629
0,21	2,030	0,72	3,759	1,23	4,912	1,74	5,843	2,25	6,644
0,22	2,078	0,73	3,785	1,24	4,932	1,75	5,860	2,26	6,659
0,23	2,124	0,74	3,810	1,25	4,952	1,76	5,876	2,27	6,674
0,24	2,170	0,75	3,836	1,26	4,972	1,77	5,893	2,28	6,688
0,25	2,215	0,76	3,862	1,27	4,992	1,78	5,910	2,29	6,703
0,26	2,259	0,77	3,887	1,28	5,011	1,79	5,926	2,30	6,718
0,27	2,302	0,78	3,912	1,29	5,031	1,80	5,943	2,31	6,732
0,28	2,344	0,79	3,937	1,30	5,050	1,81	5,959	2,32	6,747
0,29	2,385	0,80	3,962	1,31	5,070	1,82	5,976	2,33	6,761
0,30	2,426	0,81	3,987	1,32	5,089	1,83	5,992	2,34	6,776
0,31	2,466	0,82	4,011	1,33	5,108	1,84	6,008	2,35	6,790
0,32	2,506	0,83	4,035	1,34	5,127	1,85	6,025	2,36	6,805
0,33	2,545	0,84	4,060	1,35	5,147	1,86	6,041	2,37	6,819
0,34	2,583	0,85	4,084	1,36	5,166	1,87	6,057	2,38	6,833
0,35	2,620	0,86	4,108	1,37	5,185	1,88	6,073	2,39	6,848
0,36	2,658	0,87	4,132	1,38	5,203	1,89	6,089	2,40	6,862
0,37	2,694	0,88	4,155	1,39	5,222	1,90	6,106	2,41	6,876
0,38	2,730	0,89	4,179	1,40	5,241	1,91	6,122	2,42	6,891
0,39	2,766	0,90	4,202	1,41	5,260	1,92	6,138	2,43	6,905
0,40	2,801	0,91	4,225	1,42	5,278	1,93	6,154	2,44	6,919
0,41	2,836	0,92	4,249	1,43	5,297	1,94	6,170	2,45	6,933
0,42	2,871	0,93	4,272	1,44	5,315	1,95	6,185	2,46	6,947

Table des vitesses dues à des hauteurs de chute croissant de centimètre en centimètre jusqu'à 5 mètres. (Suite.)

HAUTEURS de chute	VITESSES correspondantes	HAUTEURS de chute	VITESSES correspondantes	HAUTEURS de chute	VITESSES correspondantes	HAUTEURS de chute	VITESSES correspondantes	HAUTEURS de chute	VITESSES correspondantes
m	m	m	m	m	m	m	m	m	m
2,47	6,961	2,98	7,646	3,49	8,274	4,00	8,858	4,51	9,406
2,48	6,973	2,99	7,659	3,50	8,286	4,01	8,869	4,52	9,417
2,49	6,985	3,00	7,672	3,51	8,298	4,02	8,880	4,53	9,427
2,50	7,001	3,01	7,685	3,52	8,310	4,03	8,891	4,54	9,437
2,51	7,017	3,02	[illegible]	3,53	8,322	4,04	8,903	4,55	9,448
2,52	7,031	3,03	7,710	3,54	8,333	4,05	8,915	4,56	9,458
2,53	7,045	3,04	7,722	3,55	8,345	4,06	8,925	4,57	9,468
2,54	7,060	3,05	7,735	3,56	8,357	4,07	8,936	4,58	9,478
2,55	7,073	3,06	7,748	3,57	8,369	4,08	8,946	4,59	9,489
2,56	7,087	3,07	7,760	3,58	8,380	4,09	8,957	4,60	9,499
2,57	7,101	3,08	7,773	3,59	8,392	4,10	8,968	4,61	9,510
2,58	7,114	3,09	7,786	3,60	8,403	4,11	8,978	4,62	9,520
2,59	7,128	3,10	7,798	3,61	8,415	4,12	8,989	4,63	9,530
2,60	7,147	3,11	7,811	3,62	8,427	4,13	[illegible]	4,64	9,541
2,61	7,150	3,12	7,823	3,63	8,439	4,14	[illegible]	4,65	[illegible]
2,62	7,189	3,13	7,836	3,64	[illegible]	4,15	[illegible]	4,66	[illegible]
2,63	[illegible]	3,14	7,849	3,65	[illegible]	4,16	[illegible]	4,67	[illegible]
2,64	7,197	3,15	7,861	3,66	[illegible]	4,17	[illegible]	4,68	[illegible]
2,65	7,210	3,16	7,873	3,67	[illegible]	4,18	9,033	4,69	[illegible]
2,66	7,224	3,17	7,886	3,68	[illegible]	4,19	9,066	4,70	[illegible]
2,67	7,237	3,18	7,898	3,69	[illegible]	4,20	9,077	4,71	[illegible]
2,68	7,251	3,19	7,911	3,70	[illegible]	4,21	9,088	4,72	[illegible]
2,69	7,265	3,20	7,923	3,71	[illegible]	4,22	9,099	4,73	[illegible]
2,70	7,278	3,21	7,936	3,72	[illegible]	4,23	[illegible]	4,74	9,653
2,71	7,291	3,22	7,948	3,73	[illegible]	4,24	9,130	4,75	[illegible]
2,72	7,305	3,23	7,960	3,74	8,566	4,25	9,151	4,76	[illegible]
2,73	7,318	3,24	7,973	3,75	8,577	4,26	[illegible]	4,77	[illegible]
2,74	7,432	3,25	7,985	3,76	8,588	4,27	[illegible]	4,78	9,684
2,75	7,345	3,26	7,997	3,77	8,600	4,28	9,163	4,79	9,694
2,76	7,358	3,27	8,009	3,78	8,611	4,29	9,174	4,80	9,705
2,77	7,372	3,28	8,022	3,79	8,623	4,30	9,185	4,81	9,715
2,78	7,385	3,29	8,034	3,80	8,634	4,31	9,041	4,82	9,725
2,79	7,398	3,30	8,046	3,81	8,645	4,32	[illegible]	4,83	[illegible]
2,80	7,411	3,31	8,058	3,82	8,657	4,33	9,247	4,84	[illegible]
2,81	7,425	3,32	8,070	3,83	8,668	4,34	[illegible]	4,85	[illegible]
2,82	7,437	3,33	8,082	3,84	8,679	4,35	9,258	4,86	9,767
2,83	7,451	3,34	8,095	3,85	8,691	4,36	9,279	4,87	9,777
2,84	7,464	3,35	8,107	3,86	8,702	4,37	9,289	4,88	9,787
2,85	7,477	3,36	8,119	3,87	8,713	4,38	[illegible]	4,89	9,797
2,86	7,490	3,37	8,131	3,88	8,725	4,39	[illegible]	4,90	9,807
2,87	7,503	3,38	8,143	3,89	8,736	4,40	9,291	4,91	9,817
2,88	7,517	3,39	8,155	3,90	8,747	4,41	9,301	4,92	9,827
2,89	7,530	3,40	8,167	3,91	8,758	4,42	9,312	4,93	9,837
2,90	7,543	3,41	8,179	3,92	8,769	4,43	9,333	4,94	9,847
2,91	7,556	3,42	8,191	3,93	8,780	4,44	9,341	4,95	9,857
2,92	7,569	3,43	8,203	3,94	8,791	4,45	[illegible]	4,96	9,867
2,93	7,582	3,44	8,215	3,95	8,803	4,46	9,364	4,97	9,877
2,94	7,595	3,45	8,227	3,96	8,814	4,47	9,375	4,98	9,887
2,95	7,607	3,46	8,239	3,97	8,826	4,48	9,385	4,99	9,904
2,96	7,620	3,47	8,251	3,98	8,836	4,49	9,385	5,00	9,924
2,97	7,633	3,48	8,263	3,99	8,847	4,50	9,396		

17. On a sans doute compris que les formules établies ci-dessus (12 et 15), pour l'écoulement sur un déversoir ou par une vanne, supposaient que l'eau avait une vitesse sensiblement nulle jusqu'à une certaine distance en amont.

S'il n'en était pas ainsi, comme cela arrive notamment quand l'orifice est ouvert dans le sens d'un courant plus ou moins rapide, la vitesse de l'eau affluente viendrait nécessairement s'ajouter à celle qui est due à l'écoulement lui-même, et elle augmenterait par conséquent la dépense.

Pour être exact, il faut alors tenir compte de cette circonstance et mesurer la vitesse moyenne d'arrivée de l'eau. En regardant cette vitesse comme engendrée par une chute verticale, on déterminerait, comme on vient de le voir, la hauteur correspondante de cette chute, et l'on ajouterait sous le radical cette hauteur à celle qui représente la charge de l'orifice.

18. Le calcul par la section mouillée et la vitesse, ou l'application des formules du déversoir ou de la vanne verticale, sont les moyens les plus usuels d'opérer le jaugeage d'un cours d'eau.

Quand le débit, dans l'état le plus habituel et quel que soit le procédé par lequel on l'ait déterminé, est de 10 à 12 mètres cubes d'eau par seconde, le ruisseau commence à prendre rang parmi les rivières.

Vers 3o ou 4o mètres cubes, la rivière est généralement navigable, soit naturellement, soit à l'aide de certains travaux spéciaux qui sont indiqués avec détails dans le tome II de cet Ouvrage.

Enfin, au delà de 100 mètres cubes ce sont des fleuves, comme la Seine qui, en temps ordinaire, débite à Paris 13o mètres cubes par seconde. La Garonne en a 15o à Toulouse, et le Rhône plus de 6oo à Lyon.

19. On a souvent besoin de connaître et d'introduire dans les calculs la puissance motrice d'une chute d'eau, et l'on évalue cette force en *chevaux-vapeur*, dont chacun, comme nous l'avons vu (t. I, *Statique*, 78), représente 75 kilogrammètres par seconde.

Théoriquement, le travail T d'un volume d'eau Q, tombant de la hauteur h, est égal à son poids Q $\times$ 1000^{k} multiplié par la hauteur, ou à $1000\,Q\,h$ kilogrammètres. Exprimé en chevaux-vapeur, ce travail devient

$$T = \frac{1000\,Q\,h}{75}.$$

Mais, dans la pratique, où l'on emploie les chutes d'eau pour les besoins de l'industrie et de l'agriculture, il est évident que diverses causes, parmi lesquelles le choix du moteur, sa plus ou moins bonne confection, et la nécessité de tenir la partie inférieure des roues hydrauliques un peu en contre-bas du niveau de l'eau d'aval, occasionnent une perte de force inévitable qui fait que le rendement utile d'une chute d'eau peut descendre jusqu'à n'être que les $0,25$ de son travail théorique, et qu'en aucun cas il ne dépasse $0,85$ de cette même quantité.

Il faut donc toujours appliquer au travail théorique, calculé comme il vient d'être dit, un coefficient d'utilisation m qui dépasse rarement $0,65$ avec des moteurs déjà très-convenablement installés. C'est ainsi qu'une chute de $1^m,50$ et un débit de 3 mètres cubes par seconde donneraient une force théorique de $\dfrac{1000 \times 3 \times 1,50}{75}$ ou 60 chevaux, tandis que le coefficient $0,65$ réduirait la force réelle à 39 chevaux effectifs.

20. Ce rendement est enfin variable pour un même moteur avec l'état du cours d'eau, puisque le mécanisme est conçu et établi en vue de l'utilisation la plus favorable d'un certain volume d'eau et d'une certaine vitesse, conditions qui ne peuvent changer sans que le rendement normal et maximum soit altéré.

Il en résulte que le travail utile, dont l'expression est, comme on vient de le voir,

$$T = \frac{1000\,m\,Q\,h}{75},$$

ne croît pas nécessairement avec les quantités Q et h, puisqu'il se peut que le coefficient m diminue en même temps dans une notable proportion.

De là, pour les usiniers, la nécessité de pouvoir maintenir le plus longtemps possible l'état normal du cours d'eau par des ouvrages régulateurs dont l'Administration, ainsi que nous le verrons dans ce qui va suivre, arrête elle-même les dispositions, tant pour protéger l'intérêt privé qu'afin d'empêcher qu'il ne soit porté atteinte aux intérêts généraux qu'elle a mission de sauvegarder.

CURAGES.

21. Le curage des cours d'eau qui ne sont ni navigables ni flottables, c'est-à-dire de tous ceux qui, n'étant pas dans le domaine public, échappent à un entretien constant et fait par les soins de l'Administration elle-même, se lie intimement à toute amélioration agricole, qu'elle procède par le drainage ou par l'irrigation. Cette opération est d'ailleurs une nécessité tout à fait locale, puisque le défaut d'écoulement des eaux est la cause la plus fréquente des inondations, et constitue un danger incessant pour la salubrité publique.

C'est la loi du 14 floréal an XI qui a réglé, comme il suit, cette importante matière :

Art. 1. — Il sera pourvu au curage des canaux et rivières non navigables et à l'entretien des digues et ouvrages d'art qui y correspondent, de la manière prescrite par les anciens règlements et d'après les usages locaux.

Art. 2. — Lorsque l'application des règlements ou l'exécution du mode consacré par l'usage éprouvera des difficultés, ou lorsque des changements survenus exigeront des dispositions nouvelles, il y sera pourvu par le Gouvernement dans un règlement d'administration publique, rendu sur la proposition du préfet du département, de manière que la quotité de la contribution de chaque imposé soit toujours relative au degré d'intérêt qu'il aura aux travaux qui devront s'effectuer.

Les décrets de décentralisation des 25 mars 1852 et 13 avril 1861 ont, d'ailleurs, confirmé aux mains des préfets les dispositions à prendre pour assurer le curage et le bon entretien des cours d'eau non navigables ni flottables, de la manière prescrite par les anciens règlements ou d'après les usages locaux. Ils leur ont, de plus, laissé le soin de préparer et de provoquer des règlements d'administration publique, c'est-à-dire des décrets délibérés en Conseil d'État, pour les cas où l'application des usages ou des règlements existants présenterait des difficultés et, à plus forte raison, pour ceux où il n'existerait aucun texte ni aucun usage récemment appliqué.

22. Mais toutes les fois que cette absence d'usage ou de rè-

glement autorisé se présente, si le préfet n'a plus le droit de prendre en cette matière des décisions générales et permanentes, il n'en a pas moins toujours celui de pourvoir, par un arrêté spécial basé sur les nécessités du moment, à l'exécution d'un curage accidentel et temporaire.

En effet, ce pouvoir lui est conféré par la loi en forme d'instruction des 10-20 août 1790, dont le Chapitre VI, § 3, charge les administrations départementales, aujourd'hui les préfets, « de rechercher et d'indiquer les moyens de procurer le libre » cours des eaux, d'empêcher que les prairies ne soient sub- » mergées par la trop grande élévation des écluses, des mou- » lins, et par les autres ouvrages d'art établis sur les rivières; » de diriger enfin, autant que possible, toutes les eaux de » leur territoire vers un but d'utilité générale, d'après les prin- » cipes de l'irrigation ».

23. Telle est donc, en résumé, la jurisprudence actuelle des cours d'eau non navigables ni flottables en matière de curage.

S'il existe un usage local reconnu ou un ancien règlement, le préfet peut et doit en faire exécuter les dispositions d'une manière régulière et permanente.

Si l'application de cet usage ou de ce règlement présente des difficultés, ou si leurs dispositions doivent être modifiées, il provoque un nouveau règlement d'administration publique qui statue également pour un avenir indéterminé.

Enfin, s'il n'y a ni règlement antérieur, ni usage local, le préfet pourvoit au curage, soit par la préparation d'un règlement comme dans le cas précédent, soit par une mesure annuelle ou temporaire, pour un cas spécial et en vue de prévenir les inondations ou de sauvegarder la salubrité publique.

24. Il est bien entendu que, dans cette dernière hypothèse, les arrêtés préfectoraux ne peuvent prescrire autre chose que le curage jusqu'au vieux fond du cours d'eau, en lui laissant ses anciens bords, à l'exclusion de toute idée de redressement, d'élargissement ou d'approfondissement.

L'association des propriétaires intéressés pourrait cependant produire d'excellents effets, non-seulement parce qu'elle permettrait de combiner, par une coopération féconde, des projets d'amélioration profitables à tous, mais aussi parce que l'un

quelconque des riverains aura vainement nettoyé le lit au-
devant de son fonds, si le propriétaire inférieur ne fait pas,
comme lui, le curage de la portion du cours d'eau qui borde
son héritage. Nous verrons plus loin dans quelles conditions
peuvent se former et fonctionner de pareilles Sociétés.

RÉGLEMENTATION DES USINES HYDRAULIQUES.

25. Les principes qui servent de base à la réglementation
administrative du régime des usines établies sur les cours
d'eau sont exposés, avec tous les développements désirables
et avec la plus grande clarté, dans une circulaire ministérielle,
en date du 23 octobre 1851, et nous ne pourrions mieux faire
que de la reproduire à peu près intégralement, dans l'impossibilité où nous nous trouvons d'exposer plus nettement les
préceptes qui régissent la matière, tant au point de vue technique que sous le rapport purement administratif. Tout ce qui
va suivre est donc extrait, à peu près textuellement, du
document officiel susmentionné.

26. *Première enquête.* — Soit que la réglementation d'une
usine hydraulique soit demandée par le propriétaire qui veut
créer un pareil établissement ou être autorisé à le maintenir
en activité, soit que des tiers intéressés réclament cette réglementation, soit enfin que plus rarement l'Administration
prenne l'initiative de cette mesure et en prescrive d'office
l'exécution, la demande ou l'arrêté préfectoral est préalablement soumis à une enquête de vingt jours, à la mairie du lieu
où les travaux doivent être exécutés, pour y recevoir les
observations des parties intéressées.

A cet effet, toute demande en construction première d'une
usine doit énoncer d'une manière distincte :

1° Les noms du cours d'eau et de la commune sur lesquels
cette usine devra être établie, les noms des établissements
hydrauliques placés immédiatement en amont et en aval.

2° L'usage auquel l'usine est destinée.

3° Les changements présumés que l'exécution des travaux
devra apporter au niveau des eaux soit en amont, soit en aval.

4° La durée probable de l'exécution des travaux.

Le pétitionnaire doit, en outre, justifier qu'il est propriétaire des deux rives dans l'emplacement du barrage projeté, ainsi que du sol sur lequel les autres ouvrages doivent être exécutés. A défaut, il doit produire le consentement écrit du propriétaire de ces terrains.

S'il s'agit de modifier ou de régulariser le système hydraulique d'une usine existante ou d'un ancien barrage, le propriétaire devra fournir, autant que possible, outre les renseignements ci-dessus mentionnés, une copie des titres en vertu desquels ces établissements existent, et indiquer les noms des propriétaires qui les ont possédés avant lui.

Enfin, lorsque l'entreprise paraîtra de nature à étendre ses effets en dehors du territoire de la commune, l'arrêté prescrivant l'enquête désignera les autres communes dans lesquelles cette opération devra être annoncée.

27. *Visite des lieux.* — Le dossier, complété par l'avis de l'autorité locale, est alors envoyé aux ingénieurs pour qu'il soit procédé à une visite des lieux par l'ingénieur ordinaire, qui y convoque les maires et tous les intéressés, ainsi que toutes autres personnes dont la présence lui paraît utile.

Ce fonctionnaire se fait rendre compte de la position que doivent occuper les ouvrages projetés, et des limites du terrain appartenant au pétitionnaire; il s'assure que la propriété des rives dans l'emplacement du barrage et du sol sur lequel les autres ouvrages doivent être assis n'est pas contestée, ou que le pétitionnaire a produit le consentement écrit du propriétaire de ces terrains.

Il rattache à un ou plusieurs repères provisoires, choisis avec soin, la hauteur des eaux en amont et en aval. S'il existe déjà des ouvrages, tels que barrages, déversoirs, pertuis, vannes de décharge, vannes motrices, il constate leurs dimensions et rapporte aux mêmes repères provisoires la hauteur des seuils, le dessus des vannes, la crête des déversoirs; enfin, il réunit tous les renseignements nécessaires pour constater et définir exactement, en ce qui touche le régime des eaux, l'état des lieux avant les changements qui doivent y être apportés.

Lorsqu'il devra résulter des travaux projetés une augmentation ou une diminution dans la hauteur des eaux, l'ingénieur procédera par voie d'expérience directe, afin de mettre les parties intéressées à même d'apprécier les conséquences de ces changements. Dans le cas où il serait impossible de faire ces expériences, il aura recours à tous autres moyens qui lui paraîtront propres à y suppléer.

Lorsqu'il doit y avoir partage ou usage alternatif des eaux, il recueillera tous les renseignements nécessaires pour régler les droits de chacun.

28. L'ingénieur dresse, en présence du maire et des parties intéressées, un procès-verbal dans lequel il indique d'une manière circonstanciée l'état ancien des lieux, les repères qu'il a adoptés, les renseignements qu'il a recueillis, les résultats des expériences qu'il a faites; il y ajoute les observations qui ont été produites; enfin, il déclare qu'il sera procédé ultérieurement, s'il y a lieu, au complément des opérations. Lecture de ce procès-verbal est donnée aux personnes présentes, qui sont invitées à le signer et à y insérer sommairement leurs observations, si elles le jugent convenable. Mention y est faite des personnes qui se seraient retirées ou qui n'auraient pas voulu signer, ni déduire les motifs de leur refus.

Lorsque, dans la visite des lieux, les parties intéressées parviennent à s'entendre et font entre elles des conventions amiables, l'ingénieur doit constater cet accord dans son procès-verbal. Cette constatation, signée des parties, est régulière, et le Comité des Travaux publics du Conseil d'État a reconnu qu'elle suffit pour que l'Administration puisse statuer.

Il est, en outre, recommandé aux ingénieurs de s'attacher à ne faire, en présence des parties intéressées, que des opérations qui soient facilement comprises, à ne consigner au procès-verbal que des résultats matériels sur lesquels il ne puisse s'élever aucun doute. En recevant les observations des intéressés, ils ne doivent pas, d'ailleurs, se borner à enregistrer les dires contradictoires; mais il leur appartient de provoquer les discussions qui peuvent éclairer les faits, et de rechercher toutes les dispositions qui, en sauvegardant l'intérêt public, peuvent donner satisfaction aux intérêts privés.

29. *Rapport.* — Quand il a dressé, à la suite de la visite dont il vient d'être parlé, les plans et nivellements nécessaires à l'instruction de l'affaire, conformément au programme que nous donnerons plus loin, l'ingénieur ordinaire rédige un

rapport dans lequel, après avoir fait l'exposé de l'affaire et des diverses phases qu'elle a déjà parcourues, il décrit l'état des lieux, discute les oppositions et motive ses propositions relatives au niveau de la retenue, aux ouvrages régulateurs et aux prescriptions diverses qu'il estime devoir être imposées au pétitionnaire.

30. *Description des lieux.* — La description de l'état des lieux embrasse toutes les parties de la vallée que peut affecter le régime des eaux de l'usine à régler. Les routes, les voies de communication vicinales, les gués, les ponts, les abreuvoirs, tous les ouvrages ou établissements publics qui peuvent se ressentir d'une manière quelconque des changements projetés dans la hauteur, le parcours ou la transmission des eaux, doivent y être sommairement indiqués. Il faut aussi faire connaître s'il existe sur le cours d'eau des usines réglées ou non réglées, soit en amont, soit en aval.

31. *Discussion des oppositions.* — Les questions de propriété, d'usage ou de servitude sont soumises aux règles du droit commun et ressortissent aux tribunaux civils; mais, dans l'exercice du droit de police qui lui est attribué, l'Administration, dont toutes les décisions réservent d'ailleurs les droits des tiers, doit rechercher et prescrire, nonobstant tous titres et conventions contraires, les mesures que réclame l'intérêt public.

En conséquence, l'ingénieur ne doit s'arrêter devant les oppositions qui soulèvent des questions de droit commun, qu'autant que les intérêts généraux n'auront pas à souffrir de l'ajournement de l'instruction.

Dans tous les cas, avant de suspendre l'examen de l'affaire, il convient d'examiner si ces oppositions ont quelque fondement, et si elles n'ont pas été mises en avant uniquement pour entraver la réalisation des projets du demandeur.

32. *Niveau de la retenue.* — Le premier point dont les ingénieurs aient à s'occuper, dans le règlement d'une usine, est la détermination du *niveau légal de la retenue.* On entend par ces mots la hauteur à laquelle l'usinier doit, par une manœuvre convenable des vannes de décharge, maintenir les eaux en temps ordinaire et les ramener autant que possible en temps de crue.

La fixation de ce niveau doit être faite de manière à ne porter aucune atteinte aux droits de l'usine supérieure, et à ne causer aucun dommage aux propriétés riveraines.

Ce n'est que dans l'examen attentif des circonstances de chaque affaire, que l'ingénieur trouve les moyens de satisfaire à la première de ces conditions.

On ne saurait non plus poser, pour la seconde, des règles générales. La différence à maintenir entre le niveau de la retenue et les points les plus déprimés des terrains qui s'égouttent directement dans le bief varie avec la nature du terrain, le genre de culture et le régime du cours d'eau. À défaut d'usages locaux, et s'il n'est pas reconnu nécessaire d'adopter des dispositions particulières, que l'ingénieur doit motiver avec soin, l'Administration admet que cette différence doit être au moins de 16 centimètres. On ne doit pas cependant prendre, pour servir de base à l'application de cette règle, quelques parties de terrain peu importantes qui pourraient présenter une dépression exceptionnelle.

33. Lorsque, au lieu de recevoir directement les eaux de la vallée, le bief est ouvert à mi-côte et supérieur à une partie des terrains qui le bordent, la règle précédente n'est plus seule applicable, et il faut alors que les terrains riverains inférieurs au bief soient protégés contre le déversement des eaux par des berges naturelles ou des digues artificielles, dont la hauteur soit au moins de 3o centimètres au-dessus de la retenue. Les digues artificielles auront, en général, une largeur de 6o centimètres en couronne, et des talus réglés à 3 de base pour 2 de hauteur. L'ingénieur a d'ailleurs à reconnaître, dans ce cas, si les eaux de toutes les parties de la vallée que la retenue affecte ont un écoulement assuré, et à prescrire, s'il y a lieu, et s'il juge que ces mesures peuvent être mises à la charge de l'usinier, les dispositions nécessaires pour leur évacuation.

34. Le permissionnaire sera du reste obligé, par l'arrêté à intervenir, de placer près de son usine, en un point apparent pour les particuliers qui ont intérêt à vérifier la hauteur des eaux, et désigné, s'il y a lieu, par l'ingénieur, un *repère définitif* invariable, et d'une forme déterminée. Le zéro de ce repère indiquera seul plus tard le niveau légal de la retenue.

35. *Ouvrages régulateurs.* — Toute retenue doit être ac-

compagnée, sauf des exceptions très-rares et spécialement motivées :

1° D'un déversoir de superficie dont l'objet est d'assurer immédiatement un moyen d'écoulement aux eaux, lorsque quelque variation dans le régime de la rivière fait accidentellement dépasser le niveau légal.

2° De vannes de décharge destinées à livrer passage aux eaux des crues d'une certaine importance.

36. *Déversoir.* — La longueur du déversoir doit être, en général, égale à la largeur du cours d'eau aux abords de l'usine, dans les parties où le lit a conservé son état normal.

Sur les cours d'eau ordinaires, dont le volume entier peut être utilisé par l'usine, la crête du déversoir doit être dérasée sur toute son étendue suivant le plan de pente de l'eau retenue au niveau légal, à l'époque des eaux moyennes, l'usine marchant régulièrement et le bief étant convenablement curé.

Sur les rivières dont les eaux ne sont pas utilisées en totalité par l'usine, le déversoir, qui a souvent une grande étendue, peut être disposé de manière à servir à l'écoulement d'une partie de la rivière, même pendant les eaux ordinaires. Dans ce cas, il pourra être dérasé au-dessous de la hauteur de la retenue, sauf toutefois une partie du couronnement, qui devra être réglée à cette hauteur, afin que l'état des eaux devant le déversoir permette d'apprécier si le niveau légal est observé.

37. *Vannes de décharge.* — Le débouché des vannes de décharge doit être calculé de telle sorte que, la rivière coulant à pleins bords et étant près de déborder, toutes les eaux s'écoulent comme si l'usine n'existait pas. Dans ce calcul, on ne tiendra pas compte du débouché des vannes motrices, dont le propriétaire de l'usine doit toujours rester libre de disposer dans le seul intérêt de son industrie ; mais on aura égard à la lame d'eau qui pourra alors s'écouler par le déversoir de superficie. Il est essentiel que les ingénieurs apportent le plus grand soin dans cette partie de leur travail, et que leurs propositions soient appuyées soit sur les résultats de jaugeages bien faits, soit sur des exemples tirés d'usines ou autres ouvrages existant sur le même cours d'eau, et dont les débouchés sont convenablement établis.

38. Le niveau de l'arête supérieure des vannes de décharge sera déterminé d'après les mêmes règles que celui du déversoir. La hauteur des seuils sera fixée de manière à conserver la pente moyenne du fond du cours d'eau et à ne produire dans le lit aucun encombrement nuisible. Dans les établissements anciens, où le débouché est trop faible et le seuil des vannes de décharge trop élevé, il suffit presque toujours de placer au niveau indiqué ci-dessus le seuil des nouvelles vannes dont on prescrira l'établissement, sans imposer à l'usinier les frais souvent considérables de l'abaissement du seuil des vannages existants.

39. *Canaux de décharge.* — Les ingénieurs n'ont pas ordinairement à préciser les dimensions des canaux de décharge. Il suffit de prescrire, en termes généraux, que ces canaux soient disposés de manière à embrasser, à leur origine, les ouvrages auxquels ils font suite, et à écouler facilement toutes les eaux que ces ouvrages peuvent débiter.

40. *Vannes automobiles.* — Les propriétaires d'usines, sur quelques rivières dont les crues se produisent très-facilement, ont substitué aux vannes ordinaires des vannes automobiles s'ouvrant sous la pression de l'eau.

Ce système n'offre pas assez de garanties pour que l'Administration puisse en prescrire explicitement l'application. Néanmoins, lorsque les usiniers demanderont l'autorisation d'en faire usage, cette autorisation pourra leur être accordée à leurs risques et périls, et sous la condition expresse que les vannes seront manœuvrées à bras toutes les fois qu'elles ne s'ouvriraient pas par la seule action des eaux.

41. *Barrages sur les rivières torrentielles.* — Sur les rivières torrentielles fortement encaissées, il est souvent inutile d'établir des vannes de décharge en vue d'assurer l'écoulement des crues. Il suffit, dans ce cas, de fixer la hauteur et la longueur du barrage, de manière à n'apporter dans la situation des propriétés riveraines aucun changement qui leur soit préjudiciable. S'il paraissait nécessaire d'empêcher l'exhaussement du fond du lit, ou de se ménager les moyens de vider le bief, on se bornerait à prescrire l'établissement de vannes de fond ou même d'une simple bonde.

42. *Vannes motrices.* — Sur les rivières non navigables ni

flottables, hors les cas de partage d'eau dans lesquels l'Administration peut être appelée à déterminer la situation respec-
tive des divers intéressés, les dimensions des vannes motrices
doivent être laissées à l'entière disposition du permissionnaire.
Il n'y a pas lieu non plus d'imposer l'établissement de vannes
de prise d'eau en tête des dérivations, ni de fixer la largeur et
la pente des canaux de dérivation, toutes les fois qu'il n'est
pas reconnu nécessaire, dans l'intérêt des propriétés riveraines
ou par suite de quelque disposition locale, de régler l'introduction des eaux dans ces canaux.

Les ingénieurs n'ont d'ailleurs, en aucun cas, à régler la
chute de l'usine, ni les dispositions du coursier et de la roue
hydraulique.

43. *Clauses spéciales pour les cours d'eau navigables.* —
Sur les cours d'eau navigables ou flottables, comme il s'agit
d'une concession temporaire et toujours révocable sur le domaine public, concession qui est soumise à une redevance,
conformément à la loi de finance du 16 juillet 1840, il y a
lieu de déterminer le volume d'eau concédé, en fixant les dimensions des prises d'eau. Quant à la quotité de la redevance,
elle devra être établie en prenant pour base, dans chaque
localité, la valeur de la force motrice, et de concert avec le
directeur des domaines.

Les ingénieurs ont, en outre, à déterminer les conditions à
remplir dans l'intérêt de la navigation ou du flottage.

44. *Ouvrages accessoires.* — Les propositions des ingénieurs
doivent comprendre les obligations spéciales qu'il peut être
nécessaire, à raison de l'état des lieux, d'imposer à l'usinier,
telles que rétablissement de gués, construction de ponts,
ponceaux ou aqueducs, ou autres ouvrages présentant un
caractère d'utilité générale. Toutefois, il convient que ces
prescriptions soient rédigées en termes généraux, et qu'elles
ne règlent pas des détails qui devront rester dans les attributions des autorités locales.

45. *Transmission régulière des eaux.* — Dans le cas où,
pour assurer la transmission régulière des eaux, il serait
nécessaire d'interdire les éclusées ou d'en régler l'usage, les
ingénieurs auront à fixer soit le niveau au-dessous duquel les

eaux ne doivent pas être abaissées, soit la durée des intermittences.

46. *Étangs servant de biefs aux usines.* — Si le bief d'une usine forme un étang qui puisse donner lieu à des exhalaisons dangereuses, il conviendra de rechercher quelles sont les dispositions spéciales à prescrire dans l'intérêt de la salubrité publique. On devra consulter à cet effet les conseils municipaux des communes intéressées, ainsi que le conseil d'hygiène de l'arrondissement, et joindre au dossier leurs délibérations et leurs avis.

47. *Scieries.* — S'il s'agit de créer une scierie, il faut prendre l'avis du conservateur des forêts, qui est chargé d'examiner si l'établissement projeté n'est pas soumis aux prohibitions déterminées par l'article 155 du Code forestier, ainsi conçu :

« Aucune usine à scier le bois ne pourra être établie, dans l'enceinte et à moins de 2 kilomètres de distance des bois et forêts, qu'avec l'autorisation du Gouvernement, sous peine d'une amende de 100 à 500 francs, et de la démolition dans le mois, à partir du jugement qui l'aura ordonnée. »

Dans tous les cas, on doit stipuler que le permissionnaire ne pourra invoquer l'autorisation à lui accordée, au point de vue du régime des eaux, qu'après s'être conformé aux lois et règlements forestiers.

48. *Usines dans la zone frontière.* — Si l'usine doit être établie dans la zone frontière soumise à l'exercice des douanes, le directeur des douanes doit être également consulté, et une réserve analogue à celle indiquée ci-dessus doit être insérée dans l'acte d'autorisation.

49. *Usines situées dans la zone des servitudes militaires.* — Enfin, lorsque l'établissement projeté se trouve compris dans la zone des servitudes militaires, autour des places de guerre, il y a lieu d'ouvrir des conférences avec les officiers du génie militaire, conformément au décret du 16 août 1853 et à la circulaire du 11 août 1854.

50. *Projet de règlement.* — L'ingénieur ordinaire résume ses propositions, s'il y a lieu, dans un projet de règlement, et

l'ingénieur en chef transmet tout le dossier au préfet avec ses observations et son avis.

Les ingénieurs ne doivent pas perdre de vue, en présentant leurs conclusions, que dans toutes les prescriptions relatives au règlement des usines il importe de ménager avec soin les intérêts des propriétaires de ces établissements. Il faut tenir compte des ouvrages existants, s'efforcer de les conserver, rechercher les moyens de n'imposer aucune construction trop dispendieuse, en laissant d'ailleurs autant que possible à l'usinier la faculté de choisir pour ces constructions les emplacements qui lui conviendront le mieux, ne prescrire enfin de dispositions onéreuses que celles que la police des eaux rend indispensables.

51. *Deuxième enquête.* — Le préfet soumet ensuite l'affaire ainsi instruite à une nouvelle enquête, en tout semblable à la première, sauf réduction du délai à quinze jours. Le résultat de cette seconde enquête est communiqué aux ingénieurs pour qu'ils donnent leur avis.

Si, d'après les résultats de cette seconde enquête, les ingénieurs croient devoir apporter à leurs conclusions quelque changement qui soit de nature à provoquer de nouvelles oppositions, il conviendra que l'affaire soit de nouveau soumise à une enquête de quinze jours.

52. *Récolement.* — Enfin, après l'accomplissement de toutes ces formalités, le préfet statue, accorde ou refuse l'autorisation demandée, sauf dans ce dernier cas le recours du pétitionnaire devant le Ministre.

Lorsque l'arrêté d'autorisation a été rendu, l'ingénieur ordinaire, à l'expiration du délai fixé par cet acte, se transporte sur les lieux pour vérifier si les travaux ont été exécutés conformément aux dispositions prescrites, et rédige un procès-verbal de récolement, en présence de l'autorité locale et des intéressés, convoqués à cet effet dans les mêmes formes que pour la visite des lieux dont il a été parlé ci-dessus. Le procès-verbal rappelle les divers articles de l'arrêté d'autorisation, et indique la manière dont il y a été satisfait.

L'ingénieur y fait mention de la pose du repère définitif et, pour en déterminer la position, le rattache à des points fixes servant de contre-repères.

Si les travaux exécutés sont conformes aux dispositions prescrites, l'ingénieur en propose la réception, et transmet le procès-verbal de récolement en triple expédition à l'ingénieur en chef qui le soumet, avec son avis, à l'approbation du préfet. L'une des expéditions est déposée aux archives de la préfecture, une autre à la mairie de la situation des lieux, et la troisième revient aux mains de l'ingénieur en chef.

Lorsque les travaux ne sont pas entièrement conformes aux dispositions prescrites, l'ingénieur, à la suite du procès-verbal de récolement, discute les différences, et il y joint au besoin de nouveaux dessins pour rendre plus facile la comparaison de l'état de choses qui existe avec celui qui a été prescrit.

Si les différences sont peu importantes et ne donnent lieu à aucune réclamation, le préfet passe généralement outre et homologue le récolement. S'il s'agit, au contraire, de différences notables et qui seraient de nature à causer des dommages, le préfet met immédiatement le permissionnaire en demeure de satisfaire aux prescriptions de l'arrêté d'autorisation. En cas de refus ou de négligence de la part de ce dernier, le préfet ordonne la mise en chômage de l'usine et même, s'il y a lieu, la destruction des ouvrages dommageables.

53. *Révision des règlements.* — Bien que l'Administration ne veuille pas s'interdire d'une manière absolue la faculté de revenir sur les autorisations accordées aux usiniers, il importe de ne modifier qu'avec une grande réserve les actes émanés du pouvoir exécutif après une instruction régulière et contradictoire. Aussi les préfets doivent-ils, avant de procéder à la modification des règlements existants, dans les cas où les intéressés réclament cette mesure, transmettre ces demandes au Ministre avec l'avis des ingénieurs et le leur, pour qu'il soit préalablement statué sur l'opportunité d'y donner suite.

54. *Règlement de plusieurs usines.* — Lorsqu'ils ont à traiter en même temps les affaires relatives à plusieurs usines, les ingénieurs doivent s'efforcer de former, autant que possible, un dossier distinct, et de présenter un projet de règlement spécial pour chaque établissement, afin que chaque propriétaire possède un titre réglementaire particulier, et pour que les

retards auxquels une affaire pourrait donner lieu n'arrêtent pas l'instruction des autres.

55. *Règlement d'office.* — Il est expressément recommandé aux préfets de n'ordonner qu'avec une très-grande réserve le règlement d'office d'usines existantes. Sans doute, toutes les fois qu'un dommage public ou privé lui est signalé, l'Administration doit intervenir; mais il convient qu'elle s'abstienne lorsque son intervention n'est pas réclamée, et surtout lorsqu'il s'agit d'établissements anciens qui ne donnent lieu à aucune plainte. On ne doit faire d'exception que pour les usines qui sont situées sur la même tête d'eau ou qui ont des ouvrages régulateurs communs, et qu'il est indispensable de régler simultanément lorsque l'Administration est saisie de questions relatives à l'une d'entre elles.

56. Il ne sera pas sans utilité de présenter ici le programme complétant et résumant les instructions qui précèdent, pour la rédaction des pièces nécessaires à l'instruction des règlements d'eau.

Programme annexé à la Circulaire du 23 octobre 1851.

PIÈCES à produire.	ÉCHELLES.	RÈGLES A OBSERVER.
1° *Dessins*. Plan général.	On se servira, autant que possible, des plans du cadastre. Si l'on ne peut en faire usage, on adoptera, suivant les cas, l'échelle de $\frac{1}{1000}$ ou celle de $\frac{1}{5000}$.	Le plan comprendra toutes les portions des cours d'eau et toutes les propriétés sur lesquelles les travaux faits ou projetés peuvent avoir quelque influence. On indiquera spécialement les routes et chemins, les gués, pertuis, barrages, prises d'eau et autres ouvrages qui touchent aux cours d'eau. On indiquera les eaux par une teinte bleue, les prairies par une teinte verte, les bois par une teinte jaune, les terres arables par une teinte bistre; les maisons et les ouvrages existants seront figurés en noir, les ouvrages projetés en rouge; les contours des terrains à arroser seront indiqués par un liséré vert foncé; les routes, chemins, cours et jardins seront laissés en blanc. Toutes les teintes seront légères; les propriétés seules des opposants seront rendues sensibles à l'œil par une couche plus prononcée des teintes qui viennent d'être indiquées. Les signes et écritures devront, autant que possible, être placés sur les objets mêmes auxquels ils se rapportent, et l'on n'aura recours à l'emploi des légendes que lorsque cette disposition sera indispensable pour éviter la confusion. On indiquera, par une ou plusieurs flèches, la direction des cours d'eau; par des lignes noires ponctuées, l'emplacement et l'étendue des profils; par des chiffres romains, le numéro des profils en travers; par des chiffres arabes apparents, placés au milieu de chaque parcelle, la contenance des terrains à arroser; par des cotes entre parenthèses, rapportées au même plan de comparaison que celles du profil en long, la forme et le relief de ces terrains; par des hachures, l'étendue des dépressions exceptionnelles qui n'auraient pas été prises en considération pour fixer le point d'eau; enfin par des écritures, les ouvrages existants ou projetés qui seront mentionnés dans l'instruction.

PIÈCES à produire.	ÉCHELLES.	RÈGLES À OBSERVER.
Dessins de détail.	Échelle de $\frac{1}{100}$.	Les noms des pétitionnaires et des opposants seront toujours portés sur le plan; les premiers seront écrits en rouge et les seconds en noir. Les dessins de détail pourront être rapportés sur une feuille séparée, ou sur une partie distincte de la feuille du plan général. On y indiquera les plans, coupes et élévations des ouvrages existants et des ouvrages projetés, en noir pour les premiers, en rouge pour les seconds. Le point d'eau (*niveau legal de la retenue*) y sera toujours indiqué; les débouchés et les dimensions essentielles de tous les ouvrages y seront cotés avec soin.
Nivellements.		On rapportera, autant que possible, sur la même feuille, les profils en long et en travers. 1° *Profil en long.* On s'abstiendra généralement de rapporter sur le profil en long les berges des cours d'eau; mais on y indiquera le fond du lit et le niveau des eaux.
	Longueurs : échelle du plan général. Hauteurs : décuple de celle des longueurs.	Toutes les cotes seront rapportées à un plan de comparaison passant par le repère provisoire, ou à 10 mètres au-dessus dans le cas où quelques points se trouveraient supérieurs au plan de repère. Les cotes de longueur seront inscrites sur deux lignes tracées au-dessus du profil, parallèlement à la rive du papier. Sur la première ligne seront inscrites les longueurs partielles entre deux cotes consécutives du nivellement; sur la seconde, les mêmes longueurs cumulées à partir de l'usine. Le fond du lit sera indiqué par un liséré et des cotes noires; le niveau observé le jour de l'opération, par des lignes et des cotes bleues; le point d'eau proposé, par des lignes et des cotes rouges. Si, pendant le cours de l'instruction, des modifications sont apportées aux dispositions primitives, on emploiera successivement, pour désigner les nouveaux points d'eau, les couleurs jaune, bistre, etc.

PIÈCES à produire.	ÉCHELLES.	RÈGLES À OBSERVER.
		Si l'on propose simultanément deux points d'eau différents, l'un pour le jeu des usines, l'autre pour les irrigations, on conservera la couleur rouge pour désigner le premier, et l'on adoptera la couleur verte pour le second. Les repères provisoires seront figurés en noir à la place qu'ils occupent, avec le détail des constructions sur lesquelles ils se trouvent ; les repères définitifs seront rapportés en rouge, lorsqu'il y aura lieu de les désigner à l'avance.
		2° Profils en travers.
	Longueurs $\frac{1}{100}$. Hauteurs $\frac{1}{20}$.	Pour les affaires d'usine, des profils en travers seront relevés aux points les plus bas des terrains qui bordent les cours d'eau, et partout où la hauteur des eaux aura donné lieu à des réclamations. Pour les affaires d'irrigation, des profils en travers seront, en outre, levés sur les terrains à arroser, si les cotes du plan ne suffisent pas pour en faire connaître la forme. Le plan d'eau proposé sera figuré sur chaque profil par une ligne rouge, pleine, tracée dans le prolongement de l'ordonnée correspondante du profil en long. Chaque profil en travers sera rabattu à gauche de cette ligne, de telle sorte que la rive gauche du cours d'eau soit au-dessus de l'axe du profil en travers et la rive droite au-dessous. La cote rouge du profil en long sera reproduite sur l'axe du profil en travers avec des chiffres apparents entre parenthèses. Toutes les hauteurs seront comptées à partir de la ligne rouge ci-dessus désignée ; elles seront écrites, suivant la position des points auxquels elles correspondent, les unes au-dessus, les autres au-dessous de cette ligne, avec une encre de la couleur employée pour les points dont ces cotes indiquent le niveau. Si, pendant le cours de l'instruction, des modifications sont proposées au niveau de la retenue, on se bornera à les indiquer sur chaque profil en

PIÈCES à produire.	ÉCHELLES.	RÈGLES À OBSERVER.
		travers par une cale et par une ligne de même couleur que la couleur correspondant à ces modifications sur le profil en long.
		Si les profils en travers ont une trop grande étendue, ils pourront être dessinés à la même échelle que les profils en long.
2° Pièces écrites.		
Procès-verbaux d'enquête.		Les pièces de chacune des enquêtes, y compris les arrêtés qui ont ordonné ces enquêtes, revêtus des certificats des maires, seront réunies ensemble et renfermées dans une formule imprimée (modèle n° 2).
Procès-verbal de visite des lieux		Le procès-verbal de visite des lieux sera rédigé sur une formule imprimée (modèle n° 4).
Rapports.		Le Rapport sera, autant que possible, subdivisé en plusieurs Chapitres qui présenteront, d'une manière succincte et dans l'ordre suivant :

1° La situation de l'affaire.
2° La description de l'état des lieux.
3° La discussion des oppositions.
4° Les observations et avis. . . . . { Niveau de la retenue. / Ouvrages régulateurs. / Dispositions accessoires.

Les avis successifs de MM. les ingénieurs ordinaires et de MM. les ingénieurs en chef, depuis l'origine jusqu'à la fin de l'instruction, devront être écrits à la suite les uns des autres, de manière à ne former qu'un seul cahier.

| Projet de règlement. | | Le projet de règlement (modèle n° 5 ou 6) devra être présenté dans une formule imprimée et former une pièce séparée. Les modifications successives, que les ingénieurs seront conduits à proposer pendant le cours de l'instruction, seront indiquées |

PIÈCES à produire.	ÉCHELLES.	RÈGLES À OBSERVER.
		par des encres de couleurs différentes dans l'ordre suivant : rouge, bleu, vert, etc.

Dispositions générales.

Les plans et nivellements seront toujours rapportés dans le sens du cours de la rivière et en allant de gauche à droite.

On évitera d'employer des expressions locales ou, si on les emploie, on en donnera l'explication.

Les écritures devront être bien lisibles, ainsi que les chiffres inscrits sur les plans et profils. Les petits caractères (lettres ou chiffres) n'auront pas moins de 2 millimètres de hauteur.

Les échelles seront représentées graphiquement sur les plans et profils. En même temps, elles seront définies en chiffres, comme dans l'exemple suivant :

Échelle de 0^m,005 par mètre ($\frac{1}{200}$).

Les plans, profils et dessins seront, autant que possible, collés sur calicot blanc, ou sinon dressés sur bon papier, souple et propre au lavis.

Tous les plans, profils, dessins et pièces écrites, sans exception aucune, seront présentés dans le format dit *tellière*, de 0^m,31 de hauteur sur 0^m,21 de largeur.

Les plans, profils et dessins seront pliés suivant ces dimensions, en paravent, c'est-à-dire à plis égaux et alternatifs, tant dans le sens de la hauteur que dans celui de la largeur, en commençant toujours par cette dernière dimension.

Les titres, signatures et autres écritures d'usage, ainsi que l'échelle, seront placés sur le verso du premier feuillet des plans, profils et dessins, de manière qu'il soit toujours facile de les mettre en évidence, que le dessin soit plié ou qu'il soit ouvert.

Les ingénieurs emploieront les formules suivantes :

PIÈCES à produire.	ÉCHELLES.	RÈGLES À OBSERVER.
		Dressé par { l'ingénieur ordinaire ou l'élève ingénieur } soussigné.
		Vérifié et présenté par { l'ingénieur en chef ou l'ingénieur faisant fonction d'ingénieur en chef } soussigné, conformément à sa lettre ou à son Rapport du....

On inscrira d'ailleurs, en caractères très-lisibles, au-dessous des titres généraux, les noms et grades des signataires du projet.

Les procès-verbaux de conférences entre les ingénieurs des services civil et militaire seront toujours accompagnés d'une expédition des plans, nivellements, dessins et autres pièces mentionnés dans le procès-verbal et portant les mêmes dates et les mêmes signatures que ce procès-verbal.

57. Enfin l'Administration supérieure a joint à la circulaire sus-citée, et dont ce qui précède est la reproduction à peu près textuelle, une série de formules imprimées qui complètent de la façon la plus heureuse l'étude d'une question si grave à notre époque de développement industriel, et qui assurent aux travaux de l'espèce une désirable et nécessaire uniformité. Ces modèles sont au nombre de sept, savoir :

Modèle n° 1. Arrêté prescrivant l'enquête.
    »   2. Registre d'enquête.
    »   3. Lettre au maire pour annoncer la visite des lieux.
    »   4. Procès-verbal de visite des lieux.
    »   5. Projet de règlement (cours d'eau non navigable ni flottable)
    »   6. »   »   (cours d'eau navigable ou flottable).
    »   7. Procès-verbal de récolement.

AMÉLIORATION DU SOL PAR DESSÉCHEMENT OU PAR IRRIGATION.

58. L'aménagement des eaux, en vue de l'amélioration et de

l'accroissement du sol cultivable, a été de tout temps l'une des plus vives préoccupations des législateurs, et l'Administration apporte la plus attentive sollicitude à l'examen de toutes les questions qui se rattachent, de près comme de loin, à cet ordre d'idées.

Dessécher les terrains que pénètrent ou ravinent des eaux nuisibles, soit permanentes, soit temporaires.

Arroser, au contraire, ceux qui sont trop secs, en leur procurant l'eau nécessaire à la dissolution des éléments minéraux qu'ils contiennent, et qui est indispensable à l'assimilation de ces éléments dans l'organisme des végétaux.

Telles sont les deux branches dont nous allons sommairement exposer les principes et indiquer les procédés généraux.

Desséchement.

39. On débarrasse les terrains mouillés des eaux surabondantes qui les détrempent et leur ôtent toute force de végétation, par plusieurs moyens différents que l'on emploie suivant les circonstances locales, et que nous allons examiner successivement.

Le desséchement s'opère soit par dérivation, soit par élévation et enlèvement de l'eau, soit par absorption, soit par exhaussement du sol, soit enfin par écoulement souterrain des eaux ou drainage.

1° *Par dérivation*. — On détourne par des *fossés, rigoles* ou *canaux*, les eaux supérieures, et l'on s'oppose ainsi à leur arrivée sur les terrains inférieurs que l'on veut préserver.

S'il s'agit d'un ruisseau ou d'une rivière dont on doive modifier le cours naturel, des *chaussées*, des *digues* en maçonnerie et en terre sont souvent nécessaires pour résister à la violence du courant dans la dérivation. Il faut, en outre, quelquefois protéger ces ouvrages eux-mêmes par des *clayonnages* et des *plantations* à basse tige, comme des osiers, des aunes, des branches de saule ou de peuplier.

Dans les pays de montagnes, quand il s'agit de rassembler des eaux supérieures, on les réunit dans un large fossé, que l'on creuse transversalement aux lignes de plus grande pente de la surface, et on les dirige ensuite de manière à leur fournir un écoulement facile et inoffensif.

Mais quand, comme cela arrive le plus souvent, les eaux nuisibles sont répandues à peu près uniformément sur toute la surface, c'est par des fossés plus ou moins profonds que l'on obtient l'assainissement nécessaire, et ces fossés servent en général de clôture aux parcelles desséchées. Il faut, d'ailleurs, leur amener les eaux par des saignées ou rigoles pratiquées dans l'étendue des pièces elles-mêmes et dont le fond suit, autant que possible, les parties basses du sous-sol imperméable qui retient les eaux. Des sondages nombreux doivent donc toujours précéder le tracé des rigoles, et c'est au moyen d'une petite sonde à la main, garnie d'une mèche en forme de tarière, que se pratique cette rapide, mais nécessaire opération.

2° Par élévation de l'eau. — Quand le terrain à assainir est inférieur aux parties qui l'avoisinent, on en réunit toutes les eaux dans le point le plus déprimé, et on les élève ensuite à un étage supérieur au moyen de machines, telles que norias, chapelets ou vis d'Archimède, que nous avons précédemment étudiées, et qui sont mises en action par un moteur quelconque.

Nous avons dit que les Hollandais emploient avec avantage le vent, qui est le moteur le plus économique, pour les grands assainissements que réclame la nature essentiellement humide de leur terrain.

On peut, d'ailleurs, utiliser ces dépressions, qui forment de véritables mares, pour abreuver le bétail; dans les pays découverts, on en plante les bords de massifs qui servent de remise au gibier.

3° Par absorption. — Quelquefois, par la pente naturelle ou par des travaux appropriés, on parvient à rassembler toutes les eaux en un point central où l'on peut mettre à découvert, par un simple défoncement ou par le creusement d'un *puits absorbant,* une couche perméable en gravier, sable, craie fendillée ou toute autre roche caverneuse et feuilletée.

Le percement de ces puits absorbants s'exécute à la sonde, comme celui des puits artésiens pour les eaux ascendantes. Ils se composent généralement d'une cuvette en forme de tronc de cône, de 5 à 6 mètres de diamètre, et au fond de laquelle on fait pénétrer un tuyau de bois ou de fonte jusqu'à la couche absorbante.

On recouvre ensuite l'orifice avec des branchages pour empêcher la terre et les pierrailles de l'obstruer; une pierre plate, soutenue par d'autres blocs latéraux, protége le tout; on remplit la cuvette de pierres ou de fascines, et l'on répand la terre végétale qui dissimule le travail et rend même à la culture la surface attaquée.

Quelquefois on forme, autour de la partie supérieure du tube placé dans le trou d'absorption, un véritable puits de $1^m,50$ environ de diamètre. Ce tube se trouve ainsi noyé dans l'eau, et sa tête est garnie d'une sorte de pomme d'arrosoir qui empêche les sables, les graviers, les plantes, etc., de s'y introduire et de gêner l'absorption.

4° Par exhaussement du sol. — En apportant dans les points les plus bas du sol la terre nécessaire à leur exhaussement, on parvient à les mettre ainsi à l'abri des atteintes pernicieuses des eaux; mais cette manœuvre n'a lieu le plus souvent qu'aux dépens de la partie plus élevée, qui se trouve ainsi dénudée et privée de sa couche de terre végétale.

C'est ainsi, par exemple, qu'on laboure certains champs, dans lesquels la charrue forme des bandes bombées ou *billons*, séparées par des sillons profonds dont la surface est sacrifiée pour la culture et reçoit les eaux des parties voisines.

Toutefois, l'exhaussement des parties trop basses ne peut se faire par les procédés ordinaires, si ce n'est quand il s'agit de surfaces relativement restreintes. Dans le cas contraire, il faut transporter à grands frais des terres étrangères, et cet excès de dépense est souvent cause que l'on renonce à une amélioration cependant fort avantageuse.

Aussi, toutes les fois que les localités s'y prêtent, a-t-on recours au *colmatage*, qui n'est autre chose qu'un remblai effectué par voie d'atterrissements successifs et artificiels. Il faut, pour cela, disposer d'un cours d'eau dans lequel on puisse pratiquer, au moment où les eaux sont chargées de sédiments terreux par l'effet des crues, une dérivation que l'on dirige vers les bas-fonds à exhausser; on y fait séjourner les eaux plus ou moins troubles pendant le temps nécessaire pour qu'elles y déposent tout le limon qu'elles portent, et on les fait évacuer ensuite par des déversoirs de superficie à poutrelles, que l'on abaisse graduellement pour ne pas agiter le dépôt précieux qui s'est formé dans le fond.

Il est aisé de comprendre comment par ce procédé, dont la nature fait les principaux frais, on a pu rendre à la fertilité des terrains incultes et complétement nus, en leur donnant ou en leur restituant en quelques années une abondante couche de terre végétale. Avec des eaux suffisamment riches en matières limoneuses, on peut obtenir chaque année une moyenne de 15 à 20 centimètres d'épaisseur, et c'est ainsi, notamment, que des bas-fonds immenses, situés dans certains départements qui avoisinent la Méditerranée, ont été colmatés de manière à être aujourd'hui des terrains de la meilleure qualité.

5° *Par écoulement souterrain des eaux ou drainage.* — Tout procédé employé pour égoutter un terrain se désigne en anglais par un terme dont nous avons fait le mot *drainage*, en l'appliquant cependant plus spécialement à l'assèchement au moyen de rigoles souterraines, garnies soit de pierres irrégulières destinées à procurer un facile écoulement aux infiltrations, soit de tuyaux de terre cuite placés bout à bout pour le même objet.

Ce dernier moyen étant de beaucoup le plus répandu à cause de la facilité et de la sûreté de son emploi, nous allons nous y appesantir un peu plus, et nous donnerons, avec quelques détails, les principes et les procédés de ce mode précieux d'assainissement.

60. Un réseau de drainage se compose généralement :

1° De petits *drains* ou tuyaux de 0^m,03 ou 0^m,04 de diamètre qui reçoivent et recueillent directement les eaux de pluie ou autres.

2° De *collecteurs* de premier ordre formés de drains d'un diamètre plus considérable, qui reçoivent les eaux des petits drains.

3° De collecteurs de second ordre d'un diamètre encore plus grand, lesquels recueillent les eaux des collecteurs de premier ordre, et ainsi de suite jusqu'au fossé évacuateur.

Tous ces tuyaux sont, comme nous l'avons dit, juxtaposés bout à bout, et leurs jonctions sont recouvertes, soit par un manchon cylindrique également en terre cuite enveloppant les premiers sur 8 ou 10 centimètres de longueur, soit seulement par le tiers d'un pareil manchon en forme de tuile creuse, soit plus simplement encore par un fragment de tuile plate qui empêche suffisamment la terre d'être entraînée à l'intérieur.

61. *Tracé des petits drains.* — Quand le sol est horizontal, la direction des petits drains est à peu près indifférente, sauf les cas exceptionnels où le sous-sol présente des ondulations particulières; elle dépend entièrement des canaux de décharge. Dans les terrains en pente, au contraire, comme la pesanteur est la force qui détermine l'écoulement des eaux latérales vers les drains, il importe de placer ces derniers de manière à agir également des deux côtés, et alors la direction à suivre est la ligne de plus grande pente qui est perpendiculaire aux horizontales tracées préalablement sur le terrain par les procédés connus.

Outre cet avantage d'attirer également les eaux de droite et celles de gauche, la direction qui vient d'être indiquée permet aussi de rencontrer toujours d'une manière efficace les couches aquifères, qui affleurent généralement la surface du sol suivant des lignes horizontales, tandis que toute autre pourrait très-bien ne pas les atteindre, ou ne les couper qu'en partie.

62. *Drains collecteurs.* — Les directions des drains collecteurs doivent dépendre de celles des petits drains et de la position des évacuateurs à ciel ouvert; ils occupent ordinairement les thalwegs du terrain.

Quand deux collecteurs se rencontrent, il est avantageux de placer des *regards* aux points d'intersection, afin d'observer facilement la manière dont l'écoulement a lieu dans les différents groupes de drains.

63. *Raccordement des drains.* — Les drains principaux ou collecteurs sont placés à 4 ou 5 centimètres plus bas que les drains dont ils reçoivent les eaux; ceux-ci doivent se raccorder à angle aigu avec les premiers dans le sens de l'écoulement; un angle de 60 degrés est celui dont il convient de chercher à se rapprocher.

Dans tous les cas, on doit éviter que deux lignes de drains viennent se rencontrer vis-à-vis l'une de l'autre dans le même drain principal. Si les petits drains, par la situation des lieux, rencontraient les collecteurs d'une manière différente de celle que nous venons d'indiquer, il faudrait infléchir leurs extrémités par une courbe qui puisse les amener à la rencontre du collecteur sous un angle aigu.

On doit constamment chercher à tracer les drains en ligne droite, car c'est dans les coudes que les dérangements ont lieu le plus souvent. Lorsqu'il s'en présente forcément, pour les collecteurs surtout, on doit employer des courbes de 5 à 6 mètres de rayon au moins, ou avoir recours à un regard, si la disposition des lieux ne permet pas le premier moyen.

64. *Bouches des drains.* — Quand on fait arriver chaque ligne de petits drains dans le fossé évacuateur, il faut avoir soin de placer à l'extrémité, avant le dernier tuyau, une petite grille faite avec du fil de fer, ou mieux de laiton, pour empêcher les animaux d'y pénétrer. Il faut aussi consolider d'une manière quelconque ce dernier drain, ce qu'on peut obtenir en le faisant pénétrer dans un autre d'un plus grand diamètre, lequel est plus facile à maintenir au moyen d'un petit empierrement ou seulement avec de la terre tassée.

En général, il convient de réduire les bouches au plus petit nombre possible, afin de les mieux surveiller et entretenir. Pour cela, on fait couler les petits drains dans les collecteurs, comme il a été dit ci-dessus, et ce sont seulement ces derniers qui débouchent dans l'évacuateur à ciel ouvert, où les reçoit une petite maçonnerie régulière, garnie d'une grille en fer.

65. *Drains de ceinture.* — On place aussi des drains suivant le périmètre du champ drainé, soit pour arrêter les eaux provenant de filtrations supérieures, soit pour déterminer une circulation d'air générale et souterraine, circulation qu'on peut activer par de petites cheminées d'appel. Dans le premier cas, ces drains doivent communiquer de distance en distance avec les drains principaux; dans le second, cette communication doit s'étendre à toutes les lignes du réseau.

D'après quelques expériences, il paraîtrait qu'il y a un grand avantage pour la production, toutes choses égales d'ailleurs, à réaliser cette circulation d'air. D'un autre côté, on a pensé qu'il serait avantageux, lors des sécheresses, de pouvoir jeter dans le réseau une assez grande quantité d'eau pure pour humecter le sol, ce qui est praticable au moyen de dispositions assez simples lorsqu'on est près d'un cours d'eau.

66. *Profondeur et écartement des drains.* — La profondeur et l'écartement des drains sont deux quantités corrélatives qui dépendent de la nature du sol, ainsi que de plusieurs autres circonstances dont l'appréciation est fort délicate et même assez incertaine.

La profondeur la plus convenable à donner aux drains varie entre $0^m,90$ et $1^m,40$. En principe, on adopte $1^m,20$ pour les petits drains, avec un abaissement de quelques centimètres, comme nous l'avons dit, pour les collecteurs. Cette règle n'a rien d'absolu; dans les terrains plats où l'évacuation est difficile, comme dans certaines terres à sous-sol non modifiable, on est souvent obligé de ne pas dépasser 1 mètre de profondeur.

D'un autre côté, la pente des drains devant être autant que possible uniforme, sauf dans les cas de fortes pentes et d'ondulations sensibles, il n'y a pas lieu de suivre les mouvements de la surface, ce qui entraîne nécessairement des modifications continuelles de profondeur.

Il arrive parfois qu'il existe, dans les sols argileux et à une certaine distance de la surface, une couche aquifère composée de matériaux assez poreux. Si cette couche n'est pas à plus de $1^m,50$ ou $1^m,80$ de la surface, elle deviendra un excellent auxiliaire du drainage; en poussant la tranchée jusqu'à cette couche, on pourra employer un nombre de drains moindre qu'il ne serait généralement nécessaire.

67. L'écartement des tranchées de $1^m,20$ de profondeur varie de 9 mètres à 20 mètres, et l'on se tient presque toujours entre ces limites; mais il est rare que l'assainissement du sol soit complet si, pour cette profondeur de $1^m,20$, l'écartement des drains dépasse 15 ou 16 mètres. Toutefois, il est admis généralement que, quand on augmente la profondeur des drains, on peut les espacer davantage.

Dans tous les cas, quand on suppose que le sol possède une grande porosité, ou quand on trouve un sous-sol un peu perméable, on peut toujours commencer par doubler les distances, sauf à intercaler plus tard un drain intermédiaire. L'écartement peut même ne pas être partout le même dans une parcelle déterminée; on rapproche davantage les drains dans les parties les plus humides, et on les tient plus éloignés dans celles qui le sont moins.

68. *Sondages et tranchées d'essai.* — Avant de commencer une opération de drainage, il faut toujours constater la nature du sol et du sous-sol au moyen de sondages et de tranchées

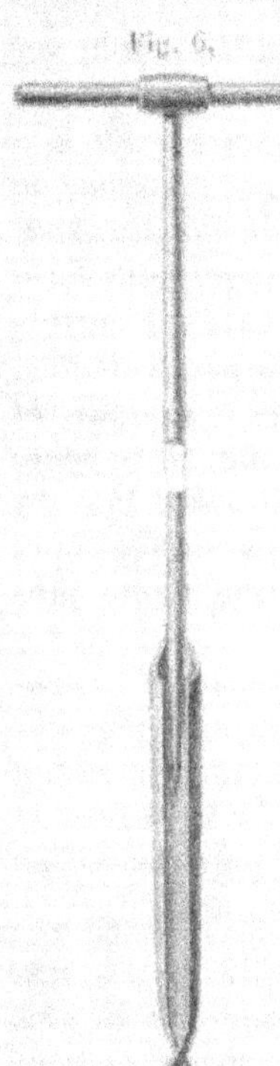

Fig. 6.

d'essai. On emploie pour les sondages, quand la nature du terrain le permet, une petite sonde *à la main* (*fig*. 6), au moyen de laquelle on fait des trous en ramenant à la surface des échantillons du sol à diverses profondeurs.

Quand on veut déterminer non seulement la nature du terrain, mais encore l'énergie et l'étendue de l'action probable du drainage, on ouvre une tranchée à la profondeur que l'on veut donner et, pour que cette tranchée ne soit pas perdue, on la dirige de manière à la faire entrer plus tard dans le système de celles qu'on aura à exécuter.

On creuse ensuite, à droite et à gauche, une série de trous de même profondeur que la tranchée; ces trous sont disposés en échiquier, de manière que leur distance à cette tranchée soit, par exemple, de 2, 4, 6, 8, 10, 12 et 14 mètres. On les espace assez dans le sens de la tranchée pour qu'ils ne puissent pas agir les uns sur les autres, et on les recouvre de branchages et de paillassons pour que l'évaporation ne soit pas trop forte.

Si le terrain n'est pas assez imprégné d'eau pour que les trous se remplissent naturellement, on attend les pluies; alors commencent les observations, qu'il faut prolonger plusieurs jours de suite et reprendre, si on a le temps, à deux ou trois époques différentes de l'année. En notant chaque jour, matin et soir, le niveau de l'eau dans les trous, on ne tarde pas à reconnaître qu'il s'abaisse d'autant plus et d'autant plus rapidement que ce trou est plus rapproché de la tranchée.

Lorsqu'on arrive à un trou sur lequel la tranchée est sans influence, c'est-à-dire quand l'eau dans ce trou se comporte comme dans les trous plus éloignés, le double de la distance de ce trou à la tranchée donne la limite d'écartement des drains.

69. *Pente des drains*. — Grâce à la facilité avec laquelle l'eau coule dans les tuyaux de poterie, on peut les établir sur des pentes beaucoup plus faibles que lorsqu'il s'agit de drains empierrés. Une pente de 2 millimètres par mètre suffit à la rigueur pour les files de tuyaux; mais les autres systèmes de drains doivent avoir au moins 5 à 6 millimètres d'inclinaison.

Quand cela est possible, il faut donner une pente plus forte en aval qu'en amont, pour qu'une plus grande vitesse corresponde à un plus grand volume, et qu'il ne se fasse pas de dépôts. Cette condition n'est généralement pas facile à remplir, et c'est le contraire qui se présente le plus souvent. Si la pente venait à changer sensiblement en un point, il serait bon d'y établir un regard; dans tous les cas, il ne faut pas oublier que, pour débiter le même volume d'eau avec une pente plus faible, il faut augmenter le diamètre.

La plus forte pente des drains ne doit pas dépasser 15 centimètres par mètre; sans cela, la vitesse pourrait dégrader les conduits. Quand cette circonstance se présente, on établit de petites chutes au moyen de tuyaux inclinés à 45 degrés, et solidement fixés à leurs extrémités dans un petit massif en pierrailles ou en maçonnerie.

70. *Diamètre des drains*. — On conseille de ne pas employer, pour les petits drains, des tuyaux d'un diamètre plus faible que celui de 3 centimètres; avec 1 centimètre pour l'épaisseur même du tuyau, on a ainsi un diamètre extérieur de 5 centimètres. En donnant à chaque morceau une longueur de 32 à 33 centimètres, trois tuyaux formeront constamment le mètre.

Les lignes de petits drains, composées de pareils tuyaux, peuvent avoir des longueurs de 200 à 300 mètres; mais ce dernier chiffre ne doit pas être dépassé, surtout si la pente est faible.

Quant aux collecteurs, sauf les cas de sources abondantes,

on peut dessécher une superficie de 1 à 2 hectares en employant
un diamètre de 0^m,045 à 0^m,05, et un tuyau de 6 à 7 centimètres de diamètre est suffisant pour environ 3 hectares.

71. *Dimensions des tranchées.* — On donne, en général, aux
tranchées de drainage qui ont, comme nous l'avons dit, une
profondeur de 1^m,20 en moyenne, une largeur de 0^m,60 en
gueule et de 0^m,22 au fond, en y préparant, avec un outil
spécial appelé *drague*, l'emplacement du tuyau. Ces dimensions
peuvent être réduites, si l'on se propose de placer les drains
en restant au bord de la fouille, au lieu de descendre au fond.
Il est clair, d'ailleurs, que la nature du terrain est pour beau-

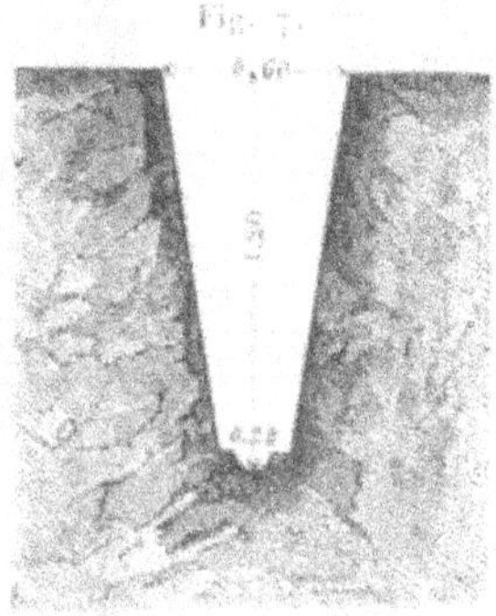

coup dans le profil des tranchées, et qu'il faut aussi laisser
aux ouvriers une certaine latitude en rapport avec leur manière de faire, puisque tel homme préférera enlever moins
de terre en faisant quelques efforts et se gênant davantage,
tandis qu'un autre aimera mieux remuer plus de terre en travaillant un peu à son aise.

72. *Conduite des travaux.* — On doit toujours commencer
l'ouverture des tranchées par la partie inférieure pour faciliter
l'écoulement des eaux. Il est même bon, en ne poussant pas
le déblai tout à fait jusqu'au bout, de laisser quelque temps la
tranchée ouverte; le terrain se dessèche, et l'on en retire un
effet plus rapide pour la filtration des eaux.

Quant à la pose des drains, il faut toujours aller de l'amont
à l'aval, parce qu'il est ainsi plus facile de nettoyer le fond de la

tranchée, et de se débarrasser des vases et autres matières entraînées par le liquide.

73. *Outils de drainage.* — Les outils de drainage sont principalement, outre la sonde d'essai, la *bêche*, la *drague* ou *curette* et la *broche* ou *pose-drain*. La figure ci-après montre un jeu de trois bêches de largeurs différentes, que l'ouvrier emploie suivant la dimension des tranchées qu'il doit faire.

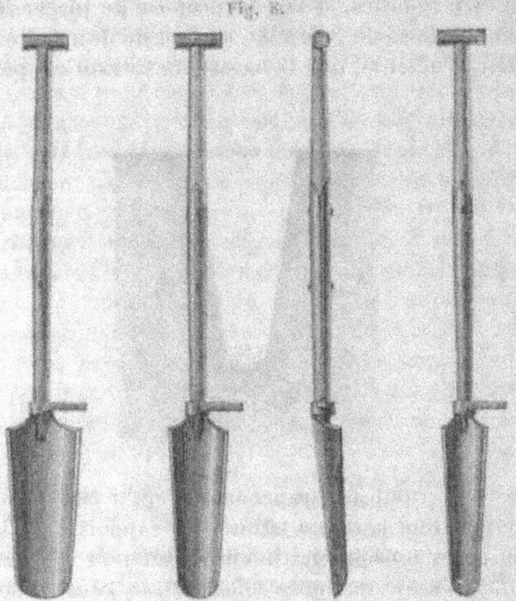

Fig. 8.

Les bêches sont semblables, sauf les largeurs, qui sont respectivement de 9, 12 et 16 centimètres auprès du manche. La plus large sert, après que les fouilles ont été entamées par le fer de la bêche ordinaire du pays, à approfondir les tranchées, qui se terminent avec les deux autres pour la pose des collecteurs et des drains ordinaires. Celles de notre figure ont 0^m,36 de longueur de fer; mais cette dimension peut aller quelquefois jusqu'à 0^m,5o et même 0^m,6o.

Toutes les bêches de drainage sont, du reste, munies d'une *pédale* qu'on fixe au moyen d'un coin, et qui peut ainsi être déplacée le long de la douille du fer. Les ouvriers draineurs attachent sous leur soulier, avec un ruban qui contourne le pied et la cheville, une portion de semelle en fer avec laquelle ils appuient sur le bord des bêches ou sur les pédales pour enfoncer ces outils.

74. L'instrument représenté dans la *fig.* 9 est celui que nous avons nommé *drague*, et qu'on appelle aussi *curette*, à cause du double usage auquel il est employé. Il sert en effet pour enlever les parties saillantes du fond de la tranchée, aussi

Fig. 9.

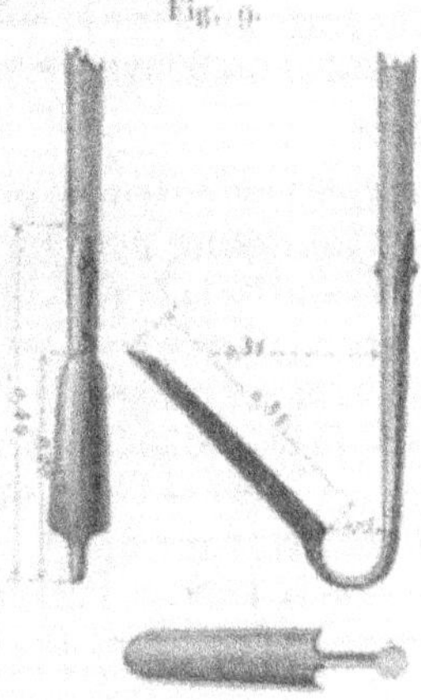

bien que pour la débarrasser des terres détachées et autres objets tombés dans l'excavation.

Les dimensions de la drague doivent naturellement varier aussi avec le diamètre des tuyaux. Quand on s'en sert dans le fond de la tranchée pour faire la place des drains, on lui donne un manche très-court et même une inclinaison différente. Si l'ouvrier la manœuvre du bord de la tranchée, elle doit avoir une longueur de 2 mètres avec le manche.

75. *Pose des tuyaux.* — S'il s'agit de poser les tuyaux à la main, l'ouvrier, qui se tient dans la tranchée, prend successivement chaque tuyau et le place sur sa partie la plus droite, de manière à lui faire toucher le fond, si faire se peut, dans tous ses points.

Deux tuyaux consécutifs doivent se toucher, ou tout au moins présenter entre eux le moins d'intervalle possible.

Nous avons dit (60) que chaque joint est recouvert d'un petit *chapeau* formé d'un tesson de tuile, ou mieux d'un *manchon* en terre cuite dans lequel pénètrent et se rejoignent les deux tuyaux.

Quand on emploie un simple chapeau, il faut garnir ses deux bords d'un peu d'argile pétrie, comme si l'on voulait empêcher l'eau de pénétrer dans les drains.

La place du manchon, s'il en est employé, doit être creusée comme celle du drain lui-même, afin que l'ensemble des tuyaux et du manchon porte bien sur le sol. On évite ainsi des ruptures fâcheuses, résultat qu'il faut, au besoin, assurer aussi au moyen de cales.

76. Quelquefois, si l'ouvrier poseur le préfère, ou si la tranchée n'a pas la largeur nécessaire pour lui permettre d'y descendre, il se place sur le bord de la fouille, ou un pied sur chaque rive, et fait son opération au moyen d'un *pose-drain*, instrument emmanché obliquement comme la drague, et composé simplement d'une broche de fer qu'il introduit dans le tuyau. Il dépose ainsi ce dernier dans la place qu'il doit occuper, le fait tourner pour chercher sa meilleure assiette, le frappe à petits coups pour le mieux fixer et passe à un autre. Le chapeau se place au moyen d'une pince, ainsi que la motte argileuse.

Quand on emploie des manchons, la broche, qui a environ 24 centimètres de longueur, est munie, à environ 3 centimètres du manche, d'un petit épaulement cylindrique qui passe dans le manchon et s'arrête au tuyau, pendant que le manchon est arrêté par le manche de la broche. Le tuyau et son manchon sont ainsi placés en même temps.

77. Une fois les drains placés, on rejette sur eux une couche de terre de 0^m,20 à 0^m,25 de hauteur, qu'on dame avec soin, à l'effet d'empêcher la pénétration de matières entraînées par les eaux.

On remplit ensuite le reste de la fouille, soit en laissant les terres se tasser elles-mêmes, soit en les damant par couches de 0^m,25 à 0^m,30, ce qui semble préférable.

Le dernier tuyau d'amont de chaque file doit être soigneusement bouché avec une pierre recouverte d'argile grasse, dans le but d'empêcher l'introduction de matières quelconques ou d'animaux dans les drains.

C'est aussi pour ce dernier motif qu'on place une grille vers l'extrémité d'aval de tout tuyau qui débouche dans un fossé évacuateur, indépendamment du grillage plus solide que l'on établit dans le massif de maçonnerie qui doit terminer la bouche principale du réseau. Ajoutons que cette grille doit être fixée avec des boulons à clavettes qui permettent de l'enlever en cas d'engorgement.

78. Nous terminerons ce que nous voulons dire sur le drainage en énumérant, sans entrer dans les détails, les principaux avantages de cette méthode d'assainissement :

1° Le drainage empêche les eaux de raviner les surfaces et d'entraîner les terres, les fumiers et les autres engrais.

2° Il restitue à l'agriculture des surfaces perdues, et l'on peut labourer les terres sous forme plate immédiatement après l'installation des drains.

3° Il permet aux racines de prendre tout leur développement, au grand profit des plantes elles-mêmes.

4° Il facilite l'introduction de l'air et renouvelle, autour des racines, les principes les plus nécessaires à l'alimentation des plantes.

5° Il produit un accroissement de chaleur, et les récoltes sont plus précoces.

6° Il maintient plus longtemps la fraîcheur des terres, en ameublissant le sous-sol et facilitant l'ascension capillaire de l'humidité.

7° Souvent il éloigne les brouillards, ou du moins il en conjure les effets destructeurs, en faisant mûrir les récoltes avant l'époque où ces brouillards sévissent avec le plus d'énergie.

8° Il améliore la santé des animaux, et garantit surtout les moutons de la *pourriture*.

9° Il favorise la salubrité d'un pays en écartant les fièvres intermittentes.

10° Enfin il peut, appliqué sur une échelle un peu importante, contribuer à garantir une contrée des inondations.

IRRIGATIONS.

79. Contrairement à ce qui a lieu pour le drainage, l'irrigation est l'arrosement artificiel des terres au moyen d'eaux amenées quelquefois de fort loin, et par des moyens appropriés que nous indiquerons plus loin. C'est naturellement dans les contrées chaudes, et où il pleut rarement, qu'il est nécessaire d'arroser. Les Chinois dans leur pays, et les Maures au moyen âge en Espagne, ont pratiqué cet art avec succès, et les ouvrages qu'ils nous ont laissés font encore l'admiration des voyageurs.

De nos jours, l'Administration attache encore la plus grande comme la plus légitime importance aux irrigations; elle en réglemente le mode pour en assurer les bienfaits à la plus grande surface de terrain possible, et une loi du 29 avril 1845 stipule que tout propriétaire qui voudra se servir, pour l'irrigation de ses propriétés, des eaux naturelles ou artificielles dont il a le droit de disposer, ou délivrer des eaux un terrain submergé en tout ou en partie, pourra obtenir le passage de ces eaux sur les fonds intermédiaires, à la charge d'une juste et préalable indemnité.

Nous n'avons pas à entrer ici dans des développements qui sont relatifs aux contestations de droit devant les tribunaux civils, et nous ne dirons quelques mots que sur le côté technique de l'arrosage des terres.

80. L'irrigation se pratique suivant trois modes principaux que nous allons successivement indiquer et examiner :

1° *Par submersion.* — On retient les eaux d'une rivière, ou d'un ruisseau quelconque, par un barrage transversal muni d'une vanne, et l'on submerge ainsi momentanément une étendue de terrain déterminée par la hauteur de la retenue et par l'inclinaison des versants. Cette étendue peut être considérable si, comme c'est l'ordinaire, on applique l'arrosage à des vallées plates et à pente faible.

Après un séjour suffisant des eaux sur le sol, suivant le climat et suivant la nature du terrain et des récoltes, on rend à la rivière son libre cours pour recommencer, s'il y a lieu, à des époques plus ou moins rapprochées et commandées par les besoins de la culture.

2° *Par infiltration.* — Ce mode, qui s'applique surtout aux prairies, aux terrains plats et tourbeux et aux jardins maraîchers, consiste à amener l'eau par un canal sur un terrain dans lequel on a préparé des rigoles horizontales et sans issue. Le liquide reflue dans ces rigoles, et finit par s'infiltrer complétement dans le sol qu'il humecte et fertilise.

Contrairement au mode précédent, qui est le plus économique quand la disposition des lieux permet de l'employer, mais qui a l'inconvénient grave de nécessiter la mise en mouvement d'une grande masse d'eau, celui-ci demande des travaux considérables et une main-d'œuvre assez dispendieuse. En revanche, il ne consomme que la quantité d'eau strictement nécessaire au but qu'on se propose.

3° *Par déversement.* — Dans ce système, qui ne convient qu'aux terrains naturellement plats, ou rendus tels par une main-d'œuvre préalable, peu inclinés et suffisamment perméables, on amène également l'eau par un canal et des rigoles aux points les plus élevés; puis, on la laisse s'échapper d'une manière continue, soit en nappe comme il convient aux prairies, soit dans les sillons des terres arables, soit encore dans des rigoles secondaires qui, munies de petits barrages, la déversent sur des compartiments ou *planches* de grandeurs variables et convenablement disposés à cet effet.

81. Quand on doit arroser des terrains situés à une hauteur supérieure à celle que peuvent atteindre les eaux d'une rivière surélevées par un barrage ou déviées dans une dérivation, il faut créer des *réservoirs* qui permettent de satisfaire aux besoins, et dans lesquels l'eau absorbée dans le cours d'une année se renouvelle d'une manière régulière et assurée.

Ces réservoirs n'ont leur raison d'être qu'en pays de montagnes, car c'est là seulement qu'il est possible de barrer, sans trop de dépenses, les étranglements des gorges escarpées, ou de profiter des lacs naturels, ainsi qu'on l'a fait si heureusement sur quelques points des Pyrénées et ailleurs.

Mais il ne suffit pas de créer à grands frais un vaste réservoir; il faut d'abord s'assurer des moyens d'alimentation qu'on pourra se procurer. Il est nécessaire, du reste, de se rendre compte de la quantité d'eau qui doit être dépensée et, par conséquent, renouvelée chaque année, et de fixer à l'avance, au moins en moyenne, le volume d'eau qui sera réclamé par chaque hectare de terre pour le temps pendant lequel le réservoir devra fonctionner.

Si V représente ce volume et h le nombre d'hectares à arroser, le réservoir devra recevoir et pouvoir contenir :

1° La quantité $V \times h$, volume utile qui sera réellement employé à l'arrosage.

2° Le volume consommé par l'évaporation pendant la saison d'été.

3° Celui qui correspond aux pertes par les orifices et par les filtrations.

4° Un volume supplémentaire dépassant la consommation prévue, et tenu en réserve pour faire face à des besoins ultérieurs, ou à une sécheresse extraordinaire qui empêcherait l'alimentation de s'opérer d'une manière complète.

82. S'il importe d'avoir l'eau en assez grande quantité, il est plus indispensable encore de s'assurer d'avance des diverses qualités du liquide dont on dispose. Sa température, sa composition chimique, la nature et la qualité du limon qu'il peut tenir en suspension sont autant de questions qui toutes doivent être examinées avec l'attention la plus sérieuse, avant que l'on se lance dans une opération de cette gravité.

Ainsi l'eau des lacs des montagnes est très-pure ; mais elle provient de la fonte des neiges, et conserve à sa sortie une température trop basse pour être utilement employée à l'irrigation, avant qu'elle ait pu se dégourdir un peu par un parcours convenable ; d'autres eaux sortent de terrains tourbeux ou ferrugineux, ou contiennent quelques principes acides qui ne peuvent être indifférents à telle ou telle nature de terrain, à tel ou tel genre de culture. Les agriculteurs, du reste, s'y trompent bien rarement, et parviennent même souvent à corriger les défauts d'eaux qui seraient nuisibles employées seules, par le répandage d'engrais appropriés ou de cendres lessivées sur les terres avant l'arrosage.

83. Nous devons faire remarquer que par son but, par ses procédés d'exécution, l'arrosage des terres est une opération qui peut rarement se tenir dans les limites d'une seule et même propriété, surtout dans les contrées où le sol est extrê-

mement morcelé. Ce n'est que par la coopération de plusieurs,
et souvent d'un très-grand nombre, que les travaux à faire
pour une bonne utilisation des eaux peuvent s'entreprendre,
et qu'un système complet d'arrosage peut recevoir le développement dont il est susceptible, puisque les eaux, parcourant
d'abord une dérivation principale, puis des canaux secondaires, et enfin des ramifications de plus en plus multipliées,
peuvent ainsi porter leur bienfaisante action sur de grandes
étendues de terrain.

De là naît forcément l'idée d'association, entre gens ayant
le même intérêt à poursuivre en commun l'œuvre que chacun
ne pourrait exécuter isolément. Pour l'irrigation en particulier on conçoit que, si des propriétaires éloignés veulent pouvoir prendre de l'eau dans une dérivation qui passe à leur
portée, c'est à la condition d'avoir contribué à l'exécution de
cette dérivation et à son entretien, dans une proportion déterminée par la quantité d'eau dont ils ont besoin et qui leur
sera fournie.

ASSOCIATIONS SYNDICALES.

84. Le curage des cours d'eau et l'irrigation des terres ne
sont pas les seuls ordres de travaux dans lesquels il y a lieu de
provoquer l'union des intéressés pour concourir au but commun. La loi du 21 juin 1865 est venue coordonner et régulariser les dispositions diverses qui régissent cette matière:
elle a marqué ainsi un nouveau pas dans la voie des améliorations agricoles. Dans son article 1, cette loi énumère les
divers travaux qui peuvent être l'objet d'une *association syndicale* entre propriétaires intéressés. Ce sont les travaux :

1° De défense contre la mer, les fleuves, les torrents et les
rivières navigables ou non navigables.

2° De curage, approfondissement, redressement et régulari-
sation des canaux et cours d'eau non navigables ni flottables,
et des canaux de desséchement et d'irrigation.

3° De desséchement des marais.

4° Des étiers et ouvrages nécessaires à l'exploitation des
marais salants.

5° D'assainissement des terres humides et insalubres.

6° D'irrigation et de colmatage.

7° De drainage.

8° De chemins d'exploitation, et de toute autre amélioration agricole ayant un caractère d'intérêt collectif.

Les associations syndicales sont *libres* ou *autorisées*; elles peuvent être représentées par leurs syndics, acquérir, vendre, échanger, transiger, emprunter, hypothéquer. Ces trois lignes constituent le texte des articles 2 et 3 de la loi sus-mentionnée, dont nous allons reproduire, dans ce qui va suivre, les principales et plus essentielles dispositions.

85. Le consentement unanime des intéressés, constaté par écrit, suffit pour former, sans l'intervention de l'Autorité une *association syndicale libre*. L'acte d'association spécifie le but de l'entreprise; il règle le mode d'administration de la société, et fixe les limites du mandat confié aux syndics; il détermine les voies et moyens nécessaires pour subvenir à la dépense, ainsi que le mode de recouvrement des cotisations.

Toutefois, une association libre n'est admise à exercer tous les actes de la vie civile ci-dessus énoncés qu'autant qu'elle a publié, dans un journal d'annonces légales de son arrondissement ou, s'il n'y en existe aucun, de son département, un extrait de cet acte d'association qui, de plus, doit être transmis au préfet et inséré dans le Recueil des actes administratifs de la préfecture.

86. Soit sur la demande d'un ou plusieurs propriétaires intéressés à l'exécution de certains travaux, soit sur la seule initiative du préfet, il peut être formé par arrêté une *association syndicale autorisée*.

Après l'enquête administrative à laquelle est soumis le projet d'association dans des formes déterminées par un décret spécial du 17 novembre 1865, les intéressés sont réunis en assemblée générale. Sur le vu du procès-verbal de leur délibération, le préfet autorise l'association, si cette mesure est appelée par l'adhésion de la majorité des intéressés, représentant au moins les deux tiers de la superficie des terrains, ou des deux tiers des intéressés, représentant plus de la moitié de la superficie.

L'arrêté d'autorisation et un extrait de l'acte d'association sont, du reste, affichés dans la commune de la situation des lieux et insérés au Recueil des actes de la préfecture, et l'association est dès lors légalement autorisée et constituée, sauf recours, dans le délai d'un mois, des propriétaires intéressés ou des tiers devant le Conseil d'État.

Après le délai de quatre mois, à partir de la notification du premier rôle de taxes, nul propriétaire n'est plus admis à contester sa qualité d'associé ou la validité de l'association.

Dans le cas où l'exécution des travaux entrepris par une association syndicale autorisée exige l'expropriation des terrains, il y est procédé conformément aux dispositions de l'article 16 de la loi du 21 mai 1836, après déclaration d'utilité publique par décret rendu en Conseil d'État.

87. L'acte constitutif de chaque association fixe le minimum d'intérêt qui donne droit à chaque propriétaire de faire partie de l'assemblée générale. Néanmoins, les propriétaires de parcelles inférieures au minimum fixé peuvent se réunir, pour se faire représenter à l'assemblée générale par un ou plusieurs d'entre eux, en nombre égal au nombre de fois que le minimum d'intérêt se trouve compris dans leurs parcelles réunies.

Cet acte détermine aussi le maximum du nombre de voix qui peuvent être attribuées à un même propriétaire, ainsi que le nombre de voix attachées à chaque usine d'après son importance, et le maximum de voix attribué aux usiniers réunis.

88. Le nombre des syndics, leur répartition, s'il y a lieu, entre diverses catégories d'intéressés, et la durée de leurs fonctions sont également déterminés par l'acte constitutif de l'association ; mais ces membres actifs du syndicat sont nominativement élus par l'assemblée générale.

Toutefois, si cette assemblée générale, après deux convocations, ne s'était pas réunie ou n'avait pas procédé à l'élection de ses syndics, il y serait suppléé d'office par le préfet. Ce magistrat nomme aussi, dans le cas où le syndicat a demandé et obtenu une subvention de l'État, du département ou d'une commune, un nombre de syndics proportionné à la part que la subvention représente dans l'ensemble de l'entreprise.

89. Enfin le préfet ou, s'il y a lieu, le Conseil d'État peut rapporter, après mise en demeure, l'autorisation qu'il aurait

accordée à une association qui n'exécuterait pas les travaux en vue desquels elle a été instituée.

Si l'interruption des travaux entrepris par une association, ou le défaut de leur entretien, pouvait avoir des conséquences nuisibles à l'intérêt public, le préfet, après mise en demeure, pourrait faire procéder d'office à l'exécution des travaux nécessaires pour obvier à ces inconvénients.

MÉCANISME ADMINISTRATIF

DES TRAVAUX DES PONTS ET CHAUSSÉES.

PRÉLIMINAIRES.

1. Les travaux confiés au Service des Ponts et Chaussées s'exécutent suivant deux modes principaux, la *régie* et l'intervention d'un *entrepreneur* ou d'un *concessionnaire*.

Dans le premier cas, qui reste en principe à l'état d'exception, l'Administration travaille par les soins de ses propres agents, auxquels elle fait les avances de fonds d'après des règles déterminées, à charge par eux d'en justifier l'emploi dans les délais et suivant les formes voulues. Ce mode ne s'emploie guère que pour des travaux relativement peu importants, et quand il y a impossibilité de les grouper convenablement dans un projet régulier.

C'est donc généralement en vertu d'un contrat passé avec un tiers que s'exécutent les travaux, et c'est à peu près toujours à la suite d'une adjudication avec publicité et concurrence, sur soumissions cachetées, que se concluent les marchés de l'espèce.

Si le concurrent déclaré adjudicataire exécute les travaux et en reçoit intégralement le prix, c'est une *entreprise* proprement dite, et elle prend fin après l'expiration des délais fixés pour la garantie.

Si, au contraire, l'adjudicataire ne reçoit qu'une partie quelconque du montant des travaux, et touche les revenus de son œuvre pendant un temps fixé par l'adjudication, comme cela a lieu fréquemment pour les ponts suspendus, pour les chemins de fer, etc., l'affaire prend le nom de *concession*, et le concessionnaire jouit du produit de ses travaux, qu'il remet ensuite en bon état d'entretien, d'après des conditions déterminées.

III.   27

Enfin, il arrive parfois que des soumissions isolées sont amiablement acceptées pour certain travail; mais ce cas demeure tout à fait exceptionnel, et il n'est régulièrement autorisé que quand il s'agit de fournitures ou de travaux pour lesquels un brevet assure à son détenteur un monopole avec lequel l'Administration est obligée de compter.

Quoi qu'il en soit du mode adopté pour l'exécution, nous allons dire tout d'abord de quelles pièces essentielles se compose un dossier de travaux, au moment où il est soumis à l'approbation de l'Administration.

Nous exposerons ensuite les principes d'après lesquels sont régis les rapports de l'entrepreneur ou du concessionnaire avec les ingénieurs et leurs agents pour l'exécution des marchés, et nous tracerons enfin quelles sont les règles de comptabilité imposées aux conducteurs, qui sont naturellement chargés de recueillir et coordonner les éléments de cette partie importante du service.

Ces règles sont nettement tracées dans le règlement spécial du 28 septembre 1849 sur la comptabilité du Ministère des Travaux publics, règlement qui, sous quatre Titres différents, s'applique : 1° à des dispositions générales; 2° au service des Ponts et Chaussées; 3° au service des Bâtiments civils; 4° à la comptabilité des Préfets. Dans la deuxième de ces divisions figure la comptabilité du Conducteur, celle de l'Ingénieur ordinaire et celle de l'Ingénieur en chef. On trouvera plus loin, suivant les exigences de notre programme, ce qui est relatif à la première de ces trois parties.

PIÉCES D'UN PROJET.

2. Un projet se compose essentiellement des documents ci-après :

1° *Plans* et *profils*, *dessins* et toutes autres pièces nécessaires à l'intelligence des travaux qui doivent être exécutés.
2° *Devis* ou *cahier des charges*.
3° *Avant-métré*.
4° *Bordereau des prix*.
5° *Détail estimatif*.
6° *Mémoire à l'appui*.

Entrons dans quelques explications utiles sur chacun de ces éléments.

3. Les *plans* et *profils*, ainsi que les divers *dessins* des ouvrages, sont les pièces fondamentales de tout projet; elles ne sont soumises, dans leur préparation technique, à d'autres règles générales que celles de l'art de construire, et nous avons donné dans le cours de ce volume, à propos de chacune des branches de travaux le plus habituellement confiés aux conducteurs, tout ce qu'il leur importe de savoir pour apporter à la confection des projets le concours indispensable qui leur est demandé.

Mais, dans un but d'uniformité dont les avantages n'ont pas besoin d'être démontrés, l'administration a fixé les conditions matérielles et la composition des divers dossiers soumis à son examen, et nous ne pouvons mieux faire que de reproduire textuellement le programme qu'elle a joint, à cet effet, à sa circulaire du 14 janvier 1850.

Programme pour la rédaction des projets.

PIÈCES à produire.	ÉCHELLES.	RÈGLES À OBSERVER.
DESSINS. 1° *Extrait de carte.* 2° *Plan général.*	*Ad libitum.* On adoptera, suivant les cas, l'une des échelles suivantes : $\frac{1}{10000}$, $\frac{1}{5000}$, $\frac{1}{2500}$, $\frac{1}{1250}$ ou $\frac{1}{1000}$. On fera usage, autant que possible, des plans du cadastre.	**I. — AVANT-PROJETS.** 1. Les accidents du terrain seront toujours figurés sur la carte ou sur le plan général au moyen soit de courbes horizontales, soit de hachures, soit de teintes conventionnelles; on y inscrira en outre, entre parenthèses, autant de cotes utiles de hauteur au-dessus du niveau de la mer que l'on aura pu en recueillir, particulièrement celles qui se rapportent aux faîtes et aux thalwegs. Les extraits de cartes devront être calqués sur les cartes gravées ou manuscrites qui existent dans les bureaux, notamment sur celles du Dépôt de la Guerre. Lorsqu'un projet s'étendra sur une certaine partie du littoral maritime, on se servira des cartes

PIÈCES à produire.	ÉCHELLES.	RÈGLES À OBSERVER.
		hydrographiques existantes, surtout de celles qui sont publiées par le Dépôt de la Marine, pour figurer le développement des côtes et indiquer les cotes de profondeur.

2. La carte et le plan général seront orientés.

3. La direction de chaque cours d'eau sera indiquée par une ou plusieurs flèches.

4. Pour établir une concordance parfaite entre le plan et le nivellement, on rapportera sur le plan, avec précision, les points principaux du profil en long, notamment les bornes milliaires ou kilométriques, s'il en existe, tous les pieds de pentes et sommets de rampes, les piquets d'angles et les points où doivent être placés les ouvrages d'art.

De plus, lorsque cela pourra être utile pour faciliter l'examen du projet, on rabattra le profil en long sur le plan.

5. Lorsqu'un tracé devra passer dans une vallée sujette à des inondations, on indiquera sur le plan la limite du champ d'inondation. Si le projet a pour but l'amélioration d'un fleuve ou d'une rivière, ou une défense de rive, on s'attachera plus particulièrement à indiquer le tracé du thalweg et les limites du champ d'inondation sur les deux rives. Le plan devra, d'ailleurs, s'étendre suffisamment, en amont et en aval des ouvrages projetés, pour donner une idée exacte de la direction générale des cours d'eau.

6. Lorsqu'il s'agira du tracé d'une route, d'un canal ou d'un chemin de fer, le plan général devra présenter, des deux côtés du tracé, et sur une largeur totale qui ne sera pas, en général, de moins d'un kilomètre, des rangées transversales de cotes de nivellement, en nombre assez grand pour justifier complétement le choix de la direction proposée. Les chemins transversaux et, au besoin, les limites des propriétés fourniront des directions naturelles pour ces nivellements. Ils seront compris, autant que possible, entre des limites natu-

PIÈCES à produire.	ÉCHELLES.	RÈGLES A OBSERVER.
3° *Profil en long*. Longueur..... Hauteur	Celle du plan général. Décuple de celle des longueurs.	relles, telles que le flanc d'un coteau et une ligne de thalweg ou le bord d'un cours d'eau. 7. Le nivellement sera, autant que possible, rapporté au niveau de la mer. 8. Les cotes de longueur seront inscrites sur deux lignes tracées au-dessous du profil, parallèlement à la rive du papier. Sur la première ligne seront inscrites les longueurs partielles entre deux cotes consécutives de nivellement; sur la deuxième, les mêmes longueurs cumulées à partir de l'origine. S'il s'agit d'un tracé de route ou de chemin de fer, on inscrira sur une troisième ligne la longueur et la déclivité de chaque pente ou rampe; s'il s'agit d'un projet de navigation, on y indiquera, au besoin, les distances entre les principaux ouvrages d'art. Pour les chemins de fer, on cotera, sur une quatrième ligne, les longueurs des alignements droits, ainsi que les longueurs et les rayons des courbes. Enfin, pour tous les projets, sur une ligne établie au-dessus du profil, on indiquera la longueur du tracé dans la traversée de chaque commune. 9. La longueur du tracé sera divisée en kilomètres; l'origine sera indiquée par un zéro, et les extrémités des divers kilomètres seront marquées par des chiffres romains. Chacune de ces divisions principales sera subdivisée en fractions exactes du kilomètre, lesquelles seront numérotées en chiffres arabes. La longueur des entre-profils ainsi numérotés devra être constante dans toute l'étendue d'un même avant-projet. S'il est nécessaire d'établir des profils intermédiaires, on les placera, autant que possible, à des distances du profil normal qui précède immédiatement, exprimées par des nombres entiers, sans fraction de mètre, et on les désignera par le numéro de ce profil normal, auquel on ajoutera les indices a, b, c, ... 10. Le profil en long indiquera toujours la coupe

PIÈCES à produire.	ÉCHELLES.	RÈGLES À OBSERVER.
		du terrain par un simple trait noir. Les lignes du projet seront tracées en rouge. Les surfaces de remblai seront lavées en rouge, et celles de déblai en jaune. Les cotes de remblai et de déblai seront inscrites en rouge, et placées, celles de remblai immédiatement au-dessus, et celles de déblai immédiatement au-dessous de la ligne du terrain, excepté sur les points où cette ligne se trouvera très-rapprochée de celle du projet, auquel cas les cotes devront être inscrites au-dessus des deux lignes à la fois, s'il y a remblai, et au-dessous, s'il y a déblai. 11. Les ponts, ponceaux, aqueducs et autres ouvrages d'art seront figurés en coupe sur le profil en long. Le niveau des plus hautes et des plus basses eaux connues, et celui des plus hautes eaux de navigation, seront indiqués par des lignes bleues que l'on rattachera au plan général de comparaison par des cotes de même couleur. Lorsqu'il s'agira d'un projet de navigation, on indiquera à la fois, sur le profil en long, la rivière et le chemin de halage. Dans les projets des ports maritimes et des ouvrages à la mer, on aura toujours soin d'indiquer les hautes et basses mers de vive eau, tant ordinaires qu'extraordinaires. 12. Lorsqu'il y aura lieu de comparer plusieurs tracés, les nivellements respectifs de ces tracés, entre les mêmes points du plan, seront ou superposés ou placés les uns au-dessus des autres, mais toujours sur une même feuille. On emploiera pour les lignes et écritures relatives à chaque tracé la couleur qui aura été affectée à ce tracé sur le plan.
4° *Profils en travers.*	$\frac{1}{100}$ pour les longueurs et pour les hauteurs.	13. Les profils en travers comprendront une étendue au moins double de celle du terrain à occuper. La cote prise sur l'axe sera distinguée des autres par l'emploi d'un caractère spécial ou plus prononcé. Cette cote sera la même que celle du profil en long

PIÈCES à produire.	ÉCHELLES.	RÈGLES À OBSERVER.
		Les cotes des profils en travers et celles du profil en long appartiendront toujours à un même plan général de comparaison : seulement, pour ne pas avoir de trop longues ordonnées, on pourra rapporter ces profils à une ligne passant à un certain nombre de mètres au-dessus ou au-dessous du plan de comparaison, mais en laissant les cotes telles qu'elles doivent être pour indiquer les hauteurs prises par rapport à ce plan. Les profils en travers, levés dans le voisinage d'un cours d'eau ou sur un terrain submersible, seront accompagnés d'un trait bleu indiquant le niveau des plus hautes eaux, et rattaché au plan général de comparaison par une cote de même couleur. Lorsqu'il s'agira de projets de travaux à exécuter en lit de rivière, ou de projets de digues à établir sur le bord des rivières, on y joindra des profils en travers en nombre suffisant pour faire connaître la position du thalweg, et l'on aura soin d'étendre ces profils au delà des limites du champ d'inondation. Les profils en travers seront tous rabattus du côté du point de départ. 14. Tous les dessins seront cotés avec exactitude. Le niveau des plus basses et des plus hautes eaux, ceux des hautes et des basses mers de morte eau, de vive eau ordinaire et de vive eau d'équinoxe, y seront toujours indiqués par des lignes et des cotes bleues.
5° *Types d'ouvrages d'art.* Pour les dimensions n'excédant pas 100^m......	$\frac{1}{200}$	
Idem excédant 100^m	$\frac{1}{100}$, sauf à employer au besoin, pour certains détails, des échelles multiples de celles qui précèdent.	

PIÈCES à produire.	ÉCHELLES.	RÈGLES À OBSERVER.
Pièces écrites. 1° Mémoire à l'appui de l'avant-projet. 2° Tableau approximatif des terrassements, ouvrages d'art, etc. 3° Estimation approximative et détaillée des dépenses. 4° Relevé de la circulation annuelle pour les projets de route, en distinguant, autant que possible, les diverses parties de la route. 5° Bordereau des pièces du dossier. **Dessins.** 1° *Plan général.*		
	On adoptera, suivant les cas, l'une des échelles suivantes : $\frac{1}{5000}$, $\frac{1}{2500}$, $\frac{1}{2000}$ $\frac{1}{1000}$ ou $\frac{1}{1250}$. On fera usage, autant que possible, des plans du cadastre.	**II. — PROJETS DÉFINITIFS.** 15. Les accidents du terrain seront toujours figurés sur le plan général, au moyen, soit de courbes horizontales, soit de hachures, soit de teintes conventionnelles. 16. Le plan général sera orienté, et la direction de chaque cours d'eau y sera indiquée par une ou plusieurs flèches. 17. On rapportera sur le plan général tous les points du profil en long, sans exception. Les rayons des arcs de cercle, et, pour les paraboles, les rayons de courbure aux points de tangence ainsi qu'au sommet, seront cotés avec exactitude. 18. Dans les vallées, on indiquera sur le plan le thalweg, ainsi que les limites du champ d'inondation.

PIÈCES à produire.	ÉCHELLES.	RÈGLES A OBSERVER.
Profil en long. Longueur ..... Hauteur	Celle du plan. Décuple de celle des longueurs.	19. Comme aux n°s 7, 8, 9, 10 et 11, en ajoutant que l'on indiquera sur le profil les sondages qui auront été faits, notamment sur l'emplacement des tranchées et des remblais d'une certaine hauteur, ainsi que dans le lit des rivières, pour les projets des ponts ou des travaux de navigation.
Profils en travers.	$\frac{1}{1000}$ pour les longueurs et pour les hauteurs.	20. Comme au n° 13, en y ajoutant seulement que l'on mettra en tête du cahier des profils en travers les profils types de la route, du canal ou du chemin de fer à exécuter.
Ouvrages d'art. Pour les dimensions n'excédant pas 25^m	$\frac{1}{40}$	21. On indiquera sur la coupe des fondations de tous les ouvrages, soit par des traits distincts, soit par des teintes conventionnelles, la nature et l'épaisseur des couches de terrain dans lesquelles les fondations seront engagées.
Idem comprises entre 25 et 100^m.	$\frac{1}{75}$	On inscrira, en outre, sur chaque couche, l'indication de sa nature et de son épaisseur.
Idem excédant 100^m	$\frac{1}{125}$	22. Le niveau des plus basses et des plus hautes eaux, ceux des hautes et basses mers de morte eau, de vive eau ordinaire et de vive eau d'équinoxe, seront toujours indiqués sur les élévations et sur les coupes des ouvrages d'art par des lignes et des cotes bleues.
Pour les portes d'écluses, les ponts tournants, les voies et le matériel des chemins de fer, et, en général, pour les ouvrages en charpente ou en métal.	de $\frac{1}{20}$ à $\frac{1}{5}$, en n'employant que des rapports simples et décimaux.	23. Sur les plans, coupes et élévations des ouvrages d'art, on aura soin de mettre autant de cotes qu'il sera nécessaire, pour que l'on n'ait pas besoin de recourir au devis. On écrira en chiffres plus prononcés les dimensions principales, par exemple, pour les ponts et ponceaux, l'ouverture et la montée des voûtes, la hauteur des pieds-droits, l'épaisseur des piles et culées, l'épaisseur à la clef, la largeur entre les têtes, la hauteur et l'épaisseur des parapets, la largeur des trottoirs, la distance entre les trottoirs, etc.; pour une écluse, la largeur du sas, la hauteur des bajoyers, celle du mur de chute, la longueur totale de l'écluse, la distance du mur de chute à la chambre des portes d'aval, etc.
		24. L'appareil sera toujours figuré en élévation et en coupe.

PIÈCES à produire.	ÉCHELLES.	RÈGLES À OBSERVER.
Pièces écrites. 1° Mémoire à l'appui du projet. 2° Devis et cahier des charges. 3° Avant-métré. 4° Analyse des prix. 5° Détail estimatif. 6° État sommaire des indemnités à payer. 7° Bordereau des pièces du projet.		25. Les pièces n°s 2, 3, 4 et 5 seront toujours exactement conformes aux formules arrêtées par l'Administration. Ces formules seront réimprimées dans chaque département, sans modifications, additions ni retranchements. La réimpression sera faite suivant le format prescrit ci-après. 26. On ne reproduira, dans les pièces du projet, aucune des conditions qui figurent dans le cahier des clauses et conditions générales, auquel on devra toujours renvoyer par le dernier article du devis. 27. On aura soin d'inscrire dans le bordereau toutes les pièces du projet, avec un numéro correspondant.
1° Plans parcellaires par commune.	$\frac{1}{1250}$	

III. — PIÈCES A PRODUIRE

en même temps que les projets définitifs, ou après l'approbation de ces projets, en exécution du Titre II de la Loi du 3 mai 1841.

28. Chaque plan parcellaire sera rapporté sur une feuille de papier continue, formée de feuilles ajustées en ligne droite, sans goussets. En conséquence, à chaque changement notable de direction de l'axe, on établira un onglet en blanc, déterminé par deux lignes formant un angle d'une amplitude convenable et disposées de manière qu'il soit facile de reproduire à volonté l'état des lieux. A cet effet, le papier sera brisé suivant deux plis que l'on reformera au besoin : les deux brisures aboutiront au même point sur l'une des rives du papier; l'une des brisures sera perpendiculaire à ces rives, de manière à diviser en deux parties égales l'angle mort où le dessin sera interrompu.

29. On inscrira sur chaque parcelle le nom du propriétaire, le numéro de la matrice cadastrale, et, de plus, un numéro d'ordre écrit en rouge, correspondant à celui de l'état des indemnités.

PIÈCES à produire.	ÉCHELLES.	RÈGLES À OBSERVER.
1° Tableau des surfaces des terrains à acquérir. 2° État détaillé des indemnités à payer. 3° Bordereau des pièces du dossier.		Le plan portera en outre les lettres par lesquelles on désigne les sections cadastrales et les dénominations locales des subdivisions ou lieux dits.

30. On reproduira sur ces états les noms, les numéros et les autres désignations inscrites sur le plan. Pour les noms, il y aura deux colonnes, dans l'une desquelles on inscrira les noms qui figurent à la matrice cadastrale, et dans l'autre ceux des propriétaires actuels et de leurs fermiers ou locataires.

IV. — DISPOSITIONS GÉNÉRALES.

31. Les plans et nivellements seront toujours rapportés dans le sens indiqué par la dénomination de la route, du canal ou du chemin de fer, ou dans le sens du cours de la rivière, en allant de gauche à droite.

32. On inscrira aux deux extrémités du plan les mots : *côté de* ..... (points de départ et d'arrivée servant à la dénomination de la route, du canal ou du chemin de fer).

33. Afin de faciliter la recherche, sur les cartes, du lieu où les travaux doivent être exécutés, on placera, à l'origine du profil en long, une note indiquant approximativement la distance de ce point aux principaux centres de population qui précèdent; et, à l'extrémité du même profil, une note semblable indiquant la distance de ce second point aux principaux centres de population situés au delà.

34. On aura soin d'indiquer sur tous les plans les centres de population, domaines, chemins, cours d'eau, ouvrages d'art, tracés, etc., dont il est fait mention dans les rapports, mémoires, délibérations et autres pièces quelconques, faisant partie du dossier, afin de faciliter l'intelligence de ces pièces. Autant que possible, on y inscrira les chiffres des populations.

35. On évitera d'employer des expressions lo-

PIÈCES à produire.	ÉCHELLES.	RÈGLES À OBSERVER.
		cales, ou, si on les emploie, on en donnera la tra-duction.

RÈGLES À OBSERVER *(suite)*.

cales, ou, si on les emploie, on en donnera la traduction.

36. Les écritures devront être bien lisibles, et
que les chiffres inscrits sur les plans et profils, l
petits caractères (lettres ou chiffres) n'auront p
moins de 2 millimètres de hauteur.

37. Les échelles seront représentées graphiquement sur les plans et profils. En même temps, ell
seront définies en chiffres, comme dans l'exem
suivant :

$$\text{Échelle de } 0^{m},005 \text{ pour mètre } \left(\tfrac{1}{200}\right)$$

38. Les plans, profils et dessins seront, auta
que possible, collés sur calicot blanc, ou sim
dressés sur bon papier, souple et propre au lavi

39. Tous les plans, profils, dessins et piè
écrites, sans exception aucune, seront présent
dans le format dit *tellière*, de $0^{m},31$ de haute
sur $0^{m},22$ de largeur.

40. Les plans, profils et dessins, seront pli
suivant ces dimensions, en paravent, c'est-à-dire
plis égaux et alternatifs, tant dans le sens de l
hauteur que dans celui de la longueur, en commençant toujours par cette dernière dimension.

41. Les titres, signatures et autres écritures d'u
sage, ainsi que l'échelle, seront placés sur le vers
du premier feuillet des plans, profils et dessins, d
manière qu'il soit toujours facile de les mettre en
évidence, que le dessin soit plié ou qu'il soit ouvert.

42. Les ingénieurs emploieront les formules suivantes :

Dressé par	$\left\{\begin{array}{c}\text{l'ingénieur ordinaire} \\ \text{ou} \\ \text{l'élève ingénieur}\end{array}\right\}$ soussigné.
Vérifié et présenté par	$\left\{\begin{array}{c}\text{l'ingénieur en chef} \\ \text{ou} \\ \text{l'ingénieur faisant} \\ \text{fonction d'ingénieur} \\ \text{en chef}\end{array}\right\}$ soussigné, conformément à sa lettre ou à son rapport du...

PIÈCES à produire.	ÉCHELLES.	RÈGLES A OBSERVER.
		43. On inscrira, d'ailleurs, en caractères très-lisibles, au-dessous des titres généraux, les noms et les grades des signataires du projet. 44. Les procès-verbaux de conférences entre les Ingénieurs des services civil et militaire seront toujours accompagnés d'une expédition des plans, nivellements, dessins et autres pièces mentionnées dans le procès-verbal, et portant les mêmes signatures que ce procès-verbal.

4. Le *devis* est l'exposé par articles des conditions auxquelles sera soumise l'exécution des travaux. Il se divise ordinairement en cinq chapitres respectivement relatifs à la description détaillée des ouvrages projetés, à la nature, la provenance et les qualités des matériaux à employer, au mode d'exécution des travaux, à la manière de les évaluer, et enfin aux conditions particulières et générales de l'entreprise.

C'est à la fin du dernier chapitre du devis, comme on l'a vu au n° 26 du programme qui précède, que l'on retrouve invariablement un article qui renvoie au cahier des *Clauses et conditions générales* imposées à tous les entrepreneurs des Ponts et Chaussées. Ce cahier, sur lequel nous reviendrons bientôt, se trouve ainsi faire partie intégrante du projet, et c'est lui qui règle d'une façon nette et précise les droits et les devoirs de chacune des deux parties contractantes du marché.

5. L'*avant-métré*, comme son nom l'indique, présente les éléments et les résultats des calculs à faire sur les données du projet, pour mettre en évidence les quantités des diverses natures d'ouvrages à exécuter. Il sert de base à l'évaluation préalable de la dépense, au moyen de l'application des prix qui sont détaillés et consignés dans un document spécial dont il va être parlé.

Quand le projet comprend des terrassements, l'avant-métré

présente naturellement les deux Tableaux que nous avons donnés aux pages 226 et 253 du Tome II, et qui sont respectivement relatifs à la détermination du cube des déblais et remblais à exécuter, et à l'évaluation de la dépense à faire pour cette partie du travail.

On procède ensuite, sur un autre Tableau dont on trouvera ci-dessous un en-tête et au moyen des cotes du dessin, au mesurage des ouvrages de diverses natures qui entrent dans la construction projetée.

DÉSIGNATION des ouvrages.	NOMBRE de parties semblables.	DIMENSIONS RÉDUITES.			SURFACES OU CUBES.			OBSERVATIONS.
		Longueur.	Largeur.	Hauteur ou épaisseur.	Auxiliaires.	Partiels.	Définitifs.	

Bien qu'aucune règle précise ne puisse être posée pour ce travail, qui varie nécessairement avec l'importance et la nature de l'objet auquel il s'applique, il est admis, comme résultant d'une expérience acquise, que, pour un ouvrage d'art de la pratique ordinaire, il est avantageux d'en diviser l'avant-métré en quatre sections respectivement relatives aux indications ci-après :

1° *Fondations.*

2° *Cube général des maçonneries au-dessus des fondations.*

3° *Répartition du cube total entre les diverses espèces de maçonneries.*

4° *Parements vus.*

Chacune de ces sections se subdivise, d'ailleurs, en parties correspondant à des figures faciles à évaluer d'après les procédés connus de la Géométrie, et le cube de la maçonnerie ordinaire se déduit généralement en retranchant du cube total la somme des autres cubes partiels relatifs aux diverses espèces.

On procède d'une manière analogue pour les parements vus des différentes catégories, y compris la chape des voûtes, qui s'évalue généralement au mètre superficiel, son épaisseur étant constante et fixée par le devis.

Enfin, une *Récapitulation* des résultats obtenus permet de faire quelques utiles vérifications; elle sert directement à la confection du détail estimatif, comme on le verra bientôt.

6. La pièce la plus délicate d'un projet est peut-être le *Bordereau des prix*. Il importe tout spécialement que ce document soit rédigé de manière à prévenir toute erreur et tout malentendu. On l'a, dans ce but, scindé en deux parties entièrement distinctes.

La première, celle qui porte plus spécialement le nom de *Bordereau des prix* et qui sert de base aux adjudications, énumère simplement les prix, sans aucun détail et sans aucun chiffre étranger qui puisse former confusion. Ce sont ces prix qui sont frappés du rabais de l'adjudication, s'il y a lieu, et qui servent plus tard au règlement des comptes de l'entreprise.

La seconde partie, sous le simple titre de *Renseignements*, comprend les sous-détails et l'indication des calculs au moyen desquels on est arrivé à l'établissement des prix. Il y a généralement, sauf les légères différences dues à la suppression de quelques chiffres décimaux pour la facilité de l'application, une parfaite concordance entre les deux parties; mais si, par exception, il n'en était pas ainsi, les intéressés sont avertis par une observation spéciale que les prix du bordereau seront seuls appliqués.

C'est en tête de cette seconde partie que se trouve naturellement, sous le titre *Bases des prix*, la série des prix de la journée de chaque nature d'ouvriers et d'attelages, ainsi que l'établissement des formules de transport des terres et matériaux, d'après les principes exposés à la page 228 et suivantes du tome II.

Viennent ensuite les sous-détails proprement dits qui établissent les fournitures et la main-d'œuvre propres à chaque nature d'ouvrages, conformément à une Note détaillée imprimée à la dernière page de la formule administrative.

A la somme de ces éléments, on ajoute un vingtième pour outils et faux frais; enfin, cette nouvelle somme s'augmente d'un dixième pour tenir compte du bénéfice accordé à l'entrepreneur.

7. Dans le *Détail estimatif* on résume, en suivant exactement les diverses sections de l'avant-métré, les quantités d'ouvrages des diverses espèces; on rappelle en regard les prix qui s'y appliquent avec les numéros correspondants du bordereau, et l'on effectue les multiplications.

Ce document ne présente aucune particularité, si ce n'est que l'on ajoute au montant des travaux prévus et exécutés aux prix du bordereau une *Somme à valoir* destinée à subvenir, par voie de régie, aux travaux accessoires, difficiles à mesurer à l'avance ou tout à fait imprévus, qui se présentent nécessairement dans une pareille opération.

A moins d'indication contraire tirée de la nature exceptionnelle des ouvrages à exécuter, il est habituel de fixer cette somme à valoir au dixième environ du montant des travaux prévus, sauf à y ajouter explicitement, s'il y a lieu, telle ou telle dépense prévue qui, par sa nature, ne pourrait être convenablement faite avec l'intervention de l'entrepreneur.

8. Enfin, comme l'indique son nom, le *Mémoire à l'appui* d'un projet est l'exposé de toutes les considérations propres à justifier l'utilité des travaux proposés, ainsi que les dispositions adoptées pour leur exécution. Aucune règle précise ne pourrait donc être posée pour la rédaction de cette pièce importante, dont la teneur varie avec les divers et nombreux genres de travaux à exécuter et à justifier, et qui émane, d'ailleurs, nécessairement de la plume de l'ingénieur signataire et auteur principal du projet.

9. Tels sont, comme nous l'avons dit, les documents constitutifs de tous les projets dans le Service des Ponts et Chaussées. Il en est d'autres qui tiennent à la nature particulière des travaux, tels que les résultats du recensement de la circulation sur une partie de route dont il s'agit de rectifier le tracé ou d'adoucir les pentes, les tableaux de sondage des chaussées que l'on propose de recharger, ou les procès-verbaux de conférence avec les services intéressés, suivant les

prescriptions de la circulaire ministérielle du 12 juin 1850 et celles du décret du 16 août 1853.

Mais ces pièces accessoires ne sont que de simples renseignements, et ne sauraient être regardées à aucun point de vue comme faisant partie intégrante du marché qui sera passé plus tard avec un entrepreneur, s'il y a lieu. Il en est de même du mémoire à l'appui qui reste, d'ailleurs, entre les mains de l'Administration supérieure, ainsi que des plans et dessins et de l'avant-métré ; ces derniers, nécessaires pour faciliter l'exécution des travaux et l'évaluation de la dépense, ne sauraient, dans le cas où ils renfermeraient des indications non concordantes, donner ouverture à des réclamations ou à des contestations judiciaires. Nous le répétons, ce sont de simples renseignements dont les éléments ne peuvent jamais faire titre contre l'Administration.

Les pièces constitutives d'un marché à l'entreprise sont donc exclusivement le devis, le bordereau des prix, le détail estimatif, le procès-verbal de l'adjudication et le cahier des clauses et conditions générales, dont il va être parlé, et dont l'article 6 énumère explicitement les pièces qui établissent, par une délivrance à titre onéreux, les liens du contrat passé entre l'adjudicataire et le préfet représentant l'État ou le département. Ce cahier, dont une nouvelle rédaction a été promulguée sous la forme d'un arrêté ministériel en date du 16 novembre 1866, n'a pas moins de cinquante-deux articles ; il comprend cinq Titres respectivement relatifs aux dispositions générales, à l'exécution des travaux, au réglement des dépenses, aux payements et aux contestations. Sa lecture (nous en reproduisons ci-après le texte) montrera que, si l'Administration supérieure veille avec sollicitude sur les intérêts publics qui lui sont confiés, elle n'apporte pas un soin moins scrupuleux à offrir à ses entrepreneurs toutes les garanties désirables. Par contre, on verra (article 2) qu'elle se préoccupe aussi de n'admettre que des auxiliaires loyaux et capables, en exigeant la production préalable, huit jours au moins avant les adjudications, de certificats de capacité que l'Ingénieur en chef doit viser à titre de communication, et qui lui permettent de prendre, en temps utile, les renseignements à l'aide desquels il pourra éclairer le Bureau chargé de prononcer sur l'admission des concurrents.

III.

CLAUSES ET CONDITIONS GÉNÉRALES IMPOSÉES
AUX ENTREPRENEURS.

10. Il a été dit (4) que le devis de tous les projets se termine invariablement par un article complémentaire qui soumet l'entrepreneur à certaines clauses et conditions générales. Ainsi que nous l'avons annoncé, nous transcrivons textuellement ci-après le texte de ces dispositions :

DISPOSITIONS GÉNÉRALES.

ART. 1er. — Tous les marchés relatifs à l'exécution des travaux dépendant de l'Administration des Ponts et Chaussées, qu'ils soient passés dans la forme d'adjudications publiques ou qu'ils résultent de conventions faites de gré à gré, sont soumis, en tout ce qui leur est applicable, aux dispositions suivantes :

TITRE PREMIER.

ADJUDICATIONS.

Condition à remplir pour être admis aux adjudications.

ART. 2. — Nul n'est admis à concourir aux adjudications, s'il ne justifie qu'il a les qualités requises pour garantir la bonne exécution des travaux.

A cet effet, chaque concurrent est tenu de fournir un certificat constatant sa capacité, et de présenter un acte régulier de cautionnement, ou au moins un engagement en bonne et due forme de fournir le cautionnement ; l'engagement doit être réalisé dans les huit jours de l'adjudication.

Certificat de capacité

ART. 3. — Les certificats de capacité sont délivrés par des hommes de l'art. Ils ne doivent pas avoir plus de trois ans de date au moment de l'adjudication. Il y est fait mention de la manière dont les soumissionnaires ont rempli leurs engagements, soit envers l'Administration, soit envers les tiers, soit envers les ouvriers, dans les travaux qu'ils ont exécutés, surveillés ou suivis. Ces travaux doivent avoir été faits dans les dix dernières années.

Les certificats de capacité sont présentés, huit jours au moins avant l'adjudication, à l'ingénieur en chef, qui doit les viser à titre de communication.

Il n'est pas exigé de certificat de capacité pour la fourniture des matériaux destinés à l'entretien des routes en empierrement, ni pour les travaux de terrassement dont l'estimation ne s'élève pas à plus de 20 000 francs.

Art. 4. — Le cahier des charges détermine, dans chaque cas particu- Cautionnement.
lier, la nature et le montant du cautionnement que l'entrepreneur doit
fournir.

S'il ne stipule rien à cet égard, le cautionnement est fait soit en numé-
raire, soit en inscriptions de rentes sur l'État, et le montant en est fixé
au trentième de l'estimation des travaux, déductions faites de toutes les
sommes portées à valoir pour dépenses imprévues et ouvrages en régie
ou pour indemnités de terrain.

Le cautionnement reste affecté à la garantie des engagements con-
tractés par l'adjudicataire jusqu'à la liquidation définitive des travaux.
Toutefois le ministre peut, dans le cours de l'entreprise, autoriser la
restitution de tout ou partie du cautionnement.

Art. 5. — L'adjudication n'est valable qu'après l'approbation de l'au- Approbation
de l'adjudication.
torité compétente. L'entrepreneur ne peut prétendre à aucune indemnité
dans le cas où l'adjudication n'est point approuvée.

Art. 6. — Aussitôt après l'approbation de l'adjudication, le préfet dé- Pièces à délivrer
à
l'entrepreneur.
livre à l'entrepreneur, sur son récépissé, une expédition vérifiée par l'in-
génieur en chef et dûment légalisée, du devis, du bordereau des prix et
du détail estimatif, ainsi qu'une copie certifiée du procès-verbal d'adjudication et un exemplaire imprimé des présentes clauses et conditions
générales.

Les ingénieurs lui délivrent en outre, gratuitement, une expédition
certifiée des dessins et autres pièces nécessaires à l'exécution des travaux.

Art. 7. — L'entrepreneur verse à la caisse du trésorier payeur gé- Frais
d'adjudication.
néral le montant des frais du marché. Ces frais, dont l'état est arrêté
par le préfet, ne peuvent être autres que ceux d'affiches et de publication,
ceux de timbre et d'expédition du devis, du bordereau des prix, du détail estimatif et du procès-verbal d'adjudication, et le droit fixe d'enregistrement de un franc.

Art. 8. — L'entrepreneur est tenu d'élire un domicile à proximité des Domicile
de
l'entrepreneur.
travaux, et de faire connaître le lieu de ce domicile au préfet. Faute par
lui de remplir cette obligation dans un délai de quinze jours, à partir de
l'approbation de l'adjudication, toutes les notifications qui se rattachent à
son entreprise sont valables, lorsqu'elles ont été faites à la mairie de la
commune désignée à cet effet par le devis ou par l'affiche d'adjudication.

TITRE II.

EXÉCUTION DES TRAVAUX.

Défense
de sous-traiter
sans
autorisation.

Art. 9. — L'entrepreneur ne peut céder à des sous-traitants une ou plusieurs parties de son entreprise, sans le consentement de l'Administration. Dans tous les cas, il demeure personnellement responsable, tant envers l'Administration qu'envers les ouvriers et les tiers.

Si un sous-traité est passé sans autorisation, l'Administration peut, suivant les cas, soit prononcer la résiliation pure et simple de l'entreprise, soit procéder à une nouvelle adjudication à la folle enchère de l'entrepreneur.

Ordres
de service
pour
l'exécution
des travaux.

Art. 10. — L'entrepreneur doit commencer les travaux dès qu'il en a reçu l'ordre de l'ingénieur. Il se conforme strictement aux plans, profils, tracés, ordres de service, et, s'il y a lieu, aux types et modèles qui lui sont donnés par l'ingénieur et par ses préposés, en exécution du devis.

L'entrepreneur se conforme également aux changements qui lui sont prescrits pendant le cours du travail, mais seulement lorsque l'ingénieur les a ordonnés par écrit et sous sa responsabilité. Il ne lui est tenu compte de ces changements qu'autant qu'il justifie de l'ordre écrit de l'ingénieur.

Règlements
pour
le bon ordre
des chantiers.

Art. 11. — L'entrepreneur est tenu d'observer tous les règlements qui sont faits par le préfet, sur la proposition de l'ingénieur en chef, pour le bon ordre des travaux et la police des chantiers.

Il est interdit à l'entrepreneur de faire travailler les ouvriers les dimanches et jours fériés.

Il ne peut être dérogé à cette règle que dans les cas d'urgence et en vertu d'une autorisation écrite ou d'un ordre de service de l'ingénieur.

Présence
de
l'entrepreneur
sur le
lieu des travaux

Art. 12. — Pendant la durée de l'entreprise, l'adjudicataire ne peut s'éloigner du lieu des travaux qu'après avoir fait agréer par l'ingénieur un représentant capable de le remplacer, de manière qu'aucune opération ne puisse être retardée ou suspendue à raison de son absence.

L'entrepreneur accompagne les ingénieurs dans leurs tournées toutes les fois qu'il en est requis.

Choix
des commis,
chefs d'ateliers
et ouvriers.

Art. 13. — L'entrepreneur ne peut prendre pour commis et chefs d'ateliers que des hommes capables de l'aider et de le remplacer au besoin dans la conduite et le métrage des travaux.

L'ingénieur a le droit d'exiger le changement ou le renvoi des agents et ouvriers de l'entrepreneur pour insubordination, incapacité ou défaut de probité.

L'entrepreneur demeure, d'ailleurs, responsable des fraudes ou malfaçons qui seraient commises par ses agents et ouvriers dans la fourniture et dans l'emploi des matériaux.

Art. 14. — Le nombre des ouvriers de chaque profession est toujours proportionné à la quantité d'ouvrage à faire. Pour mettre l'ingénieur à même d'assurer l'accomplissement de cette condition, il lui est remis périodiquement, et aux époques par lui fixées, une liste nominative des ouvriers.

Art. 15. — L'entrepreneur paye les ouvriers tous les mois, ou à des époques plus rapprochées, si l'Administration le juge nécessaire. En cas de retard régulièrement constaté, l'Administration se réserve la faculté de faire payer d'office les salaires arriérés sur les sommes dues à l'entrepreneur, sans préjudice des droits réservés, par la loi du 20 pluviôse an II, aux fournisseurs qui auraient fait des oppositions régulières.

Art. 16. — Une retenue d'un centième est exercée sur les sommes dues à l'entrepreneur, à l'effet d'assurer, sous le contrôle de l'Administration, des secours aux ouvriers atteints de blessures ou de maladies occasionnées par les travaux, à leurs veuves et à leurs enfants, et de subvenir aux dépenses du service médical.

La partie de cette retenue qui reste sans emploi à la fin de l'entreprise est remise à l'entrepreneur.

Art. 17. — S'il y a lieu de faire des épuisements ou autres travaux dont la dépense soit imputable sur la somme à valoir, l'entrepreneur doit, s'il en est requis, fournir les outils et machines nécessaires pour l'exécution de ces travaux.

Le loyer et l'entretien de ce matériel lui sont payés aux prix de l'adjudication.

Art. 18. — L'entrepreneur est tenu de fournir à ses frais les magasins, équipages, voitures, ustensiles et outils de toute espèce nécessaires à l'exécution des travaux, sauf les exceptions stipulées au devis.

Sont également à sa charge l'établissement des chantiers et chemins de service, et les indemnités y relatives, les frais de tracé des ouvrages, les cordeaux, piquets et jalons, les frais d'éclairage des chantiers, s'il y a lieu, et généralement toutes les menues dépenses et tous les faux frais relatifs à l'entreprise.

Art. 19. — Les matériaux sont pris dans les lieux indiqués au devis. L'entrepreneur y ouvre, au besoin, des carrières à ses frais.

Il est tenu, avant de commencer les extractions, de prévenir les propriétaires, suivant les formes déterminées par les règlements.

Il paye, sans recours contre l'Administration, et en se conformant aux lois et règlements sur la matière, tous les dommages qu'ont pu occasionner la prise ou l'extraction, le transport et le dépôt des matériaux.

Dans le cas où le devis prescrit d'extraire des matériaux dans des bois soumis au régime forestier, l'entrepreneur doit se conformer, en outre, aux prescriptions de l'article 145 du Code forestier, ainsi que des articles 172, 173 et 175 de l'ordonnance du 1er août 1827, concernant l'exécution de ce code.

L'entrepreneur doit justifier, toutes les fois qu'il en est requis, de l'accomplissement des obligations énoncées dans le présent article, ainsi que du payement des indemnités pour établissement de chantiers et chemins de service.

Carrières proposées par l'entrepreneur. Art. 20. — Si l'entrepreneur demande à substituer aux carrières indiquées dans le devis d'autres carrières fournissant des matériaux d'une qualité que les ingénieurs reconnaissent au moins égale, il reçoit l'autorisation de les exploiter, et ne subit, sur les prix de l'adjudication, aucune réduction pour cause de diminution des frais d'extraction, de transport et de taille des matériaux.

Défense de livrer au commerce les matériaux extraits des carrières désignées. Art. 21. — L'entrepreneur ne peut livrer au commerce, sans l'autorisation du propriétaire, les matériaux qu'il a fait extraire dans les carrières exploitées par lui en vertu du droit qui lui a été conféré par l'Administration.

Qualités des matériaux. Art. 22. — Les matériaux doivent être de la meilleure qualité dans chaque espèce, être parfaitement travaillés et mis en œuvre conformément aux règles de l'art ; ils ne peuvent être employés qu'après avoir été vérifiés et provisoirement acceptés par l'ingénieur ou par ses préposés. Nonobstant cette réception provisoire et jusqu'à la réception définitive des travaux, ils peuvent, en cas de surprise, de mauvaise qualité ou de malfaçon, être rebutés par l'ingénieur, et ils sont alors remplacés par l'entrepreneur.

Dimensions et dispositions des matériaux et des ouvrages. Art. 23. — L'entrepreneur ne peut, de lui-même, apporter aucun changement au projet.

Il est tenu de faire immédiatement, sur l'ordre des ingénieurs, remplacer les matériaux ou reconstruire les ouvrages dont les dimensions ou les dispositions ne sont pas conformes au devis.

Toutefois, si les ingénieurs reconnaissent que les changements faits par l'entrepreneur ne sont contraires ni à la solidité ni au goût, les nouvelles dispositions peuvent être maintenues ; mais alors l'entrepreneur n'a droit à aucune augmentation de prix, à raison de dimensions plus fortes ou de la valeur plus considérable que peuvent avoir les matériaux ou les ouvrages. Dans ce cas, les métrages sont basés sur les dimensions prescrites par le devis. Si, au contraire, les dimensions sont plus faibles ou la valeur des matériaux moindre, les prix sont réduits en conséquence.

ART. 24. — Dans le cas où l'entrepreneur a à démolir d'anciens ouvrages, les matériaux sont déplacés avec soin pour qu'ils puissent être façonnés de nouveau et réemployés, s'il y a lieu.

ART. 25. — L'Administration se réserve la propriété des matériaux qui se trouvent dans les fouilles et démolitions faites dans les terrains appartenant à l'État, sauf à indemniser l'entrepreneur de ses soins particuliers.

Elle se réserve également les objets d'art et de toute nature qui pourraient s'y trouver, sauf indemnité à qui de droit.

ART. 26. — Lorsque les ingénieurs jugent à propos d'employer des matières neuves ou de démolition appartenant à l'État, l'entrepreneur n'est payé que des frais de main-d'œuvre et d'emploi, d'après les éléments des prix du bordereau, rabais déduit.

ART. 27. — Lorsque les ingénieurs présument qu'il existe dans les ouvrages des vices de construction, ils ordonnent, soit en cours d'exécution, soit avant la réception définitive, la démolition et la reconstruction des ouvrages présumés vicieux.

Les dépenses résultant de cette vérification sont à la charge de l'entrepreneur, lorsque les vices de construction sont constatés et reconnus.

ART. 28. — Il n'est alloué à l'entrepreneur aucune indemnité à raison des pertes, avaries ou dommages occasionnés par négligence, imprévoyance, défaut de moyens ou fausses manœuvres.

Ne sont pas compris, toutefois, dans la disposition précédente les cas de force majeure qui, dans le délai de dix jours au plus après l'événement, ont été signalés par l'entrepreneur : dans ces cas, néanmoins, il ne peut être rien alloué qu'avec l'approbation de l'Administration. Passé le délai de dix jours, l'entrepreneur n'est plus admis à réclamer.

ART. 29. — Lorsqu'il est jugé nécessaire d'exécuter des ouvrages non prévus, ou d'extraire des matériaux dans des lieux autres que ceux qui sont désignés dans le devis, les prix en sont réglés d'après les éléments de ceux de l'adjudication, ou par assimilation aux ouvrages les plus analogues. Dans le cas d'une impossibilité absolue d'assimilation, on prend pour terme de comparaison les prix courants du pays.

Les nouveaux prix, après avoir été débattus par les ingénieurs avec l'entrepreneur, sont soumis à l'approbation de l'Administration. Si l'entrepreneur n'accepte pas la décision de l'Administration, il est statué par le Conseil de préfecture.

Augmentation
dans la masse
des travaux.

Art. 30. — En cas d'augmentation dans la masse des travaux, l'entrepreneur est tenu d'en continuer l'exécution jusqu'à concurrence d'un sixième en sus du montant de l'entreprise. Au delà de cette limite, l'entrepreneur a droit à la résiliation de son marché.

Diminution
dans la masse
des travaux.

Art. 31. — En cas de diminution dans la masse des ouvrages, l'entrepreneur ne peut élever aucune réclamation tant que la diminution n'excède pas le sixième du montant de l'entreprise. Si la diminution est de plus du sixième, il reçoit, s'il y a lieu, à titre de dédommagement, une indemnité qui, en cas de contestations, est réglée par le Conseil de préfecture.

Changements
dans
l'importance
des
diverses espèces
d'ouvrages.

Art. 32. — Lorsque les changements ordonnés ont pour résultat de modifier l'importance de certaines natures d'ouvrages, de telle sorte que les quantités prescrites diffèrent de plus d'un tiers en plus ou en moins des quantités portées au détail estimatif, l'entrepreneur peut présenter, en fin de compte, une demande en indemnité, basée sur le préjudice que lui auraient causé les modifications apportées à cet égard dans les prévisions du projet.

Variations
dans les prix.

Art. 33. — Si, pendant le cours de l'entreprise, les prix subissent une augmentation telle que la dépense totale des ouvrages restant à exécuter, d'après le devis, se trouve augmentée d'un sixième comparativement aux estimations du projet, le marché peut être résilié, sur la demande de l'entrepreneur.

Cessation
absolue
ou
ajournement
des travaux.

Art. 34. — Lorsque l'Administration ordonne la cessation absolue des travaux, l'entreprise est immédiatement résiliée. Lorsqu'elle prescrit leur ajournement pour plus d'une année, soit avant, soit après un commencement d'exécution, l'entrepreneur a le droit de demander la résiliation de son marché, sans préjudice de l'indemnité qui, dans ce cas comme dans l'autre, peut lui être allouée, s'il y a lieu.

Si les travaux ont reçu un commencement d'exécution, l'entrepreneur peut requérir qu'il soit procédé immédiatement à la réception provisoire des ouvrages exécutés, et à leur réception définitive après l'expiration du délai de garantie.

Mesures
coercitives.

Art. 35. — Lorsque l'entrepreneur ne se conforme pas, soit aux dispositions du devis, soit aux ordres de service qui lui sont donnés par les ingénieurs, un arrêté du préfet le met en demeure d'y satisfaire dans un délai déterminé. Ce délai, sauf le cas d'urgence, n'est pas de moins de dix jours, à dater de la notification de l'arrêté de mise en demeure.

A l'expiration de ce délai, si l'entrepreneur n'a pas exécuté les dispositions prescrites, le préfet, par un second arrêté, ordonne l'établissement d'une régie aux frais de l'entrepreneur. Dans ce cas, il est procédé immédiatement, en sa présence ou lui dûment appelé, à l'inventaire descriptif du matériel de l'entreprise.

Il en est aussitôt rendu compte au Ministre qui peut, selon les circonstances, soit ordonner une nouvelle adjudication à la folle enchère de l'entrepreneur, soit prononcer la résiliation pure et simple du marché, soit prescrire la continuation de la régie.

Pendant la durée de la régie, l'entrepreneur est autorisé à en suivre les opérations, sans qu'il puisse toutefois entraver l'exécution des ordres des ingénieurs.

Il peut d'ailleurs être relevé de la régie, s'il justifie des moyens nécessaires pour reprendre les travaux et les mener à bonne fin.

Les excédants de dépenses, qui résultent de la régie ou de l'adjudication sur folle enchère, sont prélevés sur les sommes qui peuvent être dues à l'entrepreneur, sans préjudice des droits à exercer contre lui, en cas d'insuffisance.

Si la régie ou l'adjudication sur folle enchère amène au contraire une diminution dans les dépenses, l'entrepreneur ne peut réclamer aucune part de ce bénéfice, qui reste acquis à l'Administration.

ART. 36. — En cas de décès de l'entrepreneur, le contrat est résilié de droit, sauf à l'Administration à accepter, s'il y a lieu, les offres qui peuvent être faites par les héritiers pour la continuation des travaux.

ART. 37. — En cas de faillite de l'entrepreneur, le contrat est également résilié de plein droit, sauf à l'Administration à accepter, s'il y a lieu, les offres qui peuvent être faites par les créanciers pour la continuation de l'entreprise.

TITRE III.

RÈGLEMENT DES DÉPENSES.

ART. 38. — A défaut de stipulations spéciales dans le devis, les comptes sont établis d'après les quantités d'ouvrages réellement effectuées, suivant les dimensions et les poids constatés par des métrés définitifs et des pesages faits en cours ou en fin d'exécution, sauf les cas prévus par l'article 23, et les dépenses sont réglées d'après les prix de l'adjudication.

L'entrepreneur ne peut, dans aucun cas, pour les métrés et pesages, invoquer en sa faveur les us et coutumes.

ART. 39. — Les attachements sont pris au fur et à mesure de l'avancement des travaux, par l'agent chargé de leur surveillance, en présence de l'entrepreneur et contradictoirement avec lui; celui-ci doit les signer au moment de la présentation qui lui en est faite.

Lorsque l'entrepreneur refuse de signer ces attachements ou ne les signe qu'avec réserve, il lui est accordé un délai de dix jours, à dater de la présentation des pièces, pour formuler par écrit ses observations. Passé ce délai, les attachements sont censés acceptés par lui, comme s'ils étaient signés sans réserve. Dans ce cas, il est dressé procès-verbal de la présentation et des circonstances qui l'ont accompagnée. Ce procès-verbal est annexé aux pièces non acceptées.

Les résultats des attachements inscrits sur les carnets ne sont portés en compte qu'autant qu'ils ont été admis par les ingénieurs.

Décomptes mensuels.

Art. 40. — A la fin de chaque mois, il est dressé un décompte des ouvrages exécutés et des dépenses faites, pour servir de base aux payements à faire à l'entrepreneur.

Décomptes annuels et décomptes définitifs.

Art. 41. — A la fin de chaque année, il est dressé un décompte de l'entreprise, que l'on divise en deux parties : la première comprend les ouvrages et portions d'ouvrages dont le métré a pu être arrêté définitivement, et la seconde les ouvrages et portions d'ouvrages dont la situation n'a pu être établie que d'une manière provisoire.

Ce décompte, auquel sont joints les métrés et les pièces à l'appui, est présenté, sans déplacement, à l'acceptation de l'entrepreneur; il est dressé procès-verbal de la présentation et des circonstances qui l'ont accompagnée.

L'entrepreneur, indépendamment de la communication qui lui est faite de ces pièces, est, en outre, autorisé à faire transcrire par ses commis, dans les bureaux des ingénieurs, celles dont il veut se procurer les expéditions.

En ce qui concerne la première partie du décompte, l'acceptation de l'entrepreneur est définitive, tant pour l'application des prix que pour les quantités d'ouvrages.

S'il refuse d'accepter ou s'il ne signe qu'avec réserve, il doit déduire ses motifs par écrit dans les vingt jours qui suivent la présentation des pièces.

Il est expressément stipulé que l'entrepreneur n'est point admis à élever de réclamations, au sujet des pièces ci-dessus indiquées, après le délai de vingt jours, et que, passé ce délai, le décompte est censé accepté par lui, quand bien même il ne l'aurait pas signé, ou ne l'aurait signé qu'avec une réserve dont les motifs ne seraient pas spécifiés.

Le procès-verbal de présentation doit toujours être annexé aux pièces non acceptées.

En ce qui concerne la deuxième partie du décompte, l'acceptation de l'entrepreneur n'est considérée que comme provisoire.

Les stipulations des paragraphes 2, 3, 4, 5, 6 et 7 du présent article s'appliquent au décompte général et définitif de l'entreprise.

Elles s'appliquent aussi aux décomptes définitifs partiels, qui peuvent être présentés à l'entrepreneur dans le courant de la campagne.

Art. 42. — L'entrepreneur ne peut, sous aucun prétexte, revenir sur les prix du marché qui ont été consentis par lui.

Art. 43. — Dans les cas de résiliation prévus par les articles 34 et 36, les outils et équipages existant sur les chantiers, et qui eussent été nécessaires pour l'achèvement des travaux, sont acquis par l'État, si l'entrepreneur ou ses ayants droit en font la demande, et le prix en est réglé de gré à gré ou à dire d'experts.

Ne sont pas comprises dans cette mesure les bêtes de trait ou de somme qui auraient été employées dans les travaux.

La reprise du matériel est facultative pour l'Administration, dans les cas prévus par les articles 9, 30, 33, 35 et 37.

Dans tous les cas de résiliation, l'entrepreneur est tenu d'évacuer les chantiers, magasins et emplacements utiles à l'entreprise, dans le délai qui est fixé par l'Administration.

Les matériaux approvisionnés par ordre et déposés sur les chantiers, s'ils remplissent les conditions du devis, sont acquis par l'État aux prix de l'adjudication.

Les matériaux qui ne seraient pas déposés sur les chantiers ne sont pas portés en compte.

TITRE IV.

PAYEMENTS.

Art. 44. — Les payements d'à-compte s'effectuent tous les mois, en raison de la situation des travaux exécutés, sauf retenue d'un dixième pour la garantie et d'un centième pour la caisse de secours des ouvriers.

Il est en outre délivré des à-comptes sur le prix des matériaux approvisionnés, jusqu'à concurrence des quatre cinquièmes de leur valeur.

Le tout sous la réserve énoncée à l'article 49 ci-après.

Art. 45. — Si la retenue du dixième est jugée devoir excéder la proportion nécessaire pour la garantie de l'entreprise, il peut être stipulé au devis ou décidé en cours d'exécution qu'elle cessera de s'accroître lorsqu'elle aura atteint un maximum déterminé.

Art. 46. — Immédiatement après l'achèvement des travaux, il est procédé à une réception provisoire, par l'ingénieur ordinaire, en présence de l'entrepreneur ou lui dûment appelé par écrit. En cas d'absence de l'entrepreneur, il en est fait mention au procès-verbal.

Réception définitive.

ART. 47. — Il est procédé de la même manière à la réception définitive, après l'expiration du délai de garantie.

A défaut de stipulation expresse dans le devis, ce délai est de six mois, à dater de la réception provisoire, pour les travaux d'entretien, les terrassements et les chaussées d'empierrement, et d'un an pour les ouvrages d'art. Pendant la durée de ce délai, l'entrepreneur demeure responsable de ses ouvrages et est tenu de les entretenir.

Payement de solde.

ART. 48. — Le dernier dixième n'est payé à l'entrepreneur qu'après la réception définitive, et lorsqu'il a justifié de l'accomplissement des obligations énoncées dans l'article 19.

Intérêts pour retards de payements.

ART. 49. — Les payements ne pouvant être faits qu'au fur et à mesure des fonds disponibles, il ne sera jamais alloué d'indemnités, sous aucune dénomination, pour retard de payement pendant l'exécution des travaux.

Toutefois, si l'entrepreneur ne peut être entièrement soldé dans les trois mois qui suivent la réception définitive régulièrement constatée, il a droit, à partir de l'expiration de ce délai de trois mois, à des intérêts calculés d'après le taux légal pour la somme qui lui reste due.

TITRE V.

CONTESTATIONS.

Intervention de l'ingénieur en chef.

ART. 50. — Si, dans le cours de l'entreprise, des difficultés s'élèvent entre l'ingénieur ordinaire et l'entrepreneur, il en est référé à l'ingénieur en chef.

Dans les cas prévus par l'article 22, par le deuxième paragraphe de l'article 23 et par le deuxième paragraphe de l'article 27, si l'entrepreneur conteste les faits, l'ingénieur ordinaire dresse procès-verbal des circonstances de la contestation et le notifie à l'entrepreneur, qui doit présenter ses observations dans un délai de vingt-quatre heures; ce procès-verbal est transmis par l'ingénieur ordinaire à l'ingénieur en chef, pour qu'il y soit donné telle suite que de droit.

Intervention de l'Administration.

ART. 51. — En cas de contestation avec les ingénieurs, l'entrepreneur doit adresser au préfet, pour être transmis avec l'avis des ingénieurs à l'Administration, un mémoire où il indique les motifs et le montant de ses réclamations.

Si, dans le délai de trois mois, à partir de la remise du mémoire au préfet, l'Administration n'a pas fait connaître sa réponse, l'entrepreneur peut, comme dans le cas où ses réclamations ne seraient point admises, saisir desdites réclamations la juridiction contentieuse.

ART. 52. — Conformément aux dispositions de la loi du 28 pluviôse an VIII, toute difficulté entre l'Administration et l'entrepreneur, concernant le sens ou l'exécution des clauses du marché, est portée devant le Conseil de préfecture, qui statue, sauf recours au Conseil d'État.

Paris, le 16 novembre 1866

ARMAND BÉHIC.

Ainsi que le stipule l'article 1, les clauses et conditions qui précèdent s'appliquent à toutes les entreprises, qu'elles résultent d'une adjudication publique ou d'une soumission amiablement acceptée dans des circonstances spéciales. Elles constituent, on le voit, un véritable code, dans lequel l'Administration peut bien oublier parfois quelques-unes de ses armes en faveur des entrepreneurs qui lui donnent des preuves suffisantes de zèle et de sollicitude pour le loyal accomplissement de leurs obligations; mais elle y trouve aisément, au besoin, des moyens énergiques et sûrs de vaincre des résistances mal fondées, de suppléer l'incurie ou de réprimer la mauvaise foi.

CONCESSIONS.

12. On donne, comme nous l'avons expliqué (1), le nom de *concessions* à des marchés spéciaux, en vertu desquels un particulier ou une association obtient le droit d'exécuter à ses risques et périls tel ou tel travail, avec ou sans subvention pécuniaire ou autre de la part de l'Administration, et trouve le complément de sa rémunération dans la perception, d'après un tarif déterminé et pendant un temps également limité, d'une rétribution imposée au public pour la jouissance de l'ouvrage exécuté.

Comme les entreprises ordinaires, les concessions se donnent par adjudication, avec concurrence et publicité. Le concours s'établit alors, non plus sur un *maximum* de rabais, mais en général et plus naturellement sur un *minimum* de la durée de l'exploitation concédée.

Ce mode a pris, dans ces derniers temps, un développement considérable par ses applications fréquentes aux grandes et nombreuses associations connues sous le nom de *Compagnies de chemins de fer*. Ici encore des cahiers des charges détaillés font la loi des deux parties contractantes; le concessionnaire est subrogé, vis-à-vis des tiers, aux droits et aux obligations de l'État, qui n'a plus à exercer qu'une action de surveillance et de contrôle pour assurer l'accomplissement des engagements pris, tant pendant la période de construction que pendant la durée de l'exploitation, et pour défendre le concessionnaire contre des exigences immodérées et non justifiées du public, aussi bien que pour protéger ce dernier contre les exactions vexatoires de l'autre.

13. Ainsi le concessionnaire, dont l'opération a été déclarée d'utilité publique par un décret du pouvoir souverain, est armé de tous les droits conférés à l'État en matière d'expropriation par la loi du 3 mai 1841, comme il est astreint à supporter toutes les charges qui en découlent en faveur et pour la garantie des propriétaires dépossédés des terrains nécessaires à l'exécution des travaux. De même aussi peut-il comme l'État réclamer, pour se procurer les matériaux nécessaires ou occuper temporairement les terrains appartenant à autrui, le bénéfice des dispositions résultant des textes ci-après, que nous croyons utile de reproduire par extrait ou *in extenso*.

14. *Arrêt du Conseil d'État du Roi* (7 septembre 1755).

... En conséquence, les entrepreneurs de l'entretien du pavé de Paris, ainsi que ceux des autres ouvrages ordonnés pour les ponts, chaussées et chemins du royaume........., pourront prendre la pierre, le grès, le sable et autres matériaux pour l'exécution des ouvrages dont ils sont adjudicataires, dans tous les lieux qui leur seront indiqués par les devis et adjudications desdits ouvrages, sans néanmoins qu'ils puissent les prendre dans des lieux qui seront fermés de murs ou autres clôtures équivalentes suivant les usages du pays.

Art. 3. — Les propriétaires de terrains sur lesquels lesdits matériaux auront été pris seront pleinement et entièrement dédommagés de tout le préjudice qu'ils auront pu en souffrir, tant par la fouille pour l'extraction desdits matériaux que par les dégâts auxquels l'enlèvement aura pu donner lieu. Sera payé ledit dédommagement auxdits propriétaires par les entrepreneurs, suivant l'estimation qui en sera faite par............ Veut Sa Majesté que les entrepreneurs rejettent en outre, à leurs frais et dépens, dans les fouilles et ouvertures qu'ils auront faites, les terres et décombres qui en seront provenus.

15. *Arrêt du Conseil d'État du Roi* (20 mars 1780).

... Sa Majesté, désirant faire cesser ces difficultés, s'est fait représenter l'arrêt du 7 septembre 1755, et elle a jugé que la possibilité qu'il contient de prendre les matériaux nécessaires pour la confection des grandes routes dans les lieux qui sont fermés de murs ou d'autres clôtures équivalentes, suivant les usages du pays, ne doit s'entendre que des cours et jardins, vergers et autres possessions de ce genre, et qu'elle ne peut s'étendre aux terres labourables, herbages, prés, bois, vignes et autres terres de la même nature, quoique closes ;.......................... Le Roi étant en son Conseil, interprétant en tant que de besoin les dispositions de l'arrêt du 7 septembre 1755, a autorisé et autorise les entrepreneurs à prendre les pierres, grès, sables et cailloux nécessaires sur toutes les terres labourables, herbages, vignes, prés, bois et autres terrains équivalents, quoique fermés de clôtures de pierres sèches, de haies ou de fossés, à l'exception néanmoins des cours, jardins et vergers entourés de murs ; le tout sur l'indication des lieux propres à l'extraction des matériaux, qui sera donnée par écrit auxdits entrepreneurs par l'ingénieur en chef des Ponts et Chaussées, à la charge par lesdits entrepreneurs d'acquitter les indemnités qui seront dues aux propriétaires des terrains, conformément aux dispositions de l'article 3 de l'arrêt du 7 septembre 1755, qui sera exécuté selon sa forme et teneur en tout ce qui ne sera pas contraire au présent arrêté.

16. *Loi du 6 octobre* 1791.

Titre Ier. — Section 6. — Art. Ier. — Les agents de l'Administration ne peuvent fouiller dans un champ, pour y chercher des pierres, de la terre ou du sable, nécessaires à l'entretien des grandes routes ou autres ouvrages publics, qu'au préalable ils n'aient averti le propriétaire, et qu'il n'en soit justement indemnisé à l'amiable ou à dire d'experts.

17. *Décret du 8 février* 1868.

Article 1er. — Lorsqu'il y a lieu d'occuper temporairement un terrain, soit pour y extraire des terres ou des matériaux, soit pour tout autre objet relatif à l'exécution des travaux publics, cette occupation est autorisée par un arrêté du préfet, indiquant le nom de la commune où le terrain est situé, les numéros que les parcelles dont il se compose portent sur le plan cadastral et le nom du propriétaire.

Cet arrêté vise le devis qui désigne le terrain à occuper, ou le rapport par lequel l'ingénieur en chef chargé de la direction des travaux propose l'occupation.

Un exemplaire du présent règlement est annexé à l'arrêté.

Art. 2. — Le préfet envoie ampliation de son arrêté à l'ingénieur en chef et au maire de la commune. L'ingénieur en chef en remet une copie certifiée à l'entrepreneur, le maire notifie l'arrêté au propriétaire du terrain ou à son représentant.

Art. 3. — En cas d'arrangement à l'amiable entre le propriétaire et l'entrepreneur, ce dernier est tenu de présenter aux ingénieurs, toutes les fois qu'il en est requis, le consentement écrit du propriétaire ou le traité qu'il a fait avec lui.

Art. 4. — A défaut de convention amiable, l'entrepreneur, préalablement à toute occupation du terrain désigné, fait au propriétaire, ou, s'il ne demeure pas dans la commune, à son fermier, locataire ou gérant, une notification par lettre chargée indiquant le jour où il compte se rendre sur les lieux ou s'y faire représenter. Il l'invite à désigner un expert pour procéder, contradictoirement avec celui qu'il aura lui-même choisi, à la constatation de l'état des lieux.

En même temps, l'entrepreneur informe par écrit le maire de la commune de la notification faite par lui au propriétaire.

Entre cette notification et la visite des lieux, il doit y avoir un intervalle de dix jours au moins.

Art. 5. — Au jour fixé, les deux experts procèdent ensemble à leurs opérations contradictoires. Ils s'attachent à constater l'état des lieux, de manière qu'en rapprochant plus tard cette constatation de celle qui sera faite après l'exécution des travaux, on ait les éléments nécessaires pour évaluer la dépréciation du terrain ou faire l'estimation des dommages. Ils font eux-mêmes cette estimation, si l'entrepreneur et le propriétaire y consentent.

Ils dresseront leur procès-verbal en trois expéditions, dont l'une est emise au propriétaire du terrain, une autre à l'entrepreneur, et la troisième au maire de la commune.

Art. 6. — Si, dans le délai fixé par le dernier paragraphe de l'article 4, le propriétaire refuse ou néglige de nommer son expert, le maire en désigne un d'office, pour opérer contradictoirement avec l'expert de l'entrepreneur.

Art. 7. — Immédiatement après les constatations prescrites par les articles précédents, l'entrepreneur peut occuper le terrain et y commencer les travaux autorisés par l'arrêté du préfet, tous les droits du propriétaire étant réservés en ce qui concerne le règlement de l'indemnité.

Toutefois, s'il existe sur ce terrain des arbres fruitiers ou de haute futaie qu'il soit nécessaire d'abattre, l'entrepreneur est tenu de les laisser subsister jusqu'à ce que l'estimation en ait été faite dans les formes voulues par la loi.

En cas d'opposition de la part du propriétaire, l'occupation a lieu avec l'assistance du maire ou de son délégué.

Art. 8. — Après l'achèvement des travaux et, s'ils doivent durer plusieurs années, à la fin de chaque campagne, il est fait une nouvelle constatation de l'état des lieux.

A défaut d'accord entre l'entrepreneur et le propriétaire pour l'évaluation partielle ou totale de l'indemnité, il est procédé conformément à l'article 56 de la loi du 16 septembre 1807.

Art. 9. — Lorsque les travaux sont exécutés directement par l'Administration, sans l'intermédiaire d'un entrepreneur, il est procédé comme il a été dit ci-dessus ; mais alors la notification prescrite dans l'article 4 est faite par les soins de l'ingénieur, et l'expert chargé de constater l'état des lieux contradictoirement avec celui du propriétaire est nommé par le préfet.

18. Telles sont les règles qui régissent la matière si importante des occupations temporaires de terrains, et qui s'appliquent aussi bien aux travaux exécutés directement par l'État, se servant sans intermédiaire de ses propres agents (*Travaux par régie*), qu'à ceux qu'il confère sous sa direction à des entrepreneurs (*Travaux à l'entreprise*), ou dont il charge des concessionnaires (*Travaux par concession*). On comprend, d'après cela, combien il était utile et opportun que nous nous étendissions un peu sur ce sujet important, qui se présente à chaque pas dans la pratique journalière des fonctions du conducteur.

COMPTABILITÉ DES CONDUCTEURS.

19. Nous ne pouvons mieux faire, pour apprendre à ceux qui aspirent à devenir conducteurs des Ponts et Chaussées les règles de comptabilité qu'ils auront à appliquer,

que de leur mettre sous les yeux le texte de la partie du règlement spécial qui les concerne :

Article 9. — Tout conducteur attaché à l'exécution des travaux tient un *journal* ou *carnet d'attachement* (*modèle n° 1*), sur lequel il inscrit tous les faits de dépense, à mesure qu'ils se produisent, par ordre chronologique, sans lacune, sans classification, quels que soient les ateliers confiés à sa surveillance auxquels ces faits se rapportent.

Ce journal contient, sur la page de gauche, le libellé des opérations e leurs résultats, soit en quantités seulement, soit à la fois en quantités et en deniers, suivant les cas.

En regard de chaque fait, il reçoit sur la page de droite les croquis et l'indication des pièces dont les détails ne peuvent pas être inscrits sur le carnet ; enfin les renseignements propres à justifier les quantités et les sommes portées sur la page de gauche.

Les piqueurs et surveillants placés sous les ordres du conducteur sont pourvus de carnets semblables pour les ouvrages confiés à leur surveillance.

Les résultats consignés sur les carnets des piqueurs et surveillants sont rapportés par le conducteur sur son propre journal.

Art. 10. — Les carnets sont délivrés par l'ingénieur en chef à l'ingénieur ordinaire, qui en numérote les feuillets et les paraphe par premier et dernier avant de les remettre aux conducteurs.

Chaque agent est responsable, vis-à-vis de l'Administration, de toutes les indications qu'il consigne sur son carnet, et des omissions commises dans ses écritures. Il ne doit se dessaisir de ce carnet que sur l'ordre de ses chefs. Quand il cesse ses fonctions, il l'arrête et le remet à l'ingénieur.

Les carnets remplis sont visés *ne varietur* par l'ingénieur, qui les dépose dans les archives de son bureau.

Les carnets successivement remis, dans une même année, à chaque conducteur reçoivent une série de numéros.

Art. 11. — Tout est écrit à l'encre sur les carnets.

Chaque attachement porte un numéro et est précédé de la date à laquelle il se rapporte.

Les attachements qui, par leur nature, doivent être contradictoires, reçoivent sur le carnet la signature de la partie intéressée. En cas de refus de celle-ci, le conducteur prévient aussitôt l'ingénieur.

Les dépenses qui figurent sur les carnets ne sont portées en compte qu'autant qu'elles sont ensuite admises par les ingénieurs. L'inscription sur le carnet ne constitue pas titre pour l'entrepreneur.

Le carnet est fréquemment visé par l'ingénieur.

Art. 12. — Pour les travaux exécutés en régie au moyen d'avances remises à un agent du service régisseur comptable, il est fait usage d'un carnet spécial (*modèle n° 1 bis*), désigné sous le nom de *livret de caisse*.

Ce livret contient sur la page de gauche l'indication des numéros et des dates des mandats délivrés au nom du régisseur comptable, l'inscription en toutes lettres et de la main du payeur des payements faits au régisseur, et la même indication en chiffres.

La page de droite indique, par ordre chronologique, les payements successifs effectués par le régisseur. On y trouve les dates de ces payements, la nature des dépenses, le montant des sommes payées et celui des pièces justificatives produites au payeur.

L'ingénieur constatera sur le carnet les résultats des vérifications qu'il doit faire des écritures, des pièces et de la caisse du régisseur.

Art. 13. — Les journées d'ouvriers sont constatées par des feuilles d'attachements (*modèle n° 2*) tenues, pour chaque atelier, par le piqueur ou le surveillant.

Ces feuilles, arrêtées à la fin du mois, ou plus fréquemment s'il est nécessaire, sont remises au conducteur, qui en inscrit immédiatement les résultats sur son carnet.

A la fin du mois, toutes les feuilles de journées sont envoyées à l'ingénieur.

Art. 14. — Les réceptions définitives de matériaux sont faites par l'ingénieur ordinaire, accompagné du conducteur et en présence de l'entrepreneur.

Elles sont constatées par des procès-verbaux de réception (*modèle n° 3*) dressés en triple expédition. L'une des expéditions est remise à l'entrepreneur, la seconde est conservée par l'ingénieur, et la troisième est envoyée à l'ingénieur en chef.

Les quantités de matériaux reçus font immédiatement l'objet d'un article au journal du conducteur.

Art. 15. — Lorsque des travaux de repiquage sont exécutés pour l'entretien des chaussées pavées, les résultats en sont constatés par des feuilles spéciales (*modèle n° 4*).

Le piqueur ou surveillant inscrit chaque soir sur son carnet les résultats des feuilles de la journée.

Il remet ces feuilles au conducteur qui, après les avoir vérifiées, en constate sommairement le résultat sur son journal, et les envoie à la fin du mois à l'ingénieur.

Art. 16. — Les faits de dépense, inscrits chronologiquement par le conducteur sur son journal ou carnet d'attachements, sont rapportés par article de ce carnet sur un *sommier* (*modèle n° 5*), où un compte particulier est ouvert à chacun des crédits dont ce conducteur est chargé de surveiller l'emploi.

ART. 17. — Au moyen des éléments extraits du journal ou carnet d'attachements et rapportés à chacun des comptes ouverts au sommier, le conducteur établit, à la fin de chaque mois, les états ci-après désignés qu'il envoie à l'ingénieur ordinaire, et qui servent de base à la comptabilité que ce fonctionnaire doit tenir pour l'ensemble de son service, et aux propositions de payement qu'il doit adresser à l'ingénieur en chef.

ART. 18. — Les travaux en régie exécutés par des tâcherons sont détaillés sur des états conformes au *modèle n° 6*.

ART. 19. — Le décompte des cantonniers, éclusiers, gardes et autres agents est établi sur un état *modèle n° 7*.

ART. 20. — Les situations mensuelles des travaux d'entretien dits de *première catégorie* sont présentées par route, pont, rivière, etc., conformément aux *modèles n°* 8 et 8 *bis*.

Les situations mensuelles des travaux neufs et de grosse réparation, dits de *deuxième catégorie* (*modèle n° 9*), sont produites par article et par entreprise.

ART. 21. — Les ouvrages exécutés sont portés sur les situations mensuelles (*modèles n°* 8, 8 *bis* et 9) en quantités sommaires. Pour justifier ces quantités, le conducteur doit joindre, lorsqu'il y a lieu, à chacune de ces situations un métré détaillé dans la forme du *modèle Annexe* 8, 8 *bis* et 9.

ART. 22. — Les états et situations adressés chaque mois par le conducteur à l'ingénieur ordinaire sont accompagnés d'un bordereau conforme au *modèle n°* 10. Ces pièces doivent parvenir à l'ingénieur ordinaire le 5 de chaque mois au plus tard.

20. Nous n'aurions pas atteint notre but si nous ne donnions encore quelques développements complémentaires sur l'application des principes qui précèdent; nous allons, à cet effet, transcrire ici la partie de la circulaire ministérielle du 29 novembre 1849 qui a trait à la comptabilité du conducteur. C'est cette circulaire qui a accompagné l'envoi et ordonné la mise à exécution du règlement général d'où sont extraits les quatorze articles ci-dessus rapportés :

C'est dans la comptabilité du conducteur qu'ont le plus manqué, jusqu'à présent, les méthodes régulières, et qu'on innovera davantage en exigeant l'uniformité. Il est dans la nature même des choses que ces agents, qui surveillent l'exécution des ouvrages, constatent les faits de dépenses dont ils sont témoins et responsables, et qu'ils fournissent à l'ingénieur ordinaire, sous cette responsabilité auxiliaire de la sienne, les éléments des pièces destinées à justifier l'emploi des fonds de l'État. Les conducteurs ont donc à satisfaire à la double obligation d'enregistrer, d'une manière authentique, toutes les dépenses du service dont ils sont chargés, et d'en rendre compte suivant les formes qu'exigent la division des crédits et les diverses natures des ouvrages exécutés. Il faut obtenir l'accomplissement de cette double obligation, sans multiplier les écritures au point de nuire à la surveillance des ateliers.

Quoique les formules préparées dans ce but soient au nombre de treize, les constatations et les productions claires et méthodiques que le conducteur y fera figurer ne coûteront pas plus de temps que les procédés, si divers et souvent si incomplets, auxquels on a eu jusqu'à présent recours.

Journal ou carnet d'attachements (modèle n° 1). — La formule n° 1 est, de toutes, la plus importante; c'est le journal ou carnet d'attachements du conducteur, sur lequel cet agent doit inscrire, chaque jour, les dépenses faites dans sa subdivision.

Pour que les conducteurs soient bien pénétrés des principes qui doivent les diriger dans la tenue de leur carnet, on a transcrit sur la première page de ce carnet les articles 9, 10 et 11 du règlement.

Les inscriptions auront lieu au moment même où les dépenses seront reconnues et en présence des ouvrages exécutés; on y ajoutera des croquis exactement cotés, toutes les fois que cela pourra être utile à la rédaction et à la justification ultérieure des métrés.

Il est indispensable que les conducteurs s'appliquent et parviennent à vaincre les difficultés qu'ils trouveront d'abord dans ce mode d'inscription : on ne peut, en effet, admettre que le carnet soit tenu, non sur les faits eux-mêmes, mais sur des notes transcrites à intervalles plus ou moins longs, avec les chances d'erreurs et d'omissions qui dérivent de ces copies, loin des lieux où les faits se sont accomplis. L'habitude du carnet unique et universel, en ce qui concerne les constatations d'ouvrages et de dépense, se prendra, du reste, d'autant plus facilement que les qualités essentielles de ce journal résideront dans l'ordre, l'exactitude et la clarté des écritures, et que l'on ne tiendra pas compte des quelques avaries qu'y causeront peut-être les voyages sur les ateliers.

Lorsque le conducteur fournira des pièces auxiliaires séparées, telles que métrés, procès-verbaux de réception, feuilles de journées, etc., il n'aura pas besoin d'enregistrer sur son carnet les détails que ces pièces contiendront; il se bornera, dans ce cas, à résumer, dans l'article libellé sur la page de gauche, la dépense faite, sa nature, son montant, etc., à renvoyer, par une annotation sur la page de droite, à la pièce qui en justifie d'une manière détaillée.

On remarquera, quant aux travaux neufs, que l'inscription des métrés mensuels n'a pas le caractère définitif qui lui est propre en d'autres circonstances; ces métrés, en effet, dont le but est de faire obtenir des àcompte aux entrepreneurs, ne sont que des constatations provisoires que remplacent les métrés suivants : leur inscription au carnet est donc seulement la note de la situation, à la date indiquée, de l'entreprise dont il s'agit. La même observation est applicable à l'inscription d'approvisionnement de matériaux non encore reçus.

C'est, du reste, dans les travaux neufs, dont le décompte n'est parfois définitivement réglé qu'au bout de plusieurs années, qu'il est tout spécialement essentiel de n'omettre sur le carnet aucun des renseignements et des croquis utiles au règlement ultérieur des sommes dues aux entrepreneurs.

Les inscriptions de fournitures de matériaux et d'ouvrages exécutés ne comprennent point nécessairement les prix et les évaluations en argent des dépenses qui en résultent; il faut et il suffit que l'on consigne les faits propres à rendre ultérieurement ces calculs sûrs et faciles.

Lorsque l'ingénieur ordinaire aura modifié quelques éléments de la comptabilité produite par le conducteur, les corrections que celui-ci sera ainsi forcé de faire dans les articles précédemment portés sur son carnet seront écrites à l'encre rouge, et de manière à laisser aussi apparentes que possible les premières écritures qui y figuraient.

Les piqueurs et surveillants d'ateliers tiendront des carnets auxiliaires, dont les résultats seront relevés sur le carnet du conducteur. Celui-ci vérifiera soigneusement ces résultats avant de se les approprier; il ajoutera, d'ailleurs, au libellé des divers articles, tous les renseignements propres à leur donner une clarté complète.

Les carnets seront fréquemment visés par les ingénieurs, dans le but de constater que leur tenue ne laisse rien à désirer; on doit obtenir le plus tôt possible, à cet égard, l'uniformité des procédés, quelle que puisse être la variété des natures de dépenses.

Livret de caisse destiné aux régisseurs comptables (modèle n° 1 *bis*). — La formule n° 1 *bis* est destinée au livret de caisse des régisseurs comptables; l'article 12 du règlement indique son usage. Lorsqu'une régie est indispensable, il est du devoir des ingénieurs d'en surveiller incessamment la gestion, et de procéder fréquemment à la vérification de la caisse. Le livret n° 1 *bis* facilitera cette opération; l'ingénieur y constatera sommairement les résultats qu'elle aura produits. Lorsqu'un livret sera rempli, on le déposera, comme le carnet d'attachements, au bureau de l'ingénieur, après que ce fonctionnaire et le conducteur l'auront signé *ne varietur*.

Feuille d'attachements de journées (modèle n° 2). — La formule n° 2 servira à marquer les journées des ouvriers employés en régie au compte direct de l'Administration ; elle devra être souvent vérifiée et visée par le conducteur. Les surveillants seront soumis, pour la tenue de cette feuille, à des règles uniformes, surtout en ce qui concerne la manière de pointer les absents à chaque reprise de travail. Il faut, en effet, qu'un conducteur puisse toujours, en arrivant à l'improviste sur un atelier, vérifier qu'il y a concordance entre la feuille et l'effectif des travailleurs.

Procès-verbal de réception des matériaux (modèle n° 3). — Le modèle n° 3 est applicable aux réceptions des matériaux d'entretien. Quoique l'ingénieur ordinaire préside à ces réceptions, le procès-verbal qui en est rédigé fait partie de la comptabilité du conducteur, parce que cet agent, qui intervient nécessairement dans l'opération, en inscrit aussitôt les résultats dans ses écritures, et les reproduit à la fin du mois à l'ingénieur.

Feuille d'attachements des repiquages des chaussées pavées (modèle n° 4). — La feuille n° 4 est employée dans un certain nombre de départements pour faire constater, par les surveillants des ateliers de repiquages des chaussées pavées, contradictoirement avec les commis de l'entrepreneur, les matériaux arrachés et les matériaux neufs employés pour ce travail. Ce modèle paraît pouvoir être généralisé, en laissant aux ingénieurs le soin de remplir, suivant les prescriptions des devis, les têtes des colonnes destinées à recevoir l'indication des matériaux arrachés et des matériaux neufs.

Sommier du conducteur (modèle n° 5). — Les inscriptions au journal ne suivant d'autre ordre que l'ordre chronologique, chaque conducteur est dans la nécessité de dépouiller ce journal en classant les ouvrages et les dépenses d'après leur nature et les crédits qui s'y appliquent. Ce dépouillement méthodique s'opère sur un registre qui a reçu le nom de *sommier*.

Chaque article du journal est transporté sur le sommier avec son numéro, et y reçoit le numéro d'ordre du sommier, lequel est, au même moment, reporté sur le journal, comme preuve de la transcription opérée. L'exactitude du dépouillement pourra, de cette manière, être vérifiée à l'aide d'un pointage ; il sera, en outre, facile à l'ingénieur de reconnaître, à la simple inspection des carnets, si le conducteur tient son sommier au courant.

Dans chaque compte ouvert, les matériaux fournis et les travaux exécutés par un entrepreneur seront distribués dans des colonnes verticales au haut desquelles on en écrira la dénomination et le prix ; les quantités seules seront enregistrées, telles qu'on les extraira du journal, en définissant, d'ailleurs, chaque article dans la colonne intitulée *indication des travaux*. A la fin du mois, ou plus fréquemment, s'il en est besoin, on totalisera les colonnes de quantités, et, en y appliquant les prix, on établira la situation financière de l'entreprise.

Les conducteurs tiendront constamment leurs sommiers à jour; ils y trouveront ainsi, à toute époque et avec certitude de ne rien omettre, les éléments des pièces de comptabilité qu'ils auront à produire.

Si, pour un service spécial, les conducteurs résident tous sur le même point que l'ingénieur dont ils dépendent et ont avec lui des relations continuelles, cet ingénieur préférera peut-être dépouiller lui-même les carnets, et introduire, sans l'intermédiaire des sommiers, dans sa propre comptabilité, les faits de dépenses constatés par les agents secondaires : cette méthode, qui est celle du génie militaire, a paru, après un mûr examen, ne pouvoir être que très-rarement appliquée au service des Ponts et Chaussées; on n'en fera donc usage, même dans le cas qui précède, que si l'Administration supérieure le permet, sur une proposition motivée de l'ingénieur en chef.

Travaux en régie à la tâche (modèle n° 6). — L'état des travaux en régie à la tâche, formule n° 6, ne donne lieu à aucune observation; cette pièce doit recevoir à la fois le métré et le décompte de ces travaux, ainsi que les acquits des tâcherons ; elle concourt, après avoir été sommairement enregistrée au journal, à justifier l'emploi des avances de fonds faites au régisseur.

Mémoire de fournitures (modèle n° 6 *bis*). — Le modèle n° 6 *bis* a pour but de rendre uniformes les mémoires des fournitures qu'exige l'exécution des travaux.

Décompte des cantonniers, gardes, éclusiers (modèle n° 7). — Tout conducteur attaché à un service d'entretien présente, sur la formule n° 7, pour chaque mois et par crédit, le décompte des sommes dues aux cantonniers, gardes, éclusiers et autres agents inférieurs employés dans sa subdivision.

États de situation mensuelle (modèles n°s 8, 8 *bis* et 9). — Les situations mensuelles des travaux et dépenses de toute nature, par route ou par entreprise, sont établies à l'aide des formules n°s 8, 8 *bis* et 9; le conducteur y reproduit, en les récapitulant, les articles de son sommier. Le formules n°s 8 et 8 *bis* servent aux travaux d'entretien, la première pour une route, et la seconde pour tout autre ouvrage; la formule n° 9 reçoit la situation détaillée des travaux neufs ou de grosses réparations.

Ces formules font connaître les sommes dues à l'entrepreneur :

1° Pour fournitures et ouvrages exécutés ;

2° Pour dépenses diverses;

3° Pour approvisionnements non encore reçus.

Les dépenses en régie sont récapitulées à la quatrième page, au bas de laquelle se trouve la comparaison entre le crédit et les dépenses faites.

Métrés détaillés à joindre aux états de situation mensuelle (modèle annexe 8, 8 *bis* et 9). — Les métrés détaillés à joindre, pour certains ouvrages, aux états n°s 8, 8 *bis* et 9, seront rédigés sur la formule annexe 8, 8 *bis* et 9.

Bordereau détaillé (modèle n° 10). — Ces états et les pièces qui les justifient (formules n°s 2. 3, 4, 6. 7, A 8. 8 *bis* et 9) seront adressés, avant le 5 de chaque mois, par le conducteur à l'ingénieur ordinaire, accompagnés d'un bordereau détaillé (modèle n° 10).

Ces productions forment le tribut mensuel de la comptabilité du conducteur; en établissant et justifiant les faits de dépense accomplis, elles donnent toujours le moyen de remonter à l'origine de ces faits et à leur constatation chronologique; les numéros du journal d'attachements sont, à cet effet, inséparables des articles auxquels ils appartiennent.

21. Enfin, pour être complet, on devrait trouver ici le texte d'une autre et importante circulaire du 25 octobre 1851, laquelle a eu pour objet de donner les explications reconnues nécessaires pour résoudre les difficultés et les divergences d'interprétation auxquelles avait donné lieu, dans les divers services, l'application du règlement de 1849. Cette circulaire, fort étendue, règle certains points de détail, modifie légèrement quelques-uns des modèles annexés à ce règlement, et doit être étudiée et méditée mûrement par tout conducteur dès son entrée en fonction; mais ce que nous avons dit suffit largement pour les besoins de l'examen d'admission qui fait le point de départ et l'objet principal de cet Ouvrage, et le lecteur qui tiendrait à approfondir cette matière trouverait, dans chaque bureau d'ingénieur, le texte entier du règlement et de la circulaire de 1849, celui de la circulaire de 1851, ainsi que les différents modèles qui y sont annexés avec des spécimens des écritures qu'ils comportent.

APPENDICE.

PRÉLIMINAIRES.

1. Nous réunissons dans cet Appendice les matières nouvelles ajoutées au programme d'admission par l'arrêté ministériel du 7 septembre 1880, dont on trouvera plus loin le texte. Ces matières, abstraction faite de celles qui étaient traitées par anticipation dans le corps de l'Ouvrage, y reprendront leur place dans les éditions suivantes; elles sont relatives à des questions d'Arithmétique, de Géométrie, de Mécanique, de Géométrie descriptive et de Pratique du service.

Enfin, sous le titre : Documents relatifs à l'entrée dans le Corps des conducteurs, nous donnerons *in extenso* l'arrêté sus-mentionné, avec les conditions d'admission des employés secondaires.

ARITHMÉTIQUE.

2. *Règle d'alliage.* — Lorsqu'on mêle ensemble deux ou plusieurs liquides, ou des substances à grains fins et arrondis telles qu'elles puissent être assimilées, quant à l'homogénéité du mélange, à des liquides, deux questions peuvent se présenter :

Ou bien on se propose de trouver la valeur moyenne d'un mélange de deux ou plusieurs matières, connaissant la quantité et la valeur particulière de chacune d'elles;

Ou l'on cherche à déterminer la quantité de chaque matière de valeur connue qui doit entrer dans la composition d'un mélange d'une valeur donnée.

S'il s'agit de métaux amenés à l'état liquide par l'action de la chaleur, le mélange prend le nom spécial d'*alliage*. On lui donne en particulier celui d'*amalgame*, si le mercure qui, comme on le sait, est habituellement liquide, entre dans la composition du mélange.

3. Devant nous borner ici à ce qui a rapport à la *règle d'alliage*, nous allons indiquer en peu de mots ce que l'on appelle en général le *titre* d'un alliage, expression qui a déjà été employée (t. I, *Arithmétique*, 110) à l'occasion de nos monnaies de bronze, d'argent et d'or.

On appelle *titre* d'un alliage, à l'égard de l'un des métaux qui entrent dans sa composition, le rapport du poids de ce métal au poids total de la masse ou du *lingot* considéré.

Ainsi, dans un alliage formé de 9 grammes d'or, 4 grammes d'argent et 2 grammes de cuivre, soit 15 grammes en tout, le titre par rapport à l'or est de $\frac{9}{15}$; par rapport à l'argent, le titre est de $\frac{4}{15}$, et il est par rapport au cuivre de $\frac{2}{15}$.

Si rien n'est précisé à cet égard, le titre général d'un alliage se prend toujours par rapport au métal le plus précieux. Ainsi, dans les objets d'or ou d'argent, qui contiennent nécessairement une certaine quantité de cuivre, les titres officiels et exclusivement autorisés par la loi sont :

Pour l'or. . . .
- 1er titre. . . . . 0,920 d'or pur ou de *fin*
- 2e » . . . . 0,840 »
- 3e » . . . . 0,750 »

Pour l'argent.
- 1er titre . . . . 0,950 d'argent pur ou de *fin*
- 2e » . . . . 0,800 »

Nous avons vu ce qu'étaient les titres de nos monnaies. Cela posé, nous allons résoudre sur des exemples les deux problèmes dont les énoncés généraux ont été ci-dessus indiqués.

4. PROBLÈME I. — *Si l'on fait fondre ensemble*

300 grammes d'argent à. . . . . 0,825 de fin,
500 » à. 0,910,
200 » à. 0,845,

soit en tout 1000 *grammes, quel sera le titre de l'alliage ainsi formé ?*

La solution de cette question est aussi simple que possible. En effet :

Les 300 à 0,825 contiennent. . . . . . 300 $\times$ 0,825 ou 247,5 de fin
Les 500 à 0,910 » . . . . 500 $\times$ 0,910 ou 455,0 »
Les 200 à 0,845 » . . . . 200 $\times$ 0,845 ou 169,0 »

Les 1000 grammes de l'alliage contiennent donc. . . . . 871,5 de fin,

et leur titre est exprimé par $\frac{871,5}{1000}$ ou 0,872.

De là cette règle générale :

Pour obtenir le titre d'un alliage, quand on connaît le poids et le titre des métaux qui y entrent, il faut multiplier le poids de chaque métal par son titre, et diviser la somme des produits ainsi obtenus par le poids total du mélange.

Autrement, si l'on désigne par Q, Q', Q'', ... les quantités à mélanger ou à allier, et par t, t', t''.... les prix respectifs de leurs unités ou leurs titres, le prix de l'unité du mélange ou le titre de l'alliage sera exprimé par

$$\frac{Qt + Q't' + Q''t'' + \dots}{Q + Q' + Q'' + \dots}$$

Observation. — Le résultat du problème qui nous occupe est ce qu'on peut appeler le *titre moyen* des trois substances mélangées, et la règle qui vient d'être posée, et qui peut s'appliquer toutes les fois qu'il s'agit de trouver la *valeur moyenne* de plusieurs choses de valeurs différentes, peut aussi s'appeler la *règle des moyennes*.

5. **Problème II.** — *Combien de grammes d'or aux titres respectifs de 0,915 et 0,780 doit-on mélanger pour obtenir un alliage pesant 150 grammes et au titre de 0,900 ?*

Cherchons d'abord à composer 1 gramme d'alliage qui soit dans les conditions de l'énoncé. Il suffira alors de multiplier par 150 chacun des poids élémentaires trouvés pour avoir les quantités cherchées.

Or, quelle que soit la quantité x d'or du premier titre qui entrera dans le gramme unitaire, elle y apportera un excédant de fin exprimé par $x(0,915 - 0,900)$ ou $x \times 0,015$.

De même la quantité y d'or du second titre introduira avec elle un déficit de $y(0,900 - 0,780)$ ou $y \times 0,120$.

La compensation, c'est-à-dire le titre imposé, ne pourra s'obtenir que si ces deux différences contraires sont égales entre elles, c'est-à-dire si l'on a $x \times 0,015 = y \times 0,120$, égalité qui équivaut à la proportion

$$x : y :: 0,120 : 0,015,$$

et qui prouve que les deux métaux doivent entrer dans chaque gramme unitaire, et par suite dans le mélange total, pour des quantités inversement proportionnelles aux différences qui existent entre les titres extrêmes et le titre moyen.

Dans le cas présent la proportion ci-dessus devient

$$x : y :: 8 : 1,$$

et, à cause de $x + y = 1^{gr}$, on obtient immédiatement

$$x = \tfrac{8}{9}, \quad y = \tfrac{1}{9},$$

pour les poids respectifs qui doivent entrer dans chaque gramme.

Il suffira donc, pour obtenir les éléments de l'alliage cherché, de prendre

$$\tfrac{8}{9} \times 150^{gr} \text{ d'or du premier titre, ou} \ldots \ldots \quad 133^{gr},33$$
$$\text{et } \tfrac{1}{9} \times 150^{gr} \text{ d'or du deuxième titre, ou} \ldots \ldots \quad 16^{gr},67.$$

Comme vérification, on constatera sans peine que

$$133^{gr},33 \text{ d'or à } 0,915 \text{ donnent} \ldots \ldots \quad 122 \text{ de fin}$$
$$16^{gr},67 \text{ d'or à } 0,780 \text{ donnent} \ldots \ldots \quad 13 \quad »$$
$$\text{Ensemble} \ldots \ldots \quad 135 \text{ de fin}$$

qui correspondent bien au titre de $\tfrac{135}{150}$ ou $0,900$.

Déduisons de ce qui précède une règle générale :

Pour mélanger deux métaux de titres différents de manière à obtenir un poids déterminé d'alliage à un titre également fixé, il faut partager le poids total donné en parties inversement proportionnelles aux différences entre le titre commun de l'alliage cherché et chacun des titres des métaux à mélanger.

S'il s'agissait de mélanger ensemble trois métaux différents ou un plus grand nombre, le problème serait nécessairement indéterminé et comporterait une infinité de solutions.

Pour ne considérer que le cas de trois substances, si l'on combine d'abord dans une proportion quelconque deux d'entre elles, on obtiendra une qualité intermédiaire qui pourra se combiner avec la troisième comme il vient d'être dit, et de telle manière que le mélange satisfasse aux conditions du problème.

6. Puisque les circonstances ont amené la question des alliages alors que nous sommes munis des ressources précieuses de l'Algèbre, nous allons en user pour résoudre plus simplement le deuxième problème.

Désignons par x le nombre de grammes à prendre dans l'or

à 0,915; 150 — x sera ce qui devra venir de l'or à 0,780. D'après cela, le poids total devant être au titre de 0,900, nous poserons

$$x \times 0,915 + (150 - x) \times 0,780 = 150 \times 0,900,$$

équation du premier degré dont la résolution par les procédés connus donne

$$x = 133^{gr},33 \quad \text{et} \quad 150 - x = 16^{gr},67,$$

comme ci-dessus.

L'indétermination, dans le cas de plus de deux métaux mélangés, se manifesterait d'ailleurs par cette considération que l'équation du problème ne saurait se poser sans l'intervention d'une seconde inconnue, circonstance qui caractérise, on le sait, les questions susceptibles d'une infinité de solutions.

GÉOMÉTRIE.

7. *Représentation graphique des faits météorologiques, des résultats de la Statistique et autres*. — Quand on a étudié un sujet au moyen d'observations ou d'expériences nombreuses, quand on a réuni dans un Tableau les résultats numériques obtenus, l'esprit saisit souvent encore avec difficulté, dans cette avalanche de chiffres, l'enchaînement des faits et la loi suivant laquelle ils se succèdent. On a recours alors à un procédé *graphique* dont l'emploi judicieux facilite singulièrement la conception de l'ensemble, et permet même souvent de découvrir entre ses divers éléments des liens demeurés jusqu'à ce moment inaperçus.

Ce procédé consiste essentiellement à porter (*fig.* 1) sur une ligne droite OX, à une échelle convenue et à partir d'une point déterminé O pris pour origine, des longueurs proportionnelles aux diverses valeurs de l'élément fondamental de la question ; à élever, en chacun des points de division P, Q, R, ... ainsi obtenus, des perpendiculaires à la ligne de base, sur lesquelles on porte, aussi à une échelle convenue qui peut bien n'être pas la même que la première, des hauteurs MP, NQ, VR, ... proportionnelles aux valeurs correspondantes de l'élément subordonné dont on veut étudier les variations. Si l'on réunit alors par des lignes droites les extrémités

supérieures de ces perpendiculaires successives, on forme une
ligne polygonale MNV.... qui représente avec d'autant plus
de fidélité les variations cherchées qu'on aura multiplié da-

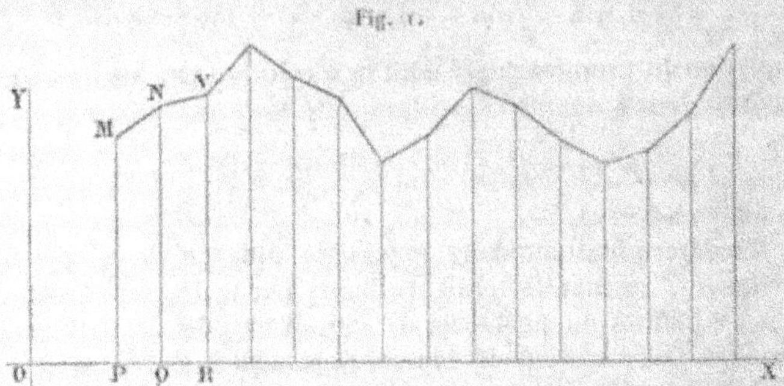

vantage les expériences ou observations, et par suite le nombre
des points rigoureusement déterminés du lieu ainsi construit.

8. Tel est le principe sur lequel repose la représentation
graphique de la succession des faits dépendant d'un système
commun dans toutes les branches de nos connaissances. La Météorologie et la Statistique en font particulièrement un usage
journalier, auquel sont dus pour une forte part les progrès
de ces sciences qui, plus que toutes les autres, reposent sur
l'étude des faits.

Veut-on, par exemple, étudier par ce moyen les lois
suivant lesquelles varient de jour en jour les volumes d'eau
tombée dans le bassin d'une rivière, et leur influence sur
la hauteur du niveau et sur le volume débité? On formera
trois dessins dont l'argument principal, porté sur la ligne de
base, sera une longueur proportionnelle à la durée d'une
journée, et sur les perpendiculaires à cette base on déterminera des hauteurs proportionnelles au volume d'eau pluviale
recueilli chaque jour dans le pluviomètre, à la hauteur hydro-
métrique relevée à une heure fixe sur l'échelle la plus voisine
destinée à marquer les variations du niveau au-dessus de
l'étiage ou du zéro, et enfin au volume débité par la rivière
au même lieu, ledit volume calculé par les procédés de jaugeage que nous avons précédemment indiqués (*Service
hydraulique*, 10 et suivants).

Nous donnons ci-après un exemple de cette application; il embrasse une période de trente-cinq jours que nous supposons correspondre à une période pluvieuse observée du 14 février au 20 mars.

Deux de nos Tableaux ont été réunis en un seul, qui porte la double représentation de la pluie et des débits. Cette superposition, exempte de toute confusion, offre cet avantage multiple de mettre nettement en évidence la relation qui existe entre le maximum du débit et le maximum de la pluie; de montrer comment se comporte la chute de la pluie pendant la translation de la crue; enfin, d'indiquer le temps écoulé entre cette chute et l'arrivée d'un maximum à une station donnée, si l'on a fait simultanément des observations pareilles pour toutes les stations hydrométriques du cours d'eau considéré.

Fig. 7.

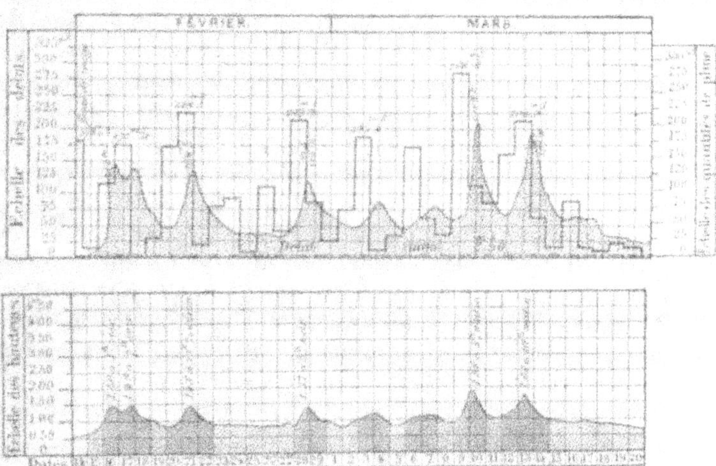

L'examen attentif de la figure précédente donne lieu de faire, en outre, les remarques explicatives suivantes :

1° C'est à midi que sont supposées faites, chaque jour, les observations de hauteur, de débit et de pluie tombée depuis la veille. Cela explique pourquoi les volumes d'eau pluviale sont indiqués par une horizontale allant du milieu de chaque colonne diurne au milieu de la suivante.

III.

30

2° Les nombres relatifs aux pluies sont écrits dans le sens horizontal; ceux qui concernent les débits sont dans le sens vertical.

3° Dans le Tableau inférieur on a pu, sans amener de confusion, introduire des teintes plus ou moins foncées indiquant l'état de pureté des eaux débitées, et se rapportant respectivement aux eaux pures, louches, troubles et sales. Comme il s'agit ici, non d'une étude météorologique à développer, mais simplement d'un procédé d'examen des observations faites, nous n'insisterons pas davantage sur cet objet, ce que nous avons dit suffisant pour donner une idée nette de l'usage que l'on peut faire de ce moyen de représentation.

9. Quelques mots suffiront maintenant pour montrer comment, d'après les mêmes principes, on peut appliquer le nouvel instrument de spéculation aux autres branches des connaissances humaines.

Sans parler encore de la Météorologie, au sujet de laquelle on peut étudier de cette manière la marche des vents, leur direction, leur intensité, la succession des marées, etc., on comprend que ce procédé s'applique également à la marche de telle ou telle maladie épidémique, à celle de la mortalité générale, et nul n'ignore que c'est sur des observations de ce genre que sont basés les tarifs de toutes les assurances sur la vie humaine et les combinaisons diverses de ces assurances.

Dans un autre ordre d'idées, veut-on savoir comment croît la résistance à la traction ou à l'écrasement de tel ou tel mortier, de tel ou tel ciment, à mesure qu'on l'observe plus de temps après sa confection et sa mise en expérience? Les abscisses ou longueurs horizontales seront les jours écoulés, et les ordonnées verticales indiqueront les nombres de kilogrammes ou la charge ayant déterminé la rupture.

10. C'est encore sur des considérations du même ordre qu'est basée la rédaction graphique des marchés de trains de chemin de fer, et chacun sait avec quelle clarté sont rendus sensibles aux yeux les heures de départ et d'arrivée de ces trains, leurs croisements entre eux, les temps d'arrêt, et même la catégorie des trains eux-mêmes, suivant la classification arrêtée par les règlements de l'exploitation.

Quelques explications spéciales sur ce sujet intéressant ne

seront pas hors de propos, et montreront le parti que l'on peut tirer de ce genre de Tableau.

Le *diagramme* ou dessin graphique d'une marche de trains repose sur ce principe que l'on considère la vitesse comme constante entre deux stations consécutives. De cette manière, les heures et fractions d'heure étant portées sur une base horizontale, et les ordonnées verticales représentant les distances des stations entre elles, ainsi que le montre le spécimen d'autre part (*fig.* 3), extrait d'un Tableau de la Compagnie du chemin de fer d'Orléans, la marche de chaque train est tracée suivant une série de lignes droites, inclinées vers la gauche pour les trains de numéro pair se rapprochant de Paris, et vers la droite pour ceux de numéro impair qui s'en éloignent.

Si l'on considère, par exemple, le train n° 228, qui part de Tours à $7^h 30^m$ du matin, on voit qu'il stationne pendant cinq minutes à la bifurcation de Saint-Pierre-des-Corps, pendant deux minutes à Saint-Martin-le-Beau et à Bléré-Lacroix, pendant trois minutes à Chenonceaux, et qu'il croise le train 245 de sens contraire à Montrichard, où s'est garé, pour le laisser passer, un autre train parti à $7^h 15^m$ de Saint-Martin. Il arrive enfin à Vierzon à $11^h 9^m$, sans autre arrêt que celui de deux minutes à Villefranche-sur-Cher.

Ce train a ainsi parcouru 113 kilomètres en $3^h 39^m$ ou 219 minutes, avec une vitesse qui correspond à une moyenne de $\frac{113}{219}$ ou $0^{km},51$ par minute, et $0,51 \times 60$ ou $30^{km},6$ par heure.

11. On voit, par le nombre et la variété des exemples que nous venons de citer, et qu'il serait facile de multiplier, qu'il est peu de branches de nos connaissances qui ne puissent faire leur profit de ce mode de représentation des résultats obtenus par l'observation ou par le calcul. On s'en fera une idée plus complète encore en remarquant que ce principe découle directement de celui en vertu duquel toute relation entre deux quantités qui varient par degrés infiniment petits et suivant une loi continue représente une courbe dont chacun des points (*fig.* 4) est déterminé par deux valeurs des variables satisfaisant ensemble à cette relation. Ces deux valeurs corrélatives sont dites les *coordonnées* du point M; l'une, MP ou y, est l'*ordonnée*; l'autre, MQ ou x, est l'*abscisse* de ce point, et les plus admirables découvertes scientifiques sont la con-

Fig. 3.

Extrait du Tableau graphique de la marche des trains entre Tours et Vierzon.

(Réseau de la Cie d'Orléans.)

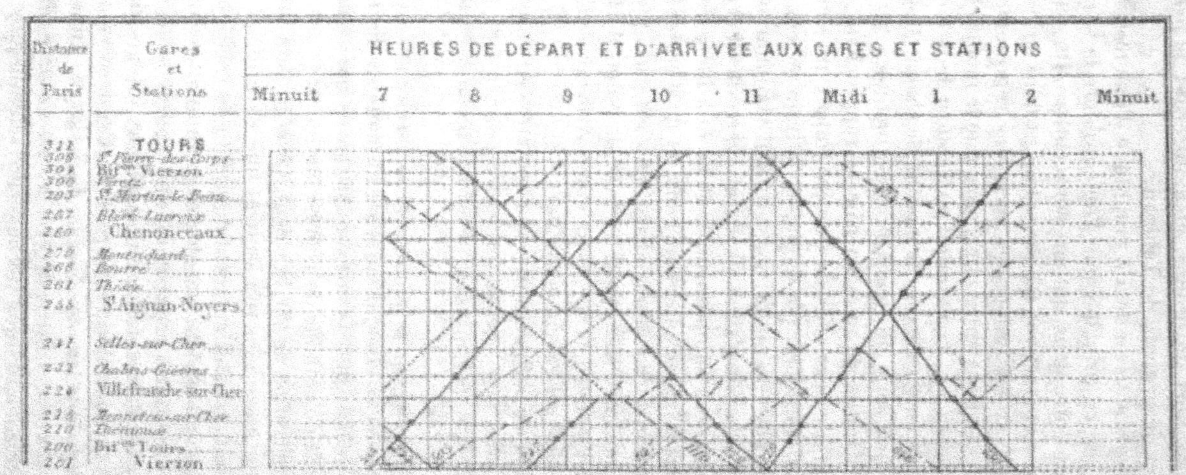

Nota. — Les trains affectés des numéros pairs sont ceux qui se rapprochent de Paris; les autres sont ceux qui s'en éloignent.

séquence de la mise en œuvre de ce moyen fécond d'application du calcul à la Géométrie.

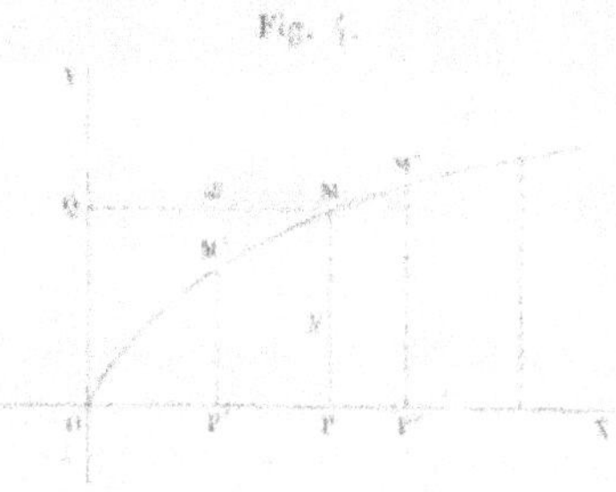

Fig. 4.

12. On a souvent aussi besoin de connaître, entre deux couples quelconques de coordonnées, le produit de la variation de l'une d'elles x par la valeur moyenne entre toutes celles qu'a prises, par degrés infiniment petits, l'autre variable y pendant la même période. Ce produit est naturellement représenté par la surface du trapèze curviligne $MPP'M'$, par exemple, s'il s'agit d'observations faites ou à faire entre les limites déterminées par les points M et M'; sous ce rapport encore, l'emploi du dessin est d'une incontestable utilité.

13. Enfin il peut se faire que, au lieu de deux quantités variant ensemble suivant une loi quelconque, il y en ait trois qui donnent lieu à une Table numérique dite *à double entrée*. On sait qu'une pareille Table, analogue à celle qu'a dressée Pythagore pour la multiplication des neuf premiers nombres entiers entre eux, comporte, pour les valeurs successives de deux des variables, des lignes horizontales et des colonnes verticales dont les intersections reproduisent les valeurs correspondantes de la troisième.

On a également imaginé de très ingénieuses combinaisons graphiques qui, par l'introduction d'une troisième coordonnée perpendiculaire au plan des deux premières, ou par toute autre disposition équivalente, représentent plus ou moins clairement de tels systèmes de valeurs, et qui rendent aussi de très précieux services. Mais, outre que leur étude nous paraîtrait sortir du cadre restreint dans lequel nous devons nous renfermer, il ne faut pas se dissimuler que ces dessins perdent souvent beaucoup de leur clarté et de leur utilité pratique, dès qu'on sort des indications simples et précises fournies par l'emploi des abscisses et des ordonnées que nous avons exposé dans ce qui précède. Nous ne nous étendrons donc pas davantage sur ce sujet.

MÉCANIQUE.

14. *Mouvement.* — La *Mécanique* est la science qui a pour objet l'étude de l'*équilibre* et du *mouvement* des corps.

Nous avons déjà traité la question de l'équilibre par l'étude anticipée de la *Statique,* qui termine le Tome I de cet Ouvrage. Ce qui va suivre se rapportera donc exclusivement au mouvement, ou à la *Dynamique,* dont la Statique n'est, à proprement parler, qu'un cas particulier; et, pour ne pas nous répéter, nous bornerons nos développements actuels au *mouvement uniforme,* au *mouvement varié,* à la notion de la *vitesse* et à l'étude du *frottement,* force particulière inhérente à la nature même des corps et qui joue un si grand rôle dans les machines, dont elle tend sans cesse à atténuer et détruire le mouvement.

15. *Mouvement uniforme.* — Un corps est en *repos* tant qu'il occupe la même position par rapport à ceux qui sont situés autour de lui. Il est au contraire en mouvement, si sa distance à ces derniers varie par une cause quelconque; cela soit dit, bien entendu, sous les réserves qui ont été indiquées au début de la Statique pour la distinction nécessaire entre le repos absolu et le repos relatif, comme entre le mouvement absolu et le mouvement relatif.

De tous les genres de mouvement, le plus simple est naturellement celui d'un corps qui parcourt des espaces égaux en des temps égaux; c'est le *mouvement uniforme* dans lequel, d'après cette définition même, les espaces parcourus sont constamment proportionnels aux temps. Ce rapport constant de l'espace au temps n'est autre chose que ce que l'on appelle la *vitesse.*

En d'autres termes équivalents, *la vitesse est l'espace parcouru par le corps pendant l'unité de temps.* Par conséquent, si l'on désigne respectivement par les lettres e, t et v l'espace, le temps et la vitesse, ces trois éléments seront à tout instant liés par la relation

$$v = \frac{e}{t}, \quad \text{ou} \quad e = vt, \quad \text{ou encore} \quad t = \frac{e}{v},$$

et cette relation permettra de résoudre par un calcul très simple toutes les questions relatives au mouvement uniforme.

Si, par exemple, un mobile marche à raison de 6 mètres par seconde, il aura parcouru, après trois minutes ou cent quatre-vingts secondes, un espace égal à 6×180 ou 1080 mètres.

De même, un train de chemin de fer qui aura parcouru uniformément 800 kilomètres, avec une vitesse de 50 kilomètres à l'heure, aura effectué ce trajet en un temps égal à $\frac{800}{50}$ ou seize heures.

Remarquons en passant, et cela est essentiel, que dans le premier de ces exemples nous avions pris la seconde pour unité de temps, tandis que cette unité est l'heure dans le deuxième cas. Cette différence apparente n'a absolument aucune importance, puisque la quantité t exprime toujours le rapport du temps à l'intervalle pris pour unité.

16. *Mouvement varié.* — Quand un mouvement n'est pas uniforme, on dit qu'il est *varié*; il est *accéléré* si la vitesse va en augmentant, *retardé* dans le cas contraire. On l'appellerait *périodique* si la vitesse, alternativement croissante et décroissante, ramenait à chaque fois le corps à sa position antérieure avec la même vitesse.

Ainsi, quand un corps grave tombe d'une hauteur quelconque, on constate facilement que sa vitesse augmente à mesure qu'il approche de la terre; le contraire a lieu si le corps est lancé en l'air. Dans le premier cas, le mouvement est accéléré; il est retardé dans le second. Enfin, le balancier d'une horloge est un exemple frappant d'un mouvement périodique, accéléré pendant la descente, retardé pendant la montée.

Dans le mouvement varié, qu'il soit accéléré ou retardé, on est convenu d'appeler la *vitesse à un moment donné* celle du mouvement uniforme qui succéderait au mouvement varié, si la cause qui sollicite le corps et produit ce mouvement venait à cesser d'agir à cet instant. Ainsi, par exemple, des expériences faites à l'Observatoire de Paris ont montré que, quand un corps tombe dans le vide sous la seule action de son poids, il a acquis, au bout d'une seconde, une vitesse qui serait celle qu'il conserverait dans un mouvement uniforme, si à ce moment l'action de la pesanteur était subitement suspendue. C'est cette quantité, variable d'un lieu à un autre et trouvée à Paris égale à $9^m,8088$, qui, sous la notation g, paraît à chaque instant dans toutes les questions relatives à la pesanteur. Nous l'avons vue notamment (*Service hydraulique*, p. 368 et suiv.), quand il s'est agi de l'écoulement des liquides par un déversoir ou par une vanne.

17. Lorsque la vitesse augmente ou diminue de quantités égales dans des temps égaux, le mouvement est dit *uniformément varié; uniformément accéléré* dans le premier cas, *uniformément retardé* dans le second. La chute des corps nous offre un exemple remarquable de ce genre de mouvement; nous y reviendrons bientôt.

Si nous représentons par a l'accélération, positive ou négative, du mouvement dans chaque unité de temps, et par v_0 la vitesse qu'avait le corps au commencement du temps t, sa vitesse v après ce temps t sera naturellement exprimée par la relation

$$v = v_0 + at,$$

qui deviendrait $v = at$ si, le corps partant du repos, sa vitesse initiale v_0 était nulle.

Quant à l'espace parcouru, on l'obtient en considérant le mouvement uniformément varié pendant le temps t comme produisant sous ce rapport le même effet que si le corps s'était transporté de son point de départ à son point d'arrivée, suivant un mouvement uniforme déterminé par une vitesse égale à la moyenne de toutes les vitesses variables, ou mieux à la moyenne des vitesses initiale et finale, laquelle n'est autre que la moitié de la vitesse finale v, quand la vitesse initiale est supposée égale à zéro.

Nous aurons donc, dans ce cas particulier que l'on a souvent à considérer, à déterminer l'espace e par la combinaison des deux relations

$$v = at \quad \text{et} \quad e = \frac{v}{2}t,$$

qui conduisent à la formule

$$e = \frac{at^2}{2}.$$

Telles sont

$$v = at, \quad e = \frac{at^2}{2} \quad \text{et} \quad v^2 = 2ae,$$

cette dernière étant une conséquence des deux autres, les trois formules fondamentales du mouvement uniformément varié, que ce mouvement soit accéléré ou retardé, puisque nous avons supposé la quantité a positive ou négative. Elles permettent de conclure les principes ci-après :

1° *La vitesse après un temps quelconque est égale à la vitesse acquise au bout de la première unité de temps, multipliée par le temps.*

2° *L'espace parcouru croît proportionnellement au carré du temps.*

3° *La vitesse acquise par le corps, quand il a parcouru un certain espace, est une moyenne proportionnelle entre le double de cet espace et l'accélération.*

18. Appliquées à la pesanteur qui, en sa qualité de force constante, produit des mouvements uniformément accélérés ou uniformément retardés, selon que les corps tombent ou sont lancés de bas en haut, ces formules, si l'on y remplace a par g que nous avons défini plus haut (16), et e par la hauteur h parcourue par le corps, deviennent

$$v = gt, \quad h = \tfrac{1}{2} gt^2, \quad v^2 = 2gh.$$

En y introduisant pour g la valeur ci-dessus indiquée 9^m,8688, qui représente l'accélération acquise par un corps pendant la première seconde de sa chute, on trouve que l'espace parcouru dans ce même temps est égal à la moitié de g ou à 4^m,9044.

Dans un but de simplification, nous avons supposé que les corps en mouvement introduits dans nos formules avaient au départ une vitesse nulle. Pour appliquer ces formules à la pesanteur, aucune difficulté ne s'est présentée tant que nous n'avons considéré que le cas de la chute proprement dite, c'est-à-dire l'hypothèse d'un corps en repos abandonné à lui-même sans vitesse initiale, et regagnant la terre suivant les lois de la gravité. Mais, s'il s'agit d'un corps lancé verticalement de bas en haut dans le vide, nous nous trouvons en regard d'un mouvement uniformément retardé qui ne peut exister sans une vitesse initiale quelconque, qui diminue de $9^m,8088$ par seconde.

Il faut donc dans ce cas revenir à la relation primitive,

$$v = v_0 + at,$$

et à la suivante,

$$e = v_0 t + \tfrac{1}{2} a t^2,$$

qui établit que l'espace parcouru après le temps t est la somme du parcours qui serait produit par la vitesse initiale, supposée agissant de manière à communiquer au corps un mouvement uniforme, et du parcours dû au mouvement varié résultant de l'accélération constante a.

Enfin, l'élimination du temps t entre ces deux équations donne

$$v^2 = v_0^2 + 2ae,$$

et le tout ensemble, en vue de son application spéciale à la pesanteur, donne les trois relations finales

$$v = v_0 + gt, \quad h = v_0 t + \tfrac{1}{2} g t^2, \quad v^2 = v_0^2 + 2 g h,$$

sous la réserve de changer le signe de la quantité g quand il s'agira d'un corps lancé de bas en haut avec une vitesse v_0 qui, comme nous l'avons vu, diminue de la quantité constante $9^m,8088$ par chaque seconde.

Les formules applicables à ce dernier cas sont donc les suivantes :

$$v = v_0 - gt, \quad h = v_0 t - \tfrac{1}{2} g t^2, \quad v^2 = v_0^2 - 2 g h.$$

Au bout du temps $\dfrac{v_0}{g}$, la vitesse est réduite à zéro et le corps a atteint sa hauteur maximum $\dfrac{v_0^2}{2g}$. Il redescend alors d'un mouvement uniformément accéléré, et retrouve son point de départ au bout du temps $\dfrac{2v_0}{g}$, pour lequel $h = 0$ et $v = -v_0$. Le temps qu'il met à descendre est donc le même que celui qu'il a mis à monter, et sa vitesse en arrivant à terre est égale, mais de signe contraire, à celle qu'il avait au départ.

19. On a vu (17) que, dans le cas d'une vitesse initiale nulle, l'espace parcouru au bout d'un temps t est exprimé par

$$e = \tfrac{1}{2}at^2.$$

Il en résulte que, si nous faisons successivement dans cette formule $t = 1$, $t = 2$, $t = 3$, ..., nous aurons les valeurs successives

$$\tfrac{1}{2}a, \quad \tfrac{4}{2}a, \quad \tfrac{9}{2}a, \quad \tfrac{16}{2}a, \quad \ldots$$

Or, le chemin parcouru pendant la deuxième unité de temps est égal à l'excès du deuxième de ces nombres sur le premier; le chemin parcouru pendant la troisième unité est égal à l'excès du troisième nombre sur le second, et ainsi de suite. Nous formerons ainsi la suite

$$\frac{a}{2}, \quad 3\frac{a}{2}, \quad 5\frac{a}{2}, \quad 7\frac{a}{2}, \quad 9\frac{a}{2}, \quad 11\frac{a}{2}, \quad \ldots$$

qui représente le nombre de mètres parcourus par le mobile pendant les unités de temps successives. De là cette loi remarquable :

Quand un corps, parti du repos, se meut d'un mouvement uniformément accéléré, les chemins qu'il parcourt pendant des intervalles de temps égaux et consécutifs croissent comme la suite naturelle des nombres impairs 1, 3, 5, 7, 9 ....

20. *Inertie.* — Nous avons déjà dit (*Statique,* 1) que la matière est *inerte*, c'est-à-dire qu'un corps ne peut passer du repos au mouvement, ni rien changer au mouvement dont il est animé, sans l'action de causes étrangères. On sait aussi qu'un corps oppose une certaine résistance à tout ce qui tend à modifier l'un ou l'autre de ces états, et l'on a observé souvent que, lorsque les forces qui font mouvoir un corps cessent tout à coup leur action, le mouvement se continue dans la direction finale et avec une vitesse d'autant plus uniforme que l'on a atténué les forces retardatrices, telles que le frottement, la résistance du milieu, etc.

Ces résultats indiscutables de l'observation ont permis de formuler comme il suit la loi de l'inertie :

Si un point matériel est en repos, il restera dans cet état tant qu'aucune force n'agira sur lui; s'il est en mouvement sans être actuellement sollicité par une force, ce mouvement sera rectiligne et uniforme.

En d'autres termes, on nomme *force d'inertie* d'un corps la résistance qui se manifeste dans ce corps, toutes les fois que quelque modification survient dans son état de repos ou de mouvement.

C'est en vertu de cette propriété de la matière qu'un train de chemin de fer tiré par une locomotive n'atteint que progressivement sa plus grande vitesse, quoique le moteur développe dès les premiers instants toute la puissance de traction qu'il est capable de produire. De même, il continue longtemps à avancer après que la machine à vapeur a cessé d'entretenir sa vitesse acquise. Tant que la vitesse varie, le plus grand obstacle au mouvement ou à l'arrêt ne vient pas de l'adhérence des roues sur les rails, ni du frottement, ni de la résistance de l'air, mais bien de l'inertie de la matière, qui ne cesse de se manifester comme résistance que quand la vitesse est redevenue uniforme ou nulle.

C'est encore la force d'inertie qui, en s'opposant à la transmission instantanée du mouvement de traction imprimé par les chevaux au départ subit d'une voiture, fait rompre les traits par lesquels ils sont attelés.

Si, dans des tournants courts, on ralentit sensiblement et subitement le mouvement d'une voiture, la force d'inertie produit souvent le renversement du véhicule qui conserve une vitesse considérable alors que la traction est notablement diminuée.

Qui n'a éprouvé la secousse qui tend à faire tomber l'homme placé debout sur une voiture en marche, au moment où celle-ci vient à s'arrêter, ou même à ralentir inopinément sa marche?

On trouve encore la force d'inertie contre soi si l'on commet la faute de descendre d'un omnibus en marche la face en avant, ou si, descendant en sens opposé, on n'a pas le soin de lâcher les mains un peu avant que les pieds touchent le sol.

Enfin, pour borner les citations et faire un choix parmi d'innombrables exemples, le recul des armes à feu met encore en évidence la force d'inertie du projectile par une égale réaction sur le fond de la culasse, effet auquel on oppose des obstacles matériels dans le tir des canons, et que connaît bien le chasseur inexpérimenté qui n'a pas le soin d'épauler fermement son fusil avant d'agir sur la détente.

21. On appelle généralement *masse* d'un corps la quantité de matière ou la somme des molécules matérielles dont il se compose, et l'on sait que le poids de ce corps est la somme des pressions qu'exerce la pesanteur sur chacune de ces molécules. Il en résulte que la masse d'un corps est proportionnelle à son poids, et qu'elle peut le plus souvent être représentée par le nombre de kilogrammes qui mesure ce poids, dont elle ne diffère ainsi que par un coefficient constant.

Bien que le poids P d'un corps et l'accélération g due à la pesanteur soient nécessairement variables d'un lieu à un autre, à cause de l'aplatissement de la Terre aux pôles, on démontre et nous admettrons que le rapport $\frac{P}{g}$ est constant. C'est ce rapport constant auquel on a donné le nom de *masse* d'un corps quelconque, et que nous représenterons par la lettre m dans la relation

$$m = \frac{P}{g}$$

Cette valeur conduit tout naturellement à une expression simple de la force motrice nécessaire pour vaincre la résistance qu'un corps oppose à tout effort opéré pour le faire passer du repos au mouvement ou du mouvement au repos, résistance qui, comme nous l'avons dit, n'est autre chose que la *force d'inertie*, et qui est toujours égale à la première, en vertu du grand principe exprimé par Newton en ces termes : *La réaction est toujours égale et contraire à l'action.*

Soit en effet F cette force motrice, capable de communiquer une vitesse c dans un temps très court t à un corps de poids P.

Au bout du même temps, sous l'action de la pesanteur, ce corps acquerrait une vitesse gt; par conséquent, les effets étant dans le même rapport que les causes, on devra avoir la proportion

$$F : P :: c : gt$$

d'où l'on tire

$$F = \frac{P \times c}{g \times t} = \frac{P}{g} \times \frac{c}{t} = m \frac{c}{t}$$

Telle est l'expression de la force d'inertie, qui se réduit à $F = me$ si le temps t est égal à l'unité ou à la seconde. Sous cette dernière forme, on l'appelle la *quantité de mouvement* du corps. C'est, on le voit, le produit de la masse par la vitesse acquise pendant la première seconde, ou par l'accélération, qui ne cesse d'être constante pendant toute la durée du mouvement.

22. *Frottement.* — Il a été dit (*Statique*, 87) que, dans une machine en équilibre, il y avait nécessairement égalité entre le travail des forces motrices ou de la *puissance* et celui des forces résistantes ou de la *résistance;* en d'autres termes, entre le *travail moteur* et le *travail résistant.* Cette condition est, d'ailleurs, celle du mouvement uniforme dont l'équilibre statique n'est que le cas particulier correspondant à une vitesse qui décroît jusqu'à devenir nulle par l'effet des résistances. La plus énergique de ces dernières est le *frottement* qu'exercent mutuellement les pièces qui doivent glisser les unes sur les autres.

Hâtons-nous de dire que l'entrave apportée à la marche d'une machine par le frottement n'est pas toujours une gêne nuisible, et que l'on met, au contraire, fort souvent cette force passive à profit, quand on se propose de modérer ou d'arrêter complétement le mouvement, ainsi que cela a lieu, par exemple, dans tous les freins destinés à enrayer les roues des voitures sur nos routes ou sur les chemins de fer, ou quand on veut maintenir dans des limites inoffensives la descente des fardeaux, etc.

Pour se faire une idée à la fois simple et juste de l'effet et de la mesure du frottement, on peut examiner ce qui se passe quand un corps est posé sur un plan horizontal.

D'abord immobile, le corps demeure en cet état, même si l'on incline progressivement le plan jusqu'à un certain angle qui détermine son glissement. Cette apparente anomalie ne peut évidemment être attribuée qu'à cette circonstance que les aspérités des deux surfaces, quelque soin que l'on ait pris de les polir, engrènent toujours plus ou moins les unes dans les autres et donnent naissance au frottement, résistance considérable qui est, comme on le voit, favorable au repos des corps, défavorable à leur mouvement.

23. Déterminons maintenant ce qu'il faut entendre par *angle* et *coefficient du frottement*.

On sait que le corps de poids P, placé (*fig.* 5) sur un plan ABC faisant avec l'horizon un angle z, donne naissance (*Stat..* 135) à deux composantes; l'une, normale au plan et exprimée par $P \cos z$, est détruite par la résistance de ce plan; l'autre, $P \sin z$,

Fig. 5.

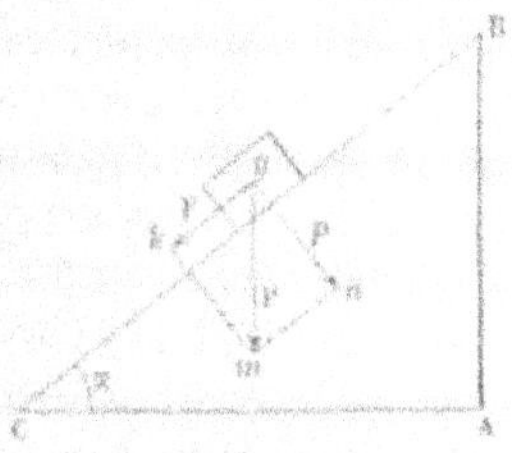

est celle qui tend à faire glisser le corps. Au moment où, le plan étant progressivement relevé, le corps commence à glisser, la valeur correspondante de z est dite l'*angle de frottement* ou de glissement des deux substances en contact; nous désignerons par φ cette valeur spéciale de z.

Dans cette situation, la composante $P \sin \varphi$ peut être considérée comme égale et directement opposée à la résistance due au frottement. Si, d'un autre côté, on admet comme établi par l'expérience que le frottement est indépendant de l'étendue des surfaces en contact, et proportionnel à la pression normale exercée, on devra conclure que, pour les mêmes substances, le rapport f du frottement à la pression est constant, et que l'on a

$$f = \frac{P \sin \varphi}{P \cos \varphi} = \tan \varphi.$$

De là ce principe : *Pour deux substances en contact, le rapport du frottement à la pression est constant et égal à la tangente trigonométrique de l'angle qui produit le glissement.*

Ce rapport constant du frottement à la pression pour un même couple de substances est ce qu'on appelle le *coefficient de frottement* de ces substances.

24. Nous venons de dire que le frottement de deux corps

déterminés l'un sur l'autre est proportionnel à la pression qu'exercent mutuellement ces corps et indépendant de l'étendue des surfaces en contact. C'est par l'expérience que ces deux lois ont été établies; il a suffi de constater comment croissent les forces capables de faire glisser l'un des corps sous des pressions croissantes, et de soumettre à cette même épreuve un corps à faces planes d'étendues inégales, mais ayant le même degré de poli.

C'est encore par des expériences répétées avec le plus grand soin que l'on a établi aussi rigoureusement que possible les valeurs du coefficient de frottement pour les diverses substances que l'on a l'occasion de voir en contact dans les machines. Nous ne citerons que les principales et les plus fréquentes de ces applications, en prévenant : 1° que l'effort qu'il faut exercer pour vaincre le frottement de deux surfaces en contact est plus considérable si les corps sont depuis quelque temps à l'état de repos que lorsqu'ils sont en mouvement l'un par rapport à l'autre; 2° que le moyen le plus efficace, après le polissage préalable des surfaces, pour atténuer l'influence du frottement est d'interposer un enduit gras, à l'exclusion de l'eau, qui, dans bien des cas, produirait un effet contraire.

Il importe donc de retenir que les chiffres qui vont suivre ne s'appliquent qu'à des surfaces animées d'un mouvement relatif. Ce ne sont d'ailleurs que des moyennes d'expériences beaucoup plus nombreuses; mais elles suffisent pour tous les cas dans lesquels on peut se passer d'une extrême précision.

SUBSTANCES en contact.	ÉTAT des surfaces.	COEFFICIENT f de frottement	ANGLE φ de frottement
Bois sur bois.............	à sec	0,36	19°48'
	avec enduit gras	0,05	2°52'
Bois sur métaux	à sec	0,52	27°47'
	avec enduit gras	0,08	4°35'
Métaux sur métaux...........	à sec	0,19	10°46'
	avec enduit gras	0,09	5° 9'
Fer forgé sur pierre calcaire.	"	0,45	24°14'
Pierre sur bois	"	0,40	21°49'

Tout succinct qu'il est, ce Tableau permet d'observer que, quand les surfaces glissent à sec l'une sur l'autre, le coefficient de frottement présente des différences très sensibles quand il s'agit de bois et de métaux en rapport les uns avec les autres. Au contraire, quand les substances sont rendus onctueuses par un enduit convenable, la résistance due au frottement devient à peu près indépendante de la nature des corps, et sa valeur moyenne n'est plus que 0,08 de la pression.

GÉOMÉTRIE DESCRIPTIVE.

MODES DE REPRÉSENTATION DES CYLINDRES, CÔNES ET SPHÈRES SUR LES PLANS DE PROJECTION.

25. Nous avons défini (*Géométrie*, 241) ce que l'on entend par les trois *corps ronds*, qui sont le *cylindre droit*, le *cône droit* et la *sphère*. On a compris que ce nom leur avait été donné à raison de leur mode de génération le plus simple, qui consiste à faire tourner soit un rectangle autour de l'un de ses côtés, soit un triangle rectangle autour de l'un des côtés de l'angle droit, soit enfin un demi-cercle autour de son diamètre.

Le premier de ces corps a deux bases circulaires, égales et parallèles; le second en a une seule, et le troisième n'en a aucune.

En ce qui concerne le cylindre et le cône, nous considérerons dans ce qui va suivre le cas plus général où l'axe de ces corps est oblique par rapport aux bases (*Géométrie*, 253 et 260). tout en conservant à ces dernières la forme circulaire, et nous allons exposer successivement la manière dont se projettent le cylindre oblique et le cône oblique sur le plan vertical et sur le plan horizontal, en supposant d'ailleurs que les bases inférieures sont situées dans ce dernier plan.

Aucune restriction de ce genre n'est naturellement à faire pour ce qui a rapport à la sphère.

26. *Le cylindre.* — Le cylindre ayant sa base inférieure dans le plan horizontal, sa base supérieure, qui est parallèle à la première, se projettera sur ledit plan (*fig.* 6) suivant un cercle égal au premier, et les tangentes extérieures communes à ces

III.   31

deux cercles égaux limiteront la projection du corps entier. Ces deux tangentes seront, d'ailleurs, parallèles entre elles et à la projection *co* de l'axe unissant celles des deux centres.

Fig. 6.

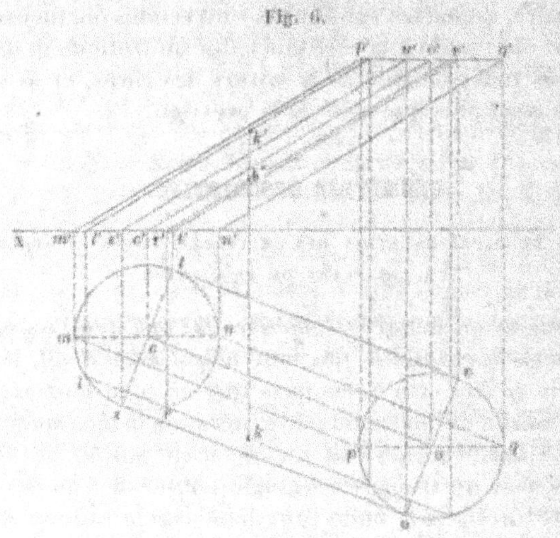

Quant aux projections verticales des deux bases, elles seront toutes deux parallèles à la ligne de terre, l'une étant sur cette ligne elle-même, l'autre formant le côté égal et opposé du parallélogramme qui limite sur le plan vertical le contour du cylindre.

Il est facile de voir, d'après ces premières données :

1° Que l'axe du cylindre a pour projection les deux droites $co, c'o'$ qui unissent les projections respectives des deux centres.

2° Que les génératrices issues des points m et n ont pour projections les droites $(mp, m'p')$ et $(nq, n'q')$.

3° Que celles qui partent des points s et t ont pour projections les droites $(su, s'u')$ et $(tv, t'v')$.

27. Cela posé, rien n'est si simple que de déterminer complètement un point quelconque de la surface cylindrique, quand ce point est donné par l'une de ses projections, la projection horizontale par exemple.

Soit k la projection horizontale donnée d'un point K du cylindre; la génératrice passant par ce point sera parallèle à l'axe et projetée suivant kl, parallèle à la projection de l'axe. La projection verticale de cette même génératrice passera par le point l', projection du point l, et sera parallèle à $c'o'$: de telle sorte que, pour avoir la projection verticale du point K, il suffira de mener kk' perpendiculaire à la ligne de terre, et le point de rencontre avec cette parallèle sera la projection k' cherchée.

Il est, du reste, à remarquer que la droite kl coupe la base du cylindre en un autre point r qui correspond à une seconde génératrice $(kr, k''r')$ dont le point k'' a aussi pour projection horizontale le point k. On devait, en effet, s'attendre à trouver deux solutions pour la question posée.

Enfin, comme les mêmes constructions eussent pu être faites par rapport à la projection horizontale de la base supérieure et à la projection verticale $p'q'$ de cette même base, on comprend qu'il résulte de ce double moyen d'opérer de précieuses vérifications qu'il ne faut jamais négliger dans les problèmes de Géométrie descriptive, et que reproduit pour le cas présent la *fig.* 6.

28. Deux cas particuliers remarquables sont à signaler dans cette question : celui où l'axe du cylindre est parallèle au plan vertical, et celui où cet axe est perpendiculaire au plan horizontal. Chacune de ces deux hypothèses, que nous allons examiner successivement, apporte avec elle des simplifications faciles à saisir et à expliquer par la vue des figures y relatives.

Dans la première (*fig.* 7), on voit que les deux diamètres ts et uv sont devenus perpendiculaires à la ligne de terre, et que les deux génératrices projetées sur mp et nq sont maintenant projetées ensemble sur la projection de l'axe co.

La *fig.* 8, conforme à la deuxième disposition particulière des données, présente le cylindre entier projeté horizontalement sur sa base circulaire, et verticalement suivant le rectangle $m'n'm''n''$. Rien n'est alors plus facile que de déterminer la projection horizontale k d'un point de la surface qui est projeté verticalement en k', puisqu'il suffit pour cela d'abaisser sur la ligne de terre une perpendiculaire $k'p$ dont les intersections k et o avec la base du cylindre donnent les projections horizontales pour les deux points qui, situés tous

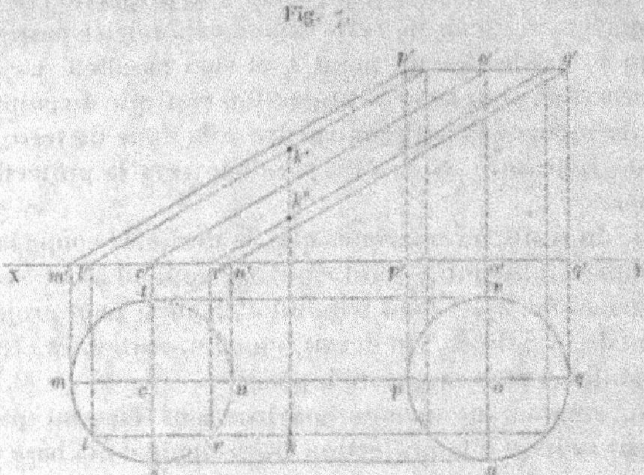

Fig. 7.

deux à la hauteur kp, se projettent suivant les génératrices ayant leurs pieds respectifs en k et en o.

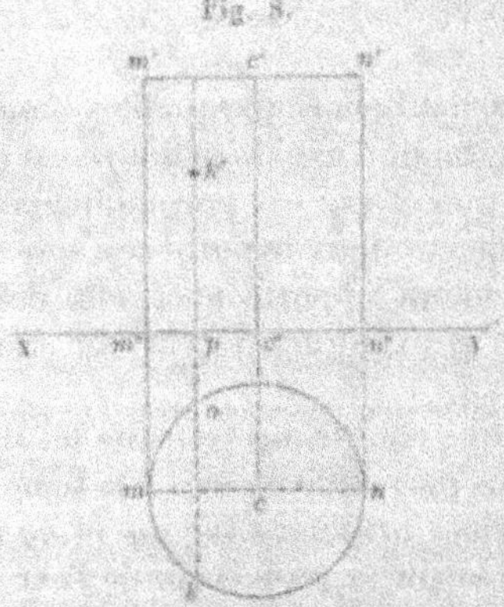

Fig. 8.

Il est évident que le problème serait indéterminé si c'était par sa projection horizontale k que le point fût défini, puisque tous les points de la génératrice verticale tombant en k répondraient à la question.

29. *Le cône.* — Après ce qui vient d'être dit sur le cylindre,

il est très facile d'exposer le mode de projection d'un cône
circulaire ayant sa base dans le plan horizontal, puisqu'il
suffit de remarquer que les projections de ses génératrices, au
lieu d'être parallèles entre elles et à l'axe, concourront toutes
en des points qui ne seront autres que les projections horizontale et verticale du sommet.

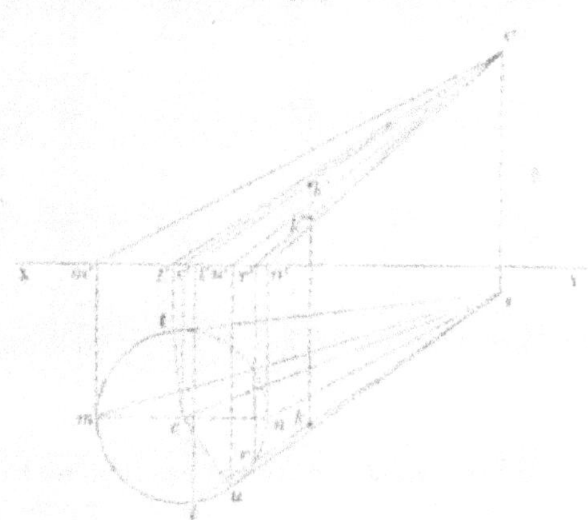

Fig. 9.

Ces données étant posées dans la *fig.* 9 ci-dessus, nous en
conclurons facilement que la surface conique est projetée
verticalement suivant le triangle $s'm'n'$, et que sa projection
horizontale est limitée par les deux droites st et su, et par l'arc
de cercle tmu.

Soit alors k la projection horizontale d'un point dont on veut
connaître la projection verticale. Il faudra joindre le point k
au sommet s, projeter les points de rencontre l et r sur la ligne
de terre en l' et r', puis joindre ces derniers au point s'. On aura
ainsi déterminé les génératrices SL et SR par leurs projections
$s'l', s'r'$, sur lesquelles se trouvent les projections verticales
k' et k'' des points projetés horizontalement en k.

30. Ici encore, deux cas particuliers sont à examiner : l'axe
du cône peut être parallèle au plan vertical ; il peut être perpendiculaire au plan horizontal.

Dans le premier cas, la *fig.* 10 montre les dispositions que
comporte la construction dans son ensemble et dans ses détails ;
elles résultent évidemment toujours de ce que les projections s

et s' du sommet sont nécessairement des points obligés des projections respectives de toutes les génératrices.

Fig. 10.

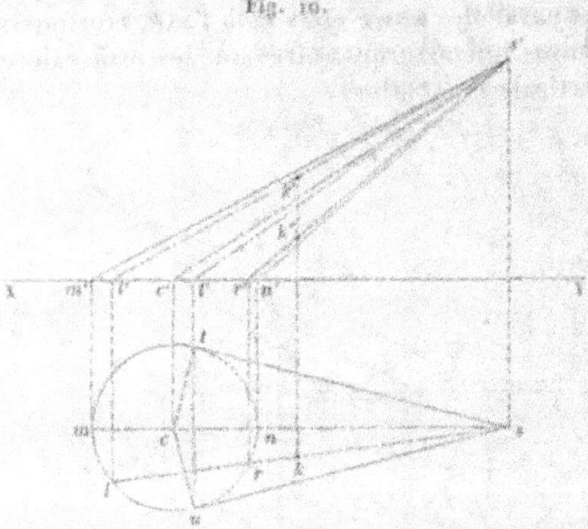

Comme pour le cylindre, le second cas ramène le problème à la plus grande simplicité. La *fig.* 11 montre en effet le sommet

Fig. 11.

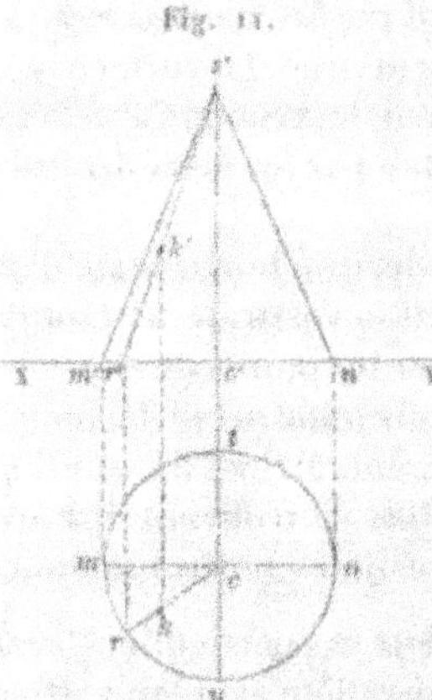

du cône projeté au centre c de la base, qui limite elle-même la projection complète de la surface sur le plan horizontal. Pour avoir la projection verticale du point projeté horizontalement en k, il suffit de déterminer les projections ckr, $s'r'$ de la génératrice qui contient le point de la surface, et de projeter le point k perpendiculairement à la ligne de terre en k'.

Remarque. — Dans la recherche de la projection verticale d'un point de la surface cylindrique ou conique dont on a la projection horizontale, le problème a généralement deux solutions, sauf les cas où, la projection donnée étant sur la projection de l'une des bases, l'ordonnée correspondante ne percerait la surface qu'en un seul point.

31. *La sphère.* — Une sphère étant déterminée par la position de son centre et par la longueur de son rayon, sa projection sur chacun des deux plans horizontal et vertical sera évidemment fixée par deux cercles égaux, ayant respectivement pour centres chacune des deux projections de celui de la sphère.

La *fig.* 12 présente les projections d'une sphère dans le cas

Fig. 12.

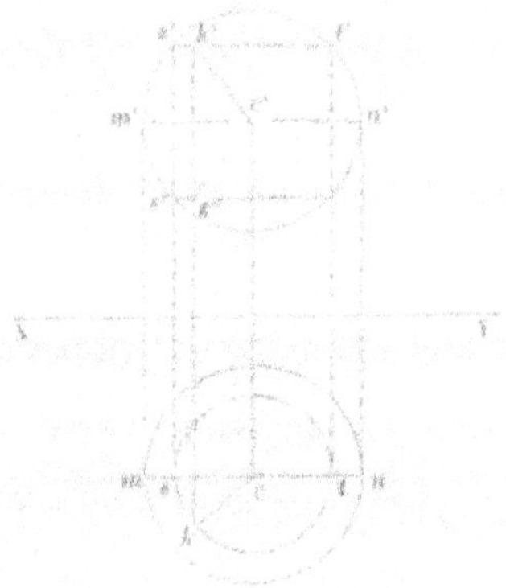

général où ces deux projections sont deux cercles tout à fait séparés l'un de l'autre après le rabattement des plans. Nous ne nous arrêterons pas sur le facile examen des positions relatives que peuvent prendre ces deux cercles suivant celle qu'affecte le centre dans l'espace, depuis le cas que nous venons de signaler jusqu'à celui dans lequel les deux cercles viennent se confondre l'un avec l'autre, ce qui arriverait évidemment si le centre était situé sur la ligne de terre.

32. Comme nous l'avons fait pour le cylindre et le cône, proposons-nous de déterminer la projection verticale d'un point de la surface sphérique, connaissant la projection horizontale k de ce point.

Nous supposerons à cet effet que par ce point passe un cercle horizontal qui a son centre projeté en c, et dont le rayon est la longueur ck. Ce cercle étant tracé dans le plan horizontal, reportons son diamètre dans le plan vertical et parallèlement à la ligne de terre en $s't'$. C'est sur ce diamètre, projection du plan de ce petit cercle, que se trouve la projection verticale k' du point projeté horizontalement en k, et cette projection se déterminera par un simple report perpendiculaire à la ligne de terre.

On trouve une seconde solution en k'', et l'on comprend en effet que la sphère est percée en deux points par une verticale quelconque qui la traverse.

Remarquons enfin que les rayons de la sphère qui correspondent aux deux points projetés horizontalement en k ont eux-mêmes pour projection $(ck, c'k')$ et $(ck, c'k'')$.

Il est à peine besoin de faire observer que, si le point k se trouvait sur la circonférence cm elle-même, auquel cas le point k lui-même serait sur le grand cercle horizontal de la sphère, il suffirait de projeter le point k sur le diamètre $m'n'$ par une perpendiculaire à la ligne de terre.

TENUE DES BUREAUX DES INGÉNIEURS.

33. L'Administration a longtemps laissé aux ingénieurs le soin de régler les détails de l'organisation intérieure de leurs bureaux. A l'exception de quelques prescriptions générales relatives à la tenue des inventaires, elle s'était bornée à donner des instructions spéciales pour quelques services particuliers.

Le mode d'enregistrement des affaires, les moyens employés pour en suivre la marche et en presser l'expédition, les dispositions admises pour fixer la trace de tous les résultats obtenus, soit dans l'exécution des travaux, soit dans l'examen des questions administratives, et pour en conserver la tradition, avaient été réglés par les ingénieurs en chef, et ceux-ci, placés à des points de vue différents, avaient suivi naturellement des méthodes diverses jusqu'au moment où, le 28 juillet 1852, une instruction générale est venue régulariser cette organisation et y introduire une désirable uniformité.

La rédaction de cette instruction a été récemment remaniée et améliorée dans quelques-unes de ses parties. Nous donnons ci-après le texte nouveau, qui porte la date du 31 octobre 1879 et qui, comme le précédent, a été accompagné d'une série de formules ou modèles destinés à en faciliter l'application.

Instruction sur la tenue des bureaux des ingénieurs des Ponts et Chaussées.

CHAPITRE I. ENREGISTREMENT DES AFFAIRES. — ART. 1. Toutes les affaires qui sont adressées aux ingénieurs, soit hiérarchiquement, soit par des personnes étrangères à l'Administration des Ponts et Chaussées, et celles dont les ingénieurs prennent eux-mêmes l'initiative sont inscrites, à mesure qu'elles se produisent, sur des registres d'ordre. Il n'est fait d'exception à cette règle que pour les pièces de comptabilité qui sont portées sur les livres spéciaux prescrits par les règlements.

SERVICE DE L'INGÉNIEUR EN CHEF. — ART. 2. *Registres d'ordre*. L'ingénieur en chef fait tenir dans son bureau :

1° Un registre d'ordre des affaires diverses, modèle n° 1.

2° Un registre d'ordre des permissions de voirie et des indemnités de terrains auxquelles ces permissions peuvent donner lieu, modèle n° 2.

3° Un registre d'ordre des procès-verbaux de contraventions et délits, modèle n° 3.

4° Un registre d'ordre des affaires du service hydraulique, usines, irrigations, curages, dessèchements, drainages, police des cours d'eau non navigables ni flottables, modèles n°° 4 et 4 *bis*.

Ce dernier registre se divise en deux parties :

La première comprend toutes les affaires du service hydraulique, de quelque nature qu'elles soient ; la deuxième comprend seulement celles qui donnent lieu à une instruction conforme à la circulaire du 23 octobre 1851. Ces affaires, déjà inscrites dans la première partie, seront continuées dans la deuxième à partir de la première enquête.

Chaque partie du registre a une série spéciale de numéros d'ordre.

ART. 3. Pour chaque espèce de registre, la même série de numéros d'ordre est suivie pendant une période de cinq années au moins, quel que soit le nombre des renouvellements des volumes. La durée de cette période pourra être augmentée suivant l'importance des services ; elle devra prendre terme à la fin d'une année.

ART. 4. *Répertoires*. A chacun des quatre registres d'ordre correspond un répertoire, qui comprend toutes les affaires inscrites sur ce registre.

Le répertoire forme un seul volume pour chacune des périodes dont il a été question dans l'article précédent.

Toutes les inscriptions des différentes colonnes du répertoire doivent être séparées par années.

Le répertoire des affaires diverses (modèle n° 5) sera dressé d'après les titres des sections de l'inventaire des archives (*voir* modèle n° 26), pour lesquelles il n'existe pas de registre d'ordre spécial. On établira dans chaque section les subdivisions nécessaires.

Le répertoire des affaires de voirie (modèle n° 5 *bis*) contiendra, par ordre alphabétique, les noms des propriétaires ou des pétitionnaires, suivis de l'indication de la route ou rivière, etc., et de la commune. Des articles y seront ouverts, en outre, à chaque route, de manière à faciliter le classement des affaires dans les archives.

Le répertoire des contraventions et délits (modèle n° 5 *ter*) contiendra, par ordre alphabétique, les noms des contrevenants ou délinquants, portés, suivant la nature de l'affaire (grande voirie, police du roulage, pêche, simple police), dans l'une des quatre colonnes qui correspondent à la même lettre de l'alphabet.

Le répertoire des affaires du service hydraulique (modèle n° 5 *quater*) sera dressé de même par ordre alphabétique et contiendra les noms des pétitionnaires, suivis de l'indication du cours d'eau et de la commune, avec les numéros d'ordre différents qui peuvent correspondre, dans les deux parties du registre d'ordre, à une même affaire. De plus, des articles y seront ouverts à chaque bassin formé par un cours d'eau principal et ses affluents, afin de recevoir, outre les affaires déjà classées par ordre alphabétique, celles qui ne correspondent à aucun nom propre.

Les feuillets des répertoires sont découpés de manière à laisser apparent le signet portant la lettre de l'alphabet ou le titre du chapitre auquel ils se rapportent.

L'inscription de l'affaire sur le répertoire est constatée par un pointage dans la colonne des numéros d'ordre du registre correspondant. On y met un ou deux signes de convention, suivant que l'affaire, d'après la classification adoptée, est portée sur un ou deux articles du répertoire.

Art. 5. *Registre matricule des ingénieurs, conducteurs et agents.* L'ingénieur en chef fait, en outre, tenir dans son bureau un registre matricule du personnel de son service, modèle n° 6.

Ce registre est divisé en deux parties :

La première comprend les ingénieurs.

La deuxième, les conducteurs et agents qui doivent figurer dans les comptes du personnel dressés pour la tournée de l'inspecteur général.

L'état civil de chaque fonctionnaire ou agent y est inscrit, ainsi que l'époque de la nomination à chaque grade et l'indication sommaire des services rendus.

Les noms sont portés à la suite, dans chaque partie, par ordre d'arrivée dans le service et sans distinction de grade.

Une Table alphabétique sera annexée au registre, de manière à faciliter les recherches.

Art. 6. *Extrait du registre matricule à délivrer à chaque fonctionnaire ou agent.* Il est délivré par l'ingénieur en chef en fonctions un extrait du registre, en ce qui le concerne, à chaque ingénieur ou agent qui quitte le service, modèle n° 7.

Cet extrait est communiqué à l'ingénieur en chef du nouveau service auquel l'ingénieur ou l'agent est attaché, pour être reporté sur le registre matricule de ce service.

Art. 7. *Registre des tournées de l'ingénieur en chef. Feuilles signalétiques.* L'ingénieur en chef tient personnellement :

1° Un registre de ses tournées sur toutes les parties des routes, rivières, etc., soumises à sa surveillance, modèle n° 8.

Il y inscrit sommairement les observations recueillies dans ses tournées.

2° Les feuilles signalétiques individuelles, modèles n°° 9 et 9 *bis*, des ingénieurs, conducteurs et employés secondaires portés sur le registre matricule.

Le registre des tournées et le dossier des minutes des feuilles signalétiques restent constamment entre les mains de l'ingénieur en chef; ils sont remis directement par lui à son successeur ou conservés sous scellés jusqu'à l'arrivée de ce dernier.

Service de l'ingénieur ordinaire. — Art. 8. *Registres d'ordre.* L'ingénieur ordinaire fait tenir dans son bureau :

1° Un registre d'ordre des affaires diverses, modèle n° 10.

2° Un registre d'ordre des permissions de voirie et des indemnités de terrains auxquelles ces permissions peuvent donner lieu, modèle n° 11.

3° Un registre d'ordre des procès-verbaux de contraventions et délits, modèle n° 12.

Lorsque les procès-verbaux sont adressés directement au sous-préfet ou à d'autres magistrats, l'ingénieur en donne en même temps avis à l'ingénieur en chef, modèle n° 13.

4° Un registre d'ordre des affaires du service hydraulique, modèles n°° 14 et 14 *bis*.

Les dispositions prescrites pour la tenue des registres de l'ingénieur en chef et des répertoires correspondants sont applicables au service de l'ingénieur ordinaire.

Art. 9. *Registre des ordres de service donnés aux entrepreneurs.* L'ingénieur ordinaire fait tenir un registre des ordres de service aux entrepreneurs, modèle n° 15.

Les ordres donnés aux divers entrepreneurs, avant et pendant l'exécution des travaux, y sont inscrits par ordre chronologique, sans lacune et sans classification.

Ces ordres sont portés immédiatement à la connaissance de l'entrepreneur et lui sont notifiés, modèle n° 16, au domicile qu'il a élu, par un agent de l'Administration; mention est faite sur le registre du nom de l'agent et de la date de la notification.

Il est formé, à la fin du registre, un répertoire dans lequel les ordres de service relatifs à chaque entreprise sont indiqués par leurs numéros et leurs dates.

Art. 10. Sur les chantiers assez importants pour qu'un bureau y soit affecté et qu'un conducteur y soit placé à demeure, il pourra être ouvert un registre spécial d'ordres de service, semblable au registre général, sur lequel le conducteur détaché copiera les ordres qu'il reçoit de l'ingénieur et inscrira en outre ceux qu'il pensera devoir donner à l'entrepreneur; il prendra soin d'adresser un duplicata de ces derniers ordres de service à l'ingénieur, qui, en cas d'approbation, les fera inscrire sur le registre d'ordre général de son arrondissement.

Art. 11. *Registre des nivellements.* L'ingénieur ordinaire fait tenir un registre des nivellements, modèle n° 17.

Les résultats de toutes les opérations faites pour les besoins du service y sont inscrits.

Les nivellements sont toujours rattachés à des points fixes, choisis avec soin, et, s'il y a lieu, à des repères placés à cet effet par les agents de l'Administration. Ils sont rapportés au plan de comparaison du nivellement général de la France, ou, lorsqu'il est impossible de les rattacher immédiatement à des repères dont la position a été déterminée avec exactitude, à un plan de comparaison arbitraire, en ayant soin d'opérer la transformation aussitôt que les exigences du service le permettent.

Lorsqu'il y a un plan de comparaison adopté pour le département ou pour la localité dans laquelle se font les opérations, les cotes de nivellement, par rapport à ce plan, sont inscrites dans une colonne spéciale.

Il est fait mention sur le registre de la date des opérations et du nom des agents qui les ont faites ou vérifiées.

Art. 12. *Atlas des dessins d'exécution.* L'ingénieur ordinaire fait faire les dessins des ouvrages d'art exécutés dans la campagne.

Ces dessins, rapportés sur des feuilles de dimensions uniformes, sont signés de l'ingénieur ordinaire, reçoivent un numéro d'ordre et sont réunis en atlas. Une table est dressée en tête de l'atlas et reçoit la mention des feuilles qui y sont réunies.

Les plans, coupes et élévations de toutes les parties des ouvrages seront figurés d'après les échelles prescrites pour les projets, avec les dimensions exactes données dans l'exécution. On y inscrira les cotes qui seraient nécessaires. On indiquera sur les coupes la nature et l'épaisseur des couches de terrain dans lesquelles les fondations sont engagées, ainsi que les sondages qui auraient été faits, soit avant, soit pendant l'exécution des travaux.

On ajoutera, s'il y a lieu, une notice relatant les principales difficultés d'exécution et les dépenses de construction.

Art. 13. *Registre matricule des ingénieurs, conducteurs et agents.* L'ingénieur ordinaire fait tenir dans son bureau un registre matricule des conducteurs et agents employés dans son service, modèle n° 6.

Art. 14. *Registre des tournées de l'ingénieur ordinaire. Feuilles signalétiques.* L'ingénieur ordinaire tient personnellement :

1° Un registre de ses tournées sur toutes les parties de routes, rivières, etc., soumises à sa surveillance, modèle n° 8.

Il y inscrit sommairement les observations recueillies dans ses tournées.

2° Les feuilles signalétiques individuelles, modèle n° 9 *bis*, des conducteurs et employés secondaires portés sur le registre matricule.

Le registre des tournées et le dossier des minutes des feuilles signalétiques restent constamment entre ses mains et sont remis à son successeur, comme il est dit pour les registre et dossier correspondants de l'ingénieur en chef.

DISPOSITIONS COMMUNES AU SERVICE DE L'INGÉNIEUR EN CHEF ET A CELUI DE L'INGÉNIEUR ORDINAIRE. — **Art. 15.** *Chaque affaire doit recevoir un timbre.* En même temps qu'elle est inscrite sur le registre d'ordre, chaque affaire reçoit un timbre de forme ovale, portant en encre bleue :

Pour l'ingénieur en chef,

Ponts et Chaussées.

Département de . . . . *ou Service de* . . . .

Ingénieur en chef.

Pour l'ingénieur ordinaire,

Ponts et Chaussées.

Département de . . . . *ou Service de* . . . .

Arrondissement de . . . .

Ingénieur ordinaire.

On y inscrit, avec la date de l'enregistrement, le numéro d'ordre de l'affaire, précédé de la lettre indicative du registre auquel ce numéro se rapporte.

Art. 16. Chaque dossier doit donner lieu à l'ouverture d'un bordereau, modèle n° 19. Les pièces, après avoir été numérotées par ordre de dates, y sont inscrites avec leurs numéros.

Le timbre d'enregistrement est apposé sur le bordereau.

Le dossier est subdivisé, s'il y a lieu, en plusieurs parties ; et, dans ce cas, les bordereaux de détail de chaque partie, distingués par les lettres A, B, C, D, . . . , sont compris dans un bordereau général, modèle n° 19 *bis*.

CHAPITRE II : TRANSMISSION DES PIÈCES. INSTRUCTION DES AFFAIRES. — **Art. 17.** *Transmission des pièces à l'ingénieur ordinaire.* L'ingénieur en chef, en transmettant une affaire à l'ingénieur ordinaire, soit pour loi demander des renseignements ou son avis, soit à titre de simple communication, indique les motifs de la transmission. L'ordre de transmission est inscrit sur la pièce qui a reçu le timbre d'enregistrement ou sur le bordereau; il est daté et signé. L'ingénieur en chef y ajoute, s'il y a lieu, des instructions spéciales, soit sur la pièce même, soit, au besoin, par une lettre d'envoi.

ART. 18. *Demande de renseignements au conducteur.* Lorsqu'il y a lieu, pour l'instruction d'une affaire, de demander des renseignements à un conducteur, l'ingénieur ordinaire lui adresse, avec les pièces qu'il est utile de lui communiquer, un ordre de service, modèle n° 20.

Les renseignements, plans et profils nécessaires sont rapportés sur la feuille même qui porte l'ordre de service, et, s'il y a lieu, sur des feuilles annexes.

L'ordre de service est ensuite renvoyé par le conducteur et conservé dans le bureau de l'ingénieur ordinaire.

ART. 19. Lorsqu'une pièce lui est adressée à titre de communication, l'ingénieur ordinaire, par une annotation mise sur la pièce même, datée et signée de lui, constate qu'il a pris copie ou extrait de la pièce communiquée. Lorsque son avis ou des renseignements lui sont demandés, il produit un rapport qui est annexé aux pièces du dossier.

L'ingénieur en chef y joint son avis ou y appose un simple visa, en indiquant qu'il adopte les conclusions de l'ingénieur ordinaire.

ART. 20. Les rapports et les lettres des ingénieurs sont inscrits sur des feuilles de papier à têtes imprimées, modèles n° 21 et 22.

ART. 21. Les dates de toutes les pièces seront inscrites ou reproduites en haut de la première page, à droite.

ART. 22. *État des affaires en retard.* Le 10 de chaque mois, l'ingénieur en chef adresse à l'ingénieur ordinaire l'état des affaires en retard dans son arrondissement, modèle n° 23.

Les délais nécessaires pour l'instruction de chaque espèce d'affaires sont provisoirement fixés par l'ingénieur en chef.

L'ingénieur ordinaire indique sur cet état la situation et l'époque présumée de l'expédition de chaque affaire. Il y fait, en outre, inscrire, à la quatrième page, les affaires de toute nature qui lui ont été adressées avant la fin du mois précédent par d'autres personnes que par l'ingénieur en chef, et auxquelles il n'a pas encore répondu.

L'état est renvoyé dans les cinq jours à l'ingénieur en chef.

ART. 23. Le résumé des états des affaires en retard adressés dans le cours d'une année à chaque ingénieur ordinaire, modèle n° 24, est joint au compte rendu de l'inspecteur général sur la tenue des bureaux.

CHAPITRE III : CONSERVATION DES ARCHIVES ET DES OBJETS APPARTENANT A L'ÉTAT. — ART. 24. *Composition et arrangement des papiers et des dessins du service courant.* On aura soin d'établir une identité parfaite entre les minutes et les expéditions.

Ces pièces doivent porter les mêmes dates, les mêmes titres, le même timbre d'enregistrement et le même numéro d'ordre du registre.

Les minutes sont, ainsi que les pièces reçues par les ingénieurs et qui doivent rester dans leurs bureaux, classées par nature d'affaires et conservées dans des cartons étiquetés.

Elles sont numérotées par ordre chronologique et recouvertes d'une chemise de dossier, modèle n° 25 *bis*, sur laquelle on inscrit le numéro, la date et la désignation sommaire de chacune des pièces.

On reporte, en outre, sur la pièce même, l'indication abrégée du titre du dossier, toutes les fois que le titre ou la nature de la pièce ne suffisent pas pour faire immédiatement reconnaître à quel dossier elle appartient.

Chaque dossier se subdivise, s'il y a lieu, en plusieurs liasses, dont chacune est recouverte par une chemise, modèle n° 25. Dans ce cas, on se borne à inscrire sur la chemise enveloppe du dossier, modèle n° 25 *bis*, le titre de chaque liasse.

Art. 25. *Composition et arrangement des archives.* Tous les plans, dessins, projets, mémoires, titres et papiers, alors qu'ils se rapportent à des affaires des exercices antérieurs dont l'instruction ou la liquidation est terminée, et qu'ils ne sont pas d'ailleurs d'un usage habituel pour les besoins du service, font partie des archives.

Les archives sont inventoriées et classées par dossiers, suivant l'ordre de l'inventaire, dans des cartons d'un même format, placés debout comme les livres d'une bibliothèque.

Chaque dossier porte, avec un numéro d'ordre, l'indication de la section et du chapitre de l'inventaire des archives, ainsi que le numéro du carton dans lequel il doit être contenu.

Sur le dos de chaque carton on inscrit son numéro d'ordre, l'indication des sections et des chapitres de l'inventaire, le numéro d'ordre et le titre des dossiers qu'il renferme.

Art. 26. *Inventaire.* L'inventaire détaillé des archives et des objets appartenant à l'État sera divisé en deux sections :

La première comprendra les archives proprement dites, modèle n° 26.

La deuxième, les papiers et plans qui sont d'un usage habituel, les livres, cartes et plans, les instruments, le mobilier, les outils, machines et appareils appartenant à l'État.

Art. 27. *Inventaire des archives.* L'inventaire des archives formera un volume à part.

Les dossiers y seront portés par nature d'affaires, en suivant la nomenclature indiquée par la circulaire du 16 novembre 1869, qui est reproduite en tête du modèle n° 26.

Art. 28. *Inventaire des papiers et plans d'un usage habituel, des instruments et objets mobiliers appartenant à l'État.* La seconde section de l'inventaire comprendra cinq parties :

On portera dans la première les papiers et les plans qui sont d'un usage habituel pour les besoins du service, modèle n° 27; les pièces y seront classées comme il est dit à l'article 27 pour les archives.

Dans la deuxième, les livres et les cartes et plans qui ne se rapportent pas à des mémoires et projets classés, modèle n° 28.

Dans la troisième, modèle n° 29, les instruments qui appartiennent à l'État; on suivra, pour la rédaction de cette partie de l'inventaire, les instructions contenues dans la circulaire du 10 octobre 1849.

Dans la quatrième, modèle n° 30, les tableaux, bureaux, tablettes et cartons faisant partie du mobilier du bureau et appartenant à l'État.

Dans la cinquième, modèle n° 30 *bis*, les outils, machines et appareils de construction appartenant à l'État.

On suivra pour la rédaction de cette partie de l'inventaire les instructions contenues dans la circulaire du 5 juin 1868.

Il n'y aura, pour les deux sections de l'inventaire, qu'une seule série de numéros d'ordre. On réservera, à la suite de chaque section, de chaque partie et de chaque subdivision, les nombres de pages et de numéros d'ordre présumés nécessaires pour que le même registre puisse recevoir l'inscription de nouveaux cartons et dossiers ou de nouveaux articles pendant un assez grand nombre d'années.

Art. 29. Dans le premier trimestre de chaque année, les ingénieurs procèdent à l'examen des dossiers qui peuvent être mis aux archives, et les font porter sur l'inventaire.

Les livres, cartes, instruments et autres objets sont portés sur l'inventaire au moment de l'acquisition.

Art. 30. Une copie de l'inventaire de chaque arrondissement est remise à l'ingénieur en chef.

Chaque année, à la fin du premier trimestre, l'ingénieur ordinaire adresse à l'ingénieur en chef un état comprenant les nouveaux articles inscrits sur l'inventaire de son arrondissement, ainsi que les articles rayés pendant l'année, modèle n° 31.

Art. 31. Les chemises des dossiers, les livres, cartes et plans, reçoivent un timbre de forme circulaire portant, en encre noire :

Pour l'ingénieur en chef,

Ponts et Chaussées.
Département de .... ou Service de ....
Inventaire de l'ingénieur en chef.
N° ......

Pour l'ingénieur ordinaire,

Ponts et Chaussées.
Département de .... ou Service de ....
Arrondissement de ....
Inventaire de l'ingénieur ordinaire.
N° ......

Chaque pièce d'un dossier porte d'ailleurs un timbre de forme carrée relatant :

> Le n° du carton,
> du dossier,
> de la liasse,
> et de la pièce.

Les autres objets sont, autant que possible, marqués des lettres P. C., soit incrustées dans le bois, soit gravées sur le métal, et portent de même le numéro correspondant de l'inventaire, ou reçoivent tout au moins une étiquette numérotée avec le timbre de l'inventaire.

ART. 32. *Déplacement des pièces et objets portés sur l'inventaire*. Les pièces faisant partie des archives ne peuvent sortir des bureaux des ingénieurs qu'avec l'autorisation de l'ingénieur en chef.

Les instruments, outils, machines et autres objets portés sur l'inventaire ne peuvent être déplacés que pour les besoins du service, sur l'ordre de l'ingénieur ordinaire (bulletin d'autorisation à souche, modèle n° 33), et sur le reçu du fonctionnaire ou des agents à qui ils sont remis.

Le commis d'ordre du bureau tient un journal des déplacements, modèle n° 32. Il inscrit sur l'inventaire, dans la colonne d'observations, le numéro d'ordre du journal.

Lorsque les objets lui sont rendus, il remet à la personne intéressée un reçu détaché du bulletin à souche, modèle n° 33, après l'avoir signé pour décharge. Il passe un trait sur le numéro d'ordre inscrit dans la colonne d'observations de l'inventaire.

Les bulletins d'autorisation doivent être classés par ordre de dates et soigneusement conservés par le commis d'ordre dans un carton spécial.

ART. 33. Lorsqu'il est nécessaire de confier à un garde-magasin une partie des instruments, du mobilier, des modèles, outils, machines et appareils de construction appartenant à l'État, cet employé reçoit en même temps un extrait de l'inventaire certifié par l'ingénieur.

Il ne peut se dessaisir d'aucun objet que d'après l'ordre de l'ingénieur ou du conducteur délégué, et sur le reçu du dépositaire. Il procède d'ailleurs comme il est dit article 32.

La situation du dépôt qui lui est confié est vérifiée par les soins de l'ingénieur ordinaire, aux époques fixées par l'ingénieur en chef et au moins une fois par an.

Les résultats de cette vérification sont adressés à l'ingénieur en chef.

Lorsque les outils sont remis à des cantonniers pour leur service ordinaire, la désignation de ces outils est, en outre, inscrite sur leur livret.

ART. 34. L'ingénieur en chef peut retirer du bureau d'un arrondissement, pour les réunir à ses archives ou les affecter à un autre arrondissement, les papiers, plans, cartes, instruments, outils, etc., lorsqu'il juge que l'intérêt du service exige cette nouvelle affectation.

Il en est alors fait mention sur l'inventaire de l'arrondissement, en regard de l'inscription des pièces ou objets, par une note que l'ingénieur en chef vise lors de sa tournée.

Art. 35. L'ingénieur en chef envoie à chaque ingénieur ordinaire le catalogue des livres, cartes et mémoires généraux ou particuliers de ses archives et de celles des autres ingénieurs, afin que chacun puisse demander en communication les livres et les documents qu'il a besoin de consulter.

Chapitre IV : Conservation et mouvement des matières approvisionnées dans les magasins de l'État. — Art. 36. *Magasins.* Sur les travaux où il est nécessaire d'avoir un magasin pour y renfermer les matières appartenant à l'État qui sont destinées à être mises en œuvre ultérieurement, un employé est préposé à la garde du magasin. Il est chargé de la conservation des matières et en est responsable.

Les matières sont disposées dans le magasin de la manière la plus propre à en faciliter la reconnaissance et la vérification.

Le préposé tient un journal, modèle n° 34, et un registre, modèle n° 35, destinés à faire connaître tous les objets dont se compose le magasin et tous les mouvements que ces objets viennent à éprouver.

Il inscrit sur le journal, par ordre chronologique, sans lacune et sans classification, toutes les entrées et les sorties des matières.

Le registre est divisé en deux parties :

La première comprend la nomenclature, dans un ordre méthodique, de toutes les matières, chaque objet recevant un numéro d'ordre spécial qui ne doit jamais être changé. À la suite des inscriptions de chaque série d'objets, il est réservé un certain nombre de numéros d'ordre, afin de pouvoir porter dans la nomenclature les objets nouveaux qui entreraient en magasin. Si les numéros réservés ne suffisent pas, on fait usage de numéros plus élevés que ceux de la dernière série de la nomenclature.

Des étiquettes placées dans le magasin indiquent le numéro d'ordre de chaque objet.

La deuxième partie comprend les comptes ouverts à chacune des espèces de matières du magasin. Il est réservé, pour chaque espèce, une ou plusieurs pages, suivant la fréquence des mouvements auxquels elle peut donner lieu.

Art. 37. Aucun objet ne doit entrer en magasin sans un bon d'entrée, modèle n° 36, détaché d'un registre à souche, signé par l'ingénieur ou par le conducteur autorisé par l'ingénieur en chef, sur la proposition de l'ingénieur ordinaire.

Aucun objet ne peut sortir du magasin que sur un bon, modèle n° 37, signé de l'ingénieur ou du conducteur autorisé.

Les bons d'entrée et de sortie sont imprimés sur des papiers de couleurs différentes.

Le préposé à la garde du magasin donne un reçu à la personne qui lui remet les objets; il exige un reçu de celle à qui il les remet.

ART. 38. Les diminutions de quantités par suite de déchets, d'avaries, de pertes résultant d'accident ou de toute autre cause dûment constatée, sont portées en sortie d'après les bons qui sont signés par l'ingénieur ordinaire et approuvés par l'ingénieur en chef.

ART. 39. À la fin de chaque semestre, et plus souvent si cela est jugé nécessaire, le préposé adresse à l'ingénieur ordinaire un état général de la situation du magasin, modèle n° 38.

ART. 40. L'ingénieur ordinaire transmet à l'ingénieur en chef, le 25 des mois de janvier et de juillet, après l'avoir vérifié, l'état semestriel de la situation du magasin.

CHAPITRE V : MESURES A PRENDRE EN CAS DE REMPLACEMENT OU DE DÉCÈS D'UN INGÉNIEUR. — ART. 41. Lorsqu'un ingénieur est remplacé, il doit, avant son départ, procéder à la vérification des archives et des objets portés sur l'inventaire, de concert avec son successeur. Il lui en fait en même temps la remise.

Le nouvel ingénieur donne son reçu sur une des dernières pages de l'inventaire. Il y ajoute, s'il y a lieu, des observations qui sont visées par son prédécesseur.

ART. 42. L'ingénieur partant remet en outre tous les dossiers et les registres tenus conformément aux instructions, ainsi que les livres de comptabilité et les pièces à l'appui.

Un procès-verbal, dressé contradictoirement entre les deux ingénieurs, contient la désignation de toutes les pièces dont la remise n'a pas été opérée.

ART. 43. Lorsqu'un ingénieur est obligé de partir avant l'arrivée de son successeur, il fait provisoirement la remise des archives, si c'est un ingénieur en chef, à l'ingénieur ordinaire du chef-lieu; et, si c'est un ingénieur ordinaire, à l'ingénieur d'un arrondissement voisin ou à un conducteur désigné par l'ingénieur en chef.

ART. 44. En cas de décès d'un ingénieur ordinaire ou d'un ingénieur en chef, un ingénieur ordinaire désigné par l'ingénieur en chef, dans le premier cas, ou la personne désignée par le Ministre, dans le second cas, procède sans délai au récolement de l'inventaire des bureaux, à l'enlèvement des objets y énoncés, et au séquestre et enlèvement provisoire, ainsi qu'au triage de tous les plans, mémoires et cartes relatifs à l'Administration des Ponts et Chaussées.

Si, parmi les papiers, cartes et plans appartenant à la succession, il s'en trouve qui puissent être utiles au service des Ponts et Chaussées, ils seront retenus en en payant la valeur, conformément à l'article 3 de l'arrêté du 13 nivôse an X.

CHAPITRE VI : SURVEILLANCE EXERCÉE PAR L'INGÉNIEUR EN CHEF ET PAR L'INSPECTEUR DE LA DIVISION. — ART. 45. *Visite annuelle des bureaux des ingénieurs ordinaires par l'ingénieur en chef.* Du 1er mars au 1er mai de chaque année, l'ingénieur en chef procède à la visite du bureau de chacun des ingénieurs ordinaires sous ses ordres.

Il vise et arrête tous les registres prescrits pour la tenue des bureaux, l'inventaire et le registre du magasin, ainsi que les livres de comptabilité et les pièces élémentaires qu'il juge utile de consulter.

Il rend compte des résultats de ses vérifications dans deux procès-verbaux séparés, le premier se rapportant à la tenue des bureaux, modèle n° 39, et le second à la comptabilité, modèle n° 40.

Ces procès-verbaux sont annexés au compte de tournée remis à l'inspecteur de la division.

Art. 46. *Tournée de l'inspecteur général.* L'inspecteur de la division s'assure que les différents registres et livres de comptabilité prescrits par les instructions sont régulièrement tenus, tant dans les bureaux de l'ingénieur en chef que dans ceux des ingénieurs ordinaires.

Il vise ces registres.

Il s'assure que tous les dessins des ouvrages d'art exécutés dans la campagne précédente sont rapportés sur l'atlas. Il désigne, parmi les dessins de l'atlas, ceux dont il juge utile de faire adresser une copie au Ministère des Travaux publics.

Il s'assure que les inventaires sont à jour, les pièces classées avec exactitude et les dessins rangés et conservés avec soin.

Il donne enfin toutes les instructions qui lui paraissent nécessaires pour que les dispositions prescrites pour la comptabilité et pour la tenue des bureaux soient appliquées avec uniformité.

Art. 47. La présente instruction remplace et annule celle du 28 juillet 1852.

DOCUMENTS RELATIFS A L'ENTRÉE DANS LE CORPS DES CONDUCTEURS.

34. On trouvera ci-après l'arrêté que M. le Ministre des Travaux publics a pris le 7 septembre 1880 pour réformer et compléter les dispositions relatives aux examens pour l'admission dans le corps des Conducteurs des Ponts et Chaussées. Les candidats y verront de quelles minutieuses précautions s'entoure l'Administration pour assurer la sincérité des épreuves, et pour que le succès ne couronne que les sujets méritants et sérieusement préparés.

Le Ministre des Travaux publics,

Arrête :

Art. 1. — Un concours a lieu tous les ans pour l'admission dans le corps des conducteurs des Ponts et Chaussées. Il consiste dans deux examens passés, le premier au chef-lieu de chaque département, et le second dans certaines villes préalablement désignées par l'Administration.

L'époque à laquelle commencent les opérations du concours est fixée chaque année. Un avis inséré au *Journal officiel de la République* fait connaître cette époque, ainsi que les villes désignées pour les examens du second degré.

Toutes les épreuves sont publiques.

ART. 2. — Nul n'est admis à prendre part au concours s'il n'est français ou naturalisé français, et s'il n'est âgé de plus de dix-huit ans et de moins de trente ans au 1er janvier de l'année dans laquelle aura lieu le concours. Toutefois, les militaires ayant passé cinq ans sous les drapeaux dans l'armée active et les employés secondaires qui, à l'âge de trente ans, comptaient plus de deux ans de services, pourront concourir jusqu'à trente-cinq ans. La limite d'âge est portée à trente-six ans pour les sous-officiers des armées de terre et de mer remplissant les conditions énoncées à l'article 1 de la loi du 24 juillet 1873.

ART. 3. Les demandes d'admission au concours doivent être adressées au Ministre avant le 1er janvier.

Elles seront accompagnées :

1° De l'acte de naissance du candidat.

2° D'une note fournissant les indications suivantes : nom et prénoms ; lieu et date de naissance ; qualité, grade et traitement ; service et résidence ; emploi auquel le candidat est habituellement affecté ; date de la nomination à chaque grade ; services civils et militaires ; emplois antérieurs.

3° Des diplômes et certificats qui auraient pu lui être délivrés.

Si les candidats sont déjà au service de l'Administration, les demandes seront, en outre, appuyées par leurs chefs hiérarchiques. Les candidats étrangers à l'Administration devront les adresser par l'intermédiaire de l'un des ingénieurs en chef du département où ils résident.

L'Administration arrête la liste des candidats qui pourront se présenter au concours.

ART. 4. — Les examens tant du premier que du second degré portent sur les connaissances ci-après ; la valeur relative assignée à chacune des parties du programme, à raison de son étendue et de son importance, au point de vue du service des conducteurs, est fixée comme il suit :

CONNAISSANCES EXIGÉES.

Valeurs relatives.

1° *Écriture courante nette et très lisible.* — (Les candidats devront faire des copies de la dictée et de l'avant-métré.)...   4

2° *Principes de la langue française.* — (Indépendamment

A reporter........   4

Report.................

d'une dictée destinée à constater qu'ils savent l'orthographe, les candidats auront à rédiger un Rapport sur une affaire de service.)...   5

3° *Arithmétique*. — Numération décimale, addition, soustraction, multiplication, division des nombres entiers et décimaux; preuves de ces opérations.

Propriétés des nombres premiers, plus grand commun diviseur, plus petit commun multiple, fractions ordinaires et décimales.

Extraction des racines carrées.

Système légal des poids et mesures.

Résolutions de problèmes, questions d'intérêt, d'escompte, de société et d'alliage.

Proportions et progressions...........................   5

4° *Algèbre*. — Addition et soustraction des polynômes. — Multiplication et division des monômes et des polynômes. — Équations du premier degré à une ou plusieurs inconnues. — Équations du second degré à une inconnue.

Théorie des logarithmes et usage des Tables...........   2

5° *Géométrie*. — Préliminaires. — Égalité des triangles. — Droites, perpendiculaires, obliques, parallèles. — Parallélogrammes, polygones. — Lignes proportionnelles, triangles semblables.

Mesure des angles. — Contact et intersection des cercles. — Tangentes et sécantes du cercle. — Polygones inscrits et circonscrits au cercle. — Aire des polygones et du cercle.

Propositions relatives à la ligne droite et au plan. — Plans perpendiculaires et parallèles. — Angles dièdres et trièdres.

Tétraèdres. — Pyramides. — Parallélépipèdes, prismes. — Polyèdres égaux et semblables. — Aire et volume du cône droit, du cylindre droit et de la sphère.

Représentation graphique des faits météorologiques, des données de la Statistique et autres........................   5

6° *Mécanique*. — Composition et décomposition des forces parallèles concourantes ou dirigées d'une manière quelconque dans l'espace. — Détermination des centres de gravité.

Mouvement uniforme. — Mouvement accéléré. — Vitesse. — Forces. — Inertie. — Masse. — Mesure des forces. — Composition et décomposition des forces. — Travail des forces. — Kilogrammètre.

Machines. — Frottement. — Travail et équilibre des forces dans les machines à mouvement uniforme. — Plan incliné, levier, balance, treuil, vis, poulies fixes et mobiles, moufles.   2

7° *Trigonométrie rectiligne*. — Partie orale. — Lignes tri-

A reporter........   23

Valeurs relatives.

Report................   2)

gonométriques. — Relations entre les lignes trigonométriques
d'un arc. — Principales formules trigonométriques.

Usage des Tables.

Résolution des triangles. — Évaluation de leur surface.

Composition écrite. — Calcul d'un triangle donné à l'aide
des logarithmes................................   2

8° *Géométrie descriptive.* — Méthode des projections.

Questions relatives à la ligne droite et au plan.

Mode de représentation des cylindres, cônes et sphères sur
les plans de projection......................   3

9° { *Dessin graphique*..................... 3 }
    { *Croquis à main levée*.................. 2 }   3

10° *Lever des plans.* — Partie orale. — Mesure des distances : chaîne d'arpenteur, stadia. — Réduction à l'horizontale des distances mesurées sur les pentes.

Mesure des angles : équerre d'arpenteur, alidade, grapho-
mètre, boussole. — Usage et vérification des instruments.

Lever à l'équerre, à la planchette, à la boussole et au gra-
phomètre. — Rapport et dessin des plans. — Indication des
échelles adoptées dans le service des Ponts et Chaussées. —
Copie et réduction de plans.

Tracé d'un axe sur le terrain, piquetage, alignements,
courbes. — Plan parcellaire.

Opération sur le terrain. Lever d'un plan...............   4

11° *Nivellement.* — Partie orale. — Niveau d'eau. — Niveau
à bulle d'air. — Niveaux d'Egault et de Lenoir. — Mire à
coulisse. — Mire parlante. — Usage et vérification des
instruments.

Opération du nivellement. — Carnet. — Calcul des cotes
de hauteur rapportées à un plan général de comparaison.

Modes de représentation du terrain adoptés dans le service
des Ponts et Chaussées. — Dessin du profil en long, des
profils en travers. — Plans cotés. — Tracé des profils sur le
terrain. — Indication des points de hauteur pour les déblais
et les remblais.

Niveau de pente de Chézy; son emploi pour tracer sur le
terrain une ligne d'une pente déterminée.

Opération sur le terrain. — Nivellement au niveau à bulle
d'air...   4

12° *Cubature des terrasses et mouvement des terres.* — Partie
orale. — Évaluation du cube des terrassements : 1° par la
méthode dite exacte; 2° par les méthodes expéditives. —

A reporter........   40

Valeurs relatives.

Report............ 49

Usage des Tables dressées par ordre de l'Administration.

Règles générales pour la répartition des déblais. — Divers modes de transport. — Formules qui fixent la limite des distances entre lesquelles il convient de préférer tel ou tel mode de transport. Détermination de la distance moyenne des transports.

Tableau du mouvement et de la répartition des déblais et des remblais... 1

Compositions écrites { Calcul des terrasses........ 2 } 5
                     { Métré d'un ouvrage d'art.. 2 }

13° *Pratique des travaux et du service.* — Notions sur les qualités et les défauts des matériaux, sur leur emploi dans les maçonneries, charpentes en fer et en bois, sur les travaux d'entretien des routes, sur la fondation des ouvrages d'art et sur la pratique des travaux en général.............. 3

Règlements sur la comptabilité des conducteurs; clauses et conditions générales imposées aux entrepreneurs. — Règlement des cantonniers. 6

Instruction sur la tenue des bureaux des ingénieurs. 3

Les candidats seront en outre interrogés sur les travaux auxquels ils ont pris part ou sur les services spéciaux auxquels ils ont été attachés.

Total............ 50

Aptitude spéciale (*).. 2 } 5
Services rendus dans l'Administration (*)............... 3 }

Les candidats possédant des connaissances plus étendues que celles du programme peuvent demander qu'elles soient constatées par les examinateurs du premier degré.

Art. 5. — Afin d'arriver à une appréciation exacte et comparative du mérite des candidats, il est attribué à chacune de leurs réponses ou des parties de leur travail une valeur numérique exprimée par des chiffres qui varient de 0 à 20 et qui ont respectivement les significations ci-après :

0 Néant.	12, 13, 14 Assez bien.
1, 2 Très mal.	15, 16, 17 Bien.
3, 4, 5 Mal.	18, 19 Très bien.
6, 7, 8 Médiocrement.	20 Parfaitement.
9, 10, 11 Passablement.	

(*) On cotera de 0 à 20, comme pour les autres parties, mais on retranchera 13 de la note. Il ne sera donc tenu compte que de l'excès de la note sur 13.

Une moyenne est établie d'après ces chiffres pour chaque partie du programme ; chacune de ces moyennes est multipliée par les nombres ou coefficients exprimant leur valeur relative, et la somme des produits donne le nombre total de points ou degrés obtenu pour l'ensemble des épreuves.

ART. 6. — Les épreuves du premier degré comprennent toutes les compositions écrites, le dessin et le croquis, ainsi que les opérations sur le terrain, et, en outre, un examen oral sur toutes les matières énumérées à l'article 4.

Ils s'ouvrent simultanément dans tous les départements au jour et suivant l'ordre fixés par l'Administration.

La Commission chargée, dans chaque département, des examens du premier degré est composée d'un ingénieur en chef, président, et de plusieurs ingénieurs ordinaires désignés par le Ministre ; ils sont pris parmi les ingénieurs attachés aux différents services du département.

Les sujets des compositions écrites sont les mêmes pour toute la France : ils sont envoyés, par l'Administration, au président de chaque Commission, sous enveloppes cachetées, qui sont ouvertes en présence des candidats au moment fixé pour chaque épreuve.

L'examen de chaque candidat fait l'objet d'un procès-verbal détaillé indiquant les questions posées sur les diverses parties du programme, et la manière dont elles ont été résolues.

Toutes les pièces écrites, les dessins, les plans et carnets de nivellement sont joints au procès-verbal.

Les procès-verbaux, accompagnés de ces pièces, sont transmis au Ministre, avec un Rapport sur l'ensemble des examens, et dans lequel les candidats sont classés suivant l'ordre de mérite que leur assigne le nombre de points qu'ils ont obtenu.

Le Ministre arrête, sur le vu des procès-verbaux, la liste des candidats admis à passer l'examen du second degré.

Nul ne peut être porté sur cette liste s'il n'a obtenu au moins :

1° La moitié du maximum pour chacun des articles 1, 2, 3, 5, 9, 10 et 11 du programme et pour les autres articles réunis.

2° Les deux tiers de ce même maximum pour l'ensemble de son examen.

ART. 7. — L'examen du second degré est exclusivement oral.

La Commission chargée des examens du second degré est composée de trois ingénieurs de tout grade, en activité ou en retraite, désignés par le Ministre. Elle se transporte successivement dans les différentes villes désignées comme centres d'examen, en suivant l'itinéraire fixé par l'Administration.

Le Ministre communique à la Commission les procès-verbaux des examens du premier degré et les compositions écrites des candidats admis à l'examen du second degré.

La Commission s'approprie les épreuves écrites et, après les avoir comparées entre elles, apprécie la valeur numérique qu'il y a lieu d'attribuer à chacune d'elles.

Lorsque les opérations de l'examen du second degré sont complètement terminées, la Commission dresse et remet au Ministre, en y joignant toutes les pièces du premier examen, une liste sur laquelle les candidats sont classés suivant l'ordre de mérite que leur assigne le résultat du concours pour toute la France. Le président y joint un Rapport général sur l'ensemble du concours.

Art. 8. — Si les candidats admissibles aux épreuves du second degré sont en trop grand nombre pour qu'une seule Commission de trois membres puisse les examiner tous, la Commission se subdivise en autant de Sous-Commissions de trois membres chacune qu'il est nécessaire.

La présidence de la Commission est alors dévolue à un inspecteur général.

Lorsque les opérations de chacune des Sous-Commissions sont terminées, l'inspecteur général réunit la Commission pour dresser une liste unique de classement des candidats par ordre de mérite.

Art. 9. — Nul ne pourra être inscrit sur la liste de classement définitif s'il n'a obtenu le nombre minimum de points fixé pour l'ensemble de l'examen au § 9 de l'article 6.

Art. 10. — Le nombre des admissions est fixé, pour chaque année, d'après le nombre prévu des vacances et les besoins présumés du service.

Art. 11. — L'admissibilité des candidats à l'emploi de conducteur est prononcée par le Ministre, d'après la liste de classement arrêtée par la Commission des examens du second degré.

Les candidats déclarés admissibles ne peuvent être nommés conducteurs que lorsqu'ils ont atteint l'âge de vingt et un ans révolus, et qu'ils ont satisfait aux obligations imposées par la loi militaire.

Cette déclaration d'admissibilité ne confère aux candidats aucun droit à une nomination immédiate; elle les met seulement en position d'être désignés, à l'exclusion de tous autres candidats, pour les emplois disponibles, soit dans le département où ils résident, soit dans tout autre département. L'Administration se réserve d'ailleurs la faculté de tenir compte, pour ces désignations, des convenances et des nécessités du service plutôt que du rang occupé par les candidats sur la liste d'admissibilité.

L'Administration pourra également soumettre à un stage, avant de les nommer conducteurs, les candidats admissibles qui n'auraient pas justifié d'une pratique suffisante du service, ou qui n'auront pas encore atteint l'âge voulu pour être pourvus du grade de conducteur. Ils recevront, pendant la durée de ce stage, le traitement d'agent secondaire de première classe et les allocations accessoires calculées sur le taux fixé pour les conducteurs.

Paris, le 7 septembre 1886.

H. VARROY.

35. Dans le but de venir en aide aux jeunes gens désireux d'embrasser la carrière des ponts et chaussées. l'Administration des travaux publics a résolu de faciliter leur instruction en instituant, dans les différents centres où le besoin s'en ferait sentir, des cours préparatoires pour les candidats à l'emploi de conducteur.

Par une circulaire du 5 août 1879, M. le Ministre des travaux publics a chargé les ingénieurs en chef du service ordinaire de chaque département de l'organisation et de la direction de ces cours, auxquels sont admis non seulement les employés déjà en exercice à un titre quelconque, mais encore les personnes étrangères qui seraient jugées susceptibles de les suivre avec succès.

Cette institution éminemment libérale, qui ne fonctionne que depuis bien peu de temps, a déjà produit de très bons résultats, et il n'est pas douteux que l'expérience acquise amène bientôt une uniformité désirable, et soit goûtée comme elle doit l'être par les personnes auxquelles elle s'adresse.

L'Administration s'occupe avec sollicitude de cette question; elle ne reculera certainement pas devant les dépenses, d'ailleurs relativement peu élevées, qu'il faudra faire pour attirer et retenir à ces leçons des auditeurs assidus et laborieux.

36. Enfin et c'est par là que nous finirons, voici l'extrait du décret du 17 août 1853 qui a réglé les conditions à remplir pour être admis en qualité d'*Employé secondaire des* Ponts et Chaussées.

Art. 6. — Nul ne peut être nommé employé secondaire des Ponts et Chaussées s'il n'a été déclaré admissible à la suite d'un examen sur les connaissances suivantes :

Écriture. — Principes de la langue française. — Arithmétique élémentaire. — Exposition du système métrique des poids et mesures. — Notions de Géométrie relatives à la mesure des angles, des surfaces et des solides. — Éléments de dessin linéaire.

Les candidats doivent être âgés de plus de dix-huit ans et de moins de vingt-huit ans au moment de l'examen.

Toutefois, les militaires porteurs d'un congé régulier pourront concourir jusqu'à trente-deux ans.

FIN DU TROISIÈME ET DERNIER VOLUME.

TABLE DES MATIÈRES

DU TROISIÈME VOLUME.

Pages.

Avertissement...   i

APPLICATIONS.

ROUTES.

Nᵒˢ.

1. **Préliminaires**..   1
2. **Tracé des routes.** — Alignements droits. — Courbes de raccordement. — Pentes, rampes, paliers, — Emploi des Tables de M. Favier
   pour le choix entre deux tracés. — Orientation....................   1
11. **Construction des routes.** — Terrassements et ouvrages d'art. —
   Profil en travers. — Chaussée. — Accotements. — Fossés...........   9
13. Murs de soutènement. — Contre-forts. — Barbacanes.............   10
19. **Chaussées en empierrement.** — Largeur, épaisseur. — Bombement
   de la chaussée..   13
21. Cylindrage des chaussées. — Rouleau compresseur...............   15
23. Rouleau compresseur à vapeur.....................................   18
25. **Chaussées pavées.** — Conditions essentielles d'une bonne chaussée
   pavée. — Formes, rangs, bordures.....................................   20
28. Poseurs et servants. — Outils de paveur. — Marteau, hie ou demoiselle..   22
30. **Plantations**..   23
31. Choix des essences..   24
32. Main-d'œuvre de la plantation......................................   24
33. **Entretien des routes**...   25
35. Organisation du service. — Cantonniers...........................   26
37. Règlement pour le service des cantonniers.......................   28
39. **Approvisionnement et conservation des fournitures.** — États d'indication provisoire, définitive. — Mise en demeure et en régie d'un
   entrepreneur retardataire. — Emmétrage, réception. — Sauterelle.   36

Nᵒˢ   Pages.

47. **Principes spéciaux d'entretien et de réparation des chaussées en empierrement.** — Circulaire ministérielle du 15 avril 1839. — Ébouage, épondrage, balayage. — Emploi des matériaux 43

48. Balais en jonc d'Amérique ou piassava 53

50. Tonneau d'arrosage 55

51. Voiture balayeuse 56

52. Remplissage des flaches. — Pilonnage 56

55. Mesurage de l'épaisseur des chaussées. — Sondages. — Règle de M. l'inspecteur général Mary 58

57. **Principes spéciaux d'entretien des chaussées pavées** 59

58. Repiquages 60

59. Relevés à bout 60

60. **Entretien des parties accessoires des routes.** — Accotements. — Trottoirs. — Fossés. — Talus. — Ouvrages d'art. — Plantations. — Bornes métriques. — Plaques et poteaux indicateurs 61

83. Classification des routes et chemins 75

PONTS.

1. **Préliminaires.** — Ponts, viaducs, aqueducs. — Ponts fixes, ponts mobiles. — Arches, travées. — Piles, palées. — Culées 77

4. Emplacement d'un pont 78

8. Débouché 80

13. Hauteur libre 83

14. Nombre et ouverture des arches ou travées 85

16. Largeur entre les parapets 86

18. **Ponts en maçonnerie.** — Voûtes en berceau. — Voûtes en plein cintre. — Voûtes surbaissées, surhaussées. — Ogive. — Naissances. — Sommet. — Pieds-droits 87

22. **Tracé d'une voûte en arc de cercle.** — Surbaissement 90

28. **Tracé d'une voûte en ellipse.** — Principales propriétés de l'ellipse. 91

35. **Tracé d'une voûte en anse de panier.** — Anse à trois centres. — 103
    Trois méthodes principales de description 96

44. Anse de panier à cinq centres 101

46. **Appareil spécial des voûtes** 103

54. Épaisseur des voûtes à la clef 108

59. Épaisseur des culées et des piles 110

65. Avant-becs et arrière-becs 113

68. Chapes 116

71. Cintres et décintrement. — Fermes. — Cintres fixes, cintres retroussés. 119

83. Coins de décintrement. — Sacs de sable. — Boîtes cylindriques à sable. — Verrins 126

89. **Parties complémentaires et abords des ponts.** — Plinthe. — Parapet. — Garde-corps. — Bahut. — Quarts de cône. — Murs en aile 129

N°   Pages.

94. Voûtes biaises. — Angle du biais. — Section droite; arc de tête. — Poussée au vide ... 131

97. Appareil orthogonal parallèle; appareil orthogonal convergent; appareil hélicoïdal. — Choix à faire, selon les cas, entre ces trois appareils ... 134

105. Ponts en charpente ... 140

106. Culée en charpente. — Palées. — Basse palée. — Brise-glaces ... 141

110. Composition des fermes. — Pont à poutres droites. — Contre-fiches. — Ponts en arc. — Pont d'Ivry. — Autre disposition très rationnelle ... 143

115. Ponts américains. — Système Town; système Howe. — Calcul de résistance d'une poutre ... 147

119. Planchers. — Sa composition. — Trottoir; garde-corps ... 150

122. Ponts en fonte. — Ponts à poutres droites. — Calcul de la force à donner à une pareille poutre. — Poutres jumelles. — Contreventement; entretoises ... 152

128. Ponts en arc. — Calculs de résistance. — Voûtes de remplissage en briques. — Plaques renforcées par des nervures ... 156

133. Pont de Tarascon, sur le Rhône. — **Pont de Solferino, à Paris.** — Pont des Saints-Pères, à Paris ... 161

137. Ponts en tôle. — Rivure. — Rivets; leur forme et leurs dimensions. — Modes d'assembler deux ou plusieurs feuilles de tôle. Couvre-joints. — Cornières ... 165

145. Ponts à poutres droites. — Calculs de résistance d'une poutre en tôle à double T. — Poutres jumelles ... 164

151. Pont de Britannia. — Contreventement supérieur ... 173

152. Pont à voie supérieure aux deux poutres de tête. — Montants verticaux; leur destination; leur nécessité ... 174

153. Secteurs ou rouleaux de friction pour la dilatation ... 175

154. Mise en place d'un pont en tôle à poutres droites. — Lancement ... 176

155. Ponts en arc. — Pont de Szegedin (Hongrie). — Pont d'Arcole, à Paris. ... 177

158. Épreuves réglementaires des ponts métalliques ... 178

159. Soins particuliers à prendre dans ces sortes de constructions ... 179

160. Ponts suspendus. — Description sommaire. — Câbles ou chaînes de suspension; câbles ou chaînes de retenue. — Calcul de leur section. — Application au pont de la Roche-Bernard ... 184

163. Limites entre lesquelles doit être maintenu l'angle de suspension ou le rapport de la flèche à l'ouverture ... 186

164. Rouleaux de friction sur les supports. — Fléaux en fonte ... 187

165. Amarrage des câbles. — Croupières et goujons ... 188

166. Construction des câbles fil par fil et sur place ... 189

167. Tiges de suspension. — Leur section; leur longueur. — Leur mode d'appui sur les câbles. — Leur mode d'assemblage avec le plancher. ... 192

170. Tablier ... 193

171. Garde-corps ... 193

172. Câbles inférieurs; haubans ... 194

173. Pont de 35 mètres d'ouverture sur un canal de navigation ... 197

174. Épreuves réglementaires des ponts suspendus ... 198

CHEMINS DE FER.

N°   Pages.

1. **Préliminaires**. — Description sommaire ... 201

2. **Construction des chemins de fer**. — Profil transversal et constitution de la voie. — Zone de garantie ... 202

4. Divers systèmes de rails. — Rail à double champignon. — Coussinet, éclisse. — Rail à patin; rail Brunel; rail Barlow ... 203

10. Passage d'une voie sur une autre. — Changement de voie à rails mobiles. — Changement de voie à aiguilles. — Aiguille double. — Contre-rail. — Cœur ... 207

16. **Plaque tournante**. — Plaque à deux voies rectangulaires. — Plaque pour locomotives ... 213

20. Chariot pour remisage des voitures ... 216

21. Croisement de deux voies de fer ... 217

23. Croisement d'une route avec la voie de fer. — Passage à niveau. — Barrières tournantes. — Barrières roulantes. — Barrières basculantes ... 219

30. **Ponts par-dessus**. — Doivent n'être que très exceptionnellement en bois. — Généralement en maçonnerie. — Dispositions convenables dans les alignements droits et dans les courbes. — Dimensions prescrites par l'Administration ... 223

34. **Ponts par-dessous**. — Dimensions prescrites par l'Administration. — Dispositions diverses quand on est gêné par le niveau de la voie de fer ... 225

36. **Viaducs**. — Précautions à prendre pour éviter l'écrasement des supports. — Refuges sur les longs viaducs pour les piétons. — Viaduc de Laval ... 228

40. **Souterrains**. — Leur longueur; leurs dimensions transversales. — Leur attaque par les deux extrémités. — Puits intermédiaires. — Galerie de mine ... 230

43. Méthode belge pour l'exécution du travail. — Abatage en grand. — Méthode anglaise. — En quoi diffèrent ces deux méthodes. — Modifications apportées à la première en ce qui concerne le déblai du strauss et l'exécution des pieds-droits du revête-

46. Parties accessoires des souterrains. — Puits d'aérage; niches de refuge; aqueducs d'assèchement. — Têtes ... 232, 236

47. **Exploitation des chemins de fer**. — Gares et stations. — Leur nombre; leur étendue; leur emplacement. — Éléments principaux d'une grande gare. — Gares des marchandises. — Dépôts. 237

50. **Machines locomotives**. — Tender. — Description sommaire. — Foyer; boîte à fumée; chaudière. — Régulateur. — Tiroir. — Roues motrices. — Roues accouplées. — Soupapes de sûreté. — Manomètre. — Sifflet à vapeur. — Freins. — Grue hydraulique. — Injecteur Giffard ... 239

60. Mise en marche de la machine. — Arrêt instantané. — Renversement de la vapeur. — Appareil dit de contre-vapeur ... 248

N°   Pages.

61. **Signaux.** — Signaux à main: drapeaux et feux colorés. — Signaux
     fixes; sémaphores, disques. — Signaux détonants; pétards. — Si-
     gnaux de trains 479

NAVIGATION INTÉRIEURE.

 1. **Préliminaires.** — Rivières; canaux 252
 2. **Navigation des rivières.** — Rapides; maigres ou hauts-fonds. —
     Régime. — Tirant d'eau 253
 6. **Dragages.** — Drague à main. — Enlèvement des déblais par la force du
     courant ou par des outils spéciaux. — Machine à draguer. — Dis-
     location du rocher par des pieux de fer, la poudre de mine ou
     la dynamite 256
 9. **Cloche à plongeur.** — Scaphandre 258
12. **Barrages.** — Pertuis de navigation. — Barrage perpendiculaire au
     courant; barrage oblique; barrage en chevron brisé; barrage en
     arc de cercle 260
14. Chute d'un barrage; limites convenables 262
15. Déversoirs à parois verticales; à longs glacis inclinés; à gradins 263
21. **Pertuis.** — Fermeture à aiguilles; à palettes. — Poutrelles horizon-
     tales. — Portes busquées. — Vannes verticales 267
27. Barrages mobiles. — Divers systèmes 269
28. **Écluses.** — Chute; mur de chute. — Sas. — Bajoyers. — Chambres des
     portes. — Enclaves; chardonnets; poteau tourillon, poteau busqué.
     — Bardages. — Bracon; écharpe. — Pivot; crapaudine. — Colliers. 270
37. Ventelles. — Plusieurs moyens de les manœuvrer 277
32. Plusieurs systèmes pour ouvrir et fermer les portes d'écluse. —
     Portes de l'écluse de la Monnaie, à Paris 278
40. Emplacement convenable pour les écluses en lit de rivière 280
41. **Navigation des canaux.** — Canaux latéraux; canaux à point de
     partage 281
42. **Canal latéral.** — Bief. — Espacement des écluses. — Chute des
     écluses. — Largeur et longueur du sas 282
48. Traversée d'un cours d'eau sous le canal. — Aqueduc en siphon
     renversé. — Buses en fonte 284
54. **Pont-Canal.** — Dimensions de la cuvette. — Nécessité qu'elle soit
     étanche 287
57. Traversée d'une rivière. — Écluse d'entrée en rivière. — Écluse de
     sortie 288
58. **Canal à point de partage.** — Bief de partage. — Alimentation. —
     Réservoirs. — Robinets 289
75. Épanchoirs de vidange des biefs 298
76. **Pêche fluviale.** — Loi du 15 avril 1829 298
78. Loi du 3 mai 1865 301
79. Décrets des 10 août 1875 et 18 mai 1878 302
80. Personnel des gardes-pêche. — Gabarit pour la vérification des di-
     mensions des mailles des filets 306

III.   33*

PORTS DE MER.

Nᵒˢ.   Pages.

1. **Préliminaires**... 309

2. Marées. — Flux, flot, montant. — Étale. — Reflux, èbe, jusant. — Vives eaux; mortes eaux. — Influence du vent. — Unité de hauteur d'un port. — Établissement du port....................................... 309

12. **Vents.** — Rose des vents. — Vent régnant. — Vent dominant.......... 313

14. **Vagues.** — Effets divers des vagues. — Lame de fond. — Ressac.... 315

19. **Courants.** — Contre-courants.. 318

20. **Ports et rades.** — Port d'échouage. — Bassin à flot. — Rade; rade foraine... 319

24. **Môles ou brise-lames.** — Emplacement et direction d'un môle. — Môles en enrochement. — Môles en maçonnerie. — Môles en charpente. — Brise-lames en plan incliné pour amortir l'effet des lames. 321

34. **Jetées.** — Leur destination. — Direction, position, longueur et forme des jetées. — Divers modes de construction...................... 327

45. **Avant-port.** — Profil des murs de quai. — Épaisseur à leur donner. — Cales; escaliers; échelles; organeaux; canons............ 335

51. **Bassin à flot.** — Écluse d'entrée et de sortie. — Porte-valet...... 337

53. Ravages des vers tarets. — Mailletage. — Doublage. — Créosotage... 338

57. **Ponts tournants.** — Pont à volée simple. — Pont à double volée. — Pont de Dunkerque. — Pont de Brest, sur la Penfeld...... 340

60. **Bassin de retenue.** — Barre; poulier. — Chasses. — Guidenu. — Diverses dispositions des écluses de chasse; portes levantes. — Portes tournantes, doubles ou simples...................................... 344

72. **Phares et balises.** — Phares de premier ordre ou de grand atterrage. — Phares de deuxième; de troisième ordre. — Phares du quatrième ordre ou fanaux.. 350

74. Feux fixes; feux à éclipses; feux variés par des éclats et éclipses; feux scintillants; feux colorés... 352

75. Foyer de lumière. — Lampe Wagner. — Lampe modérateur à poids.. 352

76. Appareils catoptriques ou à réflecteurs. — Appareils dioptriques ou lenticulaires.. 352

77. Hauteur d'un phare. — Portée lumineuse; portée géographique.... 353

79. Amers. — Objets propres à servir d'amers. — Amers spéciaux.... 354

80. Balises. — Balises en bois; en fer. — Tours. — Balises........... 355

81. Bouées. — Bouée à cloche. — Forme et coloration des bouées. — État officiel de l'éclairage et du balisage des côtes de France.... 356

SERVICE HYDRAULIQUE.

1. **Préliminaires.** — Objet du Service hydraulique..................... 359

2. **Mouvement de l'eau dans une rivière.** — Vitesse à la surface; au fond; vitesse moyenne. — Débit. — Mesure des vitesses; flotteur; moulinet de Woltmann... 360

Nᵒˢ — Pages.

10. **Jaugeage d'un cours d'eau.** — Par le produit de la section et de la vitesse; par un déversoir; par une vanne. — Débit théorique; débit effectif. — Puissance motrice d'une chute d'eau... 366

22. Curages. — Jurisprudence sur la matière... 376

25. **Réglementation des usines hydrauliques.** — Première enquête. — Visite des lieux. — Niveau légal de la retenue. — Ouvrages régulateurs; déversoir; vannes de décharge; ouvrages accessoires. — Deuxième enquête. — Récolement. — Réglementation d'office. Programme des pièces du dossier... 378

58. **Amélioration du sol.** — Dessèchement par dérivation; par élévation de l'eau; par absorption; par exhaussement du sol; par colmatage; par écoulement souterrain ou drainage... 395

60. **Drainage.** — Drains. — Collecteurs. — Tracé. — Écartement et profondeur des drains. — Pente et diamètre des drains. — Outils du draineur; sonde, bêche, curette, pose-drain. — Manchon... 399

78. Avantages du drainage pour améliorer le sol... 509

79. **Irrigations.** — Par submersion; par infiltration; par déversement. — Réservoirs... 410

84. **Associations syndicales.** — Associations libres. — Associations autorisées... 413

MÉCANISME ADMINISTRATIF DES TRAVAUX DES PONTS ET CHAUSSÉES.

1. **Préliminaires.** — Régie. — Entreprise. — Concession... 417

2. **Pièces d'un projet.** — Plans, profils, dessins. — Programme pour la rédaction des projets... 418

4. Devis... 429

5. Avant-métré... 429

6. Bordereau des prix. — Bases des prix. — Sous-détails... 431

7. Détail estimatif. — Somme à valoir... 432

8. Mémoire à l'appui... 432

9. Pièces accessoires — Pièces constitutives du marché... 433

10. **Clauses et conditions générales imposées aux entrepreneurs.** ... 434

12. **Concessions.** — Concessionnaires subrogés aux droits et aux obligations de l'État envers les tiers... 445

14. Arrêt du Conseil d'État du Roi du 7 septembre 1755 pour l'extraction des matériaux dans les propriétés privées. — Arrêt du 30 mars 1780. — Loi du 6 octobre 1790... 446

17. Occupation temporaire de terrains. — Décret du 8 février 1868... 467

19. **Comptabilité des conducteurs.** — Carnet d'attachement ou journal. — Livret de caisse. — Feuille d'attachement. — Procès-verbal de réception des matériaux. — Feuille des repiquages. — Sommier. — État des travaux à la tâche. — Situation mensuelle. — Bordereau mensuel... 449

20. Circulaire explicative du 29 novembre 1849... 452

21. Autre circulaire du 25 octobre 1851... 457

APPENDICE.

N°   Pages

1. **Préliminaires** 459

2. **Arithmétique**. — Règle d'alliage. — Titre d'un alliage. — Deux cas à considérer 460

7. **Géométrie**. — Représentation graphique des faits observés ou calculés. — Procédé par l'emploi d'abscisses et d'ordonnées respectivement relatives aux deux variables de la question 463

8. Application aux hauteurs d'eau et au débit d'une rivière; à la quantité de pluie tombée en un jour déterminé 464

10. Application à la marche des trains de chemins de fer 466

13. Question à trois variables comportant l'introduction d'une troisième coordonnée 469

14. **Mécanique**. — Mouvement uniforme; vitesse 470

16. Mouvement varié. — Accéléré, retardé, périodique. — Vitesse ... 471

17. Mouvement uniformément accéléré; uniformément retardé. — Application à la pesanteur 472

20. Inertie. — Masse. — Force d'inertie d'un corps. — Quantité de mouvement 475

22. Frottement. — Angle de frottement. — Coefficient de frottement de deux substances 478

25. **Géométrie descriptive**. — Projections d'un cylindre, d'un cône, d'une sphère. — Déterminer sur ces surfaces l'une des projections d'un point quand l'autre est connue 481

33. **Tenue des bureaux des ingénieurs**. — Instruction ministérielle du 31 octobre 1879 488

34. **Documents relatifs à l'entrée dans le corps des conducteurs**. — Arrêté ministériel du 7 septembre 1880 500

35. Cours préparatoires institués par une circulaire du 5 août 1879 ... 507

36. Conditions à remplir pour être nommé employé secondaire. — Article 6 du décret du 17 août 1853 507

FIN DE LA TABLE DES MATIÈRES DU TROISIÈME VOLUME.

6386   Paris. — Imprimerie de GAUTHIER-VILLARS, quai des Augustins, 55.

DIVISIONS SCIENTIFIQUES.

		Pages
Publications périodiques		4
Arithmétique		5
Algèbre		5
Géométrie		6
Trigonométrie		8
Application de l'Algèbre à la Géométrie		8
Tables de logarithmes, d'intérêts, etc.		9
Géométrie descriptive et Applications		10
Perspective, Dessin linéaire		12
Cours de Mathématiques, Problèmes, Collections diverses		13
Calcul différentiel et intégral, Analyse mathématique		18
Mécanique appliquée et rationnelle		23
Théorie mécanique de la chaleur		26
Astronomie et Cosmographie		27
Physique, Télégraphie		31
Chimie		34
Photographie		36
Topographie, Géodésie, Arpentage		39
Travaux publics, Ponts et Chaussées		40
Guerre, Marine		42
Géographie, Histoire		43
Ouvrages divers		43

EXTRAIT DU CATALOGUE

DE LA

LIBRAIRIE GAUTHIER-VILLARS

SUCCESSEUR DE MALLET-BACHELIER,

IMPRIMEUR-LIBRAIRE

DU BUREAU DES LONGITUDES; — DES OBSERVATOIRES DE PARIS, MONTSOURIS, BORDEAUX, MARSEILLE, NICE ET TOULOUSE; — DU BUREAU CENTRAL MÉTÉOROLOGIQUE; — DE L'ÉCOLE POLYTECHNIQUE; — DE L'ÉCOLE CENTRALE DES ARTS ET MANUFACTURES; — DU DÉPÔT DES FORTIFICATIONS; — DE LA SOCIÉTÉ MÉTÉOROLOGIQUE; — DU COMITÉ INTERNATIONAL DES POIDS ET MESURES; ETC.

PARIS,

GAUTHIER-VILLARS, IMPRIMEUR-LIBRAIRE,

Quai des Grands-Augustins, 55.

1881

PUBLICATIONS PÉRIODIQUES.

(Les abonnements sont annuels et partent de Janvier.)

†**ANNALES SCIENTIFIQUES DE L'ÉCOLE NORMALE SUPÉRIEURE.** In-4; mensuel. 2ᵉ série, t. X; 1881.

Paris, 30 fr. — Dép. et Union postale, 35 fr. — Autres pays, 40 fr.

Les 7 volumes de la 1ʳᵉ Série, 1854-1870 se vendent................ 150 fr.

BULLETIN DE LA SOCIÉTÉ FRANÇAISE DE PHOTOGRAPHIE. Grand in-8 mensuel; 27ᵉ année; 1881.

Paris et les départements, 12 fr. — Étranger, 15 fr.

On peut se procurer à la même Librairie les *années antérieures,* sauf les années 1855 et 1856, au prix de 12 fr. l'une, — les *numéros séparés* au prix de 1 fr. 50c. — et la **Table décennale** par ordre de matières et par noms d'auteurs des tomes I à X (1855 à 1854), au prix de 1 fr. 50 c.

BULLETIN DE LA SOCIÉTÉ MATHÉMATIQUE DE FRANCE, publié par les Secrétaires. Grand in-8; 6 numéros par an. T. IX; 1881.

Paris, 15 fr. — Dép. et Union postale, 16 fr. — Autres pays, 18 fr.

BULLETIN HEBDOMADAIRE DE L'ASSOCIATION SCIENTIFIQUE DE FRANCE, fondé par Le Verrier, publié sous la direction du Président de la Société. In-8, 2ᵉ série, t. II et III.

Paris, 15 fr. — Dép. et Union postale, 17 fr. — Autres pays, 23 fr.

Les abonnements sont reçus au Secrétariat de l'Association, à la Sorbonne. Adresser par lettre affranchie un mandat de poste.

†**BULLETIN DES SCIENCES MATHÉMATIQUES ET ASTRONOMIQUES**, rédigé par MM. Darboux, Hoüel et Tannery avec la collaboration de plusieurs savants, sous la direction de la Commission des Hautes Études. Gr. in-8; mensuel. 2ᵉ Série, tome V (en deux Parties); 1881.

Paris, 18 fr. — Dép. et Union postale, 20 fr. — Autres pays, 24 fr.

La 1ʳᵉ Série, tomes I à XI, 1870 à 1876, se vend.................. 90 fr.

COMPTES RENDUS HEBDOMADAIRES DES SEANCES DE L'ACADÉMIE DES SCIENCES. In-4; hebdomadaire. T. XCII et XCIII; 1881.

Paris, 20 fr. — Dép., 30 fr. — Union postale, 34 fr. — Autres pays, 65 fr.

JOURNAL DE L'ÉCOLE POLYTECHNIQUE. In-4; semestriel. Cahiers XLIX et L; 1881.

Prix d'un cahier : Paris, France et Étranger : 12 fr.

†**JOURNAL DE L'INDUSTRIE PHOTOGRAPHIQUE;** *organe de la Chambre syndicale de la Photographie.* Grand in-8, mensuel, 2ᵉ année; t. II; 1881.

Paris, France et Étranger, 7 fr.

†**JOURNAL DE MATHÉMATIQUES PURES ET APPLIQUÉES**, fondé par M. *Liouville* et rédigé par M. *Resal*, depuis 1875. In-4; mensuel. 3ᵉ Série, tome VII; 1881.

Paris, 30 fr. — Dép. et Union postale, 35 fr. — Autres pays, 40 fr.

1ʳᵉ Série, 20 volumes in-4, années 1836 à 1855 (au lieu de 600 fr.)   400 fr.

Chaque volume pris séparément (au lieu de 30 fr.),........... 25 fr.

2ᵉ Série, 19 volumes in-4, années 1856 à 1874 (au lieu de 570 fr.)   380 fr.

Chaque volume pris séparément (au lieu de 30 fr.),........... 25 fr.

JOURNAL DE PHYSIQUE THÉORIQUE ET APPLIQUÉE, fondé par *d'Almeida* et publié par MM. *E. Bouty, A. Cornu, E. Mascart, A. Potier,* avec la collaboration de plusieurs savants. Grand in-8, mensuel. T. X; 1881.

Paris, 12 fr. — Dép. et Union postale, 14 fr. — Autres pays, 17 fr.

†**NOUVELLES ANNALES DE MATHÉMATIQUES**, rédigées par MM. *Gerono* et *Brisse*. In-8; mensuel. 2ᵉ Série, t. XX; 1881.

Paris, 15 fr. — Dép. et Union postale, 17 fr. — Autres pays, 20 fr.

1ʳᵉ Série, 20 vol. in-8, années 1842 à 1861................ 300 fr.

AMERICAN JOURNAL OF MATHEMATICS PURE AND APPLIED. Editor in chief Sylvester. Grand in-4; trimestriel. Tome III; 1880.

Paris et Union postale, 30 fr.

MATHÉSIS, *Recueil mathématique à l'usage des Écoles spéciales et des Établissements d'instruction moyenne,* publié par *P. Mansion* et *J. Neuberg.* Grand in-8, mensuel. T. I; 1881.

Paris, France et Étranger, 9 fr.

EXTRAIT DU CATALOGUE

DE LA

LIBRAIRIE GAUTHIER-VILLARS,

Successeur de Mallet-Bachelier,

QUAI DES GRANDS-AUGUSTINS, 55, A PARIS.

ARITHMÉTIQUE.

†**BACHET**, sieur de **MÉZIRIAC**. — Problèmes plaisants et délectables qui se font par les nombres. 5ᵉ édition, revue, simplifiée et augmentée par A. *Labosne*, Professeur de Mathématiques. Petit in-8, caractères elzévirs, titre en deux couleurs. 1879.

        Tirage sur papier vélin .... 6 fr.
        Tirage sur papier vergé .... 8 fr.

†**BOURDON**, ancien Examinateur d'admission à l'École Polytechnique. — Éléments d'Arithmétique ; 16ᵉ édit., rédigée conformément aux *nouveaux Programmes* de l'enseignement. In-8 ; 1878. (*Adopté par l'Université.*) ...... 4 fr.

†**FATON** (le P.). — Traité d'Arithmétique théorique et pratique, terminé par une petite Table de Logarithmes. Chaque théorie est suivie d'un choix d'Exercices gradués de calcul et d'un grand nombre de Problèmes. 9ᵉ édition. In-12 ; 1879. (*Autorisé par l'Université.*) Broché .... 2 fr. 75 c.
        Cartonné .... 3 fr. 10 c.

†**FATON** (le P.). — Premiers éléments d'Arithmétique, à l'usage des classes inférieures de grammaire. 7ᵉ édition. In-12 ; 1881. Broché ...... 1 fr. 50 c.
        Cartonné .... 1 fr. 90 c.

FINANCE (Ch.), Officier d'Académie, Professeur au Collège de Saint-Dié. — Arithmétique, à l'usage des Élèves des Écoles normales primaires, des Collèges, des Lycées, des Pensions, comprenant les matières exigées *pour le brevet d'instituteur et pour l'admission aux Écoles des Arts et Métiers.* Nouvelle édition, revue et augmentée. In-12 ; 1874 .... 2 fr. 50 c.

†**LIONNET** (E.), Examinateur suppléant à l'École Navale. — Éléments d'Arithmétique. (*Autorisé par l'Université.*) 3ᵉ édition. In-8 ; 1857 ...... 4 fr.

†**LIONNET** (E.). — Complément des Éléments d'Arithmétique, comprenant les Approximations numériques, à l'usage des Candidats aux Écoles du Gouvernement et au Baccalauréat ès Sciences. (*Autorisé par l'Université.*) 2ᵉ édition, in-8 ; 1857 .... 2 fr. 50 c.
  Les Approximations numériques se vendent séparément .... 1 fr.

†**SERRET** (J.-A.), Membre de l'Institut. — Traité d'Arithmétique, à l'usage des candidats au Baccalauréat ès Sciences et aux Écoles spéciales. 6ᵉ édit., revue et mise en harmonie avec les derniers programmes officiels par **J.-A. Serret** et par **Ch.** de **Comberousse**, Professeur de Cinématique à l'École Centrale et de Mathématiques spéciales au Collège Chaptal. In-8 ; 1875 ..... 4 fr. 50 c.

†**VIEILLE**. — Théorie générale des approximations numériques, à l'usage des Candidats aux Écoles spéciales du Gouvernement. In-8, 2ᵉ édit. ; 1854.   3 fr. 50 c.

ALGÉBRE.

***AMADIEU** (P.-F.). — Notions élémentaires d'Algèbre, exigées pour l'admission à l'École Navale, à l'École de Saint-Cyr et à l'École Forestière. In-12 avec figures, 3ᵉ édition ; 1867 .... 3 fr.

†**BENOIT** (P.-M.-N.), Ingénieur civil. — La Règle à calcul expliquée, ou Guide du calculateur à l'aide de la Règle logarithmique à tiroir. Fort volume in-12, avec pl. ; 1853 .... 5 fr.
    In-8 : 8.

La **Règle à calcul** (*Instrument par Gravet-Lenoir*) se vend séparément.   7 fr.

†**BIEHLER**, Directeur des Études à l'École préparatoire du Collège Stanislas.
— Sur la théorie des équations (Thèse). In-4; 1879..............   5 fr.

BOSET, Professeur à l'Athénée royal de Namur. — **Traité élémentaire d'Algèbre**. In-8; 1880..........................   7 fr. 50 c.

†**BOURDON**. — **Éléments d'Algèbre**, avec Notes de M. *Prouhet*. 15e édit.
In-8; 1877. (*Adopté par l'Université*.)..................   8 fr.

CAMPOU (de), Professeur au Collège Rollin. — **Théorie des quantités négatives**. In-8, avec figures dans le texte; 1879..............   1 fr. 50.

‡**CHOQUET**, Docteur ès Sciences, ancien Répétiteur à l'École d'Artillerie de la
Flèche. — **Traité d'Algèbre**. In-8; 1856. (*Autorisé*.)......   7 fr. 50 c.

†**DESBOVES**. — **Mémoire sur la résolution en nombres entiers de l'équation** $aX^m + bY^m = cZ^n$. In-8; 1879..................   1 fr. 50 c.

†**LABOSNE** (A.). — **Instruction sur la Règle à calcul**, contenant les applications
de cet instrument au calcul des expressions numériques, à la résolution des
équations du deuxième et du troisième degré, et aux principales questions de
Trigonométrie. In-8; 1872..................   2 fr.

†**LACROIX (S.-F.)**. — **Éléments d'Algèbre**, à l'usage des candidats aux Écoles du
Gouvernement. 24e édition, revue, corrigée et annotée conformément aux nouveaux *Programmes* de l'enseignement dans les Lycées, par M. *Prouhet*, Professeur
de Mathématiques. In-8; 1879. (*Autorisé par décision ministérielle*.)....   6 fr.

†**LACROIX (S.-F.)**. — **Complément des Éléments d'Algèbre** à l'usage de
l'École centrale des Quatre-Nations. 7e édition. In-8; 1863..........   4 fr.

†**LAGUERRE**. — **Notes sur la résolution des équations numériques**. In-8;
1880..................   2 fr.

†**LAURENT (H.)**, Répétiteur d'Analyse à l'École Polytechnique. — **Traité
d'Algèbre** à l'usage des Candidats aux Écoles du Gouvernement, 5e édit., revue
et mise en harmonie avec les derniers programmes. 3 vol. in-8......   19 fr.
On vend séparément :
Ire Partie, **Algèbre élémentaire**, à l'usage des *Classes de Mathématiques élémentaires*; 1879..................   4 fr.
IIe Partie, **Analyse algébrique**, à l'usage des *Classes de Mathématiques spéciales*; 1880..................   4 fr.
IIIe Partie, **Théorie des équations**, à l'usage des *Classes de Mathématiques
spéciales*; 1881..................   4 fr.

LEFÉBURE DE FOURCY. — Leçons d'Algèbre. 9e édition; 1880.   7 fr. 50 c.

†**LEMONNIER (H.)**, Docteur ès Sciences, Professeur de Mathématiques spéciales au Lycée Henri IV. — **Mémoire sur l'élimination**. In-4; 1879.   6 fr.

†**LIONNET**. — **Algèbre élémentaire**, à l'usage des candidats au Baccalauréat
ès Sciences et aux Écoles du Gouvernement. 3e édition. In-8; 1868.   4 fr.

†**ROUCHÉ (E.)**, ancien Élève de l'École Polytechnique, Professeur au Lycée
Charlemagne. — **Éléments d'Algèbre**, à l'usage des candidats au Baccalauréat ès Sciences et aux Écoles spéciales. In-8, avec 28 fig.; 1857....   4 fr.

†**SERRET (J.-A.)**, Membre de l'Institut. — **Cours d'Algèbre supérieure**.
4e édition. 2 forts volumes in-8; 1877-1878..................   25 fr.

GÉOMÉTRIE.

†**CHASLES**, Membre de l'Institut. — **Traité de Géométrie supérieure**. 2e édition. Grand in-8, avec 12 planches; 1880..................   24 fr.

†**CHASLES**, Membre de l'Institut. — **Aperçu historique sur l'origine et le développement des méthodes en Géométrie**, particulièrement de celles qui
se rapportent à la Géométrie moderne, suivi d'un *Mémoire de Géométrie sur
deux principes généraux de la Science, la Dualité et l'Homographie*. 2e édition,
conforme à la première. Un beau volume in-4 de 850 pages; 1875......   35 fr.

†**CHASLES**. — **Traité des sections coniques**, faisant suite au **Traité de Géométrie supérieure**. *Première Partie*. In-8, avec 5 planches; 1865......   9 fr.

COMPAGNON (P.-F.), ancien Professeur de l'Université. — **Éléments de
Géométrie**. Cet Ouvrage est surtout destiné aux jeunes gens qui se préparent
aux Écoles du Gouvernement. 2e édition. In-8, avec figures; 1876......   7 fr.

COMPAGNON (P.-F.). — Abrégé des Éléments de Géométrie. Cet Ouvrage s'adresse plus particulièrement aux Élèves des différentes classes de Lettres, aux candidats au Baccal. ès Lettres ou ès Sc., et aux Élèves de l'Enseignement secondaire spécial. 2ᵉ édition. In-8, avec fig.; 1876. (*Autorisé par le Conseil supérieur de l'Enseignement secondaire spécial.*) ...... 4 fr. 50 c.

†COMPAGNON (P.-F.). — Questions proposées sur les Éléments de Géométrie, divisées en Livres, Chapitres et paragraphes, et contenant quelques indications *sur la manière de résoudre certaines questions*. In-8, avec figures dans le texte; 1877 .... 5 fr.

†CREMONA (L.), Directeur de l'École d'application des Ingénieurs, à Rome. — Éléments de Géométrie projective; traduits par *Ed. Dewulf*, Chef de bataillon du Génie. Un beau volume in-8, 216 figures sur cuivre, en relief, dans le texte; 1875 .... 6 fr.

†DOSTOR (G.). — Théorie générale des polygones étoilés. In-4; 1881. 2 fr.

FLYE SAINTE-MARIE, Capitaine d'Artillerie. — Études analytiques sur la théorie des parallèles. In-8, avec 8 planches; 1871 .... 5 fr.

FOLIE (F.), Administrateur-Inspecteur de l'Université de Liège. — **Re**cherches de **Géométrie supérieure.** — Évolution. — Synthèse des théorèmes de Pascal et de Brianchon. — Rapport anharmonique et Involution du nᵐᵉ ordre. In-8; 1878 .... 1 fr. 50

FOLIE (F.). — Fondements d'une Géométrie supérieure cartésienne. In-4, avec planche; 1875 .... 5 fr.

†HOÜEL (J.), Professeur de Mathématiques pures à la Faculté des Sciences de Bordeaux. — Essai critique sur les principes fondamentaux de la **Géométrie** élémentaire ou **Commentaire sur les XXXII** premières propositions des **Éléments d'Euclide.** In-8, avec figures; 1867 .... 2 fr. 50 c.

†LACROIX (S.-F.). — Éléments de Géométrie, *suivis de Notions sur les courbes usuelles.* 21ᵉ édition, conforme aux *Programmes* de l'enseignement dans les Lycées, revue et corrigée par M. *Prouhet,* Répétiteur à l'École Polytechnique. In-8, avec 220 fig. dans le texte; 1880. (*Autorisé par décision ministérielle.*) 4 fr.

†LALANNE (Léon), Inspecteur général des Ponts et Chaussées, Membre de l'Académie des Sciences. — **De l'emploi de la Géométrie pour résoudre cer**taines questions de moyennes et de probabilités. In-4, avec figures; 1879. 3 fr.

†MARIE (F.-C.-M.). — Géométrie stéréographique, ou **Reliefs des po**lyèdres pour faciliter l'étude des corps, en 25 pl. gravées dont 24 sur carton et découpées, d'après l'Ouvrage anglais de *Cowley.* In-8; 1835 .... 5 fr.

NEËL. — Les applications de Blanchet. Théorèmes, lieux géométriques et problèmes. In-8, avec 73 planches intercalées dans le texte. Louvain; 1879 .... 3 fr. 50 c.

PETERSEN (Julius), Membre de l'Académie royale danoise des Sciences, Professeur à l'École royale polytechnique de Copenhague. — **Méthodes et théories pour la résolution des problèmes de constructions géométriques,** *avec application à plus de 500 problèmes.* Traduit par *O. Chemin,* Ingénieur des Ponts et Chaussées. Petit in-8, avec figures; 1880 .... 4 fr.

PONCELET, Membre de l'Institut. — **Traité des propriétés projectives des figures.** 2ᵉ édition, 2 volumes in-4, avec de nombreuses planches gravées sur cuivre; 1865-1866 .... 40 fr.
    Le IIᵉ Volume se vend séparément .... 20 fr.

†ROUCHÉ (E.), Professeur à l'École Centrale, Répétiteur à l'École Polytechnique, etc., et **DE COMBEROUSSE (Ch.),** Professeur à l'École Centrale et au Collège Chaptal, etc. — **Traité de Géométrie,** conforme aux Programmes officiels, renfermant un très-grand nombre d'exercices et plusieurs Appendices consacrés à l'exposition des PRINCIPALES MÉTHODES DE LA GÉOMÉTRIE MODERNE. 4ᵉ édition, revue et notablement augmentée. In-8 de XXXVIII-900 pag., avec 616 fig. dans le texte et 1085 *Questions proposées;* 1878-1879. 14 fr.
    On vend séparément :
    Iʳᵉ Partie (*Géométrie plane.*) .... 6 fr.
    IIᵉ Partie (*Géométrie dans l'espace, courbes et surfaces usuelles*) ...... 8 fr.

†ROUCHÉ (E.) et DE COMBEROUSSE (Ch.). — Éléments de Géométrie rédigés conformément aux Programmes d'enseignement des classes de troisième, de seconde, de rhétorique et de philosophie, suivis d'un COMPLÉMENT À L'USAGE DES ÉLÈVES DE MATHÉMATIQUES ÉLÉMENTAIRES ET DE MATHÉMATIQUES SPÉCIALES, et de *Notions sur le lever des plans, l'arpentage et le nivellement*. 3e édition, revue et augmentée. In-8, avec fig. dans le texte; 1881.............. 6 fr.

†**SERRET** (Paul), Docteur ès Sciences, Membre de la Société philomathique. — **Géométrie de direction.** APPLICATION DES COORDONNÉES POLYÉDRIQUES. *Propriété de dix points de l'ellipsoïde, de neuf points d'une courbe gauche du quatrième ordre, de huit points d'une cubique gauche.* In-8, avec fig. dans le texte; 1869... 10 fr.

†**TARNIER**, Inspecteur de l'Instruction primaire à Paris. — **Éléments de Géométrie pratique**, conformes au Programme de l'enseignement secondaire spécial (année préparatoire, Sciences), à l'usage des Écoles primaires et des divers établissements scolaires. In-8, avec figures dans le texte, accompagné d'un Atlas in-folio contenant 1 planche typographique et 7 belles planches coloriées gravées sur acier; 1872.

    Prix du texte broché, avec l'Atlas en feuilles dans une couvert. imprimée. 6 fr.
    Prix du texte cartonné et de l'Atlas cartonné sur onglets...... 8 fr. 75 c.

On vend séparément :

    Le texte, broché..... 2 fr. 50 c.   Le texte, cartonné....... 3 fr. 25 c.
    L'Atlas, en feuilles. 3 fr. 50 c.   L'Atlas, cart. sur onglets. 5 fr. 50 c.
    Les 8 planches collées sur toile, et formant une *grande carte murale*, vernie, avec gorge et rouleau.................................... 12 fr.
    Les 8 planches collées séparément sur carton, avec anneau........ 10 fr.

†**VIANT** (J.). — **Notions sur quelques courbes usuelles**, à l'usage des candidats aux Écoles et au Baccalauréat. In-8, avec pl.; 1864.. 2 fr. 50 c.

TRIGONOMÉTRIE.

†**BOURDON**. — **Trigonométrie rectiligne et sphérique**, 3e édition, revue et annotée par M. *Brisse*, Agrégé de l'Université, Professeur au Lycée Fontanes. In-8, avec figures dans le texte; 1877. (*Adopté par l'Université*.)........ 3 fr.

†**CARÊME**. — **Trigonométrie rectiligne**. In-8, avec fig.; 1869... 2 fr. 50 c.

†**DELISLE**, Examinateur de la Marine, et **GERONO**, Professeur de Mathématiques. — **Éléments de Trigonométrie rectiligne et sphérique**. 7e édition, revue et augmentée. In-8, avec planches; 1876................. 3 fr. 50 c.

†**LACROIX** (S.-F.) — **Traité élémentaire de Trigonométrie rectiligne et sphérique et d'application de l'Algèbre à la Géométrie**. 11e édit., revue et corrigée. In-8, avec planches; 1863................................ 4 fr.

LEFÉBURE DE FOURCY. — **Éléments de Trigonométrie**, contenant la Trigonométrie rectiligne, la Trigonométrie sphérique et quelques applications à l'Algèbre. 12e édition. In-8, avec planche; 1879............ 2 fr.

***LE COINTE** (I.-L.-A.), de la Compagnie de Jésus, Professeur au Collège Sainte-Marie, à Toulouse. — **Leçons sur la théorie des fonctions circulaires et la Trigonométrie**. 1 vol. in-8, avec figures dans le texte; 1858..... 4 fr.

†**SERRET** (J.-A.), Membre de l'Institut. — **Traité de Trigonométrie**. 6e éd. In-8, avec fig. dans le texte; 1880. (*Autorisé par décision ministérielle*.) 4 fr.

APPLICATION DE L'ALGÈBRE A LA GÉOMÉTRIE.

BOSET, Professeur à l'Athénée royal de Namur. — **Traité de Géométrie analytique**, précédé des *Éléments de la Trigonométrie rectiligne et sphérique*. In-8, avec 322 figures dans le texte; 1878............................ 12 fr.

†**BOURDON**. — **Application de l'Algèbre à la Géométrie**, comprenant la Géométrie analytique à deux et à trois dimensions. 9e édition, revue et annotée par M. *Darboux*. In-8, avec pl.; 1880. (*Adopté par l'Université*.).... 9 fr.

CARNOY, Professeur à l'Université de Louvain. — **Cours de Géométrie analytique**. 2 volumes grand in-8, avec figures dans le texte........... 21 fr.

On vend séparément :

    Géométrie plane. 3e édition; 1880...................... 10 fr.
    Géométrie de l'espace. 3e édition; 1881............... (*Sous presse*.)

CLEBSCH (Alfred). — **Leçons sur la Géométrie**, recueillies et complétées par *Ferdinand Lindemann*, Professeur à l'Université de Fribourg en Brisgau, et traduites par *Adolphe Benoist*, Docteur en droit, 3 vol. grand in-8, avec figures dans le texte; 1879-1880.

Tome Ier. — Traité des sections coniques et Introduction à la théorie des formes algébriques.. 12 fr.

Tome II. — Courbes algébriques en général et courbes du troisième ordre. 12 fr.

Tome III. — Intégrales abéliennes et connexes................... (Sous presse.)

†**DELISLE et GERONO**. — Géométrie analytique. In-8, avec pl.; 1854. 5 fr.

DOSTOR (G.), Docteur ès Sciences, Professeur à l'Université catholique de Paris. — **Nouvelle détermination analytique des foyers et des directrices dans les sections coniques** représentées par leurs équations générales; précédée des *Expressions générales des divers éléments* que l'on distingue dans les courbes du second degré, et suivie de la *Détermination des coniques à centre* par leur centre et les extrémités de deux demi-diamètres conjugués. Grand in-8; 1879... 2 fr.

LEFÉBURE DE FOURCY. — Leçons de Géométrie analytique. 9e édition; 1871... 7 fr. 50 c.

PONCELET. — Applications d'Analyse et de Géométrie qui ont servi de principal fondement au Traité des propriétés projectives des figures. 2 forts volumes in-8, avec figures dans le texte; 1862-1864........... 20 fr.

   Chaque Volume se vend séparément............................ 10 fr.

†**SALMON**. — Traité de Géométrie analytique (*Sections coniques*); traduit de l'anglais par M. *Bénal*, Ingénieur des Mines, et M. *Vaucheret*, ancien Élève de l'École Polytechnique. 2e édition française. In-8.............. (Sous presse.)

TABLES DE LOGARITHMES, D'INTÉRÊTS, ETC.

†**CHARLON** (H.). — Théorie mathématique des opérations financières. 2e édition. Grand in-8, avec Tables numériques relatives aux emprunts par obligations, Tables numériques relatives aux calculs d'intérêts composés et d'annuités, et Tables logarithmiques de Fédor Thoman relatives aux calculs d'intérêts composés et d'annuités; 1878....................... 12 fr. 50 c.

CHARLON (H.). — Théorie élémentaire des opérations financières. Grand in-8, avec Tables; 188.................................... 6 fr. 50 c.

†**DORMOY** (E.). — Théorie mathématique des assurances sur la vie. 2 vol. grand in-8; 1878... 20 fr.

   Chaque Volume se vend séparément....................... 10 fr.

†**DORMOY** (E.). — Traité du jeu de la bouillotte, avec une Préface par *Francisque Sarcey*. Grand in-8; 1880.................... 1 fr. 75 c.

GALEZOWSKI (Joseph), Sous-Chef de bureau au Crédit foncier de France, ancien Professeur à l'Académie militaire de Saint-Pétersbourg. — **Tables des annuités**, calculées d'après la méthode de Fédor Thoman et précédées d'une *Instruction sur l'emploi de cette méthode*. In-8; 1880............ 2 fr.

†**HOÜEL** (J.). — Tables de logarithmes à **CINQ DÉCIMALES** pour les nombres et les lignes trigonométriques, suivies des logarithmes d'addition et de soustraction ou Logarithmes de Gauss et de diverses Tables usuelles. Nouvelle édition. Grand in-8; 1881. (*Autorisé par décision ministérielle.*) 2 fr.

†**HOÜEL** (J.). — Recueil de formules et de Tables numériques, formant le complément des *Tables de logarithmes à cinq décimales* du même Auteur. 2e édition. Grand in-8; 1868.............................. 4 fr. 50 c.

†**LACOMBE**. — Nouveau manuel de l'escompteur, du banquier, du capitaliste et du financier, ou Nouvelles Tables de calculs d'intérêts simples, avec le calendrier de l'escompteur. Nouvelle édition, précédée d'une *Instruction sur les calculs d'intérêts et l'usage des Tables*, par M. LAAS D'AGUEN, éditeur des Tables de Violaine, et terminée par un Exposé des lois sur les intérêts, les rentes, les effets de commerce, les chèques, etc., par M. B., Docteur en Droit. Un fort vol. in-18 jésus; 1877....................... 6 fr.

†**LALANDE**. — Tables de logarithmes pour les nombres et les sinus à **CINQ DÉCIMALES**, revues par le baron *Reynaud*. Édition augmentée de *Formules pour la résolution des triangles*, par M. *Bailleul*, typographe, et d'une *Nouvelle Introduction*. In-18; 1880. (*Autorisé par décision ministérielle.*). 2 fr.

   Cartonné.. 2 fr. 40 c.

†**LALANDE.** — Tables de logarithmes, étendues à **SEPT DÉCIMALES**, par *F.-C.-M. Marie*, précédées d'une Instruction, par le baron *Bernard*. Nouvelle édition, augmentée de *Formules pour la résolution des triangles*, par M. *Bailleul*, typographe. In-12; 1881.......................... 3 fr. 50 c.
  Cartonné.. 3 fr. 90 c.

†**LEONELLI.** — Supplément logarithmique, précédé d'une Notice sur l'Auteur, par M. *J. Houël*, Professeur de Mathématiques pures à la Faculté des Sciences de Bordeaux. 2ᵉ édition, réimprimée conformément à l'édition originale de l'an XI. In-8; 1876...................................... 4 fr.

NAMUR. — Tables de logarithmes à douze décimales jusqu'à **434** milliards, avec preuves, précédées d'une *Notice sur l'usage des Tables*, par P. *Masson*, Professeur à l'Université de Gand. (Publiées par l'Académie royale de Belgique.) Grand in-8; 1877.. 4 fr.

†**NOURY.** — Tarifs d'après le système métrique décimal pour cuber les bois carrés en grume ou ronds, et tous les corps solides quelconques, ainsi que les colis ou ballots, caisses, etc. 3ᵉ édition. In-8; 1877. (*Approuvé par les Ministres de l'Intérieur et de la Marine.*)............................ 4 fr.

PEREIRE (E.). — Tables de l'intérêt composé, des annuités et des rentes viagères. 2ᵉ éd., augmentées de 8 *Tableaux graphiques*. In-4; 1873.... 10 fr.

†**SCHRÖN (L.).** — Tables de logarithmes à sept décimales pour les nombres depuis **1** jusqu'à **108000** et pour les lignes trigonométriques de dix secondes en dix secondes, et Table d'interpolation pour le calcul des parties proportionnelles; précédées d'une Introduction par *J. Houël*, Professeur à la Faculté des Sciences de Bordeaux. 2 beaux volumes, grand in-8 jésus, tirés sur vélin collé. Paris, 1881.

	PRIX	
	Broché.	Cartonné.
Tables de logarithmes...........................	8 fr.	9 fr. 75 c.
Table d'interpolation...........................	2	3 25
Tables de logarithmes et Table d'interpolation réunies en un seul volume...........................	10	11 75

†**THOMAN (Fedor).** — Théorie des intérêts composés et des annuités, suivie de Tables logarithmiques. Ouvrage traduit de l'anglais par M. l'abbé *Bouchard*, et précédé d'une préface de M. *J. Bertrand*, Secrétaire perpétuel de l'Académie des Sciences. (Cette édition française renferme plusieurs Tables inédites de *Fedor Thoman*.) Grand in-8; 1878.......................... 10 fr.

VASQUEZ QUEIPO, Membre de l'Académie royale des Sciences de Madrid. — Tables de logarithmes à **SIX DÉCIMALES**, pour les nombres depuis 1 jusqu'à 20000, et pour les lignes trigonométriques, le rayon étant pris égal à l'unité; suivies de plusieurs Tables très utiles. 2ᵉ édition française. In-8; 1876.. 3 fr.

VASSAL (le major Vladimir), ancien Ingénieur. — Nouvelles Tables donnant avec cinq décimales les logarithmes vulgaires et naturels des nombres de 1 à 10800 et des fonctions circulaires et hyperboliques, pour tous les degrés du quart de cercle de minute en minute. Un beau volume in-4, imprimé sur vélin; 1873.. 12 fr.

†**VIOLEINE (A.-P.),** Chef de bureau au Ministère des Finances. — Nouvelles Tables pour les calculs d'intérêts composés, d'annuités et d'amortissement. 3ᵉ édition (nouveau tirage), revue et développée par M. *Laas d'Aguen,* gendre de l'Auteur. In-4; 1876.................................... 15 fr.

GÉOMÉTRIE DESCRIPTIVE ET APPLICATIONS.

BREITHOF (N.), Professeur à l'Université de Louvain, Membre des Académies royales des Sciences de Madrid, de Lisbonne, etc. — Traité de Géométrie descriptive, Applications et Suppléments, publié en trois Parties comprenant 5 Volumes. Chaque Volume se vend séparément.

Iʳᵉ PARTIE. — Traité de Géométrie descriptive. 2ᵉ édit. 2 volumes; 1880-1881.
  Tome I. — *Point, droite, plan.* Grand in-8, avec Atlas de 31 pl. 8 fr. 50 c.
  Tome II. — *Surfaces courbes.* Grand in-8, avec Atlas.... (*Sous presse.*)
IIᵉ PARTIE. — Applications de Géométrie descriptive. *Perspective axonomé-*

trique et perspective cavalière. Grand in-4 lithographié, avec 73 figures dans le texte; 1879.. 5 fr.

IIIᵉ Partie. — **Supplément au Traité de Géométrie descriptive.** 3 vol.; 1877-1878-1879.

   Tome I. — *Les projections axonométriques*. Grand in-4 lithographié, avec 91 figures dans le texte............................... 3 fr. 50 c.

   Tome II. — *Les projections obliques*. Grand in-4 lithographié, avec 121 figures dans le texte........................... 3 fr. 50 c.

   Tome III. — *Les projections centrales*. Grand in-4 lithographié, avec 130 figures dans le texte........................... 3 fr. 50 c.

Les 3 Volumes composant cette IIIᵉ Partie se vendent ensemble...... 9 fr.

***CABANIÉ**, Charpentier, Professeur de Trait de charpente, de Mathématiques, etc. — **Charpente générale théorique et pratique**, 2 volumes in-folio, avec planches. 1ʳᵉ édition.................................... 50 fr.

   On vend séparément : le Tome Iᵉʳ, **Bois droit**.................. 25 fr.
                             le Tome II, **Bois croche**............. 25 fr.

   Pour recevoir l'Ouvrage *franco*, ajouter 1 fr. 50 c. par Volume.

†GOURNERIE (de la), Membre de l'Institut. — **Traité de Géométrie descriptive.** In-4, publié en *trois Parties*, avec Atlas.............. 30 fr.
   Chaque Partie se vend séparément............................... 10 fr.
   La 1ʳᵉ Partie (2ᵉ édit., 1873) contient tout ce qui est exigé pour l'admission à l'École Polytechnique. Elle est suivie d'un Supplément contenant la solution de deux problèmes et des figures cavalières pour l'explication des constructions les plus difficiles. La IIᵉ Partie (4ᵉ éd., 1880) et la IIIᵉ Partie sont le développement du Cours de Géométrie descriptive professé à l'École Polytechnique.

JULLIEN (A.), Licencié ès Sciences mathématiques et physiques. — **Méthode nouvelle pour l'enseignement de la Géométrie descriptive** (perspective et reliefs).

   La Méthode se compose d'un Cours élémentaire et d'une Collection de reliefs, qui se vendent séparément, savoir :

   Cours élémentaire de Géométrie descriptive, conforme au programme du Baccalauréat ès Sciences. 2ᵉ édition. In-18 jésus, avec figures et 143 planches intercalées dans le texte; 1878. Cartonné....................... 3 fr. 50 c.

   Collection de reliefs à pièces mobiles se rapportant aux questions principales du Cours élémentaire :
   Petite boîte comprenant 30 reliefs, avec 118 pièces métalliques pour monter les reliefs et une Notice explicative. (*Port non compris.*)......... 10 fr.
   Grande boîte, comprenant les mêmes reliefs tout montés. (*Port non compris.*) 15 fr.

LEFÉBURE DE FOURCY. — Traité de Géométrie descriptive. 8ᵉ édition, 2 vol. in-8, dont un se compose de 32 planches; 1881.......... 10 fr.

†LEROY (C.-F.-A.), ancien Professeur à l'École Polytechnique et à l'École Normale supérieure. — **Traité de Géométrie descriptive**, suivi de la *Méthode des plans cotés* et de la *Théorie des engrenages cylindriques et coniques*. 11ᵉ édition, revue et annotée par M. *Martelet*, Professeur à l'École Centrale des Arts et Manufactures. In-4, avec Atlas de 71 planches; 1881.......... 16 fr.

†LEROY (C.-F.-A.). — Traité de Stéréotomie, comprenant les **Applications de la Géométrie descriptive** à la théorie des ombres, la perspective linéaire, la gnomonique, la coupe des pierres et la charpente. 7ᵉ édition, revue et annotée par M. *Martelet*. In-4, avec Atlas de 74 planches in-folio; 1877. 26 fr.

†MANNHEIM (A.), Chef d'escadron d'Artillerie, Professeur à l'École Polytechnique. — **Cours de Géométrie descriptive de l'École Polytechnique**, comprenant les Éléments de la Géométrie cinématique. Grand in-8, illustré de 249 figures dans le texte; 1880.................................. 17 fr.

†VIANT (J.). — **Éléments de Géométrie descriptive**, rédigés conformément au nouveau Programme de Saint-Cyr, à l'usage des candidats à ladite École, à l'École Navale, à l'École Forestière et au Baccalauréat ès Sciences. In-8, avec Atlas de 16 planches; 1867................................. 2 fr. 50 c.

PERSPECTIVE. — DESSIN LINÉAIRE.

BOUCHET (Jules). — *Exercices de Dessin linéaire et de Lavis* à l'usage des aspirants à l'École Centrale des Arts et Manufactures. (*Recueil approuvé par le Conseil des Études.*) In-folio oblong.. 6 fr.

BREITHOF (N.), Professeur à l'Université de Louvain, Membre des Académies royales des Sciences de Madrid, de Lisbonne, etc. — **Traité de perspective cavalière**. Méthode conventionnelle de dessin présentant les avantages de la perspective linéaire et ceux de la méthode des projections orthogonales, à l'usage des Officiers du génie, des Ingénieurs, Architectes, Conducteurs de travaux, Chefs d'atelier, Appareilleurs, Tailleurs de pierre, etc.; des Académies et Écoles de dessin, Écoles Industrielles, Écoles des Arts et Métiers, etc. Grand in-8, avec Atlas de 8 planches in-4; 1881................... 3 fr. 75 c.

***CHEVILLARD** (A.), Professeur à l'École des Beaux-Arts. — **Leçons nouvelles de Perspective**. 2e édition. In-8, avec Atlas de 32 planches in-4, gravées sur acier; 1878.. 12 fr.

†**DELAISTRE** (L.), Professeur de Dessin général. — **Cours complet de Dessin linéaire**, gradué et progressif, contenant la Géométrie pratique, élémentaire et descriptive, l'Arpentage, la Levée des Plans et le Nivellement; le Tracé des Cartes géographiques; des Notions sur l'Architecture; le Dessin industriel; la Perspective linéaire et aérienne; le tracé des ombres et l'étude du Lavis. Quatre Parties, composées de 60 planches et 74 pages de texte in-4 oblong à deux colonnes, tirées sur jésus. 3e édition; 1880. Prix : cartonné.... 15 fr.

Ouvrage donné en prix, par la Société d'Encouragement pour l'Industrie nationale, aux contre-maîtres des établissements industriels, et choisi par M. le Ministre de l'Instruction publique pour les bibliothèques scolaires.

GOURNERIE (de la). — **Traité de Perspective linéaire**. 1 vol. in-4, avec Atlas in-folio de 45 planches, dont 8 doubles; 1859..................... 40 fr.

†**POUDRA**, Officier supérieur d'État-Major, ancien Professeur à l'École d'État-Major, ancien Élève de l'École Polytechnique. — **Traité de Perspective-Relief**, contenant : 1° la construction des bas-reliefs; 2° le tracé des décorations théâtrales; 3° une théorie des apparences, avec les applications aux décorations architecturales; 4° des applications à la décoration des parcs et jardins. In-8, avec atlas de 18 planches; 1860.................... 8 fr. 50 c.

†**THIERRY** fils, éditeur du *Vignole de poche*. — **Méthode graphique et géométrique, ou le Dessin linéaire appliqué aux arts**. 2e édition, revue et corrigée par M. C.-F.-M. Marie. Grand in-8 oblong, avec 50 pl.; 1856...... 6 fr.

Ouvrage choisi par M. le Ministre de l'Instruction publique pour les bibliothèques scolaires.

TISSOT (A.), Examinateur d'admission à l'École Polytechnique. — **Mémoire sur la représentation des surfaces et les projections des cartes géographiques**, suivi d'un *Complément* et de *Tableaux numériques* relatifs à la déformation produite par les divers systèmes de projection. In-8; 1881.... 9 fr.

COURS DE MATHÉMATIQUES. — PROBLÈMES. COLLECTIONS DIVERSES.

ARAGO (F.). — **Œuvres complètes**. 17 volumes in-8, avec nombreuses figures... 127 fr. 50 c.

On vend séparément :

Astronomie populaire. 4 volumes, avec un portrait d'Arago et 362 figures, dont 80 gravées sur acier et 282 gravées sur bois........................ 50 fr.

Notices biographiques. 3 volumes, avec une Introduction aux *Œuvres d'Arago*, par A. de Humboldt.. 22 fr. 50 c.

Notices scientifiques. 5 volumes, avec 35 figures sur bois...... 37 fr. 50 c.

Voyages scientifiques. 1 volume................................ 7 fr. 50 c.

Mémoires scientifiques. 2 volumes, avec 53 figures sur bois......... 15 fr.

Mélanges. 1 volume.. 7 fr. 50 c.

Tables analytiques. 1 volume d'environ 900 pages, précédé du Discours prononcé aux funérailles d'Arago et d'une Notice chronologique sur ses Œuvres.. 7 fr. 50 c.

†**CATALAN (E.)**, ancien Élève de l'École Polytechnique. — **Manuel des candidats à l'École Polytechnique.** 2 vol. In-18, avec 306 figures....... 9 fr.

Chaque Volume se vend séparément.

Tome Ier : **Algèbre, Trigonométrie, Géométrie analytique à deux dimensions.** In-18, avec 167 figures dans le texte; 1857.......... 5 fr.

Tome II : **Géométrie analytique à trois dimensions, Mécanique.** In-18, avec 139 figures dans le texte ; 1858.......... 4 fr.

†**CHEVALLIER et MÜNTZ**. — **Problèmes de Mathématiques**, avec leurs solutions développées, à l'usage des candidats au Baccalauréat ès Sciences et aux Écoles du Gouvernement. In-8, lithographié; 1873.......... 4 fr.

†**COMBEROUSSE** (Ch. de), Ingénieur, Professeur de Mécanique et Examinateur d'admission à l'École Centrale des Arts et Manufactures, Professeur de Mathématiques spéciales au Collège Chaptal. — **Cours de Mathématiques**, à l'usage des candidats à l'École Polytechnique, à l'École Normale supérieure et à l'École Centrale des Arts et Manufactures. 5 volumes In-8, avec figures dans le texte et planches.

Chaque Volume se vend séparément, savoir :

Tome Ier : *Arithmétique, Algèbre élémentaire.* 2e édition; 1876....... 10 fr.

On vend à part : *Arithmétique*.................... 4 fr.
Algèbre élémentaire............. 6 fr.

Tome II : *Géométrie élémentaire, plane et dans l'espace, Trigonométrie rectiligne et sphérique.* 2e édition; 1881.................. (Sous presse.)

Tome III : *Algèbre supérieure.* 2e édition.............. (Sous presse.)

Tome IV : *Géométrie analytique, plane et dans l'espace, Éléments de Géométrie descriptive* (avec Atlas). 2e édition.............. (Sous presse.)

Tome V : *Éléments de Géométrie supérieure, Notions sur la résolution des problèmes.* 2e édition.................. (En préparation.)

†**DUHAMEL**. — **Des méthodes dans les sciences de raisonnement.** 5 volumes in-8.................... 27 fr. 50 c.

On vend séparément :

Première Partie : *Des méthodes communes à toutes les sciences de raisonnement.* 2e édition. In-8; 1875.................... 2 fr. 50 c.

Deuxième Partie : *Application des méthodes à la science des nombres et à la science de l'étendue.* 2e édition. In-8, avec figures; 1877........ 7 fr. 50 c.

Troisième Partie : *Application de la science des nombres à la science de l'étendue.* In-8, avec figures ; 1866.................... 7 fr. 50 c.

Quatrième Partie : *Application des méthodes à la science des forces.* In-8, avec figures; 1870.................... 7 fr. 50 c.

Cinquième Partie : *Essai d'une application des méthodes à la science de l'homme moral.* In-8; 1873.................... 2 fr. 50 c.

FOUCAULT (Léon). — Recueil de ses travaux scientifiques. (Voir p. 32.)

INSTITUT DE FRANCE. — **Comptes rendus hebdomadaires des séances de l'Académie des Sciences.**

Ces **Comptes rendus** paraissent régulièrement tous les dimanches, en un cahier de 32 à 40 pages, quelquefois de 80 à 120. L'abonnement est annuel, et part du 1er janvier.

Prix de l'abonnement, franco :

Pour Paris................. 20 fr. ‖ Pour les départements.. 30 fr.
Pour l'Union postale .... 34 fr.

La collection complète, de 1835 à 1880, forme 91 volumes in-4.. 682 fr. 50 c.

Chaque année, sauf 1844, 1845, 1870, 1873, 1874, 1875, 1878, 1880, se vend séparément.................... 15 fr.

Table générale des Comptes rendus des séances de l'Académie des Sciences, par ordre de matières et par ordre alphabétique de noms d'auteurs.

Tables des Tomes I à XXXI (1835-1850). In-4, 1853.......... 15 fr.
Tables des Tomes XXXII à LXI (1851-1865). In-4, 1870......... 15 fr.

— **Supplément aux Comptes rendus des séances de l'Académie des Sciences.**
Tomes I et II, 1856 et 1861, séparément.................. 15 fr.

INSTITUT DE FRANCE. — **Mémoires présentés par divers savants à l'Académie des Sciences**, et imprimés par son ordre. 2e Série. In-4; Tomes I à XXVI, 1827-1879.

Chaque Volume se vend séparément.................... 15 fr.

— **Mémoires de l'Académie des Sciences.** In-4; tomes I à XLI, 1816 à 1879.
  Chaque Volume, à l'exception des Tomes ci-après indiqués, se vend séparé-
  ment.......... 15 fr.
  Le Tome XXXIII, avec Atlas, se vend séparément.......... 25 fr.
  Les Tomes VI et XXI ne se vendent pas séparément.

— **Tables générales des travaux contenus dans les Mémoires de l'Académie
  des Sciences et dans les Mémoires présentés par divers Savants,** publiés
  par MM. les Secrétaires perpétuels. In-4; 1881.......... 10 fr.

INSTITUT DE FRANCE. — **Recueil de Mémoires, Rapports et Docu-
  ments relatifs à l'observation du passage de Vénus sur le Soleil.**
  Tome I. — Iʳᵉ Partie : *Procès-verbaux des séances tenues par la Commission.*
    In-4; 1877.......... 12 fr. 50 c.
  — IIᵉ Partie, avec Supplément : *Mémoires divers.* In-4, avec 7 planches, dont 3
    en chromolithographie; 1876.......... 12 fr. 50 c.
  Tome II. — Iʳᵉ Partie : *Mission de Pékin.* Rapport de M. *Fleuriais.* — *Mis-
    sion de Saint-Paul* (Astronomie). Rapport de M. *Mouchez.* In-4, avec 26
    planches, dont 13 chromolithographies et 2 photoglypties; 1878. 25 fr.
  — IIᵉ Partie : *Mission de Saint-Paul* (Météorologie, Géologie, etc.). Rapport
    de M. le Dʳ *Rochefort* et de M. Ch. *Vélain.* — *Mission du Japon.* Rapports
    de MM. Tisserand et Picard. — *Mission de Saigon.* Rapport de M. *Héraud.*
    — *Mission de Nouméa.* Rapport de M. André. In-4, avec figures dans le
    texte et 34 planches, dont 5 en chromolithographie et 8 photoglypties;
    1880.......... 25 fr.
  Tome III. — Iʳᵉ Partie : *Mission de l'île Campbell.* Rapports de M. *Bouquet
    de la Grye* et de M. H. *Filhol.* In-4.......... (*Sous presse.*)
  — IIᵉ Partie : *Mesures des plaques photographiques,* publiées sous la direction de
    M. *Fizeau,* par MM. *Cornu, Baille, Mercadier, Gariel et Angot.* (*Sous presse.*)

INSTITUT DE FRANCE. — **Mémoires relatifs à la nouvelle maladie de
  la vigne,** présentés par divers savants à l'Académie des Sciences. (Voir pour
  le détail de ces *Mémoires* le CATALOGUE GÉNÉRAL, ou le PROSPECTUS SPÉCIAL qui
  est envoyé sur demande.)

†**LAGRANGE.** — **Œuvres complètes.** (*Voir* p. 29).

†**LAPLACE.** — **Œuvres complètes.** (*Voir* p. 21).

†**LE COINTE (I.-L.-A.).** — **Solutions développées de 300** problèmes qui
  ont été proposés dans les compositions mathématiques pour l'admission au
  grade de Bachelier ès sciences dans diverses Facultés de France. In-8, avec
  figures dans le texte; 1865.......... 6 fr.

*****LONCHAMPT (A.).** — **Recueil des principaux problèmes** posés dans les
  examens pour l'*École Polytechnique* et pour l'*École Centrale des Arts et Manufactures,* ainsi que dans les conférences des *Écoles préparatoires* les plus
  importantes. **Énoncés et solutions,** 1 vol. lithogr., grand in-8; 1865. 8 fr.

†**LONCHAMPT (A.),** Préparateur aux Baccalauréats ès lettres et ès sciences,
  et aux Écoles du Gouvernement. — **Recueil de problèmes** tirés des compositions données à la *Sorbonne,* de 1853 à 1875-1876, pour les *Baccalauréats ès
  sciences,* suivis des compositions de Mathématiques élémentaires, de Physique,
  de Chimie et de Sciences naturelles, données aux *Concours généraux* de 1846 à
  1875-1876, 2ᵉ édition. In-18 jésus, avec figures dans le texte et pl.; 1876-1877.

  Iʳᵉ Partie : **Arithmétique. — Algèbre. — Trigonométrie.**
                                         Questions.... 1 fr. »
                                         Solutions.... 1 fr. 80 c.
  IIᵉ Partie : **Géométrie**..........   *Questions*.... 1 fr. »
                                         Atlas.......... 60 c.
                                         Solutions.... 2 fr. 80 c.
  IIIᵉ Partie : **Approximations numériques** (THÉORIE ET APPLICATION). —
  Maxima et minima (THÉORIE ET QUESTIONS). — **Courbes usuelles, Géométrie
  descriptive, Cosmographie, Mécanique** *Théories et Questions*.. 1 fr. 50 c.
                                         Solutions.. 1 fr. 50 c.
  IVᵉ Partie : **Physique. — Chimie.** (Les *Solutions* sont précédées d'un *Précis
  sur la résolution des Problèmes de Physique*; par M. H. *Bertot,* ancien Élève
  de l'École Polytechnique..........   *Questions*.. 1 fr. »
                                         Solutions.. 2 fr. 50 c.

MOIGNO (l'Abbé). — Actualités scientifiques. Volumes in-18 jésus ou petit in-8, se vendant séparément.

- 1° Analyse spectrale des corps célestes; par *Huggins* . . . . *(Sous presse.)*
- 2° Calorescence. — Influence des couleurs; par *Tyndall* . . . . . 1 fr. 50 c.
- 3° La matière et la force; par *Tyndall* . . . . 1 fr. 50 c.
- 4° Les éclairages modernes; par l'Abbé *Moigno* . . . . *(Épuisé.)*
- 5° Sept Leçons de Physique générale; par *A. Cauchy* . . . . . *(Sous presse.)*
- 6° Physique moléculaire; par l'Abbé *Moigno* . . . . *(Épuisé.)*
- 7° Chaleur et froid; par *Tyndall* . . . . *(Sous presse.)*
- 8° Sur la radiation; par *Tyndall* . . . . 1 fr. 25 c.
- 9° Sur la force de combinaison des atomes; par *Hofmann* . . . 1 fr. 25 c.
- 10° Faraday inventeur; par *Tyndall* . . . . 2 fr. »
- 11° Saccharimétrie optique, chimique et mélassimétrique; par l'Abbé *Moigno* . . . . 3 fr. 50 c.
- 12° La Science anglaise, son bilan en **1868** (réunion à Norwich); par l'Abbé *Moigno* . . . . 2 fr. 50 c.
- 13° Mélanges de Physique et de Chimie pures et appliquées; par *Frankland, Graham, Macquorn-Rankine, Peeles, Henri Sainte-Claire Deville, Tyndall* . . . . 3 fr. 50 c.
- 14° Les aliments; par *Letheby* . . . . 3 fr. »
- 15° Constitution de la matière et ses mouvements; par le P. *Leray* . . *(Épuisé.)*
- 16° Esquisse historique de la théorie dynamique de la chaleur; par *Tait* . . . . 3 fr. 50 c.
- 17° Théorie du vélocipède. — Sur les lois de l'écoulement de la vapeur; par *Macquorn-Rankine* . . . . 1 fr. 25 c.
- 18° Les métamorphoses chimiques du carbone; par *Odling* . . . . . 2 fr. »
- †19° Programme d'un Cours en sept Leçons sur les phénomènes et les théories électriques; par *Tyndall* (Nouveau tirage.) . 1 fr. 50 c.
- 20° Géologie des Alpes et du tunnel des Alpes; par *Élie de Beaumont et Sismonda* . . . . 2 fr. »
- 21° La Science anglaise, son bilan en **1869** (réunion à Exeter) . 3 fr. 50 c.
- 22° La lumière; par *Tyndall* . . . . 2 fr.
- 23° Recherches sur les agents explosifs modernes et leurs applications; par l'Abbé *Moigno* . . . . 2 fr. »
- 24° Religion et Patrie, rangées de la fausse science et de l'envie haineuse; par l'Abbé *Moigno* . . . . 1 fr. 50 c.
- †25° Éléments de Thermodynamique; par *J. Moutier* . . . . *(Épuisé.)*
- †26° Sur la force de la Poudre et des matières explosibles; par *Berthelot* . . . . 3 fr. 50 c.
- 27° Sursaturation des solutions gazeuses; par *Tomlinson* . . . . . . 2 fr. »
- 28° Optique moléculaire. Effets de précipitation, de décomposition, d'illumination produits par la lumière; par l'Abbé *Moigno* . . . . 2 fr. 50 c.
- *29° L'Architecture du monde des atomes, dévoilant la construction des composés chimiques et leur cristallogénie, avec 100 fig. dans le texte; par *Gaudin* . . . . 5 fr. »
- †30° Étude sur les éclairs; avec fig. dans le texte; par *Paul Perrin* . . 2 fr. 50 c.
- †31° Manuel pratique militaire des chemins de fer, avec nombreuses figures dans le texte; par le Capitaine *Issalène* . . . . 2 fr. 50 c.
- †32° Instruction sur les Paratonnerres; par *Gay-Lussac et Pouillet*. Nouvelle édition, avec 58 figures et planche, adoptée par l'Académie des Sciences . . . . 2 fr. 50 c.
- †33° Tables barométriques et hypsométriques pour le calcul des hauteurs, précédées d'une instruction; par *Radau*. (Nouveau tirage.) . . . . 1 fr. 25 c.
- †34° Les passages de Vénus sur le disque solaire, avec figures; par *Edm. Dubois* . . . . 3 fr. 50 c.
- †35° Manuel élémentaire de Photographie au collodion humide, avec figures; par *Dumoulin* . . . . 1 fr. 50 c.
- †36° Problèmes plaisants et délectables qui se font par les nombres; par *Bachet, sieur de Méziriac*, 4° édition, revue par *Labosne*. Un joli volume petit in-8, elzévir, titre en deux couleurs . . . . 6 fr. »
- *37° La Chaleur, considérée comme un mode de mouvement; par *Tyndall*, 2° édit. française, avec nombreuses fig. (Nouveau tirage); 1881 . . . . 8 fr. »

*38° **L'Astronomie pratique et les Observatoires en Europe et en Amérique,** depuis le milieu du XVII° siècle jusqu'à nos jours; par *André, Rayet* et *Angot.* In-18 jésus, avec belles figures dans le texte et planche en couleur.

    Ire Partie : *Angleterre* .... 4 fr. 50 c.
    II° Partie : *Écosse, Irlande et Colonies anglaises* .... 4 fr. 50 c
    III° Partie : *Amérique du Nord* .... 4 fr. 50 c.
    IV° Partie : *Amérique du Sud* .... 3 fr.
    V° Partie : *Italie* .... 4 fr. 50 c.

39° **Méthodes chimiques pour la recherche des falsifications,** l'essai, l'analyse des matières fertilisantes; par *Ferd. Jean.* (*Épuisé.*)

†40° **Premières leçons de Photographie,** avec figures; par *Perrot de Chaumeux* .... 1 fr. 50 c.

†41° **Les Mines dans la guerre de campagne,** exposé de divers procédés d'inflammation des mines et des pétards de rupture; emploi des préparations pyrotechniques, avec figures dans le texte; par le capitaine *Picardat* .... 2 fr. 50 c.

†42° **Essai sur une manière de représenter les quantités imaginaires dans les constructions géométriques,** par R. Argand. 2° édition, précédée d'une préface; par M. *J. Hoüel.*   5 fr. »

†43° **Essai sur les piles,** par *A. Callaud.* 2° édition, avec 2 planches. (Ouvrage couronné par l'Académie des Sciences de Lille.). 2 fr. 50 c.

†44° **Matière et Éther;** indication d'une méthode pour établir les propriétés de l'Éther, par *Kretz,* Ingénieur en chef des Manufactures de l'État .... 1 fr. 50 c.

45° **L'Unité dynamique des forces et des phénomènes de la nature,** ou l'Atome tourbillon; par *F. Marco,* Professeur au Lycée Cavour, à Turin .... 2 fr. 50 c.

46° **Physique et Physique du Globe.** Divers Mémoires de MM. *Tyndall, Carpenter, Ramsay, Raphaël de Rossi* et *Félix Plateau.* Traduit par l'Abbé Moigno .... 2 fr. 50 c.

47° **La grande pyramide,** pharaonique de nom, humanitaire de fait; ses merveilles, ses mystères et ses enseignements; par M. *Piazzi Smyth,* Astronome royal d'Écosse. Traduit de l'anglais par l'Abbé *Moigno* .... (*Épuisé.*)

48° **La Foi et la Science;** explosion de la Libre-Pensée en août et septembre 1874. Discours annotés de MM. *Tyndall, du Bois-Reymond, Owen, Huxley, Hooker* et *Sir John Lubbock;* par l'Abbé Moigno .... (*Épuisé.*)

†49° **Les insuccés en Photographie;** causes et remèdes, suivis de la retouche des clichés et du gélatinage des épreuves; par *Cordier.* 3° édition .... 1 fr. 75 c.

†50° **La Photolithographie,** son origine, ses procédés, ses applications; par *G. Fortier.* Petit in-8, orné de planches, fleurons, culs-de-lampe, obtenus au moyen de la Photolithographie. 3 fr. 50 c.

†51° **Procédé au collodion sec;** par *F. Bouin.* 2° édit., augmentée du *Formulaire de Th. Sutton,* des *Tirages aux poudres inertes* (procédé au charbon), ainsi que de notions pratiques sur la photolithographie, l'électrogravure et l'impression à l'encre grasse .... 1 fr. 50 c.

†52° **Les Pandynamomètres de torsion et de flexion,** *Théorie et application;* avec 1 grandes planches; par M. *G.-A. Hirn.* 2 fr.

†53° **Notice sur les Aréomètres employés dans l'industrie, le commerce et les sciences,** avec figures dans le texte; par *Baserga,* Constructeur d'instruments .... 1 fr. 50 c.

†54° **Manuel du Magnanier,** application des théories de M. *Pasteur* à l'éducation des vers à soie; par *L. Roman.* Un beau volume avec nombreuses figures ombrées dans le texte et 6 planches en couleur .... 4 fr. 50 c.

†55° **Les Couleurs reproduites en Photographie;** historique, théorie et pratique; par *Exg. Dumoulin* .... 1 fr. 50 c.

†56° **Progrès récents de l'Astronomie stellaire;** par *R. Radau* .... 1 fr. 50 c.

†57° **Les Observatoires de montagne** (avec figures dans le texte); par *R. Radau* .... 1 fr. 50 c.

†58° **Les Poussières de l'air,** avec figures dans le texte et 4 planches; par *Gaston Tissandier* .... 2 fr. 25 c.

159° **Traité pratique de Photographie au charbon**, complété par la description de divers *Procédés d'impressions inaltérables* (*Photochromie et tirages photomécaniques*); par *Léon Vidal*. 3° édition, avec une planche spécimen de la Photochromie et 2 planches spécimens d'impressions à l'encre grasse...... 4 fr. 50 c.

160° **Le procédé au gélatino-bromure**, suivi d'une *Note* de M. Musson *Sur les clichés portatifs* et de la traduction des *Notices* de R. Kennett et Rev. H.-G. Palmer, avec figures dans le texte; par *H. Odagir*...... 1 fr. 50 c.

161° **La Science des nombres d'après la tradition des siècles**; Explication de la Table de Pythagore; par l'Abbé *Marchand*...... 3 fr.

162° **La Lumière et les climats**; par *R. Radau*...... 1 fr. 75 c.

163° **Les Radiations chimiques du Soleil**; par *R. Radau*...... 1 fr. 50 c.

164° **L'Actinométrie**; par *R. Radau*...... 2 fr.

165° **Traité pratique complet d'impressions photographiques aux encres grasses, de phototypographie et de photogravure**; par *Mock*. 1° édition...... 3 fr.

166° **La Spectroscopie**, avec nombreuses gravures dans le texte; par *Cazin*...... 2 fr. 75 c.

167° **Formulaire pratique de la Photographie aux sels d'argent**; par *Huberson*...... 1 fr. 50 c.

168° **Leçons sur l'Électricité**; traduites de l'anglais par *Francisque Michel*...... 2 fr. 75 c.

169° **Traité élémentaire et pratique de Photographie au charbon**; par *Aubert*...... 1 fr. 50 c.

170° **La Prévision du temps**; par *W. de Fonvielle*...... 1 fr. 50 c.

171° **La Photographie et ses applications scientifiques**; par *R. Radau*...... 1 fr. 75 c.

172° **L'Ozone**; ce qu'il est, ses propriétés physiques et chimiques, son existence et son rôle dans la nature. Analyse des recherches et des travaux dont il a été l'objet; par l'Abbé *Moigno*. 3 fr. 50 c.

173° **Les Microbes organisés**; leur rôle dans la fermentation, la putréfaction et la contagion; Mémoires de MM. Tyndall et Pasteur; par l'Abbé *Moigno*...... 3 fr. 50 c.

174° **Le R. P. Secchi; sa Vie, son Observatoire, ses Travaux, ses Écrits**; ses titres à la gloire, hommages rendus à sa mémoire, ses grands Ouvrages; par l'Abbé *Moigno*. Avec un portrait et 3 planches...... 3 fr. 50 c.

175° **Cartes du temps et Avertissements de tempêtes**; par *Robert H. Scott*. Traduit de l'anglais par MM. *Zurcher* et *Margollé*. Petit in-8 avec 2 planches et nombreuses figures...... 4 fr. 50 c.

176° **La Photographie appliquée à l'Archéologie**; Reproduction des *Monuments, Œuvres d'art, Mobilier, Inscriptions, Manuscrits*; par *E. Trutat*, Conservateur du Musée d'Histoire naturelle de Toulouse, etc. Avec cinq photolithographies...... 3 fr.

177° **La Photographie des peintres, des voyageurs et des touristes**. *Nouveau procédé* sur papier huilé, simplifiant le bagage et facilitant toutes les opérations, avec indication de la manière de construire soi-même la plupart des instruments nécessaires; par *Arsène Pélegry*, Peintre amateur, Membre de la Société photographique de Toulouse. Avec figures dans le texte et une planche spécimen; 1879...... 1 fr. 75 c.

178° **Comment on observe les nuages pour prévoir le temps**; par *André Poëy*. Petit in-8, avec 17 planches chromolithographiques; 1879...... 4 fr. 50 c.

179° **Traité pratique de Phototypie ou Impression à l'encre grasse sur couche de gélatine**; par *Léon Vidal*. In-18 jésus, avec belles figures dans le texte et spécimens; 1879...... 8 fr.

180° **Observations météorologiques en ballon**; Résumé de vingt-cinq ascensions aérostatiques; par *Gaston Tissandier*. Avec figures; 1879...... 1 fr. 50 c.

181° **Précis de Microphotographie**; par *G. Huberson*. Avec figures dans le texte et une planche en photogravure...... 2 fr.

182° **Constitution intérieure de la Terre**; par *R. Radau*...... 1 fr. 50 c.

183° **Le rôle des vents dans les climats chauds; la pression barométrique et les climats des hautes régions;** par *R. Radau.*   1 fr. 50 c.

184° **La Photographie sur plaque sèche. Émulsion au coton-poudre avec bain d'argent;** par *Fabre.* 1883...............   1 fr. 75 c.

185° **La machine de Gramme;** sa théorie et ses applications; avec figures; par *Breguet.* 1880..............................   2 fr. »

186° **Traité d'analyse chimique complète des potasses brutes et des potasses raffinées;** par *Berté.* 1880..................   1 fr. 50 c.

187° **La Météorologie appliquée à la prévision du temps. Leçon** faite à l'École supérieure de Télégraphie, par M. *E. Mascart;* recueillie par M. *Moureaux,* météorologiste au Bureau central. Avec 16 planches en couleur; 1881...................   2 fr. »

188° **Traité pratique de la Retouche des clichés photographiques,** suivi d'une *Méthode* très détaillée *d'émaillage* et de *Formules et Procédés divers;* par *Piquepé.* Avec deux photoglypties; 1881.   1 fr. 50 c.

189° **Notions élémentaires d'analyse chimique qualitative;** par *U. Sourès,* avec figures; 1881.........................   1 fr. 50 c.

190° **Le Gaz et l'Électricité comme agents de chauffage,** par le D' *Siemens;* trad. de l'angl. par *G. Richard.* In-18 jés.; 1881.   1 fr. 50 c.

DEUXIÈME SÉRIE.

La Science illustrée. — L'Enseignement de tous.

1° **L'art des projections;** par M. l'Abbé *Moigno.* Avec 103 figures dans le texte; 1872..   2 fr. 50 c.

2° **Photomicrographie en cent Tableaux pour projections. Texte** explicatif avec 29 figures dans le texte; par *J. Girard;* 1872...   1 fr. 50 c.

3° **Les accidents;** secours à donner en cas d'absence de l'homme de l'art; par *Snow.* Avec 36 fig.; 1872.....................   1 fr. 25 c.

4° **L'Anatomie et l'Histologie, enseignées par les projections** lumineuses; par le D' *Le Bon*...........................   1 fr. »

5° **Manuel de Mnémotechnie,** *application à l'Histoire;* par l'Abbé *Moigno.* 1879..   3 fr. »

TZAUT (S.) et MORFF, Professeurs à l'École industrielle cantonale à Lausanne. — **Exercices et problèmes d'Algèbre** (*Première série*). Recueil gradué renfermant plus de 3800 exercices sur l'Algèbre élémentaire jusqu'aux équations du premier degré inclusivement. In-12; 1877.................   3 fr.

— **Réponses aux Exercices et problèmes de la** *Première série.* In-12; 1877.   2 fr.

TZAUT (S.). — **Exercices et problèmes d'Algèbre** (*Deuxième série*). Recueil gradué renfermant plus de 6200 exercices sur l'Algèbre élémentaire, depuis les équations du premier degré exclusivement jusqu'au binôme de Newton et aux déterminants exclusivement. In-12; 1881.........................   3 fr. 50 c.

— **Réponses aux Exercices et problèmes de la** *Deuxième série.* In-12; 1881.   3 fr. 75 c.

CALCUL DIFFÉRENTIEL ET INTÉGRAL
ET ANALYSE MATHÉMATIQUE.

AOUST (l'abbé), Professeur d'Analyse à la Faculté de Marseille. — **Analyse infinitésimale des courbes tracées sur une surface quelconque.** In-8, avec figures dans le texte; 1869...   7 fr.

AOUST (l'abbé). — **Analyse infinitésimale des courbes planes,** contenant la résolution d'un grand nombre de problèmes choisis, à l'usage des candidats à la licence ès sciences. In-8, avec 80 figures dans le texte; 1873.   8 fr. 50 c.

AOUST (l'abbé). — **Analyse infinitésimale des courbes dans l'espace.** In-8, avec 40 figures dans le texte; 1876...............................   11 fr.

ARGAND (R.). — **Essai sur une manière de représenter les quantités imaginaires dans les constructions géométriques.** 2° édition, précédée d'une préface par M. *J. Hoüel.* In-8, avec figures dans le texte; 1874.........   3 fr.

BELANGER (J.-B.) — **Résumé de Leçons de Géométrie analytique et de Calcul infinitésimal.** 2° édition. In-8, avec planches; 1859.........   6 fr.

BERTRAND (J.), Membre de l'Institut, Prof. à l'École Polyt. et au Collège de France. — **Traité de Calcul différentiel et de Calcul intégral.** CALCUL DIFFÉRENTIEL. In-4; 1864...................................   (Rare.)

CALCUL INTÉGRAL (*Intégrales définies et indéfinies*); 1870............ 30 fr.
Le troisième volume, CALCUL INTÉGRAL (*Équations différentielles*), est sous
presse.

†BOUCHARLAT (J.-L.). — Éléments de Calcul différentiel et de Calcul
intégral 8e édition, revue et annotée par M. *H. Laurent*, Répétiteur à l'École
Polytechnique. In-8, avec planches; 1881............................... 8 fr.

†BRIOT (Ch.), Professeur à la Faculté des Sciences. — Théorie des fonctions
abéliennes. Un beau volume in-4°; 1879......................... 15 fr.

†BRIOT (Ch.). — Essais sur la théorie mathématique de la lumière.
In-8, avec figures dans le texte; 1864.................................... 4 fr.

†BRIOT (Ch.) et BOUQUET. — Théorie des fonctions elliptiques. 2e éd. In-4.
1875... 30 fr.

BROCH (Dr O.-J.), Professeur de Mathématiques à l'Université royale de
Christiania. — Traité élémentaire des fonctions elliptiques. In-8; 1867.
6 fr.

†CARNOT. — Réflexions sur la métaphysique du Calcul infinitésimal. In-8,
avec planche, 5e édit.; 1881.. 4 fr.

CATALAN (E.). — Cours d'Analyse de l'Université de Liège. *Algèbre, Calcul
différentiel, Ire Partie du Calcul intégral*, 2e édition, revue et augmentée. In-8,
avec figures dans le texte; 1879...................................... 12 fr.

†CATALAN (E.). — Traité élémentaire des séries. Grand in-8; 1860. 5 fr.

†CLAUSIUS (R.). — De la fonction potentielle et du potentiel; traduit de
l'allemand sur la 2e édition, par *F. Folie*. In-8; 1870................... 4 fr.

†CHARVE, Docteur ès Sciences. — De la réduction des formes quadratiques
ternaires positives, et de son application aux irrationnelles du troisième
degré. (Thèse.) In-4 de 10 feuilles; 1880............................... 10 fr.

†DOSTOR (G.), Docteur ès Sciences, Professeur à la Faculté des Sciences de
l'Université catholique de Paris. — Éléments de la théorie des déterminants,
avec application à l'Algèbre, la Trigonométrie et la Géométrie analytique
dans le plan et dans l'espace. In-8 de xxxii-352 pages; 1877........... 8 fr.

†DUHAMEL, Membre de l'Institut. — Éléments de Calcul infinitésimal.
3e édition, revue et annotée par M. *J. Bertrand*, Membre de l'Institut. 2 vol.
in-8; 1874-1876.. 15 fr.

†DUPORT. — Sur un mode particulier de représentation des imaginaires
(Thèse). In-4; 1880... 3 fr.

FAÀ DE BRUNO (le Chevalier Fr.). — Théorie des formes binaires. Un
fort volume in-8; 1876.. 16 fr.

†FAÀ DE BRUNO (le Chevalier Fr.). — Traité élémentaire du Calcul des
erreurs, avec des Tables stéréotypées. In-8; 1869...................... 4 fr.

†FAÀ DE BRUNO (le Chevalier Fr.). — Théorie générale de l'élimination.
Grand in-8; 1859... 3 fr. 50 c.

†FAURE (H.), Chef d'escadron d'Artillerie. — Théorie des indices. In-8;
1878.. 5 fr.

†FRENET. — Recueil d'exercices sur le Calcul infinitésimal. 3e édition
(nouveau tirage). In-8, avec figures dans le texte; 1881........... 7 fr. 50 c.

*FREYCINET (Charles de). — De l'Analyse infinitésimale, étude sur la
métaphysique du haut calcul. 2e édition. In-8, avec figures; 1881.... 6 fr.

GAUSSIN, Ingénieur hydrographe de la Marine. — Définition du Calcul
quotientiel d'Eugène Gounelle. In-4; 1876............................. 3 fr.

†GERMAIN (Mlle Sophie). — Mémoire sur l'emploi de l'épaisseur dans la
théorie des surfaces élastiques. In-4; 1880 (Mémoire posthume).. 3 fr.

GILBERT (Ph.), Professeur à l'Université catholique de Louvain. — Cours
d'Analyse infinitésimale. Partie élémentaire. 2e édition. Grand in-8;
1878.. 9 fr. 50 c.

GRAINDORGE, Répétiteur à l'École des Mines de Liège. — Mémoire sur
l'intégration des équations de la Mécanique. In-8; Bruxelles, 1871. 4 fr.

HALPHEN, Répétiteur à l'École Polytechnique. — Sur les invariants dif-
férentiels. In-4; 1878... 3 fr.

†**HERMITE** (Ch.), Membre de l'Institut, Professeur à l'École Polytechnique et à la Faculté des Sciences. — **Cours d'Analyse de l'École Polytechnique.** Première Partie, contenant le *Calcul différentiel* et les *Premiers principes du Calcul intégral.* Un fort volume in-8, avec gravures dans le texte; 1873.   14 fr.

La Seconde Partie contiendra la fin du *Calcul intégral.*

†**HOÜEL** (J.), Professeur de Mathématiques à la Faculté des Sciences de Bordeaux. — **Cours de Calcul infinitésimal.** Quatre beaux volumes grand in-8, avec figures dans le texte; 1878-1879-1880-1881.

On vend séparément :

Tome I .... 15 fr.
Tome II .... 15 fr.
Tome III .... 10 fr.
Tome IV .... 10 fr.

HOÜEL (J.). — **Théorie élémentaire des quantités complexes.** — Grand in-8, avec figures dans le texte :

Ire Partie : *Algèbre des quantités complexes;* 1867 .... (Rare.)
IIe Partie : *Théorie des fonctions uniformes,* 1868 .... (Rare.)
IIIe Partie : *Théorie des fonctions multiformes;* 1871 ...... 3 fr.
IVe Partie : *Théorie des quaternions;* 1874 .... 8 fr.

La IIe Partie se trouve encore dans le Tome VI (prix : 11 fr.) des *Mémoires de la Société des Sciences physiques et naturelles de Bordeaux.* (Voir le Catalogue général.)

JORDAN (Camille), Ingénieur des Mines. — **Traité des substitutions et des équations algébriques.** In-4; 1870 .... 30 fr.

†**JOUBERT** (Le P.), Professeur à l'École Sainte-Geneviève. — **Sur les équations qui se rencontrent dans la théorie des fonctions elliptiques.** In-4; 1876. .... 5 fr.

†**JOURNAL DE L'ÉCOLE POLYTECHNIQUE**, publié par le Conseil d'Instruction de cet Établissement. — 49 Cahiers formant 29 volumes in-4, avec figures et planches .... 730 fr.

Le *XLIXe Cahier,* qui vient de paraître, se vend .... 12 fr.

†**LACROIX** (S.-F.). — **Traité élémentaire de Calcul différentiel et de Calcul intégral.** 8e édition, revue et augmentée de Notes par MM. *Hermite* et *J.-A. Serret,* Membres de l'Institut, 2 vol. In-8, avec pl.; 1874 ...... 15 fr.

†**LAGRANGE.** — **Œuvres complètes de Lagrange,** publiées par les soins de M. *J.-A. Serret,* Membre de l'Institut, sous les auspices du Ministre de l'Instruction publique. In-4, avec un beau portrait de Lagrange, gravé sur cuivre par M. Ach. Martinet.

La Ire Série comprend tous les *Mémoires* imprimés dans les *Recueils des Académies de Turin, de Berlin et de Paris,* ainsi que les *Pièces diverses* publiées séparément. Cette Série forme 7 Volumes (Tomes I à VII; 1867-1877), qui se vendent séparément .... 30 fr.

La IIe Série, qui est en cours de publication, se compose de 6 Volumes qui renferment les Ouvrages didactiques, la Correspondance et les Mémoires inédits, savoir :

Tome VIII : *Résolution des équations numériques.* In-4; 1879.   18 fr.
Tome IX : *Théorie des fonctions analytiques.* In-4; 1881 ...   18 fr.
Tome X : *Leçons sur le calcul des fonctions* .... (Sous presse.)
Tome XI : *Mécanique analytique* (Ire Partie) .... (id.)
Tome XII : *Mécanique analytique* (IIe Partie) .... (id.)
Tome XIII : *Correspondance et Mémoires inédits.*
   Ire Partie : *Correspondance avec d'Alembert.* In-4; 1881.   15 fr.

LAISANT (C.-A.), ancien Élève de l'École Polytechnique, Docteur ès Sciences. — **Applications mécaniques du Calcul des quaternions.** — **Sur un nouveau mode de transformation des courbes et des surfaces** (Thèses). In-4; 1877 .... 5 fr.

LAISANT (C.-A.). — **Essai sur les fonctions hyperboliques.** Grand in-8, avec figures dans le texte; 1874 .... 3 fr. 50 c.

LAISANT (C.-A.). — **Introduction à la méthode des quaternions.** In-8, avec figures; 1881 .... 6 fr.

†**LAMÉ** (G.). — **Leçons sur les fonctions inverses des transcendantes et les surfaces isothermes.** In-8, avec figures dans le texte; 1857 .... 5 fr.

†**LAMÉ** (G.). — Leçons sur les coordonnées curvilignes et leurs diverses applications. In-8, avec figures dans le texte; 1859.................... 5 fr.

†**LAMÉ** (G.). — Leçons sur la théorie mathématique de l'élasticité des corps solides. 2ᵉ édition. In-8, avec planches; 1866............ 6 fr. 50 c.

†**LAPLACE**. — Œuvres complètes de Laplace, publiées sous les auspices de l'Académie des Sciences par MM. les *Secrétaires perpétuels*, avec le concours de M. *Poincaré*, Membre de l'Institut, et de M. *J. Hœüel*, Professeur à la Faculté des Sciences de Bordeaux. Nouvelle édition avec un beau portrait de Laplace, gravé sur cuivre par *Tony Goutière*. In-4; 1878-1888.

Les éditions précédentes, qui sont devenues très-rares, ne contenaient que 7 Volumes, savoir: *Traité de Mécanique céleste* (5 Volumes), *Exposition du système du Monde* et *Théorie analytique des probabilités*. La nouvelle édition comprendra de plus 6 Volumes renfermant tous les autres Mémoires de Laplace, dont la dissémination dans de nombreux Recueils académiques et périodiques rendait jusqu'à ce jour l'étude si difficile.

SOUSCRIPTION AUX 5 VOLUMES DE LA *Mécanique céleste*.
(Envoi franco dans toute l'Union postale.)

Le tirage est fait sur 3 papiers différents: 1° sur papier vergé semblable à celui des Œuvres de Fresnel, de Lavoisier et de Lagrange; 2° sur papier vergé fort, au chiffre de Laplace; 3° sur papier de Hollande, au chiffre de Laplace (à petit nombre).

Le prix pour les 300 premiers souscripteurs aux 5 Volumes du TRAITÉ DE MÉCANIQUE CÉLESTE *est fixé ainsi qu'il suit* (prix à solder en souscrivant):

    1° Tirage sur papier vergé; 5 vol. in-4.................. 80 fr.
    2° Tirage sur papier vergé fort, au chiffre de Laplace; 5 vol. in-4   90 fr.
    3° Tirage sur papier de Hollande, au chiffre de Laplace (à petit nombre); 5 vol. in-4°........................... 120 fr.

Le prix de chaque volume du TRAITÉ DE MÉCANIQUE CÉLESTE, *acheté séparément, est fixé ainsi qu'il suit*:

    1° Tirage sur papier vergé; chaque Volume in-4.............. 20 fr.
    2° Tirage sur papier vergé fort, aux armes de Laplace; chaque Volume in-4.......................... 22 fr. 50 c.

Les Volumes tirés sur papier de Hollande ne se vendent pas séparément.

Les Tomes I, II, III et IV (1878-1880) ont paru; le Tome V est sous presse.

†**LAURENT** (H.). — Traité du Calcul des probabilités. In-8; 1873. 7 fr. 50 c.

†**LEBESGUE**. — Exercices d'Analyse numérique, relatifs à l'Analyse indéterminée et à la théorie des nombres. In-8; 1859................ 3 fr. 50 c.

†**LECORNU**, Ingénieur des Mines. — Sur l'équilibre des surfaces flexibles et inextensibles. In-4; 1880........................... 4 fr.

†**LEMONNIER**, Professeur au Lycée Henri IV. — Mémoire sur l'élimination. In-4; 1879............................ 6 fr.

LE PAIGE, chargé du Cours d'Analyse à l'Université de Liège. — Mémoire sur quelques applications de la théorie des formes algébriques à la Géométrie. In-4; 1879........................... 4 fr.

†**LIAGRE** (J. B.-J.), Lieutenant-Général, Secrétaire perpétuel de l'Académie royale de Belgique. — Calcul des probabilités et théorie des erreurs, avec des applications aux Sciences d'observation en général et à la Géodésie en particulier. 2ᵉ édition, revue par le capitaine C. *Peny*, professeur à l'École militaire. In-8; 1879........................... 10 fr.

MANSION (Paul), Professeur à l'Université de Gand. — Théorie des équations aux dérivées partielles du premier ordre. In-8; 1875.......... 5 fr.

MANSION (Paul). — Éléments de la théorie des déterminants, *avec de nombreux exercices*. 3ᵉ édition. In-8; 1883................ 2 fr.

MARIE (Maximilien), Répétiteur à l'École Polytechnique. — Théorie des fonctions des variables imaginaires. 3 vol. grand in-8; 1874-1875-1876. 20 fr.
Chaque Volume se vend séparément................... 8 fr.

MOIGNO (l'Abbé). — Leçons de Calcul différentiel et de Calcul intégral, rédigées d'après les méthodes et les ouvrages publiés ou inédits de A.-L. *Cauchy*. Tome IV, *premier fascicule*. — Calcul des variations, rédigé en collaboration avec M. *Lindelöf*. In-8; 1861........................ 6 fr.

†**MOUREY** (C.-V.). — La vraie théorie des quantités négatives et des quantités prétendues imaginaires, 2ᵉ édition. In-12; 1861..... 2 fr. 50 c.

PICTET (Raoul) et **CELLÉRIER** (G.). — Méthode générale d'intégration continue d'une fonction numérique quelconque, à propos de quelques théorèmes fournis par l'Analyse mathématique appliquée au *calcul des courbes d'un nouveau thermographe*. In-8, avec figures dans le texte et 6 planches; 1879.. 6 fr.

RADAU (R.). — Étude sur les formules d'approximation qui servent à calculer la valeur numérique d'une intégrale définie. In-4; 1881.... 3 fr.

†**SACHSE** (Arnold). — Essai historique sur la représentation d'une fonction arbitraire d'une seule variable par une série trigonométrique. Grand in-8; 1880.. 3 fr. 50 c.

†**SERRET** (J.-A.), Membre de l'Institut. — Cours de Calcul différentiel et intégral, 2ᵉ édition. 2 forts volumes in-8, avec figures; 1878-1880.... 24 fr.

†**STURM**, Membre de l'Institut. — **Cours d'Analyse de l'École Polytechnique**, publié, d'après le vœu de l'auteur, par M. *E. Prouhet*, Répétiteur d'Analyse à l'École Polytechnique, 6ᵉ édition, suivie de la **Théorie élémentaire des fonctions elliptiques**, par M. *H. Laurent*. 2 vol. in-8, avec figures dans le texte; 1880.. 14 fr.

†**TISSERAND**, Correspondant de l'Institut, Directeur de l'Observatoire de Toulouse, ancien Maître de conférences à l'École des Hautes Études de Paris. — **Recueil complémentaire d'exercices sur le Calcul infinitésimal**, à l'usage des candidats à la Licence et à l'Agrégation des Sciences mathématiques. (Cet Ouvrage forme une suite naturelle à l'excellent *Recueil d'exercices* de M. Frenet.) In-8, avec figures dans le texte; 1876................... 7 fr. 50 c.

VALLÈS (F.), Inspecteur général honoraire des Ponts et Chaussées. — **Des formes imaginaires en Algèbre.**

   Iʳᵉ Partie : *Leur interprétation en abstrait et en concret.* In-8; 1869... 5 fr.

   IIᵉ Partie : *Intervention de ces formes dans les équations des cinq premiers degrés.* Grand in-8, lithographié, avec 3 planches; 1873......... 6 fr.

   †IIIᵉ Partie : *Représentation à l'aide de ces formes des directions dans l'espace.* In-8; 1876.. 5 fr.

MÉCANIQUE APPLIQUÉE ET RATIONNELLE.

BOILEAU (P.), Correspondant de l'Institut. — **Notions nouvelles d'Hydraulique** concernant principalement les tuyaux de conduite, les canaux et les rivières, accompagnées d'une *Théorie de l'évaluation du travail intermoléculaire des systèmes matériels.* Grand in-8; nouvelle édition..... (*Sous presse.*)

†**BOUCHARLAT** (J.-L.). — Éléments de **Mécanique**. 4ᵉ édit. 1 vol. in-8, avec planches; 1861.. 8 fr.

†**BOUR** (Edm.), Ingénieur des Mines. — **Cours de Mécanique et Machines**, professé à l'École Polytechnique.

   Cinématique. In-8, avec Atlas de 30 pl. in-4 gravées sur acier; 1865.. 10 fr.

   Statique et travail des forces dans les machines à l'état de mouvement uniforme. In-8, avec Atlas de 8 planches in-4, gravées sur acier; 1868. 6 fr.

   Dynamique et Hydraulique. In-8, avec 125 fig. dans le texte; 1874. 7 fr. 50 c.

BOUSSINESQ (J.), Professeur à la Faculté des Sciences de Lille. — **Essai sur la théorie des eaux courantes.** In-4; 1877................. 20 fr.

BOUSSINESQ (J.). — **Essai théorique sur l'équilibre des massifs pulvérulents**, comparé à celui de massifs solides, et sur la poussée des terres sans cohésion. In-4; 1876.. 10 fr.

BRASSINNE. — **Précis d'un Traité de Statique**, *dans lequel les couples sont remplacés par les leviers de rotation.* Grand in-8; 1879.......... 1 fr. 50 c.

†**BRESSE**, Membre de l'Institut, Professeur de Mécanique à l'École des Ponts et Chaussées. — **Cours de Mécanique appliquée, professé à l'École des Ponts et Chaussées.** 3 vol. in-8, et Atlas in-folio de 24 pl.

   Chaque Partie se vend séparément.

   Première Partie : *Résistance des matériaux et Stabilité des constructions.* — 3ᵉ édition. In-8, avec figures dans le texte; 1880............... 15 fr.

Deuxième Partie : *Hydraulique.* — 3e édition. In-8, avec figures dans le texte
et une planche; 1879 .... 10 fr.
Troisième Partie : *Calcul des moments de flexion dans une poutre à plusieurs
travées solidaires.* — In-8, avec planche et Atlas in-folio de 24 planches sur
cuivre; 1865 .... 16 fr.

BROWN (Henry-T.), Éditeur de l'*American Artisan.* — **Cinq cent et sept
mouvements mécaniques,** renfermant tous ceux qui sont les plus importants
dans la Dynamique, l'Hydraulique, la Pneumatique, les machines à vapeur, les
moulins et autres machines, les presses, l'horlogerie et les machines diverses,
et *contenant beaucoup de mouvements inédits et plusieurs qui sont seulement
depuis peu en usage.* Traduit de l'anglais par *Henri Stévart,* Ingénieur. Petit
in-4 cartonné en percaline, avec 507 figures dans le texte; 1880 .... 3 fr.

†**CALLON** (Ch.). — **Cours de construction de machines,** professé à l'École
Centrale. Album cartonné, contenant 118 planches in-folio de dessins avec
cotes et légendes (*Matériel agricole, Hydraulique*); 1875 .... 30 fr.

CONTAMIN, Professeur à l'École Centrale. — **Cours de Résistance appliquée.**
Grand in-8, avec 236 figures dans le texte; 1878 .... 16 fr.

DARBOUX (G.), Maître de conférences à l'École Normale supérieure. —
**Mémoire sur l'équilibre astatique et sur l'effet que peuvent produire des
forces de grandeurs et de directions constantes appliquées en des points déterminés d'un corps solide quand ce corps change de position dans l'espace.**
Grand in-8; 1877 .... 3 fr.

†**DARBOUX.** — **Étude géométrique sur les percussions et le choc des corps.**
Grand in-8; 1880 .... 1 fr. 50 c.

DEJEAN (Numa), Ingénieur civil. — **Nouvelle théorie de l'écoulement
des liquides.** In-8, avec figures; 1868 .... 3 fr.

†**DENFER,** Chef des travaux graphiques à l'École Centrale. — **Album de ser-
rurerie,** conforme au Cours de constructions civiles professé à l'École Centrale
par *E. Muller,* et *contenant l'emploi du fer dans la maçonnerie et dans la charpente en bois, la charpente en fer, les ferrements des menuiseries en bois, la me-
nuiserie en fer, les grosses fontes et articles divers de quincaillerie.* Grand in-4,
contenant 100 belles planches lithographiées; 1872 .... 13 fr.

†**DULOS** (Pascal), Professeur de Mécanique à l'École d'Arts et Métiers et à
l'École des Sciences d'Angers. — **Cours de Mécanique,** à l'usage des écoles
d'Arts et Métiers et de l'enseignement spécial des Lycées. 4 volumes in-8 avec
belles figures gravées sur bois dans le texte; 1875-1876-1877-1879.

On vend séparément chaque Tome :

*TOME I : Composition des forces. — Équilibre des corps solides. — Centre de
gravité. — Machines simples. — Ponts suspendus. — Travail des forces. — Principe des forces vives. — Moments d'inertie. — Force centrifuge. — Pendule
simple et pendule composé. — Centre de percussion. — Régulateur à force centrifuge. — Pendule balistique* .... 7 fr. 50 c.

*TOME II : Résistances nuisibles ou passives. — Frottement. — Application aux
machines. — Roideur des cordes. — Application du théorème des forces vives à
l'établissement des machines. — Théorie des volants. — Résistance des matériaux* .... 7 fr. 50 c.

*TOME III : Hydraulique. — Écoulement des fluides. — Jaugeage des cours
d'eau. — Établissement des canaux à régime constant. — Récepteurs hydrauliques.
— Travail des pompes. — Bélier hydraulique. — Vis d'Archimède. — Moulins à
vent* .... 7 fr. 50 c.

*TOME IV : Thermodynamique. — Machines à vapeur. — Principaux types
de machines à vapeur. — Chaudières à vapeur. — Machines à air chaud et à
gaz. — Calcul des volants. — Appareils dynamométriques* .... 9 fr. 50 c.

†**FAVARO** (Antonio), Professeur à l'Université royale de Padoue. — **Leçons de
Statique graphique,** traduites de l'italien par *Paul Terrier,* Ingénieur des
Arts et Manufactures. 3 beaux volumes grand in-8, se vendant séparément :

Ire PARTIE : *Géométrie de position;* 1879 .... 7 fr.
IIe PARTIE : *Calcul graphique* .... (Sous presse.)
IIIe PARTIE : *Statique graphique,* théorie et applications .... (Sous presse.)

GILBERT (Ph.), Professeur à la Faculté des Sciences de l'Université catholique de Louvain. — **Cours de Mécanique analytique.** Partie élémentaire.
Un volume grand in-8; 1877 .... 9 fr. 50 c.

HABICH, Directeur de l'École des Constructions civiles et des Mines, à Lima.
— Études cinématiques. In-8, avec figures dans le texte; 1879...... 4 fr.

†**HALLAUER** (O.). — **Moteurs à vapeur.** — Expériences dirigées par M. *G.-A. Hirn* et exécutées en 1873 et 1875 par MM. *Dwelshouvers-Dery, W. Grosseteste* et *O. Hallauer.* Grand in-8, avec 3 planches; 1877...... 2 fr. 50 c.

†**HALLAUER** (O.). — Expériences sur le rendement des moteurs à vapeur, faites sur les machines Woolf verticales à balancier, sur les machines Woolf horizontales et sur les machines verticales Compound de la Marine française. Grand in-8, avec 4 planches; 1878...... 3 fr.

†**HALLAUER** (O.). — Étude expérimentale comparée sur les moteurs à un et à deux cylindres. *Influence de la détente.* Grand in-8; 1879. 2 fr. 50 c.

†**HALLAUER** (O.). — Analyses expérimentales comparées sur les machines fixes et les machines marines. Grand in-8; 1880...... 2 fr. 50 c.

HALLAUER (O.). — **Moteurs à vapeur.** *Étude critique sur les essais de moteurs à vapeur.* Grand in-8; 1881...... 1 fr. 25 c.

†**HATON DE LA GOUPILLIÈRE** (J.-N.). — **Traité des mécanismes,** renfermant la théorie géométrique des organes et celle des résistances passives. In-8 avec planches; 1864...... 10 fr.

†**HIRN** (G.-A.). — **Théorie analytique du planimètre Amsler.** Grand in-8, avec planche; 1875...... 2 fr. 50 c.

†**HIRN** (G.-A.). — **Étude sur une classe particulière de tourbillons,** qui se manifestent, sous de certaines conditions spéciales, *dans les liquides.* Analogie entre le mécanisme de ces tourbillons et celui des trombes. In-8, avec 3 planches; 1878...... 2 fr. 50 c.

†**HIRN** (G.-A.). — **Explication d'un paradoxe d'Hydrodynamique.** Grand in-8; 1881...... 1 fr.

KRETZ (X.). — **De l'élasticité dans les machines en mouvement.** In-4; 1875...... 2 fr.

†**KRETZ** (X.). — **Matière et éther,** *indication d'une méthode pour établir les propriétés de l'éther.* In-18 jésus; 1875...... 1 fr. 50 c.

†**LAURENT** (H.). — **Traité de Mécanique rationnelle,** à l'usage des candidats à l'Agrégation et à la Licence. 2e édition 2 volumes in-8, avec figures; 1878...... 12 fr.

†**LEVY** (Maurice), Ingénieur des Ponts et Chaussées, Docteur ès Sciences. — **La Statique graphique** et ses *applications aux constructions.* Un beau volume grand in-8, avec un Atlas même format, comprenant 24 planches doubles; 1874...... 16 fr. 50 c.

†**LOYAU** (Achille), Ingénieur des Arts et Manufactures. — **Album de charpentes en bois,** renfermant différents types de *planchers, pans de bois, combles, échafaudages, ponts provisoires,* etc. Grand in-4, contenant 120 planches de dessins cotés; 1873...... 25 fr.

*MAHISTRE. — Cours de Mécanique appliquée.** In-8, avec 211 figures dans le texte; 1858...... 8 fr.

{**MASTAING** (de), Professeur à l'École Centrale des Arts et Manufactures. — **Cours de Mécanique appliquée à la résistance des matériaux.** Leçons professées à l'École Centrale de 1861 à 1871 par M. de Mastaing et rédigées par M. *Courtés-Laperrat,* Ingénieur, Répétiteur du Cours. Grand in-8, avec nombreuses figures dans le texte et planche; 1874...... 15 fr.

*MATHIEU (Émile), Professeur à la Faculté des Sciences de Besançon. — **Dynamique analytique.** In-4; 1878...... 15 fr.

*MOIGNO (l'Abbé). — **Leçons de Mécanique analytique,** rédigées principalement d'après les méthodes de *Cauchy,* et étendues aux travaux les plus récents. **Statique.** In-8, avec planches; 1868...... 12 fr.

ORTOLAN (J.-A.), Mécanicien en chef de la Marine. — **Mémorial du mécanicien d'usine et de navigation.** Calculs d'application; Tables et Tableaux de résultats pour la construction, les essais et la conduite des machines à vapeur. In-18 de 520 pages, avec plus de 200 figures dans le texte; 1878...... 4 fr. 50 c.
           Cartonné..... 5 fr. 50 c.

PERRODIL (GROS de), Ingénieur en chef des Ponts et Chaussées. — **Résistance des matériaux. — Résistance des voûtes et arcs métalliques employés dans la construction des ponts.** In-8, avec 2 grandes planches; 1870.. 7 fr. 50 c.

†**PHILLIPS**, Membre de l'Institut. — **Cours d'Hydraulique et d'Hydrostatique**, professé à l'École Centrale des Arts et Manufactures. (La rédaction est de M. Al. Gouilly, Agrégé des Lycées, Répétiteur du Cours de M. Phillips.) Grand in-8 avec figures dans le texte; 1875............................ 15 fr.

†**PIARRON DE MONDESIR**, Ingénieur des Ponts et Chaussées. — **Dialogues sur la Mécanique**, *Méthode nouvelle pour l'enseignement de cette science, résultats scientifiques nouveaux.* In-8, avec fig. dans le texte; 1870.... 6 fr.

PLATEAU (J.), Correspondant de l'Institut de France, Professeur à l'Université de Gand. — **Statique expérimentale et théorique des liquides soumis aux seules forces moléculaires.** 2 vol. grand in-8, d'environ 950 pages, avec figures dans le texte; 1873.. 15 fr.

†**POINSOT (L.)**, Membre de l'Institut. — **Éléments de Statique**, précédés d'une *Notice sur Poinsot*, par M. J. Bertrand, Membre de l'Institut. (*Ouvrage adopté pour l'instruction publique.*) 11e édit. In-8, avec pl.; 1877.... 6 fr.

†**POISSON (S.-D.)**, Membre de l'Institut. — **Traité de Mécanique**, 2e édition, considérablement augmentée; 2 forts vol. in-8; 1833. (*Rare.*).. 25 fr.

***PONCELET**, Membre de l'Institut. — **Introduction à la Mécanique industrielle, physique ou expérimentale.** 3e édition, publiée par M. Kretz, Ingénieur en chef des Manufactures de l'État. In-8 de 757 pages, avec 3 planches; 1870... 12 fr.

***PONCELET**, Membre de l'Institut. — **Cours de Mécanique appliquée aux machines**, publié par M. Kretz, Ingénieur en chef des Manufactures de l'État. 2 volumes in-8.

   Ire PARTIE: *Machines en mouvement. Régulateurs et transmissions, Résistances passives*, avec 117 figures dans le texte et 2 planches; 1874 ...... 12 fr.

   IIe PARTIE: *Mouvement des fluides, Moteurs, Ponts-levis*, avec 111 figures; 1876... 12 fr.

†**PRESLE (de)**, ancien Élève de l'École Polytechnique. — **Traité de Mécanique rationnelle.** In-8, avec 95 figures dans le texte; 1869........... 5 fr.

†**RESAL (H.)**, Ingénieur des Mines. — **Traité de Cinématique pure.** In-8, avec figures dans le texte; 1862................................... 6 fr.

†**RESAL (H.)** — **Éléments de Mécanique**, rédigés d'après les Leçons de Mécanique physique professées à la Faculté des Sciences de Paris par M. Poncelet. Nouvelle édition, revue et corrigée. In-8, avec planches; 1862.... 4 fr. 50 c.

†**RESAL (H.)**, Membre de l'Institut, Ingénieur des Mines, adjoint au Comité d'Artillerie pour les études scientifiques. — **Traité de Mécanique générale**, comprenant les *Leçons professées à l'École Polytechnique et à l'École des Mines.* 6 vol. in-8, se vendant séparément :

MÉCANIQUE RATIONNELLE.

   TOME I : *Cinématique. — Théorèmes généraux de la Mécanique. — De l'équilibre et du mouvement des corps solides.* In-8, avec 66 figures dans le texte; 1873... 9 fr. 50 c.

   TOME II : *Frottement. — Équilibre intérieur des corps. — Théorie mathématique de la poussée des terres. — Équilibre et mouvements vibratoires des corps isotropes. — Hydrostatique. — Hydrodynamique. — Hydraulique. — Thermodynamique, suivie de la théorie des armes à feu.* In-8, avec 56 figures dans le texte; 1874.. 9 fr. 50 c.

MÉCANIQUE APPLIQUÉE (Moteurs et Machines).

   TOME III : *Des machines considérées au point de vue des transformations de mouvement et de la transformation du travail des forces. — Application de la Mécanique à l'Horlogerie.* — In-8, avec 213 belles figures dans le texte; 1875... 11 fr.

   TOME IV : *Moteurs animés. — De l'eau et du vent considérés comme moteurs. — Machines hydrauliques et élévatoires. — Machines à vapeur, à air chaud et à gaz.* In-8, avec 300 belles figures levées et dessinées d'après les meilleurs types; 1876.. 15 fr.

CONSTRUCTIONS.

   TOME V : *Résistance des matériaux. — Constructions en bois. — Maçonneries,*

— Fondations. — Murs de soutènement. — Réservoirs. In-8, avec 208 belles figures dans le texte, levées et dessinées d'après les meilleurs types; 1880... 12 fr. 50

Tome VI : Voûtes droites et biaises, en dôme, etc. — Ponts en bois. — Planchers et combles en fer. — Ponts suspendus. — Ponts-levis. — Cheminées. — Fondations de machines industrielles. — Amélioration des cours d'eau. — Substruction des chemins de fer. — Navigation intérieure. — Ports de mer. In-8, avec 519 figures et 5 planches chromolithographiques; 1881............ 15 fr.

†**SAINT-GERMAIN** (de), Professeur de Mécanique à la Faculté des Sciences de Caen. — **Recueil d'exercices sur la Mécanique rationnelle**, à l'usage des candidats à la Licence et à l'Agrégation des Sciences mathématiques. In-8, avec figures dans le texte; 1876....................... 8 fr. 50 c.

†**STURM**, Membre de l'Institut. — **Cours de Mécanique de l'École Polytechnique**, publié, d'après le vœu de l'auteur, par M. *E. Prouhet*, Répétiteur à l'École Polytechnique. 4e édition, revue et annotée par M. *de Saint-Germain*, Professeur à la Faculté des Sciences de Caen. 2 volumes in-8, avec figures dans le texte; 1881........................... 14 fr.

UHLAND, Rédacteur en chef du *Praktischer Maschinen-Constructeur*. — **Les nouvelles machines à vapeur**, notamment celles qui ont figuré à l'Exposition universelle de 1878. Description des *Types Corliss, à soupapes, Compound*, etc. Exposé de l'origine, du développement et des principes de construction de ces systèmes. Traduit de l'allemand et annoté par G. de Laharpe, Ingénieur-Constructeur, et MM. Banerya et Dessos, Ingénieurs civils. In-4 de 400 pages environ, contenant plus de 250 figures dans le texte et 30 planches in-4, avec un Atlas de 50 planches in-folio .... 100 fr.

†**VIEILLE (J.)**, Inspecteur général de l'Instruction publique. — **Éléments de Mécanique**, rédigés conformément au Programme du nouveau plan d'études des Lycées. 3e édition. In-8, avec figures dans le texte; 1875... 4 fr. 50 c.

THÉORIE MÉCANIQUE DE LA CHALEUR.

†**BOURGET**, Directeur des études au Collège Sainte-Barbe. — **Théorie mathématique des machines à air chaud.** In-4, avec fig.; 1871.......... 4 fr.

†**CARNOT** (Sadi) ancien Élève de l'École Polytechnique. — **Réflexions sur la puissance motrice du feu et sur les machines propres à développer cette puissance.** In-4, suivi d'une *Notice biographique sur Sadi Carnot*, par H. Carnot, Sénateur, et de *Notes inédites de Sadi Carnot sur les Mathématiques, la Physique et autres sujets.* 2e édition, contenant un beau portrait de Sadi Carnot et un fac-simile; 1878........................ 6 fr.

COMBES, Membre de l'Institut. — **Exposé des principes de la théorie mécanique de la chaleur et de ses applications principales.** In-8, avec fig.; 1867........................ 6 fr.

*DUPRÉ (Ath.)**, Doyen de la Faculté des Sciences de Rennes. — **Théorie mécanique de la chaleur** (Partie expérimentale, en commun avec M. *Paul Dupré*). In-8, avec figures dans le texte; 1869........................ 8 fr.

†**HIRN (G.-A.)**, Correspondant de l'Institut. — **Théorie mécanique de la chaleur.** Première Partie et seconde Partie :

Première Partie. — **Exposition analytique et expérimentale de la théorie mécanique de la chaleur.** 3e édition, entièrement refondue. 2 vol. in-8 grand raisin, avec figures dans le texte. Tome I; 1875............ 12 fr.
Tome II; 1876............ 12 fr.

Seconde Partie (formant Ouvrage séparé). — **Conséquences philosophiques et métaphysiques de la Thermodynamique.** Analyse élémentaire de l'Univers. In-8 grand raisin; 1868........................ 10 fr.

†**HIRN (G.-A.).** — **Mémoire sur la Thermodynamique.** In-8, avec 2 planches. 1867........................ 5 fr.

JACQUIER, Professeur de l'Université. — **Exposition élémentaire de la théorie mécanique de la chaleur appliquée aux machines.** In-8, avec fig. dans le texte; 1867........................ 2 fr.

†**REECH.** — **Théorie générale des effets dynamiques de la chaleur.** In-4, avec planches; 1854........................ 6 fr.

*TYNDALL (J.). — **La chaleur,** *mode de mouvement.* 2e édition française, traduite de l'anglais sur la 4ᵉ édition, par M. l'Abbé *Moigno*. Un beau volume in-18 jésus de xxxii-576 pages, avec 110 figures dans le texte; 1874... 8 fr.

†**ZEUNER**, Professeur de Mécanique à l'École polytechnique fédérale de Zurich.
— **Théorie mécanique de la chaleur**, avec ses APPLICATIONS AUX MACHINES, 2ᵉ édit., entièrement refondue, avec fig. dans le texte et nombreux tableaux. Ouvrage traduit de l'allemand et augmenté d'un *Appendice*; par M. *M. Arnthal*, ancien Élève de l'École des Ponts et Chaussées, et M. *Arh. Cazin*, Professeur de Physique au Lycée Bonaparte. Un fort volume in-8; 1869........ 10 fr.

ASTRONOMIE ET COSMOGRAPHIE.

ALLÉGRET, Professeur à la Faculté des Sciences de Lyon. — **Mémoire sur le calendrier**. Grand in-8; 1879.. 1 fr. 25 c.

†**ANDRÉ** (Ch.), Astronome adjoint à l'Observatoire de Paris. — **Étude de la diffraction dans les instruments d'Optique; son influence sur les observations astronomiques**. In-4; 1876.. 4 fr.

*ANDRÉ** et **RAYET**, Astronomes adjoints de l'Observatoire de Paris, et **ANGOT**, Professeur de Physique au Lycée de Versailles. — **L'Astronomie pratique et les Observatoires en Europe et en Amérique**, depuis le milieu du xviiᵉ siècle jusqu'à nos jours. In-18 jésus, avec belles figures dans le texte et planches en couleur.

    Iʳᵉ PARTIE : *Angleterre*; 1874.................................... 4 fr. 50 c.
    IIᵉ PARTIE : *Écosse, Irlande et colonies anglaises*; 1874.... 4 fr. 50 c.
    IIIᵉ PARTIE : *Amérique du Nord*; 1877......................... 4 fr. 50 c.
    IVᵉ PARTIE : *Amérique du Sud*, et Météorologie américaine
        1881... 3 fr.
    Vᵉ PARTIE : *Italie*; 1878.. 4 fr. 50 c.
    Chaque Partie se vend séparément.

ANNALES DE L'OBSERVATOIRE DE PARIS, publiées par *Le Verrier*. **Partie théorique**, Tomes I à XV. In-4, avec planches; 1855-1880.
    Les Tomes I à X et les Tomes XII, XIII et XV se vendent séparément. 27 fr.
    Le Tome XI (1876) et le Tome XIV (1877) comprennent deux *Parties* qui se vendent séparément... 20 fr.
    Le tome XVI est *sous presse.*

ANNALES DE L'OBSERVATOIRE DE PARIS, publiées par *U.-J. Le Verrier*. **Observations**. Tomes I à XXV, années 1800 à 1870; Tomes XXIX à XXXIII, années 1874 à 1878. 30 volumes in-4 (en Tableaux); 1858 à 1881.
    Chaque Volume se vend séparément........................... 40 fr.
    Le Tome XXVI, **Observations** de 1871, et le Tome XXXIV, **Observations** de 1879, sont *sous presse.*

ANNALES DE L'OBSERVATOIRE ASTRONOMIQUE, MAGNÉTIQUE ET MÉTÉOROLOGIQUE DE TOULOUSE. Tome I, renfermant les travaux exécutés de 1873 à la fin de 1878, sous la direction de M. F. *Tisserand*, ancien Directeur de l'Observatoire de Toulouse, Membre de l'Institut, etc.; publié par M. *Baillaud*, Directeur de l'Observatoire, Doyen de la Faculté des Sciences de Toulouse. In-4 avec planche; 1881............ 30 fr.

ANNALES DU BUREAU CENTRAL MÉTÉOROLOGIQUE DE FRANCE, publiées par M. *Mascart*, Directeur.
    I. **Étude des orages en France et Mémoires divers.**
        ANNÉE 1878. Grand in-4, avec 37 pl.; 1879................ 15 fr.
        ANNÉE 1879. Grand in-4, avec 20 pl.; 1880................ 15 fr.
    II. **Bulletin des Observations françaises et Revue climatologique.**
        ANNÉE 1878. Grand in-4, en Tableaux, avec 40 pl.; 1880......... 15 fr.
        ANNÉE 1879. Grand in-4, en Tableaux, avec 41 pl.; 1881........ 15 fr.
    III. **Pluies en France.** Observations publiées avec la coopération du Ministère des Travaux publics et le concours de l'Association scientifique.
        ANNÉE 1877. Grand in-4, avec 5 pl.; 1880................ 15 fr.
        ANNÉE 1878. Grand in-4, avec 5 pl.; 1880................ 15 fr.
        ANNÉE 1879. Grand in-4, avec 7 pl.; 1881................ 15 fr.
    IV. **Météorologie générale.**
        ANNÉE 1878. In plano, avec 6 pl.; 1879................ 15 fr.

Année 1879. In-4, avec 38 pl.; 1880............................... 15 fr.
Année 1880. In-plano, avec 15 pl.; 1881...................... (Sous presse.)
Voir BUREAU CENTRAL.

ANNALES DU BUREAU DES LONGITUDES ET DE L'OBSERVATOIRE ASTRONOMIQUE DE MONTSOURIS. Tome I. In-4, avec une planche sur acier donnant la vue de l'Observatoire ; 1877........... 30 fr.

Le Tome II est *sous presse.*

†**ANNUAIRE pour l'an 1881**, publié par le **Bureau des Longitudes** ; contenant les Notices suivantes : *Comparaison de la Lune et de la Terre au point de vue géologique,* avec belles figures ombrées dans le texte ; par M. *Faye*, Membre de l'Institut. — *Notice sur les Observatoires français vers la fin du siècle dernier ;* par M. *Tisserand*, Membre de l'Institut. In-18 de 790 pages, avec la Carte des courbes d'égale déclinaison magnétique en France.............. 1 fr. 50 c.

Pour recevoir l'**Annuaire** *franco par la poste en France, ajouter* 35 c.

†**ANNUAIRE DE L'OBSERVATOIRE DE MONTSOURIS,** pour l'an **1881. Météorologie, Agriculture, Hygiène.** 10ᵉ année, contenant le résumé des travaux de l'année 1880 : *Magnétisme terrestre, Électricité atmosphérique, Hauteurs barométriques, Températures de l'air et du sol, Actinométrie, État du ciel et des vents, Analyse chimique de l'air et des pluies, Météorologie agricole, Climatologie appliquée à l'Hygiène, Poussières organiques de l'air et des eaux, Carte magnétique de la France, Déclinaison et inclinaison de l'aiguille aimantée.* In-18 de plus de 500 pages, avec des figures représentant les divers organismes microscopiques rencontrés dans l'air, le sol et leurs eaux..... 2 fr.

La Météorologie est envisagée, à Montsouris, spécialement au double point de vue de l'Agriculture et de l'Hygiène.

Au point de vue de l'Agriculture, l'Annuaire contient une série de Tableaux à l'usage des agriculteurs; le relevé des observations météorologiques anciennes faites à Paris depuis 1735, et permettant d'apprécier les variations annuelles du climat du nord de la France depuis cette époque; des Notices comprenant l'examen des divers éléments climatériques qui influent sur la marche des cultures, l'époque des récoltes et leur rendement, et l'indication des instruments simples qu'il importe d'observer pour arriver à la prévision des dates et de la valeur de ces récoltes; l'application à des cultures spéciales; les Tableaux résumés des observations météorologiques de 1880, comparés aux résultats économiques de l'année agricole écoulée; enfin, le résultat des études continuées depuis plusieurs années dans le but de mesurer la somme des éléments de fertilité que l'atmosphère et ses pluies fournissent aux cultures, et le volume d'eau que ces dernières peuvent consommer utilement.

Au point de vue de l'Hygiène, l'Annuaire contient le résumé des résultats des recherches poursuivies à Montsouris par la Chimie et par le microscope : sur les produits accidentels, gazeux, minéraux ou de nature organique que l'on rencontre habituellement dans l'air, dans le sol et dans les eaux qui découlent de l'un et de l'autre; sur ceux que les agglomérations urbaines y développent; et, notamment, sur l'influence que les irrigations à l'eau d'égout exercent sur l'atmosphère, sur le sol et les eaux, comme sur les produits de la terre.

ARAGO (F.). — Œuvres complètes. (*Voir* COLLECTIONS DIVERSES, p. 12.)

ATLAS DES ANNALES DE L'OBSERVATOIRE DE PARIS. Iᵉ, IIᵉ, IIIᵉ, IVᵉ, Vᵉ, VIᵉ, VIIᵉ et VIIIᵉ Livraisons, comprenant **42 Cartes écliptiques.**

Chaque livraison, composée de 6 Cartes, se vend séparément......... 12 fr.

Les Cartes des LIVRAISONS I à VI ont été construites par *Chacornac*, et celles des LIVRAISONS VII et VIII par MM. *Paul et Prosper Henry, Wolf, André, Bailland,* Astronomes de l'Observatoire de Paris, et par MM. *Stephan, Borrelly* et *Coggia,* de l'Observatoire de Marseille.

ATLAS MÉTÉOROLOGIQUE DE L'OBSERVATOIRE DE PARIS, publié avec le concours de l'*Association Scientifique de France.* Tome VIII, année 1876. 1 volume in-folio oblong de texte, et un Atlas même format contenant 56 cartes ; 1877.. 20 fr.

Pour les *Atlas* des années précédentes, *voir* le CATALOGUE GÉNÉRAL.

†**BABINET** (de l'Institut). — Études et lectures sur les Sciences d'observation et leurs applications pratiques. 5 vol. in-12 sur papier fin ; 1855-1868. Chaque volume se vend séparément............................. 2 fr. 50 c.

BERRY (**C.**), Lieutenant de vaisseau. — **Théorie complète des occultations**, à l'usage spécial des officiers de marine et des astronomes. — Publication approuvée par le Bureau des Longitudes et autorisée par M. le Ministre de la Marine et des Colonies. In-4, avec figures; 1880. 6 fr.

†**BERTRAND** (**J.**), Membre de l'Institut. — **La théorie de la Lune** d'Aboul-Wéfâ. In-4; 1873. . . . . 1 fr. 50 c.

†**BIOT**, Membre de l'Académie des Sciences. — **Traité élémentaire d'Astronomie physique.** 3ᵉ édition, corrigée et augmentée. 5 vol. in-8, avec 94 planches; 1857. . . . . 40 fr.

BOUCHET (**U.**), Calculateur principal du Bureau des Longitudes. — **Hémérologie** ou **Traité pratique complet des calendriers** julien, grégorien, israélite et musulman, avec les règles de l'ancien calendrier égyptien. *Ouvrage approuvé par l'Académie des Sciences.* In-8; 1868. . . . . 7 fr. 50 c.

BRETON (**Philippe**), Ingénieur en chef des Ponts et Chaussées. — **Études** sur les orbites hyperboliques et sur l'existence probable d'une réfraction stellaire. Grand in-8; 1880. . . . . 3 fr.

***BRÜNNOW** (**F.**), Directeur de l'Observatoire de Dublin. — **Traité d'Astronomie sphérique et d'Astronomie pratique.** Édition française, publiée par *C. André* et *E. Lucas;* avec une Préface de *M. C. Wolf.* 2 vol. in-8, av. fig.

On vend séparément :

Iʳᵉ Partie : *Astronomie sphérique;* 1869. (Rare.)
IIᵉ Partie : *Astronomie pratique;* 1871. (Rare.) . . . . 20 fr.

BUREAU CENTRAL MÉTÉOROLOGIQUE DE FRANCE. — Instructions météorologiques, suivies de *Tables diverses pour la réduction des observations.* 2ᵉ édition. In-8, avec belles figures dans le texte; 1881. . . 2 fr. 50 c.
Voir Annales du Bureau central.

†**CONNAISSANCE DES TEMPS** ou **DES MOUVEMENTS CÉLESTES**, à l'usage des **Astronomes** et des **Navigateurs**, publiée par le Bureau des Longitudes, pour l'an **1882**. Grand in-8 de plus de 800 pages avec Cartes; 1880.

Prix : broché . . . . 4 fr.
      cartonné . . . . 4 fr. 75 c.
Pour recevoir l'Ouvrage franco par la poste, ajouter 1 fr.

Depuis le Volume pour l'année 1879, le prix de la Connaissance des Temps a été abaissé à 4 francs, malgré les augmentations considérables introduites dans ce Recueil. — Les Mémoires qui composaient autrefois les *Additions* sont publiés dans les Annales du Bureau des Longitudes et de l'Observatoire astronomique de Montsouris (*voir* p. 27).

La *Connaissance des Temps pour l'an* 1883 *est sous presse.*

†**DELAMBRE**, Membre de l'Institut. — **Traité complet d'Astronomie théorique et pratique.** 3 vol. in-4, avec planches; 1814 . . . . 40 fr.
— **Histoire de l'Astronomie ancienne.** 2 vol. in-4, avec pl.; 1817.   25 fr.
— **Histoire de l'Astronomie du moyen âge.** 1 vol. in-4, pl.; 1819.   20 fr.
— **Histoire de l'Astronomie moderne.** 2 vol. in-4, avec pl.; 1821.   30 fr.
— **Histoire de l'Astronomie au XVIIIᵉ siècle;** publiée par *M. Mathieu,* Membre de l'Institut. In-4, avec planches; 1827. . . . . 20 fr.

†**D'ESTIENNE** (**Jean**). — **Comment s'est formé l'Univers.** Exégèse scientifique de l'hexaméron. Grand in-8; 1878. . . . . 2 fr. 50 c.

†**DIEN** (**Ch.**) et **FLAMMARION** (**C.**). — **Atlas céleste**, comprenant toutes les Cartes de l'ancien *Atlas* de **Ch. Dien;** rectifié, augmenté et enrichi de 5 Cartes nouvelles relatives aux principaux objets d'études astronomiques, par **C. Flammarion;** avec une *Instruction* détaillée pour les diverses Cartes de l'Atlas. In-folio, cartonné avec luxe, de 31 planches gravées sur cuivre, dont 5 doubles. 3ᵉ édition.

Prix (*) :   En feuilles, dans une couverture imprimée. . 40 fr.
            Cartonné avec luxe, toile pleine. . . . . 45 fr.

(*) Pour recevoir franco, par poste, dans tous les pays de l'Union postale, l'Atlas *en feuilles*, soigneusement enroulé et enveloppé, ajouter. . . . . . 2 fr.

Les dimensions, 0ᵐ,50 sur 0ᵐ,35, de l'Atlas *cartonné* ne permettent pas de l'envoyer par la poste. Cet Atlas *cartonné*, dont le poids est de 2ᵏᵍ,9, sera envoyé, aux frais du destinataire, soit par messageries grande vitesse, soit par toute autre voie indiquée.

On vend séparément :

Fascicule contenant les 5 Cartes nouvelles. . . . . **15 fr.**
   Ces Cartes sont assemblées dans une couverture imprimée avec l'*Instruction*
composée pour la nouvelle édition de l'Atlas. — I. Mouvements propres sécu-
laires des Étoiles (Carte double); — II. Carte générale des Étoiles multiples,
montrant leur distribution dans le Ciel (Carte double); — III. Étoiles multiples en mouvement relatif certain; — IV. Orbites d'Étoiles doubles, et groupes
d'Étoiles les plus curieux du Ciel; — V. Les plus belles nébuleuses du Ciel.

†**DUBOIS** (Edm.), Examinateur-Hydrographe de la Marine. — **Les passages
de Vénus sur le disque solaire,** considérés au point de vue de la détermination de la distance du Soleil à la Terre; *Passage de 1874*; *Notions historiques
sur les passages de 1761 et 1769.* In-18 jésus, avec fig.; 1873 . . . . .   4 fr. 50 c

FAYE (H.), Membre de l'Institut et du Bureau des Longitudes. — **Cours
d'Astronomie nautique.** In-8, avec figures dans le texte; 1880. . . . . . .   10 fr.

†**FLAMMARION** (Camille), Astronome. — **Études et lectures sur l'Astronomie.** In-12; Tomes I à IX, avec Cartes; 1867-1880.
   Chaque Volume se vend séparément . . . .   3 fr. 50 c.

†**FLAMMARION** (Camille). — **Le dernier passage de Vénus.** *Exposé des
observations et des résultats obtenus.* In-12, avec 31 figures; 1877 (Tome VIII
des *Études et lectures sur l'Astronomie*) . . . .   3 fr. 50 c.

†**FLAMMARION** (Camille), Astronome. — **Catalogue des étoiles doubles
et multiples en mouvement relatif certain,** comprenant *toutes les observations faites sur chaque couple depuis sa découverte* et *les résultats certains*
de l'étude des mouvements. Grand in-8; 1878 . . . .   8 fr.

†**FONVIELLE** (W. de). — **La prévision du temps.** In-18 jésus; 1878.
                                                                    1 fr. 50 c.

†**FRANCOEUR** (L.-B.), **Traité de Géodésie.** (*Voir* p. 39.)

†**FRANCOEUR** (L.-B.). — **Uranographie, ou Traité élémentaire d'Astronomie,** à l'usage des personnes peu versées dans les Mathématiques, des géo-
graphes, des marins, des ingénieurs, accompagné de planisphères. 6ᵉ édition. In-8, avec planches et figures dans le texte; 1853 . . . .   10 fr.

†**GAZAN,** ancien Élève de l'École Polytechnique, Colonel d'Artillerie en retraite.
   — **Constitution physique du Soleil;** explication de la formation et de la
disparition des taches. In-8, avec 1 pl. et fig. dans le texte; 1873.   1 fr. 75 c.

†**GINOT-DESROIS** (Mⁱˡᵉ). — **Description et usages du calendrier astronomique perpétuel.** In-8, avec le **CALENDRIER**; 1861 . . . .   5 fr.

†**GINOT-DESROIS** (Mⁱˡᵉ). — **Planisphère mobile,** au moyen duquel on peut
apprendre l'Astronomie seul et sans le concours des Mathématiques. 7ᵉ édition.
1872, sur carton. . . . .   4 fr.

†**HIRN** (G.-A.). — **Mémoire sur les conditions d'équilibre et sur la nature
probable des anneaux de Saturne.** In-4, avec planche; 1872 . . . .   4 fr.

†**HOÜEL** (J.). — **Sur le développement de la fonction perturbatrice,** suivant la forme adoptée par **Hansen** dans la théorie des petites planètes.
In-8; 1875. . . . .   3 fr.

†**IMBARD.** — **De la mesure du temps,** et description de la méridienne
verticale portative du temps vrai et du temps moyen pour régler les
pendules et les montres, etc. 2ᵉ édition. In-18, avec pl.; 1857 . . . . . .   1 fr.

†**LACROIX** (S.-F.). — **Introduction à la connaissance de la sphère.** 4ᵉ édit.
In-18, avec pl.; 1871 . . . .   1 fr. 25 c.

†**LAPLACE.** — **Exposition du Système du Monde.** 6ᵉ édition, précédée de
l'Éloge de l'Auteur, par *Fourier.* In-4, avec portrait; 1835 . . . . . .   (*Rare.*)

†**LAPLACE.** — **Précis de l'Histoire de l'Astronomie.** 2ᵉ édit. In-8; 1861.   3 fr.

†**LAPLACE.** — **Œuvres complètes de Laplace.** (*Voir* p. 20.)

LOOMIS (Élias), Professeur de Philosophie naturelle à l'Yale Collège (États-
Unis). — **Mémoires de Météorologie dynamique;** Exposé des résultats de la
discussion des Cartes du Temps des États-Unis, ainsi que d'autres documents;
traduit de l'anglais par M. *H. Brocard,* capitaine du Génie. Grand in-8, avec
figures et 18 planches; 1880. . . . .   3 fr.

†**MARTIN** (Adolphe), Docteur ès Sciences. — **Sur une méthode d'autocol-**

limation directe des objectifs astronomiques, et *son application à la mesure des indices de réfraction des verres qui les composent*; Remarques sur l'emploi du sphéromètre. In-4; 1881. .... 1 fr. 25 c.

†**MOUREAUX** (Th.), Météorologiste au Bureau central. — **La Météorologie appliquée à la prévision du temps**, Leçon faite à l'École supérieure de Télégraphie par M. E. Mascart, Directeur du Bureau central météorologique de France, recueillie par M. *Th. Moureaux*. In-18 jésus, avec 16 planches en couleur; 1881. .... 2 fr.

PERROTIN, Directeur de l'Observatoire de Nice. — **Visite à divers Observatoires de l'Europe**. In-8; 1881. .... 3 fr. 50 c.

***PETIT** (F.), Directeur de l'Observatoire de Toulouse. — **Traité d'Astronomie pour les gens du monde**, avec des *Notes complémentaires* pour les candidats au Baccalauréat et aux Écoles spéciales. 2 volumes in-18 jésus, avec 168 figures dans le texte et une Carte céleste; 1866. .... 7 fr.

†**POËY** (André), Fondateur de l'Observatoire physique et météorologique de la Havane. — **Comment on observe les nuages pour prévoir le temps**. 3e édition, revue et augmentée. Petit in-8 contenant 17 planches chromolithographiques; 1879. .... 4 fr. 50 c.

PONTÉCOULANT (G. de), ancien Élève de l'École Polytechnique, Colonel au corps d'État-Major. — **Théorie analytique du Système du Monde**. 2e éd., considérablement augmentée. 4 volumes in-8 et supplément. .... (Rare.)
   On vend séparément les Tomes I et II, qui forment un **Traité complet d'Astronomie théorique**. .... 18 fr.

†**PUISEUX** (V.), Membre de l'Institut. — **Mémoire sur l'accélération séculaire du mouvement de la Lune**. In-4; 1873. .... 5 fr.

†**RESAL** (H.), Ingénieur des Mines, Docteur ès Sciences. — **Traité élémentaire de Mécanique céleste**. In-8, avec planche; 1865. .... 8 fr.

†**SCOTT** (Robert), Secrétaire du Bureau météorologique de Londres. — **Cartes du temps et avertissements de tempêtes**. Petit in-8, avec 2 planches en couleur et 51 figures dans le texte. Traduit de l'anglais par MM. *Zurcher* et *Margollé*; 1879. .... 4 fr. 50 c.

†**SECCHI** (le P. A.). — **Le Soleil**. *Voir* p. 34.

SECRETAN. — **Calendrier météorologique pour 1881**. In-4, avec Tableaux et figures dans le texte; 1881. (3e année.) .... 2 fr.

†**VIDAL** (l'abbé). — **L'art de tracer les cadrans solaires par le calcul, et le mètre à la main**, mis à la portée des ouvriers et de ceux qui ne savent faire que l'addition et la soustraction. In-8, avec 2 planches; 1875. .... 2 fr. 50 c.

†**VILLARCEAU** (Yvon), Membre de l'Institut, et **AVED DE MAGNAC**, Lieutenant de vaisseau. — **Nouvelle navigation astronomique**. (L'heure du premier méridien est déterminée par l'emploi seul des chronomètres.) **Théorie et Pratique**. Un beau volume in-4, avec planche; 1877. .... 20 fr.
   On vend séparément :   **Théorie**, par M. *Yvon Villarceau*. .... 10 fr.
                             Pratique, par M. *Aved de Magnac*. .... 12 fr.

PHYSIQUE. — TÉLÉGRAPHIE.

BERNARD (A.), Agrégé de l'Université, Professeur de Physique et de Chimie à Cognac. — **Alcoométrie**. Grand in-8, avec 6 planches; 1875. .... 5 fr.

BERTHELOT, Membre de l'Institut, **COULIER**, Pharmacien principal de l'armée, et **D'ALMEIDA**, Professeur de physique au Lycée Henri IV. — **Vérification de l'aréomètre de Baumé**. In-8; 1873. .... 2 fr.

†**BILLET**, Professeur de Physique à la Faculté des Sciences de Dijon. — **Traité d'Optique physique**. 2 forts volumes in-8, avec 14 planches renfermant 332 figures; 1858-1859. .... 15 fr.

†**BOUTY**, Professeur de Physique au Lycée Saint-Louis. — **Théorie des phénomènes électriques** (*Théorie du potentiel*). In-8, avec figures dans le texte et une planche; 1878. .... 3 fr. 50 c.

BUREAU INTERNATIONAL DES POIDS ET MESURES. — **Procès-verbaux des séances**.
   Années 1875-1876. In-8; 1876. .... 3 fr.

Année 1877. In-8; 1877.. 5 fr.
Année 1878. In-8; 1879.. 5 fr.
Année 1879. In-8; 1880.. 5 fr.
Année 1880. In-8; 1881.. 5 fr.
— **Travaux et Mémoires** du Bureau international des Poids et Mesures, publiés par le *Directeur* du Bureau. Tome I. Grand in-4, avec figures dans le texte et 2 pl.; 1881.. 30 fr.

†**CAZIN (A.).** — **La Spectroscopie.** In-18 jésus, avec nombreuses figures dans le texte; 1873.. 3 fr. 75 c.

†**CAZIN,** Docteur ès Sciences, ancien Professeur au Lycée Fontanes, et **ANGOT,** Agrégé de l'Université, Docteur ès Sciences. — **Traité théorique et pratique des piles électriques.** *Mesure des constantes des piles. Unités électriques. Description et usage des différentes espèces de piles.* In-8, avec 105 belles figures dans le texte; 1881.. 7 fr. 50 c.

†**CHEVALLIER et MÜNTZ.** — **Problèmes de Physique,** avec leurs solutions développées, à l'usage des candidats au Baccalauréat ès Sciences et aux Écoles du Gouvernement. In-8, lithographie; 1872.. 2 fr. 75 c.

†**CORNU (A.),** Membre de l'Institut, Professeur à l'École Polytechnique. — **Sur le spectre normal du Soleil, partie ultra-violette.** In-4, avec 2 pl.; 1881. 5 fr.

CROVA, Professeur à la Faculté des Sciences de Montpellier. — **Mesure de l'intensité calorifique des radiations solaires et de leur absorption par l'atmosphère terrestre.** In-4, avec 3 planches; 1876.. 4 fr.

†**DECHARME.** — **Formes vibratoires des bulles de liquide glycérique.** In-8, avec figures dans le texte; 1880.. 1 fr. 50 c.

DES CLOIZEAUX, Membre de l'Institut. — **Mémoire sur le microcline,** suivi de remarques sur l'examen microscopique de l'orthose et des divers feldspaths tricliniques. In-8, avec 12 figures photoglyptiques; 1876.. 5 fr.

†**DU MONCEL (Th.),** Ingénieur électricien de l'Administration des Lignes télégraphiques. — **Exposé des applications de l'Électricité.** *Technologie électrique.* 3e édition, entièrement refondue. 5 volumes grand in-8 cartonnés.. 72 fr.

On vend séparément :
Tome V, 692 pages, 3 planches et 169 figures; 1878, cartonné...... 16 fr.
Broché...... 14 fr.

***DU MONCEL (Th.),** Ingénieur électricien de l'Administration des Lignes télégraphiques. — **Traité théorique et pratique de Télégraphie électrique,** à l'usage des employés télégraphistes, des ingénieurs, des constructeurs et des inventeurs. Vol. in-8 de 652 pages, avec 156 figures dans le texte et 3 planches. Imprimé sur carré fin satiné; 1864.. 10 fr.

FOUCAULT (Léon), Membre de l'Institut. — **Recueil des travaux scientifiques de Léon Foucault,** publié par Mme Ve Foucault, sa mère, mis en ordre par M. Gariel, Ingénieur des Ponts et Chaussées, Professeur agrégé de Physique à la Faculté de Médecine de Paris, et précédé d'une Notice sur les OEuvres de L. Foucault, par M. J. Bertrand, Secrétaire perpétuel de l'Académie des Sciences. Un beau volume in-4, avec un Atlas de même format contenant 19 planches gravées sur cuivre; 1878.. 30 fr.

†**HIRN (G.-A.).** — **La Musique et l'Acoustique.** *Aperçu général sur leur rapport et sur leurs dissemblances.* (Extrait de la *Revue d'Alsace.*) Grand in-8; 1878.. 2 fr. 50 c.

†**INSTRUCTION SUR LES PARATONNERRES,** adoptée par l'Académie des Sciences. In-18 jésus, avec 58 figures dans le texte et 1 planche; 1874.. 2 fr. 50 c.

†**JAMIN (J.),** Membre de l'Institut, Professeur à l'École Polytechnique, et **BOUTY,** Professeur au Lycée Saint-Louis. — **Cours de Physique de l'École Polytechnique.** 3e édition, augmentée et entièrement refondue. 4 forts vol. in-8, avec 1200 figures environ dans le texte et 12 planches sur acier, dont 2 en couleur; 1878-1880-1881. (*Autorisé par décision ministérielle.*)

On vend séparément :
Tome I.
1er FASCICULE. — *Instruments de mesure, Hydrostatique* (Cours de Mathématiques spéciales); avec 148 figures dans le texte et 1 planche; 1880........ 5 fr.

2ᵉ FASCICULE. — *Actions moléculaires*; avec 91 fig. dans le texte; 1881..   4 fr.
3ᵉ FASCICULE. — *Électricité statique*................................ (*Sous presse.*)
TOME II. — CHALEUR.
1ᵉʳ FASCICULE. — *Thermométrie, Dilatations* (Cours de Mathématiques spéciales);
avec 84 figures dans le texte; 1878.. 5 fr.
2ᵉ FASCICULE. — *Calorimétrie, Théorie mécanique de la chaleur, Conductibilité*;
avec 89 figures dans le texte et 2 planches; 1878,...................... 7 fr.
TOME III. — ACOUSTIQUE; OPTIQUE.
1ᵉʳ FASCICULE. — *Acoustique*; avec 122 figures dans le texte; 1879 ...... 4 fr.
2ᵉ FASCICULE. — *Optique géométrique* (Cours de Mathématiques spéciales); avec
139 figures dans le texte et 3 planches; 1879 .... 4 fr.
3ᵉ FASCICULE. — *Étude des radiations lumineuses, chimiques et calorifiques*; *Optique
physique*; avec 246 figures dans le texte et 5 planches, dont 2 planches de
spectres en couleur; 1881 .... 12 fr.
TOME IV. — ÉLECTRICITÉ DYNAMIQUE; MAGNÉTISME.
1ᵉʳ FASCICULE. — *Électricité dynamique*............................ (*Sous presse.*)
2ᵉ FASCICULE. — *Magnétisme*....................................... (*Sous presse.*)

Le 1ᵉʳ fascicule du Tome I, le 1ᵉʳ fascicule du Tome II et le 2ᵉ fascicule
du Tome III comprennent les MATIÈRES EXIGÉES POUR L'ADMISSION A L'ÉCOLE POLY-
TECHNIQUE. Les Élèves de Mathématiques spéciales qui posséderont ces trois
fascicules auront ainsi entre les mains le commencement d'un grand Traité
qu'ils pourront compléter ultérieurement, si, poursuivant l'étude de la Physique, ils se préparent à la Licence ou entrent dans une des grandes Écoles du
Gouvernement.

JAMIN (J.). — Appendice au Cours de Physique de l'École Polytechnique:
Thermométrie, Dilatations, Optique géométrique, Problèmes et Solutions; rédigé
conformément au nouveau programme d'admission à l'École Polytechnique.
In-8 de VIII-314 pages, avec 132 belles figures dans le texte; 1875. 3 fr. 50 c.

JAMIN (J.). — Petit Traité de Physique, à l'usage des Établissements d'instruction, des aspirants aux Baccalauréats et des candidats aux Écoles du Gouvernement. Nouveau tirage, augmenté de *Notes sur les progrès récents de la
Physique*, par M. E. BOUTY. In-8, avec 746 figures dans le texte et un spectre;
1881... 9 fr.

Ce Livre élémentaire est conçu dans un esprit nouveau. Dès les premiers
mots, l'Auteur démontre que la chaleur est un mouvement moléculaire, et
cette idée guide ensuite le lecteur dans toutes les expériences, et les explique.
La Terre et les aimants n'étant que des solénoïdes, on fait dépendre le magnétisme de l'électricité. L'Acoustique montre dans leurs détails les vibrations
longitudinales, transversales, circulaires et elliptiques, elle prépare à l'Optique. Cette dernière Partie enfin est l'étude des vibrations de toute sorte qui
se produisent dans l'éther; les interférences et la polarisation sont expliquées
de la manière la plus élémentaire, et la Théorie vibratoire est rendue accessible à tous. L'Auteur espère que les modifications qu'il propose dans l'enseignement de la Physique seront approuvées par ses collègues, et qu'elles seront
profitables aux élèves en les délivrant de ce que les savants ont abandonné, en
élevant leur esprit jusqu'à de plus hautes conceptions, en leur montrant l'ensemble philosophique d'une science déjà très-avancée, et qui semble toucher
à son terme.

JOUBERT (J.), Professeur de Physique au Collège Rollin. — **Étude sur les
machines magnéto-électriques.** In-4; 1881...................... 2 fr. 50 c.

LAMÉ (G.), Membre de l'Institut. — **Leçons sur la théorie analytique de la
Chaleur.** In-8, avec figures dans le texte; 1861.................. 6 fr. 50 c.

LECOQ DE BOISBAUDRAN. — Spectres lumineux; *spectres prismatiques
et en longueurs d'onde*, destinés aux recherches de Chimie minérale. Un volume
de texte grand in-8 et un Atlas, même format, de 39 belles planches gravées sur
acier, contenant 56 spectres; 1874 .... 30 fr.

MATHIEU (Émile), Professeur à la Faculté des Sciences de Besançon. — **Cours
de Physique mathématique.** In-4; 1873........................... 15 fr.

PIERRE (J.-I.), Correspondant de l'Institut (Académie des Sciences), Professeur à la Faculté des Sciences de Caen. — **Exercices sur la Physique, ou Recueil de questions** susceptibles de faire l'objet de compositions écrites soit
dans les classes supérieures des Lycées, soit aux examens du Baccalau-

réat ès Sciences, soit aux examens d'admission aux principales Écoles, avec l'indication des solutions. 2ᵉ édit. In-8, avec 4 planches; 1862.   4 fr.

ROUIS, Médecin principal d'armée. — **Recherches sur la transmission du son dans l'oreille humaine.** In-4, avec figures; 1877 . . . .   8 fr.

***SAINT-EDME**, Préparateur de Physique au Conservatoire des Arts et Métiers. — **L'Électricité appliquée aux Arts mécaniques, à la Marine, au Théâtre.** In-8, avec belles figures gravées sur bois, dans le texte; 1871.   4 fr.

†**SECCHI (le P. A.)**, Directeur de l'Observatoire du Collège Romain, Correspondant de l'Institut de France. — **Le Soleil.** 2ᵉ édition. PREMIÈRE et seconde PARTIE. Deux beaux volumes grand in-8 avec Atlas; 1875-1877.   30 fr.

On vend séparément :

Iʳᵉ PARTIE. Un volume grand in-8 avec 150 figures dans le texte, et un Atlas comprenant 6 grandes planches gravées sur acier (I. *Spectre ordinaire du Soleil* et *Spectre d'absorption atmosphérique.* — II. *Spectre de diffraction d'après la photographie de M. HENRY DRAPER.* — III, IV, V et VI. *Spectre normal du Soleil*, d'après ANGSTRÖM, et *Spectre normal du Soleil, portion ultra-violette*, par M. A. CORNU); 1875 . . . . 18 fr.

IIᵉ PARTIE. Un volume grand in-8, avec nombreuses figures dans le texte, et 13 planches, dont 12 en couleur (I à VIII. *Protubérances solaires.* — IX. *Type de tache du Soleil.* — X et XI. *Nébuleuses*, etc. — XII et XIII. *Spectres stellaires*); 1877 . . . . 18 fr.

†**SENARMONT (de).** — **Traité de Cristallographie**; traduit de l'anglais de *Miller.* In-8, avec 12 planches; 1872 . . . . 5 fr.

†**TRUCHOT**, Professeur à la Faculté des Sciences de Clermont-Ferrand. — **Les instruments de Lavoisier.** *Relation d'une visite à la Lunière (Puy-de-Dôme), où se trouvent réunis les instruments ayant servi à Lavoisier.* In-8, avec belles figures dans le texte; 1879 . . . . 1 fr. 50.

***TYNDALL (John).** — **Le Son**, traduit de l'anglais et augmenté d'un Appendice par M. l'Abbé *Moigno.* Un beau volume in-8, orné de 171 figures dans le texte; 1869 . . . . 7 fr.

***TYNDALL (John).** — **La lumière**; six *Lectures faites en Amérique en 1872-1873*; Ouvrage traduit de l'anglais par M. l'abbé *Moigno.* In-8, avec portrait de l'Auteur et nombreuses figures dans le texte; 1879 . . . . 7 fr.

†**TYNDALL (John).** — **Leçons sur l'électricité**, professées en 1875-1876 à l'Institution royale de la Grande-Bretagne; Ouvrage traduit de l'anglais par R. *Francisque-Michel.* In-18, avec 58 figures dans le texte; 1878 . . . 2 fr. 75 c.

VALÉRIUS (H.), Professeur à l'Université de Gand. — **Les applications de la Chaleur**, avec un exposé des meilleurs systèmes de chauffage et de ventilation. 3ᵉ édition. Grand in-8, avec 122 figures dans le texte et 14 planches; 1879 . . . . 18 fr.

†**VILLIERS (A.).** — **De l'éthérification des acides minéraux.** In-4; 1880 (Thèse) . . . . 3 fr.

†**VIOLLE**, Professeur à la Faculté des Sciences de Lyon. — **Sur la radiation solaire.** In-8; 1879 . . . . 2 fr.

CHIMIE.

†**BASSET**, Professeur de Chimie appliquée. — **Précis de Chimie pratique, ou Éléments de Chimie vulgarisée.** In-18 jésus de 672 pages, avec figures dans le texte; 1861 . . . . 5 fr.

†**BERTH**, Préparateur de 1ʳᵉ classe de Chimie analytique à l'Université de Gand, Chimiste-Analyste à la Station agricole de Gand. — **Traité d'analyse chimique complète des potasses brutes et des potasses raffinées.** In-18; 1880. 1 fr. 50 c.

†**BERTHELOT (M.)**, Professeur au Collège de France, Membre de l'Institut. — **Sur la force de la poudre et des matières explosives.** In-18 jésus; 1872. 3 fr. 50 c.

†**BERTHELOT (M.).** — **Leçons sur les méthodes générales de Synthèse en Chimie organique.** In-8; 1864 . . . . 8 fr.

†**BOUSSINGAULT**, Membre de l'Institut. — **Agronomie, Chimie agricole et Physiologie.** 2ᵉ édition. Tomes I, II, III, IV, V et VI. In-8, avec planches sur cuivre et figures dans le texte; 1860-1861-1864-1868-1874-1878 . . . . . . 52 fr.

Chacun des Tomes I à IV se vend séparément............ 5 fr.
Chacun des Tomes V et VI se vend séparément........... 6 fr.

†**BOUSSINGAULT**. — Études sur la transformation du fer en acier par la cémentation, précédées de la description des procédés adoptés pour doser le fer, le manganèse, le carbone, le silicium, le soufre, le phosphore et de recherches sur le maximum de carburation du fer. In-8; 1875........ 4 fr.

BRODIE, F. R. S., Professeur de Chimie à l'Université d'Oxford. — **Le calcul des opérations chimiques**, soit une méthode pour la recherche, par le moyen de symboles, *des lois de la distribution du poids dans les transformations chimiques*. Traduit de l'anglais par le Dr A. Naquet. Grand in-8; 1879........ 7 fr. 50 c.

†**CAHOURS** (Auguste), Membre de l'Académie des Sciences. — **Traité de Chimie générale élémentaire.**

CHIMIE INORGANIQUE, *Leçons professées à l'École Centrale des Arts et Manufactures.* 4e édition. 3 volumes in-18 jésus avec figures et planches; 1878. (*Autorisé par décision ministérielle.*)............ 15 fr.
Chaque Volume se vend séparément........... 6 fr.

CHIMIE ORGANIQUE, *Leçons professées à l'École Polytechnique.* 3e édition. 3 volumes in-18 jésus, avec figures; 1874-1875........... 15 fr.
Chaque volume se vend séparément........... 6 fr.

†**CALLAUD** (A.). — **Essai sur les piles.** Ouvrage couronné par la Société des Sciences, de l'Agriculture et des Arts de Lille. 2e édition in-18 jésus, avec 2 planches; 1875........... 2 fr. 50 c.

DUBRUNFAUT, Membre des Sociétés d'Agriculture de Paris, Munich, Bruxelles, etc. — **L'osmose et ses applications industrielles**, ou Méthodes d'analyse nouvelle appliquée à *l'épuration des sucres et des sirops*. In-8, avec une planche; 1873........... 20 fr.

DUBRUNFAUT. — **Le Sucre** dans ses rapports avec la Science, l'Agriculture, l'Industrie, le Commerce, l'Économie publique et administrative, ou *Études faites depuis 1866 sur la question des sucres.* 2 volumes in-8..... 20 fr.

On vend séparément :

Tome I; 1873........... 10 fr.
Tome II; 1878........... 10 fr.

DUBRUNFAUT. — **Sucrage des vendanges** avec les sucres purs de cannes ou de betteraves, ou *Méthode rationnelle de régulariser la qualité des vins et d'en accroître au besoin la quantité.* In-8; 1880........... 2 fr.

†**DUMAS**, Secrétaire perpétuel de l'Académie des Sciences. — Leçons sur la Philosophie chimique professées au Collège de France en 1836, recueillies par M. *Bineau.* 2e édition. In-8; 1878........... 7 fr.

DUMAS. — Études sur le **Phylloxera** et sur les **sulfocarbonates**. In-8; 1876........... 3 fr.

†**DUPLAIS** (aîné). — **Traité de la fabrication des liqueurs et de la distillation des alcools.** 4e édition, revue et augmentée par *Duplais jeune.* 2 volumes in-8, avec 14 planches; 1877........... 16 fr.

FAVRE (P.-A.). — **Mémoire sur la transformation et l'équivalence des forces chimiques.** In-4; 1875........... 8 fr.

***GAUDIN** (M.-A.), Calculateur du Bureau des Longitudes, Lauréat de l'Académie des Sciences. — **L'Architecture du Monde des Atomes**, dévoilant la construction des composés chimiques et leur cristallogénie (*Actualités scientifiques*). In-18 jésus, avec 100 figures dans le texte; 1873........... 5 fr.

†**GRANDEAU** (L.), Docteur ès Sciences, et **TROOST** (L.), Professeur de Physique et de Chimie au Lycée Bonaparte. — **Traité pratique d'Analyse chimique**, par **F. VOEHLER**, Associé étranger de l'Institut de France. — Édition française. In-18 jésus, avec 76 figures et une planche; 1866.
4 fr. 50 c.

PASTEUR (L.). — **Études sur le vinaigre**; *sa fabrication, ses maladies, moyens de les prévenir.* Nouvelles observations sur la CONSERVATION DES VINS PAR LA CHALEUR. Grand in-8, avec figures; 1868........... 4 fr.

PASTEUR (L.). — **Études sur la bière**; *ses maladies, causes qui les provoquent, procédé pour la rendre inaltérable*, avec une THÉORIE NOUVELLE DE LA

FERMENTATION. Grand in-8, avec 85 figures dans le texte et 12 planches gravées ; 1875.. 20 fr.

Pour recevoir franco, dans tous les pays faisant partie de l'Union postale, l'Ouvrage soigneusement emballé entre cartons, ajouter 1 fr.

PASTEUR (L.) — Examen critique d'un écrit posthume de Claude Bernard sur la fermentation. In-8 ; 1879................................. 5 fr.

PICTET (Raoul). — Synthèse de la chaleur, suivie de considérations sur la *Possibilité expérimentale de la dissociation de quelques métalloïdes.* In-8, avec une planche ; 1879... 4 fr.

SAINTE-CLAIRE DEVILLE (H.). — De l'aluminium. Ses propriétés, sa fabrication et ses applications. In-8, avec planches ; 1859... 3 fr. 50 c.

†SALVÉTAT (A.), Chef des travaux chimiques à la Manufacture de Sèvres. — Leçons de Céramique professées à l'Ecole centrale des Arts et Manufactures, ou Technologie céramique, comprenant les Notions de Chimie, de Technologie et de Pyrotechnie applicables à la fabrication, à la synthèse, à l'analyse, à la décoration des poteries. 2 vol. in-18, avec 479 figures dans le texte ; 1857................................... 12 fr.

†SALVÉTAT (A.). — Album du Cours de Technologie chimique professé à l'Ecole Centrale. Portefeuille in-4 cartonné, contenant 70 planches doubles ; 1874.. 25 fr.

Ire PARTIE, 24 planches : Céramique. — IIe PARTIE, 26 planches : Couleurs, Blanchiment, Teinture et Impressions. — IIIe PARTIE, 20 planches : Métallurgie (Métaux autres que le fer).

Les planches de la première Partie de cet Album se rapportent à l'Ouvrage de M. Salvétat, LEÇONS DE CÉRAMIQUE, annoncé ci-dessus.

VALÉRIUS (B.), Docteur ès sciences. — Traité théorique et pratique de la fabrication du fer et de l'acier, accompagné d'un *Exposé des améliorations dont elle est susceptible,* principalement en Belgique. — 2e édition originale française, publiée d'après le manuscrit de l'Auteur, et augmentée de plusieurs articles par H. Vateaux, Professeur à l'Université de Gand. Un volume grand in-8 de 880 pages, texte compacte, avec un Atlas in-folio de 45 planches (dont deux doubles) gravées ; 1875................... 15 fr.

†VIDAL (Léon). — Traité pratique de Photographie au charbon, complété par la description de divers *Procédés d'impressions inaltérables (Photochromie et tirages photomécaniques).* 3e édition. In-18 jésus, avec une planche spécimen de Photochromie et 2 planches spécimens d'impression à l'encre grasse ; 1877.. 4 fr. 50 c.

†VIDAL (Léon). — Traité pratique de Phototypie, ou *Impression à l'encre grasse sur couche de gélatine.* In-18 jésus, avec belles figures sur bois dans le texte et spécimens ; 1879................................... 8 fr.

***VINCENT (C.),** Ingénieur, Répétiteur de Chimie industrielle à l'Ecole Centrale. — Carbonisation des bois en vases clos et utilisation des produits dérivés. Grand in-8, avec belles fig. gravées sur bois ; 1873............. 5 fr.

PHOTOGRAPHIE.

†ABNEY (le capitaine), Professeur de Chimie et de Photographie à l'Ecole militaire de Chatham. — *Cours de Photographie.* Traduit de l'anglais par Léonce Rommelaer. 3e édit. Grand in-8, avec une planche photoglyptique ; 1877. 5 fr.

†ANNUAIRE PHOTOGRAPHIQUE, par *A. Davanne.* 2 vol. in-18, années 1867 et 1868.

On vend séparément chaque volume : Broché.................. 1 fr. 75.
Cartonné................. 2 fr. 25.

†AUBERT. — Traité élémentaire et pratique de Photographie au charbon. In-18 jésus ; 1878.. 1 fr. 50 c.

***BARRESWIL et DAVANNE.** — Chimie photographique, contenant les éléments de Chimie expliqués par des exemples empruntés à la Photographie, les procédés de Photographie sur glace (collodion humide, sec ou albumine), sur papiers, sur plaques ; la manière de préparer soi-même, d'essayer, d'employer tous les réactifs, d'utiliser les résidus, etc. 4e édition, revue, augmentée, et ornée de figures dans le texte. In-8 ; 1864................... 8 fr. 50 c.

†**BLANQUART-ÉVRARD.** — **Intervention de l'Art dans la Photographie.** In-12, avec une photographie. . . . . 1 fr. 50 c.

†**BOIVIN.** — **Procédé au collodion sec.** 2e édition augmentée du *Formulaire de Th. Sutton*, des procédés de tirage aux *poudres colorantes inertes* (procédé au charbon), ainsi que de notions pratiques sur la photolithographie, l'électrogravure et l'impression à l'encre grasse. In-18 jésus; 1876 . . . . 1 fr. 50 c.

†**CHARDON** (Alfred). — **Photographie par émulsion sèche au bromure d'argent pur** (Ouvrage couronné par le Ministre de l'Instruction publique et par la Société française de Photographie). Gr. in-8, avec fig.; 1877. 4 fr. 50 c.

†**CHARDON** (Alfred). — **Photographie par émulsion sensible, au bromure d'argent et à la gélatine.** Grand in-8, avec figures; 1880 . . . . . . 3 fr. 50 c.

†**CLÉMENT** (R.). — **Méthode pratique pour déterminer exactement le temps de pose en Photographie,** applicable à tous les procédés et à tous les objectifs, indispensable pour l'usage des nouveaux procédés rapides. In-18; 1880. . . . . 1 fr. 50 c.

†**CORDIER** (V.). — **Les Insuccès en Photographie; Causes et remèdes,** suivis de la *Retouche des clichés* et du *Gélatinage des épreuves*. 3e édition refondue et augmentée; nouveau tirage. In-18 jésus; 1880. . . . . 1 fr. 75 c.

†**DAVANNE.** — **Les Progrès de la Photographie.** Résumé comprenant les perfectionnements apportés aux divers procédés photographiques pour les épreuves négatives et les épreuves positives, les nouveaux modes de tirage des épreuves positives par les impressions aux poudres colorées et par les impressions aux encres grasses. In-8; 1877 . . . . 6 fr. 50 c.

†**DAVANNE.** — **La Photographie, ses origines et ses applications.** Grand in-8, avec figures; 1879. . . . . 1 fr. 25 c.

†**DAVANNE.** — **La Photographie appliquée aux sciences.** Grand in-8; 1881. . . . . 1 fr. 25 c.

†**DUCOS DU HAURON** (A. et L.). — **Traité pratique de la Photographie des couleurs** (*Héliochromie*). Description détaillée des moyens d'exécution récemment découverts. In-8; 1878. . . . . 3 fr.

†**DUMOULIN.** — **Manuel élémentaire de Photographie au collodion humide.** In-18 jésus, avec figures dans le texte; 1874. . . . . 1 fr. 50 c.

†**DUMOULIN.** — **Les Couleurs reproduites en Photographie;** Historique, théorie et pratique. In-18 jésus; 1876. . . . . 1 fr. 50 c.

†**FABRE** (C.). — **Aide-Mémoire de Photographie,** publié sous les auspices de la Société photographique de Toulouse, années 1876 à 1881. 6 vol. in-18, avec figures et spécimens.

    Prix : Broché. . . . . 1 fr. 75 c.
          Cartonné. . . . . 2 fr. 25 c.

    Les volumes des années 1879 et 1880 ne se vendent qu'avec la collection des 6 volumes.

    L'*Annuaire* paraît au commencement de chaque année.

†**FABRE** (C.). — **La Photographie sur plaque sèche.** — *Émulsion ou coton-poudre avec bain d'argent.* In-18 jésus; 1880. . . . . 1 fr. 75 c.

†**FORTIER** (G.). — **La Photolithographie,** *son origine, ses procédés, ses applications.* Petit in-8 orné de planches, fleurons, culs-de-lampe, etc., obtenus au moyen de la Photolithographie; 1876. . . . . 3 fr. 50 c.

†**GODARD** (Émile), Photographe. — **Encyclopédie des virages ou réunion,** expérimentation et description des meilleurs procédés, contenant tous les renseignements nécessaires pour obtenir photographiquement des épreuves positives sur papier avec une grande variété et une grande richesse de tons. 2e édition, revue et augmentée, contenant la *préparation des sels d'or et d'argent.* In-8; 1871. . . . . 2 fr.

†**HANNOT** (le capitaine), Chef du service de la Photographie à l'Institut cartographique militaire de Belgique. — **Exposé complet du procédé photographique à l'émulsion de M. Warnerke,** lauréat du Concours international pour le meilleur procédé au collodion sec rapide, institué par l'Association belge de Photographie en 1876. In-18 jésus; 1879. . . . . 1 fr. 50 c.

†**HANNOT** (le capitaine). — **Les Éléments de la Photographie.** I. Aperçu

historique et exposition des opérations de la Photographie. — II. Propriété des sels d'argent. — III. Optique photographique. In-8............ 1 fr. 50 c.

†HUBERSON. — Formulaire pratique de la Photographie aux sels d'argent. In-18 jésus; 1878.. 1 fr. 50 c.

†HUBERSON. — Précis de Microphotographie. In-18 jésus, avec figures dans le texte et une planche en photogravure; 1879.................. 2 fr.

KLARY. — Retouche photographique, par *un Spécialiste*. Grand in-8 de 48 pages, orné de deux belles études de retouche d'après un cliché de M. *Fritz Luckhardt*, de Vienne; 1875............................... 5 fr.

†LA BLANCHÈRE (H. de). — Monographie du stéréoscope et des épreuves stéréoscopiques. In-8, avec figures................... 5 fr.

†LALLEMAND. — Nouveaux procédés d'impression autographique et de photolithographie. In-12................................. 1 fr.

LIESEGANG. — Notes photographiques. Collodion humide, émulsion au collodion, à la gélatine, papier albumine, procédé au charbon, agrandissements, photomicrographie, ferrotypie, construction des galeries vitrées. Petit in-8, avec gravures dans le texte et une phototypie. 3e édit.... (*Sous presse.*)

MONCKHOVEN (Van). — Traité général de Photographie, suivi d'un Chapitre spécial sur le *gélatino-bromure d'argent*. 7e édition. Grand in-8, avec planches et figures dans le texte; 1880........................ 16 fr.

†MOOCK (L.). — Traité pratique complet d'impressions photographiques aux encres grasses, et de phototypographie et photogravure. 2e édition, beaucoup augmentée. In-18 jésus; 1877........................ 3 fr.

†ODAGIR (H.). — Le Procédé au gélatino-bromure, suivi d'une Note de M. Milson sur les clichés portatifs et de la traduction des Notices de M. Kennett et Rév. G. Palmer. In-18 jésus, avec figures; 1877. 1 fr. 50 c.

†PÉLEGRY, Peintre amateur, Membre de la Société photographique de Toulouse. — La Photographie des peintres, des voyageurs et des touristes. *Nouveau procédé sur papier huilé*, simplifiant le bagage et facilitant toutes les opérations, avec indication de la manière de construire soi-même la plupart des instruments nécessaires. In-18 jésus, avec deux spécimens; 1879....... 1 fr. 75 c.

†PERROT DE CHAUMEUX (L.). — Premières Leçons de Photographie. 2e édit., revue et augmentée. 2e tirage. In-18 jésus, avec fig. dans le texte; 1878... 1 fr. 50 c.

†PHIPSON (le Dr). — Le préparateur photographe, ou *Traité de Chimie à l'usage des photographes et des fabricants de produits photographiques*. In-12, avec figures; 1864............................... 3 fr.

†PIQUEPÉ. — Traité pratique de la retouche des clichés photographiques, suivi d'une méthode très détaillée d'*émaillage* et de *formules et procédés divers*. In-18 jésus, avec 2 photoglyplies; 1881.............. 4 fr. 50 c.

†RADAU (R.). — La Lumière et les climats. In-18 jésus; 1877. 1 fr. 75 c.

†RADAU (R.). — Les radiations chimiques du Soleil. In-18 jésus; 1877... 1 fr. 50 c.

†RADAU (R.). — Actinométrie. In-18 jésus; 1877............. 2 fr.

†RADAU (R.). — La Photographie et ses applications scientifiques. In-18 jésus; 1878... 1 fr. 75 c.

†RODRIGUES (J.), Chef de la Section photographique du Gouvernement portugais. — Procédés photographiques et Méthodes diverses d'impression aux encres grasses, employés à la Section photographique et artistique. Grand in-8; 1879... 2 fr. 50 c.

†ROUX (V.), Opérateur au Ministère de la Guerre. — Manuel opératoire pour l'emploi du procédé au gélatinobromure d'argent. Revu et annoté par M. Stéphane Geoffroy. In-18; 1881........................ 1 fr. 75 c.

†ROUX (V.). — Traité pratique de la transformation des négatifs en positifs servant à l'héliogravure et aux agrandissements. In-18; 1881.... 1 fr.

*RUSSELL (C.). — Le Procédé au Tannin, traduit de l'anglais par M. *Aimé Girard*; 2e édit. entièrement refondue. In-18 jésus, avec fig.; 1864. 2 fr. 50 c.

SAUVEL (Édouard), Avocat au Conseil d'État et à la Cour de cassation. —

Des œuvres photographiques et de la protection à laquelle elles ont droit.
In-8; 1880.. 1 fr. 50 c.

†**TRUTAT** (E.), Conservateur du Musée d'Histoire naturelle de Toulouse, etc.
— **La Photographie appliquée à l'Archéologie**; Reproduction des Monuments, Œuvres d'art, Mobilier, Inscriptions, Manuscrits. In-18 jésus, avec cinq photoglypties; 1879... 3 fr.

†**VIDAL** (Léon). — Traité pratique de **Photographie au charbon**, complété par la description de divers Procédés d'impressions inaltérables (Photochromie et tirages photomécaniques). 3e édition. In-18 jésus, avec 1 planche spécimen de Photochromie et 2 planches spécimens d'impression à l'encre grasse; 1877.
4 fr. 50 c.

†**VIDAL** (Léon). — Traité pratique de **Phototypie**, ou Impression à l'encre grasse sur une couche de gélatine. In-18 jésus, avec belles figures sur bois dans le texte et spécimens; 1879... 8 fr.

†**VIDAL** (Léon). — **La Photographie appliquée aux arts industriels de reproduction**. In-18 jésus, avec figures; 1880............................. 1 fr. 50 c.

†**VIDAL** (Léon). — Traité pratique de **Photoglyptie** avec et sans presse hydraulique. In-18 jésus, contenant 2 planches photoglyptiques hors texte et de nombreuses gravures dans le texte; 1881........................... 7 fr.

†**VIDAL** (Léon). — **Calcul des temps de pose**. 2e édition, complètement revue et modifiée. Obturateurs instantanés, Matériel du touriste, Procédés secs rapides, etc., avec gravures dans le texte .... (Sous presse.)

TOPOGRAPHIE, GÉODÉSIE ET ARPENTAGE.

BONNEVIE, ancien Géomètre de première classe du cadastre, Géomètre expert. — **Application de la Tétragonométrie au lever des plans parcellaires**. In-8, avec 3 planches; 1878.. 3 fr.

BRETON DE CHAMP. — **Traité du lever des plans et de l'arpentage**. Vol. in-8, avec 9 planches gravées sur cuivre; 1865.............. 7 fr. 50 c.

BRETON DE CHAMP. — Traité du nivellement. 3e éd. In-8; 1873.   6 fr.

D'ABBADIE (A.), Membre de l'Institut. — **Géodésie d'Éthiopie**, ou Triangulation d'une partie de la haute Éthiopie, exécutée selon des méthodes nouvelles, par A. d'Abbadie; vérifiée et rédigée par R. Radau. Grand in-4 de XXXIV-504 pages, avec 11 cartes et 10 planches; 1873.............. 30 fr.

†**FRANCŒUR** (L.-B.). — **Traité de Géodésie**, comprenant la Topographie, l'Arpentage, le Nivellement, la Géomorphie terrestre et astronomique, la Construction des Cartes, la Navigation, augmenté de **Notes** sur la mesure des bases, par M. Hossard, et d'une **Note** sur la méthode et les instruments d'observation employés dans les grandes opérations géodésiques ayant pour but la mesure des arcs de méridien et de parallèle terrestres, par M. le colonel Perrier, Membre de l'Institut et du Bureau des Longitudes. 6e édition. In-8, avec figures dans le texte et 11 planches; 1879....... 12 fr.

***LAUSSEDAT** (A.), Capitaine du Génie. — **Leçons sur l'art de lever les plans**, comprenant les levers de terrain et de bâtiment, la pratique du nivellement ordinaire et le lever des courbes horizontales à l'aide des instruments les plus simples. In-4, avec 10 pl.; 1861................... 5 fr.

†**LEFÈVRE**. — **Abrégé du nouveau traité de l'Arpentage**, ou Guide pratique et mémoratif de l'Arpenteur, à l'usage des personnes qui n'ont point étudié la Géométrie. In-12, avec 18 planches, dont une coloriée....... 7 fr.

†**LEHAGRE**, Chef de bataillon du Génie. — **Cours de Topographie**, professé à l'École d'application de l'Artillerie et du Génie. Grand in-8 jésus :
Ire Partie : Instruments et procédés de Lever (Planimétrie, Altimétrie, Dessin topographique). Avec plus de 300 figures dans le texte; 1881....... 15 fr.
IIe Partie : Méthodes de Lever (Levers à grande échelle; Levers de grande étendue; Levers de reconnaissance). Avec figures dans le texte et planches.
IIIe Partie : Opérations trigonométriques; Lever de la triangulation; Nivellement. Avec 12 modèles de carnets pour l'enregistrement des observations, 5 types des divers calculs qui peuvent se présenter dans une triangulation et 12 grandes planches; 1880... 12 fr.

†**MARIE**. — **Principes du Dessin et du Lavis de la Carte topographique**, pré-

sentés d'une manière élémentaire et méthodique, et accompagnés de 9 modèles, dont 8 sont coloriés avec soin. 1 vol. in-4 oblong ; 1825............. 15 fr.

†**PUISSANT**. — Traité de Géodésie, ou Exposition des méthodes trigonométriques et astronomiques, applicables, soit à la mesure de la Terre, soit à la confection du canevas des cartes et des plans topographiques. 3ᵉ édition, corrigée et augmentée. 1 vol. in-4, avec planches ; 1842. (*Rare.*)........ 80 fr.

†**REGNAULT (J.-J.)**. — Traité de Géométrie pratique et d'Arpentage, comprenant les **Opérations** graphiques et de nombreuses **Applications aux Travaux** de toute nature, à l'usage des Écoles professionnelles, des Écoles normales primaires, des Employés des Ponts et Chaussées, des Agents voyers, etc. 2ᵉ édition, revue et augmentée. In-8, avec 14 pl. ; 1860................... 5 fr.

***REGNAULT (J.-J.)**. — Cours pratique d'Arpentage, à l'usage des Instituteurs, des Élèves des Écoles primaires, des Propriétaires et des Cultivateurs. In-18, sur jésus, avec figures dans le texte. 2ᵉ édit. ; 1870. 1 fr. 50 c.

   Ouvrage choisi en 1861 par le Ministre de l'Instruction publique pour les bibliothèques scolaires.

†**THOREL**, Géomètre de première classe du Cadastre du département de l'Oise. — **Arpentage et Géodésie pratique**, Ouvrage dans lequel on peut apprendre le Système métrique, l'Arpentage, la Division des terres, la Trigonométrie rectiligne, le Levé des plans, la Gnomonique, etc. In-4, avec pl. ; 1843. 4 fr.

TRAVAUX PUBLICS. — PONTS ET CHAUSSÉES.

BAUDUSSON. — **Le Rapporteur exact, ou Tables des cordes de chaque angle**, depuis une minute jusqu'à cent quatre-vingts degrés, pour un rayon de mille parties égales. In-18 ; 4ᵉ édition ; 1861................ 2 fr.

†**BENOIT (P.-M.-N.)**, l'un des cinq fondateurs de l'École Centrale des Arts et Manufactures. — **Guide du Meunier et du Constructeur de Moulins**. Iʳᵉ Partie : **Construction des Moulins**. IIᵉ Partie : **Meunerie**. 2 volumes in-8 de 900 pages, avec 22 planches contenant 638 figures ; 1863...... 12 fr.

***CHORON (H.)**, Ingénieur des Ponts et Chaussées. — **Étude sur le régime général des chemins de fer**. Grand in-8 ; 1881........................ 3 fr.

†**COMOY**, Inspecteur général des Ponts et Chaussées en retraite, Commandeur de la Légion d'honneur. — **Étude pratique sur les marées fluviales et notamment sur le mascaret**. *Application aux travaux de la partie maritime des fleuves.* Grand in-8, avec figures dans le texte et 10 planches ; 1861. 15 fr.

†**DARCY**. — **Recherches expérimentales relatives aux mouvements des eaux dans les tuyaux**, avec Tables relatives au débit des tuyaux de conduite. In-4, avec 12 planches ; 1857... 15 fr.

†**ENDRÈS (E.)**, ancien Élève de l'École Polytechnique, Inspecteur général honoraire des Ponts et Chaussées. — **Manuel du Conducteur des Ponts et Chaussées**. Ouvrage indispensable aux Conducteurs et Employés secondaires des Ponts et Chaussées et des Compagnies de Chemins de fer, aux Gardes-mines, aux Gardes et Sous-Officiers de l'Artillerie et du Génie, aux Agents voyers et aux Candidats à ces emplois. 6ᵉ édition, conforme au *Programme du 7 septembre 1880*. 3 volumes in-8 .... 27 fr.

On vend séparément :

   Toмe I, Partie théorique, avec 385 fig. dans le texte ; et Toмe II, Partie pratique, avec 501 fig. dans le texte et 4 planches. 2 vol. in-8 ; 1879-1880. 18 fr.

   Toмe III, Applications. Ce dernier Volume est consacré à l'exposition des doctrines spéciales qui se rattachent à l'*Art de l'Ingénieur* en général et au service des Ponts et Chaussées en particulier. In-8, avec nombreuses figures dans le texte, se vendant séparément. 1881................................ 9 fr.

†**ENDRÈS (E.)**. — **Vade-mecum administratif de l'Entrepreneur des Ponts et Chaussées**. In-12 ; 1859.. 3 fr. 50 c.

***FREYCINET (Ch. de)**. — **Des pentes économiques en chemins de fer**. *Recherches sur les dépenses des rampes.* In-8 ; 1861.................. 6 fr.

†**GÉRARDIN (H.)**, Ingénieur en chef des Ponts et Chaussées. — **Théorie des moteurs hydrauliques. Applications et travaux exécutés pour l'alimentation du canal de l'Aisne à la Marne par les machines**. In-8, avec Atlas contenant 25 belles planches in-plano raisin ; 1872......................... 20 fr.

†GIRARD (L.-D.), Ingénieur civil, prix de Mécanique de l'Institut de France. — Hydraulique. Utilisation de la force vive de l'eau appliquée à l'industrie. In-4, avec Atlas de 13 planches in-folio; 1863............ 8 fr.

Le prospectus détaillé des Ouvrages de L.-D. Girard est envoyé franco, sur demande.

†ISSALÈNE, Capitaine d'Infanterie. — Manuel pratique militaire des chemins de fer. In-18 jésus, avec 43 figures dans le texte, gravées sur bois par Dulos; 1873................ 2 fr. 50 c.

†LA GOURNERIE (de). Membre de l'Institut. — Études économiques sur l'exploitation des chemins de fer. In-8; 1880............ 4 fr. 50 c.

†LALANNE (Léon). — Note sur l'emploi des méthodes de calcul graphique, *pour la rédaction des projets que comporte le développement du réseau des chemins de fer français.* In-4; 1880............ 60 c.

†LEFORT (F.), Ingénieur en chef des Ponts et Chaussées. — Tables des surfaces de déblai et de remblai, des largeurs d'emprise et des longueurs des talus, *relatives à un chemin de fer à deux voies* ou à une *route de 10 mètres de* largeur entre fossés, pour des cotes sur l'axe de 0ᵐ à 15ᵐ, et pour des déclivités sur le profil transversal de 0ᵐ à 0ᵐ,25. Grand in-8, sur jésus; 1861.... 3 fr.
  — Tables pour *une route de 8 mètres*; 1863.............. 3 fr.
  — Tables pour un *chemin de fer à une voie ou une route de 6 mètres*, etc. 3 fr.

†LEFORT (F.), Inspecteur général des Ponts et Chaussées. — Sur les bases des calculs de stabilité des ponts à tabliers métalliques. Examen critique des bases de calculs habituellement en usage pour apprecier la stabilité des ponts à tabliers métalliques soutenus par des poutres droites prismatiques, et *propositions pour l'adoption de bases nouvelles.* Ouvrage approuvé par l'Académie des Sciences, sur le Rapport de M. de Saint-Venant. In-4, avec 4 grandes planches; 1876.................... 4 fr.

†MEISSAS (N.), ancien Ingénieur du chemin de fer de Paris à Cherbourg. — Tables pour servir aux études et à l'exécution des Chemins de fer, ainsi que dans tous les travaux où l'on fait usage du Cercle et de la Mesure des Angles. 2ᵉ éd. In-12 de 428 pages en tableaux, avec fig. dans le texte; 1867. 8 fr.
                Cartonné.............. 9 fr.

NAUDIER, Docteur en droit, Conseiller de préfecture de l'Aube. — Traité théorique et pratique de la législation et de la jurisprudence des mines, des minières et des carrières. Un fort volume in-8; 1877............ 10 fr.

†NOURY. — Tarifs d'après le système métrique décimal pour cuber les bois carrés en grume ou ronds, et tous les corps solides quelconques, ainsi que les colis ou ballots, caisses, etc. 3ᵉ édition. In-8; 1877. (*Approuvé par les Ministres de l'Intérieur et de la Marine.*).................... 4 fr.

ORTOLAN (J.-A.) — Manuel du Mécanicien. (*Voir* p. 24.)

†PEAUCELLIER, Lieutenant-Colonel du Génie. — Mémoire sur les conditions de stabilité des voûtes en berceau. In-8 avec figures; 1875.......... 2 fr.

PERRODIL (Gros de), Ingénieur en chef des Ponts et Chaussées. — Résistance des voûtes et arcs métalliques, employés dans la construction des ponts. In-8, avec 2 grandes planches; 1879................. 7 fr. 50 c.

†PRÉFECTURE DE LA SEINE. — Assainissement de la Seine. — Épuration et utilisation des eaux d'égout. — 4 beaux volumes In-8 jésus; avec 17 planches, dont 10 en chromolithographie; 1876-1877............ 26 fr.

On vend séparément:

Les 3 premiers Volumes (*Documents administratifs — Enquête. — Annexes*). 20 fr.
Le 4ᵉ Volume (*Documents anglais*)................. 6 fr.

†PRÉFECTURE DE LA SEINE. — Assainissement de la Seine. — Épuration et utilisation des eaux d'égout. — Rapport de M. H. Vilmorin au nom de la Commission d'études chargée d'étudier les *procédés de culture horticole à l'aide des eaux d'égout.* In-8 jésus, avec pl.; 1878............ 1 fr. 50

†PRÉFECTURE DE LA SEINE. — Assainissement de la Seine. — Épuration et utilisation des eaux d'égout. — Rapport de M. Ossar au nom de la Commission d'études chargée d'étudier *l'influence exercée dans la presqu'île de Gennevilliers par l'irrigation en eau d'égout sur la valeur vénale et locative des terres de culture.* In-18 jésus avec 3 planches en chromolithographie; 1878. 3 fr.

†WITH (Émile), Ingénieur civil. — Manuel aide-mémoire du Constructeur

de travaux publics et de machines, comprenant le **Formulaire et les Données d'expérience de la construction.** 2e éd. In-12; 1861.   2 fr. 50 c.
(*Voir* précédemment, sous le titre *Mécanique appliquée et rationnelle*, les Ouvrages de MM. Bresse, Callon, Denfer, Ermel, Loyau, de Mastaing et Resal.)

GUERRE ET MARINE.

BELLANGER (C.-A.), Professeur d'Hydrographie. — **Petit Catéchisme de machine à vapeur,** à l'usage des candidats aux grades de la marine de commerce et de toutes les personnes qui veulent acquérir sur ce sujet des notions élémentaires. 3e éd. Petit in-8, avec Atlas de 6 planches; 1872..........   3 fr.

BERRY (C.), Lieutenant de vaisseau. — **Théorie complète des occultations.** (voir p. 25.) In-4; 1880...............................   6 fr.

BYRNE (Oliver). — **Treatise on Navigation and nautical Astronomy.** This Treatise supplies requirements long sought for. Namely, Tables in which each Number can be instantly tested, of easily and independently calculated. In-4, avec figures et nombreuses Tables; 1875...............   52 fr. 50 c.

CONSOLIN (B.), Professeur du Cours de Voilerie à Brest. — **Manuel du Voilier,** publié par ordre du Ministre de la Marine. Ouvrage approuvé pour l'instruction des Elèves de l'Ecole Navale et pour celle des Voiliers des arsenaux. Grand in-8 sur jésus, de 528 pages et 11 planches; 1859. ...   12 fr.

*CONSOLIN (B.).** — **Méthode pratique de la coupe des voiles des navires et embarcations,** suivie de Tables graphiques facilitant les diverses opérations de la coupe, avec ou sans calcul. In-12, avec 3 planches; 1863..........   3 fr.

*CONSOLIN (B.). — **L'art de voiler les embarcations,** suivi d'un Aide-Mémoire de Voilerie. In-12 avec une grande planche; 1866....................   2 fr.

*D'ÉTROYAT (Ad.). — **De la carène du navire et de l'échelle de solidité.** In-4, avec 5 planches; 1856...............................   4 fr.

*DISLERE (P.). — **La guerre d'escadre et la guerre de côtes.** (*Les nouveaux navires de combat.*) Un beau volume grand in-8, avec nombreuses figures gravées sur bois, dans le texte; 1876.........................   7 fr.

DISLERE (P.). — **Les budgets maritimes de la France et de l'Angleterre** (*Études de Statistique*). Grand in-8°; 1878.....................   3 fr.

†**DUCOM**. — **Cours complet d'observations nautiques,** avec les notions nécessaires au Pilotage et au Cabotage, augmenté de la puissance des effets des ouragans, typhons, tornados des régions tropicales. 3e éd.; 1859. 1 vol. in-8.   14 fr.

FAYE (H.), Membre de l'Institut et du Bureau des Longitudes. — **Cours d'Astronomie nautique.** In-8, avec figures dans le texte; 1880.........   10 fr.

†**FOURNIER (F.-E.)**, Lieutenant de vaisseau. — **Détermination immédiate de la déviation du compas par la nouvelle méthode des compas conjugués.** Grand in-8, avec figures; 1878.........................   3 fr.

HOMMEY, Capitaine de frégate en retraite. — **Tables d'Angles horaires.** 2 vol. grand in-8, en tableaux; 1862 ....   15 fr.

†**MARINE A L'EXPOSITION UNIVERSELLE DE 1878 (La)**. — Ouvrage publié par ordre de M. le Ministre de la Marine et des Colonies. 2 beaux volumes grand in-8, avec 102 figures dans le texte, et 2 Atlas in-plano contenant 161 planches; 1879. ....   50 fr.

MAYEVSKI (le Général), Membre du Comité de l'Artillerie russe. — **Traité de Balistique extérieure.** Grand in-8, avec planches et tableaux; 1872.   18 fr.

†**MÉMORIAL DE L'ARTILLERIE** ou Recueil de Mémoires, expériences, observations et procédés relatifs au service de l'Artillerie, *rédigé par les soins du Comité d'Artillerie* (n° VIII). In-8, avec Atlas cart. de 24 pl.; 1867.   12 fr.

MÉMORIAL DE L'OFFICIER DU GÉNIE, ou Recueil de Mémoires, Expériences, Observations et Procédés généraux propres à perfectionner la fortification et les constructions militaires, rédigé par les soins du Comité des Fortifications, avec nombreuses figures dans le texte et planches. Chaque volume à partir du **N° 21** se vend séparément..................   7 fr. 50 c.
Les **N°s 21** (1873), **22** (1874), **23** (1874), **24** (1875), **25** (1876) sont en vente. Pour recevoir franco, ajouter **70 c.** par volume.

ORTOLAN (J.-A.), Mécanicien en chef de la marine. — **Mémorial du mécanicien d'usine et de navigation.** Calculs d'application; Tables et tableaux de résultats pour la construction, les essais et la conduite des machines à vapeur. In-18 de 530 pages, avec plus de 200 figures dans le texte; 1878.   4 fr. 50 c.
Cartonné.....   5 fr. 50 c.

†**PICARDAT** (A.), Capitaine du Génie. — **Les mines dans la guerre de campagne.** — *Exposé des divers procédés d'inflammation des Mines et des Pétards de rupture.* — *Emploi de préparations pyrotechniques et de l'Électricité.* In-18 jésus, avec 51 figures dans le texte; 1874....................... 2 fr. 50 c.

VILLARCEAU (Yvon) et **AVED DE MAGNAC**. — Nouvelle navigation astronomique. (*Voir* p. 31.)

GÉOGRAPHIE ET HISTOIRE.

†**OGER** (F.), Professeur d'Histoire et de Géographie, Maître de Conférences au Collège Sainte-Barbe. — **Géographie de la France et Géographie générale, physique, militaire, historique, politique, administrative et statistique,** *rédigé conformément au Programme officiel,* à l'usage des candidats aux Écoles du Gouvernement et aux aspirants aux Baccalauréats ès Lettres et ès Sciences. 7ᵉ édit., mise au courant des derniers changements politiques et des plus récentes découvertes géographiques. In-8; 1880....................... 3 fr.
   Cet Ouvrage correspond à l'Atlas de Géographie générale du même auteur.

†**OGER** (F.) — **Atlas de Géographie générale** à l'usage des Lycées, des Collèges, des Institutions préparatoires aux Écoles du Gouvernement et de tous les Établissements d'instruction publique. 10ᵉ édit. in-plano, cartonné, contenant 33 Cartes coloriées; 1879....................... 14 fr.
   Atlas Géographique et Historique à l'usage de la classe de Quatrième. 2ᵉ édition. Seize cartes coloriées....................... 8 fr. 50 c.
   Atlas Géographique et Historique à l'usage de la Classe de Cinquième. Dix-huit cartes coloriées....................... 8 fr. 50 c.
   Atlas Géographique et Historique à l'usage de la Classe de Sixième. Dix cartes coloriées....................... 6 fr.
   Atlas Géographique et Historique à l'usage des Classes Élémentaires (9ᵉ, 8ᵉ et 7ᵉ). Treize cartes coloriées....................... 6 fr.

†**OGER** (F.). — **Cours d'Histoire Générale à l'usage des Lycées, des Établissements d'Instruction publique, des Candidats aux écoles du Gouvernement et aux Baccalauréats,** rédigé conformément aux programmes officiels.
   I. — *Histoire de l'Europe depuis l'invasion des Barbares jusqu'au XIVᵉ siècle,* 2ᵉ édition; 1875....................... 3 fr. 50 c.
   II. — *Histoire de l'Europe depuis le XIVᵉ jusqu'au milieu du XVIIᵉ siècle,* 2ᵉ édition....................... 3 fr. 50 c.
   III. — *Histoire de l'Europe de 1610 à 1848,* 3ᵉ édition; 1875.... 6 fr. 50 c.
   APPENDICE au tome III. — *Histoire de l'Europe de 1848 à 1875.* In-8; 1881.
   IV. — *Histoire de l'Europe de 1610 à 1815* (Cours de Rhétorique). 2ᵉ édit., 1875....................... 7 fr. 50 c.

TISSOT (A.), Examinateur d'admission à l'École Polytechnique. — **Mémoire sur la représentation des surfaces et les projections des cartes géographiques,** suivi d'un *Complément* et de *Tableaux numériques* relatifs à la déformation produite par les divers systèmes de projection. In-8; 1881.. 9 fr.

OUVRAGES DIVERS.

†**BABINET**, de l'Institut, et **HOUSEL**. — Calculs pratiques appliqués aux Sciences d'observation. In-8, avec 75 figures dans le texte; 1857.... 6 fr.

BORDAS-DEMOULIN. — Le Cartésianisme, ou la véritable rénovation des Sciences, Ouvrage couronné par l'Institut; suivi de la *Théorie de la substance et de celle de l'infini.* 2ᵉ édition. In-8; 1874....................... 8 fr.

BOUSSINESQ (J.). — Conciliation du véritable déterminisme mécanique avec l'existence de la vie et de la liberté morale. Mémoire physico-mathématique sur une importante question de Philosophie naturelle, précédé d'un Rapport à l'Académie des Sciences morales et politiques par M. PAUL JANET, Membre de l'Institut. Un volume grand in-8 de 236 pages.............. 5 fr.

BOUSSINESQ (J.). — Étude sur divers points de la philosophie des Sciences. Grand in-8; 1879....................... 3 fr.

*****CAUCHY** (le Baron Aug.), Membre de l'Académie des Sciences, sa vie et ses travaux, par C.-A. VALSON, Professeur à la Faculté des Sciences de Grenoble, avec une Préface de M. HERMITE. 2 vol. in-8; 1868............ 8 fr.

CHATIN (Joannès), Professeur agrégé à l'École supérieure de Pharmacie. — Contributions expérimentales à l'étude de la chromatopsie chez les Batraciens, les Crustacés et les Insectes. Grand in-8; 1881....... 3 fr. 50 c.

†**COMBEROUSSE** (Ch. de), Ingénieur civil, Professeur de Mécanique à l'École Centrale, Ancien Élève et Membre du Conseil de l'École. — **Histoire de l'École Centrale des Arts et Manufactures**, depuis sa fondation jusqu'à ce jour. Un beau volume grand in-8, orné de 4 planches à l'eau-forte, tirées sur chine; 1879........ 12 fr.

DURUTTE (le comte C.), Compositeur, ancien Élève de l'École Polytechnique. — **Esthétique musicale. Résumé élémentaire de la Technie harmonique et Complément de cette Technie**, suivi de l'*Exposé de la loi de l'enchaînement dans la mélodie, dans l'harmonie et dans leur concours*, et précédé d'une *Lettre de M. Ch. Gounod, Membre de l'Institut*. Un beau volume in-8; 1876........ 10 fr.

***LE TELLIER** (le D^r Ed.). — **Nouveau système de Sténographie.** In-8 raisin, avec 37 planches; 1869........ 2 fr. 50 c.

†**MILNE EDWARDS**, Membre de l'Institut, doyen de la Faculté des Sciences, Président de l'Association scientifique de France. — **Nouvelles Causeries scientifiques**, ou *Notes adressées aux Membres de l'Association à l'occasion de l'Exposition internationale de 1878*. In-8; 1880. (Se vend au profit de l'Association.)........ 6 fr.

MOIGNO (l'Abbé) — **Le Progrès pour tous. Annuaire du KOΣMOΣ-LES-MONDES pour 1881.** Revue du progrès scientifique en 1879-1880; avec la collaboration de M. l'Abbé H. Valette. In-18 jésus, avec figures dans le texte; 1881........ 3 fr. 50 c.

MOUCHOT, Professeur au Lycée de Tours. — **La réforme cartésienne** étendue aux diverses branches des **Mathématiques.** Grand in-8; 1876. 5 fr.

PASTEUR (L.), Membre de l'Institut. — **Études sur la maladie des vers à soie**, *moyen pratique assuré de la combattre et d'en prévenir le retour*. 2 beaux volumes grand in-8, avec figures dans le texte et 37 planches; 1870.. 20 fr.
Pour recevoir franco, dans tous les pays faisant partie de l'Union postale, les 2 volumes soigneusement emballés entre cartons, ajouter 1 fr.

PASTEUR (L.), Membre de l'Institut. — *Voir* p. 35.

†**ROMAN** (L.). — **Manuel du magnanier**, précédé d'une dédicace à M. *Pasteur*. Un beau volume in-18 jésus, avec nombreuses figures ombrées dans le texte e. 6 planches en couleurs; 1877........ 4 fr. 50 c.

ROUIS, Médecin principal d'armée. — **Recherches sur la transmission du son dans l'oreille humaine.** In-4, avec figures; 1877........ 8 fr.

SELLE (Albert de), Professeur à l'École Centrale. — **Cours de Minéralogie et de Géologie** (T. I: *Phénomènes actuels, Minéralogie*). Grand in-8, avec un Atlas de 147 planches lithographiées; 1878........ 15 fr.

OUVRAGES NOUVEAUX.

CREMONA ET BELTRAMI. — **Collectanea mathematica**, nunc primum edita cura et studio *L. Cremona et E. Beltrami, in memoriam Dominici Chelini*. Un beau volume in-8, avec un portrait de Chelini et un fac-simile du testament inédit de Nicolo Tartaglia; 1881........ 15 fr.

FAYE (H.). — **Cours d'Astronomie de l'École Polytechnique.** 2 beaux volumes grand in-8, avec nombreuses figures et cartes dans le texte; 1881.
On vend séparément :
Ire PARTIE. — *Astronomie sphérique.* — *Géodésie et géographie mathématique*........ 12 fr. 50 c.
IIe PARTIE. — *Astronomie solaire.* — *Théorie de la Lune.* — *Navigation.*
(*Sous presse.*)

MAINDRON (E.) — **Les fondations de prix à l'Académie des Sciences.** *Les Lauréats de l'Académie, 1714-1880.* In-4; 1881........ 8 fr.

(Septembre 1881.)

COURS

DE

CALCUL INFINITÉSIMAL,

PAR J. HOÜEL,

Professeur de Mathématiques pures à la Faculté des Sciences de Bordeaux.

QUATRE BEAUX VOLUMES GRAND IN-8, AVEC FIGURES DANS LE TEXTE.
PRIX : **50 FRANCS**.

On vend séparément :

Tome I; 1878	....	15 fr.
Tome II; 1879	....	15 fr.
Tome III; 1880	....	10 fr.
Tome IV; 1881	....	10 fr.

Cet Ouvrage est principalement destiné à l'usage des candidats à la Licence et à l'Agrégation pour les Sciences mathématiques. L'auteur s'est attaché à développer son sujet avec clarté et à suivre constamment les méthodes rigoureuses, conformes aux exigences de la Science moderne. Sans dépasser les limites d'un Cours élémentaire, il a particulièrement insisté sur les théories qui préparent aux applications plus élevées des Mathématiques, et que sa longue expérience de l'enseignement lui a fait reconnaître comme les plus propres à intéresser les élèves et à élargir leurs idées.

Le Cours de Calcul infinitésimal de M. Hoüel est divisé en six Livres, précédés d'une Introduction dans laquelle l'auteur expose les premières notions sur la théorie générale des opérations, théorie dont l'importance va chaque jour s'accroissant, depuis les travaux de Carmichael, de Boole, de Hankel, de Grassmann et d'autres géomètres contemporains, et dont on peut dire qu'elle comprend les Mathématiques pures tout entières. Des principes les plus simples de cette théorie on déduit la signification et les propriétés des signes d'opération nommés, dans l'ordre de leur généralité, *quantités arithmétiques, quantités algébriques positives* ou *négatives, réelles* ou *imaginaires*. Tel est l'objet des deux premiers Chapitres de l'Introduction, qui comprennent un résumé substantiel de l'Algèbre des quantités complexes, exposée à l'aide de la représentation géométrique, qui est ici le mode de notation le plus clair.

Le Chapitre III contient un Traité élémentaire des déterminants, où l'auteur se borne à établir les propositions de cette théorie qui seront invoquées dans le corps de l'Ouvrage.

Livre I : *Principes fondamentaux du Calcul infinitésimal.* — Le Chapitre I de ce Livre traite de la notion de l'infiniment petit et de l'infiniment grand. Après avoir exposé divers théorèmes fondamentaux sur la continuité des fonctions, et défini les infiniment petits des divers ordres, l'auteur, à l'exemple de son ancien maître, Duhamel, établit les deux théorèmes sur la substitution des infiniment petits dans la recherche des limites de rapports ou de sommes, théorèmes qui forment la base de tout le Calcul infinitésimal.

Le Chapitre II renferme les applications des principes précédents : définition de la dérivée, introduite soit par la considération du problème des tangentes, soit par celle de la vitesse; notation des différentielles. L'auteur a conservé la définition de la différentielle comme représentant soit l'accroissement infiniment petit de la variable, indépendante ou non, soit ce même accroissement altéré d'une fraction infiniment petite de lui-même, ce qui ne change en rien les limites de rapports ou de sommes. Cette définition, adoptée d'abord, puis abandonnée par Duhamel, a l'immense avantage d'habituer les commençants à raisonner directement sur les quantités infiniment petites, sans se relâcher d'une complète rigueur; elle permet ainsi d'employer en toute sûreté les démonstrations synthétiques dans les questions de Géométrie et de Mécanique, et de traduire immédiatement en constructions géométriques les expressions différentielles que l'on veut étudier. D'ailleurs, les critiques qui ont pu être adressées à cette définition n'ont pas autant d'importance qu'on pourrait le croire; il ne s'agit pas ici des principes, qui sont toujours les mêmes, mais de la convenance qu'il peut y avoir à désigner par le mot *différentielle* toute une catégorie de quantités pouvant se remplacer mutuellement, ou une seule de ces quantités.

M. Houël, suivant l'exemple donné par Cournot et auquel les auteurs modernes tendent de plus en plus à se conformer, a supprimé la division absolue du Calcul infinitésimal en *Calcul différentiel* et *Calcul intégral*, les deux opérations, inverses l'une de l'autre, de la différentiation et de l'intégration pouvant dès le début se porter un secours mutuel, parfois indispensable.

Dans ce Chapitre sont traitées les questions suivantes : propriétés des dérivées; théorème fondamental sur la valeur moyenne de la dérivée; différentielle totale d'une fonction d'un nombre quelconque de variables; intégrales définies et indéfinies; différentiation et intégration des fonctions élémentaires; dérivées d'ordre quelconque; leur calcul direct; leur expression au moyen des différentielles des divers ordres; changement de variables; différentielles et dérivées partielles d'ordre quelconque; déterminants fonctionnels.

LIVRE II : *Applications analytiques du Calcul infinitésimal.* — Le Chapitre I contient les développements en séries au moyen des théorèmes de Taylor et de Maclaurin. Un paragraphe est consacré à la définition des fonctions exponentielles et circulaires d'une variable complexe et de leurs fonctions inverses.

Le Chapitre suivant donne les applications de la différentiation à la recherche des vraies valeurs des expressions indéterminées, à la théorie des maxima et minima, et à la décomposition des fonctions rationnelles en fractions simples.

Le dernier Chapitre traite des méthodes pour l'intégration des fonctions explicites : remarques sur le passage des intégrales indéfinies aux intégrales définies; différentiation sous le signe f; intégrales multiples; changement de variables dans ces intégrales; calcul des intégrales définies; intégrales eulériennes; calcul approché des intégrales définies, d'après une méthode fondée sur l'étude des fonctions de Bernoulli.

Telles sont les matières contenues dans le Tome I. Le Tome II comprend le Livre III et les quatre premiers Chapitres du Livre IV.

LIVRE III : *Applications géométriques du Calcul infinitésimal.*

Chapitre I : Applications du Calcul différentiel aux courbes planes. — Le dernier paragraphe contient une exposition des principes du Calcul des équipollences de Bellavitis, avec de nombreux exemples.

Chapitre II : Applications du Calcul différentiel aux courbes non planes et aux surfaces.

Chapitre III : Applications de l'intégration au calcul des aires, des volumes, des centres de gravité, etc.

Livre IV : *Théorie des équations différentielles à une seule variable indépendante.*

Chapitre I : Considérations préliminaires sur la formation des équations différentielles par l'élimination des constantes arbitraires. Démonstration du théorème de Cauchy, qu'*une équation différentielle d'ordre quelconque n entre deux variables admet une intégrale générale contenant n constantes arbitraires distinctes.*

Chapitre II : Intégration des équations différentielles du premier ordre. Solutions singulières; méthode inédite de P. H. Blanchet pour distinguer les solutions singulières des intégrales particulières.

Chapitre III : Cas où une équation différentielle d'ordre quelconque peut s'intégrer complètement par les quadratures, ou du moins se ramener à une équation différentielle d'ordre inférieur.

Dans le *Chapitre IV*, la théorie générale des équations différentielles linéaires est traitée avec tout le développement que peut comporter un Cours élémentaire. Si l'auteur s'est abstenu d'aborder les nouvelles théories, fondées sur des parties de l'Analyse plus élevées que celles qui rentrent dans son programme, il a du moins exposé les questions du domaine des éléments avec tous les détails nécessaires, en simplifiant considérablement les calculs par l'introduction des symboles d'opérations, dont les géomètres anglais ont tiré si grand parti.

La fin du Chapitre présente un aperçu de la méthode de Laplace pour l'intégration des équations linéaires au moyen des intégrales définies.

Le *Chapitre V*, avec lequel commence le Tome III, est consacré à l'étude des systèmes d'équations différentielles simultanées, et particulièrement des systèmes d'équations linéaires, où l'usage des symboles d'opérations est encore du plus grand secours.

Le *Chapitre VI* contient les premiers éléments du Calcul des variations, restreints au cas d'une seule variable indépendante.

Livre V : *Équations différentielles à plusieurs variables indépendantes.*

Le *Chapitre I* traite des équations aux différentielles totales du premier ordre et du premier degré à deux variables indépendantes.

Le *Chapitre II* a pour objet la théorie des équations aux dérivées partielles. Après avoir étudié la formation des équations linéaires aux dérivées partielles par l'élimination des fonctions arbitraires, en prenant pour exemples les équations des principales familles de surfaces, l'auteur indique la formation des équations non linéaires comme une extension de la recherche des surfaces enveloppes. Il expose ensuite les procédés d'intégration pour les équations linéaires du premier ordre en général, pour les équations non linéaires à deux variables indépendantes et pour certaines équations linéaires d'ordres supérieurs.

Chacun de ces cinq premiers Livres est suivi d'un recueil d'énoncés d'exercices sur les matières traitées dans ce Livre. C'est à dessein que l'auteur n'a pas ajouté les solutions aux énoncés, malgré les avantages que peut avoir cette addition. D'abord, outre les excellents Recueils de MM. Frenet et Tisserand, il existe, en Allemagne et en Angleterre, de nombreuses collections de problèmes sur la haute Analyse, où les solutions sont plus ou moins développées, et que l'on peut consulter au besoin. D'autre part, la présence de la solution sous les yeux de l'étudiant détruit souvent tout l'intérêt du problème et favorise une certaine paresse involontaire. Dans la plupart des cas, on peut suppléer avantageusement à l'indication de la solution par une vérification au moyen d'un calcul inverse, ce qui constitue un second exercice, souvent aussi fructueux que le premier.

Le Livre VI, qui termine l'Ouvrage, contient les *Éléments de la théorie des fonctions de variables complexes*, avec des applications à la *Théorie des fonctions elliptiques*.

Le *Chapitre I* traite de la théorie des fonctions uniformes, fondée par Cauchy et exposée, sous une forme simplifiée, dans les Ouvrages de Riemann, de Durège, de Neumann, de Hankel : caractères des fonctions synectiques; leur représentation sur la sphère et sur le plan antipode; intégrales le long d'un contour; intégrales autour d'un point (résidus); généralisations du théorème de Taylor par Cauchy et par P. Laurent; étude d'une fonction uniforme autour d'un zéro ou d'un infini; développement d'une fonction qui a un nombre limité d'infinis dans une aire donnée.

Dans le *Chapitre II*, l'auteur donne les principales applications des théories précédentes : extension du théorème de Sturm aux racines complexes des équations algébriques; développement des fonctions synectiques en séries périodiques; série de Fourier (son étude est placée ici pour faire bien ressortir la différence de nature de cette question et de la précédente, malgré la ressemblance de forme des deux développements); séries de Bürmann et de Lagrange; développements en séries de fractions simples et en produits infinis; calcul des intégrales définies.

Le *Chapitre III* donne la théorie des fonctions multiformes et des intégrales multiformes, et en particulier des intégrales à périodes, en prenant pour exemples les intégrales logarithmiques, circulaires et elliptiques.

Le quatrième et dernier *Chapitre* constitue un Traité élémentaire des fonctions elliptiques. Dans les deux premiers paragraphes, l'auteur explique comment on réduit aux formes normales de Legendre toute intégrale portant sur une fonction rationnelle d'une variable x et de la racine carrée d'un polynôme du troisième ou du quatrième degré en x, et il établit les principales propriétés des fonctions elliptiques qui se déduisent du théorème d'addition d'Euler. Il expose ensuite, d'après les méthodes de MM. Briot et Bouquet (*Théorie des fonctions doublement périodiques*, 1859), les divers modes de développement des fonctions elliptiques, en séries de fractions simples, en produits infinis, en séries périodiques, et fait connaître les principales propriétés des fonctions θ. Après avoir démontré la transformation de Landen, il en indique l'usage pour le calcul numérique des intégrales elliptiques.

Les deux paragraphes suivants contiennent les propriétés les plus simples des intégrales de deuxième et de troisième espèce, et l'Ouvrage est terminé par des Tables abrégées des valeurs des fonctions elliptiques, avec une instruction sur leur usage.

D'après cet aperçu, nécessairement incomplet, on peut aisément reconnaître que toutes les matières exigées par les programmes de la Licence et de l'Agrégation pour les Sciences mathématiques s'y trouvent traitées avec détail, en tenant compte de tous les perfectionnements apportés dans ces derniers temps aux méthodes d'enseignement. Grâce à des explications claires et détaillées, aux nombreux exemples développés, au choix scrupuleux des notations les plus simples et les plus expressives, grâce surtout aux soins apportés à la rigueur des raisonnements, les lecteurs trouveront dans cet Ouvrage un guide commode et sûr pour l'étude des éléments de l'Analyse et une excellente préparation pour aborder les théories plus élevées des Mathématiques.

Paris. — Imprimerie de GAUTHIER-VILLARS, quai des Augustins, 55.